S 8427 (2)

Paris
1869

Reclus, Jean-Jacques Elisée

La Terre, description des phénomènes de la vie du globe

Les Continents

tome 2

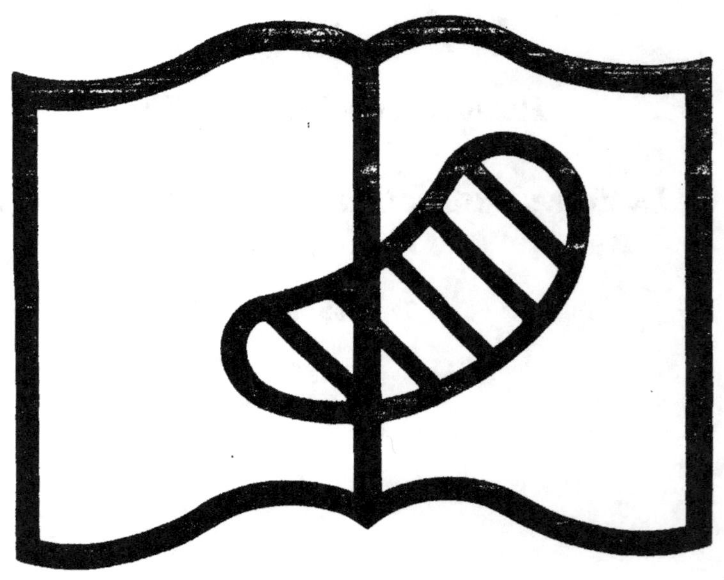

**Symbole applicable
pour tout, ou partie
des documents microfilmés**

Original illisible

NF Z 43-120-10

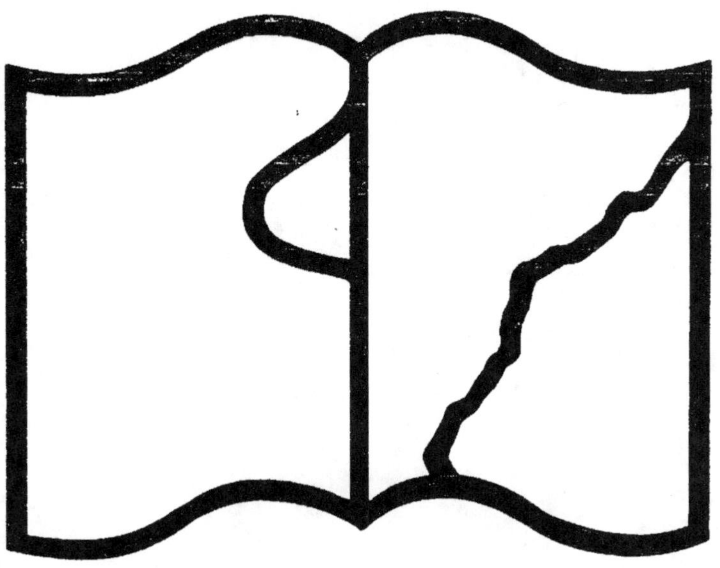

**Symbole applicable
pour tout, ou partie
des documents microfilmés**

Texte détérioré — reliure défectueuse

NF Z 43-120-11

S

LA TERRE

II

L'OCÉAN

L'ATMOSPHÈRE — LA VIE

LA TERRE

DESCRIPTION

DES

PHÉNOMÈNES DE LA VIE DU GLOBE

PAR

ÉLISÉE RECLUS

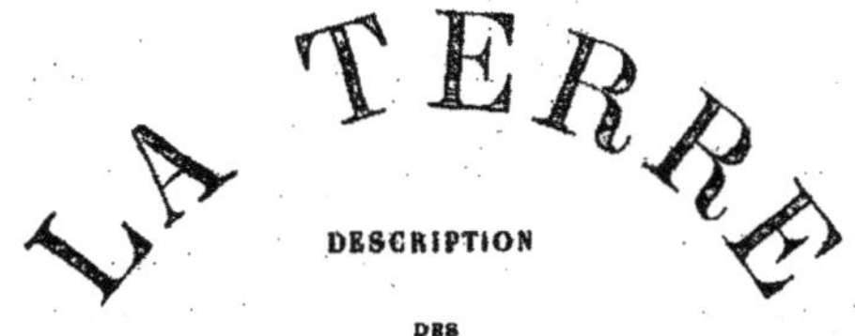

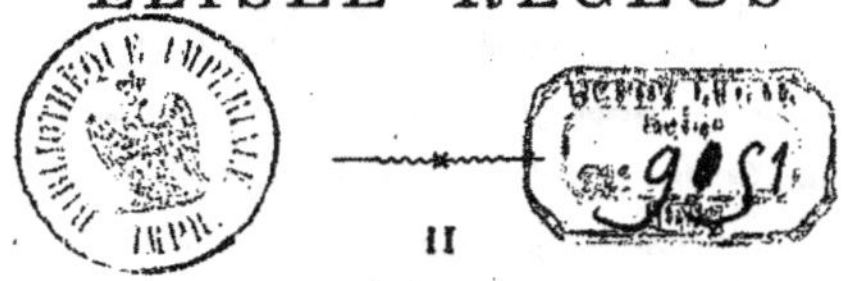

II

L'OCÉAN — L'ATMOSPHÈRE — LA VIE

AVEC

207 CARTES OU FIGURES INTERCALÉES DANS LE TEXTE

ET 27 CARTES TIRÉES EN COULEUR

PARIS

L. HACHETTE ET Cⁱᵉ, LIBRAIRES-ÉDITEURS

77, BOULEVARD SAINT-GERMAIN, 77

1869

En terminant cet ouvrage, je tiens à remercier cordialement ceux qui m'ont aidé le plus à mener mon travail à bonne fin. Je désire témoigner surtout ma reconnaissance à M. Vuillemin, qui a dressé presque toutes les cartes contenues dans ces deux volumes, et à M. Edmond Guillemin, l'auteur des profils et des diagrammes. Son frère, M. Amédée Guillemin, a revisé les pages dans lesquelles je me suis hasardé à parler de phénomènes astronomiques, et M. Édouard Grimard a relu le chapitre relatif à la flore terrestre. Enfin, parmi les personnes qui m'ont rendu le service immense de me signaler quelques erreurs, et que je suis heureux de remercier aussi, je dois citer les noms de M. Oscar Peschel, le savant directeur de l'*Ausland*, et de M. George P. Marsh, l'auteur de *Man and Nature*, et l'un des citoyens les plus respectés de la République américaine.

ÉLISÉE RECLUS.

L'OCÉAN

L'ATMOSPHÈRE ET LES MÉTÉORES

LA VIE

PREMIÈRE PARTIE.

L'OCÉAN.

CHAPITRE I.

LES EAUX MARINES.

I.

Considérations générales.

Pour la plupart des hommes, groupés en populations pressées dans ces continents qui s'étendent à peine sur le quart de la surface du globe, les mers ne sont guère autre chose qu'une sorte de chaos sans limite et sans fond; par une illusion d'optique intellectuelle, les savants eux-mêmes sont portés à donner aux phénomènes des régions continentales une importance géographique beaucoup plus grande qu'à ceux des régions océaniques. Ainsi nos ancêtres, tout en voyant au-dessus de leurs têtes s'arrondir l'espace infini rempli d'étoiles et de nébuleuses, considéraient cette immensité comme une simple coupole reposant sur le large édifice de la terre.

Et pourtant, si l'influence de l'Océan dans l'économie générale du globe n'est point relativement étudiée avec le même soin que l'action des rivières qui coulent dans les plaines et des sources qui jaillissent dans les creux des collines, cette influence n'en est pas moins de premier ordre, et c'est d'elle que dépendent tous les phénomènes de la vie planétaire. « L'eau est ce qu'il y a de plus grand! » s'écriait Pindare, dès les origines de la civilisation hellénique, et depuis, la science nous a révélé que les continents eux-mêmes se sont élaborés au sein des mers, que sans elles le sol, pareil à une surface métallique, ne pourrait donner naissance à aucun organisme. Ainsi que le racontent poétiquement presque toutes les cosmogonies des peuples primitifs, la terre est « fille de l'Océan. »

Ce n'est point là simplement un mythe, c'est la réalité même. L'étude des couches terrestres, grès, sables, argiles, calcaires, conglomérats, prouve que les matériaux des masses continentales ont en grande partie séjourné au fond de la mer, et qu'ils y ont pris leur forme et leur composition : peut-être même de nombreuses roches, et notamment les granits de la Scandinavie[1], que l'on croyait autrefois être sorties à l'état pâteux de l'intérieur de la terre, sont-elles d'anciens grès et calcaires marins lentement transformés par le travail de chimie qui s'opère incessamment dans le grand laboratoire du globe. Même sur les flancs et les sommets des plus hautes montagnes, soulevées actuellement à plusieurs milliers de mètres au-dessus du niveau de l'Océan, on trouve les traces de l'antique séjour et de l'action des eaux marines. Sous nos yeux, l'immense labeur de création, commencé par les mers dès l'origine des âges, se continue sans relâche avec

---

1. Voir, dans le premier volume, le chapitre intitulé *les Oscillations lentes du sol terrestre.*

une telle activité que, même durant sa courte vie, l'homme peut assister à d'importantes modifications des rivages. Si les flots sapent et renversent lentement une péninsule, ailleurs ils construisent des plages et forment des îlots. Aux anciennes roches démolies par les vagues succèdent des roches nouvelles différentes par l'ordonnance et l'aspect. Ainsi les promontoires de granit se changent en strates de gneiss sous l'action des ondes qui trient et tamisent régulièrement les divers cristaux, quartz, feldspath et mica, du rocher désagrégé. De même l'argile provenant de la désintégration lente du feldspath porphyrique ou granitique se transforme en ardoise, dont les feuillets superposés finiront par durcir tôt ou tard comme ceux des schistes anciens. Ce n'est pas tout : un agent, encore plus puissant que le choc des vagues, travaille constamment, dans le sein de la mer, à la modification et à la reconstruction des roches. Cet agent, c'est la vie animale. Les testacés, les coraux, les innombrables animalcules à carapace calcaire ou siliceuse qui vivent dans l'Océan sont sans cesse à l'œuvre pour consommer et produire. Ils absorbent les molécules terreuses que les fleuves apportent à la mer, les décomposent chimiquement dans leurs organismes et sécrètent les substances dont ils forment leur squelette et leur étui ; à mesure que meurent les générations de ces tourbillons d'animaux, leurs débris s'entassent au fond de la mer ou sur ses plages et finissent par former des bancs immenses, des plateaux sous-marins qu'un soulèvement produira plus tard au grand jour [1].

Grâce à cet incessant renouvellement des roches, l'Océan crée à chaque heure une terre différente de l'ancienne par l'aspect et la disposition des couches. Aussi, pour l'esprit du géologue, le fond invisible des mers ne devrait-il pas avoir moins d'importance que la surface émergée des continents : le sol qui nous porte aujourd'hui, nous et nos

---

1. Voir, ci-dessous, le chapitre intitulé *la Terre et sa Faune*.

cités, disparaîtra comme ont déjà disparu en tout ou en
partie les continents des époques antérieures, et les espaces
inconnus que recouvrent les eaux surgiront à leur tour
pour s'étendre à la lumière du soleil en masses continentales, en îles, en péninsules.

Durant la longue période de siècles ou d'âges géologiques pendant laquelle les terres sont baignées, non par
les flots marins, mais seulement par les ondes de l'atmosphère, l'Océan n'en continue pas moins de modeler le
relief du globe par ses nuages, ses pluies et tous les
météores qui prennent naissance à sa surface. Tous ces
agents de l'atmosphère qui s'acharnent contre les sommets
des monts, qui les ravinent et les abaissent peu à peu, c'est
la mer qui les envoie; tous ces glaciers qui polissent les
roches et poussent devant eux dans les vallées de puissantes
moraines de débris, ce sont les nuages venus de l'Océan
qui les déposent sous forme de neige dans les cirques des
montagnes; toutes ces eaux qui pénètrent par les fissures
dans les profondeurs du sol, qui dissolvent les rochers,
percent les grottes, entraînent à la surface les substances
minérales et causent parfois de grands écroulements souterrains, que sont-elles, sinon les vapeurs marines retournant
à l'état liquide vers le bassin d'où elles étaient sorties? Enfin
les innombrables rivières qui répandent la vie sur tout le
globe, et sans lesquelles les continents seraient des espaces
arides et complétement inhabitables, ne sont autre chose
qu'un système de veines et de veinules rapportant au grand
réservoir océanique les eaux déversées sur le sol par le
système artériel des nuages et des pluies. C'est donc aux
phénomènes de la vie maritime qu'il faut attribuer l'immense
travail géologique des fleuves et le rôle si important qu'ils
remplissent dans la flore, la faune et l'histoire de l'humanité. Les découvertes futures des géologues et des naturalistes nous diront aussi quelle part revient à l'Océan dans
la production et le développement des germes de vie animale

et végétale qui ont atteint leur plus grande beauté à la surface des continents.

Quant aux climats, aux variations desquels est soumis
tout ce qui vit sur la terre, ne dépendent-ils point des mouvements océaniques autant que de la distribution et du
relief des espaces émergés? Le froid des latitudes polaires
serait plus rigoureux, la chaleur des latitudes tropicales
serait plus forte, et ces extrêmes feraient périr sans doute la
plupart des êtres actuellement en existence, si les courants
de l'Océan ne portaient l'eau des pôles à l'équateur, celle de
l'équateur aux pôles, et ne travaillaient ainsi constamment
à l'équilibre des températures. De même l'atmosphère des
continents serait complétement dépourvue de vapeurs et
peut-être irrespirable, si l'humidité marine ne se répandait
avec les vents sur tous les points du globe. Ainsi l'Océan
fond les contrastes des climats et fait de toutes les régions
distinctes de la planète un ensemble harmonique; il suscite
et conserve la vie sur la terre, qu'il a déposée couche à
couche, qu'il arrose de ses vapeurs et qu'il féconde par ses
sources et ses fleuves.

II.

Bassins océaniques. — Profondeur des mers. — Égalisation du niveau à la surface
de l'Océan.

Les mers, recouvrant la plus grande partie de la rondeur
planétaire, n'ont point de bassins complétement fermés :
toutes prennent leur origine dans le grand réservoir commun de l'océan Antarctique et communiquent les unes avec
les autres par de larges détroits ou des nappes maritimes
d'une importance secondaire. Cette absence partielle de
limites et l'énorme étendue de leur surface empêche la
nappe liquide d'avoir la même harmonie de formes que
les masses continentales; toutefois partout où les eaux bai-

gnent les rivages des terres, elles doivent nécessairement
en reproduire les contours, et par conséquent les mers
offrent d'une manière générale une distribution inverse de
celle des parties du monde. Aux deux continents d'Amérique, unis par un isthme étroit, correspond le double bassin
de l'Atlantique avec son large évasement central; le Pacifique lui-même est divisé par son immense traînée d'archipels en deux grands océans distincts, et la mer des Indes
contraste au sud avec la masse septentrionale de l'Asie[1]. En
limitant de ses flots les rivages de la terre, l'Océan pénètre
au loin dans l'intérieur des côtes, soit par de larges golfes
arrondis comme ceux de la Guinée et du Bengale, soit par
des mers bordées d'une chaîne d'îles et d'îlots comme la
mer de Chine et celle des Antilles, soit par des réseaux de
détroits comme ceux de la Sonde et de l'archipel polaire de
l'Amérique. Enfin certaines mers sont presque complétement
fermées et ne communiquent avec le reste de l'Océan que
par des portes étroites : telles sont la Méditerranée et le
golfe d'Arabie.

Le fond de toutes ces mers n'est ni horizontal ni même
régulièrement incliné. Il est certain que le lit marin a,
comme les continents eux-mêmes, mais dans une bien moindre proportion, des plateaux, des vallées et des plaines.
Pendant le cours des âges de la planète, tandis que les saillies du relief continental plongent sous la nappe des eaux, les
abîmes cachés par l'Océan émergent à la lumière et révèlent
les inégalités de leur surface. Les plaines et les coteaux de
grès ou de calcaire qui portent aujourd'hui nos villes et nos
cultures n'étaient-ils pas, il y a des siècles, recouverts par
d'épaisses couches liquides? Ne voit-on pas sur les flancs de
l'Himalaya, à 6,000 mètres au-dessus de l'embouchure du
Gange, les coquilles qu'a laissées la mer dans les assises des

---

1. Voir, dans le premier volume, le chapitre intitulé *les Harmonies et les
Contrastes*.

rochers? Enfin les marins ne peuvent-ils pas déjà reconnaître le fond de l'Océan et en toucher pour ainsi dire les inégalités, grâce à leurs instruments de sondage, ces gigantesques antennes?

On pourrait croire que le relief du sol sous-marin conserve encore toute sa rugosité primitive et que les rochers, les précipices, les failles, offrent uniformément des arêtes vives et tranchantes, des escarres de fracture, fraîches comme au jour où se rompit la roche solide. En effet, dans les profondeurs marines, il n'y a point de gelées qui fassent éclater les pierres saillantes, d'éclairs qui les fendent, de glaciers qui les broient et les entraînent, de météores qui les rongent incessamment et finissent par les arrondir. Toutefois, si dans le fond des mers il n'y a pas, comme sur nos continents, d'agents sans cesse à l'œuvre pour détruire les saillies, il en est d'autres qui travaillent sans cesse à recouvrir les aspérités du sol : ce sont les matières terreuses apportées par les fleuves et les milliards innombrables de squelettes d'animalcules qui vivent sur le fond ou descendent en neige des couches supérieures de l'eau et comblent peu à peu les gorges sous-marines. Ces chaînes de montagnes fantastiques dessinées sur le lit de la mer par Buache et d'autres géographes ne peuvent donc avoir d'existence réelle, puisque les agents géologiques à l'œuvre dans les eaux diffèrent de ceux qui sur nos continents travaillent à sculpter les plateaux et les monts. Seulement si quelque immense remous empêchait les débris de se déposer sur les parties profondes de l'Océan, les roches et les fissures des abîmes garderaient leur forme première comme ces cratères et ces obélisques de la lune que ne rongent les intempéries d'aucune atmosphère. D'ailleurs il est des parages de la mer où peut-être, sous l'influence d'un contre-courant sous-marin, les roches du fond ne sont pas recouvertes d'alluvions organiques. Dans la partie la plus creuse du large bras de mer qui sépare les Feröer de l'Islande, Wallich a retiré d'une profondeur de 1,128 mètres un gros fragment de quartz détaché du roc vif et plusieurs morceaux de basalte ; cependant il se pourrait bien que ces débris eussent été portés par quelque montagne de glace.

En général, le sol sous-marin s'étend en grandes surfaces aux longues ondulations et aux pentes douces. Les matelots que le vent ou la vapeur emporte rapidement sur les eaux, et qui jettent le plomb de sonde à des distances d'ordinaire assez éloignées les unes des autres, sont tentés de s'exagérer l'importance des inégalités du fond et de voir des « sauts » et des précipices là où la déclivité du sol est en réalité peu considérable[1]. Des escarpements pareils à ceux des montagnes de la surface continentale se présentent très-rarement : aussi Fitz-Roy fut-il grandement surpris de trouver dans le voisinage des Abrolhos du Brésil des pentes tellement rapides que la sonde jetée d'un côté du navire indiquait de 8 à 10 mètres de profondeur, tandis que, de l'autre côté, elle marquait de 30 à 40 mètres. Parfois du reste une cause spéciale fait comprendre ces changements brusques de niveau. Ainsi M. de Villeneuve-Flayosc a découvert dans le golfe de Cannes une source d'eau douce jaillissant du fond d'une espèce de puits dont les parois ont 27 degrés d'inclinaison[2]. Mais comment expliquer cet étrange gouffre ou *gouf* qui s'étend immédiatement au large de Cap-Breton, sur la côte des Landes ? Faut-il en attribuer la formation à la rencontre des marées qui viennent se heurter dans l'entonnoir du golfe de Gascogne ? C'est là une question qu'il n'est pas encore possible de résoudre.

On peut se faire une idée des étendues sous-marines en parcourant les contrées émergées à une époque relativement récente. Les Landes françaises, les terres basses qui ont remplacé le golfe du Poitou, une grande partie du

1. Baulin, *Géographie girondine*, p. 70. — Oscar Peschel, *Ausland*, 1867.
2. *Description géologique du Var*, p. 466.

Sahara, les pampas de la Plata fournissent des exemples remarquables de la régularité d'inclinaison qu'offre en général le fond des mers. Même les côtes rocheuses, comme celles de l'Écosse et de la Scandinavie, ont été çà et là nivelées dans les parties basses que recouvraient naguère les eaux de l'Atlantique. Si les tremblements et les ruptures du sol,

Fig. 1. GOUF DE CAP-BRETON.

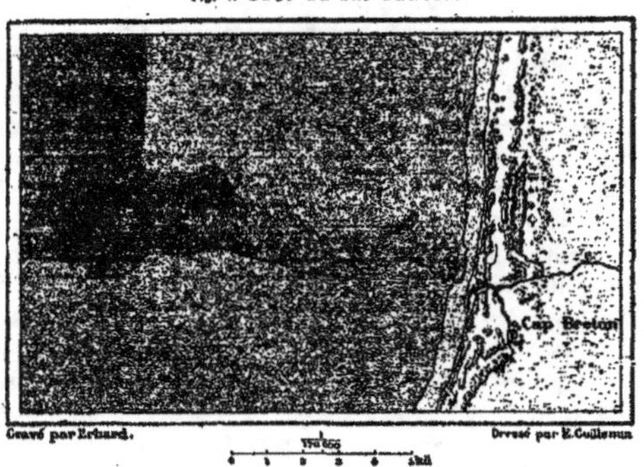

les volcans et les lentes oscillations de la croûte terrestre ne travaillaient pas de leur côté à rendre plus nombreuses les inégalités du relief planétaire, il est certain que l'apport incessant des alluvions fluviales, les débris des rocs sciés par les flots, et surtout les restes de ces organismes pullulants qui remplissent la mer, auraient pour résultat inévitable d'égaliser le fond des océans et d'en transformer les abîmes en dépressions aux pentes à peine marquées; les eaux, de leur côté, envahiraient graduellement la surface des continents, puis, après des myriades de siècles de travail, la terre redeviendrait ce qu'elle fut jadis, un sphéroïde recouvert sur tout son pourtour d'une couche liquide d'épaisseur uniforme.

Une ancienne opinion populaire, qui, à défaut d'observations directes, n'était pas plus contradictoire au bon sens que tant d'autres hypothèses dites scientifiques, voulait que la mer fût « sans fond », et pour bien des ignorants cette expression proverbiale est encore ce qui répond le mieux à la réalité des choses : au commencement du siècle dernier, Marsigli lui-même parlait de « l'abîme » de la Méditerranée comme d'un gouffre absolument insondable [1]. En revanche, des mathématiciens, s'appuyant sur des considérations théoriques, ont essayé d'évaluer par le calcul la profondeur moyenne des mers. Buffon, qui ne cite pas l'auteur italien auquel il avait emprunté son raisonnement, donnait à l'Océan une épaisseur d'eau d'un quart de mille, soit 230 toises ou 440 mètres [2]. L'astronome Lacaille dont les évaluations ne se rapprochaient pas davantage de celles que les sondages opérés récemment ont rendues probables, donnait à la mer de 300 à 500 mètres de profondeur. Quant à Laplace, évaluant par erreur l'élévation moyenne des terres à 1,000 mètres, c'est-à-dire à trois fois la hauteur déterminée aujourd'hui d'une manière approximative [3], il pensait que la couche d'eau marine devait avoir également 1,000 mètres d'épaisseur environ. Young, tirant ses déductions de la théorie des marées, assignait à peu près 5,000 mètres aux eaux de l'Atlantique et de 6 à 7,000 aux eaux de la mer du Sud. Arnold Guyot fait remarquer que cette profondeur donnée à l'Atlantique serait en effet celle

1. *Histoire de la mer*, p. 10.
2. *Théorie de la terre : les Fleuves.*
3. Humboldt. — Voir, dans le premier volume, le chapitre intitulé *les Harmonies et les Contrastes.*

du sillon formé dans la vallée marine par la rencontre de
deux surfaces continuant sous les flots les deux versants
opposés de l'Amérique méridionale et de l'Afrique, entre
les plateaux de la Bolivie et ceux des monts Lupata [1]. Toutefois ce dernier calcul n'a qu'une valeur relative : si on l'appliquait au Pacifique, en continuant à l'ouest et à l'est les
versants de l'Asie et de l'Amérique, on trouverait pour le
point le plus bas, situé d'après cette hypothèse à l'orient
de l'île de Pâques, une profondeur de 25 kilomètres, triple
de l'élévation de la montagne la plus haute de la terre. Évidemment c'est par l'observation directe que l'on doit arriver
un jour à connaître toutes les saillies et les ondulations du
fond de l'Océan ; mais les instruments que les marins ont à
leur disposition sont encore imparfaits, et, sauf pour les
faibles profondeurs, ne donnent pas de résultats d'une rigoureuse exactitude. Dans les parages où les couches d'eau ont
plusieurs centaines ou même plusieurs milliers de mètres
d'épaisseur, on ne peut se hasarder à jeter la sonde, si l'atmosphère et les vagues ne sont d'une tranquillité exceptionnelle, et même alors la ténuité de la corde, le poids des
appareils, l'énorme pression qu'ils supportent à mesure qu'ils
descendent, et qui croît d'une *atmosphère* pour 10 mètres
d'enfoncement, enfin les longues heures qu'il faut employer
à cette délicate opération, mettent toujours en danger le
succès final. Tant qu'on ne se servira pas d'engins munis de
sonneries électriques comme ceux de Schneider ou de Gareis et Becker [2], et d'un emploi plus facile, plus rapide et
plus sûr, les mesures « bathymétriques » seront toujours
très-espacées, et l'on ne pourra dresser la carte du relief
sous-marin comme on a commencé à dresser aujourd'hui
celle du relief continental. D'ailleurs, il est bien rare que
dans les mers profondes les marins opèrent des sondages

1. *Earth and Man*, p. 76, 77.
2. *Physiographie des Meeres*, 1867.

pour la joie purement scientifique d'explorer les gouffres de
l'Océan. C'es, uniquement pour les besoins de la navigation,

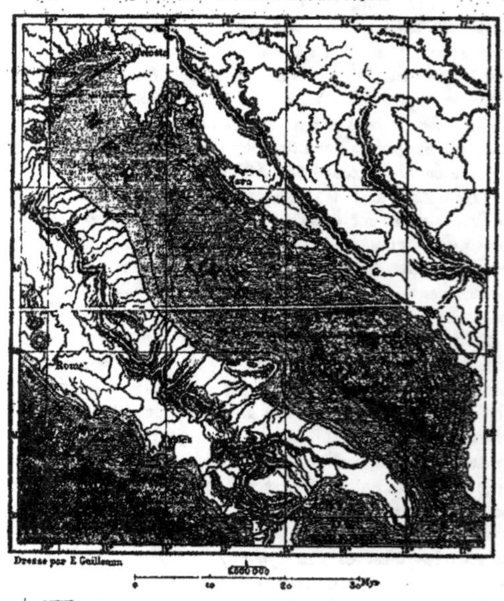

Fig. 2. PROFONDEURS DE L'ADRIATIQUE.

du commerce et de l'industrie qu'ils ont procédé à l'étude
du fond des eaux, soit dans les golfes comme l'Adriatique,
soit dans les parages remplis de bancs de sable comme la

mer du Nord, soit dans le voisinage des côtes et des *vigies*
signalées sur d'anciennes cartes, ou bien dans les parties
de l'Océan qui devaient recevoir des câbles électriques. Dans
la haute mer, les navires voguent presque partout sur des
gouffres insondés.

Grâce à sa forme allongée et à l'amphithéâtre de hautes
montagnes qui l'entoure presque en entier, l'Adriatique offre
un exemple très-remarquable de la continuité des pentes
du continent au-dessous du niveau de la mer. La partie
septentrionale du golfe, dont le fond prolonge sous les eaux
les plaines uniformes de la Vénétie, s'incline suivant une
déclivité des plus graduelles, deux fois plus faible que ne
l'est celle des campagnes de la Lombardie, horizontales en
apparence [1]. La sonde ne révèle 100 mètres d'épaisseur
liquide qu'au delà de l'étranglement formé par les îles de
Zara et la pointe d'Ancône; plus d'un tiers de l'Adriatique
se trouve ainsi ne pas dépasser, en profondeur moyenne,
des fleuves comme le Mississipi et le courant des Amazones. Plus au sud, la déclivité sous-marine, qui continue

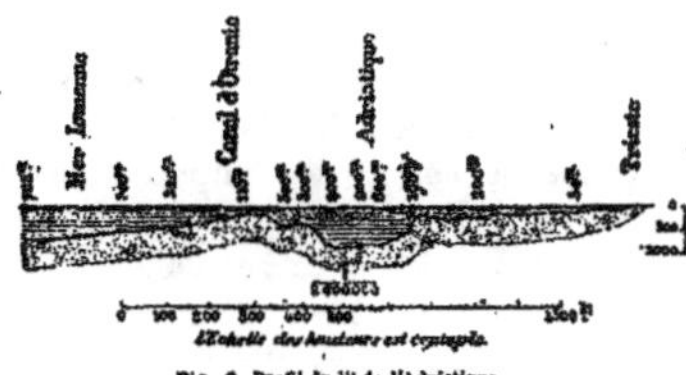

Fig. 3. Profil du lit de l'Adriatique.

d'un côté celle des Apennins, de l'autre celle des Alpes de
Dalmatie, devient comparativement plus forte, et le plomb
de sonde descend jusqu'à 200, 250 et même 310 mètres
au-dessous de la surface; la mer forme en cet endroit une

1. G. Collegno, *Geologia dell' Italia*, p. 12.

espèce de cuve, que limite, au sud, un isthme sous-marin
réunissant la presqu'île de Manfredonia à l'écueil isolé
de Pelagosa et aux îles de la côte dalmatienne, Lagosta,
Curzola, Lesina. Au delà de cet isthme, et jusqu'au seuil
recouvert par le canal d'Otrante, s'ouvre une nouvelle
cuve, et de beaucoup la plus creuse, puisque vers le
milieu c'est à près de 4,000 mètres que doit plonger la
sonde; à l'est se dressent les escarpements du Monténégro,
dont les racines descendent très-rapidement sous les eaux.
Ainsi les sondages de l'Adriatique confirment cette observation depuis longtemps faite par Dampier et tant d'autres
marins, que les mers sont en général profondes à la base
des montagnes aux pentes abruptes, et qu'elles ont au contraire une faible épaisseur liquide au large des côtes basses.

Quant à la Méditerranée proprement dite, elle n'est
guère connue que dans les parages explorés pour la pose
des câbles télégraphiques; cependant, en rapprochant les
uns des autres tous les coups de sonde donnés çà et là et
les divers itinéraires suivis par les dérouleurs de fils, on est
arrivé à se faire une idée générale de la forme du relief
sous-marin. Que la Méditerranée baisse tout à coup de
200 mètres, cette mer se partagera en trois nappes distinctes : l'Italie rejoindra la Sicile, la Sicile s'unira par un
isthme à l'Afrique, le détroit des Dardanelles et le Bosphore se fermeront, mais la porte marine de Gibraltar restera en libre communication avec l'océan Atlantique. Que
le niveau baisse de 4,000 mètres, la mer Égée, le Pont-
Euxin, le golfe Adriatique disparaîtront en entier, ou ne
laisseront au fond de leurs bassins que des flaques sans
importance; le reste de la Méditerranée se divisera en plusieurs caspiennes isolées ou communiquant entre elles par
d'étroits canaux; enfin le seuil de Gibraltar joindra le promontoire terminal de l'Europe aux montagnes de l'Afrique.
Une dénivellation de 2,000 mètres ne laisserait plus que
trois lacs intérieurs : à l'ouest, un bassin triangulaire occu-

pant le centre de la dépression ouverte entre la France
et l'Algérie; au milieu, une longue cavité se dirigeant de la
Crète vers la Sicile; à l'est, un creux situé au large des
côtes d'Égypte. La plus grande profondeur méditerranéenne,
dépassant 4,000 mètres, est au nord des Syrtes, presque au
centre géométrique du bassin [1].

Il en est de l'Atlantique septentrional comme de la
Méditerranée. Les profondeurs de la vallée centrale qui se
prolonge du nord au sud, entre l'Europe et le nouveau
monde, ne sont connues que d'une manière générale; mais
les golfes et les détroits que l'Océan projette entre les terres
du nord de l'Europe, la Manche, la mer du Nord, le Cattegat, la Baltique, ont été explorés à peu près complétement
par la sonde des marins.

La mer du Nord offre dans toute sa partie méridionale,
du 51° au 57° degré de latitude, une profondeur moyenne de
30 à 50 mètres seulement, excepté au large de Newcastle,
où le fond se trouve de 90 à 120 mètres de la surface. De
vastes étendues de sable et de vase, le banc Blanc, le banc
Noir, le banc Brun, le Dogger-Bank, le Fisher-Bank, séparés
les uns des autres par des fosses et des canaux latéraux,
plus profonds de 10 à 20 mètres, emplissent le bassin presque dans son entier et se prolongent au loin vers le nord

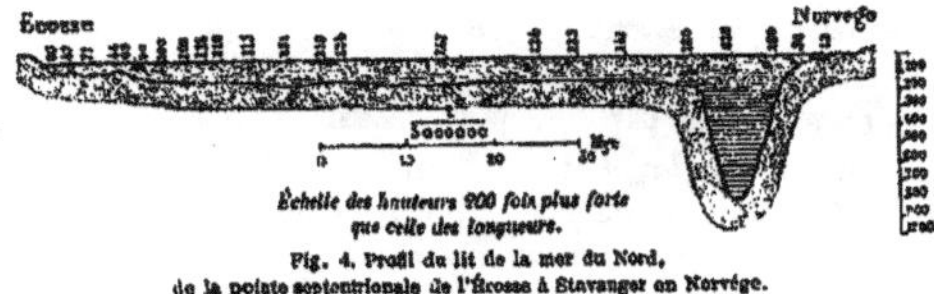

Échelle des hauteurs 200 fois plus forte
que celle des longueurs.
Fig. 4. Profil du lit de la mer du Nord,
de la pointe septentrionale de l'Écosse à Stavanger en Norvége.

jusque par le travers des îles Shettland. C'est là que se déposent, comme au centre d'un remous, les alluvions marines,

1. Boettger, *das Mittelmeer*; — *Mittheilungen von Petermann*, 1866.

tandis qu'un bras de l'Océan longe les côtes escarpées de la
Scandinavie sur les roches et les argiles compactes du fond;
dans ces parages, la corde de sonde descend jusqu'à 300,
500 et même 800 mètres de la surface marine. En plein
Skagerrack, entre les plages du Jutland et les falaises de la
Norvége, on a trouvé 810 mètres; on croirait voir, dans de
plus vastes proportions, ces rigoles étroites et profondes
qui entourent les rochers situés au milieu des plages basses.

Du Skagerrack au Cattegat, qui peut être considéré
comme le seuil sous-marin des eaux méditerranéennes de la
Baltique, la transition s'opère assez brusquement. Le Cattegat n'offre nulle part plus de 80 mètres; la profondeur
moyenne de son chenal est de 100 mètres seulement, et les
bancs de sable et de vase en rendent la navigation difficile.
L'épaisseur de la couche d'eau se réduit à 30, à 20, et
même, en certains endroits, à une dizaine de mètres dans
le Sund et le grand Belt, qui donnent entrée à la mer
Baltique proprement dite. Ce vaste bassin, qui tient à la
fois du golfe maritime par sa libre communication avec
l'Océan, et du lac intérieur par la faible salure de ses eaux,
offre une profondeur moyenne de 40 à 60 mètres, analogue
à celle du Cattegat; d'après Foss, l'endroit le plus profond,
situé entre l'île de Gottland et l'Esthonie, se trouverait
à 179 mètres seulement au-dessous du niveau marin[1];
d'après Anton von Etzel, la sonde ne toucherait le fond qu'à
275 mètres dans la partie la plus creuse de ces parages.

Au sud-ouest, la mer du Nord communique par le
Pas-de-Calais avec la Manche, étroit bras de mer que l'on
peut considérer comme un simple accident de la surface
terrestre, comme une sorte de fossé maritime, tant ses
abîmes sont peu de chose, comparés à ceux de l'Océan. Pour
se faire une idée vraie de la profondeur de la Manche comparée à son étendue, que l'on s'imagine une miniature de

1. *Zeitschrift für die Erdkunde*, n° 100, 1861.

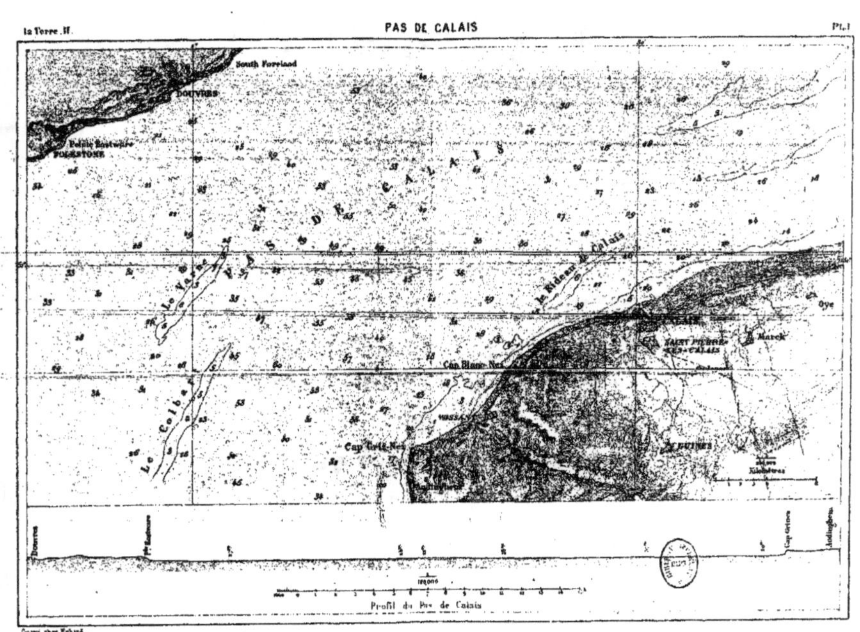

Grav. chez Erhard.

cette mer tracée à l'échelle de 1 mètre par kilomètre dans une prairie parfaitement horizontale. Cette nappe d'eau n'aurait pas moins de 500 mètres de long, et sa largeur varierait, suivant la disposition des côtes, entre 33 et

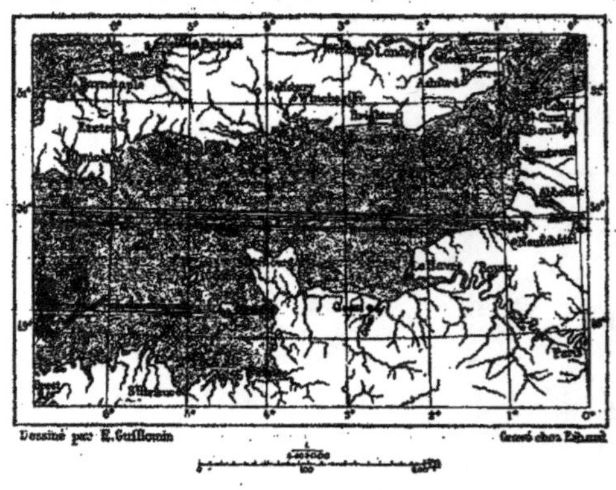

Fig. 5. PROFONDEURS DE LA MANCHE.

Dessiné par E. Guillemin   Gravé chez Erhard.

220 mètres. Et néanmoins, en dépit de cette surface considérable, la plus grande profondeur de la mare serait de 5 centimètres seulement à l'entrée ; dans la partie la plus

Fig. 6. Profil suivant la ligne de plus grande profondeur A B.

creuse du canal, entre la motte figurant Start-Point et celle des Sept-Iles, elle ne dépasserait pas 6 centimètres : un

II.   2

passereau sautillerait au-dessus de cette mer en miniature[1].
On le voit, il est facile de s'exagérer l'importance des pro-
fondeurs marines aussi bien que la hauteur des montagnes.
Le profil annexé à la planche I représente la puissance rela-
tive de la couche liquide comprise entre les falaises de
Douvres et celles de Calais.

Au sortir de la Manche, les points du lit océanique
explorés par les sondeurs sont de plus en plus espacés dans
la direction de l'ouest, puis deviennent tout à fait rares.
Enfin, à plusieurs centaines de kilomètres en mer, là où
commencent les véritables abîmes, c'est à des intervalles
de 50 et même de 90 kilomètres seulement qu'ont été opérés
les sondages. Les points de repère qui ont servi à dresser
la carte sous-marine de l'Atlantique boréal sont donc très-
peu nombreux, néanmoins on peut y voir une représentation à peu près exacte du relief océanique. En moyenne,
la profondeur de l'eau qui sépare les côtes de l'Amérique
du Nord et celles de l'Europe est d'environ 3,500 mètres,
mais la vallée centrale présente un relief relativement très-
uniforme, et beaucoup moins accidenté que ne l'est la surface de l'Europe ou même des États-Unis; les plus fortes
pentes n'y dépassent probablement pas celles des fleuves,
qui semblent être à peu près horizontales : on peut dire que
le fond de la mer est concentrique avec la surface. De là le
nom de « plateau du télégraphe » donné à ces plaines par
Maury, quelque temps avant qu'on posât le premier câble
transatlantique. La profondeur la plus considérable de ce
plateau est de 4,431 mètres, soit environ un 1639ᵉ de la
largeur de l'Océan : c'est là une épaisseur relativement plus
faible que celle de la plus fine aiguille[2]. Le profil de la
planche III permet de comparer le relief continental et
celui des fonds océaniques, depuis les côtes des États-Unis

1. Saxby, *Nautical Magazine,* March 1864.
2. Bischof, *die Gestalt der Erde und der Meeresfläche,* p. 6 et suiv.

OCÉAN ATLANTIQUE
MER DU NORD
FRANCE
ESPAGNE
Féroër
I. Shetland
I. Orcades
I. Hébrides
Mer d'Irlande
Irlande
Dublin
Londres
Paris
Madrid
Golfe de Gascogne
Gravé chez Erhard.
Les teintes indiquent les différentes profondeurs en mètres.
50
100
200
au delà de 200 mètres
Dressé par A. Vuillemin.

jusqu'à celles de l'Europe; il est vrai que pour rendre visibles les dimensions verticales, il a fallu les exagérer dans l'énorme proportion du vingtuple. Au sud, le fond de la mer devient de plus en plus accidenté. Un profil idéal tracé du plateau d'Anahuac à la Sénégambie à travers le Yucatan, la mer des Caraïbes, les Antilles et le bassin central de

Fig. 7. SECTION DE L'ATLANTIQUE TROPICAL.

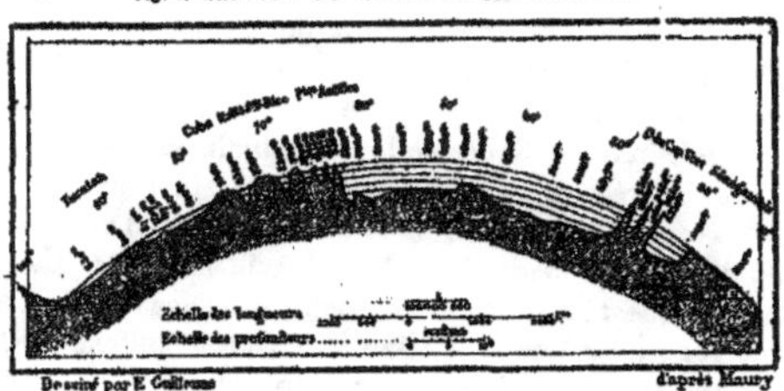

Dessiné par E. Guillemin   d'après Maury

l'Atlantique tropical, présente un relief beaucoup plus inégal que celui du plateau télégraphique; mais la partie vraiment océanique du bassin offre également dans presque toute son étendue une grande uniformité[1].

Considéré dans son ensemble, l'Atlantique boréal est une dépression dont les pentes descendent graduellement vers une cuve centrale située entre la côte des États-Unis, les Bermudes et le banc de Terre-Neuve. Un abaissement de 200 mètres seulement révélerait le piédestal sousmarin sur lequel reposent la France, l'Espagne et les îles Britanniques. C'est bien là la véritable base du continent d'Europe, car immédiatement en dehors de cette assise fondamentale qui forme l'angle extrême de l'ancien monde, le lit marin, incliné d'environ 8 degrés, descend graduellement de 200 mètres à 3,000 et 4,000 mètres au-dessous des

1. Maury, *Geography of the Sea.*

vagues. Une baisse de niveau de 2,000 mètres diminuerait
de plus de moitié la largeur de l'Atlantique, dessécherait
complétement le golfe du Mexique et ne laisserait qu'un
lac allongé dans la partie médiane de la mer des Caraïbes.
Si le niveau actuel s'abaissait de 4,000 mètres, un continent, séparé de l'Amérique et de l'Europe par deux étroits
canaux, et s'étalant lui-même sur une largeur de 2,500 à
3,000 kilomètres, se prolongerait jusque dans la zone torride et, par une coïncidence remarquable, affecterait cette
disposition péninsulaire et cette direction dans le sens du
midi qu'offrent le Groenland, la Scandinavie, l'Espagne,
l'Italie, la Grèce, l'Arabie, les deux Indes, ainsi que les trois
grands continents du sud[1]. Une dénivellation de 6,000 mètres
unirait complétement Terre-Neuve à l'Irlande et jetterait
par conséquent un pont entre l'ancien et le nouveau monde;
il ne resterait même de l'Atlantique central qu'une étroite
méditerranée se développant au large des Antilles et des
Guyanes. Enfin, que les eaux baissent de 8,000 mètres, et la
partie septentrionale de l'Atlantique sera réduite à une
petite caspienne triangulaire située entre les Açores, le
banc de Terre-Neuve et les Bermudes.

Dans l'état actuel de la science, il est impossible de
dresser, pour les profondeurs de l'Atlantique méridional,
une carte approximative semblable à celles que l'on peut
construire pour les fonds de l'Atlantique du nord. Il paraît
même que plusieurs des sondages exécutés dans cette partie de l'Océan doivent être considérés comme non avenus,
parce que les explorateurs n'avaient pas tenu compte de la
dérivation que les courants sous-marins font subir à la corde
de sonde. La profondeur de 13,900 mètres obtenue par le
capitaine anglais Denham inspire toute confiance à M. Bischof
et à d'autres géologues, parce que l'explorateur a pris soin
de relever plusieurs fois la corde à une centaine de mètres,

<hr>

[1] John Herschel, *Physical Geography*, p. 35.

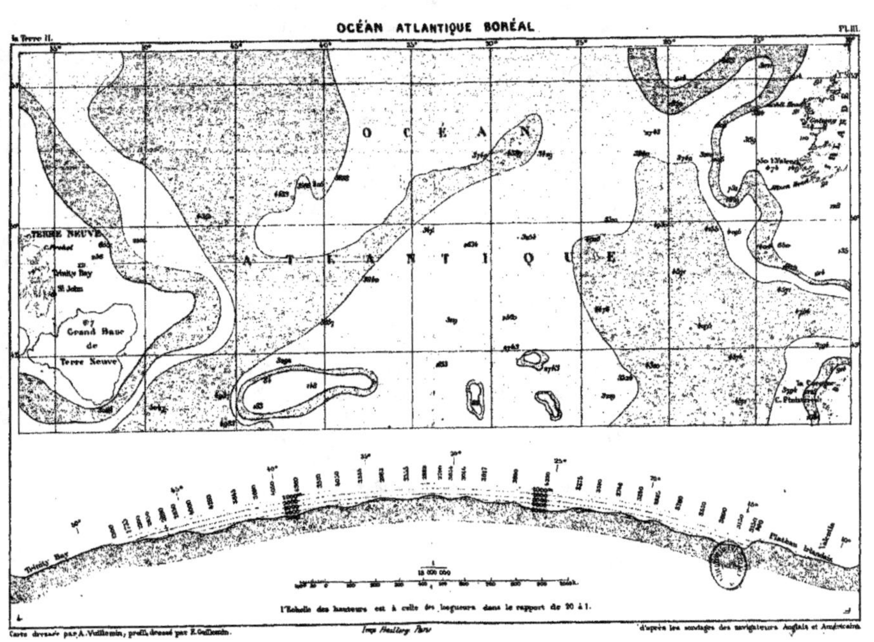
la Terre II.
Pl.III.
OCÉAN
ATLANTIQUE
TERRE NEUVE
Trinity Bay
St John
N°7
Grand Banc
de
Terre Neuve
Trinity Bay
Plateau télégraphique
l'Echelle des hauteurs est à celle des longueurs dans le rapport de 20 à 1.
Carte dressée par A. Vuillemin, profil dressé par E. Guillemin.
Imp Hailleny Paris
d'après les sondages des navigateurs Anglais et Américains.

et que celle-ci, en retombant, s'est toujours arrêtée au même point : quant au sondage de 15,900 mètres annoncé par l'Américain Parker, il est certainement erroné, puisque dans les mêmes parages on a plus tard trouvé le fond à 5,500 mètres seulement. Ne connaissant pas l'épaisseur de la couche liquide dans les diverses parties de l'Atlantique austral, des mathématiciens ont essayé du moins de calculer la profondeur moyenne de tout le bassin par la vitesse de translation des vagues de marée. Ils ont évalué à 6,700 mètres environ la puissance moyenne de la couche d'eau dans l'océan Atlantique, du 50° degré de latitude australe au 50° degré de latitude boréale. Or, la profondeur moyenne étant d'à peu près 4,000 mètres dans le bassin du nord, elle pourrait être d'après ce calcul évaluée à 9,000 mètres dans le bassin méridional[1]. Toutefois ces chiffres reposent sur l'hypothèse bien contestable et bien contestée que les marées, au lieu de se former d'une manière distincte dans chaque bassin de l'Océan, prennent une origine commune dans la grande mer polaire du Sud, et se déroulent vers le nord comme une vague immense dans la double vallée de l'Atlantique[2].

Quant à la partie de l'océan Pacifique comprise entre le Japon et les côtes de la Californie, ce n'est point par la vitesse de propagation des marées, mais par celle des vagues d'ébranlement que l'on a pu en évaluer approximativement la profondeur moyenne. Lors du terrible tremblement de terre du 23 décembre 1854, qui détruisit partiellement plusieurs villes japonaises, entre autres Yeddo et Simoda, les vibrations de la surface marine traversèrent en 12 heures et quelques minutes un espace océanique de 11,000 kilomètres, et le professeur Franklin Bache put calculer en conséquence la vitesse des ondes et la profondeur

1. John Herschel, *Physical Geography*, p. 72.
2. Voir, ci-dessous, le chapitre intitulé *les Marées*.

de l'océan à travers lequel elles s'étaient propagées : cette profondeur est en moyenne de 4,285 mètres[1]. D'ailleurs, les divers sondages authentiques exécutés dans le bassin septentrional du Pacifique, entre la Californie et les îles Sandwich, confirment ce résultat du calcul, puisqu'ils indiquent des fonds variant de 3,600 à 4,700 mètres. Non loin de la côte de la Californie, on a trouvé 4,940 mètres de profondeur[2]. Entre les Philippines et les Mariannes, deux autres sondages ont donné 5,975 mètres et 6,600 mètres, et même, dans cette dernière opération, le plomb a rapporté des échantillons du flot sous-marin et 117 espèces d'animalcules. Enfin, entre le Pacifique et la mer des Indes, au sud des îles de la Sonde, le capitaine Ringgold a trouvé le fond à plus de 14 kilomètres au-dessous de la surface. Ainsi l'on pourrait jeter dans cet abîme de la mer non-seulement le Pélion sur Ossa, mais aussi le Gaourisankar, la plus haute montagne du globe, et sur ce pic, si l'on dressait encore le mont Blanc, le sommet de ce colosse du continent d'Europe n'atteindrait même pas la surface des flots.

L'océan Indien est probablement aussi très-profond dans la plus grande partie de son étendue; mais on n'en connaît guère d'une manière approximative que les parages très-rapprochés des côtes. Ses golfes, de même que ceux de la Méditerranée et de l'océan Atlantique, ont relativement une faible épaisseur d'eau : ainsi le golfe Persique n'aurait en moyenne que 100 mètres de profondeur, et la mer Rouge de 300 à 500. Les parties du golfe du Bengale qui longent a côte de Coromandel et le delta du Gange s'approfondissent aussi très-lentement au large du littoral, sauf dans le voisinage de l'extrémité septentrionale du golfe, où se trouve un gouffre étonnant, le *great swatch*, qui n'a pas moins de 4,000 mètres et qu'enveloppent au nord, à l'est et à l'ouest

1. *Report of the United-States Coast-Survey*, 1855.
2. John Herschel, *Physical Geography*, p. 39.

des fonds de boue et de limon où la sonde touche à quelques
dizaines de mètres à peine. C'est peut-être à un remous
des eaux de marée qu'est due la formation de ce singulier

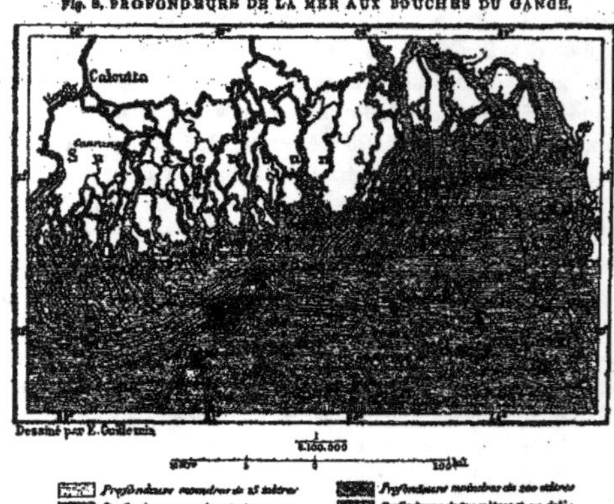

Fig. 8. PROFONDEURS DE LA MER AUX BOUCHES DU GANGE.

entonnoir, s'ouvrant précisément à l'endroit où viennent
s'épancher dans la mer les alluvions du Gange [1].

Presque tout l'archipel de la Sonde, Sumatra, Java,
Borneo et les îles avoisinantes, reposent sur un banc sous-
marin n'ayant en moyenne que 60 mètres de profondeur,
et dans les endroits les plus creux 100 mètres seulement :
ce piédestal est probablement la base d'un ancien continent dont les innombrables terres parsemées dans ces
parages sont les débris. Un autre banc qui s'étend jusqu'à
700 kilomètres au nord et au nord-ouest de l'Australie

1. Voir, dans le premier volume, le chapitre intitulé *les Rivières.*

porte ce continent et toutes les îles voisines, y compris la Nouvelle-Guinée : un détroit d'eaux très-profondes et non encore sondées, sépare des archipels asiatiques ces hauts-fonds australiens qui, eux aussi, semblent être les anciens fragments de terres disparues[1]. C'est autour de ces deux grands socles continentaux que commencent les deux océans proprement dits du Pacifique et des Indes.

Quant aux parages antarctiques, on a trouvé 3,150 mètres de profondeur entre le 63me et le 64me degré de latitude ; près du 78me degré, à côté même de l'énorme barrière de glace qui l'empêchait de s'avancer vers le pôle, James Ross a touché le fond à 760 mètres : c'est là tout ce que les navigateurs nous ont appris. L'océan glacial du Nord est mieux connu, du moins dans quelques-uns de ses parages. Au nord de la Sibérie, le fond de la mer, continuant la pente des *toundras* à peine inclinées, se prolonge vers le pôle avec une si faible déclivité, qu'à 250 kilomètres du littoral, la sonde accuse en moyenne de 26 à 27 mètres seulement. Autour du Spitzberg et des côtes occidentales de la Scandinavie, la mer est beaucoup plus profonde, et sur le littoral escarpé de la Norvége, ses abîmes vont rejoindre la fosse qui sépare la Scandinavie des bas-fonds de la mer du Nord. Plus à l'ouest, entre l'Écosse et l'Islande, les parages explorés par Mac Clintock en vue de la pose d'un câble télégraphique ont rarement plus de 600 mètres et n'offrent en aucun endroit une couche d'eau de plus de 1,225 mètres d'épaisseur. Entre l'Islande et le Groenland, la sonde a trouvé 2,830 mètres, et dans le détroit de Baffin, s'ouvrent des abîmes de plus de trois kilomètres et demi (3,675 mètres). Cette dépression considérable fait du Groenland une terre entièrement distincte du continent américain. Le plateau sur lequel repose cette grande île offre des pentes

[1]. Voir, ci-dessous, les chapitres intitulés *les Rivages et les Iles*, et *la Terre et sa Faune*.

relativement très-escarpées. Du côté de l'ouest, la déclivité du fond est en certains endroits de 1 mètre sur 5, tandis que les pentes occidentales du plateau sous-marin de l'Irlande, qui sont parmi les plus rapides de l'Océan, ont environ 1 mètre de chute sur 8 mètres de longueur[1].

On le voit : l'état de nos connaissances sur les étendues sous-marines est encore bien limité. Cependant l'ensemble des faits déjà constatés scientifiquement donne une très-grande probabilité à cette opinion, fort naturelle d'ailleurs, que les océans s'approfondissent graduellement dans la direction du sud, où la nappe liquide occupe la plus grande largeur autour de la planète. Le célèbre chimiste et géologue Bischof croit pouvoir conclure de la comparaison de tous les sondages que le lit des mers est en moyenne aussi rapproché du centre du globe que le sont les pôles eux-mêmes. En certains parages, notamment vers le 78e degré de latitude nord, le rayon terrestre mené au fond de la mer est même plus court que celui du pôle, ce qu'il faut attribuer peut-être à l'érosion du sol par les montagnes de glace; dans la plupart des océans, au contraire, le fond de la mer est un peu plus éloigné du centre de la terre que ne le sont les pôles, ce qui provient sans doute des alluvions apportées par les fleuves et des entassements d'animalcules. Ainsi, la partie du globe recouverte par les eaux marines pourrait être considérée comme parfaitement ronde, et l'hypothèse de Newton, expliquant le renflement équatorial par l'état de fluidité qu'aurait eu la masse planétaire, deviendrait inutile[2].

Quant à la profondeur moyenne de toute la masse des eaux marines, on ne saurait guère l'évaluer à moins de 5 kilomètres, puisque déjà tout le bassin de l'Atlantique et celui du Pacifique boréal, que bordent les grands continents du nord, sont plus profonds de plusieurs centaines ou même

1. Wallich, *North Atlantic Sea-bed*, p. 18.
2. *Gestalt der Erde und der Meeresfläche*.

de milliers de mètres. En prenant pour la surface totale des océans une étendue de 386 millions de kilomètres carrés, on trouve que la mer forme un volume d'au moins 1,930 milliards de kilomètres cubes, soit la 560° partie de la planète elle-même. John Herschel[1] donne pour ce même volume des chiffres beaucoup plus élevés; mais il a pris pour base de son calcul le maximum probable de la profondeur des eaux, soit quatre milles anglais, plus de 6,436 mètres. On ne saurait se prononcer encore avec certitude; un jour, grâce aux nouvelles observations qui s'ajoutent chaque année à toutes celles que la science possède déjà, il sera permis d'indiquer des chiffres relativement précis pour la profondeur des gouffres marins et la masse liquide qui les emplit. Une chose est certaine, c'est que toute la partie du relief continental élevée au-dessus de la surface des eaux est beaucoup moins haute que la mer n'est profonde : on peut évaluer ces terres émergées à un quarantième environ de la masse des eaux. D'ailleurs, ces terres elles-mêmes renferment aussi une énorme proportion d'humidité entrant chimiquement dans la composition des roches.

L'eau des mers, sollicitée par la force de la pesanteur, cherche incessamment son niveau comme l'eau des fleuves et des lacs. Lorsque, par suite d'une évaporation très-active ou de la persistance de tempêtes soufflant d'un même côté de l'horizon, la surface marine s'est abaissée dans un golfe, les eaux des parages voisins se précipitent aussitôt vers l'espace appauvri afin d'en remplir les vides; de même, quand de fortes pluies, les crues de grands fleuves ou l'action des vents ont élevé le niveau de la mer sur un point, ce gonflement local ne manque pas de se déprimer bientôt et d'épancher son trop-plein sur les nappes environnantes. On peut donc considérer la hauteur moyenne de la mer comme étant la même dans tous les océans, puisque le mou-

[1]. *Physical Geography*, p. 17.

vement naturel de l'eau est de rétablir l'égalité de sa surface dans toutes les parties où s'est produit un trouble accidentel.

Cependant la diversité des climats, des vents et des courants est telle que certaines mers, séparées l'une de l'autre par un isthme étroit, offrent d'une manière permanente des hauteurs inégales. Ainsi, plusieurs ingénieurs allemands croient avoir constaté que la mer Baltique, dans laquelle se déversent en si grand nombre des fleuves considérables, est en moyenne de quelques décimètres plus élevée (?) que la mer du Nord[1]. De même l'Atlantique, dont les eaux s'épanchent d'un côté dans la mer du Nord, de l'autre dans la Méditerranée, aurait un niveau moyen faiblement supérieur à celui des deux bassins qu'il alimente, tandis que la mer Noire et le golfe de Venise recevant, comme la Baltique, plusieurs rivières abondantes, seraient aussi, comme elle, relativement élevées. Des deux côtés de l'isthme de Suez, les eaux se trouvent aussi à des hauteurs légèrement inégales : d'après l'ingénieur Bourdaloue, le niveau moyen de la mer Rouge, à Suez, dépasse de 80 centimètres celui de la Méditerranée près de Port-Saïd; aux basses marées, les deux nappes se trouvent sensiblement à la même hauteur, tandis qu'à l'heure du flux, l'eau est parfois plus haute de 1 mètre dans la baie de Suez qu'à l'extrémité septentrionale du canal de l'isthme. Une semblable différence se produit également entre la baie de Colon et le golfe de Panama, et là aussi c'est la masse d'eau dont les marées ont le plus d'amplitude, c'est-à-dire l'océan Pacifique, qui l'emporte en hauteur. Du reste, les mesures faites sur le niveau toujours instable de la mer sont des opérations fort délicates, car on peut se tromper au point de départ, à cause des oscillations changeantes du flux et du reflux, et sur des espaces de plusieurs kilomètres coupés

1. Woltmann; — von Hoff, *Veränderungen der Erdoberfläche*, t. III, p. 328.

d'obstacles divers, il est bien difficile d'éviter de légères
erreurs. En tout cas, il est certain que la surface de la mer,
sans cesse parcourue et remuée par les vents, les courants
et les marées, n'est parfaitement horizontale sur aucun point
du globe.

III.

Composition de l'eau de mer. — Poids spécifique. — Marais salants, naturels et
artificiels. — Substances diverses. — Différences de salinité. — Sel marin.

En outre des limons, des restes d'animalcules et des
innombrables débris qu'elle tient en suspension, l'eau de
mer est aussi chargée de substances chimiques en solution,
qui lui donnent un poids spécifique notablement supérieur
à celui de l'eau douce. Ce poids varie dans toutes les mers,
suivant la quantité des substances dissoutes, le taux de
l'évaporation, les apports des fleuves, les pluies, la direction des courants et des contre-courants. Dans les mers
polaires, le poids spécifique des eaux se modifie également par suite de la formation ou de la fonte des glaces :
chaque variation de la température, chaque mouvement
local de la mer, a pour conséquence une modification plus
ou moins sensible dans la proportion des sels dissous et
dans le poids spécifique de l'eau. Aussi ne peut-on donner
que des moyennes pour ces diverses conditions de la masse
liquide dans les différentes mers.

La moyenne du poids spécifique est pour les océans aux
bassins profonds de près de 1,028, c'est-à-dire qu'un mètre
cube d'eau marine pèse 1,028 litres, 28 litres de plus qu'un
même volume d'eau distillée. Dans la Méditerranée, où la
chaleur solaire vaporise plus de liquide que les fleuves n'en
apportent, le poids spécifique moyen dépasse 1,029 ; dans
la mer Noire au contraire, où débouchent des rivières d'eau
douce très-considérables, le poids spécifique se réduit à

1,016; enfin on constate en d'autres mers, suivant les conditions physiques dans lesquelles elles se trouvent, tous les
poids intermédiaires entre ces poids extrêmes. Il paraît du
reste établi que les eaux des océans de l'hémisphère méridional sont en moyenne un peu plus légères que celles de
l'hémisphère septentrional[1].

La quantité moyenne de tous les sels contenus dans la
mer, ou, si l'on veut, la *salinité* des eaux marines, était évaluée par Bibra et Bischof, à 35,27 parties sur 1,000; mais
des observations beaucoup plus complètes, faites depuis par

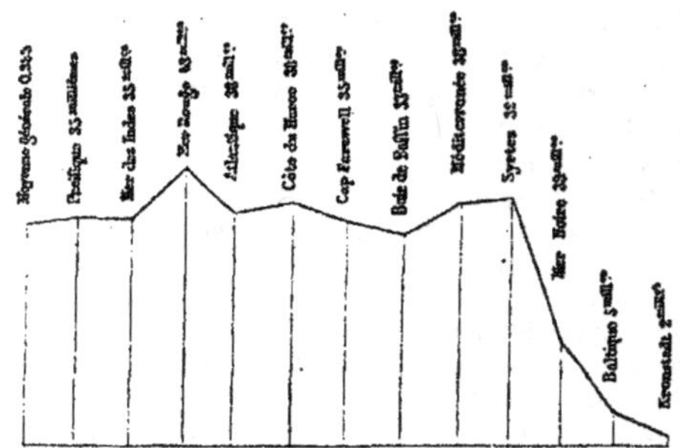

Fig. 9. Salinité proportionnelle des mers.

Forchhammer, ont réduit cette proportion à 34,40. D'ailleurs, presque toutes les analyses qui, jusqu'à nos jours, ont
été faites de l'eau prise au large dans l'Océan, confirment
l'opinion générale des chimistes, que la proportion relative
des matières dissoutes est sensiblement la même dans toutes
les mers. La quantité du sel marin est toujours d'un peu
plus des trois quarts de la salinité totale (75,786).

<hr>

1. Horner; J. Davy. — Bischof, *Lehrbuch der chemischen Geologie.*

Dans l'Atlantique tropical du nord, la moyenne des sels
océaniques est de près de 38 pour mille sur les côtes du
Sahara et du Maroc, où la mer ne reçoit aucun tributaire et
où, par contre, l'évaporation est très-active. Plus au large,
et principalement dans les parages américains, où l'eau de
plusieurs grands fleuves se mêle à celle de la mer, la salinité est moins élevée d'un, de deux ou même de trois millièmes ; seulement, elle est en général plus forte dans les
eaux tièdes du grand courant appelé Gulf-stream, qui traverse obliquement l'Atlantique. La proportion des sels contenus dans ce courant dépasse toujours 35 millièmes[1], tandis
que l'eau qui reflue du pôle vers l'équateur par la baie de
Baffin est de 33 millièmes environ. C'est aux énormes
amas de glaces que ces courants doivent la salinité relativement faible de leurs eaux. Les masses d'eau froide qui
se dirigent du pôle antarctique vers le sud de l'Afrique et
de l'Amérique renferment également moins de matières
salines que les mers des zones tempérées et de la zone
équatoriale.

Quant aux bassins presque fermés, comme la Méditerranée, la mer des Antilles, la Baltique, la salinité doit y être
évidemment plus ou moins forte que celle de l'Océan, suivant que l'évaporation est en excès sur l'eau douce apportée
par les fleuves et les nuages ou bien leur est inférieure.
Dans la Méditerranée, la perte en vapeurs étant plus considérable que les apports en eau douce, la salinité doit s'accroître en conséquence, et la masse liquide ne cesserait de
diminuer, si un courant venu de l'Atlantique par le détroit
de Gibraltar ne rétablissait l'équilibre. Tandis que les eaux
moins salines de l'Océan pénètrent dans la Méditerranée en
coulant à la surface, un contre-courant sous-marin, composé d'eau plus lourde et plus salée, coule en sens inverse
dans les profondeurs et va se mêler aux masses liquides de

1. Voir, ci-dessous, le chapitre intitulé *les Courants*.

l'Atlantique renfermant moins de sels. La salinité moyenne de la Méditerranée est de près de 38 millièmes, et dépasse même 39 millièmes dans les Syrtes et sur les côtes de Tripoli, où soufflent les vents desséchants du désert.

De même la mer des Caraïbes paraît offrir une assez grande salinité relative à cause d'un excès de l'évaporation sur l'apport des eaux douces; mais le contraire a lieu dans le golfe de Saint-Laurent, dans la mer du Nord et surtout dans la Baltique et le Pont-Euxin. La salinité de la mer du Nord est, suivant les divers parages, de 30 à 35 millièmes, tandis que celle de la Baltique, mer peu profonde où viennent affluer tant de rivières et où le moindre vent modifie la teneur des eaux [1], ne s'élève pas tout à fait à 5 millièmes; dans le port de Cronstadt, elle n'est pas même de deux tiers de millième : c'est presque de l'eau douce. Quant à la mer Noire, elle garde beaucoup plus que la Baltique le caractère d'un golfe de l'Océan, car la salinité moyenne y est à peu près la moitié de celle de l'Atlantique.

Ces différences de salinité entre le bassin central de l'Atlantique et ses mers latérales n'ont rien qui puisse étonner; mais, à moins que l'énorme quantité des glaces antarctiques n'explique cette différence, on ne peut encore savoir pourquoi la mer du Sud et l'océan des Indes contiennent dans leurs eaux moins de matières salines que l'Atlantique. Tandis que celui-ci offre une salinité d'environ 36 millièmes, l'eau du Pacifique est inférieure en teneur saline de près d'un millième, et l'océan Indien non plus n'a guère que 35 millièmes de substances chimiques. Cependant l'Atlantique reçoit une plus grande abondance d'eau douce que les autres océans et l'évaporation n'y est probablement pas aussi forte en moyenne que dans la mer des Indes. Quoi qu'il en soit, les golfes de l'océan Indien offrent des phénomènes analogues à ceux des méditerranées de

1. Von Sass, *Zeitschrift für die Erdkunde*, XII, 1867.

l'Atlantique. Ainsi la mer Rouge, dans laquelle il ne se
jette pas un seul cours d'eau permanent et où l'évaporation
se produit avec une grande intensité, présente l'énorme
salinité de 43 millièmes : pareille proportion ne se trouve
que dans les lacs salés de l'intérieur des terres [1].

Le chlorure de sodium ou sel de cuisine forme à lui
seul, nous l'avons dit, les trois quarts de la salinité des
eaux de la mer : c'est là vraiment le sel caractéristique de
l'Océan, celui qui contribue le plus à lui donner sa saveur
propre et cette odeur dont s'imprègne le vent marin chargé
de la fine écume des vagues. L'air qui repose sur la mer
contient lui-même du sel jusqu'à une hauteur considérable :
à 600 mètres d'élévation au-dessus de la côte, sur les flancs
de la montagne qui domine la ville péruvienne d'Iquique,
M. Bollaert a constaté que les étoffes lavées à l'eau distillée
se recouvraient en quelques jours d'une légère croûte de
sel [2].

L'épaisseur de la couche de chlorure de sodium cristal-
lisé qui se formerait dans la haute mer serait en moyenne
de 14 millimètres par mètre d'eau, de sorte que si l'on pouvait s'imaginer l'évaporation des eaux de l'Océan, il resterait
au fond de son lit, évalué à 5 kilomètres de profondeur,
une assise de sel épaisse de 70 mètres en moyenne, ce
qui représenterait pour toute l'étendue des mers plus de
27 millions de kilomètres cubes. On comprend qu'avec des
quantités aussi considérables de chlorure de sodium en
solution la mer ait pu suffire à former les énormes couches
de sel gemme qui se trouvent dans la terre en diverses
parties des continents, sans compter bien d'autres gisements qui restent encore à découvrir et qui, tôt ou tard,
nous seront révélés par les travaux des mineurs ou les
forages artésiens.

1. Forchhammer, *Philosophic Transactions*, part. I, 1865.
2. *Antiquities*, p. 238.

Du reste, on peut voir la mer à l'œuvre sur toutes ses
côtes basses, où elle dépose des couches salines, destinées
à devenir à la longue des masses de sel gemme, dès
qu'elles seront enfouies dans l'intérieur de la terre par la
formation de strates plus modernes. Lorsque, à la suite d'une
tempête ou d'une forte marée, les eaux de l'Océan s'étalent en
une mince nappe sur une plage horizontale ou dans quelque
dépression peu profonde, cette faible couche liquide, épanchée sur une vaste surface, s'évapore rapidement sous les
rayons du soleil et laisse à sa place une légère croûte
blanche de cristaux salins; d'autres nappes, poussées par la
houle ou le flux dans le même bassin d'évaporation, disparaissent également en formant de nouvelles couches de
cristaux; c'est ainsi que se forment graduellement, au bord
de la mer, de même que sur les plages des lacs salés et des
mers intérieures, de véritables bancs d'une épaisseur considérable[1].

Même la mer Noire, où la proportion de sel est relativement très-peu considérable, est sur une grande partie
de son pourtour bordée de ces marais salants naturels.
En Bessarabie, au sud d'Odessa, trois « limans » d'une superficie totale de plusieurs centaines de kilomètres carrés,
cessent de recevoir en été leurs affluents d'eau douce, et
toute l'eau qui s'y est épanchée en hiver s'évapore en
laissant une croûte de sel; vers le centre des bassins de
cristallisation, la masse solide finit même par avoir trois
décimètres d'épaisseur. En 1826, ces fabriques naturelles,
exploitées par les indigènes, produisaient environ 120 mille
tonnes de sel pur[2]. Dans la plupart des contrées populeuses de l'Europe occidentale, l'homme change les plages
vagues en marais salants aux contours réguliers; les dépressions inégales, où l'eau de mer s'évaporait au hasard,

1. Voir, dans le premier volume, le chapitre intitulé *les Lacs.*
2. Bischof, *Lehrbuch der chemischen und physikalischen Geologie.*

sont transformées en bassins où la nappe liquide est conduite de compartiment en compartiment pour se saturer graduellement et se déposer en couches égales de sel pur; mais ce ne sont là que des travaux d'aménagement : l'homme se borne à régulariser l'œuvre de la mer elle-même[1].

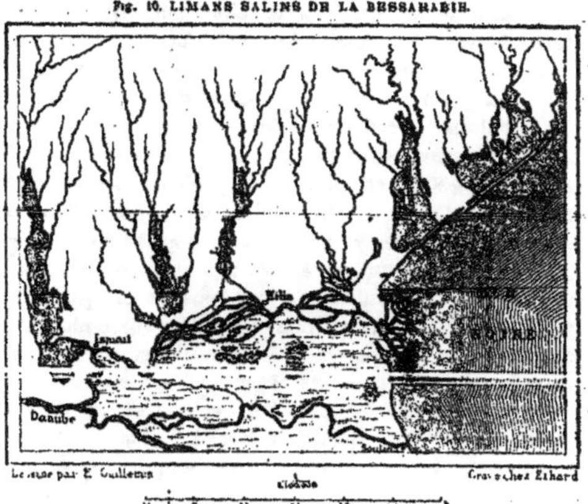

Fig. 10. LIMANS SALINS DE LA BESSARABIE.

Outre le sel commun, plusieurs substances, qui se trouvent exceptionnellement dans les eaux de la surface continentale, font partie de la composition normale de l'eau de mer. Les divers corps simples que la science a pu y reconnaître, soit directement par l'analyse du liquide, soit indirectement par l'étude des plantes qui tirent toute leur nourriture de l'Océan, sont au nombre de vingt-huit; mais il n'est pas douteux que tous les autres corps ne soient contenus

1. Voir, ci-dessous, le chapitre intitulé *le Travail de l'Homme*.

également dans l'eau de mer, et nombre d'entre eux n'échapperont point aux regards perçants des chimistes.

Après l'oxygène et l'hydrogène, qui constituent la masse liquide elle-même, les principaux éléments contenus dans l'eau marine sont : le chlore, l'azote, le carbone, le brome, l'iode, le fluor, le soufre, le phosphore, le silicium, le sodium, le potassium, le bore, l'aluminium, le magnésium, le calcium, le strontium, la baryte. Le fucus ordinaire et les autres varechs renferment la plupart de ces substances ainsi que plusieurs métaux. On a découvert du cuivre, du plomb, du zinc dans les cendres du *fucus vesiculosus ;* du cobalt, du nickel, du manganèse dans celles de la *zostera marina*. Le fer peut être obtenu directement par l'analyse de l'eau de mer ; enfin l'argent se trouve dans un zoophyte, le *pocillopora*. Forchhammer a retiré d'une branche de ce corail environ un trois-millionnième d'argent mêlé à six fois la même quantité de cuivre et à huit fois la même quantité de plomb. Une faible proportion d'argent se précipite sur la carène des navires par suite du courant magnétique établi entre le doublage de cuivre et l'eau de mer environnante[1]. Enfin dans les chaudières de bateaux à vapeur qu'on avait alimentées d'eau de mer, on a trouvé de l'arsenic[2]. Il est vrai que ces diverses substances n'existent dans l'eau qu'en proportions infinitésimales, et c'est uniquement par des moyens indirects que la chimie parvient à les révéler : la masse totale de l'argent qui se trouve dans la mer immense est évaluée seulement à 2 millions de tonnes.

Les mers ayant reçu très-probablement des couches terrestres, sans cesse érodées par les eaux courantes, tous les corps qu'elles tiennent en solution, on en doit conclure que les proportions de ces corps ont continuellement varié durant les âges géologiques : la salinité se modifiait d'âge en

---

1. *Philosophic Transactions,* part. I, 1865.
2. Bischof, *Lehrbuch der chemischen und physikalischen Geologie.*

âge, suivant les diverses quantités de substances solubles
que les fleuves apportaient dans l'Océan et que celui-ci rendait à la terre, soit directement, en les déposant sur ses
rivages, soit indirectement en les fixant dans les tissus de ses
plantes, de ses coraux et des autres organismes qui en peuplent l'étendue. Par d'ingénieuses comparaisons entre les
faits actuels et ceux qui semblent s'être accomplis jadis dans
les couches sédimentaires, plusieurs géologues ont essayé
de déterminer si les substances en solution dans l'eau marine ont augmenté ou diminué; mais les conclusions auxquelles ils sont arrivés reposent encore sur des données trop
hypothétiques pour qu'il soit possible d'y voir déjà une nouvelle conquête de la science. Seulement il est certain que de
nos jours les proportions des corps dissous n'ont point cessé
de varier dans chaque mer. On peut en juger par la différence énorme qui s'est produite entre la salinité des eaux
de la Caspienne et celle de la mer Noire, deux bassins séparés qui faisaient partie du même océan, à une époque
géologique encore récente.

L'eau de la mer renferme aussi une grande quantité
des gaz de l'air, dont les proportions changent constamment
avec la chaleur, la lumière, le mouvement des vagues, la
pression barométrique. Les eaux salées retiennent mieux
l'air dissous que ne le font les eaux douces, et le volume
qu'elles en absorbent est en général supérieur d'un tiers à
celui qui se trouve dans les rivières : il varie d'un cinquième
à un trentième et s'accroît graduellement de la surface jusqu'à la profondeur de 600 et 700 mètres [1]. L'acide carbonique est contenu aussi en quantité relativement très-considérable dans l'eau de l'Océan, ainsi qu'on pouvait d'ailleurs
le prévoir d'avance, à cause des myriades pullulantes des
animaux marins. Sous l'influence de la lumière, les plantes
et les infusoires décomposent cet acide, qui diminue ainsi

[1]. Bischof, *Lehrbuch der chemischen und physikalischen Geologie.*

pendant le jour pour s'augmenter de nouveau pendant la
nuit. Quant à la quantité d'oxygène dissous, elle oscille en
sens inverse; le jour elle s'accroît peu à peu pour se réduire
ensuite durant les ténèbres. Comme par une sorte de respiration, la grande mer, cette immensité toute vivante d'organismes, absorbe et dégage alternativement les gaz nécessaires au maintien de la vie, en mesurant chaque souffle à
la course journalière du soleil.

I V.

Couleurs diverses des eaux marines. — Reflets, transparence et couleur propre. —
Température des couches profondes.

Grâce à la double propriété que possède l'eau de réfléchir la lumière et de se laisser pénétrer par les rayons jusqu'à une grande profondeur, elle offre successivement les
couleurs les plus variées, les teintes les plus délicates, les
nuances les plus fugitives et les plus changeantes qui se
trouvent dans la nature. La mer reproduit en le modifiant
le tableau varié du ciel avec tous ses jeux et ses gradations
de lumière et d'ombre. À l'aurore, la face de l'eau s'éclaire
doucement des lueurs de l'atmosphère encore pâles et
timides, mais le brasillement des flots devient de plus en
plus éclatant et le grand jour fait ruisseler le feu sur les
vagues. Chaque mouvement du monde des airs se traduit
par un changement dans l'aspect de l'eau, chaque nuage
en passant se mire avec ses formes et les nuances de ses
vapeurs, chaque souffle du vent qui fait frissonner les flots
renouvelle, sur la nappe de l'Océan, l'harmonie du coloris
mobile; puis, quand le soir vient, la mer rend au ciel tout
son éclat de pourpre et de flamme. C'est alors qu'on voit
à l'horizon « deux soleils venir au-devant l'un de l'autre. »
   Mais l'eau ne doit pas seulement sa beauté à la splendeur du ciel, elle est belle aussi par sa transparence, et les

corps suspendus dans la masse liquide se montrent jusqu'à
une certaine profondeur, en modifiant par leur coloration
propre la teinte générale de la mer. Les animaux, poissons
ou cétacés, qui remontent vers la surface ou qui glissent
d'un trait sous les flots, les font briller soudain des reflets
changeants du gris, du rose, du vert et de l'argent. Les
fucus croissant au fond de l'eau varient aussi l'aspect des
couches liquides qui les recouvrent, et là où ces lits de
plantes alternent avec des bancs de roche nue ou des traînées de sable, la mer offre un admirable mélange de nuances
diverses aux contours indécis et tremblants. Dans les parages où l'eau est d'une grande transparence, on peut ainsi
reconnaître distinctement la couleur du fond jusqu'à 20, 30
et même 40 mètres au-dessous de la surface, ainsi que
des marins l'ont constaté par des observations scientifiques faites avec le plus grand soin[1]. Du reste, cette transparence ne paraît point dépendre de l'intensité de la
lumière reçue, car dans les mers arctiques, on distingue
les objets flottants à des profondeurs aussi fortes que dans
la mer des Antilles, et c'est même sous les latitudes polaires
que le regard de l'homme aurait pu sonder jusqu'à la plus
grande distance au-dessous de la surface. D'après Scoresby,
le consciencieux explorateur des mers polaires, le fond des
eaux pures de ces régions resterait parfois visible jusqu'à
130 mètres de profondeur[2]. Il est vrai que, par suite de la
différence des climats et des organismes qui en dépendent,
les espaces sous-marins sont dans la zone tropicale bien
autrement curieux à contempler que dans le voisinage des
pôles. Rien de plus beau que de voguer sur une de ces mers
où, tout en voyageant sans crainte des écueils, l'on ne cesse
de voir le lit des eaux se dérouler au loin sous la proue du
navire. Les algues nombreuses, vertes ou roses, ondulent

---

1. Cialdi, *Sul moto ondoso del mare*, p. 284.
2. *Arctic Regions.* — Voir aussi la notice d'Arago, *Œuvres complètes*, t. IX.

gracieusement au-dessous des flots comme les herbes d'un
ruisseau ; les coquillages rampent sur le fond ; les cétacés,
les poissons, les étoiles de mer aux couleurs éclatantes, et
tant d'autres animaux aux formes étranges glissent lentement ou s'élancent comme des flèches à travers l'eau bleue
brillant de mille lueurs changeantes ; les némertes et autres
rubans animés y déploient mollement leurs anneaux trans-
parents : on pourrait se croire suspendu au-dessus d'une
autre terre et flotter dans un navire aérien. L'écume blanche
des vagues que soulève la quille du vaisseau et les couleurs
irisées qui font resplendir les gouttelettes éparses ajoutent
encore au charme de ce merveilleux tableau.

Même lorsque le fond n'est pas distinctement visible,
il ne laisse pas de se révéler par la nuance particulière qu'il
donne aux eaux : en général, la couleur de la mer est moins
foncée dans le voisinage des côtes, et jusqu'à 200, peut-être
même à 300 mètres de profondeur, une vague pâleur de
l'eau annonce parfois au regard exercé du marin la proximité relative du fond. Non loin des côtes du Pérou, de Tessan s'aperçut que la mer avait pris tout à coup une teinte
d'un vert-olive foncé, et quand il fit jeter la sonde, il se
trouva que la vase du fond était précisément de cette même
couleur. De nombreux navigateurs ont constaté que sur
une partie du banc des Aiguilles où la masse liquide n'a pas
moins de 200 mètres d'épaisseur l'eau passe subitement du
bleu au verdâtre[1]. Enfin, au large de Loango, les eaux ont
toujours une couleur brune, répondant à celle du fond, que
Tuckey a trouvé d'un rouge intense. Cette coloration est-elle
due à la répercussion de la lumière, qui descend à travers
es épaisses couches liquides jusqu'au lit marin et se reflète
vers la surface, ou plutôt provient-elle, ainsi que le pense
Cialdi, des molécules de vase flottant dans les eaux[2] ?

1. Arago, *Œuvres complètes*, t. IX.
2. *Sul moto ondoso del mare*, p. 257.

Une autre question difficile à résoudre est celle de savoir quelle est la couleur propre de l'eau marine. Sans parler de colorations locales provenant, de même que la phosphorescence, d'animalcules sans nombre[1], les diverses parties de l'Océan offrent presque toujours, quel que soit l'état de l'atmosphère, une teinte normale facile à distinguer des nuances accidentelles. Ainsi, pour citer un des contrastes les plus saisissants, l'eau du golfe de Gascogne est d'un vert sombre, tandis que dans le golfe du Lion, l'eau de la Méditerranée est d'un magnifique azur, plus foncé que celui du ciel. La merveilleuse couleur bleue qui remonte des profondeurs de l'eau dans la grotte de Capri, si fréquemment visitée par les voyageurs, est un exemple bien connu du degré d'intensité auquel peut atteindre le bleu propre aux eaux de la Méditerranée. Dans les parages tropicaux de l'Atlantique et de la mer du Sud, l'azur de l'Océan n'est pas moins beau que celui de la mer Tyrrhénienne et de l'Archipel, tandis que dans la direction des pôles, l'eau prend graduellement une teinte verdâtre. Les physiciens ont conclu de ce fait que la réfraction des rayons lumineux, beaucoup plus vifs sous les latitudes tropicales, joue le principal rôle dans la coloration bleue des mers. Maury pense que la salure est aussi l'une des causes qui contribuent le plus à donner à l'eau sa teinte azurée, et fait remarquer que le Gulf-stream des côtes américaines, supérieur en salinité et en température aux eaux environnantes, est également d'un bleu plus foncé : de même les minces nappes liquides introduites dans les marais salants du littoral gagnent en intensité de couleur à mesure que le sel s'y concentre. Enfin, il est fort possible que la coloration de la mer soit due en grande partie, comme les merveilleuses teintes des lacs de la Suisse[2], aux innom-

---

1. Voir, ci-dessous, le chapitre intitulé *la Terre et sa Faune.*
2. Voir, dans le premier volume, le chapitre intitulé *les Lacs.*

brables corpuscules en suspension sur lesquels vient se briser la lumière.

La loi de la distribution des températures dans les couches profondes de l'Océan n'est pas encore mieux établie que ne l'est celle de la coloration des eaux. A la surface marine, il est aussi facile de faire des observations que dans l'air, et l'on a pu constater sans peine que cette nappe superficielle offre en moyenne, sous tous les climats, le même degré de chaleur que l'atmosphère surincombante. Des régions polaires à la zone équatoriale l'eau se réchauffe donc assez régulièrement, et du point de congélation, sous le cercle glacial, la température s'élève à 20 et 25 degrés sous les tropiques, même à 30 degrés et jusqu'à plus de 32 degrés dans le Pacifique, dans la mer Rouge et l'océan Indien[1]. Quant à la croissance ou à la décroissance de la chaleur dans le sens vertical, on avait encore récemment à cet égard les idées les plus vagues à cause du manque de sondages précis : c'est qu'il est en effet bien difficile de faire descendre à plusieurs centaines ou même à plusieurs milliers de mètres des appareils thermométriques assez solides pour résister à l'énorme pression d'une atmosphère par chaque couche liquide de 10 mètres d'épaisseur.

James Ross, l'un des premiers, essaya d'appliquer les ressources de la science moderne à une exploration systématique de la température des profondeurs marines; mais il paraît avoir eu le tort de généraliser trop hâtivement les résultats encore incomplets qu'il avait obtenus, et dans son empressement, il crut avoir découvert une loi que les recherches subséquentes des navigateurs n'ont point confirmée. Il pensa pouvoir établir que sous l'équateur la température de l'eau diminue graduellement jusqu'à 2,200 mètres, où elle est seulement de 4 degrés centigrades. De chaque côté de l'équateur les eaux supérieures se refroidissent, et la limite

1. Fitz-Roy, *Weather-Book*, p. 81.

de 4 degrés se relève progressivement vers la surface ; c'est par le cinquantième degré de latitude, dans l'hémisphère méridional, qu'elle finirait par atteindre le niveau de la mer. Plus loin, dans la direction du pôle, l'eau superficielle continuerait de se refroidir, tandis que la couche de 4 degrés s'abaisserait peu à peu jusqu'à la profondeur de 1,400 mètres. Ainsi que le représente la figure suivante, la nappe de

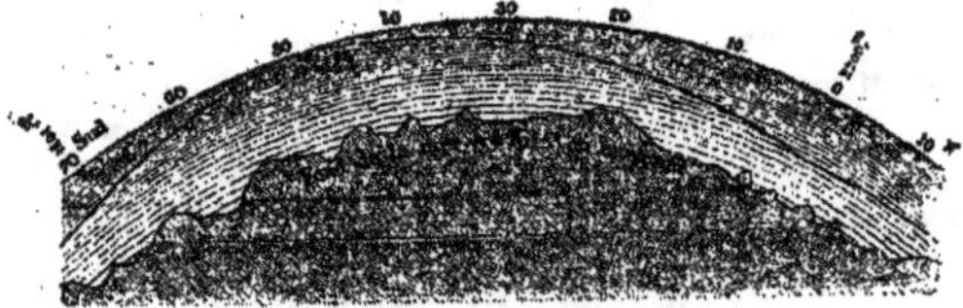

Fig. 11. Nappe d'eau présumée à la température de 4 degrés.

température uniforme décrirait au sud de l'équateur une longue courbe, n'effleurant la surface de l'eau qu'en un seul point. Admettant avec les physiciens de son temps que l'eau de mer a sa plus grande densité, et par conséquent son plus grand poids relatif, à 4 degrés au-dessus du point de congélation, James Ross en concluait que toutes les eaux profondes inférieures à cette couche de 4 degrés ont la même température et se sont amassées, en vertu de leur condensation, au fond des bassins océaniques.

Toutefois il est prouvé désormais par les observations de Neumann[1] et d'autres savants que, si la plus forte densité de l'eau douce correspond en effet à 4 degrés centigrades, l'eau de mer n'atteint ce maximum qu'à moins de 2 degrés au-dessous du point de glace ou même à des températures encore plus basses, et par conséquent, les conclusions auxquelles était arrivé James Ross sont mises à néant. Les

1. *Ueber die Dichtigkeit beim Meerwasser.*

expériences faites dans les petits laboratoires de chimie, où les substances sont traitées en faibles quantités, ne sauraient, il est vrai, donner une idée parfaitement exacte des phénomènes qui ont pour théâtre la nature elle-même, et qui s'accomplissent, soit dans les espaces de l'air, soit dans les grands bassins océaniques. Ainsi que le dit le célèbre météorologiste Mühry, les flots immenses et l'eau salée contenue dans un baquet n'obéissent pas absolument aux mêmes lois de température et de densité; mais en attendant que la différence soit constatée, rien n'autorise à maintenir contre toutes les expériences des chimistes une théorie surannée, d'après laquelle les masses salées de la mer offriraient, en se refroidissant, des phénomènes identiques à ceux des lacs d'eau douce. D'ailleurs, pendant les dernières années, de nombreux observateurs des mers polaires ont trouvé à de grandes profondeurs des couches liquides dont la température était inférieure à 4 degrés[1].

Ce qui reste des recherches de l'éminent navigateur James Ross, c'est que, dans les mers tropicales et tempérées, la chaleur diminue graduellement et d'une manière constante jusqu'à une profondeur considérable. C'est là ce qu'ont mis hors de doute les sondages de Fitz-Roy et autres explorateurs des mers. Au sud de l'île de Madagascar, la surface de l'eau ayant alors une température de 24 degrés centigrades, Fitz-Roy constata que le thermomètre s'abaissait de la manière la plus régulière jusqu'à 768 mètres, où s'arrêtèrent les opérations de sondage, et où la température indiquée dépassait à peine 11 degrés[2].

Dans les bassins fermés des mers intérieures, les observations thermométriques sont beaucoup plus faciles à faire qu'au milieu du grand Océan, parce que les eaux y sont en général moins profondes, et que les courants y troublent

1. Fitz-Roy, *Weather-Book*, p. 81.
2. *Adventure and Beagle,* deuxième vol. Appendice, p. 303.

moins les gradations naturelles de la température. Ainsi l'eau n'est pas très-froide dans les profondeurs de la Méditerranée et n'offre que de très-faibles oscillations thermométriques; de 180 à 500 mètres au-dessous de la surface, la masse liquide a déjà d'une manière permanente la température moyenne qu'elle garde pendant toute l'année et qui paraît correspondre avec la température moyenne annuelle des terres voisines, soumises à tous les changements brusques de la chaleur et du froid [1]. Tandis qu'en été, les nappes superficielles de l'eau ont environ 23 degrés centigrades, les couches liquides comprises entre 500 mètres et le fond même de la Méditerranée se trouvent à 15 degrés centigrades, ce qui est à peu près la moyenne annuelle de la chaleur pour les pays riverains. Dans l'Archipel, dont les eaux profondes sont plus froides, probablement à cause du courant sorti de la mer Noire, les eaux de la surface ont en été de 25 à 26 degrés, et à 180 mètres à peine, le thermomètre révèle déjà la température constante de 12 à 13 degrés. La Méditerranée se partageant en bassins distincts séparés les uns des autres par des seuils intermédiaires qui sont situés précisément de 180 à 500 mètres au-dessous de la surface, il en résulte que les variations de température produites par les mouvements des courants et des contre-courants s'arrêtent à la hauteur des seuils : l'eau de chaque bassin, relativement tranquille, se maintient ainsi d'une manière presque constante dans le même état thermométrique [2].

1. Voir, ci-dessous, le chapitre intitulé *les Climats*.
2. Spratt, *Nautical Magazine*, janv. 1860.

V.

Formation des glaces. — Glaçons, banquises et montagnes de glace. —
Glaces de la Baltique et de la mer Noire.

Dans les mers polaires, l'abaissement de la températuro a pour conséquence la formation des glaces. Pendant les longs hivers de ces froides régions, l'eau tranquillo des baies et des golfes se congèle sur le pourtour des côtes, et la masse cristalline gagnant incessamment sur les mers, finit par s'étendre au large jusqu'à de très-grandes distances. C'est la « glace de terre ». La surface marine disparaît, comme celle des lacs, sous une couche solide; mais le mode de formation de la croûte glacée diffère, car, dans les fleuves et les bassins d'eau douce, les cristaux de glace se montrent d'abord presque toujours à la superficie; et dans les mers qui n'ont pas une grande profondeur, c'est généralement sur le lit même que la masse liquide se congèle.

En effet, les eaux salées n'ont point, comme les eaux pures, leur plus grande densité à la température de 4 degrés centigrades, mais elles deviennent de plus en plus pesantes à mesure qu'elles se refroidissent. Les couches liquides les plus froides étant aussi les plus lourdes, descendent verticalement vers le fond de la mer pour y remplacer des couches plus légères et d'une température moins basse. Tandis que dans les rivières les eaux qui s'abaissent vers le fond ont une chaleur normale de 4 degrés, supérieure au point de congélation, l'eau marine qui tombe vers les profondeurs peut avoir été refroidie jusqu'à zéro ou même à plusieurs degrés au-dessous; lorsque la masse n'est point agitée, elle reste liquide, puis sous un ébranlement quelconque se prend subitement en glace. Parfois, au commencement de l'hiver, les marins et les pêcheurs de la Baltique et des côtes occidentales de la Norvége se

voient tout à coup environnés de glaçons, qui s'élèvent du
lit de la mer et dont les plaques contiennent encore des
fragments de fucus. L'apparition se produit d'une manière
tellement rapide que souvent les bateaux courent le risque
d'être écrasés entre les masses solides qui s'entassent
autour d'eux, et l'équipage se trouve en danger de mort.
Au large des côtes rocheuses du Groenland, du Labrador,
du Spitzberg, ces glaces de fond soulèvent fréquemment
de grosses pierres qu'elles ont arrachées des écueils [1].

En plein Océan, des glaces se forment aussi. En hiver,
lorsque l'air est calme et que la neige tombe à gros flocons
sur les flots tranquilles, la mer est bientôt recouverte
d'une sorte de bouillie qui se change graduellement en pellicule de glace. Que le vent brise cette couche à peine
formée, et les petits fragments épars s'entourent de flaques
d'eau de neige fondue, qui ne se mêle point à l'eau salée de
la mer, et qui brille faiblement de nuances irisées par les
rayons d'un soleil oblique ; mais ce spectacle ne dure point, et
le froid reforme bientôt la couche glacée [2]. Même en dépit du
vent et de la houle, d'innombrables aiguilles, qui donnent à
la surface de l'eau une apparence pâteuse, étendent souvent
leur réseau sur la surface liquide et bientôt se soudent en
une couche épaisse que le froid de plus en plus rigoureux
de l'hiver grossit incessamment. Par la chimie naturelle
dont la mer est l'immense laboratoire, la masse glacée est
en grande partie débarrassée du sel qui se trouve dans
l'eau marine; car, d'après les observations de M. Walker,
elle n'en renferme guère qu'une proportion de 5 millièmes,
soit environ le cinquième de la quantité normale. L'eau
voisine de la glace nouvelle se mélange au sel expulsé;
elle devient plus lourde, et comme le point de congélation

1. Edlund, *Poggendorf's Annalen*, cxxi.
2. Gustave Lambert, *Expédition au Pôle Nord. Bulletin de la Société de
Géographie*, déc. 1867.

s'abaisse pour elle en même temps, elle descend dans les profondeurs sans devenir solide; telle est la raison pour laquelle, dans la haute mer, les couches inférieures de l'eau se congèlent rarement au-dessous de la nappe superficielle, ainsi qu'on pourrait s'y attendre[1].

Par suite des rencontres fréquentes qui ont lieu entre ces glaces ballottées des flots, elles prennent en général la même forme circulaire que les glaçons des fleuves : ce sont des rondelles d'un faible diamètre, légèrement relevées sur leurs bords; les marins anglais les appellent « gâteaux de glace » (*ice-cakes*). Mais le froid devenant plus intense, ces disques finissent par adhérer les uns aux autres, et bientôt des milliers d'entre eux, unis en un vaste champ, forment des îles qui s'étendent jusqu'aux extrémités de l'horizon. Plusieurs « banquises » ont une superficie de centaines de milliers de kilomètres carrés, ou même constituent par leurs dimensions de véritables continents. Celles qui bordent les rivages orientaux du Groenland ne se sont point fondues depuis quatre siècles, et défendent l'approche de la terre aux navigateurs; celles qui se rattachent aux côtes de la Sibérie sont encore plus considérables à cause de la longue étendue des rivages qui leur servent de point d'appui. Dans l'archipel polaire de l'Amérique, les glaces barrent presque chaque année l'entrée des canaux, et se dressent devant les navigateurs en murs infranchissables. Que de fois les explorateurs des mers arctiques ont en vain tenté de trouver un passage à travers ces barrières et sont restés emprisonnés dans la masse solide après s'être aventurés dans quelque baie trompeuse de la banquise!

Ces interminables surfaces blanches sont presque toujours précédées, du côté de la haute mer, de blocs et de disques oscillant et tournoyant sur les flots : ce sont les îles éparses qui annoncent le voisinage des continents de glace.

---

1. Neumann, *Ueber die Dichtigkeit beim Meerwasser.*

Ceux-ci, qui s'élèvent en moyenne de 1 à 2 mètres au-dessus de l'eau, et dont la base descend jusqu'à 6 ou 8 mètres sous la surface, sont quelquefois d'une assez grande uniformité d'aspect, et quand la neige recouvre toutes les inégalités, la banquise paraît transformée en une plaine unie comme les steppes de la Russie. Cependant la glace est beaucoup plus souvent rugueuse : des monticules bizarres, formés de tous les débris qu'ont rejetés les glaçons en se heurtant les uns contre les autres, apparaissent çà et là érigés à la hauteur de plusieurs mètres; il en est même que l'on pourrait confondre avec les énormes blocs tombés des glaciers du Groenland ou du Spitzberg, et qui ne s'en distinguent en réalité que par la saveur légèrement saline de leur glace. Ces amas dominent au loin la mer et restent encore debout longtemps après que la banquise est fondue : dans les mers de la Sibérie, où on leur donne le nom de *toroses*, la plupart de ces monticules, composés des glaces de l'hiver précédent, se délitent facilement aux premières chaleurs de l'été; mais il en est qui se conservent d'année en année et restent indestructibles, peut-être pendant des siècles, sous les rayons du soleil. Les chasseurs ostiaks, qui voient souvent de ces toroses échoués sur le littoral sibérien, les désignent sous le nom de « glaces d'Adam, » et, s'imaginant qu'elles sont contemporaines de l'origine du monde, prétendent que l'attaque du feu lui-même est impuissante contre ces masses cristallines [1].

Au printemps et en été, lorsque les fortes chaleurs commencent dans la zone polaire, l'effort des courants, dont l'action se fait constamment sentir sous les banquises, détache du reste de la masse d'énormes champs de glace ayant parfois plusieurs centaines de kilomètres de largeur, et les emporte au loin vers la haute mer. Les navires des explorateurs ou des baleiniers qui se trouvaient pris dans

1. F. de Wrangel, *Voyage... Appendice*, p. 314.

la couche glacée sont alors entraînés à la dérive avec le fragment de banquise. Souvent les courageux marins qui s'étaient avancés jusqu'au delà de la mer de Baffin ont été ramenés ainsi par le courant à des centaines et des milliers de kilomètres en arrière, et n'ont pu récupérer ensuite le chemin perdu qu'au prix des plus pénibles efforts, ou même ont dû abandonner complétement leur entreprise. Il en est de même dans les mers du Spitzberg : en 1777, dix navires hollandais dérivèrent avec les glaces de plus de 2,000 kilomètres vers le sud-ouest, et furent broyés en route. C'est un phénomène de la même nature qui empêcha peut-être le capitaine Parry d'atteindre le pôle nord. S'étant déjà rapproché de ce point plus que tous les navigateurs précédents, il s'était lancé sur un traîneau à travers la banquise ; mais chaque jour, malgré la grande distance parcourue dans la direction apparente du pôle, il se trouvait plus éloigné que la veille du but vers lequel il marchait : c'est que le continent de glace qui le portait se laissait lui-même entraîner rapidement du côté du sud. Parfois, des ours blancs, voiturés par les glaçons, peuvent enfin prendre pied sur les côtes de la Laponie [1].

Une fois rompue, la banquise disparaît bientôt : les gros fragments, poussés par les courants et les vagues, se heurtent les uns contre les autres avec la force énorme que leur donne un poids de centaines de mille ou de millions de tonnes; ébranlées par le terrible choc, ces masses se divisent elles-mêmes en débris de moindres dimensions; les soudures de glace nouvelle se brisent autour des disques les plus anciennement formés de la banquise, les tours et les aiguilles qui se dressent çà et là s'effondrent et chavirent, et peu de jours après que la fonte a commencé, il ne reste plus que de petits glaçons et des blocs inégaux oscillant lentement avec le flot. Pour expliquer cette rapide disparition

[1]. Barto von Löwenigh, *Mittheilungen von Petermann*, Ergänzungsheft, XVI.

des banquises, à laquelle aident aussi les organismes infiniment petits de la mer [1], les habitants du Groenland s'imaginent que la masse entière s'est engouffrée au fond de l'Océan. Même dans la Baltique, où ce phénomène est relativement beaucoup moins remarquable, les marins danois affirment, presque sans exception, qu'au printemps les glaçons s'abîment dans les eaux; cependant aucun d'eux n'a vu se produire cette immersion [2]. Mais ce qu'il est facile de constater, ce sont les bruits étranges qui accompagnent toujours la débâcle. Au fracas des glaces entre-choquées, plus strident, plus terrible que celui des canons qui se répondent, au clapotement des flots heurtés, au gémissement des rondelles déchirées et de l'air qui s'échappe, se joint une sorte de petillement semblable à celui des gouttes de pluie tombant sur des plaques de métal. Ce bruit, le même que l'on entend sur les glaciers des montagnes, seulement beaucoup plus fort, provient, ainsi que l'a prouvé Tyndall, de l'incessante explosion des cristaux qui composent la masse [3].

Quelle que soit la beauté pittoresque des glaces de formation marine qui constituent les banquises, elles le cèdent singulièrement sous ce rapport aux masses qui se sont détachées des glaciers du Groenland, du Spitzberg et des autres terres du pôle boréal. Suivant la température des eaux qui les baignent, ces énormes débris peuvent se séparer de deux manières du fleuve de glace qui les poussait en avant. Au Spitzberg, sur les côtes du Groenland méridional, la masse congelée qui s'avance dans la mer est peu à peu minée en dessous par les flots relativement tièdes qui la frappent, et les fragments restés en surplomb au-dessus de l'eau se détachent avec un bruit terrible pour s'engouffrer dans

---

1. Voir, ci-dessous, le chapitre intitulé *la Terre et sa Flore.*

2. Forchhammer, *Philosophic Transactions,* part. I, p. 233, 1865.

3. Voir, dans le premier volume, le chapitre intitulé *les Neiges et les Glaciers.*

l'Océan : c'est ce que M. Martins et les autres membres de
l'expédition française au Spitzberg ont observé à la base de
tous les glaciers de l'archipel. Mais dans les mers très-
froides, comme celles du détroit de Smith, le glacier, que
ne peut fondre la masse liquide, d'une température encore
plus basse que la sienne, continue son voyage dans les baies:

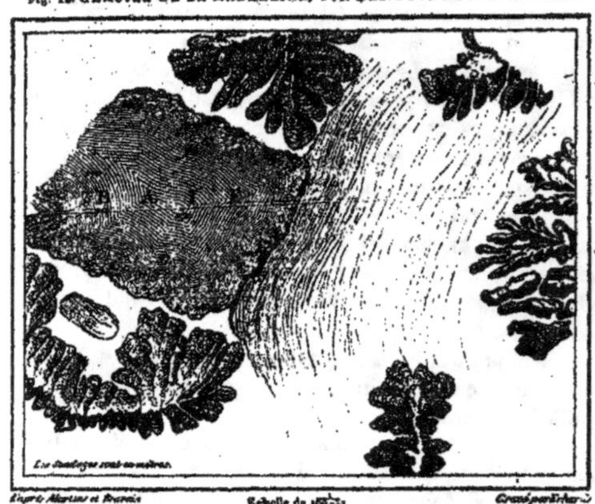

Fig. 18. GLACIER DE LA MADELEINE, SUR LES COTES DU SPITZBERG.

sa pointe terminale s'avance au loin dans les profondeurs de
l'Océan comme un immense rabot glissant sur les rochers.
Plus légère que l'eau, l'énorme assise congelée est retenue
sur le fond à cause de sa cohésion avec la mer de glace qui
la pousse en avant; mais le moment vient où ses attaches
se brisent. Obéissant enfin à la force qui cherchait à la soulever hors de l'eau, elle s'élance vers la surface, bascule à
cause du changement de son centre de gravité, et se dresse

en tours puissantes, en bizarres aiguilles [1]. On comprend
l'immense chaos que doivent produire dans les étroites baies
ou dans les bras de mer trop resserrés tous ces fragments
mêlés aux glaces marines et aux débris des banquises. C'est
un de ces prodigieux entassements que l'intrépide Hayes a
dû traverser dans le détroit de Smith, en faisant preuve
d'une persévérance presque surhumaine.

Ces rochers d'apparence cristalline que charrie l'Océan
sont la splendeur des parages arctiques. De dimensions souvent colossales, ils offrent parfois une architecture d'une
régularité presque parfaite, mais ils prennent aussi les
formes les plus variées et les plus bizarres. Ce sont de hautes
tours, des colonnes accouplées, des groupes de sculpture,
des statues se dressant au-dessus de la mer comme des dieux
de marbre. Dans les eaux relativement tièdes, comme celles
du Spitzberg, que vient réchauffer le Gulf-stream, la glace
est incessamment rongée, et la partie des masses flottantes
qui s'élèvent au-dessus de la surface marine prend d'ordinaire l'apparence d'une sorte de pilier portant un large cha-
piteau plus ou moins incliné et frangé de stalactites. L'assise
du sommet est blanche et parfois revêtue de neige, tandis
que les cannelures du pilier, dont la glace plus compacte
est battue par le flot, ont la couleur de l'émeraude ou du
saphir. Les soubassements des colonnes sont percés de
grottes dans lesquelles l'eau s'engouffre avec un sourd murmure ; parfois ils sont criblés de trous d'un petit diamètre
d'où chaque flot s'élance en jets divergents. Les gerbes
argentées jaillissent alternativement de chaque côté du
pilier, suivant les balancements que lui imprime la mer [2].
Dans les eaux très-froides, comme celles de l'archipel arctique, des phénomènes contraires se produisent. Au lieu
d'être rongés et fondus par les vagues, les blocs tombés des

1. Rink; — Hayes, *The open Polar sea.*
2. Barto von Lœwenigh, *Mittheilungen von Petermann,* Ergänzungsheft, XVI.

glaciers commencent d'abord par s'accroître graduellement en dimensions, à cause de la basse température du liquide dans lequel ils sont plongés, et qui se solidifie autour de la base des énormes tours flottantes [1].

Les masses considérables détachées des glaciers sont connues sous le nom de montagnes de glace (*ice-bergs*). Le docteur Wallich a pu en mesurer quelques-unes sur les côtes du Groenland, en sondant la profondeur des bancs sur lesquels s'étaient échouées plusieurs de ces roches mobiles, et il a trouvé que pour les blocs de forme régulière, la partie située au-dessus du niveau de la mer n'est jamais en hauteur que du quatorzième au seizième de la partie plongeant dans les eaux. Quant aux masses dont la portion émergée se termine en cône ou en pyramide, elles descendent à une profondeur relative d'autant moins grande qu'elles offrent au-dessous de l'eau un volume plus considérable; mais l'élévation totale de la montagne de glace dépasse toujours de 7 à 8 fois la hauteur de la partie visible.

Par ces proportions les marins peuvent juger de la grandeur réelle des masses glacées qui vont s'échouer sur les côtes de Terre-Neuve ou fondent lentement en flottant au loin dans l'Atlantique. On a vu des blocs énormes qui se dressaient à 100 et 120 mètres de hauteur, de sorte que ces fragments de glacier avaient au moins 1000 mètres du sommet à la base, c'est-à-dire l'élévation des plus grandes montagnes de l'Angleterre et de l'Irlande. Une de ces masses, rencontrée par le navire l'*Acadia* un peu au large du banc de Terre-Neuve et au centre d'un dédale d'autres monts flottants, avait de 120 à 150 mètres de hauteur et se terminait par une sorte de dôme, rappelant d'une manière étonnante celui de la cathédrale de Saint-Paul. Vingt jours après, lors de son voyage de retour, l'*Acadia* retrouva la même montagne glacée à 110 kilomètres plus au sud. Un

1. Edlund, *Poggendorf's Annalen*, cxxi.

grand nombre d'autres édifices voyageurs ont été vus qui mesuraient des kilomètres en long et en large et dont le volume dépassait un ou même plusieurs milliards de mètres cubes. Quant aux fragments de banquises, on en a rencontré qui n'avaient pas moins de 100 et de 150 kilomètres dans tous les sens.

La lenteur du bloc de l'*Acadia*, avançant seulement de 5 kilomètres et demi dans la journée, prouve que les montagnes de glace ne suivent point sans résistance la marche du courant qui les entraîne : les chocs qu'ils subissent en route, leurs échouements partiels, les divers mouvements des eaux de la surface et des couches profondes qui les sollicitent parfois en deux sens opposés, retardent beaucoup leur vitesse et souvent les changent en îlots stationnaires en apparence. Vers la fin de 1855, une rencontre inattendue, plus remarquable encore que celle du bloc de l'*Acadia*, permit de constater d'une manière exacte quelle avait été la marche d'une montagne de glace durant l'espace de plus d'une année. Un baleinier américain, naviguant dans le détroit de Davis, aperçut une masse noire au milieu d'un groupe d'aiguilles flottantes : cette masse était le navire *Resolute*, que le gouvernement britannique avait envoyé à la recherche de Franklin, et que son équipage, aventuré dans un chaos de glaces, avait abandonné pour continuer sa route en traîneau. Lorsqu'on retrouva le navire, il était déjà depuis seize mois retenu dans sa prison mobile, et pendant ce long espace de temps, il avait dérivé de 1,400 kilomètres seulement, en comptant ses détours nécessaires par les détroits de Barrow et de Lancaster. Ainsi le navire abandonné dans la mer polaire n'avait point dépassé dans sa marche vers l'Atlantique la vitesse de 120 mètres à l'heure. C'est là un progrès à peine sensible au regard. Dans l'histoire des grandes expéditions arctiques, on cite trois autres vaisseaux qui ont été entraînés de la même manière vers l'Océan, mais sans avoir été abandonnés par leurs équipages : c'étaient

les navires de John Ross, du lieutenant de Haven et de
Mac-Clintock. Celui-ci resta prisonnier pendant 242 jours et
descendit vers le sud de 1,920 kilomètres, soit environ de
330 mètres par heure.

Pareilles à de gigantesques vaisseaux, les masses
énormes des montagnes de glace échouent sur des protubérances du fond sous-marin, là où la sonde n'atteint pas
même autour d'elles le lit de la mer à plusieurs centaines de
mètres. Arrêté dans son mouvement de dérive vers le sud,
le bloc puissant se désagrége peu à peu ou se partage en
fragments qui vont à leur tour échouer plus loin sur quelque
autre banc moins profond. Chaque jour, les vagues fondent
et démolissent de grandes quantités de glaces. Celles-ci s'allègent en même temps des graviers et des pierres dont elles
étaient chargées, et de cette manière ne cessent d'exhausser le fond marin. Tous les ans, de nouvelles couches de
rochers, de cailloux et de terres provenant des montagnes
du Groenland et des archipels du nord de l'Amérique, se
déposent ainsi sur le banc de Terre-Neuve et dans les mers
voisines, jetant les fondements d'un continent futur. Sans
doute, le Grand-Banc, qui s'étend sur une étendue de 150,000
kilomètres carrés et qui plonge sa base dans une mer de
8 à 10 kilomètres de profondeur, se compose en entier de ces
alluvions d'origine glaciaire. Pendant la série des âges, les
glaçons travaillent donc sans relâche à démolir les terres
arctiques pour en édifier de nouvelles dans les mers de la
zone tempérée.

Lors de la débâcle de ces glaces du nord, c'est-à-dire
des premiers jours de mars au mois de juillet et jusqu'au
mois d'août, les parages situés à l'est du banc de Terre-Neuve
prennent l'aspect des mers arctiques. Le courant polaire
descendu de la baie de Baffin, parallèlement aux côtes du
Labrador, apporte alors en longues processions les débris
des banquises et des glaciers du Groenland. Après avoir
contourné le banc de Terre-Neuve, le courant s'infléchit vers

le sud-ouest avec son fardeau de glaces, à cause du mouvement qui emporte la terre dans la direction de l'est et fait
dévier par conséquent tous les corps mobiles venus du nord [1].
Entraînées par le flot qui les pousse à l'encontre du Gulf-

Fig. 13. VOYAGES DES GLACES ENTRE L'EUROPE ET L'AMÉRIQUE.

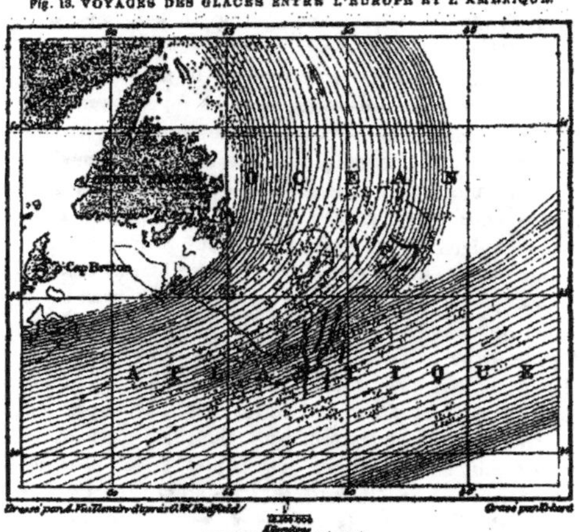

stream et qui continue sa marche vers le sud-ouest au-
dessous de ce courant superficiel de l'Atlantique, les montagnes, semblables aux navires, qui fendent les vagues de
leur taille-mer, passent majestueusement au travers de l'eau
qui se heurte contre elles. Quelques fragments de puissantes
banquises amenées du Groenland par les courants polaires,

1. Voir, ci-dessous, page 80.

puis ramenées au nord par le Gulf-stream, se montrent aussi
çà et là, marchant en sens inverse des convois. La carte
précédente, empruntée à Redfield, indique les positions de
tous les monts et de tous les champs de glace signalés récemment dans les parages occidentaux de l'Atlantique boréal.

C'est principalement dans cette région de l'Océan que
les flottilles de glace sont redoutables pour les navigateurs.
Les marins de Terre-Neuve ne s'en approchent guère de
plus d'un kilomètre, et toujours sous le vent, car de l'autre
côté, ils seraient exposés à dériver sur le terrible écueil,
vers lequel se porte en outre un assez fort courant qui
va remplacer les couches supérieures, devenues plus froides
par le contact des montagnes flottantes. Environnés de
brouillards à cause du contraste de leur température avec
celle des eaux tièdes venues du midi, les débris gigantesques du glacier ne se révèlent alors aux marins que par
d'étranges reflets blanchâtres et souvent par le froid intense
de l'atmosphère environnante; mais parfois, quand on
vient de reconnaître cet indice du péril, il est déjà trop
tard pour éviter le choc. Des centaines de navires abordés
par les glaces ont ainsi disparu avec leurs équipages dans
les froides eaux de l'Océan. D'autres fois, même par un
temps clair, on rencontre tout un archipel de glaçons, et
pour en sortir, il faut louvoyer avec la plus grande précau-
tion pendant des journées entières. C'est ainsi qu'en 1821 le
brick anglais *Anne,* surpris par les glaces au large du cap
Race, ne put entrer dans une mer libre qu'après être resté
pendant vingt-neuf jours environné de tours et d'aiguilles
menaçantes. Heureusement ces débris de glaciers diminuent
bien vite en nombre et en hauteur dès qu'ils sont entrés
dans la zone du Gulf-stream ; rongés à la base par les eaux
tièdes du courant, ils chavirent, se brisent, se désagrègent
complétement, et vers le 40ᵉ degré de latitude, il est rare
qu'on en retrouve encore quelques glaçons. Cependant en
juin 1842, le navire *Formosa* rencontra par 37° 30′ de lati-

tude une montagne flottante de 30 mètres de haut et de
50 mètres de long se dirigeant vers le sud [1].

Dans l'hémisphère antarctique ont lieu des phénomènes
exactement semblables. Ainsi que l'ont prouvé d'innombrables observations, dont plus de 860 ont été régulièrement cataloguées par Fitz-Roy et d'autres géographes, les
banquises et les débris de glaciers flottent également des
terres australes dans la direction de l'équateur. Il paraît

Fig. 14 et 15. Montagnes de glace de l'océan Antarctique; d'après Wilkes.

seulement qu'en général les montagnes de glace de l'hémisphère antarctique offrent moins de variété dans leurs formes
que celles de l'hémisphère opposé : ce ne sont pas des
aiguilles et des dômes aux contours bizarres, mais plutôt
des sortes de murs se dressant comme des falaises à 50 et
60 mètres d'élévation; du reste ces masses flottantes sont
peut-être en moyenne de dimensions encore plus considé-

1. Redfield, *Memoir of the dangers and ice in the North Atlantic Ocean.*

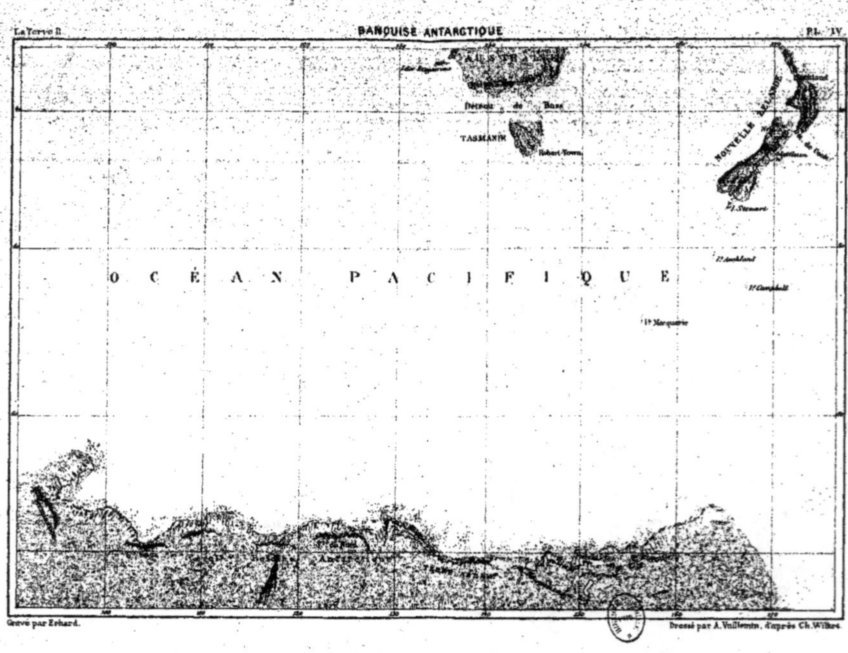

La Terre II.
BANQUISE ANTARCTIQUE
PL. IV
TASMANIE
Détroit de Bass
Hobart-Town
NOUVELLE ZÉLANDE
I. Stewart
I. Auckland
I. Campbell
I.e Macquarie
O C É A N   P A C I F I Q U E
Gravé par Erhard.
Dressé par A. Vuillemin, d'après Ch. Wilkes.

rables que les fragments tombés des glaciers arctiques.
Cette forme massive des montagnes flottantes des mers australes doit être sans doute attribuée à la rigueur du froid
qui règne dans la zone polaire du sud, et qui pousse les
neiges et les glaciers des terres antarctiques plus avant dans
la haute mer. Déjà par le 50° degré de latitude méridionale, les navires rencontrent des banquises d'une puissance
égale à celles qui, de l'autre côté de la terre, se trouvent
seulement au delà du cercle polaire. Dans l'hémisphère
boréal, les fleuves du Groenland et du Spitzberg ne sont pas
alimentés par une quantité de neiges assez grande pour
qu'ils puissent sortir complétement des baies dans lesquelles
ils débouchent et s'avancer jusque dans la grande mer ;
encore retenus dans leur cours par des falaises latérales,
des promontoires et des îlots de rochers, ils prennent par
suite de tous ces obstacles une forme beaucoup plus irrégulière que s'ils pénétraient dans le libre Océan, comme les
glaciers du pôle austral. Ceux-ci débordent au loin, en
dehors des golfes, au delà des caps eux-mêmes, et seulement de distance en distance, ils s'appuient sur la solide
ossature du continent. Au large de ce mur flottent d'innombrables îles, à travers lesquelles les navires peuvent diffi-
cilement trouver leur chemin : ainsi pendant le voyage
d'exploration de Wilkes, le *Peacock* eut à louvoyer longtemps
dans un dédale de blocs qui menaçaient de l'écraser.

La débâcle des glaces antarctiques s'accomplit au printemps et en été, comme celle des glaces boréales, et par
conséquent six mois plus tard à cause de l'opposition des
saisons dans les deux moitiés du monde. Les glaçons épars
que l'on rencontre durant l'hiver ne sont que de simples
fragments détachés des banquises. Les navires qui traversent ces parages de l'Océan au sud des continents, rencontrent en décembre, au fort de l'été, de trente à quarante fois plus de glaces qu'en juillet, époque la plus
froide. Quant à la multitude des masses flottantes, elle n'est

point la même dans toutes les mers antarctiques. Au sud
de l'Australie et de la Nouvelle-Zélande, sur un espace égal
au tiers de la circonférence terrestre, les montagnes de
glace et les banquises sont relativement rares; au sud du
cap Horn elles se rencontrent plus fréquemment, mais on

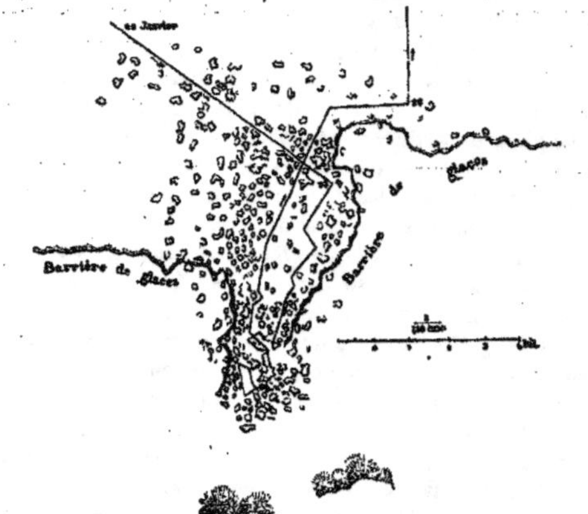

Fig. 16. Itinéraire du *Peacock* dans les glaces.

n'en voit jamais entre cette pointe méridionale de l'Amérique et les îles Falkland; elles dévient toutes vers le nord-
est, poussées par le grand courant polaire. C'est au sud
du continent africain que les glaces se portent en plus grand
nombre et se rapprochent le plus de l'équateur; on en a
même aperçu de la ville du Cap, à 34 degrés de latitude.
Ainsi les fragments des glaciers antarctiques sont charriés
de près de 400 kilomètres plus avant que les glaces boréales
dans la direction de la zone torride.

Dans les mers intérieures exposées à des froids rigoureux, la congélation de l'eau se produit de la même manière
que dans l'Océan : les phénomènes ne diffèrent que par la
proportion. Ainsi les glaces de la Baltique sont loin d'offrir
un spectacle aussi grandiose que les banquises des mers

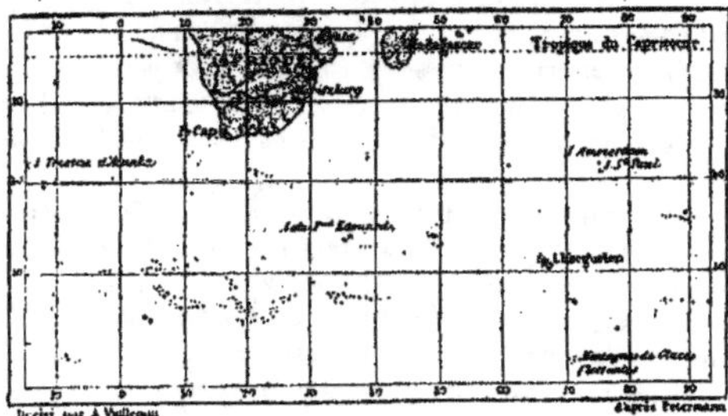

Fig. 17. VOYAGES DES GLACES DANS L'HÉMISPHÈRE MÉRIDIONAL.

polaires; mais le mode de formation en est connu d'une
manière plus complète, car, pendant une longue série
d'années, des observateurs consciencieux en ont étudié les
diverses péripéties, depuis l'origine des premiers glaçons
jusqu'à la débâcle.

Ces recherches ont prouvé qu'après avoir été formée,
la couche glacée de la Baltique se comporte de la même
manière que sur les lacs, non-seulement dans les parties
septentrionales de la mer, où l'eau est presque douce, mais
aussi près de l'entrée, là où la masse liquide est encore
fortement saline. Les crevasses notamment n'y diffèrent en
rien par leur formation de celles du lac Baïkal [1] ou du lac

[1], Voir, dans le premier volume, le chapitre intitulé *les Lacs*.

de Constance. Elles s'ouvrent aussi avec un bruit de tonnerre en laissant échapper de grandes quantités d'eau qui se gèlent à leur tour et grossissent l'épaisseur de la couche solide. Autour de l'île d'Œsel, les fissures ont de 15 centimètres à 2 mètres de largeur, et se prolongent parfois à la distance de plusieurs kilomètres. Seulement le ressac produit par les courants et par la répercussion des vagues, qui se propagent à l'air libre dans les parties de la mer non glacée, donne aux crevasses les directions les plus diverses; en certains détroits elles sont parallèles, tandis qu'ailleurs elles se coupent sans ordre ou rayonnent vers tous les points de l'horizon.

Il est rare que la glace commence à recouvrir la surface de la mer tant que l'eau est agitée par une forte houle. La tempête et les courants rapides retardent ou même empêchent complétement la cristallisation des lamelles glacées. Ainsi, tandis qu'à l'est, où la mer est tranquille, l'île d'Œsel est réunie au continent, pendant 130 jours de l'année en moyenne, par une couche de glace atteignant parfois 1 mètre d'épaisseur et servant de grande route aux traîneaux, les falaises occidentales, que frappe la houle du large, sont bordées seulement d'une étroite banquise; même sur le promontoire de Muhha Ninna, où les vagues viennent toujours se briser avec fureur, l'extrême agitation des eaux empêche pendant tout l'hiver l'apparition de la moindre parcelle de glace : les paysans de l'île disent n'en avoir jamais vu dans cet endroit [1].

Chaque année, une partie considérable de la Baltique se recouvre de glaces. Presque tout le golfe de Bothnie et le pourtour entier des côtes du golfe de Finlande se changent en une surface blanche et immobile; les îles et les îlots s'enveloppent d'une zone plus ou moins large de glaçons, et les détroits d'une faible profondeur sont graduellement

1. Von Sass, *Bulletin de l'Académie de Saint-Pétersbourg*, t. IX, p. 166, etc.

obstrués. Tous les hivers, la Finlande est réunie à la Suède par un pont de glace, que percent çà et là les innombrables rochers de l'archipel d'Aland. La couche solide devient alors pour quelques mois la grande route entre la Suède et la Russie. Comme les banquises polaires, elle a des amas de glaçons redressés, pareils à des tourelles, à des pyramides, à des obélisques érigés sur la mer; comme les banquises, elle se détache des côtes pour descendre au sud avec le courant, puis se brise avec fracas, se réduit en glaçons épars, et quelques jours après le commencement de la fonte, il n'en reste plus que de minces débris jetés çà et là par les flots.

Il paraît que durant les siècles modernes la mer Baltique n'a jamais été recouverte en entier par un champ de glace. Les chroniques nous apprennent qu'en 1323 la partie méridionale du bassin gela complétement, et que pendant six semaines les voyageurs se rendaient à cheval de Copenhague à Lubeck et à Dantzig : on avait même élevé sur la glace des hameaux temporaires au croisement des routes. Durant les hivers de 1333, de 1349, de 1399 et de 1402, les mêmes phénomènes de congélation générale eurent lieu dans la Baltique méridionale, et la couche glacée y servit de grand chemin pour les échanges entre la Poméranie, le Mecklenburg, le Danemark et ses îles. En 1408, le champ de glace fermait complétement l'entrée de la Baltique entre la Norvége et le Jutland, et s'étendait par le Cattegat, les détroits et la mer de Scanie jusqu'à la grande île de Gottland : on dit même que les loups de la Norvége, chassés de leurs forêts natales par la faim, traversèrent le Skagerrack pour envahir les villages du Jutland. Depuis cette époque, plusieurs parties de la Baltique méridionale se sont encore congelées; mais la surface solide n'a jamais offert la même étendue ni la même consistance. Ce fait semblerait prouver que la température moyenne s'est adoucie dans les contrées du nord depuis le xive siècle, tandis que le contraire devrait avoir eu lieu, d'après l'hypothèse d'Adhémar [1].

Chose remarquable! Pendant quelques années exceptionnelles, la mer Noire, librement ouverte à tous les vents qui descendent des régions polaires, est envahie par les glaces comme la Baltique elle-même. Durant les siècles historiques, le détroit de Constantinople et la nappe avoisinante du Pont-Euxin ont été fréquemment recouverts de glace, ce qui prouve que, pendant la période de congélation, la température de cette partie de l'Orient était analogue à celle de Copenhague. En 401 de l'ère actuelle, la mer Noire gela presque entièrement, et, lors de la débâcle, on vit d'énormes montagnes de glace flotter pendant trente jours sur la mer de Marmara. En 762, la couche solide qui recouvrait le Pont-Euxin s'étendait d'une rive à l'autre, des falaises terminales du Caucase aux sources du Dniestr, du Dniepr et du Danube. En outre, disent les écrits du temps, la quantité de neige qui tomba sur la glace s'éleva jusqu'à la hauteur de 20 coudées (9 mètres ou 13 mètres[?]), et cacha complétement les contours du rivage : on ne savait où commençait le continent, où finissait la mer. Au mois de février, les débris de la couche de glace, emportés par le courant jusqu'à l'entrée de la mer Égée, se réunirent en une immense dalle entre Sestos et Abydos, au travers de l'Hellespont [2].

VI.

Vagues de la mer. — Ondes régulières et irrégulières. — Hauteur des vagues. —
Leur amplitude et leur vitesse. — Lames de fond. — Vagues des côtes.

La surface marine est rarement calme. Durant les jours où l'atmosphère est sans mouvement, ce qui d'ailleurs est

1. Voir, dans le premier volume, le chapitre intitulé *les Harmonies et les Contrastes*.

2. P. de Tchihatcheff, *le Bosphore et Constantinople*.

d'ordinaire un pronostic de tempêtes, l'eau est quelquefois presque unie en apparence; tous les objets s'y reflètent avec une parfaite netteté de contours; les seuls changements qui paraissent s'opérer sur l'immense nappe immobile sont ceux du mirage, qui fait resplendir l'horizon lointain comme une longue bande d'argent ou d'acier : les pêcheurs disent alors que « la mer se regarde. » Mais cette tranquillité de l'eau est un phénomène peu commun, si ce n'est dans la Méditerranée et les autres mers à faible marée. D'ordinaire les vents, brises ou tempêtes, tantôt secondant, tantôt contrariant le flux ou le reflux, soulèvent l'eau marine en vagues plus ou moins hautes, qui parfois se déroulent régulièrement et souvent aussi se heurtent et se croisent. Même pendant les calmes, les flots, obéissant encore à l'impulsion des vents antérieurs, continuent de se développer à travers l'Océan en longues ondulations. C'est un des spectacles les plus grandioses de la mer que ces plissements de l'onde par un temps parfaitement paisible, alors que pas un souffle n'agite les voiles : hautes, bleues et sans écume, les masses liquides se succèdent à 200 ou 300 mètres d'intervalle, passent en silence sous le navire, et pourchassées par d'autres ondes, vont se perdre au loin dans l'espace indistinct. On contemple avec admiration et même avec une sorte de terreur le flot majestueux et tranquille, rempart mouvant qui semble devoir tout engloutir sur son passage, et qui dérange à peine le moindre fétu. Ces vagues présentent surtout une étonnante régularité sous le tropique du Cancer, pendant les calmes d'automne, et presque en toute saison dans la partie de la mer des Antilles qui se rétrécit vers le golfe de Darien : là, les gonflements de l'onde que l'on voit s'avancer, puis soulever le navire et s'éloigner en murmurant à peine, sont aussi droits que les ados d'un champ, et se prolongent jusqu'à perte de vue d'un horizon à l'autre.

Ces ondes si parfaitement régulières ne peuvent se former que dans les mers parcourues de vents au souffle toujours égal comme celui des alizés; partout où les courants atmosphériques avancent par bouffées ou bien sont tantôt retardés, tantôt accélérés dans leur marche, il est évident que les vagues poussées par eux ne peuvent se dresser toutes à la même élévation. D'ailleurs, un courant aérien n'est point animé de la même vitesse dans toute sa largeur; on peut le considérer comme étant composé de tranches de puissance inégale, qui se meuvent d'un élan différent à la surface des mers, et qui tour à tour augmentent ou diminuent en force. Sous l'action de ces masses atmosphériques, à l'impulsion variable, les rides de l'eau doivent aussi nécessairement varier en hauteur et en vitesse, et leurs crêtes ne peuvent se développer en une longue ligne uniforme. En outre, le vent change fréquemment de direction; sollicité par quelque nouveau foyer d'appel[1], il commence à souffler d'un autre point de l'espace, et pousse les vagues dans une direction différente de celle qu'il leur avait lui-même imprimée. Toutefois, le mouvement premier dure encore pour les flots qui se pourchassent lorsque le second se fait sentir, et de cette double impulsion résulte un entre-croisement de vagues, distinctes les unes des autres par la direction, la hauteur et la vitesse. Que le vent saute à un autre point de l'espace, et une troisième ondulation va se croiser avec les précédentes; enfin, que le courant aérien fasse successivement le tour de l'horizon, et les plissements de l'eau vont se traverser dans tous les sens, accourant à la fois de toutes les parties du cercle immense; aucun souffle ne s'est perdu sur le niveau mobile, et la variété des ondulations témoigne de la diversité non moins grande des mouvements aériens qui leur ont donné naissance.

Du haut d'un promontoire ou d'un mât de navire, d'où l'on voit se dérouler une vaste étendue liquide, on peut

---

1. Voir ci-dessous le chapitre intitulé : *L'Air et les Vents.*

souvent jouir de ce beau spectacle de deux ou trois systèmes de rides qui se croisent sous des angles divers, et
qui tantôt doublent la hauteur normale des ondulations en
dressant deux vagues l'une sur l'autre, tantôt égalisent la
surface de l'eau en jetant de larges flots dans les sillons.
Quelquefois la mer est si agitée que, dans la masse bouillonnante, on ne saurait discerner l'action de tous les vents
qui se sont succédé. Quant aux passagers, que le navire bal-

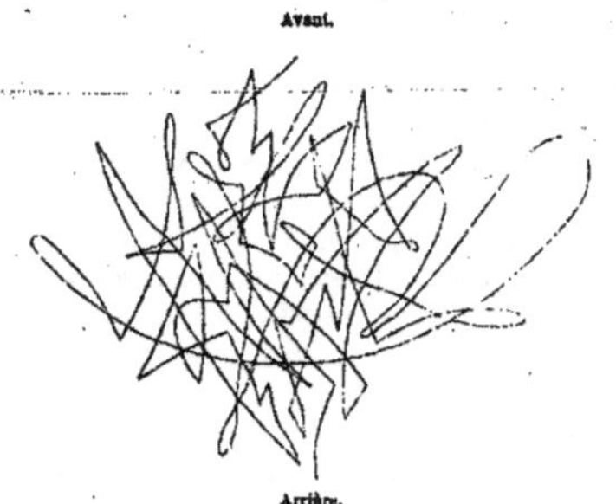

Fig. 18. Oscillations d'un navire sur les vagues.

lotté des vagues secoue incessamment par son roulis, son
tangage, ses plongements soudains et ses écarts, il leur est
bien plus difficile encore de reconnaître, dans l'entre-croisement des flots, les diverses impulsions de l'atmosphère.
La figure précédente reproduit, d'après un voyageur anglais,
les courbes dessinées pendant une seule minute par un
crayon suspendu verticalement dans la cabine d'un navire.
Au moment où le crayon traçait ces lignes, le vent était
faible et le mouvement des eaux très-modéré.

La hauteur des vagues n'est point la même dans toutes

les mers ; elle est d'autant plus considérable que le bassin est plus profond, que la surface en est plus librement parcourue des vents, et que l'eau, moins salée, et par conséquent moins pesante, donne plus de prise aux courants atmosphériques. Ainsi, à égalité de superficie, les eaux du lac Supérieur sont soulevées en vagues plus hautes que celles d'un golfe de la mer barré du côté du large par des îles et des bancs de sable. A égalité de salure, ce sont les bassins les plus étroits qui doivent présenter les vagues les plus courtes et les moins hautes. Les flots de la Caspienne ne sont point comparables à ceux de la Méditerranée, qui, de leur côté, sont de beaucoup dépassés en élévation par ceux de l'Atlantique du nord, et ceux-ci, à leur tour, n'atteignent point à la hauteur des vagues de la mer Antarctique, étalée sur tout un hémisphère.

D'après l'amiral Smyth, qui connaissait si bien la Méditerranée, les vagues de tempête y ont de 4 à 5 mètres et jusqu'à 5 mètres 1/2 de hauteur verticale au-dessus du creux de l'eau ; il a même vu des ondes tout à fait exceptionnelles se dresser à 9 mètres de hauteur ; mais les vagues moyennes soulevées par les grands vents ont seulement de 3 à 4 mètres[1]. Dans une traversée que le célèbre marin Scoresby fit en 1847 de Liverpool à Boston, il mesura des vagues de 8 à 9 mètres, et la moyenne de toutes ses observations donna pour les grandes ondes la hauteur de 5^m,80. A son retour, en 1848, il trouva une moyenne de 9^m,44 pour les vagues mesurées, et quelques-unes d'entre elles s'élevèrent à 13^m,10 au-dessus de l'intervalle le plus profond. D'autres navigateurs donnent des évaluations analogues pour les plus hautes crêtes des flots dans l'Atlantique du nord ; quant à la moyenne d'élévation, elle est beaucoup moins considérable. On peut en juger par la figure suivante, qu'a tracée l'ingénieur Middlemiss pour représenter les

---

1. Cialdi, *Sul moto ondoso del mare*, p. 142.

variations annuelles de la vague à Lybster, sur les côtes d'Écosse.

Dans l'Atlantique du sud, les hauteurs des ondes sont certainement plus fortes que dans les parages du nord. Un grand nombre de marins ont vu l'eau se relever à 15, 16

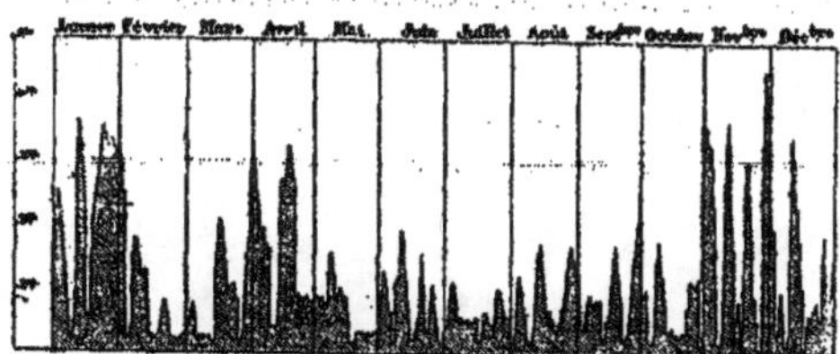

Fig. 19. Hauteurs moyennes des vagues observées à Lybster (Écosse) en 1852.

et 18 mètres au large du cap de Bonne-Espérance, là où l'Atlantique et l'océan des Indes confondent leurs bassins ; Dumont-d'Urville affirmait même avoir rencontré des vagues de 33 mètres de hauteur, au fond desquelles le navire descendait comme dans une vallée, et M. Fleuriot de Langle atteste la vérité de cette assertion. Ce sont bien là les montagnes dont parlent les poëtes, et qui semblent telles en effet à ceux qui se trouvent à leur merci. D'ailleurs, il est probable que les plus hautes vagues des mers n'ont point encore été mesurées. Chose remarquable, ce n'est point d'ordinaire pendant les tempêtes les plus violentes que se forment les grandes lames. Alors, au contraire, les masses aériennes, se précipitant obliquement sur les vagues, les dépriment et les écrasent pour ainsi dire[1]. Les ondes se développent dans toute leur majesté quand le vent est à la

1. Cialdi, *Sul moto ondoso del mare,* p. 139.

fois très-fort et très-régulier, et qu'il souffle pendant longtemps du même point de l'horizon.

Quant à l'amplitude des vagues, c'est-à-dire à leur largeur totale de base à base, les divers observateurs n'ont
point obtenu les mêmes résultats, mais parmi eux il en est
peu qui aient trouvé pour la crête du flot une hauteur verticale inférieure au vingtième de la largeur ou supérieure
au dixième; en moyenne le plissement de l'eau ne présente
en hauteur que le quinzième de sa base; une vague de
1 mètre a 15 mètres de vallée à vallée, une vague de
10 mètres a 150 mètres d'amplitude. C'est là une proportion

Fig. 20. Amplitude moyenne des vagues.

bien plus faible que ne le croirait le marin perdu au milieu
des lames qu'il voit se dresser de toutes parts à la surface
de la mer. D'ailleurs, l'inclinaison des eaux soulevées varie
avec la force du vent et les mouvements des ondes secondaires qui croisent les lames principales.

La vitesse des vagues n'est qu'une vitesse apparente,
comme celle des plis d'une étoffe soulevée par un courant
d'air : si l'eau comprimée par le vent se redresse et s'affaisse
tour à tour, néanmoins elle ne change guère de place, et les
objets qui s'y trouvent ne se meuvent qu'avec lenteur dans
le sens de l'ondulation. Le mouvement réel de l'eau est
celui du courant de dérive qui se forme peu à peu sous
l'action prolongée du vent; mais ce mouvement général de
la masse liquide est peu considérable. La seule fraction de
l'onde qui marche avec la tempête est la crête écumeuse
qui surplombe le sommet du pli et qui s'écroule sur la pente
avancée. Par leur frottement incessant, ces parties supérieures des vagues s'accroissent graduellement en chaleur,

ainsi qu'on a pu le remarquer après grand nombre de fortes tempêtes [1].

Le déplacement apparent des ondes, qu'il est du reste assez difficile de mesurer exactement en pleine mer, varie d'une manière régulière suivant la largeur du flot qui se déroule et la profondeur du bassin maritime. Ainsi, d'après les calculs de l'astronome Airy, toute vague de 30 mètres d'amplitude, parcourant une mer profonde de 300 mètres en moyenne, a la vélocité de $6^m,80$ par seconde ou de 24,980 mètres par heure ; une vague de 300 mètres se déplaçant sur des couches d'eau ayant 3,000 mètres de profondeur, se meut de $21^m,85$ par seconde, soit de 78,660 mètres par heure : c'est ce dernier chiffre que l'on peut considérer comme une moyenne de vitesse pour les flots de tempête dans les grandes mers. Puisque l'on peut ainsi, par le calcul, déduire la vélocité des vagues de leur amplitude et de la profondeur connue du lit de l'Océan, il est facile de déterminer par une opération inverse quelle est l'épaisseur de la couche d'eau, pourvu que l'on connaisse la marche des ondes à la surface liquide. C'est par cette méthode qu'on a calculé la profondeur moyenne de l'Atlantique méridional et celle du Pacifique, entre le Japon et la Californie [2].

Les physiciens ont beaucoup agité la question du mouvement des vagues dans le sens vertical. A quelle profondeur, dans les abîmes de la mer, pénètre l'action de l'onde superficielle, à combien de mètres peut-elle remuer le sable et les débris des bas-fonds? On admettait autrefois comme un fait certain, mais sans le prouver, que l'agitation de la mer cesse de se faire sentir à 8 ou 10 mètres au-dessous de la surface. Les observations faites directement par les marins en un grand nombre de parages ont montré que cette opinion est erronée. Fréquemment les navigateurs

---

1. Joule ; — Cialdi, *Sul moto ondoso del mare*, p. 248.
2. Voir ci-dessus, p. 24.

ont vu les vagues se briser à 20, 30 et même 50 mètres de profondeur sur des écueils cachés, ce qui prouve que ces écueils étaient pour elles un obstacle et barraient brusquement la marche à la partie sous-marine de l'onde. Bien plus souvent encore, on a vu, pendant les violentes tempêtes, ou même lorsque le vent s'était déjà calmé, l'eau toute chargée de l'argile ou de la vase qu'elle avait soulevée des bas-fonds, à 100, 150 et 200 mètres au-dessous du niveau marin[1]. Enfin, les expériences directes de Weber sur les mouvements des ondes ont prouvé que chaque vague propage son action dans le sens vertical jusqu'à 350 fois sa hauteur. Ainsi tout flot de 30 centimètres seulement remue le lit de la mer du Nord, profonde d'environ 100 mètres; toute lame océanique de 10 mètres se fait sentir à 3 kilomètres et demi. Il est vrai qu'à ces profondeurs énormes, l'action du flot est pour ainsi dire tout idéale, car au-dessous de la surface elle décroît en proportion géométrique; mais à 50 ou 100 mètres seulement, les vagues sous-marines conservent encore une grande force, et l'on comprend que lorsque des milliers et des millions d'entre elles sont arrêtées brusquement dans les anfractuosités des roches et sur les versants rapides des hauts-fonds, il doit se produire de violents remous qui reviennent ensuite en « lames sourdes » à la surface de l'eau. De là ces mers houleuses que les navires rencontrent parfois par un temps calme, et surtout dans le voisinage des bancs sous-marins; de là ces « lames de fond » qui, tout à fait inattendues, gonflent tout à coup la nappe des eaux et mettent les bâtiments en danger; de là ces ras de marée formidables qui jaillissent des profondeurs de l'Océan et remontent brusquement la pente des rivages en détruisant tout ce qu'elles rencontrent sur leur chemin.

C'est au bord des îles et des continents et sur le pour-

1. Cialdi, *Sul moto ondoso del mare*, p. 174.

tour des écueils que vagues ordinaires et lames sourdes apparaissent dans toute leur grandeur et se dressent vraiment formidables. Par suite de l'inclinaison plus ou moins graduelle du fond vers le rivage, l'onde venue de la haute mer se déroule au-dessus d'un lit de plus en plus rapproché de la surface et doit forcément se ralentir; mais en même temps, elle augmente de sa propre épaisseur la couche d'eau qu'elle recouvre et par conséquent l'onde qui la suit subit un moindre ralentissement dans sa force d'impulsion. La deuxième vague gagne incessamment sur la première, elle finit par l'atteindre, en gonfle la crête, et se ralentissant à son tour, donne parfois à une troisième vague le temps de la distancer aussi. Enfin, dans le voisinage de la grève, la masse liquide, grossie des flots qui la poursuivaient, ne peut plus développer sa base sur le fond trop rapproché; elle prend en hauteur tout ce qui lui manque en amplitude, se redresse comme un mur, replie en avant sa large volute, et s'écroule avec fracas en projetant au loin sur le rivage l'eau mêlée au sable et à l'écume. Ces lames, vraiment effrayantes pendant les tempêtes, s'élèvent bien plus haut que les ondes du large : pour les anciens, les flots blanchissants de la haute mer, dont ils voyaient briller les crêtes comme des toisons de brebis, étaient les troupeaux de Protée, tandis que les vagues du bord, encore appelées de nos jours *caralli* et *cavalloni* par les peuples du midi de l'Europe, étaient les chevaux frémissants de Neptune.

La hauteur à laquelle peuvent atteindre les jets de ces vagues, lorsque la configuration du fond et des écueils favorise le mouvement, semble parfois tenir du prodige : la masse d'eau de mer qui s'élance alors verticalement ne peut être comparée qu'à une cataracte remontante. Spallanzani raconte que parfois dans les violentes tempêtes, les lames atteignent à la moitié et parfois même à la cime de Stromboluzzo, aiguille de lave qui s'élève près de Stromboli à 97 mètres au-dessus du niveau moyen de la mer. Le phare de Bell-Rock, hardiment dressé à 34 mètres sur un écueil du littoral d'Écosse, est souvent enseveli dans l'écume et la vague, même lorsque les tempêtes ont cessé de bouleverser la mer[1]. Enfin, Smeaton a vu des lames recouvrir le phare d'Eddystone, et s'élancer encore en une trombe d'eau jusqu'à 25 mètres au-dessus du fanal; la masse qui se soulève ainsi autour de l'édifice ne peut-être moindre de 2,000 à 3,000 mètres cubes, et pèse autant qu'un puissant navire à trois ponts. Après les grands assauts de la mer, des flaques salées sont éparses çà et là au sommet de toutes les falaises.

Quant à la pression exercée par de telles masses d'eau lancées avec une grande force d'impulsion, elle n'est pas moins étonnante. Thomas Stephenson a trouvé que la puissance de l'eau projetée contre le phare de Bell-Rock s'élevait à 17 tonnes par mètre carré; dans l'île de Skerryvore, la plus forte pression calculée est de 30 tonnes et demie par mètre, soit de plus de 3 kilogrammes par centimètre carré. Avec une pareille force, le déplacement de blocs qui nous semblent énormes n'est qu'un jeu pour les vagues de tempête. Devant tous les ports de mer et les rades où l'on a fait de grands travaux, tels que digues et brise-lames, les marins ont pu remarquer la puissance prodigieuse de l'onde irritée. Sur tous ces ouvrages avancés, à Holyhead, à Kingston, à Portland, à Cherbourg, à Port-Vendres, à Livourne, on a vu des vagues saisir des matériaux du poids de plusieurs tonnes et les lancer comme des jouets par-dessus les digues; à Cherbourg, les plus lourds canons de rempart ont été déplacés; à Barrahead, dans les Hébrides, Thomas Stephenson a constaté qu'un bloc de pierre de 43 tonnes avait été poussé de plus de 1 mètre 1/2 par la houle; à Plymouth, un bâtiment de 200 tonnes fut jeté, sans se rompre, au sommet même de la digue, et resta dressé sur cet écueil où venait s'arrêter la fureur

1. Mary Somerville, *Physical Geography.*

des vagues du large. A Dunkerque, ainsi que M. Villar-
ceau l'a constaté par les mesures les plus délicates, le sol
tremble à 1 kilomètre 1/2 du rivage, lorsque la mer gronde
avec force.

Fig. 11. RADE DE SAINT-JEAN-DE-LUZ.

Dans le golfe de Gascogne, si fréquemment visité par
les tempêtes, les lames venues de l'ouest et du nord-ouest
s'engouffrent comme dans une sorte d'entonnoir et se heurtent contre les rivages avec une violence au moins égale à

celle des vagues de la Manche et des mers anglaises. Aussi les ouvrages construits par les ingénieurs pour défendre les rades et les ports contre cette terrible pression ont-ils été maintes fois emportés ou du moins fortement endommagés par les flots; sous peine de voir disparaître en un jour toute l'œuvre d'un siècle, l'homme doit continuer incessamment contre la mer la lutte engagée. Pendant l'hiver de 1867 à 1868, dit M. Palaà, des blocs de rochers artificiels du poids de 36 tonnes, placés à l'extrémité de la digue de Biarritz, ont été projetés horizontalement à 10 et 12 mètres; même un bloc a été soulevé en plein de 2 mètres, porté sur le brise-lames, puis renversé et roulé au loin dans la tourmente. A Saint-Jean-de-Luz, les lames sont peut-être encore plus redoutables; aussi quelques-unes des masses de pierre que l'on emploie actuellement pour construire la digue de Socoa, à l'entrée de la rade, n'ont-elles pas moins de 60 et 70 mètres cubes. Et pourtant la puissante muraille ne serait pas encore assez puissante si elle n'était en outre défendue par des pierres jetées au hasard, constituant, en avant de la digue, une rangée d'écueils protecteurs.

Les seuls parages où les vagues déploient une force encore plus grande que dans le golfe de Gascogne sont ceux que ravagent parfois les ouragans. A l'île de la Réunion, on trouve, au milieu d'une savane, un bloc massif de pierre madréporique qui n'a pas moins de 890 mètres cubes : c'est une épave que les flots ont détachée du récif et poussée devant eux à travers la campagne [1]. Comment s'étonner que des flots assez puissants pour lancer de pareilles catapultes modifient si diversement les rivages, ici démolissant les falaises, ailleurs déposant des îles ou construisant des flèches de sable à l'entrée des golfes [2]?

1. Zurcher et Margollé.

2. Voir, ci-dessous, les chapitres intitulés *les Rivages et les Îles, le Travail de l'homme.*

CHAPITRE II.

I.

Grands mouvements des eaux marines. — Causes générales des courants. —
Les cinq fleuves océaniques.

Les courants, c'est-à-dire les mouvements réels de la
mer, beaucoup moins visibles aux regards que les déplacements apparents qui constituent les vagues, ont néanmoins
une bien plus haute importance dans la vie planétaire : par
eux, d'énormes couches liquides, ayant jusqu'à des milliers
de kilomètres en largeur et des centaines de mètres en profondeur, sont entraînées à travers les bassins océaniques ; les
eaux des mers polaires s'épanchent vers les régions équatoriales, et, de leur côté, celles-ci envoient leurs flots dans
la direction des pôles. La masse liquide tournoie incessamment, comme par un immense remous, dans chaque mer
du globe, et l'on peut en suivre par la pensée le prodigieux
circuit, des banquises de glace jusque sous la tiède atmosphère des tropiques. Les courants ne sont autre chose que
l'Océan lui-même en mouvement, et par eux les eaux marines sont successivement réparties dans tous les parages
de la sphère : ce sont les méandres de ce grand « fleuve
salé » d'Homère, qui se déroule autour de la terre en un
immense circuit. Chaque gouttelette qui n'a pas encore été
aspirée en vapeur pour commencer son long voyage à tra-

vers les nuées, les névés, les glaciers et les fleuves, change
continuellement de place dans les abîmes de la mer; elle descend jusqu'au fond ou remonte à la surface; elle se promène
de l'équateur au pôle ou du pôle à l'équateur et parcourt
ainsi toutes les régions de l'Océan. C'est à ce déplacement
continu de ses innombrables molécules que la mer doit de
se ressembler d'une manière si étonnante sous toutes les
latitudes par l'aspect, la composition, la salure des eaux.

Toute différence de niveau qui se produit à la surface
liquide par suite de vents prolongés, de fortes pluies ou d'une
évaporation très-active a pour conséquence nécessaire la
formation d'un courant, car l'eau cherche l'horizontalité de
surface et se porte sans cesse des endroits les plus élevés
vers les dépressions. Toute variation atmosphérique a pour
conséquence un déplacement dans un sens ou dans l'autre
des eaux superficielles; mais les grands courants qui d'un
mouvement régulier se déroulent autour des bassins de
l'Océan entre les zones polaires et la zone équatoriale sont
déterminés par des causes générales agissant à la fois sur
la planète tout entière. Ces causes sont la chaleur du soleil
et la rotation de la terre autour de son axe.

Le bassin équatorial, incessamment réchauffé par les
rayons solaires, perd une très-grande quantité d'eau qui
se transforme en vapeur et monte dans les hautes couches
de l'atmosphère pour se condenser en nuages. En admettant que l'évaporation annuelle soit de 4 mètres 1/2 seulement[1], ce qui est probablement un chiffre inférieur à la
réalité, la quantité de liquide enlevée à l'Atlantique dans
la zone tropicale serait approximativement de 120 trillions
de mètres cubes et représenterait par conséquent la même
valeur qu'une masse cubique d'eau de près de 50 kilomètres
de côté. Il est vrai qu'une partie considérable de ces vapeurs,
la moitié peut-être, retombe avec les pluies dans la mer

1. Maury, *Geography of the Sea.*

d'où elle s'est élevée, mais une très-forte proportion des nuages est entraînée par les contre-alizés[1] et d'autres courants aériens dans les mers situées en dehors des tropiques et sur les continents voisins. Près de l'équateur, l'évaporation enlève donc à l'Océan beaucoup plus d'eau que ne lui en rendent les nuages du ciel, et par suite il se forme un vide immense que peuvent seules remplir les masses liquides venues des bassins polaires, où l'apport des neiges, des pluies et des glaces dépasse la perte en vapeur. Ces masses liquides surabondantes se précipitent en effet vers le bassin de la zone torride et forment les deux grands courants qui des pôles opposés du globe vont à l'encontre l'un de l'autre dans l'Atlantique et le Pacifique et marchent sans cesse en décrivant un orbe régulier comme celui des corps célestes. D'ailleurs l'excès d'évaporation qui se produit dans les eaux tropicales n'est point la seule cause de ce grand mouvement des mers polaires vers la zone torride. Les vents alizés, entraînés par le puissant foyer d'appel des chaleurs équatoriales, soufflent incessamment dans la même direction, et poussant toujours les vagues devant eux, accélèrent ainsi la marche du courant océanique.

Si la masse d'eau qui s'épanche continuellement des pôles vers l'équateur était exactement égale en quantité à celle qui s'est évaporée, les courants maritimes s'arrêteraient sous les tropiques et nulle part un mouvement de retour ne se produirait vers les deux océans polaires. Mais les eaux qui affluent du nord et du sud sont toujours en excès, par suite de l'impulsion continue des vents alizés, et quand elles arrivent dans les parages des tropiques elles sont reprises par un nouveau courant, dont la véritable cause est le mouvement de rotation qui emporte la terre autour de son axe. En effet, grâce à la fluidité de leurs molécules, les couches liquides n'obéissent point d'une manière absolue au mouve-

1. Voir, ci-dessous, le chapitre intitulé *l'Air et les Vents.*

ment de projection de la planète qui les entraîne de l'ouest
à l'est ; en descendant des pôles à l'équateur, et en traversant ainsi des latitudes dont la vitesse autour de l'axe du
globe est plus forte que la leur, elles obliquent constamment
à l'ouest et ce retard continuel sur la rotation du globe
devient, relativement à la surface de la mer, un mouvement
apparent de l'orient à l'occident. En se rencontrant sous la
zone tropicale, les courants polaires, animés tous les deux
d'un mouvement de dérive, se frappent obliquement, puis
se réunissent en un même fleuve océanique et se portent
directement vers l'ouest, en sens inverse du mouvement de
la terre solide. C'est ainsi que se produit le courant équatorial, qui, avec les deux courants polaires, détermine tout le
mouvement des eaux dans chaque bassin océanique. Les
autres fleuves de la mer ne sont que de simples dérivations,
causées par la forme des continents.

Le courant équatorial, qui continue les courants polaires et qui forme avec chacun d'eux une vaste demi-circonférence, ne peut pas se développer librement sur toute la
rondeur du globe. Arrêté dans l'Atlantique par le continent
américain, dans le Pacifique par l'Asie et les archipels qui
relient ce continent à la Nouvelle-Hollande, il se brise contre
les rivages et se partage en deux moitiés, qui se replient
dans la direction des pôles, l'une en descendant vers le sud,
l'autre en remontant vers le nord. L'immense fleuve reflue
ainsi vers sa source ; mais en même temps, le mouvement de
rotation terrestre qui le faisait incessamment dévier vers
l'ouest, le fait maintenant obliquer dans la direction opposée.
Sous l'équateur, la vitesse angulaire de la surface terrestre
autour de l'axe de la planète étant plus considérable que
sous toutes les autres latitudes, les eaux venues des mers
tropicales dans les mers tempérées sont animées d'un mouvement plus rapide vers l'est que le milieu dans lequel
elles se trouvent ; elles dévient par conséquent dans le
sens de l'orient, et quand le courant de retour atteint les

mers polaires, il semble venir de l'ouest. Ainsi se complète
le grand circuit des eaux dans chaque hémisphère. L'Atlantique et le Pacifique ont chacun leur double système circulatoire, formé de deux remous immenses unis dans la zone
torride par un courant équatorial commun. Quant à l'océan
des Indes, limité du côté du nord par le continent d'Asie,
il n'a qu'un courant simple tournant incessamment en son
vaste bassin entre l'Australie et l'Afrique. Dans leur ensemble, ces fleuves océaniques rappellent par leur distribution celle des parties du monde. Les deux tourbillons de
l'Atlantique correspondent aux deux continents d'Europe
et d'Afrique; les vastes tournoiements du Pacifique ont une
division binaire analogue à celle des deux Amériques, et le
courant de la mer des Indes fait penser à l'énorme masse
de l'Asie, qui remplit à elle seule une moitié de l'hémis
phère septentrional.

II.

Le *Gulf-stream*. — Influence de ce courant sur les climats.
Son importance pour le commerce.

De tous les fleuves océaniques, le mieux connu est cette
partie du courant de l'Atlantique boréal que les Anglais et
les Américains ont appelé *Gulf-stream* ou courant du Golfe,
parce qu'il se développe en un long circuit dans le golfe
du Mexique avant d'atteindre l'Océan. En l'année 1513 déjà,
les Espagnols Ponce de Leon et Antonio de Alaminos recon-
nurent l'existence de ce courant, et six ans plus tard Alaminos, s'élançant hors du « débouquement » des Florides, se
laissa pousser par les eaux dans la mer libre et découvrit
ainsi la grande route circulaire qu'ont à suivre les navires
pour revenir promptement en Europe. Depuis Varenius, qui

tenta de décrire le Gulf-stream, Vossius, qui en traça sur
la carte le circuit immense, Franklin et Blagden qui, les
premiers, l'explorèrent scientifiquement, ce courant a été
étudié par un grand nombre de géographes. D'ailleurs,
aucune des masses d'eau qui se déplacent sur la mer ne
mérite d'être mieux connue dans tous ses détails; aucune
n'a plus d'importance pour le commerce des nations et
n'exerce une influence plus considérable sur les climats :
c'est au Gulf-stream que les îles Britanniques, la France et
les pays voisins doivent en grande partie leur douce température, leur richesse agricole, et, par suite, une part très-
notable de leur puissance matérielle et morale[1]. Son histoire se confond presque avec celle de l'Atlantique boréal
tout entier, tant est capitale l'influence hydrologique et
climatérique de ce courant des mers[2].

Le célèbre Maury consacre au Gulf-stream la partie la
plus importante de son ouvrage classique sur la *Géographie
de la Mer.* « Il est un fleuve dans l'Océan : dans les plus grandes
sécheresses, jamais il ne tarit; dans les plus grandes crues
jamais il ne déborde. Ses rives et son lit sont des couches
d'eau froide entre lesquelles coulent à flots pressés des eaux
tièdes et bleues. Nulle part sur le globe il n'existe un courant aussi majestueux. Il est plus rapide que l'Amazone,
plus impétueux que le Mississipi, et la masse de ces deux
fleuves ne représente pas la millième partie du volume
d'eau qu'il déplace. » Tel est le langage épique par lequel
débute le beau livre de Maury.

Après avoir en six mois fait le tour de la mer des
Caraïbes et du golfe du Mexique, après avoir rejeté sur le
littoral de l'Alabama les eaux boueuses du Mississipi, qui
longent ses vagues d'un bleu sombre, le Gulf-stream suit les
côtes septentrionales de Cuba, puis contourne la pointe méri-

----

1. Voir, ci-dessous, le chapitre intitulé *la Terre et l'Homme*.
2. J. G. Kohl, *Geschichte des Golfstroms*, p. 1.

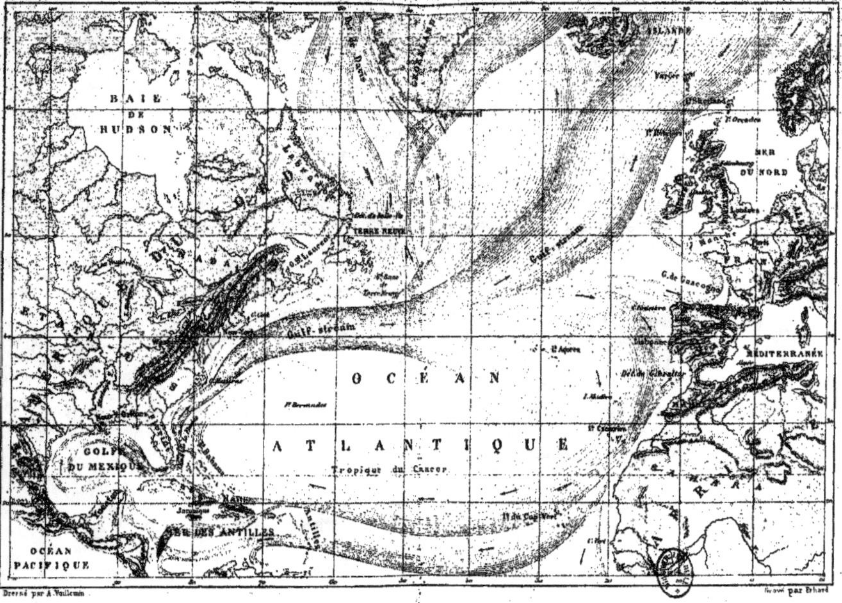

Dressé par A. Vuillemin　　Gravé par Erhard

dionale de la Floride, et pénètre dans le détroit qui sépare
le continent américain des îles et des bancs de Bahama.
Grossi de la masse d'eau que lui envoie directement le grand
courant équatorial par les détroits de l'archipel, et surtout
par le Vieux-Canal de Bahama, le Gulf-stream coule droit au
nord et s'élance dans l'Océan par une embouchure de 59 kilomètres de largeur, et d'une épaisseur moyenne de 370 mètres.
Là sa vitesse est grande, et même elle égale celle des principaux fleuves de la terre, puisqu'elle est parfois de 7 à 8
kilomètres par heure; mais d'ordinaire elle est d'environ
5 kilomètres et demi. La masse d'eau que débite le courant peut donc être évaluée à plus de 33 millions de mètres
cubes par seconde, c'est-à-dire à 2,000 fois le débit moyen
du Mississipi, et pourtant c'est à l'impulsion de ce cours
d'eau de l'Amérique septentrionale que nombre de géographes attribuaient autrefois l'existence du Gulf-stream
lui-même. Lorsque les vents de sud, d'ouest ou même de
nord-ouest, et le mouvement des marées favorisent la marche
de ce courant, il roule vers l'Atlantique une quantité d'eau
bien supérieure à la moyenne; mais en revanche, lorsqu'il
est retardé par les tempêtes qui soufflent du nord-est, il
déverse dans l'Océan une masse liquide beaucoup moindre:
il se gonfle, s'élève, s'épanche avec fureur sur les terres
basses qui le bordent, ravage de vastes espaces et fait disparaître des îles entières. A son embouchure dans l'Océan, le
fleuve maritime se comporte comme les rivières qui parcourent les continents: il érode d'un côté, tandis que de l'autre
il dépose des alluvions. Sans doute les îles Bahama, qui
parsèment la mer à l'est du Gulf-stream, et les *keys* ou écueils
qui se développent au nord en une longue rangée reposent
sur un piédestal de bancs sous-marins formés en partie par
les atterrissements du grand fleuve [1].

1. Agassiz; — R. Thomassy, *Bulletin de la Société de Géographie*, novembre 1860. — Voir, ci-dessous, le chapitre intitulé *la Terre et sa Faune*.

En sortant du détroit de Bemini, le courant du Golfe se

Fig. 99. CANAL DE LA FLORIDE.

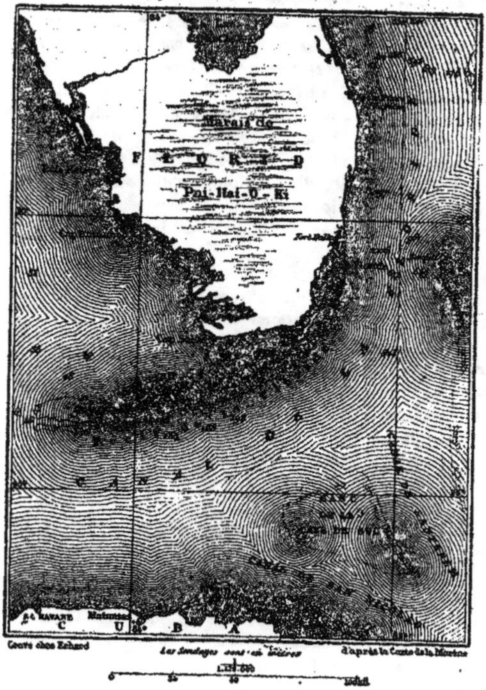

déploie et s'étale sur l'Atlantique ; mais en même temps sa profondeur devient proportionnellement moins considérable. Tandis que les nappes d'eau froide qui lui servent de rivages s'éloignent de chaque côté et le laissent se répandre sur une plus grande largeur, l'autre couche d'eau froide qui le porte, et sur laquelle il coule comme les fleuves terrestres glissent sur un fond de rochers, se rapproche peu à peu de la surface. Par le travers du cap Hatteras, la profondeur du courant est d'environ 220 mètres, et sa vitesse ne dépasse point 5 kilomètres à l'heure; mais il est deux fois plus large qu'à la sortie du détroit de Bemini, et s'étale sur un espace de 125 kilomètres. L'épaisseur de cette puissante nappe d'eau chaude diminue sans cesse : quand elle a traversé l'Atlantique, elle n'est plus qu'un courant superficiel; il est vrai qu'alors aussi elle recouvre en largeur une immense étendue maritime depuis les Açores jusqu'à l'Islande et au Spitzberg.

Les sondages opérés, depuis 1845, par les marins du *Coast-Survey* de l'Amérique du Nord ont prouvé que le courant du Golfe longe le littoral des États-Unis à une assez grande distance des côtes. La faible inclinaison des terres basses de la Georgie et des Carolines se continue sous les eaux jusqu'à ce que le plomb de sonde atteigne une profondeur d'environ 90 mètres; alors le sol s'abaisse rapidement et forme une longue vallée parallèle au rivage des États-Unis et aux murailles calcaires des Apalaches : c'est dans cette vallée, creusée à l'est du piédestal sous-marin des terres américaines, que coulent les eaux du Gulf-stream. Grâce au mouvement de rotation du globe, et probablement aussi à la direction générale des côtes, le courant suit une direction constante vers le nord-est, et ne heurte aucune des pointes avancées du continent. Au large de New-York et du cap Cod, il s'infléchit de plus en plus vers l'est, et, cessant de longer à distance le littoral américain, s'élance en plein Atlantique vers les côtes de l'Europe occidentale. Ainsi que le dit Maury, si de monstrueuses bouches à feu avaient assez de puissance pour lancer des boulets du

détroit de Bahama au pôle boréal, les projectiles suivraient
à peu près exactement la courbe du Gulf-stream, et, déviant
graduellement en route, atteindraient l'Europe en venant
de l'ouest.

C'est du 43° au 47° degré de latitude septentrionale, dans
les parages du banc de Terre-Neuve, que le Gulf-stream,
venu du sud-ouest, rencontre à la surface des mers le courant polaire, découvert par les Cabot dès l'année 1497. La
ligne de démarcation entre les deux fleuves océaniques n'est
jamais absolument constante, et se déplace suivant les saisons. En hiver, c'est-à-dire de septembre en mars, le courant froid repousse le Gulf-stream vers le sud, car, pendant
cette saison, tout le système circulatoire de l'Atlantique,
vents, pluies et courants, se rapproche de l'hémisphère
méridional, au-dessus duquel voyage le soleil. En été, c'est-
à-dire de mars en septembre, le Gulf-stream reprend à son
tour la prépondérance et rejette de plus en plus vers le nord
le lieu de son conflit avec le courant polaire. Ainsi le grand
fleuve ondulerait çà et là sur les mers, et, suivant la gracieuse expression de Maury, flotterait comme une banderole
au souffle de la brise; mais il est probable que souvent la
marche des deux courants en lutte n'est modifiée que d'une
manière apparente à cause des épanchements superficiels
d'eau froide ou d'eau chaude. Le banc de Terre-Neuve, cet
énorme plateau qu'entourent de tous les côtés des abîmes
profonds de 8 et 10 kilomètres, est sans doute dû en grande
partie à la rencontre des deux masses liquides en mouvement. En entrant dans les eaux tièdes du Gulf-stream, les
montagnes de glace se fondent peu à peu et laissent tomber
dans la mer les débris qu'elles portaient. Le banc, qui
s'élève graduellement du fond de l'Océan, est une sorte
de moraine commune pour les glaciers du Groenland et de
l'archipel polaire [1].

1. Voir, ci-dessus, p. 53.

Après s'être heurtées contre les eaux du Gulf-stream, celles du courant arctique cessent en grande partie de couler à la surface et descendent dans les profondeurs à cause du plus grand poids que leur donne leur basse température. On peut reconnaître la direction de ce contre-courant, exactement opposée à celle du Gulf-stream, par les montagnes de glace que la tiède haleine des latitudes tempérées n'a pas encore fondues et qui voyagent vers le sud-est, à l'encontre du courant superficiel qu'elles partagent comme des proues de navires. Plus au sud, on ne reconnaît qu'au moyen des instruments de sonde l'existence de ce courant caché, dont les eaux froides servent de lit au fleuve chaud sorti du golfe du Mexique : il descend et descend de plus en plus, jusqu'au détroit des îles Bahama, où le thermomètre le découvre à près de 400 mètres de profondeur.

Toutefois une fraction des eaux du courant polaire se maintient à la surface de la mer et, glissant le long des côtes occidentales des États-Unis jusqu'à la pointe de la Floride, donne au Gulf-stream, par le contraste, des limites nettement tracées. En général, l'eau froide venue des mers arctiques est animée d'une assez grande force d'impulsion pour obliger le courant du Golfe à se replier sensiblement vers le sud et pour lui opposer dans l'autre sens une barrière infranchissable. La partie la plus chaude et la plus rapide du Gulf-stream, qui forme précisément la bande gauche ou occidentale du courant, se trouve immédiatement juxtaposée à une nappe d'eau froide qui s'épanche en sens inverse entre le Gulf-stream et les plages américaines. Ce contre-courant, qui interpose les eaux de la mer glaciale entre le rivage des Carolines et le fleuve tiède sorti du golfe du Mexique, limite le Gulf-stream comme une muraille glacée[1]. Parfois la ligne de démarcation entre les deux masses liquides est tellement précise qu'elle est appréciable au regard et qu'on

[1]. Franklin Bache, *United-States Coast-Survey*.

distingue le moment exact où le navire sort d'un courant pour fendre l'autre de son taille-mer. L'eau du Gulf-stream est d'un bel azur, celle du contre-courant est verdâtre ; la première est saturée de sel, la seconde en contient une moindre proportion ; l'une est tiède, l'autre est froide ; et le thermomètre, plongé alternativement dans les deux liquides, marque aussitôt la différence des températures. Sur la limite des courants, le frottement des deux masses d'eau coulant en sens inverse produit une série de remous, de tourbillons et de vagues courtes qui donnent aux fleuves de l'Océan un aspect analogue à celui des rivières continentales. Parfois on peut même entendre, pareil à un mugissement sourd, le bruit des courants qui se disputent la surface de la mer. Des herbes flottantes et autres débris se déplacent en tournoyant sur la limite incessamment changeante des deux fleuves en lutte [1].

Le Gulf-stream, comme tous les autres courants, finit pourtant par mélanger les eaux de la mer, et tend ainsi à égaliser la proportion du sel et de toutes les autres substances contenues dans la masse liquide. La salinité normale de la mer des Caraïbes est de 36 à 37 millièmes, excepté dans le voisinage de l'embouchure des grands fleuves. Après avoir reçu les eaux douces du Mississipi et les rivières visibles et souterraines de la Floride, le courant du Golfe ne contient pas tout à fait 36 millièmes de substances salines ; mais sa teneur augmente peu à peu à mesure qu'il avance vers le nord. Au large de Terre-Neuve, où les eaux du Saint-Laurent et de plusieurs autres fleuves, ainsi que les glaces fondues, les brouillards et les fortes pluies, ont adouci les vagues de la mer, le Gulf-stream ne contient plus même 34 pour 1,000 de matières salines, mais il regagne peu à peu la proportion de 35 millièmes en se dirigeant vers les côtes de l'Europe occidentale et les régions polaires. Les

1. Kohl. — Fitz-Roy, *Adventure and Beagle*, Appendice au deuxième volume.

courants d'eau froide qui lui servent de lit sont tous moins
riches en substances salines, ainsi que l'ont prouvé Forchhammer et d'autres chimistes; mais par suite du mélange
incessant des eaux, il se produit en beaucoup de parages
une égalisation de salure entre les courants [1].

Une autre œuvre du Gulf-stream, non moins importante
dans l'économie planétaire, est celle qu'il accomplit, de
concert avec les vents du sud-ouest [2], sur le climat de l'Europe occidentale. En tournoyant dans le golfe du Mexique,
comme dans une immense chaudière, les eaux du courant
se réchauffent graduellement; quand elles s'échappent du
détroit de Bemini pour faire leur entrée dans l'Océan,
leur température n'est pas moindre de 30 degrés centigrades, et dépasse d'environ 5 degrés la chaleur normale
des couches liquides avoisinantes. Le calorique des eaux
du Gulf-stream ne se perd que lentement, et pendant les
jours d'hiver, les eaux du courant ont souvent, au large du
cap Hatteras et du banc de Terre-Neuve, une température
dépassant de 12 ou même de 16 degrés centigrades celles
de tout le reste de l'Atlantique sous les mêmes latitudes;
quand elles se rencontrent avec le courant polaire, elles
ont encore une chaleur de plus de 20 ou même 25 degrés
centigrades, tandis qu'à une distance de quelques centaines
de kilomètres, sur les côtes de Labrador, l'eau marine se
trouve quelquefois à 4 degrés au-dessous du point de glace:
en dépit des latitudes, les eaux de la zone tropicale et celles
de la zone glaciale se sont juxtaposées. Dans leur marche
vers le nord, les nappes de la surface, qui par suite du
rayonnement sont devenues plus froides que les couches
sous-jacentes, descendent à une profondeur plus ou moins
grande dans la masse du courant, et sont remplacées par
des eaux plus chaudes et plus légères situées immédiatement

1. Forchhammer, *Philosophic Transactions*, part. I, p. 241, 1865.
2. Voir le chapitre intitulé *les Climats*.

au-dessous. Il se produit ainsi une alternative constante de positions entre les nappes liquides du Gulf-stream, et l'on peut en conséquence remarquer, en traversant le courant dans toute sa largeur, une série de bandes parallèles d'une température inégale [1]. Dans chacune de ces bandes, les eaux chaudes s'élèvent tour à tour à la surface refroidie de la mer. Chose remarquable, si le Gulf-stream ne coulait pas, comme il le fait, dans un lit entièrement composé d'eau froide, et se mouvait sur le fond même de l'Océan, il perdrait rapidement sa haute température et cesserait par conséquent d'être un foyer de chaleur pour l'Europe occidentale. En effet, le sol terrestre étant un bon conducteur du calorique, les eaux tièdes du courant lui communiqueraient leur température et finiraient par se refroidir tout à fait ; mais les eaux froides du courant polaire, interposées entre le fond de la mer et les couches du Gulf-stream, servent à celles-ci d'écran protecteur pour empêcher le refroidissement. C'est par de semblables contrastes que s'établit l'harmonie du monde.

La quantité de chaleur que le courant du Golfe entraîne vers les régions septentrionales est une partie très-notable du calorique emmagasiné dans les eaux sous le climat torride. Les cétacés, les poissons et les autres habitants de la zone tropicale descendent le cours du Gulf-stream sans s'apercevoir qu'ils ont changé de patrie, et souvent ils poussent leurs voyages aventureux jusqu'aux Açores et sur les côtes de l'Islande ; les oiseaux du sud remontent aussi vers le nord dans la couche d'air attiédie qui repose sur le courant. Les animaux des mers septentrionales, au contraire, sont retenus prisonniers dans l'océan Glacial, et les baleines franches, dit Maury, reculent devant le Gulf-stream, comme devant une « barrière de flammes. » La chaleur totale du courant suffirait, si elle était ramassée sur un seul point, pour

---

1. Franklin Bache, *United-States Coast-Survey.*

fondre des montagnes de fer et faire couler un fleuve de métal aussi puissant que le Mississipi ; elle suffirait encore pour élever d'une température d'hiver à une température estivale constante toute la colonne d'air qui repose sur la France et les îles Britanniques. D'ailleurs, bien qu'il s'épanche sur d'énormes espaces à l'ouest et au nord de l'Europe, le courant du Golfe n'en exerce pas moins une influence prépondérante sur le climat de cette partie de l'ancien monde. Grâce à la tiédeur de ses eaux, les lacs des Feröer et des îles Shettland ne gèlent jamais pendant l'hiver ; la Grande-Bretagne s'enveloppe de brouillards comme d'un immense bain de vapeurs, et le myrte croît sur les rivages de l'Irlande, cette émeraude des mers, sous la même latitude que le Labrador, ce pays des neiges et des glaces. Dans la verte Erin, île privilégiée sous tant de rapports, les côtes occidentales, les premières que le Gulf-stream rencontre après la traversée de l'Atlantique, jouissent d'une température de 2 degrés plus élevée que ne l'est celle des côtes de l'est. En dépit de la marche du soleil, il fait en moyenne aussi chaud en Irlande, sous le 52ᵉ degré de latitude, qu'aux États-Unis, sous le 38ᵉ degré, à 1,650 kilomètres de plus dans la direction de l'équateur.

Le courant du Golfe, qui porte la chaleur tropicale aux régions tempérées de l'Europe, sert aussi très-souvent de grand chemin aux ouragans : de là les noms de *weather-breeder* (père des tempêtes), et de *storm-king* (roi des orages), que l'on a donnés au Gulf-stream [1]. Les mouvements de l'océan atmosphérique et ceux de l'océan des eaux se produisent suivant un parallélisme si complet, qu'on serait tenté de voir un seul et même phénomène dans l'ensemble des courants aériens et maritimes [2]. Ainsi le Gulf-stream semble être pour les vents, comme il l'est vraiment pour les

1. F. Maury, *Geography of the Sea.*
2. Voir, ci-dessous, le chapitre intitulé *l'Air et les Vents.*

eaux, le grand intermédiaire entre les deux mondes. Il porte aux mers du nord de l'Europe les matières salines du golfe des Antilles; il entraîne avec lui la chaleur des tropiques pour en faire profiter les régions tempérées; il marque la route que suivent les torrents d'électricité que dégagent les ouragans des Antilles. C'est bien ce grand serpent des poëtes scandinaves qui développe son immense anneau à travers l'Océan, et, de sa tête qu'il balance çà et là sur les rivages, souffle une douce brise ou vomit la foudre et les tempêtes.

Le courant du Golfe traverse l'Atlantique avec une vitesse moyenne de 38 kilomètres par jour, ainsi qu'on a pu le constater, soit par des mesures directes opérées sur divers points de l'Océan, soit au moyen de billets qui, après avoir été lancés par-dessus bord dans des bouteilles soigneusement fermées, ont voyagé au gré des flots pendant des semaines ou des mois, puis ont été repêchés en d'autres parages ou recueillis sur une grève de la mer. Dans leur long trajet, les eaux profondes du fleuve marin d'Amérique ne transportent guère d'autres alluvions que la poussière vivante d'animalcules qui remplit les eaux tièdes du courant et qui tombe en neige incessante sur le fond de la mer; mais à la surface du Gulf-stream flottent çà et là des troncs et des branches d'arbres qui vont échouer ensuite sur une plage d'Europe et jusque sur les côtes de l'Islande et du Spitzberg : c'étaient là tous ces débris que nos ancêtres du moyen âge croyaient provenir de l'île fabuleuse de saint Brandan ou d'Antilia, et qui donnaient à réfléchir aux navigateurs audacieux, tels que le grand Colomb[1]. Des graines apportées du nouveau monde par le courant ont trouvé un sol favorable sur le rivage des Açores, et bien qu'à des milliers de kilomètres de la terre natale, ont germé et porté des fruits. Souvent aussi les flots du Gulf-stream apportent en Europe des produits brisés de l'indus-

[1] J. G. Kohl, *Geschichte des Golfstroms*, p. 17.

trie humaine et les épaves de navires détruits. Pendant la guerre de Sept ans, on retrouva sur les côtes septentrionales de l'Écosse le grand mât d'un vaisseau de guerre anglais, le *Tilbury,* qu'un incendie avait détruit près de Saint-Domingue. De même une barque de rivière chargée d'acajou aborda un jour aux Feröer; les débris de navires rompus dans les parages de la Guinée ont été poussés sur le littoral des îles Britanniques, après avoir traversé deux fois l'Océan en sens inverse; souvent même des Esquimaux ont été portés par les flots vers les Orcades [1].

Il est assez difficile de préciser nettement la marche du Gulf-stream dans les mers de l'Europe occidentale, à cause de l'énorme largeur de sa nappe mouvante. On peut dire qu'il s'étale en réalité sur tout l'Océan, des Açores au Spitzberg; mais, ayant perdu en force d'impulsion ce qu'il a gagné en étendue, il est modifié et détourné de son cours par une foule de circonstances locales et par la configuration si variée des côtes de l'Europe. Seule, la partie du courant qui passe au nord de l'Irlande et de la Grande-Bretagne peut garder sa direction première. Elle baigne tous les archipels situés entre l'Écosse et l'Islande, réchauffe les côtes de la Norvége, et jusqu'en Laponie va fondre les glaces du port de Hammerfest, puis se prolonge dans les mers polaires vers le Spitzberg; ainsi que l'expédition suédoise l'a constaté en 1861, le courant se fait sentir même sur les rivages septentrionaux de ce dernier archipel, puisque sur la plage de Shoal-Point, située à plus de 80 degrés de latitude nord, on a trouvé des graines d'une plante des Antilles (*Entada giga-lobium*). De même il est certain que le courant va baigner aussi les côtes occidentales de la Nouvelle-Zemble, car on y a trouvé des bouteilles provenant d'une verrerie de la Norvége et des filets de pêcheurs scandinaves.

Comment ces eaux, qui s'étalent en large nappe à la

1. Humboldt, *Tableaux de la nature,* notes.

surface des mers glaciales, continuent-elles leur marche vers le pôle? Là commence l'hypothèse, puisque nul navigateur n'a pu encore explorer ces parages et en étudier le régime hydrologique; mais du moins on connaît en partie les origines du courant polaire, et, par la direction que prend cette masse d'eau, on peut indiquer celle que doit suivre le Gulf-stream lui-même. Le long de toutes les côtes septentrionales de la Sibérie, ainsi que nous l'ont appris Wrangel et d'autres explorateurs, un courant d'eau froide se porte de l'est à l'ouest. Rencontrant sur son chemin la grande île de la Nouvelle-Zemble, il en recouvre les plages et les écueils d'énormes quantités de glace qui rendent l'île tout à fait inhabitable et ferment les détroits à la navigation. Arrêtées par cette barrière, les eaux du courant glacial sont obligées de refluer au nord, et de se diriger au nord-ouest vers le Spitzberg, dont elles contournent l'archipel au nord pour entrer ensuite dans les parages du Groenland. C'est là qu'elles commencent enfin à prendre directement le chemin des mers équatoriales : tous les navigateurs qui se sont hasardés au nord-ouest de l'Islande ont reconnu l'existence de ce courant qui longe le littoral jusqu'au cap Farewell; sa vitesse moyenne, d'après Graah et Scoresby, est de 5 à 6 kilomètres par jour.

Au sud du Groenland, la nappe amincie du Gulf-stream doit rencontrer ce courant transversal et sans doute, par suite du poids plus considérable que lui donne sa forte teneur en substances salines, elle plonge dans les profondeurs pour se changer en un courant sous-marin, qui finit par se mêler complétement aux eaux froides des mers boréales et reflue ensuite vers l'équateur en sens inverse de sa première direction. Ainsi le fleuve d'eau tiède sorti du golfe du Mexique alimente, par ses apports incessants, les contre-courants polaires, et le grand circuit s'établit de la zone des chaleurs à celle des glaces. Peut-être même le reflux du Gulf-stream s'accomplit-il parfois, sous la pression des eaux du nord, par un brusque renversement : c'est là ce qui expliquerait la forte salinité de 35 millièmes que Forchhammer a trouvée dans les eaux du courant polaire à l'est du Groenland.

Ce n'est point seulement dans la large étendue de l'Atlantique boréal, de la Nouvelle-Zemble à l'Islande, que le Gulf-stream prend un cours sous-marin, c'est également, paraît-il, dans la mer de Baffin, à l'ouest du Groenland. En effet, du cap Farewell jusqu'à 8 degrés plus au nord, on a constaté l'existence d'un courant littoral qui porte les glaces dans une direction exactement contraire à celle du courant qui suit à l'ouest les côtes du Labrador et qui sert de grand chemin aux banquises en débâcle[1]. On considérait naguère ce courant comme la continuation de celui qui longe du nord au sud les côtes orientales du Groenland, et qui se serait brusquement reployé autour du cap Farewell ; mais il est beaucoup plus naturel de penser que le courant polaire continue directement sa route vers le grand foyer d'appel des mers tropicales. Dans ce cas, le courant de la côte occidentale du Groenland serait tout simplement une branche du Gulf-stream, et ce qui le rend presque certain, c'est que les eaux en sont relativement tièdes ; la mer gèle peu sur le littoral qu'elle baigne, et le climat y est en moyenne de 5 degrés plus chaud que sur les rivages tournés vers l'orient. Vers le 78e degré de latitude, ce courant riverain cesse complétement, et c'est là sans doute qu'il redevient sous-marin pour aller peut-être refluer à la surface de la mer libre de Kane[2].

Du reste si, dans les mers glaciales, les diverses branches du Gulf-stream se changent en contre-courants inférieurs, les courants polaires en font autant plus au sud et deviennent le lit des eaux qui se portent vers le nord. Celles-ci

1. Voir, ci-dessus, p. 54.
2. Graah. — Mühry, *Mittheilungen von Petermann,* t. II, 1867.

contiennent, il est vrai, plus de substances salines, mais elles sont aussi plus tièdes : alourdies par le sel, elles sont allégées par leur haute température, de sorte qu'une légère différence de chaleur ou de salinité peut modifier leur équilibre et leur faire changer de position avec le courant polaire. Dans les mers tempérées, où elles sont encore tièdes et fortement salées, elles surnagent; elles s'enfoncent, au contraire, dans les mers glaciales, où elles se sont refroidies et où s'opère le mélange des eaux salées. C'est là ce qui explique le croisement des courants. Au nord du Spitzberg et de la Nouvelle-Zemble, le Gulf-stream est une nappe sous-marine : au sud de l'Islande ce sont les eaux venues du pôle qui coulent dans les profondeurs. Non loin des Feröer, la sonde peut même indiquer la direction suivie par le contre-courant glacial, grâce aux couches de débris volcaniques qui ont été apportés des côtes de l'Islande et répartis entre le 47° et le 52° degré de latitude nord sur un espace de 25 degrés de longitude. Ce fleuve caché doit couler, au moins en certains endroits, sur le fond même de la mer, car divers sondages opérés par Mac-Clintock au sud-est de l'Islande montrent que tous les détritus légers ont été balayés par les eaux[1].

Si le Gulf-stream projette vers le nord diverses branches qui contribuent à former le vaste tourbillon circumpolaire, de même une autre branche, coulant vers le midi, va gonfler le courant équatorial. Ce rameau du Gulf-stream, dont une branche pénètre dans la baie de Biscaye pour former le courant côtier dit de Rennell[2], longe les côtes de la péninsule ibérique, suit le littoral de l'Afrique, puis au sud des Canaries et des îles du cap Vert, où se produisent des contre-courants latéraux, entre dans ce grand fleuve maritime qui déplace les eaux de l'est à l'ouest, « suivant

1. Wallich, *North Atlantic Sea-bed*, p. 6, 7.
2. Voir, ci-dessous, p. 108.

la. marche des cieux. » Ainsi se complète l'immense tournoiement de l'Atlantique au centre duquel s'étendent en archipels les prairies de la mer de varech[1]. C'est grâce à ce perpétuel circuit que la navigation à voiles a pu rapprocher le nouveau monde de l'Europe occidentale. Si Colomb n'avait pas utilisé le courant semi-circulaire qui porte des côtes de l'Espagne aux Antilles, il n'eût certainement pas découvert l'Amérique; si le pilote Alaminos, et, depuis son premier voyage, la plupart des navigateurs qui reviennent des Antilles et des États-Unis n'avaient pas, à leur insu ou bien en connaissance de cause, suivi le cours du Gulf-stream, les côtes américaines seraient restées pratiquement beaucoup plus éloignées de l'Europe qu'elles ne le sont en réalité; les colonies, devenues si prospères comme républiques indépendantes, seraient encore dans un déplorable isolement : la civilisation aurait été singulièrement retardée, ou même arrêtée complétement par suite du manque d'aliments nouveaux. Quant au commerce proprement dit, on peut juger de l'influence qu'exerce à cet égard le mouvement des eaux de l'Atlantique en examinant sur la carte la position des grands centres d'échange. La Havane et la Nouvelle-Orléans, les deux principaux marchés des Antilles et des États mississipiens sont, pour ainsi dire, à la source du Gulf-stream. New-York est situé en face du principal coude de ce courant, à l'endroit où l'énorme fleuve venu des Antilles se reploie vers l'Europe; enfin Liverpool est, parmi tant d'autres ports considérables que le Gulf-stream baigne à son arrivée sur les côtes de l'ancien monde, l'un de ceux qui se trouvent le plus directement sur le chemin des eaux.

Lorsque Franklin découvrit, en 1775, que le marin a seulement à plonger un thermomètre dans l'eau de l'Atlantique pour reconnaître s'il vogue sur le Gulf-stream ou bien en dehors de son cours, l'illustre savant comprit aussi-

1. Voir ci-dessous le chapitre intitulé *La Terre et sa Flore*.

tôt l'importance de ce fait pour la navigation; longtemps
même il crut devoir le cacher, dans la crainte que le gouvernement anglais, alors en guerre avec les colonies d'Amérique, ne profitât de cette découverte pour envoyer plus
rapidement des vaisseaux et des hommes contre ses provinces
révoltées. Après l'expulsion définitive des soldats anglais,
aucun péril de ce genre n'étant plus à redouter, tous les
navigateurs purent désormais connaître d'une manière précise la grande route qu'ils avaient à suivre en plein Océan,

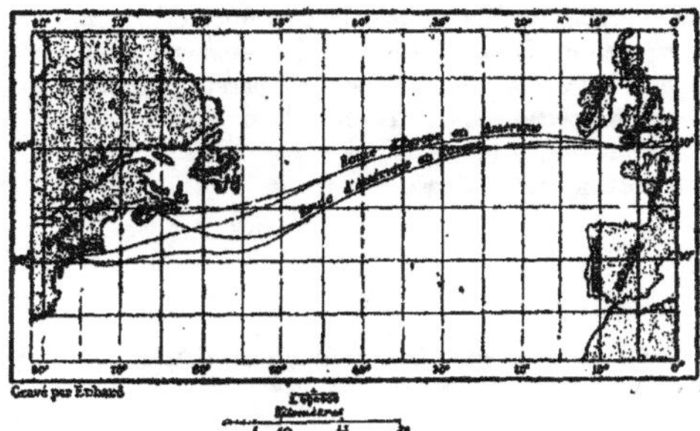

Fig. 23. Route des bateaux à vapeur; d'après Maury.

pour se rendre directement de l'Amérique en Europe, puis
à éviter pour effectuer la traversée en sens inverse. Déjà,
vers le milieu du siècle dernier, les baleiniers de Nantucket
et les marins du Rhode-Island étaient arrivés par l'expérience à choisir pour l'aller et le retour deux itinéraires
différents : ils se laissaient porter par le Gulf-stream pour
« descendre» en Angleterre, puis, en revenant, croisaient le
courant sur les bancs de Terre-Neuve et « montaient » avec le
contre-courant polaire [1]; dans leurs voyages, ils distançaient

1. J. G. Kohl, *Geschichte des Golfstroms*, p. 103.

en moyenne de 120 kilomètres par jour les bâtiments des
autres ports de mer. Actuellement les progrès de la navigation permettent d'utiliser la force impulsive des courants
de l'Atlantique boréal encore bien mieux que ne savaient le
faire les matelots de Providence. La durée normale des traversées a été réduite de moitié : jadis on comptait huit
semaines pour un voyage d'Angleterre aux États-Unis;
maintenant quatre semaines suffisent aux navires à voiles et
quelques-uns même ont fait la traversée en dix-sept jours
seulement; les bateaux à vapeur, qui, eux aussi, ont leur
double itinéraire afin d'utiliser le courant, accomplissent
leur trajet en neuf et dix jours. Pour le commerce, la civilisation et la fraternité des peuples, un pareil résultat n'est
pas moins important que si les continents eux-mêmes s'étaient
déplacés sur la rondeur de la terre pour rétrécir des trois
quarts l'Océan qui les sépare.

III.

Courants de l'Atlantique méridional et de la mer des Indes.
Double remous de l'océan Pacifique.

Le circuit des eaux qui s'accomplit au sud de l'équateur dans le bassin méridional de l'Atlantique est beaucoup
moins connu que celui dont le Gulf-stream fait partie; mais
tout ce qu'en ont observé les navigateurs prouve que les
mouvements de la masse liquide sont analogues dans les
deux hémisphères. Un courant d'eau froide venant des mers
antarctiques vient se heurter contre le banc des Aiguilles,
au sud du continent africain, et se divise en deux branches,
dont l'une rentre dans l'océan Indien, tandis que l'autre
longe les côtes occidentales de l'Afrique, pénètre dans le
golfe de Guinée, et, par suite du mouvement de la terre,
se reploie vers l'ouest en un grand demi-cercle. Au sud des

îles du cap Vert, les eaux venues des mers australes se joignent à celles qui se sont épanchées de l'océan Glacial du nord, et, réunies en un fleuve de 1,000 ou 1,500 kilomètres de largeur, se meuvent lentement dans la direction de l'Amérique du Sud et des Antilles. La plus grande masse des eaux aborde le continent au nord du cap Saint-Roch, le promontoire avancé du Brésil, et, longeant au nord-ouest les côtes des Guyanes et de la Colombie, entre dans la mer des Caraïbes pour y former le Gulf-stream. Une fraction moins considérable du courant équatorial se reploie au sud du cap Saint-Roch et suit au sud-ouest le littoral brésilien; mais en descendant vers des latitudes de plus en plus rapprochées du pôle austral, l'eau marine venue de l'équateur gagne incessamment sur le mouvement de la terre qui l'emporte; par suite, elle se reploie au sud, puis au sud-est, et, sorte de Gulf-stream en sens inverse, elle va frapper le courant polaire à l'est des îles Falkland, dont la position correspond, dans l'hémisphère méridional, à celle de Terre-Neuve dans l'hémisphère du nord. Là le courant d'eau tiède, après avoir déposé sur les rivages des îles Falkland le bois de dérive pris sur les côtes brésiliennes, s'abaisse sous les couches plus légères du courant glacial, tandis que celui-ci se dirige au nord-est vers Sainte-Hélène et va rejoindre le grand fleuve équatorial; après une période qu'on peut évaluer à deux ou trois années, le circuit se trouve accompli[1].

Les observations peu concordantes et parfois contradictoires faites par les divers marins qui ont étudié les phénomènes des eaux dans l'Atlantique méridional paraissent mettre hors de doute que les courants de ce bassin n'ont point une régularité d'allures comparable à celle des courants de l'Atlantique boréal; il arrive fréquemment que l'eau ne se dirige pas dans le sens indiqué par les cartes, ou même qu'elle se porte dans une direction inverse du mou-

---

1. *Mittheilungen von Petermann*, t. X, 1866.

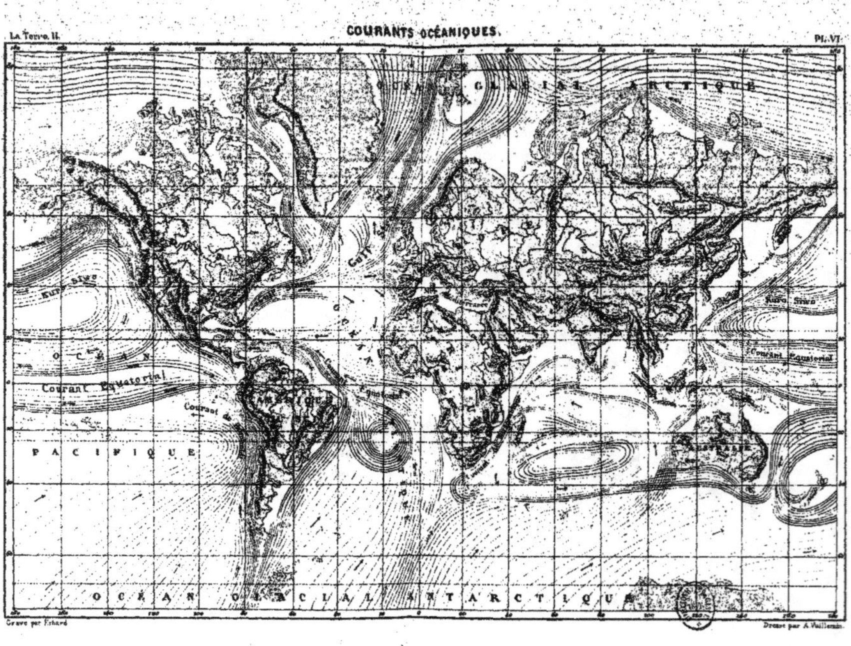
COURANT GLACIAL ARCTIQUE
Gulf Stream
OCÉAN
Kuro-Sivo
Courant Équatorial
OCÉAN
Courant Équatorial
Courant de
PACIFIQUE
Kuro-Sivo
OCÉAN GLACIAL ANTARCTIQUE
Gravé par Erhard
Dressé par A. Vuillemin

vement normal. La raison de cette différence entre les deux bassins est toute naturelle. Tandis que l'Atlantique du nord est une mer très-régulière dans sa forme générale, et que des rivages presque parallèles la limitent de chaque côté, l'espace des eaux situé entre l'Afrique et l'Amérique méridionale s'ouvre très-largement du côté des terres glaciales du sud; on peut le considérer comme un simple golfe du grand Océan qui s'étend sur tout le pourtour de la terre, au sud des trois extrémités méridionales des continents, et par suite de cette disposition irrégulière des côtes les variations du régime normal des eaux ne peuvent manquer d'y être très-fortes. Les eaux froides du pôle antarctique, chargées de fragments de banquises et de montagnes de glace, affluent, il est vrai, d'un mouvement continu pour remplacer les vapeurs qui s'élèvent incessamment de l'Atlantique équatorial; mais le jeu régulier des courants se modifie tantôt sur un point, tantôt sur un autre, suivant la plus ou moins grande activité de l'évaporation dans les parages de la mer; en outre, les vents changeants du littoral, qui soufflent alternativement de l'Océan vers les terres et des terres vers l'Océan, impriment des mouvements variables à la surface.

La mer des Indes a également son grand circuit des eaux. Là aussi des masses liquides, refroidies par leur séjour sous la zone glaciale, sont incessamment en marche pour combler les vides produits par une évaporation annuelle de 4 ou 5 mètres d'épaisseur. Elles longent la côte occidentale de l'Australie et s'unissent ensuite aux eaux venues du Pacifique par le détroit de Torres et l'archipel de la Sonde; mais là le courant régulier semble se perdre, et l'on ne voit plus dans les golfes du Bengale et d'Oman que des fleuves maritimes changeant de cours avec les moussons. Toutefois il faut bien qu'en réalité le mouvement général des eaux se continue de l'est à l'ouest autour du vaste bassin, car sur la côte orientale de l'Afrique un courant d'eau tiède, sans cesse alimenté par les mers qui baignent l'Hindoustan et l'Arabie, se dirige au sud-ouest, s'engouffre, sous le nom de courant du Mozambique, entre l'île de Madagascar et le continent, rase le bord sous-marin du grand banc des Aiguilles et s'épanche dans l'océan Antarctique, après avoir mêlé une partie de ses eaux au grand remous de l'Atlantique. A l'endroit où il est le plus rétréci, le courant du Mozambique est presque aussi rapide que le Gulf-stream, et se déplace avec une vitesse de 7 kilomètres à l'heure. Au centre du tourbillon des eaux de l'océan Indien, de même que dans l'Atlantique boréal, s'étendent sur les eaux calmes des prairies de varech.

Le circuit des courants commence dans le grand océan Pacifique de la même manière que dans les autres bassins. Un immense fleuve d'eau froide, d'une largeur inconnue, vient frapper l'archipel de Magellan, au sud de l'Amérique, et se divise en deux courants partiels, dont l'un, pénétrant dans l'Atlantique, à l'est des îles Falkland, où n'abordent jamais les glaces, va se joindre à la grande ronde des eaux entre l'Afrique et le Brésil, tandis que l'autre s'élance directement au nord en longeant les côtes de la Patagonie, du Chili, du Pérou : c'est le courant de Humboldt, ainsi nommé d'après le célèbre voyageur qui en reconnut l'existence. Il entraîne avec lui de grandes montagnes de glace souvent remplies de pierres et de débris tombés des montagnes antarctiques, et par la fraîcheur de ses eaux produit un abaissement très-remarquable de la température dans tous les pays dont il baigne les rives. Cette masse liquide, qui sur les côtes du Chili n'a pas moins de 1,250 mètres de profondeur, donne à la végétation du pays une analogie remarquable avec celle de Sainte-Hélène, que baigne, à plus de 7,000 kilomètres de distance, un autre embranchement du courant antarctique. Humboldt et Duperrey ont constaté qu'au large des côtes de Callao et de Guayaquil, c'est-à-dire sous l'un des climats les plus secs et les plus exposés à la force des rayons solaires, le courant

est en moyenne à 15 ou 16 degrés centigrades, tandis que
les mers avoisinantes sont plus chaudes de 11 et 12 degrés :
aucune branche de corail ne peut prendre racine sur les
écueils et les rivages baignés par ce courant d'eau froide.
Le fleuve polaire change tout sur son passage, flore, faune,
climats et même l'histoire de l'humanité. Si l'air n'était
constamment rafraîchi par le contact des eaux froides venues
du pôle, le Pérou, que les pluies arrosent si rarement, serait
transformé en un autre désert de Sahara; la vie de l'homme
y deviendrait presque impossible. Par ce courant, les distances se trouvent aussi très-notablement diminuées, et
Valparaiso, Coquimbo, Arica, Callao, sont en réalité moins
éloignés de l'Europe qu'ils ne le paraissent sur la carte, car
après avoir contourné le cap Horn, les navires qui longent
la côte occidentale de l'Amérique du Sud sont poussés de
20 à 30 kilomètres chaque jour par le courant.

S'élargissant de plus en plus du côté de la haute mer,
le courant de Humboldt finit par abandonner le littoral et se
reploie vers l'est pour mêler ses eaux à celles du courant
équatorial qui se porte de l'est à l'ouest à travers le Pacifique.
Cette masse liquide en mouvement est sans aucun doute
le fleuve océanique le plus puissant de la planète. D'après
Duperrey, il n'aurait pas moins de 5,500 kilomètres de largeur moyenne, du 26ᵉ degré de latitude sud au 24ᵉ degré
de latitude nord, et dans son immense voyage en ligne droite
autour de la terre il traverse de 130 à 140 degrés de longitude, c'est-à-dire plus d'un tiers de la circonférence du
globe. Sa vitesse moyenne est, comme celle du courant de
Humboldt, d'environ 30 kilomètres par jour, mais en certains
endroits on constate aussi, suivant les saisons, une marche
deux fois plus rapide. Quelle masse énorme d'eau se déplace
ainsi d'un bout de la mer à l'autre, c'est là ce qu'on ignore,
car il faudrait connaître l'épaisseur moyenne du courant et
les sondages ne l'ont point encore révélée. On sait seulement
qu'à l'endroit où les eaux venues du pôle commencent à se

reployer vers l'ouest pour entrer dans le grand mouvement
équatorial, elles cheminent en masse dans la même direction jusqu'à la profondeur d'au moins 1,780 mètres.

Au milieu des innombrables îles qui parsèment le Pacifique, la régularité générale du grand courant est fréquemment troublée, du moins à la surface, par suite de
l'évaporation, des pluies, et même de l'incessant travail des
zoophytes qui rompent diversement l'équilibre de l'eau; mais
sous la triple influence de la rotation terrestre, des vents alizés et de la grande vague de marée qui se propage de l'est
à l'ouest à travers l'Océan [1], la quantité d'eau qui se déplace
chaque jour vers l'occident est certainement de plusieurs
dizaines de milliers de kilomètres cubes. La seule anomalie
qui semble inexplicable dans ce prodigieux mouvement des
eaux du Pacifique, c'est l'existence d'un fleuve océanique
coulant en sens inverse du courant principal. On a observé
ce reflux au nord de l'équateur sur une largeur moyenne de
près de 500 kilomètres; d'ailleurs sa vitesse est variable
et sa marche n'est pas toujours franchement dirigée vers
l'orient. En l'absence de mesures et d'expériences certaines
qui permettent de se rendre un compte exact de la marche
de ce contre-courant dans les diverses saisons, on a proposé
plusieurs hypothèses pour en expliquer l'origine. L'opinion
commune est que ce sont des masses d'eau infléchies dans
leur course et rejetées en arrière par des plateaux sous-
marins [2]. Néanmoins il est beaucoup plus simple d'admettre
que c'est là un phénomène normal, car dans l'océan Atlantique on a constaté aussi que des remous latéraux se portent
en sens inverse de la grande masse liquide coulant de l'est
à l'ouest.

Arrivé au terme de son voyage à travers l'océan Pacifique, le courant équatorial doit forcément changer de

1. Voir, ci-dessous, p. 125.
2. Herschel, *Physical Geography,* p. 57.

direction. Une partie de ses eaux, poussée, tantôt dans un sens, tantôt dans un autre, par les moussons qui se succèdent aux abords des continents d'Asie et d'Australie, s'épanche dans l'océan des Indes par les détroits peu profonds des îles de la Sonde ; mais la grande masse du courant est rejetée soit au sud, soit au nord, par la résistance des rivages sur lesquels elle se heurte et se brise. La moitié du courant qui frappe les côtes australiennes est infléchie vers le sud et se porte dans la direction des terres antarctiques; elle coule ainsi en sens inverse du courant polaire, qu'elle finit par rencontrer au sud de la Nouvelle-Zélande, puis elle plonge sous les eaux plus froides, que leur moindre salinité rend plus légères. À l'est et au nord-est, c'est au courant venu des mers antarctiques à compléter l'énorme circuit que décrivent les eaux autour du bassin méridional du Pacifique.

L'autre moitié du courant équatorial, infléchie par la Nouvelle-Guinée, les Philippines et cette longue barrière d'îles placée en avant de la Chine, se reploie graduellement vers le nord et longe les côtes extérieures du Japon. C'est le Gulf-stream de l'océan Pacifique, appelé aussi courant de Tessan à cause du marin qui en a révélé l'existence aux savants d'Europe; mais depuis des centaines et peut-être des milliers d'années, les Japonais le connaissaient et en tenaient grand compte dans leur navigation côtière; ils lui donnent le nom de Kuro-Sivo ou « fleuve Noir », sans doute à cause du bleu profond de ses eaux. Moins rapide que le Gulf-stream, sa marche est cependant en moyenne de plus de 2 kilomètres à l'heure et dans maint détroit elle dépasse de beaucoup cette vitesse. Au large de Yeddo, sa température moyenne est de 24 degrés centigrades, soit d'environ 6 à 7 degrés de plus que les eaux en repos qui se trouvent sur ses bords; du reste, le Kuro-Sivo, comme le courant du Golfe, est composé de bandes liquides d'une température inégale, coulant à côté les unes des autres comme deux rivières distinctes dans un même lit.

Déjà, par le travers de la grande île du Japon [1], le fleuve Noir, obéissant à la force d'impulsion que lui a communiquée la rotation de la terre sous les latitudes tropicales, commence à se reployer vers le nord-est et, s'étalant sur de vastes étendues, perd en profondeur ce qu'il gagne en surface. Au nord du Japon, il rencontre obliquement un courant d'eau froide sorti de la mer d'Ochotzk pour remplacer une partie du vide causé par l'évaporation dans les mers équatoriales. D'épaisses brumes, semblables à celles des bas-fonds de Terre-Neuve, reposent au-dessus des parages où s'opère le contact entre les eaux chaudes et les eaux froides; des bancs de poissons, exploités par les pêcheurs, peuplent également la zone maritime qui sert de limite entre les deux courants et où la pâture d'animalcules et de débris apportés des tropiques se joint à celle qu'ont charriée les flots venus du nord. Toutefois, les phénomènes qu'offre la rencontre des deux courants n'ont pas la même grandeur dans le Pacifique boréal que sous les latitudes correspondantes de l'Atlantique, car la masse d'eau qui débouche de la mer d'Ochotzk est relativement peu considérable, et l'ouverture du détroit de Behring, large de 50 kilomètres, et profonde de 100 mètres à peine, a de trop faibles dimensions pour laisser pénétrer beaucoup d'eau de l'océan Glacial dans le Pacifique; seulement les petits courants côtiers, portant des pins et des sapins sur les rivages de la Sibérie et des glaçons arrondis le long des deux côtes, se croisent d'une mer à l'autre mer. En été, le courant qui vient du nord, aussi bien sur la rive orientale que sur la rive occidentale du détroit, est un courant superficiel. En revanche, la faible partie des eaux du fleuve Noir qui passe à travers la rangée des îles Aléoutiennes pour entrer dans le détroit de Behring est sous-marine, du moins pendant la saison d'été. Arrivée dans la mer Glaciale elle se mêle, encore tiède et

1. De Kerhallet, *Considérations sur l'océan Pacifique.*

fortement salée, à l'eau froide et légère qui descend dans l'Atlantique par la mer de Baffin [1].

Quant à la grande masse du Kuro-Sivo, elle traverse le Pacifique boréal de l'est à l'ouest par une gracieuse courbe, non moins belle que celle des îles baignées par ses eaux, puis s'infléchit graduellement vers le sud-est et vers le sud pour côtoyer les rivages de la Californie ; enfin, dans le voisinage des tropiques, elle change encore de direction et va se perdre dans le courant équatorial, en enfermant dans son tourbillon une mer de varech à peine moins grande que celle de l'Atlantique.

Au contraire du courant de Humboldt, qui roule des eaux froides et pousse des montagnes de glace pour rafraîchir l'atmosphère sèche et brûlante du Pérou, le Gulfstream des Japonais entraîne le long des côtes de Sitka et de Vancouver des masses liquides réchauffées par un long séjour sous les ardeurs des tropiques, et par ses effluves apporte le printemps à des régions qui sans lui subiraient un hiver très-rigoureux. Il charrie sur ses flots les débris qu'il a reçus sur les côtes des Moluques, des Philippines et du Japon. Aux habitants des Aléoutiennes et d'Alachka il donne comme bois de chauffage les camphriers et les autres arbres odorants des terres du sud; il sert aussi de grande route aux épaves, il entraîne les navires en détresse, et de nombreuses traditions racontent que des marins japonais, emportés par la dérive, ont abordé malgré eux sur les côtes de l'Amérique. C'est peut-être à une aventure de ce genre que les navigateurs chinois ont dû de trouver le nouveau monde dix siècles avant Colomb, s'il est vrai que le pays de Fusang, cité dans les annales de la Chine, soit en effet la terre du Mexique et du Guatemala. MM. Neumann, d'Eichthal et d'autres savants ne doutent pas de l'authenticité de ce fait historique.

1. De Haven; — Mühry; — Gustave Lambert.

IV.

Remous latéraux. — Courant de Rennell. — Contre-courant de la mer des Antilles. — Équilibre des eaux dans la Baltique, au Bosphore, à l'entrée de la Méditerranée et de la mer Rouge. — Échange d'eau et de sel entre les mers.

Aucun de ces grands courants qui tournoient dans les bassins océaniques n'offre par ses contours extérieurs les mêmes sinuosités que la mer où il circule. Tandis que la plupart des rivages présentent dans leur développement une succession de promontoires et de golfes, les courants se déploient suivant de longues courbes régulières et par leur vaste circonférence indiquent seulement la forme générale de la dépression qui les contient. Chaque golfe considérable que des terres avancées séparent de l'Océan reste en dehors du tourbillon des eaux, à moins qu'il ne soit ouvert dans l'axe même du courant, comme la mer des Antilles. Cependant ces parages, dont les masses liquides ne sont pas entraînées dans le mouvement général de circulation, ne restent point parfaitement immobiles : eux aussi ont leur système circulatoire, et c'est du grand courant maritime que ce remous secondaire reçoit son impulsion.

Un exemple remarquable de ces courants de deuxième ordre se présente à l'ouest de l'Europe, dans le bassin semi-circulaire formé par les côtes de l'Espagne, de la France, de l'Angleterre et de l'Irlande. Une partie des eaux du Gulfstream, venant du nord et du nord-ouest, frappe les côtes de la Galice et des Asturies ; elle est infléchie à l'est vers le fond du golfe de Gascogne, longe le littoral des Landes, puis celui de la Saintonge, du Poitou, de la Bretagne, et, retournant dans la direction du nord-ouest et de l'ouest, constitue une sorte de barrière liquide en travers du canal de la Manche. Au sud du cap Clear, ce fleuve océanique, connu sous le nom de courant de Rennell, d'après le savant

anglais qui en a découvert l'existence, rentre enfin dans le
Gulf-stream et retourne au sud avec les eaux de l'Océan.
Ainsi s'achève autour du bassin un circuit complet, analogue
à celui qui s'accomplit dans chacun des grands océans du
monde. A son tour, le courant de Rennell, longeant à une
distance plus ou moins grande le littoral des continents,
projette dans les petites baies de la côte des courants de
troisième ordre qui accomplissent aussi leur mouvement
circulaire, comme le Gulf-stream et le Kuro-Sivo : par des
renvois latéraux, la circulation des eaux se continue des
océans aux golfes, des golfes aux baies et de celles-ci dans
les criques du rivage. Toutefois, ces courants secondaires
ont d'ordinaire beaucoup moins de régularité que les courants généraux ; parfois même des navigateurs ont constaté
que le courant du Rennell, complétement renversé, coulait
en sens inverse de sa direction normale [1].

Les courants dérivés se meuvent d'ordinaire dans une
direction exactement inverse de celle du fleuve principal,
dont ils ne sont qu'une branche reployée sur elle-même :
soit permanents, soit temporaires, ils se retrouvent d'ailleurs dans toutes les mers ouvertes ou méditerranéennes,
dans tous les golfes, toutes les baies de l'Océan. Même la
mer des Antilles, dont les eaux sont presque en masse entraînées vers le golfe du Mexique, offre à son extrémité occidentale un courant permanent qui porte des côtes de l'isthme
à celles de la Colombie. Une embarcation que le courant
principal aurait entraînée en dérive dans les parages du
Nicaragua n'aurait ensuite qu'à remonter jusqu'à Colon, puis
à s'abandonner aux vagues pour accomplir doucement sa
traversée de retour, portée sur les eaux qui se déplacent
incessamment dans la direction de Carthagène et de Sainte-
Marthe. Nombre de navigateurs paresseux ne voyagent pas
autrement des ports de l'Isthme vers ceux de la Côte-Ferme :

1. Gareis und Becker, *Physiographie des Meeres.*

insoucieux du temps, ils se laissent bercer par le flot sans
même se donner la peine de tendre les voiles; leur goélette,
plus lente qu'une tortue de mer, avance au plus d'un mille
par heure, puis, après huit ou dix jours de traversée, ils
aperçoivent enfin les montagnes bleuâtres de la Nouvelle-
Grenade et les rives sablonneuses ombragées de cocotiers.

Parmi les courants, il en est qui se produisent évidemment par suite de la rupture d'équilibre entre les niveaux.
Ainsi la mer Baltique, recevant plus d'eau par les apports
des fleuves qu'elle n'en perd par l'évaporation, doit nécessairement épancher ce trop-plein dans la mer du Nord à
travers le détroit du Sund et les deux Belt. Toutefois ces
issues étant assez larges et profondes pour déverser en peu
de temps la masse d'eau surabondante, le courant de sortie
n'est point permanent; fréquemment les flots chassés par le
vent d'ouest se portent à sa rencontre, de la mer du Nord
à la mer Baltique, et de ce conflit des eaux naissent des
mouvements locaux et imprévus redoutables pour les navires : sur quatre jours, les eaux superficielles coulent en
moyenne pendant quarante-huit heures vers le Cattegat,
elles refluent dans la Baltique pendant un jour, et pendant
l'autre jour on ne remarque aucun mouvement sensible
dans l'un ou l'autre sens. Souvent aussi, d'après Forchhammer, deux courants contraires glissent au-dessus l'un
de l'autre, l'un superficiel et plus léger, venant de la Baltique, l'autre plus lourd à cause du sel qu'il contient et
glissant au-dessous; c'est l'eau de la mer du Nord.

A l'autre extrémité de l'Europe, des phénomènes analogues se passent dans le Bosphore, à l'issue de la mer
Noire. Ce détroit, qui reçoit les eaux surabondantes du
Pont-Euxin, offre en moyenne une largeur de 1,800 mètres
et 27 mètres et demi de profondeur [1], de sorte que si les eaux
marines y coulaient d'une manière continue comme dans

1. Tchihatchef, *Asie Mineure.*

le lit d'un fleuve, et que la vitesse du courant fût seulement de 2 kilomètres à l'heure, il ne débiterait pas moins
de 27,500 mètres cubes à la seconde. Or il est probable que
tous les affluents réunis de la mer Noire et de la mer
d'Azof ne roulent guère plus de la moitié de cette masse,
et d'ailleurs une grande partie de l'eau qu'ils apportent est
reprise par l'évaporation. Le Bosphore est donc beaucoup
trop grand pour servir de lit à un courant unique s'épanchant de la mer Noire dans la mer de Marmara. Si l'on
observe que ses eaux descendent d'ordinaire vers la Méditerranée avec une vitesse de 3, 4 et même 7 kilomètres à
l'heure, on y a constaté également l'existence de contre-
courants latéraux assez rapides, et parfois les vents qui soufflent de l'ouest font refluer le courant principal dans le détroit; il existe aussi un mouvement sous-marin des eaux
dans la direction de la mer Noire, ainsi que Marsigli l'éta-
blissait déjà au siècle dernier.

A l'ouest de la Méditerranée, entre Gibraltar et Ceuta,
le courant normal est celui qui vient de l'Océan. En effet,
la Méditerranée est pauvre en tributaires considérables; elle
ne reçoit qu'un seul fleuve vraiment grand par la masse de
ses eaux, le Danube, et ses autres affluents d'une certaine
importance, le Rhône, le Pô, le Dniestr, le Dniepr, le Don,
le Nil, ne lui apportent certainement pas en moyenne plus
de 15,000 mètres cubes d'eau par seconde[1]. En revanche,
l'évaporation est très-active dans le bassin de la Méditerranée, notamment sur les côtes méridionales de l'Égypte
et de la Tripolitaine. On peut admettre que la quantité
d'eau enlevée à ce bassin par les rayons solaires et non
restituée directement par les pluies représente une tranche
annuelle d'un mètre et demi, ce qui est probablement assez
rapproché de la vérité, car, dans les environs de Gênes, de
Beaucaire, d'Arles, de Perpignan, sur les rivages septentrio-

---

1. Voir, dans le premier volume, le chapitre intitulé *les Rivières*.

naux de la mer, l'évaporation dépasse 1 centimètre par
jour dans les grandes chaleurs, et 60 centimètres pendant
les trois mois d'été[1], tandis que pour toute l'année l'ensemble des pluies est de 50 centimètres au plus. Il en résul-

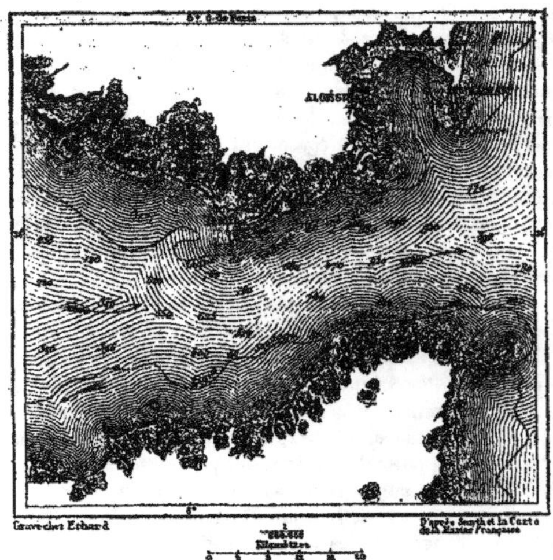

Fig. 21. DÉTROIT DE GIBRALTAR.

terait que la Méditerranée perd constamment trois fois plus
d'eau qu'elle n'en reçoit par ses tributaires. C'est l'Océan
qui doit combler le vide. Une partie du courant qui longe du
nord au sud les côtes du Portugal et de l'Espagne entre par
le détroit de Gibraltar, puis s'étale au loin sur la Méditer-

1. Régy, *Annales des Ponts et Chaussées*, 1863. — Vigan, id., 1866.

ranée en nappes superficielles. Toutefois, si cette mer intérieure n'envoyait pas aussi un contre-courant à l'Atlantique,
elle se changerait tôt ou tard en une immense plaine de sel.
Perdant incessamment de l'eau douce par l'évaporation, et
recevant toujours de l'eau salée par les apports de l'Océan,
sa masse liquide deviendrait à la fin complétement saturée,
et les cristaux de sel tapisseraient le lit marin en couches de
plus en plus épaisses. Pour que l'équilibre de salure ne soit
pas ainsi rompu entre les deux mers, il faut nécessairement
que la Méditerranée envoie à l'Atlantique ses eaux les plus
salées. C'est en effet ce qui a lieu. En outre des remous latéraux qui se produisent le long des rivages, de chaque côté
du courant venu de l'Atlantique, un contre-courant méditerranéen glisse au-dessous des eaux superficielles plus
légères et se dirige vers l'Océan; ce fleuve sous-marin, qui
franchit le seuil de Gibraltar pour aller se perdre au large,
est, ainsi que l'ont constaté les analyses chimiques, un courant d'eau pesante, presque saturée de sel. Ainsi s'accomplit

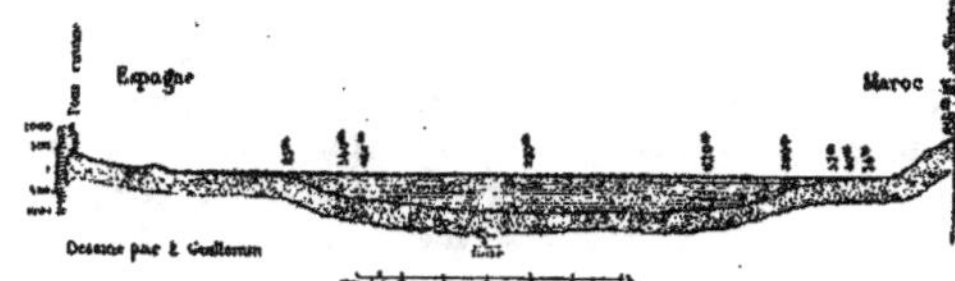

Fig. 25. Profil du détroit de Gibraltar.

l'échange dans ce passage étroit de Gibraltar : l'Atlantique
donne à la Méditerranée l'eau dont elle a besoin, et la mer
rend à l'Océan le sel qu'elle a de trop; l'égalité incessamment troublée travaille sans cesse à se rétablir par-dessus
le seuil qui sépare les deux mers, à près de 1,000 mètres
de profondeur.

Cette harmonie des forces de la nature se montre d'une

manière bien plus saisissante encore à l'entrée de la mer
Rouge. Ce golfe allongé, qui n'a pas moins de 2,300 kilomètres, du détroit de Bab-el-Mandeb à Suez, reçoit de
l'atmosphère et des contrées riveraines une quantité d'eau
tellement faible qu'on peut la considérer comme nulle. Il
ne pleut que très-rarement sur cette nappe liquide projetée
entre les deux déserts d'Égypte et d'Arabie, et pas un seul
torrent permanent ne lui apporte ses eaux. La mer Rouge
n'est donc qu'un immense bassin d'évaporation, et la perte
annuelle est d'autant plus grande que les rayons du soleil
brillent presque toujours dans un ciel sans nuages. C'est à
20 millimètres par 24 heures, soit à plus de 7 mètres par
an, que l'on évalue la tranche liquide transformée en vapeur, de sorte que si le golfe était complétement fermé,
l'eau, dont la profondeur moyenne ne dépasse point 400
mètres, serait desséchée en entier dans l'espace de soixante
ans. Grâce à la supériorité de leur niveau, les flots de l'océan
Indien sont donc entraînés dans la mer d'Arabie par le
détroit de Bab-el-Mandeb, et ce flux, superficiel ou sous-
marin, doit se faire sentir avec d'autant plus de force que
pendant huit mois de l'année les vents soufflent du nord au
sud, précisément dans l'axe de la mer Rouge, et tendraient
ainsi à vider le Golfe si les lois de pesanteur le permet-
taient. Mais, quelle que soit la vitesse du courant d'appel
venu de la mer des Indes, une partie de ses eaux s'évapore
en route, et par suite la masse liquide, diminuée d'une certaine quantité par l'évaporation, doit devenir de plus en
plus salée à mesure qu'elle s'avance vers le nord. On a constaté en effet, par des analyses directes, que d'Aden à Suez
la quantité de sel contenu dans un même volume d'eau
augmente graduellement : d'un peu plus de 39 parties sur
1,000 à l'entrée du golfe, elle s'élève à 41 et même à 43 parties sur 1,000 à l'extrémité septentrionale[1]. Un savant de

1. Voir, ci-dessus, p. 29.

Bombay, le docteur Buist, a calculé que si la mer Rouge ne
rendait pas à l'Océan le sel qui s'y concentre par suite de
l'évaporation, elle finirait par être changée en une masse
solide de sel dans un espace de temps certainement moindre
de trois mille années, et peut-être de quinze ou vingt siècles
seulement[1]. Or, voilà bien des mille et des mille ans que la
mer Rouge existe, et ses eaux, plus salées que celles des
autres mers, il est vrai, sont encore bien loin de se trouver
à l'état de saturation. On arrive donc à cette inévitable conclusion, qu'un courant sous-marin d'eau très-salée s'épanche
par le détroit de Bab-el-Mandeb dans l'océan des Indes en
glissant au-dessous et en sens inverse du courant superficiel qui alimente le golfe Arabique. De même que dans les
maisons, chaque porte sert à la fois de passage à deux courants contraires, celui de l'air plus chaud et plus léger qui
s'échappe par en haut, et celui de l'air plus froid et plus
lourd qui pénètre par en bas, de même dans les mers,
chaque détroit est parcouru de deux fleuves liquides différents en température et en teneur saline.

Tous ces phénomènes d'échange qui s'accomplissent
d'une manière si frappante à l'entrée de la mer Rouge,
de la Méditerranée, de la Baltique, se reproduisent dans
l'immensité des mers, partout où l'équilibre de niveau, de
chaleur ou de salure, est troublé par une cause quelconque.
Ainsi l'Atlantique, bien mieux partagé que la mer du Sud
sous le rapport des pluies et des affluents, n'est pourtant
pas plus élevé; de son côté, le Pacifique ne renferme pas
une quantité de sel plus considérable que les autres océans :
sur toutes les parties de la planète, les mers baignant les
terres les plus diverses d'aspect et de formation géologique,
tendent à se ressembler par la composition, la salure et la
plupart des phénomènes de leurs eaux. Les courants sont
les grands agents de cet équilibre des mers; mais par leur

1. Maury, *Geography of the Sea.*

mobilité même, par leur dépendance des saisons, des vents, de la configuration des côtes, enfin, par la partie sous-marine de leur cours, ils sont très-difficiles à observer d'une manière systématique, et parmi les nombreux courants généraux et partiels, il n'en est pas un seul, pas même le Gulf-stream, dont on puisse tracer le cours normal avec une précision complète. Heureusement, les observations scientifiques se multiplient sur tous les points des mers; elles s'ajoutent, se lient les unes aux autres, et rapprochent peu à peu de la vérité les approximations qui ressortent de la comparaison des faits. Tout nouveau coup de sonde, toute lecture thermométrique nouvelle est une acquisition de la science, et permet de suivre d'un regard plus clair la circulation si complexe des eaux dans l'immense labyrinthe de l'Océan.

CHAPITRE III.

DES MARÉES.

I.

Oscillations du niveau des mers. — Théorie des marées.

Un autre mouvement tient les eaux de la mer dans une agitation constante, c'est celui des marées. Tandis que les courants promènent les flots d'un pôle à l'autre pôle et remuent la masse même de l'Océan, les marées en modifient incessamment le niveau par les alternatives de flux et de reflux qu'elles donnent aux eaux ; elles élèvent ou dépriment sans relâche l'ensemble des ondes sur tous les rivages du globe ; la plage qu'elles envahissent et découvrent tour à tour devient un terrain indécis entre les deux éléments et fait successivement partie du bassin océanique et du relief continental. Deux fois par jour, de vastes plaines de sable, comme celle du mont Saint-Michel, sont envahies par les vagues, des baies profondes se forment au loin dans les terres, des barques glissent à pleines voiles au-dessus du sentier que vient de quitter le piéton. Deux fois par jour, la même vague de marée fait retourner en arrière les eaux que lui apportent les continents, transforme en grands fleuves de simples ruisselets, change en vastes ports intérieurs des bassins remplis de vase, et porte des flottes de navires au-dessus des bancs de sable et des écueils cachés. Six heures après, tout est changé de nouveau. Les ports de marée sont parsemés de navires à sec et couchés dans la boue, les bouches des fleuves laissent émerger leurs îles d'alluvions, les grandes baies ne sont plus que des plaines de sable. Ainsi le pourtour des continents change constamment d'aspect; la ceinture des estuaires et des ports, des plages, des écueils et des bancs de sable qui environne les côtes ne cesse de se modifier et de changer dans la même mesure la géographie des rivages. En outre, des mouvements aussi considérables ne peuvent se produire sans être accompagnés de courants d'une grande puissance, qui se portent alternativement de la haute mer vers le littoral et du littoral vers la haute mer, et contribuent pour une très-forte part à la circulation générale et au mélange des eaux dans l'Océan. Quant à l'influence que le va-et-vient des marées exerce indirectement sur le commerce et la civilisation des peuples, elle est immense; c'est à ces mouvements de la mer que l'Angleterre doit en grande partie sa puissance et sa gloire.

De tout temps les populations des bords de l'Océan ont compris, sans pouvoir s'en rendre compte, que les phénomènes alternatifs du flux et du reflux dépendent de la position de la lune et du soleil relativement à la terre : les coïncidences qu'ils voyaient se renouveler chaque jour entre les mouvements des marées et ceux des grands astres ne pouvaient leur laisser aucun doute à cet égard. Les marins et pêcheurs, habitués à regarder le ciel pour y chercher les signes du temps et les indices de la route qu'il leur fallait suivre, n'avaient pas de peine à constater que le retour de chaque deuxième marée correspond exactement au passage de la lune sur un même degré du ciel, c'est-à-dire au commencement d'un nouveau jour lunaire; suivant les transformations de la figure de l'astre, en croissant, en quartier, en disque, ils voyaient les marées changer d'une manière régulière et devenir successivement de plus en plus fortes, pour se calmer ensuite de jour en jour, jusqu'à la fin du mois lunaire; enfin les mouvements du soleil leur annonçaient

aussi d'avance l'état prochain du flot; car l'équinoxe de mars
et l'équinoxe de septembre sont toujours accompagnés de
très-fortes marées. Ces coïncidences entre les phénomènes
de la mer et les mouvements de la lune et du soleil sont tellement frappantes, que toutes les populations barbares des
rivages les ont remarquées et en ont donné grossièrement
la théorie dans leurs chants symboliques. Ainsi les *sagas*
scandinaves représentent Thor, le dieu des forces aériennes,
aspirant l'eau d'une corne qui plonge dans les profondeurs
de l'Océan, et, de sa puissante haleine, soulevant les flots et
les laissant retomber tour à tour. Que signifie cette bizarre
légende, sinon que les oscillations régulières de la marée
dépendent des forces cosmiques auxquelles la planète elle-
même est soumise?

Toutefois il y a loin de ces récits symboliques des
anciens Scandinaves à la théorie scientifique des marées,
telle que l'ont établie les recherches et la sagacité des Newton
et des Laplace. Même Pline, lorsqu'il affirmait nettement
que les marées sont dues « à l'influence combinée du soleil
et de la lune, » se bornait à résumer en termes précis ce
que savaient tous les habitants des bords de l'Océan ; mais
il n'aurait pu exposer de quelle manière s'exerce cette
influence. L'explication de ce mystérieux phénomène du
gonflement périodique des flots ne pouvait être tentée que
dans les temps modernes, à l'aide des connaissances obtenues par les astronomes sur la marche des corps célestes et
des puissants moyens d'investigation que leur ont fournis
les mathématiques. Kepler, le premier, indiqua la marche
à suivre, et Descartes, puis Newton donnèrent chacun sa
théorie en expliquant les marées, l'un par la pression,
l'autre par l'attraction qu'exerceraient le soleil et la lune sur
les eaux mobiles de la mer. C'est la dernière théorie, celle
de Newton, que développèrent plus tard, en la modifiant
fortement, Bernouilli, Euler, Laplace, et que Lubbock, Whewell, Chazallon, et tant d'autres physiciens ont comparée

depuis avec les faits sur les rivages de l'Océan. Très-satis-
faisante à certains égards, elle est aujourd'hui généralement
acceptée ; mais elle trouve encore des contradicteurs éminents, parmi lesquels il faut citer F. de Boucheporn [1] ; bien
des faits secondaires sont toujours à élucider, bien des
phénomènes locaux sont encore incompris. C'est que, pour
suivre les marées dans leurs voyages et leurs fluctuations à
travers les mers, il ne suffit pas de connaître les lois de la
gravitation et de calculer avec la précision la plus rigoureuse la marche et la position des astres, il faut aussi connaître tous les faits relatifs aux mouvements des fluides et
savoir appliquer à tous leurs phénomènes d'accélération,
de retard, de croisement, d'interférence, d'équilibre, les
formules les plus compliquées et les plus minutieuses des
hautes mathématiques ; enfin, il serait indispensable de ne
rien ignorer quant à la forme des rivages et aux inégalités
du fond de la mer.

Réduite à ses éléments principaux, la théorie des marées exposée par Laplace et depuis généralement admise, est
fort simple. La terre n'est point un corps isolé dans l'espace ; elle est attirée par tous les astres avoisinants, et c'est
même en grande partie cette force d'attraction qui la fait
tournoyer autour du soleil et qui lui donne la lune pour
satellite. Que l'on s'imagine un instant la terre entièrement
couverte d'eau sur toute sa rondeur et soumise à la seule
attraction de la lune. La partie superficielle de la planète
sera plus fortement attirée que le noyau central, puisqu'elle
est plus rapprochée de l'astre qui la sollicite, et grâce à la
facilité avec laquelle ses molécules liquides glissent les unes
sur les autres, elle se gonflera, pour ainsi dire, vers la lune
jusqu'à ce que son poids fasse équilibre à la force qui l'entraîne. Il se formera donc une intumescence, dont le sommet
se trouvera exactement sur la ligne idéale qui réunit le

1. *Philosophie naturelle*, p. 170-205.

centre de la terre à celui de la lune. De l'autre côté de la
planète, suivant la théorie générale, les eaux doivent se
renfler en une vague correspondante, et cela par une cause
précisément inverse. Les couches liquides de cette partie
de la terre étant plus éloignées de la lune que le noyau
solide, sont moins attirées que celui-ci, et par suite elles
doivent rester légèrement en arrière, formant ainsi une
nouvelle intumescence, dont le sommet se trouve sur le
prolongement de la ligne qui rejoindrait la planète à son

Fig. 96. Marée lunaire [1].

satellite. Considérée dans son ensemble, la masse des eaux
marines prend donc la forme d'un ellipsoïde ayant son grand
axe dirigé vers la lune, qui est le centre d'attraction. Il en
résulte que la marée doit être nulle ou très-faible aux
pôles, puisque dans son mouvement de révolution, la lune,
tout en se déplaçant au nord et au sud de l'équateur, se
maintient au zénith des régions tropicales ou subtropicales.

Si la terre restait immobile, ces deux vagues opposées

1. Cette gravure, ainsi que les figures 27 et 29, ont été empruntées au bel
ouvrage de M. Amédée Guillemin, intitulé *le Ciel*.

chemineraient lentement suivant la marche de la lune ; mais par suite de la rotation du globe, elles doivent se déplacer et se poursuivre avec rapidité sur la rondeur terrestre, la vague de plus grande attraction se mouvant sans cesse sur la partie éclairée par les rayons de la lune, tandis que la vague de plus faible attraction se propage de l'autre côté de la terre sur la partie la plus éloignée du satellite. Dans l'espace d'un jour lunaire, c'est-à-dire pendant les 24 heures 50 minutes durant lesquelles la terre a successivement présenté toutes les parties de sa surface à l'astre qui l'accompagne, les deux vagues doivent accomplir chacune un circuit complet autour de la planète, et chacune doit avoir une durée totale de 12 heures 25 minutes. C'est, en effet, ce qui a lieu dans toute l'étendue des mers. Quant aux irrégularités nombreuses qu'offre le phénomène dans sa hauteur et l'instant précis de son apparition, elles dépendent des obstacles de toute sorte que les écueils, les îles, les continents, les courants océaniques et les vents apportent à la libre circulation des eaux.

Toutefois la lune n'est pas le seul astre dont l'attraction se manifeste d'une manière sensible sur les flots de l'Océan. Le soleil, qui entraîne la lune dans son orbe immense à travers les cieux, est assez rapproché de sa planète pour en soulever aussi les molécules liquides. L'attraction totale exercée par le soleil sur la terre est même 162 fois plus grande que l'attraction totale de la lune, et par conséquent, elle redresserait les marées en de véritables montagnes, hautes comme les Cévennes, si la vraie cause du flux ne se trouvait pas dans la différence d'attraction exercée sur les molécules aqueuses des diverses parties de la terre. La distance de la lune étant égale à 60 rayons terrestres seulement, l'action du satellite est beaucoup plus forte sur les régions océaniques rapprochées que sur les eaux situées à des milliers de kilomètres plus loin ; le soleil, au contraire, agit presque de la même manière sur les molécules aqueuses

de toute la surface des mers. D'après les résultats obtenus
par les calculs des mathématiciens, la force attractive du

Fig. 27. Marée de syzygie, lors de la nouvelle lune.

soleil est à celle de la lune, pour le soulèvement des flots,
dans la proportion d'environ un tiers.

Deux vagues de marée, la vague lunaire et la vague
solaire, se gonflent donc à la surface de l'Océan. Elles devraient tourner, l'une dans l'espace de 24 heures 50 minutes,

l'autre pendant 24 heures ; mais ces deux flots d'origine
distincte ne se séparent point dans leur marche autour du
globe : grâce à l'incessante mobilité des eaux, ils se mêlent,

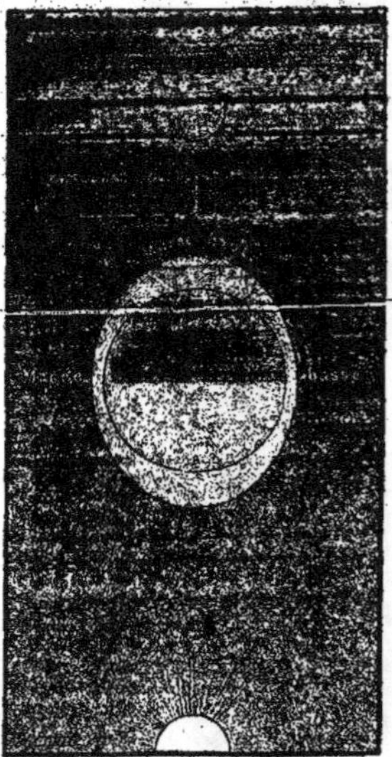

Fig. 28. Marée de syzygie, lors de la pleine lune.

se confondent, et dans leur masse commune, le calcul seul
peut discerner la part qui revient à chacun des deux astres.
Ensemble, les deux intumescences unies se déplacent autour
de la terre dans la direction de l'est à l'ouest, c'est-à-dire
en sens inverse du mouvement de rotation du globe. Servant
ainsi de frein à la planète, elles doivent à la longue amener

ce ralentissement que les calculs et les déductions de Meyer, Tyndall, Joule, Adams, Delaunay font considérer comme inévitable [1].

Quand la lune dite nouvelle tourne vers nous sa face obscure, et se trouve ainsi à peu près dans la même direc-

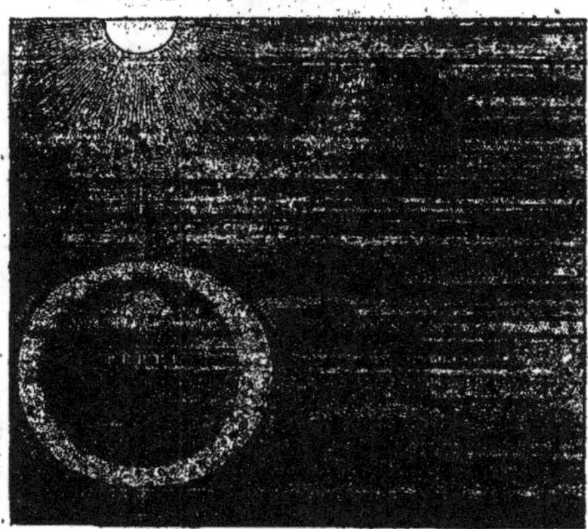

Fig. 29. Marée de quadrature.

tion que le soleil relativement à la terre, les attractions des deux grands corps célestes s'ajoutent l'une à l'autre, et les deux vagues de marées, soulevées à la fois vers le même point de l'espace, se superposent exactement : elles forment ces marées de syzygie ou de vives eaux, appelées aussi « malines ou reverdies, » qui se dressent à de si grandes hauteurs sur les rivages. Lors de la pleine lune, c'est-à-dire lorsque l'astre, éclairé en entier, est en opposition directe

1. Voir, dans le premier volume, le chapitre intitulé *la Terre dans l'Espace*

avec le soleil, il se forme de nouvelles marées de syzygie, non moins élevées que les premières, car sous l'action des astres situés en face l'un de l'autre, une double tumescence se produit à la fois des deux côtés de la terre. Pendant toutes les autres phases de la lune, la coïncidence n'existe plus : lors des quadratures, les deux grands mouvements de l'onde se contrarient, et le flot de marée, qui représente alors la vague lunaire diminuée de toute la hauteur de la vague solaire, est moins élevé que pendant les autres phases de la lune. Si les deux forces d'attraction étaient d'égale puissance, la neutralisation de la marée serait complète et le niveau de la mer resterait immobile.

Afin de donner une idée des fluctuations qui s'opèrent pendant le cours d'une marée entière sous l'influence des astres, et que modifient diversement les courants atmosphériques, la forme des côtes et les inégalités du fond marin, nous empruntons à Beardmore la figure suivante.

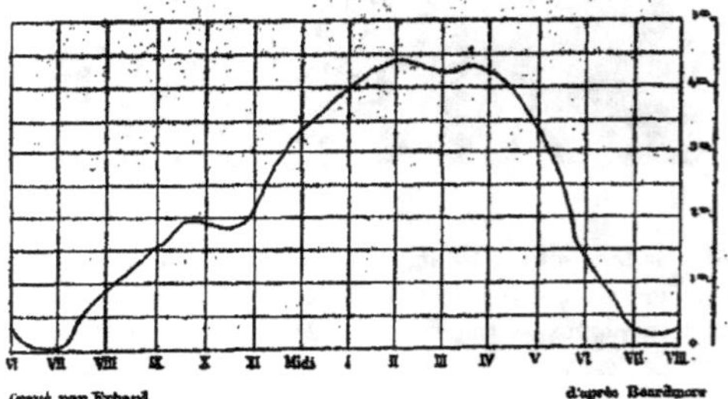

Fig. 80. Marée du 2 août 1852, à Southampton.

Les périodes des marées sont donc exactement celles des astres qui les soulèvent. La période semi-diurne ou de 12 heures 25 minutes est comprise entre les deux passages

de la lune aux méridiens opposés de chaque côté de la terre.
La période diurne, pendant laquelle l'Océan se gonfle et
s'abaisse deux fois, correspond exactement à la durée d'une
rotation apparente du satellite autour de notre planète. Même
coïncidence pour la période semi-mensuelle : le retour des
malines s'opère de deux semaines en deux semaines avec le
retour de la pleine ou de la nouvelle lune, et la période
mensuelle s'achève lorsque recommence la série des phases
lunaires. Ce n'est pas tout : les marées ont aussi leur période
semi-annuelle, lors de l'équinoxe de mars et de l'équinoxe
de septembre, car le soleil se trouvant alors directement
au-dessus de l'équateur terrestre, exerce une attraction plus
forte sur les masses liquides, et les flots de vives eaux se
redressent à une plus grande hauteur que d'habitude. Enfin,
la période annuelle est marquée pour les marées par l'époque
où la terre est le plus rapprochée du soleil et subit par
conséquent une plus grande attraction : cette époque tombe
pendant l'hiver de l'hémisphère septentrional, et c'est alors
en effet que les malines s'élèvent avec le plus de force sur
les côtes de nos continents.

Ainsi les phénomènes des marées sont liés aux mouvements célestes, et tout changement dans la position relative
des astres qui attirent notre planète se manifeste par un
changement correspondant dans le niveau des mers. Connaissant d'avance le chemin que la terre suit dans l'espace,
les astronomes prévoient par cela même les oscillations
futures du flot et peuvent en tracer la courbe pour les
siècles à venir. Cependant, il faut l'avouer, cette courbe
n'est vraie qu'en théorie, car si les marées sont, par l'origine, des faits de l'ordre astronomique, ce sont aussi des
phénomènes terrestres ; comme les vents, les courants et
toutes les autres manifestations de la vie planétaire, ils
offrent des variations incessantes et sont pour ainsi dire
dans une genèse continue.

II.

Théorie de Whewell sur la naissance et la propagation des vagues de marée. — Naissance de la marée dans chaque bassin océanique. — Établissement des ports. — Lignes « cotidales. »

Le physicien anglais Whewell, qui, pendant de longues années, a fait de laborieuses recherches sur les phénomènes du flux et du reflux, a le premier appliqué le nom de « berceau des marées » à la grande nappe continue des eaux qui recouvre presque toute la surface de l'hémisphère austral. C'est dans ce vaste bassin, dont tous les autres océans sont de simples ramifications, que l'attraction combinée du soleil et de la lune soulèverait ce flot qui de rivage en rivage va se heurter sur les côtes du Groenland et de la Scandinavie. C'est là que l'eau, peu d'instants après le passage de la lune au méridien, atteindrait elle-même son niveau de plus grande élévation et formerait cette première intumescence régulatrice, à laquelle la surface de toutes les mers obéirait de proche en proche, de même qu'une corde, secouée à l'une de ses extrémités, oscille jusqu'à l'autre bout en vibrations rhythmiques.

D'après cette théorie, la vague de marée circule incessamment dans toute l'étendue de l'océan Antarctique, au sud des trois pointes continentales de l'Australie et de l'Amérique du Sud : elle suit de l'est à l'ouest le cours apparent de la lune et décrit ainsi autour de la terre une véritable orbite, semblable à celle des astres. Même dans le Pacifique central et dans l'océan des Indes, la marée obéit à cette impulsion normale vers l'ouest : c'est à peu près simultanément qu'elle frappe les rivages de l'Australie et de la Nouvelle-Guinée ; puis, treize ou quatorze heures après, elle vient se heurter à la côte orientale de l'Afrique, du banc des Aiguilles au cap Guardafui ; enfin, sept ou huit heures plus tard, le littoral de l'Amérique du Sud est frappé à son tour, de la Terre de Feu à l'estuaire de la Plata.

Au nord de ces larges étendues océaniques des mers du Sud, les marées, ne trouvant pas les mêmes facilités pour se développer d'une manière normale, seraient obligées de changer de direction; mais en dépit de cette déviation, elles n'en continueraient pas moins, pense Whewell, l'intumescence primitive. Arrêtée par le continent américain qui lui barre le passage, la vague de marée se reploierait vers le nord et suivrait les contours de la vallée océanique comme un torrent encaissé dans une gorge de montagnes. Frappant à la même heure, et sous un angle également oblique, les côtes de l'Amérique et celles de l'ancien monde qui se trouvent sous les mêmes latitudes, c'est à peu près simultanément qu'elle atteindrait, de chaque côté de l'Atlantique, la baie de Fundy et le canal d'Irlande où l'on observe sa plus haute élévation connue. La vague de marée accomplirait ce trajet de 10,000 kilomètres, du cap de Bonne-Espérance aux îles Britanniques, en quinze heures environ; mais le voyage tout entier depuis le centre de l'océan Antarctique aurait duré plus d'un jour, et par suite du retard graduel des eaux sur les rivages de la Grande-Bretagne, c'est après deux jours et demi seulement que le flot de marée atteindrait l'embouchure de la Tamise. Ainsi la lune aurait eu le temps de soulever cinq marées consécutives dans l'océan Pacifique avant que le mouvement de la masse liquide se fût propagé jusqu'à l'entrée de la mer du Nord.

Telle est la théorie que les travaux de Whewell ont longtemps fait considérer comme l'expression même de la vérité. Toutefois il n'est pas certain que les choses se passent ainsi. En effet, on constate que, dans chaque bassin océanique, la marée semble partir du centre et se propage dans tous les sens parallèlement à la direction générale des côtes. On peut en conclure tout naturellement que chaque grande division de l'Océan, considérée comme une mer

isolée, est vraiment le berceau des marées qui vont se
heurter sur les rivages environnants. Ce qui confirme d'ailleurs cette idée, qui paraît si probable au premier abord,
c'est que les divers océans sont séparés les uns des autres
par des espaces où la marée régulière est à peine sensible.
Ainsi, entre l'Atlantique austral et l'Atlantique boréal, que
limitent nettement les promontoires de Saint-Roch et du
cap Vert, il existe une large zone où le flux ne change
guère le niveau maritime de plus de 60 à 70 centimètres,
comme à l'île de l'Ascension et à Sainte-Hélène. D'ailleurs,
d'après la théorie de Whewell, c'est du sud au nord que
devrait, semble-t-il, se propager le flot sur les côtes de la
république Argentine et du Brésil; or, tout au contraire,
le mouvement se propage du nord au sud, de Fernambouc
à l'embouchure de la Plata [1]. En voyant une vague de marée
se redresser au large du banc de Terre-Neuve, dans la partie
la plus profonde de l'Atlantique boréal, il n'est donc pas
nécessaire de considérer cette onde comme le même flot
qui, douze heures auparavant, s'était exhaussé près du banc
des Aiguilles, à l'entrée de l'Atlantique du sud; il vaut
peut-être mieux regarder les oscillations qui se produisent
en même temps dans les deux hémisphères comme des
phénomènes coïncidents, indépendants les uns des autres.

Néanmoins, dans chaque bassin isolé les mouvements
de la mer sont bien tels que Whewell les a décrits. Sur les
côtes de France et des îles Britanniques, la marée arrive
certainement du large, et dans sa marche le long des rivages
retarde incessamment sur le mouvement initial qu'a produit au milieu de la haute mer l'attraction du soleil et de la
lune. En pénétrant dans les mers peu profondes qui entourent les deux îles de l'Irlande et de la Grande-Bretagne,
la vague de marée se ralentit graduellement. Après avoir
frappé le cap Clear et le promontoire de Lands-end, elle se

1. Fitz-Roy, *Adventure and Beagle*, Appendice au deuxième volume.

propage avec une telle lenteur autour des deux îles qu'il
lui faut encore dix-neuf heures pour arriver non loin du
Pas-de-Calais, où elle rencontre une autre vague, plus
jeune de douze heures, venue par le chemin plus court de
la Manche. D'où provient ce ralentissement du flot? Les
recherches des astronomes et des physiciens nous l'apprennent. La rapidité de la vague de marée est proportionnée
à la profondeur de l'Océan : sollicitée par une force égale,
une roue tourne d'autant plus vite que son diamètre est plus
considérable; de même la marée précipite ou ralentit son
mouvement suivant l'épaisseur de la masse d'eau qu'elle
parcourt. Dans les parages où le fond de l'Océan est à
8,000 mètres de la surface, la vitesse de la vague est de
850 kilomètres à l'heure; là où la profondeur est seulement de 100 mètres, la marée ne se propage plus que de
96 kilomètres dans le même espace de temps; enfin, quand
le fond est à 10 mètres au-dessous du niveau marin, le mouvement des eaux est tout à fait ralenti et ne dépasse pas
25 kilomètres à l'heure, soit 416 mètres par minute.

Par suite du retard qu'éprouve la vague de marée,
l'*établissement*, c'est-à-dire le temps qui s'écoule entre le
passage de la lune au méridien et le moment de la pleine
mer, varie singulièrement dans les différents ports situés à
proximité les uns des autres. Ainsi, tandis qu'à Gibraltar
il y a d'ordinaire coïncidence entre les deux phénomènes,
astronomique et maritime, et que l'établissement se réduit
par conséquent à zéro, cet intervalle est d'environ une
heure quinze minutes dans le port de Cadix, et de quatre
heures à Lisbonne. A Bayonne, comme à Lorient, il est de
trois heures trente minutes; à l'embouchure de la Gironde
et à Cherbourg, il est de sept heures quarante minutes;
au Havre de neuf heures quinze minutes; à Dieppe de dix
heures quarante minutes; à Dunkerque de onze heures
quarante-cinq minutes. L'établissement varie sur tous les
rivages, suivant la vitesse de propagation de la marée à

travers les mers ouvertes, dans les golfes et les estuaires.

Fig. 31. LIGNES COTIDALES DES ILES BRITANNIQUES.

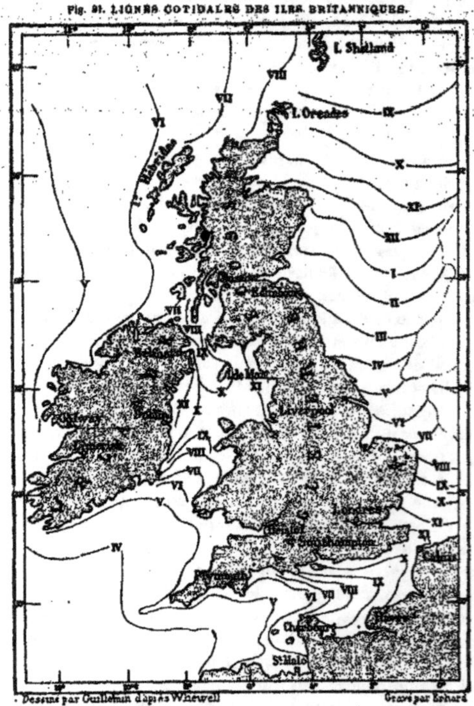

La ligne sinueuse qui réunit tous les points de l'Océan
où la pleine mer se produit exactement à la même heure a

reçu de Whewell le nom de ligne *cotidale* ou *isorachique;*
elle indique la courbe que forme à un moment précis la
crête du flot de marée sur la surface des eaux. C'est autour
des îles Britanniques surtout que ces lignes d'intumescence
simultanée ou d'égal établissement ont été tracées avec soin.
Par le calcul et l'observation directe, on est parvenu à reconnaître sur l'étendue mobile et presque toujours agitée
de la mer la part d'oscillation qui revient aux phénomènes
du flux et du reflux; on est arrivé à dresser de ces gonflements et de ces dépressions invisibles en pleine mer des
cartes beaucoup plus exactes que celles de vastes régions
continentales encore peu connues. Grâce aux travaux de
Whewell, d'Airy, de Lubbock, de Beechey, on peut suivre
désormais toute la série des lignes cotidales qui se succèdent
d'heure en heure autour des deux grandes îles, depuis la
crête venue du large, qui se développe à l'entrée de la
Manche et du canal d'Irlande, quatre heures après le passage de la lune au méridien jusqu'à l'intumescence, de
dix-neuf heures plus tardive, qui se recourbe au sud de la
mer d'Allemagne pour pénétrer dans l'entonnoir du Pas-de-
Calais, et qui s'y rencontre avec une autre vague de marée
venue directement par la Manche. La forme générale de ces
courbes démontre d'une manière frappante que la vitesse
de propagation des marées est en raison de la profondeur
des mers. Partout on voit les lignes cotidales développer leur
partie convexe au-dessus des vallées les plus creuses du lit
marin; partout on voit le flot retarder son mouvement dans
le voisinage des bas-fonds, des écueils et des rivages. On
pourrait même, à l'inspection de ces lignes d'égale intumescence, indiquer exactement les parages où la sonde descend
le plus bas, tant les rapports de cause à effet sont intimes
entre la profondeur de la mer et la marche du flux.

III.

Irrégularités apparentes des marées. — Amplitude extraordinaire du flot dans certaines baies. — Interférence du flux et du reflux. — Marées diurnes. — Inégalités entre les marées successives.

Innombrables sont les irrégularités apparentes qui se produisent dans les phénomènes de la marée par suite des inégalités du relief sous-marin, des mille indentations du rivage, des alternatives des vents et des courants. Bien que la cause du mouvement soit la même partout, cependant on peut dire que sur aucun point de la mer le flux et le reflux n'offrent une coïncidence parfaite dans leurs allures : chaque promontoire, chaque îlot, chaque rocher est baigné par des eaux ayant un régime distinct dans la propagation de leurs marées ; tout obstacle qui rompt le cours régulier des oscillations modifie l'ensemble des gracieuses courbes qui se replient autour de lui. Les figures suivantes, empruntées à

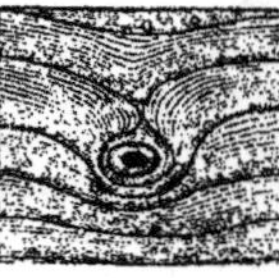

Fig. 32.   Fig. 33.   Fig. 34.

Lubbock, donnent une idée de ces variations dans la marche des ondes.

La différence qui frappe le plus l'esprit des marins et des habitants du littoral est celle de la hauteur des marées. En telle partie des côtes de l'Océan, le flot se fait à peine sentir, même pendant les syzygies d'équinoxe, tandis qu'ail-

leurs toute marée est un véritable déluge et s'étale à perte
de vue sur d'énormes espaces, qui lors du reflux émergent
de nouveau. Ce contraste étonnant dans l'amplitude totale
des marées provient de la différence de vitesse qu'offre la
marche des oscillations dans les mers et dans les baies du
littoral. En effet, la grande intumescence soulevée par les
astres peut être considérée comme formée d'un très-grand
nombre de vagues successives, occupant une largeur considérable à la surface de la mer. En plein Océan, toutes ces
rides se déplacent avec une grande vitesse; mais à mesure
qu'elles se rapprochent des rivages, elles ralentissent leur
mouvement et par suite doivent gagner en hauteur ce
qu'elles perdent en rapidité. A la simple vue de la carte des
marées, on peut affirmer d'avance que le flux s'élève de
plusieurs mètres dans tous les golfes où l'on voit les lignes
cotidales se presser les unes sur les autres par suite du
retardement graduel de la vague d'intumescence.

Sous ce rapport, les faits confirment pleinement la
théorie. Le golfe du Bengale, celui d'Oman, la mer de Chine,
les échancrures de la côte orientale de la Patagonie, la baie
de Panama, celle de Fundy, entre le Nouveau-Brunswick
et la Nouvelle-Écosse, la Manche et le canal d'Irlande sont
des parages où les crêtes d'égale intumescence se poursuivent de très-près, et c'est aussi là que la plus grande
étendue de rivages est alternativement couverte et découverte par le flot. Dans le port de Panama, les marées s'élèvent à plus de 7 mètres, cachant et délaissant tour à tour
une plage immense dans leur mouvement diurne de va-et-
vient, tandis qu'à 60 kilomètres de distance à peine, sur
l'autre rivage de l'isthme, le flux et le reflux sont à peine
sensibles [1].

Dans la mer d'Oman et la mer de Chine, l'amplitude
de la marée d'équinoxe est de près de 11 mètres à l'extré-

1. De Boucheporn, *Philosophie naturelle.* p. 195, 197.

mité des golfes; à l'embouchure de la Severn et dans la
grande baie française du mont Saint-Michel, la différence
de hauteur entre les malines et les plus basses eaux est
de 14 à 15 mètres. Au sud du continent d'Amérique, dans
les golfes de San-Jorge et de Santa-Cruz, à l'entrée du détroit
de Magellan, Fitz-Roy a mesuré des marées de 15, de 18

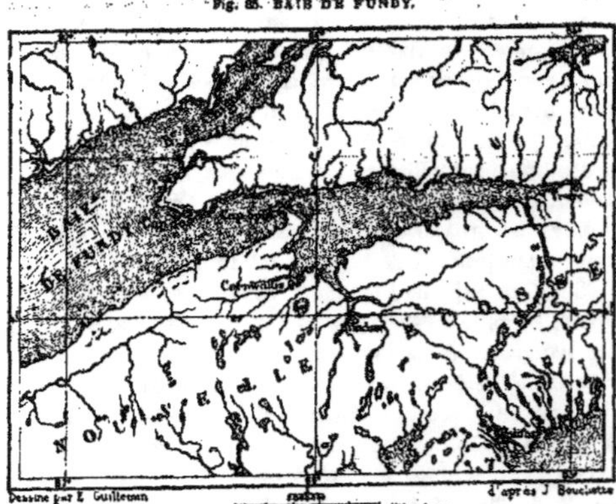

Fig. 85. — BAIE DE FUNDY.

et de 20 mètres de hauteur; enfin, dans la baie de Fundy,
si bien disposée par le contour de ses rivages et le relief
de son lit pour retarder progressivement la marche du
flux, l'écart entre la haute et la basse mer, qui est de 2^m,70
seulement à l'entrée, augmente par degrés jusqu'à plus de
21 mètres vers l'extrémité de l'entonnoir. C'est probablement la partie du littoral océanique où les oscillations régulières des eaux s'accomplissent de la manière la plus grandiose. Deux fois par jour, d'immenses plages neutres, qui

ne sont ni la terre ni la mer, se changent en golfes profonds ;
les navires échoués se redressent et voguent à pleines voiles ;
des villes perdues dans l'intérieur des terres se trouvent
assises sur des péninsules assiégées par la mer. A Saint-
John, dans le Nouveau-Brunswick, on voit à marée basse
une cascade briller au fond du port ; mais bientôt le flux
vient battre le pied de la falaise, diminue graduellement la
hauteur de la chute, la noie en entier dans les eaux salées
et, s'épanchant au loin sur la terrasse supérieure, permet
aux embarcations de pénétrer dans le bassin naturel ménagé
au-dessus de la cascade.

Des phénomènes analogues ont lieu dans les deux baies
du mont Saint-Michel et de la Severn. Là aussi les rivières

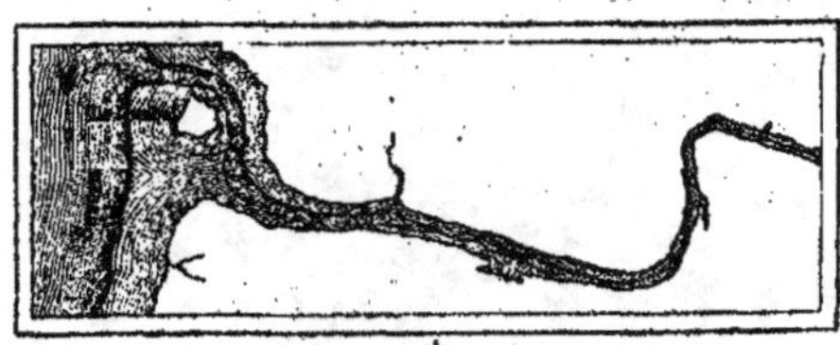

Fig. 35. Embouchure de l'Avon ; d'après Beardmore.

et les ruisseaux sont périodiquement changés en golfes,
là aussi les havres sont des ports de marée où les navires,
à l'exception de ceux qui sont enfermés dans les bassins,
s'inclinent sur le flanc dans les sables ou les vases à l'heure
de la basse mer. De même l'espace qui s'étend entre Noirmoutiers et la côte de la Vendée est alternativement un
isthme et un détroit : un grand chemin, que parcourent les
chars, serpente dans la plaine de sable entre les flaques
d'eau, puis, quelques heures après, les bateaux passent,
voiles déployées, au-dessus de la route. Souvent on voit
des marins se promenant tranquillement sur la plage à une

faible distance de leur navire échoué, ou bien fouillant le
sol pour y trouver des coquillages; mais que le roulement
lointain du flot se fasse entendre, et, dans l'espace de quel-

Fig. 37 DÉTROIT DE NOIRMOUTIERS.

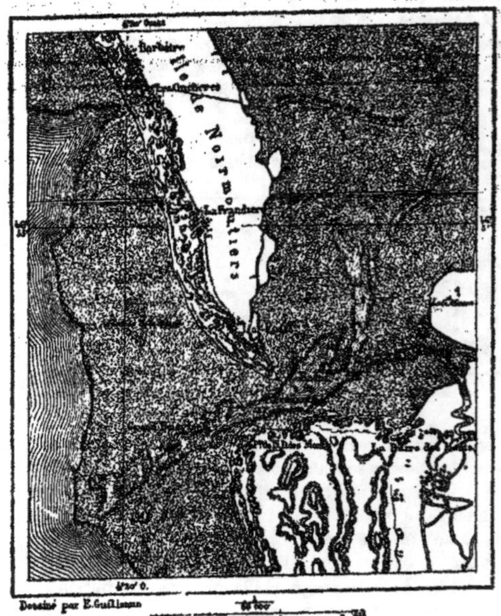

ques secondes, l'équipage est à bord, les préparatifs sont
faits pour une nouvelle étape, et l'embarcation, soulevée par
le flot, vogue rapidement sur la mer.

Sur les côtes de l'Europe occidentale, c'est principalement dans la baie de Saint-Michel que la marée montante offre le spectacle le plus grandiose, car au centre de la baie se dresse un noir rocher granitique, à la fois « abbaye, cloître, forteresse et prison, » qui, par ses rochers abrupts et son « titanique entassement, roc sur roc, siècle sur siècle, mais toujours cachot sur cachot, » contraste avec la triste étendue des plages [1]. A mer basse, l'immense plaine de sable, d'une superficie d'environ 250 kilomètres carrés, ressemble à un lit de cendres; mais, lorsque la marée, plus rapide qu'un cheval au galop, remonte en écumant la pente presque insensible, il lui suffit de quelques heures pour transformer toute la baie en une nappe d'eau grisâtre et pénétrer au loin dans les embouchures des rivières jusqu'au pied des quais d'Avranches et de Pontorson. Au reflux, les eaux se retirent avec la même rapidité à plus de 40 kilomètres du rivage et laissent à nu la grande plage déserte, que parcourent les deltas souterrains des ruisseaux tributaires, en formant çà et là des gouffres perfides de vase molle où les voyageurs risquent de s'engloutir. Lors des marées de vives eaux, on évalue la masse liquide qui pénètre dans la baie à plus de 1 milliard 345 millions de mètres cubes, et même pendant les mortes eaux, le déluge qui parcourt deux fois les plages dans l'espace de vingt-quatre heures n'est pas moindre de 700 millions de mètres [2]. Est-il étonnant que de pareils torrents aient pu jadis, poussés par les tempêtes, rompre la chaîne de dunes qui protégeait au nord les rochers de Tombelène et de Saint-Michel, et transformer en grèves infertiles les belles campagnes, les vastes forêts qui s'étendaient au pied de la péninsule du Cotentin [3]?

1. Michelet, *la Mer*, p. 48.

2. Marchal, *Annales des Ponts et Chaussées*, 1854.

3. Voir, dans le premier volume, le chapitre intitulé *les Oscillations lentes du sol terrestre*.

Les études de Beechey sur les marées de la Manche et
de la mer d'Irlande peuvent faire considérer comme certain
que l'énorme amplitude du flux et du reflux à l'embouchure
de la Severn et dans les baies de Cancale et de Saint-Malo
provient, non-seulement de l'exhaussement graduel du fond,
mais aussi de la superposition de deux vagues qui s'entre-choquent. En effet, la crête de marée qui pénètre dans
le canal d'Irlande y rencontre, à la hauteur du golfe où
débouche la Severn, une autre crête plus ancienne de douze
heures, qui vient de contourner l'Irlande tout entière. Ces
deux vagues, unies en une seule, prennent la direction
commune qui résulte de leurs impulsions premières, et se
dirigent ensemble dans le golfe de la Severn. De même la

marée qui entre dans la Manche se heurte au large de Jersey contre un flot qui a fait en vingt-quatre heures le tour
des îles Britanniques, et les deux intumescences s'ajoutant
l'une à l'autre, précipitent leur énorme masse liquide sur
les plages et les roches de la Bretagne.

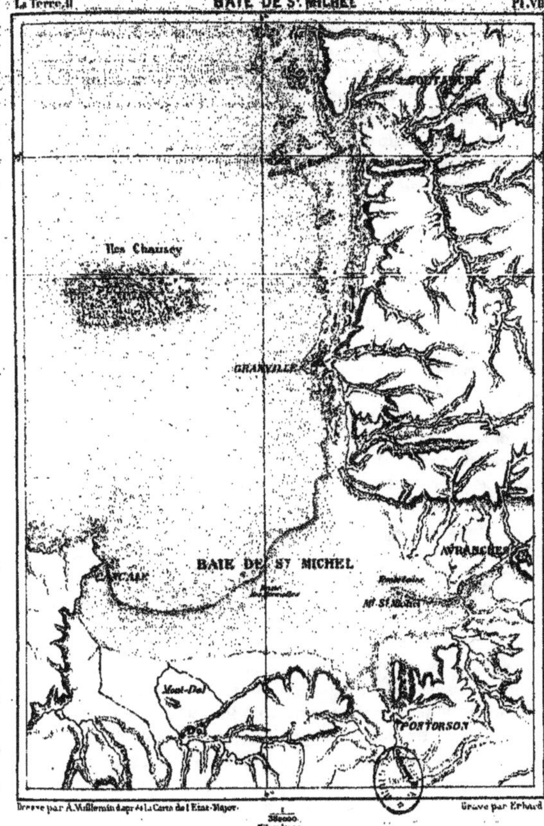

BAIE DE S. MICHEL

Si deux marées se superposent lorsque, venant de points opposés, elles se rencontrent à l'heure du plein, par contre, elles se neutralisent et se suppriment lorsque le flux de l'une se croise avec le reflux de l'autre : il se produit alors un phénomène d'interférence comparable à celui de deux vibrations lumineuses s'éteignant mutuellement. Fitz-Roy, le premier, a signalé une région de l'Océan où les marées contraires maintiennent en équilibre la surface des eaux. Cette région est l'estuaire de la Plata. A la vue de ce golfe, qui n'a pas moins de 240 kilomètres à l'entrée, on serait tenté de croire que l'amplitude du flux et du reflux y est énorme comme dans la baie de Fundy ou dans le golfe de Saint-Malo ; mais au contraire, les marées y sont presque nulles. Les fortes oscillations de niveau qu'on observe dans cet estuaire sont dues presque uniquement aux brises régulières et aux tempêtes qui dépriment les vagues d'un côté pour les soulever de l'autre. Or, comme en général les vents de terre dominent pendant la matinée, et sont remplacés le soir par la brise du large, le flux et le reflux, obéissant à l'impulsion alternative de l'atmosphère, se succèdent de douze heures en douze heures ; la marée monte l'après-midi pour redescendre le lendemain matin[1]. Cette anomalie apparente s'explique facilement par la rencontre de la haute et de la basse mer à l'entrée de l'estuaire. Les vagues de marée, qui se dirigent, au sud vers le Brésil, au nord vers la Patagonie, ne frappent point les côtes au même instant du jour ; elles se suivent à un intervalle de plusieurs heures, et les courants latéraux qui en dérivent se succèdent au débouché de l'estuaire de la Plata, de manière à en maintenir la masse liquide à peu près au même niveau. Au moment où le reflux de la marée septentrionale tendrait à se produire, arrive le flux méridional, dont la pression, exercée en sens contraire, empêche

[1]. Martin de Moussy, *Confédération Argentine*, t. I, p. 78.

les eaux de s'abaisser; puis quand se présente une nouvelle
marée venue des côtes du Brésil, la surface de la mer
s'abaisse déjà dans les parages du sud. Les intumescences
s'entre-croisent, et sur la ligne d'interférence l'eau ne subit
aucune oscillation.

C'est probablement à des phénomènes de même nature
qu'il faut attribuer la formation de ces marées diurnes, et
d'ailleurs toujours très-faibles, qui se produisent à l'embouchure du Mississipi, sur les côtes de la Nouvelle-Irlande,
à Port-Dalrymple dans la Tasmanie, au sud de l'Australie,
près du golfe de King-George, dans le golfe de Tonquin, dans
la baie de Bahr-el-Benat ou « mer des Filles » du golfe Persique, enfin dans la mer Blanche et en beaucoup d'autres
parages du pourtour océanique. Ces lents changements de
niveau, dont le flux et le reflux durent chacun douze heures,
offrent, comme les marées ordinaires, la plus grande diversité dans leurs phénomènes, suivant la direction des vents
et des courants, la position respective du soleil et de la
lune, la partie de la mer où s'établit l'équilibre des eaux.
A la surface mouvante de l'Océan, toutes les ondulations,
quelle qu'en soit la cause, se mêlent et se confondent, et
dans ce mélange sans cesse changeant des flots, il est
impossible de discerner, sans de longues et patientes
recherches, la part de chacun des agents qui troublent
l'horizontalité parfaite du niveau marin; on ne peut résoudre le problème que d'une manière toute générale, sans
tenir compte de détails encore mal observés. Ainsi l'on sait
que dans le port de la Vera-Cruz et sur le littoral voisin, les
vents ont une prépondérance marquée, car ils maintiennent
parfois la surface marine au même niveau pendant des
jours entiers. Aux bouches du Mississipi, où la marée
diurne n'a guère que 36 centimètres d'amplitude, elle n'en
est pas moins régulière dans ses allures, et chaque jour sa
hauteur totale représente exactement la différence de niveau
entre les deux vagues composantes qui viennent s'y croiser.

Enfin, la marée de Tahiti, haute de 30 centimètres à peine, est la résultante d'oscillations bien plus nombreuses, car là viennent se rencontrer quatre flux venus des quatre points cardinaux, tous différents par leur vitesse et par l'heure du plein. Il n'est pas étonnant qu'au milieu de cet entre-croisement général des marées de l'océan Pacifique, celle de Tahiti soit à peu près complétement neutralisée [1].

Le canal d'Irlande, si bien étudié par Beechey, offre un très-curieux exemple d'un équilibre parfait des eaux, et cela presque vis-à-vis du golfe de Bristol, où la mer s'élève et s'abaisse alternativement de 15 mètres. Cette partie du canal, dont la surface reste immobile, borde la côte irlandaise, non loin de la petite ville de Courtown, au sud d'Arklow. Là, on n'a jamais observé ni montée ni descente de l'eau, bien que le courant du flot et celui du jusant longent alternativement la côte avec une vitesse de plus de 7 kilomètres à l'heure. Le point où les eaux se trouvent toujours en équilibre peut être considéré comme une sorte de *pivot* [2] sur lequel s'appuient les marées ; leur amplitude est de plus en plus grande à mesure qu'on s'éloigne de cette région tranquille, au nord-est vers Holyhead et Liverpool, au sud-est vers Milford-Haven et Bristol. Dans la mer du Nord, la rencontre du « vif » et du « mort » de l'eau, non loin du Pas-de-Calais, est marquée par un autre pivot d'équilibre qui semble osciller entre les côtes de Hollande et celles d'Angleterre, suivant les courants atmosphériques et maritimes et les mouvements des astres. En cet endroit, Hewitt a constaté que la marée s'élève à 61 centimètres seulement ; c'est dans cette région, où les eaux se maintiennent presque toujours au même niveau, que se sont déposés les bancs de sable les plus nombreux et les plus considérables.

Il paraît que les deux courants de marée qui se ren-

1. Fitz-Roy, Appendice au deuxième volume, p. 290.
2. C'est le *hinge* ou « gond » des marins anglais.

confront près du Pas-de-Calais, l'un venant directement de

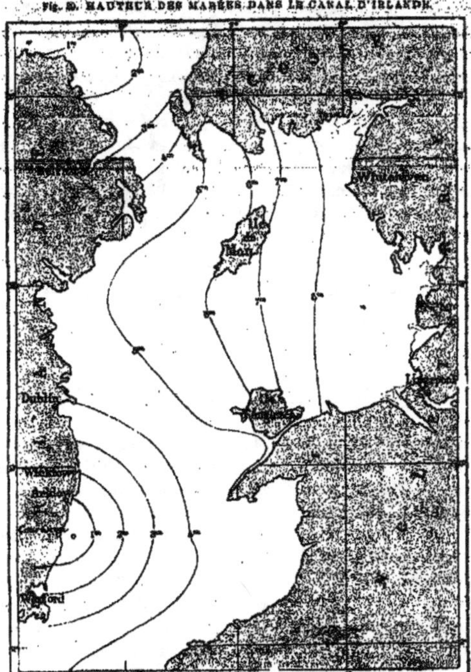

Fig. 53. HAUTEUR DES MARÉES DANS LE CANAL D'IRLANDE.

Dessiné par Guillemin, d'après la carte de Beechey — Gravé par E. hard.

l'Atlantique, l'autre arrivant de la mer du Nord, ne suivent point le milieu du chenal, et par conséquent ne se heurtent

point de front. La rotation de la terre qui, dans l'hémisphère septentrional, déplace tous le corps mobiles vers la
droite, fait dévier dans ce sens chacun des flots de marée.
Dans la Manche, la vague de flux qui s'est propagée directement, appuie constamment sur sa droite, c'est-à-dire
au sud; sa force est donc beaucoup plus grande sur les côtes
de France que sur celles d'Angleterre, et, quand elle a
franchi le détroit, elle garde sa prépondérance sur le littoral du continent jusqu'aux bouches de la Meuse; de
son côté la marée venue du nord dévie également vers
la droite pour longer les rivages de l'Angleterre. Le croisement de ces deux courants contraires donne lieu, sur les

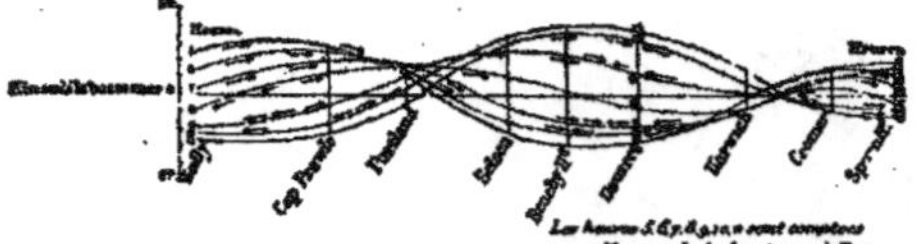

Fig. 40. Croisement des interférences de marée dans la Manche et la mer du Nord,
des îles Scilly à l'embouchure du Humber.

côtes de la France et de la Grande-Bretagne, à la forma-
mation de nombreux mouvements gyratoires, dont les
courbes incessamment changeantes forment un véritable
dédale[1].

Dans la rade du Havre, la rencontre des marées a pour
conséquence un phénomène remarquable, qui est en même
temps des plus utiles pour la navigation. Au lieu de baisser
aussitôt après avoir atteint son point culminant de marée,
la mer reste *étale* pendant trois heures, et permet ainsi aux
navires de parcourir toute la rade et de pénétrer à leur
aise dans le port, en voguant constamment sur une eau
profonde. Les marins voyaient dans ce fait une sorte de

[1]. Plocq, *Annales des Ponts et Chaussées*, 1863, 1er sem.

miracle avant que la vraie cause en eût été révélée. Quand
la marée de l'Atlantique se déroule vers l'est au milieu de
la Manche, elle est arrêtée dans sa course par la presqu'île
du Cotentin, et ne peut s'avancer librement qu'au nord
du golfe où débouche la Seine. Le niveau marin se trouve
alors plus élevé au centre de la Manche que sur ses bords,
et les eaux s'épanchent latéralement vers la rade du Havre
comme vers les autres parages du littoral. Lors du reflux,
quand le jusant s'est établi au milieu du canal, la pente se
trouve changée; mais avant que les eaux du Havre aient
pu descendre vers ce fleuve central de la Manche qui
ramène à l'Océan une énorme masse liquide, elles sont
soutenues par le flot qui, après avoir frappé le cap d'Antifer, a longé les rivages, du nord-est au sud-ouest, jusqu'au cap de La Hève; puis quand la force de cette marée
partielle s'est perdue, une autre marée riveraine qui a
suivi la côte de la Normandie, de Saint-Vaast à Trou-
ville, maintient encore la mer étale pendant un certain
temps[1].

Dans presque tous les ports de rivière, on le comprend,
la marée descendante dure plus longtemps que la marée
montante, car le courant fluvial neutralise le flux pendant
une période plus ou moins longue, puis, s'ajoutant au reflux,
ne peut qu'en augmenter la durée[2]. Un fait plus difficile à
expliquer, c'est que même dans la plupart des ports éloignés de toute bouche de rivière, la marée montante est
plus courte que la marée descendante; cependant on voit
aussi de nombreux exemples du contraire, notamment au
port de Holyhead. D'après l'hypothèse généralement adoptée,
cette plus grande durée du reflux devrait être attribuée à
la rotation de la terre dans le sens de l'ouest à l'est. La
vague de marée se propageant en sens inverse, c'est-à-dire

1. Baude, *Revue des Deux Mondes*.
2. Voir, ci-dessous, page 156.

de l'est à l'ouest, rencontrerait dans les eaux qui s'étendent au devant d'elle une certaine résistance ; elle se redresserait et deviendrait plus escarpée, plus rapide vers l'occident, tandis que son autre pente, celle du reflux, s'allongerait vers l'orient. Telle serait la cause pour laquelle la phase de croissance ne dure point aussi longtemps que la phase contraire.

Les inégalités que l'on observe en certains parages entre deux marées successives sont également un phénomène étrange et à certains égards inexpliqué. Ces inégalités diverses, qui portent tantôt sur la durée, tantôt sur la hauteur respective des deux marées du matin et du soir, ou qui affectent même chaque oscillation dans son régime entier, proviennent en partie de la déclinaison de la lune, c'est-à-dire de sa distance variable au sud ou au nord de la ligne équinoxiale; mais en beaucoup de cas, les différences entre deux marées successives sont relativement énormes et cette explication n'est point suffisante. Ainsi à Port-Essington, sur la côte septentrionale de l'Australie, on observe des écarts en hauteur de $1^m,20$ entre l'oscillation du soir et celle du matin. A Singapore, où la marée moyenne pendant les vives eaux est de $2^m,10$ seulement, la différence entre deux flots qui se suivent est parfois de $1^m,80$. A Kurrachee, la variation journalière n'est pas moins forte, et dans le golfe de Cambaye, elle atteint jusqu'à $2^m,10$ et $2^m,40$. A Bassadore, à l'entrée du golfe Persique, la durée d'une oscillation de la mer dépasse quelquefois de deux heures celle de l'oscillation qui suit; enfin il est arrivé à Petropaulowsk, dans le Pacifique du Nord, que des marées attendues sont restées complétement absentes. On ne saurait expliquer ces anomalies singulières que par le croisement de plusieurs vagues réflexes, diurnes et semi-diurnes, qui se troublent les unes les autres et dont les oscillations confuses sont produites par la rencontre de mouvements divers par l'origine. C'est ainsi qu'à la surface d'un étang, les ondes parties de points différents forment un immense réseau de lignes entre-croisées, que le souffle du vent mêle en vaguelettes indécises.

IV.

Les courants de marée. — Les ras et les tourbillons. — Les *mascarets*.
Marées fluviales.

La croyance populaire est que les oscillations des marées sont toujours accompagnées de courants changeant régulièrement avec le flux et le reflux et se portant alternativement dans un sens et dans l'autre. C'est là, il est vrai, un phénomène assez fréquent, surtout à l'embouchure des rivières; d'ordinaire, quand l'eau s'élève, un courant de flot se précipite en même temps vers le rivage et dans les estuaires des fleuves, puis, quand le niveau de la masse liquide s'abaisse, un courant de retour ou jusant, aidé par les eaux douces qui viennent de l'intérieur, se dirige de nouveau vers la haute mer. Toutefois, cette coïncidence des courants horizontaux avec les oscillations verticales de l'Océan est loin de se reproduire avec régularité dans tous les parages; la marée, étant simplement une intumescence de la mer, peut se redresser sans que le moindre déplacement s'accomplisse dans un sens ou dans un autre. On en voit un remarquable exemple dans cette mer d'Irlande, si riche en curieux phénomènes maritimes. Au milieu du canal qui sépare l'île de Man et l'Irlande, la nappe d'eau se maintient parfaitement tranquille entre des courants contraires, bien que la marée monte en cet endroit de 6 mètres environ pendant les vives eaux. En revanche, comme on le voit à Courtown, sur la côte d'Arklow, le courant déterminé par la rencontre de marées opposées peut avoir une grande vitesse là où la surface de la mer ne s'élève ni ne s'abaisse[1]. Enfin un même flot peut suivre une direction constante à travers deux régions contiguës de la mer, dont l'une est à la période du flux et l'autre à celle du reflux.

Fig. 41. COURANT DE MARÉE DANS LE CANAL D'IRLANDE.

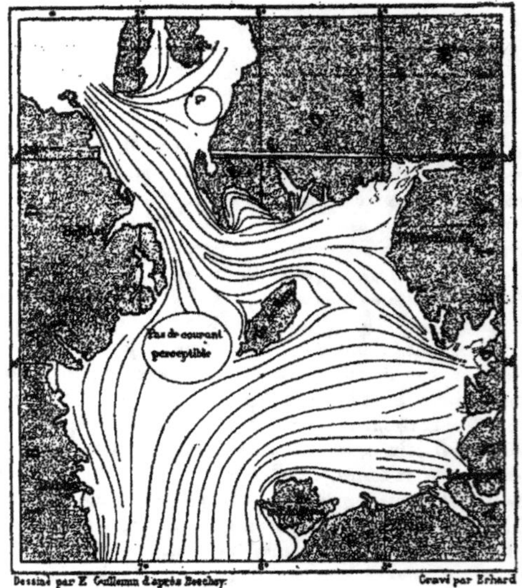

Les courants qui se produisent dans les détroits par suite de la différence de niveau sont parfois d'une violence extrême, et par leurs brusques changements, leurs remous, leurs tourbillons, peuvent être rangés parmi les plus dange-

1. Voir, ci-dessus, page 143.

reux phénomènes de l'Océan. Ainsi l'entrée du golfe des îles Normandes est à bon droit redoutée par les navigateurs à cause de l'effrayante vitesse qu'y atteignent les courants de marée. Le ras Blanchard, détroit qui sépare le cap de la Hogue de l'île anglaise d'Aurigny (Alderney), est le premier de ces terribles défilés marins, où le flot et le jusant, resserrés entre des chaînes d'écueils et de bas-fonds, coulent lors des vives eaux avec une vitesse de plus de 16 kilomètres à l'heure. Puis vient le détroit qui porte le nom significatif de passage de la Déroute, et dans lequel se rencontrent les courants qui longent l'âpre côte occidentale du Cotentin, et ceux qui viennent directement de la haute mer par la brèche ouverte entre les îles de Jersey et de Guernesey; là les fleuves marins, moins rapides, suient cependant animés d'un élan de plus de 3 mètres par seconde[1]. Depuis le désastre de la Hogue, où Tourville, impuissant à remonter le formidable courant du ras Blanchard, perdit un si grand nombre de ses vaisseaux, que de navires se sont brisés, que d'équipages ont péri dans ces terribles détroits, qu'a choisis Victor Hugo pour en faire le théâtre du sombre drame des *Travailleurs de la Mer!*

Les défilés marins qui séparent du continent les îles bretonnes, et surtout ceux des Hébrides, des Orcades, des Shettland, des Feröer, des Loffoden, dont les roches et les écueils en désordre hérissent un fond de mer très-inégal et coupé d'abîmes, sont également traversés par des courants alternatifs de marée, d'autant plus rapides et plus tumultueux que la différence de niveau est plus grande entre les deux nappes qui se rencontrent dans le détroit. Le plus formidable de ces passages est peut-être le Great-Gulf ou « Coirebhreacain[2], » ouvert entre les îles Jura et Scarba, sur la côte occidentale de l'Écosse. A chaque changement de

---

1. Monnier, *Mémoire sur les Courants de la Manche.*
2. En gaëlic, *Chaudière de la mer tachetée.*

marée, il se produit un courant portant tour à tour vers le rivage de la terre ferme et vers la haute mer : la carte de l'Amirauté anglaise en évalue la vitesse à 17 kilomètres et demi par heure, mais les marins affirment qu'elle est au moins de 20 kilomètres, c'est dire que sur les continents pas un fleuve débordé ne roule ses flots avec une pareille fureur. Aucune embarcation ne saurait se hasarder, au fort de la marée, sur un « ras » aussi effrayant, surtout quand le vent souffle dans la direction contraire au flot, car le Coirebhreacain n'est alors dans toute son étendue qu'une « chaudière » écumeuse sans limites visibles à l'horizon[1].

D'autres conflits de marée sont à peine moins effrayants : tel est celui qu'on observe dans le détroit de Pentland, entre les Shettland et les Orcades, et qui détermine la formation de courants évalués à plus de 16 kilomètres à l'heure ; mais le plus célèbre de tous ces chocs entre deux marées d'un niveau différent est, vers l'extrémité méridionale de l'archipel des Loffoden, le Mosköe-strom, appelé aussi Mael-strom par les marins. La sombre imagination des peuples du Nord, toujours portée à créer des monstres, voyait dans le détroit du Mosköe-strom un poulpe aux bras de plusieurs centaines de mètres de longueur, qui faisait tourbillonner les eaux en un immense remous pour y attirer les embarcations et les engloutir. De cette ancienne légende est même restée chez plusieurs l'idée que ce courant est une sorte de gouffre en forme d'entonnoir, duquel les objets flottants se rapprochent par degrés en décrivant des cercles de plus en plus rétrécis, jusqu'à ce qu'ils plongent enfin et pour jamais dans le puits tournoyant. Mais il n'en est rien : les seuls remous sont de petits tourbillons latéraux produits par la rencontre des courants et se creusant de 2 ou 3 mètres à peine. Le phénomène principal consiste, comme dans le Coirebhreacain et le ras Blanchard,

1. *Athenæum*, 26 août 1864. — *Mittheilungen von Petermann*, t. IX, 1864.

en un mouvement rapide des eaux, qui se portent alternativement dans un sens ou dans l'autre, lors du renversement des marées. Lorsqu'au large le flux s'élève dans la direction du sud au nord, une partie de sa masse s'épanche avec force dans le détroit ouvert au sud, entre les deux îles de Mosköe et de Mosköe-næs. A mesure que la surface se rapproche de l'état d'équilibre, le courant, graduellement affaibli, se porte vers le sud-ouest, puis vers l'ouest. Une période de calme succède à ces divers mouvements du flot quand le niveau s'est parfaitement établi; mais bientôt le reflux commence et le courant se porte alors en sens inverse, d'abord vers le nord, puis vers le nord-est et vers l'est. Ainsi, dans l'espace d'une marée, les eaux se sont alternativement portées, bien qu'avec une force variable, vers tous les points de l'horizon.

Les courants de marée qui se produisent à l'entrée des rivières donnent fréquemment lieu à des mouvements tumultueux, moins redoutables, il est vrai, que ceux des « ras » dans les archipels, mais d'un aspect parfois aussi saisissant. Ces phénomènes sont connus sous le nom de *barre* ou *mascaret*.

En pénétrant dans l'estuaire d'un fleuve, le flot de marée, que retardent les bas-fonds et que rétrécissent les rivages, doit nécessairement se gonfler en vague à cause du frottement de la masse liquide contre son lit. Toutes les embouchures, toutes les baies dans lesquelles pénètre le flux, offrent donc le spectacle du mascaret; mais, en beaucoup de passages, l'inclinaison régulière du fond, l'uniformité des rives ou bien encore un croisement de courants divers, atténuent la première ondulation du flot de marée, ou permettent de la confondre avec d'autres rides de la surface. Ailleurs, au contraire, toutes les conditions topographiques se trouvent réunies pour donner une grande hauteur au mascaret, et celui-ci se dresse alors comme une muraille mouvante d'une rive à l'autre rive de l'estuaire.

Aux bouches de certains fleuves, tels que le courant des Amazones, le Hoogly, la Seine, la Dordogne, l'Elbe, le Weser, les vagues de mascaret prennent d'énormes proportions à l'époque des hautes marées, et deviennent alors de redoutables phénomènes. Dans l'Amazone, la barre, appelée *pororoca* à cause du grondement de ses eaux, se dresse, dit-on, en trois vagues successives atteignant ensemble de 10 à 15 mètres de hauteur, et les embarcations surprises par ce déluge soudain, risquent fort de sombrer comme en pleine mer.

A l'embouchure du Gange, le mascaret est également très-redoutable, ainsi que l'exprime en langage symbolique la vieille légende indoue. Bagharata ayant pris pour épouse au milieu des neiges la divine Ganga, la souleva dans ses bras et, montant sur son char, fit tracer aux deux roues les bords du large lit de la déesse; mais arrivée près du rivage marin, Ganga recula d'effroi devant l'impur et monstrueux Océan; elle s'enfuit brusquement par cent canaux et depuis cette époque, elle va, vient tour à tour, tantôt se hasardant à descendre de nouveau, tantôt s'échappant encore vers les montagnes deux fois dans la journée [1].

C'est dans la baie de Seine que le mascaret a été le plus régulièrement et le plus soigneusement observé. En accourant du large avec une vitesse de 5 mètres à 7 mètres et demi par seconde, le mur liquide reste infléchi vers le centre sous la pression du courant fluvial. Les deux pointes de l'énorme croissant se brisent en écume sur les rivages, tandis qu'au milieu de la concavité, la vague unie et ronde marche sans même rider l'eau devant elle. Le rouleau semble tourner sur le fleuve comme un serpent gigantesque; il s'élève de 2 ou 3 mètres au-dessus de la plaine liquide, et derrière lui se dressent en rides concentriques des vagues ou « éteules » non moins hautes, avant-garde de

1. Cari Ritter; — von Hoff, *Veränderungen der Erdoberfläche*, t. I, p. 378.

la nappe de marée. Tous les obstacles placés sur la marche

Fig. 42. Coupe longitudinale d'un mascaret observé dans la baie de Seine; d'après M. Partiot.

du mascaret l'exaspèrent, en accroissent l'élan; enfin, le flot, entrant dans une partie du lit plus large et plus pro-

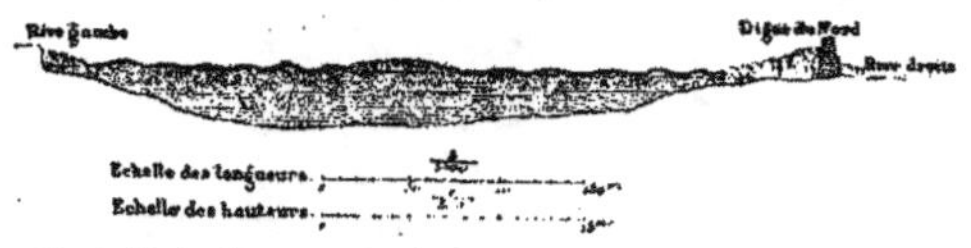

Fig. 43. Élévation d'un mascaret observé entre Caudebec et la Meilleraye; d'après M. Partiot.

fonde, se calme et modère graduellement sa hauteur jusqu'à la rencontre d'un autre bas-fond ou d'un promontoire. D'ail-

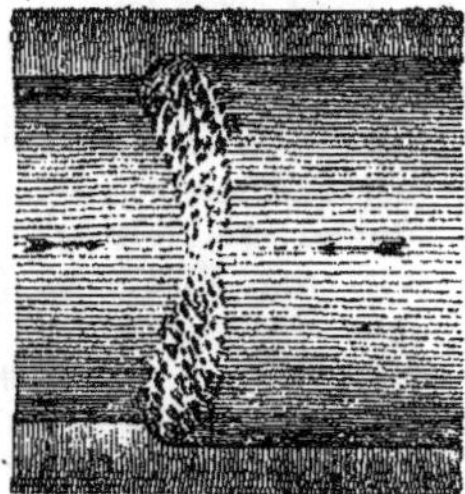

Fig. 44. Plan d'un mascaret observé dans les passes de la baie de Seine; d'après M. Partiot.

leurs chaque nouvelle marée se distingue de la précédente à cause de la différence des vents, des courants et des

masses d'eau mises en mouvement. Rien de plus curieux
que de voir du haut d'un promontoire deux fragments repoussés obliquement par les rivages, croiser leurs sillons et
leurs écueils.

Fig. 43. Plan de deux mascarets qui s'entre-croisent sur les bancs de la baie de Seine,
d'après M. Partiot.

Le seul moyen d'atténuer la force du mascaret, qui
dans plusieurs estuaires, et notamment dans la baie de
Seine, est parfois dangereux pour les petites embarcations,
est de régulariser le canal par la suppression des bas-fonds
et la rectification des rivages. Aussi les travaux qui assurent
à la navigation un chenal plus libre et plus profond sont
également ceux qui préviennent les dégâts causés par une
trop grande violence des flots de marée[1]. Récemment le
mascaret de la Seine disparut pendant quelques années,
grâce à l'endiguement d'un banc de sable qui gênait l'entrée
du flot dans le lit du fleuve ; mais la rencontre du mascaret
et du courant fluvial ont reformé le banc de sable un peu
plus loin. En frappant ce nouvel obstacle, le flot de marée
se redresse, se cabre pour le surmonter. Différents travaux
hydrauliques entrepris dans les lits de la Garonne et de la
Dordogne en amont du Bec-d'Ambez, y ont aussi modifié
plusieurs fois les phénomènes du mascaret.

L'apparition brusque de la marée dans les estuaires a
pour conséquence d'élever très-rapidement les eaux fluviales

1. Partiot, *Annales des Ponts et Chaussées*, t. I, 1861.

du niveau de basse mer à celui de haute mer. A Tancarville,
qui est l'endroit précis où la Seine débouche dans la baie,
et où la marée dépasse l'amplitude moyenne de 4 mètres,
toute la montée de l'eau s'accomplit en deux heures, tandis
que la descente de la masse liquide refoulée par le flot
occupe environ dix heures. Le fleuve, ayant à débiter pendant la période du jusant non-seulement ce que le flux lui
avait apporté, mais aussi les eaux douces qui lui viennent
de l'amont, doit suivre son cours normal vers la mer pendant un espace de temps plus long que celui de son refoulement par la marée montante. Pour chaque point du lit
de la rivière la durée du flux est en général d'autant plus
courte que ce point est plus éloigné de la mer : la force de
la marée s'épuise peu à peu et, vers la fin de sa course, elle
se borne à retarder un instant la vitesse du courant fluvial.

L'amplitude des marées diminue également à propor-

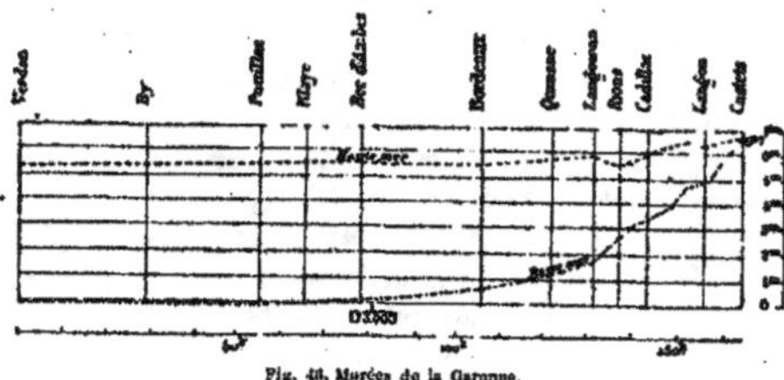

Fig. 48. Marées de la Garonne.

tion de leurs progrès vers l'amont des fleuves. La masse
d'eau douce coulant incessamment dans le canal empêche
la marée basse de se creuser comme elle le fait au bord de
la mer et, quant à la marée haute, sa moindre durée ne lui
permet pas de s'élever à un niveau bien supérieur à celui
qu'elle atteint sur les plages et les falaises océaniques : ainsi
dans la Garonne, l'écart entre le flux et le reflux diminue graduellement en amont du Bec d'Ambez, et près de Castets, à

plus de 150 kilomètres de la mer, se réduit enfin à zéro. En
certains endroits, il est vrai, des circonstances particulières
peuvent causer des exceptions apparentes à cette loi générale; tel promontoire dressé en travers du flot de marée,
comme celui de Tancarville, dans la baie de Seine, barre
la route aux eaux marines et leur donne par conséquent
une plus grande hauteur relative au-dessus des basses mers;
mais en dépit de ces brusques ressauts, l'amplitude moyenne
des marées n'en diminue pas moins de l'aval à l'amont et
finalement elle devient insensible.

V.

**Flux et reflux dans les lacs et les mers intérieures. — Courants de l'Euripe.
Charybde et Scylla.**

L'attraction de la lune et du soleil n'agit pas moins
sur les mers fermées que sur le grand Océan; mais dans les
bassins d'une trop faible étendue la marée n'a pas l'espace
nécessaire pour se soulever et se développer d'une manière
appréciable. Actuellement, le lac Michigan, qui pourtant
n'a pas moins de 62,000 kilomètres carrés, est la plus
petite surface lacustre où l'on ait constaté avec précision le
retour régulier du flux et du reflux; l'amplitude de la marée
y est, d'après le lieutenant Graham, de 75 millimètres.
Toutefois il n'est pas douteux que des bassins lacustres plus
petits éprouvent aussi des oscillations normales de douze
heures en douze heures : des mesures faites avec soin
pourront probablement les révéler un jour.

Même dans la vaste Méditerranée, les marées sont très-
peu sensibles, si ce n'est dans les golfes des Syrtes, entre
l'ancienne Pentapole et la Tunisie. Dans ces parages, le
phénomène du flux et du reflux s'accomplit avec la plus
grande régularité et l'on peut en étudier la marche comme

dans l'Océan. A l'embouchure de l'Oued-Gabès, presque au
fond de la petite Syrte, l'eau monte et descend alternativement de 2 mètres au moins. Plus au nord, dans le port de
Sfax, la différence moyenne entre les hautes et les basses
eaux est d'environ 1m,50; mais à l'époque des équinoxes,
cette différence atteint 2m,60; enfin à l'île de Djerbah, l'ancienne île des Lotophages, l'amplitude moyenne de la marée
n'est pas moindre de 3 mètres [1]. Cette hauteur remarquable
du flot sur le rivage des Syrtes provient sans doute de ce que
la Méditerranée offre dans sa partie méridionale, de Port-
Saïd à Ceuta, un bassin unique, au rivage faiblement sinueux,
tandis que du côté de l'Europe, elle projette un grand nombre
de petites mers partielles, celles de Sardaigne, le golfe
Adriatique, la mer Ionienne, l'Archipel. En outre, les vents
étant beaucoup plus réguliers sur le littoral africain, le jeu
alternatif des marées n'y est pas troublé, comme sur les
côtes d'Europe, appartenant à la zone des vents variables.

Cependant l'examen attentif du mouvement des ondes
a également révélé aux observateurs l'existence du flot de
marée dans les bassins partiels du nord de la Méditerranée. Au delà de Malaga, où les marées atlantiques se propagent encore, le niveau de la mer change à peine; mais sur
les côtes d'Italie les oscillations recommencent à devenir
sensibles. A Livourne, le flux s'élève à près de 30 centimètres; à Venise la différence entre les hautes et les basses
mers de nouvelle lune et de pleine lune varie de 60 à 90
centimètres [2]. Aux embouchures du Pô, le flot de vive eau
n'atteint pas même cette hauteur. Sur les côtes de Zante,
dans la mer Ionienne, il est de 15 centimètres seulement;
enfin à Corfou, il ne dépasse pas 20 millimètres [3]. Dans
le bassin oriental de la Méditerranée, la marée est égale-

---

1. Victor Guérin, *Voyage archéologique en Tunisie*, t. 1er.
2. G. Collegno, *Geologia dell' Italia*, p. 280.
3. Von Hoff, *Veränderungen der Erdoberfläche*, t. III, p. 256.

ment très-faible, toutefois l'oscillation alternative de la mer
n'est point ignorée des peuples riverains. Omar parlait sans
doute du flux en disant que « la mer est située bien plus
haut que la terre, et que nuit et jour elle demande à Dieu
la permission d'inonder les campagnes. »

Non-seulement la Méditerannée a ses flux et ses reflux
comme l'Océan, mais elle a aussi ses courants et ses tourbillons, et parmi ces phénomènes il en est qui, sans être
aussi formidables que le Mosköe-strom ou le ras Blanchard,
n'en sont pas moins beaucoup plus célèbres à cause de la
gloire dont les a revêtus l'antiquité classique. Ainsi l'Euripe
ou détroit d'Egribos, qui sépare l'île de Négrepont de la
Grèce continentale, est traversé, dit-on, par des courants
extraordinaires qui se produisent avec régularité dans leur
étonnante anomalie. Jusqu'au huitième jour du mois lunaire,
le flux et le reflux, dont l'amplitude moyenne est de 30 centimètres, se succèdent d'une manière normale, seulement
avec une heure de retard ; mais du neuvième au treizième
jour, le mouvement d'oscillation se précipiterait tout à coup,
et durant les vingt-quatre heures, on ne compterait pas
moins de 12, 13 ou 14 marées ayant chacune leur flux, leur
période d'étale et leur reflux. Du quatorzième au vingtième
jour, l'ordre rentrerait dans le détroit; puis du vingt et
unième au vingt-sixième, chaque jour serait encore marqué
par une série d'une douzaine de hautes et de basses mers.
Tel serait le résultat de l'expérience faite par les usiniers qui
voient les roues de leurs moulins tourner alternativement
dans un sens ou dans l'autre, suivant la direction du courant [1]. De leur côté, les Musulmans maintiennent comme un
article de foi que les cinq flots de l'Euripe se succèdent régulièrement aux cinq heures de la prière [2] ; enfin les rapides
observations de plusieurs voyageurs décrivent encore autre-

1. Berghaus; — von Klöden, *Handbuch der Erdkunde.*
2. *Natur,* t. VIII, 1864.

ment les oscillations de la mer dans l'étroit canal. Le fait
est que les courants du détroit de Négrepont sont inexpli-
qués et, s'ils se succédaient d'une manière aussi bizarre que
l'affirment les riverains, on comprendrait en effet la légende
d'après laquelle Aristote, après avoir vainement cherché à
deviner le mystère, se serait précipité de désespoir dans les
tourbillons de l'Euripe.

Bien plus fameux encore que les courants du détroit
de l'Eubée étaient les gouffres de Charybde et de Scylla,
bravés pour la première fois par le sage Ulysse. D'après les
chants homériques, les deux monstres hurlants qui gardent l'entrée du détroit de Messine attiraient dans leurs
cavernes sous-marines d'immenses tourbillons d'eau qu'ils
vomissaient ensuite en courants furieux, et tous les navires
qui s'approchaient des antres formidables étaient inévitablement engloutis. Actuellement il n'est point dans la Méditerranée de détroit qui soit plus fréquenté que celui de
Messine et grâce aux sondages opérés sur ces prétendus
gouffres, où les anciens voyaient le « nombril de la mer, »
les monstres ont perdu leur terrible prestige. On sait maintenant que les tourbillons de Charybde et de Scylla ne sont
autre chose que des mouvements latéraux produits par le
flux et le reflux à leur passage dans ce canal trop étroit,
dont la largeur ne dépasse guère trois kilomètres et qu'ont

Fig. 47. Profil du détroit de Messine.

traversé plus d'une fois sur des chevaux à la nage les conquérants de la Sicile. Lors de la marée montante, le courant se porte au nord, de la mer d'Ionie dans la mer Tyrrhé-

nienne ; à la marée descendante, le flot venu du nord reprend la prépondérance et repousse vers le sud le courant contraire [1] ; mais il y a lutte entre les deux masses liquides et le champ de bataille se déplace incessamment de Messine à Scylla. Sur les confins des courants, là où le mélange des eaux s'opère avec violence, il se forme des remous étroits où les vagues sont plus agitées qu'ailleurs : ce sont les œillets ou « *garofali.* » Les embarcations les évitent de peur d'être trop fortement secouées ; mais elles n'ont point de danger à courir, si ce n'est quand le vent souffle avec violence en sens inverse de la direction du flot. C'est un curieux spectacle que celui du détroit, vu du haut des montagnes de Messine ou de Reggio, avec les rides et les remous qu'y décrivent les eaux en conflit : à chaque instant on voit changer de forme les nappes de teinte plus sombre qui sur la surface indiquent la lutte du flux et du reflux.

Dans les autres mers fermées de l'Europe, les marées sont également peu sensibles. Elles ne sont que de 40 centimètres en moyenne dans le Zuyderzee, et, pendant les jours d'équinoxe et de tempête, elles y atteignent à peine 1^m10. La Baltique, beaucoup plus étroite et plus semée d'îles que la Méditerranée, subit en conséquence des oscillations beaucoup plus faibles : aussi l'appelait-on jadis *morimarusa* (*mor y marb*), c'est-à-dire, en langue celtique, *mer Morte* [2]. Les marins ne font nullement attention aux dénivellations produites par le flux et le reflux : pour eux les vents, les courants et les météores de l'atmosphère sont les seuls phénomènes qu'ils aient à observer. En effet, sur la côte occidentale du Jutland, la marée n'est déjà plus en moyenne que de 30 centimètres ; à l'entrée du Cattegat, elle perd encore en force et en régularité, et dans les détroits du Sund et des deux Belt, elle est difficile à reconnaître. Dans le port de

1. Spallanzani ; von Hoff ; Smyth.
2. Von Maack, *Zeitschrift für die Erdkunde.* 1860.

Copenhague, on peut encore distinguer parfois une oscillation de quelques centimètres, mais seulement lorsque le temps est parfaitement calme et que la surface de l'eau est à peine ridée. A Wismar, les phénomènes de la marée sont encore plus incertains, et c'est uniquement par une suite d'observations poursuivies pendant plusieurs années sur le niveau des eaux, qu'on a pu constater l'existence probable d'un écart total de 8 centimètres entre les hautes et les basses mers; près de Stralsund, la différence est de 4 centimètres seulement, et près de Memel, elle dépasserait à peine 1 centimètre. Les écarts beaucoup plus considérables qui se produisent dans le niveau marin proviennent des vents, des courants ou des alternatives dans la pression de l'atmosphère. On a vu parfois s'opérer des oscillations rapides de près d'un mètre; mais ce sont là des *seiches* semblables à celles du lac de Genève [1]. La seule force des vents suffit aussi quelquefois à exhausser d'un mètre le niveau de la mer dans certains détroits, ainsi que dans les golfes d'Esthonie et de Finlande [2].

Le régime des embouchures fluviales diffère absolument dans les mers à fortes marées, comme l'Atlantique septentrional, et dans les mers à oscillations insensibles, comme la Baltique et la Méditerranée. Dans les estuaires, où la mer s'élève régulièrement deux fois par jour à une grande hauteur, elle passe par-dessus tous les obstacles, barres ou bancs de sable, accumulés à l'entrée des bouches des fleuves, tandis que là où le niveau marin reste constamment le même, les digues de vase ou de sable déposées en cordons littoraux entre les eaux douces et les eaux salées, ferment toujours l'entrée du lit fluvial. Ainsi le rio Magdalena et l'Atrato, dans la mer des Antilles, le Rhône, le Pô, le Nil, dans la Méditerranée, épanchent leur masse liquide

1. Voir, dans le premier volume, le chapitre intitulé *les Lacs*.
2. Von Sass, *Bulletin de l'Académie de Saint-Pétersbourg*, t. VIII, n° 6.

par-dessus des barres qui souvent ont à peine un mètre à l'endroit le plus bas[1], tandis que le fleuve des Amazones, le Saint-Laurent, la Gironde, la Tamise donnent à toute heure une libre entrée aux navires.

Cette diversité du régime fluvial suivant la hauteur des oscillations de marée qui s'y produisent, a les conséquences les plus importantes pour le commerce des régions qu'arrosent les grandes rivières. En général les ports des fleuves sans marée ne peuvent s'établir à l'embouchure même à cause du manque d'eau, et les négociants sont obligés de choisir pour leurs entrepôts une localité située sur le littoral de la mer, à une certaine distance des bouches ensablées de la rivière. Ainsi Marseille, où s'opèrent presque tous les échanges du grand bassin du Rhône, est construite au bord d'une baie profonde de la Méditerranée, loin des péninsules de vase entre lesquelles se déverse le fleuve; Alexandrie, le grand port du delta égyptien, est à l'ouest de la région alluviale du Nil; Venise est loin des bouches du Pô; Livourne défend son port des approches de l'Arno; Barcelone n'est pas à l'entrée de l'Èbre; Carthagène des Indes et Sainte-Marthe ne sont en communication avec le grand Magdalena que par des canaux à peine navigables. Les exceptions à cette règle sont peu nombreuses : néanmoins on peut citer Dantzig sur la Vistule, Stettin sur l'Oder, Galatz sur le Danube[2].

Dans les mers à grandes marées, les principaux ports se trouvent, au contraire, non sur le littoral maritime, mais sur les fleuves, et même à une certaine distance de l'embouchure, non loin de l'endroit où le flux remonte deux fois par jour, changeant ainsi la rivière en un véritable golfe maritime. Londres, Hambourg, Nantes, Bordeaux, Rouen et tant d'autres grandes cités commerciales se sont gra-

1. Voir, dans le premier volume, le chapitre intitulé *les Rivières*.
2. Ernest Desjardins, *de l'embouchure du Rhône*.

duellement bâties, par suite des nécessités du commerce, aussi avant que possible dans l'intérieur des terres, à l'endroit précis où la profondeur de l'eau et la force de la marée permettent aux navires de remonter avec facilité. Toutefois les bâtiments actuels ayant un tirant d'eau beaucoup plus considérable que ceux de nos ancêtres, il en est résulté que nombre de ports de rivières sont devenus insuffisants. C'est ainsi que Londres a dû successivement s'annexer les ports de Deptford, de Woolwich, de Millwall, de Gravesend ; ainsi Rouen a été graduellement remplacée par le Havre comme port de commerce international ; ainsi Nantes voit aujourd'hui grandir une cité rivale dans le village de Saint-Nazaire, encore si modeste il y a quelques années. Peut-être aussi le hameau du Verdon, pourvu tôt ou tard de docks, de bassins et de jetées, deviendra-t-il le véritable Bordeaux commercial.

CHAPITRE IV.

LES RIVAGES ET LES ILES.

I.

Modifications incessantes de la forme du littoral. — Les *fjords* de la Scandinavie
et des autres contrées rapprochées des pôles.

Cette mer, dont chaque vague contient peut-être des
milliards d'organismes vivants, semble animée elle-même
d'une énorme et puissante vie. Des reflets toujours changeants, ternes comme la brume ou brillants comme le
soleil, éclairent son immense étendue, sa surface se plisse
en longues ondulations ou se redresse en lames hérissées ;
ses rivages sont effleurés par un simple liséré d'écume ou
disparaissent sous la masse blanche de la houle brisée ; parfois elle fait entendre à peine un faible murmure, et puis
elle réunit en un même tonnerre les hurlements de toutes
ses vagues heurtées et fracassées par la tempête. Elle est tour
à tour riante ou terrible, gracieuse ou formidable. Son aspect
fascine. Quand on se promène sur ses bords, on ne peut
s'empêcher de la contempler et de l'interroger sans cesse.
Éternellement mobile, elle symbolise la vie relativement à
la terre impassible et silencieuse qu'elle assiége de ses flots.
Et d'ailleurs n'est-elle pas toujours à l'œuvre pour modifier
sans relâche le relief des continents après les avoir une
première fois formés couche à couche dans la profondeur
de ses eaux ?

La partie la plus importante des travaux géologiques de l'Océan est cachée à nos yeux ; car c'est au fond de ses abîmes que l'eau dépose la silice, la chaux, la craie et les débris de toute espèce qui constitueront un jour de nouvelles terres ; mais du moins nous pouvons assister aux modifications continuelles que le mouvement incessant des eaux marines fait subir aux rivages. Ces modifications sont considérables, et depuis les siècles historiques, nombre de côtes ont déjà complétement changé de forme et d'aspect. Des promontoires ont été rasés, tandis qu'ailleurs des pointes se sont avancées dans les flots ; des îles ont été transformées en écueils, d'autres sont englouties, d'autres encore sont rattachées au continent. La ligne sinueuse du rivage n'a cessé d'osciller, empiétant ici sur les eaux de l'Océan, plus loin sur les surfaces continentales. L'action de la mer est double : elle remanie constamment les contours de son bassin, soit en rongeant les rochers qui la bordent et en emportant ses plages, soit en rejetant sur la côte les alluvions et les débris de toute nature qu'elle roule dans ses flots. Tout ce qu'elle engloutit d'un côté, elle le rend ailleurs sous une autre forme.

Avant que la mer eût modifié ses rivages en abattant les péninsules et en remplissant les baies et les estuaires, la forme du littoral était certainement beaucoup moins régulière qu'elle ne l'est actuellement sur le pourtour de la plupart de terres. Que, par une brusque révolution, les eaux marines s'élèvent à 100 ou 200 mètres au-dessus de leur niveau, et l'Océan, inondant toutes les vallées des fleuves et des rivières jusqu'à une très-grande distance des rivages actuels, entrera soudain en golfes allongés dans les dépressions du continent, et changera en baies tous les vallons et les gorges latérales. A la place de chacune des embouchures de fleuves qui accidentent à peine la ligne normale de la côte, s'ouvriront de profondes découpures se partageant elles-mêmes en de nombreuses ramifications. Cependant un travail en sens inverse commencerait aussitôt après que ce changement dans le profil des rivages se serait accompli : d'un côté, les cours d'eau apportant leurs alluvions empliraient graduellement les vallées supérieures et rétréciraient peu à peu le domaine des conquêtes maritimes ; d'un autre côté, l'Océan travaillerait aussi, par ses cordons littoraux, ses flèches de sable ou de galets, à retrancher de sa surface toutes ces baies nouvelles que lui aurait données la crue subite de ses eaux. Après un laps indéterminé de siècles, le rivage retrouverait enfin cette forme doucement ondulée qu'offrent aujourd'hui la plupart des côtes.

Il est encore plusieurs contrées où ce double travail de la mer et des eaux continentales est à peine commencé. Ces terres, dont le littoral, gardant ainsi sa forme première, est coupé d'échancrures profondes, sont toutes situées à une grande distance de l'équateur, dans le voisinage de la zone polaire. En Europe, les côtes occidentales de la Scandinavie, du promontoire de Lindes-næs à celui du cap Nord, sont déchiquetées par une série de ces *fjords*[1] ou golfes ramifiés, et non-seulement le rivage du continent, mais aussi toutes les îles qui forment une sorte de chaîne parallèle aux plateaux norvégiens, sont frangées de péninsules et tailladées de petits fjords, se contournant en allées immenses. Parmi ces entailles, qui décuplent en longueur le développement des côtes et donnent au littoral une bordure d'innombrables presqu'îles plus ou moins parallèles, les unes sont assez uniformes d'aspect et ressemblent à d'énormes fossés creusés dans l'épaisseur du continent, les autres se divisent en plusieurs fjords latéraux, qui font de l'ensemble des eaux intérieures un labyrinthe presque inextricable de canaux, de détroits et de baies. Le développement total des côtes est tellement accru par ces indentations, que le littoral occidental de la péninsule, dont la longueur en droite ligne

1. En anglais *firth*.

n'est pas même de 1,900 kilomètres, se trouve porté à près de 13,000 kilomètres par les plis et les replis du rivage : c'est plus que la distance de Paris au Japon.

Les plateaux de la Scandinavie se terminant brusquement au-dessus de la mer du Nord, les pentes qui dominent les sombres défilés des fjords sont presque toutes très-escarpées ; il en est qui se redressent en murailles perpendiculaires ou même surplombantes, servant de piédestal à de hautes montagnes. C'est ainsi que le Thorsnuten, situé au sud de Bergen, sur les bords du Hardangerfjord, atteint une élévation de plus de 1,600 mètres, à moins de 4 kilomètres du rivage. Dans mainte baie de la Norvége occidentale, on voit les cascades bondir du haut des falaises et se précipiter d'un jet dans la mer, de sorte que les embarcations peuvent se glisser entre les parois des rochers et la parabole des cataractes mugissantes. Au-dessous de l'eau, les escarpements se continuent aussi dans la plupart des golfes, tellement qu'en certains défilés de rochers, dont la largeur de falaise à falaise est de 200 ou de 100 mètres seulement, il faut jeter la sonde jusqu'à 500 ou 600 mètres de profondeur avant de toucher le roc[1]. Dans les *Travailleurs de la Mer*, Victor Hugo cite à bon droit le Lysefjord comme la plus effrayante à contempler parmi ces sinistres avenues, dont plusieurs sont à jamais privées d'un rayon de soleil par les hautes murailles de rochers qui les enferment. Cet énorme fossé, d'une régularité presque parfaite, pénètre à 43 kilomètres dans l'intérieur du continent ; bien qu'en divers endroits il offre à peine 600 mètres de largeur, ses parois se dressent à 1,000 et 1,100 mètres d'élévation, et tout près du bord, la sonde ne touche le sol qu'à plus de 400 mètres[2]. Sans doute, le premier marin qui vogua sur les eaux tranquilles et noires de cet abîme dut avancer avec une certaine

1. Berghaus, *Was man von der Erde weiss*, p. 280.
2. Vibe, *Küsten und Meer Norwegens ; Mittheilungen von Petermann*, 1860.

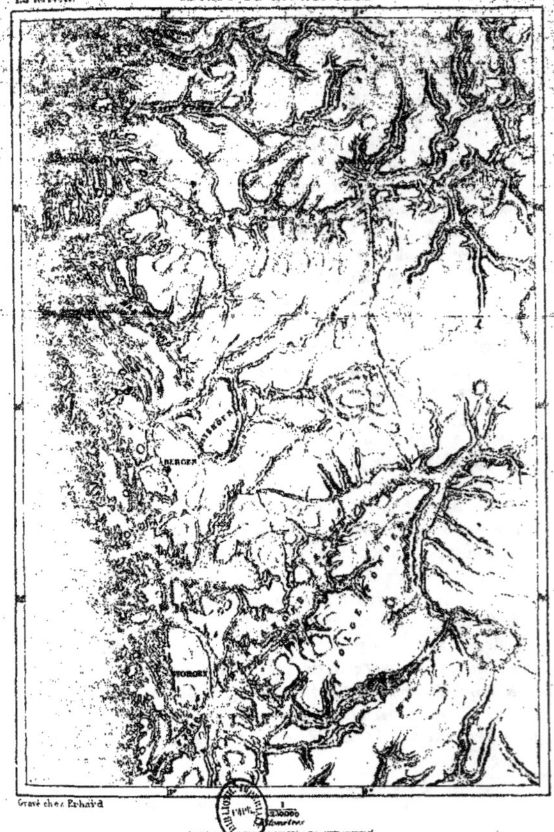

BERGEN
HORGEN
Gravé chez Erhard
1:2,000,000
Kilomètres

horreur, se demandant à chaque nouveau détour de l'avenue
s'il n'allait pas voir se dresser devant lui quelque effroyable
dieu. Maintenant encore ce n'est point sans frissonner qu'on

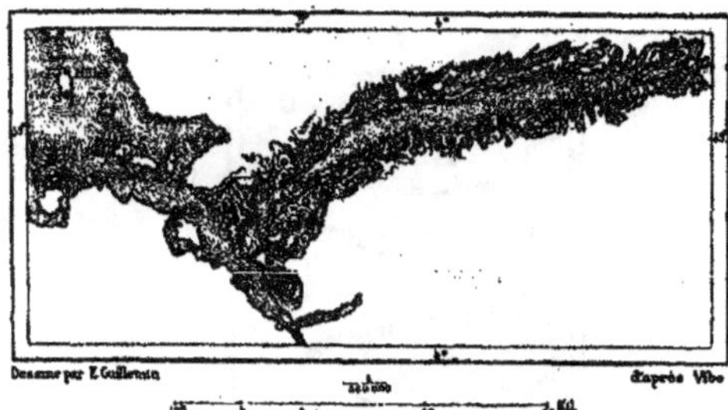

Fig. 48. LYSEFJORD.

pénètre dans ce défilé sinistre, où les anciens auraient vu
l'entrée des enfers.

Les îles du Spitzberg, les Feröer, les Shettland présentent aussi sur leur pourtour des centaines de fjords,
pareils à ceux de la Scandinavie. Les côtes de l'Islande,
du Labrador et du Groenland occidental, celles des îles de
l'archipel polaire, enfin le littoral américain du Pacifique,
de la longue péninsule d'Alachka au labyrinthe des îles de
Vancouver, ne sont pas moins riches en découpures que le
littoral de la Norvége. De même les rivages de l'Écosse sont
profondément découpés, mais seulement du côté de l'ouest,
où se trouvent en outre des îles nombreuses reproduisant
en miniature le dédale des promontoires et des baies de la
grande terre ; la partie de l'Irlande tournée vers la haute
mer se développe également en une succession de péninsules rocheuses séparées par des golfes étroits; mais au
sud et à l'est, les côtes des îles Britanniques sont beaucoup

moins accidentées de forme et se déroulent en longues
courbes régulières. En France, on ne trouve guère de vestige d'échancrures pareilles à celles des fjords norvégiens,
si ce n'est à l'extrémité de la Bretagne; aussi n'existe-t-il

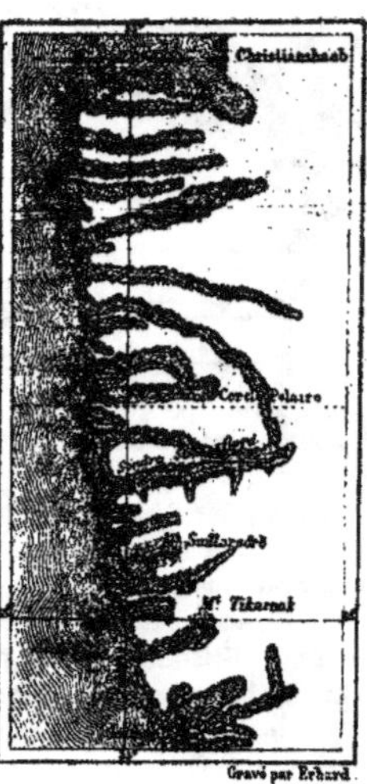

Fig. 49. FJORDS DU GROENLAND.

même pas de nom dans la langue pour désigner ces indentations. De même, en Espagne, la partie de la péninsule
ournée vers le nord-ouest, et où s'ouvrent les ports du
Ferrol et de la Coruña, est la seule qui présente quelques
races de fjords à demi comblés. Aux bords de la Méditer-

ranée, deux contrées ont aussi leurs côtes découpées en
fjords partiellement oblitérés par les alluvions : ce sont
l'Asie Mineure et la Dalmatie, dont les hautes montagnes,
jadis couvertes de glaciers, dominent d'étroites baies aux

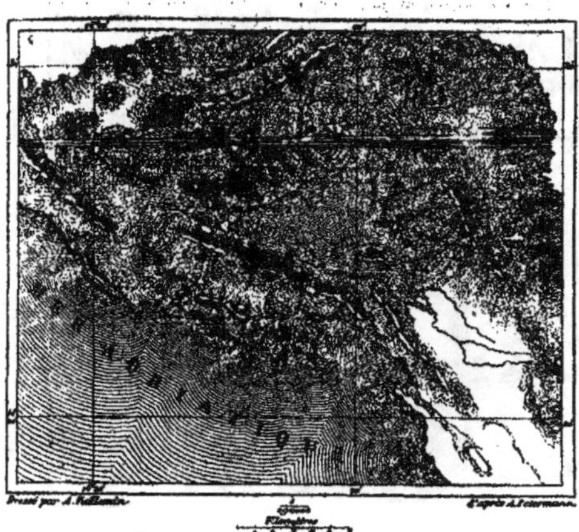

Fig. 50. BOUCHES DE CATTARO.

bizarres découpures, comme les Bouches de Cattaro ; mais
le long de ces deux côtes, les péninsules du littoral sont
encore uniformément tournées vers l'ouest.

Au sud de l'Adriatique et de l'Archipel, sur le littoral
des terres chaudes ou torrides, on ne voit plus de fjords.
Pour retrouver une semblable formation des rivages, il faut
traverser l'Amérique entière jusqu'à l'extrémité méridionale du continent : les fjords ne recommencent qu'au delà

du littoral uniforme du Chili, avec l'île de Chiloë, ses nombreuses baies et le réseau des détroits de l'archipel de Ma-

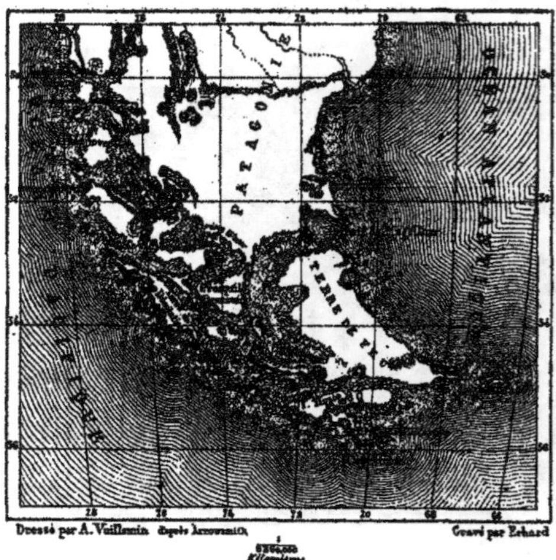

Fig. 51. FJORDS DE L'AMÉRIQUE DU SUD.

gellan et de la Terre de Feu. C'est, dans l'hémisphère austral,
la seule région où se montre ce phénomène étonnant de
tortueuses et profondes vallées remplies par les eaux de la
mer. Quant aux terres du continent antarctique, on ne peut
en reconnaître les indentations, puisque les contours des
baies et des caps, des golfes et des presqu'îles sont tous
oblitérés par les glaciers et les banquises.

II.

Comblement des fjords par les alluvions marines et fluviales.

Ainsi l'étude comparée de tous les rivages amène à la constatation de ce fait, que les fjords se rencontrent uniquement sur le littoral des contrées froides, et qu'à égalité de température, ils sont beaucoup plus nombreux et plus développés sur les côtes occidentales que sur les rives tournées vers l'orient. Pourquoi cet étrange contraste géographique s'est-il produit entre les divers rivages suivant la position qu'ils occupent au nord ou au midi, à l'ouest ou à l'est? Pourquoi les plages et même les falaises baignées par une atmosphère chaude ou tempérée ont-elles pris dans le profil de leurs courbes une si grande régularité, alors que les vallées ouvertes dans l'épaisseur des plateaux de la Scandinavie, du Groenland et de la Patagonie ont conservé leur forme première? Une cause dont les effets se sont produits à la fois et de la même manière aux deux extrémités des continents, dans les terres boréales de l'Amérique et de l'Europe et dans les îles magellaniques, doit avoir été nécessairement un grand phénomène géologique agissant pendant tout un âge de la planète.

Ce phénomène était le climat spécial qui, pendant la période glaciaire, se faisait jadis sentir sur la surface du globe et transformait en longs fleuves de glace les névés des montagnes. La carte parle elle-même pour ainsi dire; elle raconte clairement comment les fjords, ces antiques découpures du littoral, ont été maintenus dans leur état primitif par le séjour prolongé des glaciers [1]. En effet, la période de

---

1. Voir, dans le premier volume, le chapitre intitulé *les Neiges et les Glaciers*. — Oscar Peschel, *Ausland*, 1866.

froid dont on voit encore les témoignages non équivoques
jusque sous les tropiques et sous l'équateur, au pied des
Andes et dans la vallée de l'Amazone, a naturellement duré
plus longtemps dans le voisinage des pôles que sous la zone
torride et dans les régions tempérées. Cette période glaciaire, terminée peut-être depuis des milliers de siècles sur
les plages brûlantes du Brésil et de la Colombie, a cessé
sur les côtes de France et d'Angleterre depuis une époque
relativement récente. A un âge encore plus rapproché de
nos temps historiques, les fjords de la Scandinavie se sont
à leur tour dégagés des glaciers qui les remplissaient, e
tout à fait dans l'extrême nord et dans les régions antarctiques, il est des contrées où les fleuves de glace descendent
encore jusqu'à la mer et s'étalent au loin dans les golfes.
Le glacier de la baie de Madeleine, qu'ont exploré MM. Martins et Bravais, se projette au loin dans un fjord qui n'a
pas moins de 100 mètres de profondeur, et la falaise terminale de glace, poussée en avant par le poids des neiges
supérieures, se déploie en une ligne courbe tournant sa convexité vers la haute mer. Sur des côtes encore plus froides,
comme au nord du Groenland, et de l'autre côté du monde,
sur le pourtour des terres antarctiques, les baies sont même
entièrement comblées par les glaces, et celles-ci, débordant
au large, donnent un profil régulier à l'ensemble des côtes.
Les vagues de la haute mer viennent se heurter contre un
long mur de cristal, et ces assises glacées déguisent la vraie
forme de l'architecture des continents, comme le font sous
d'autres climats les alluvions fluviales et les flèches de sable
marin. Pourtant des vallées profondes, cachées par la banquise, découpent aussi le littoral de ces côtes polaires, et
dans une période géologique future, lorsque les glaces
auront disparu, ces échancrures du continent deviendront
à leur tour des fjords semblables à ceux de la Scandinavie.

À l'époque où les baies de la Norvége étaient comblées
par les glaces, comme le sont de nos jours celles du Groen-

land septentrional, elles gardaient leur forme primitive, si ce n'est que les parois latérales et les roches du fond étaient striées et polies par le frottement de la masse en mouvement et des débris qu'elle entraînait. Les blocs de pierre tombés sur les névés et sur le champ du glacier, les amas de cailloux et de terre enlevés par les intempéries et le dégel aux flancs des montagnes formaient des moraines exactement semblables à celles que l'on voit actuellement sur les glaciers amoindris des monts scandinaves; mais ces moraines, au lieu de s'écrouler avec les glaces dans quelque vallée située à des centaines de mètres d'élévation, étaient portées jusqu'au débouché des fjords dans la haute mer et s'abîmaient au milieu des flots avec les pans détachés du glacier lui-même. Les éboulis successifs de roches et de cailloux devaient nécessairement élever peu à peu une moraine frontale sous-marine, et l'on trouve en effet à l'entrée de tous les fjords scandinaves des bas-fonds de débris se dressant comme des remparts hors de l'eau profonde. Les marins de la Norvége donnent le nom de « ponts de mer » à ces barrages naturels qui servent de limite aux anciens glaciers et où les poissons des eaux voisines se rassemblent par myriades. Au large des côtes de l'Écosse occidentale, de même qu'à l'entrée des petits golfes du Finistère, on remarque aussi des cordons de bancs sous-marins et de récifs qui ne sont probablement autre chose que d'anciennes moraines glaciaires.

Après la période qui précéda les âges actuels, les glaciers de la Scandinavie reculèrent peu à peu dans l'intérieur des fjords, puis cessèrent de toucher le niveau de la mer, et leur extrémité inférieure remonta de plus en plus avant dans les vallées ouvertes sur le flanc des monts. C'est alors que commença pour les torrents et pour la mer l'immense travail géologique du comblement des baies. Les eaux fluviales apportent leurs alluvions et les déposent en plages unies au pied des montagnes, tandis que la mer

étale en nappes de sable ou de vase tous les débris des
rochers qu'elle sape de ses vagues. Déjà dans un grand
nombre de fjords norvégiens, cette œuvre de transformation
du domaine des eaux en *terre ferme* a fait des progrès très-
sensibles, et si l'on connaissait le taux séculaire de l'accroissement des plages, on pourrait calculer approximativement
l'époque à laquelle la vallée s'est trouvée libre de glaces.
Sur le versant incliné du côté de l'est, vers les campagnes
de la Suède, un travail analogue s'accomplit : là, les glaciers ont été remplacés, non par les flots de la mer, mais
par des eaux lacustres étagées en bassins, et ces eaux
reculent aussi peu à peu devant les alluvions des torrents.
De même dans la grande chaîne des Alpes suisses, plusieurs dépressions profondes, qui furent autrefois les lits
de puissants glaciers, sont devenues des sortes de fjords
continentaux : tels sont les lacs Majeur, d'Iseo, de Lugano,
de Côme, de Garde [1]. Ces bassins lacustres sont fermés au
midi par de larges moraines pareilles aux « ponts de mer »
de la Norvége, et leurs eaux, comme celles des fjords, sont
graduellement déplacées par les alluvions qu'apportent les
torrents alpins.

Situées plus au sud que les fjords de la Scandinavie, et
plus rapprochées de la source du tiède courant venu des
Antilles, les baies occidentales de l'Écosse ont dû être libres
de glaces bien avant les côtes de la Norvége, et c'est antérieurement encore que les échancrures du littoral de l'Irlande et de la Bretagne française ont cessé de servir de lits
aux neiges solidifiées des montagnes environnantes. Quant
aux rivages des îles Britanniques tournés à l'est vers la mer
du Nord, ils étaient certainement débarrassés de glaces
depuis longtemps, car à cette époque comme aujourd'hui
les vents d'ouest et du sud-ouest dominaient en Europe et
portaient les pluies sur les pentes des montagnes inclinées

1. Oscar Peschel, *Ausland*, 1866.

vers l'Atlantique, sur le versant opposé les glaciers se sont
fondus plus tôt à cause du manque de l'humidité nécessaire.
Telle est la raison du frappant contraste qu'offrent dans
les îles Britanniques et en Islande les côtes occidentales,

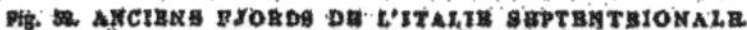

Fig. 52. ANCIENS FJORDS DE L'ITALIE SEPTENTRIONALE.

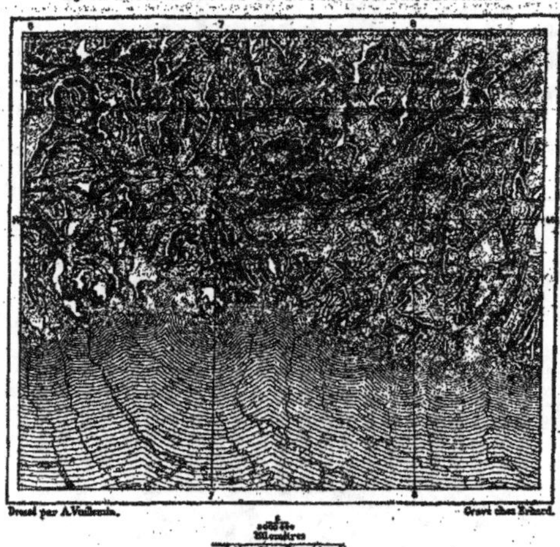

toutes découpées de baies profondes, et les rivages orientaux, dont les fjords sont moins accusés ou même complètement oblitérés par les alluvions. De même au sud de l'Amérique, les pluies étant beaucoup plus abondantes sur le
versant occidental des montagnes de la Patagonie, les glaciers y sont descendus beaucoup plus bas dans les vallées,
et les fjords, maintenus par les glaces dans leur état primi-

tif, font encore de toute cette partie du littoral américain un véritable labyrinthe. C'est par les mouvements de l'atmosphère qu'il faut expliquer la forme des continents eux-mêmes.

Après le recul des glaciers, le travail de régularisation des rivages s'opère dans les diverses contrées avec plus ou moins de rapidité, suivant la forme des continents, la profondeur des fjords et tout l'ensemble des phénomènes qui constituent le milieu géographique. En certaines contrées où les rivières n'ont qu'une faible importance, comme dans la

Fig. 53. FJORDS DU SUD-EST DE L'ISLANDE.

péninsule du Danemark et dans le Mecklenburg, les fjords se ferment d'abord du côté de la mer et deviennent de

longues et étroites lagunes séparées des flots salés par des
plages sablonneuses. Les golfes où débouchent de grands
fleuves sont au contraire graduellement comblés par les
alluvions dans les parties les plus éloignées de l'Océan et
se changent peu à peu en estuaires. Enfin beaucoup de
rivages, entre autres ceux de l'Islande orientale, offrent à
côté les uns des autres un grand nombre de fjords qui se

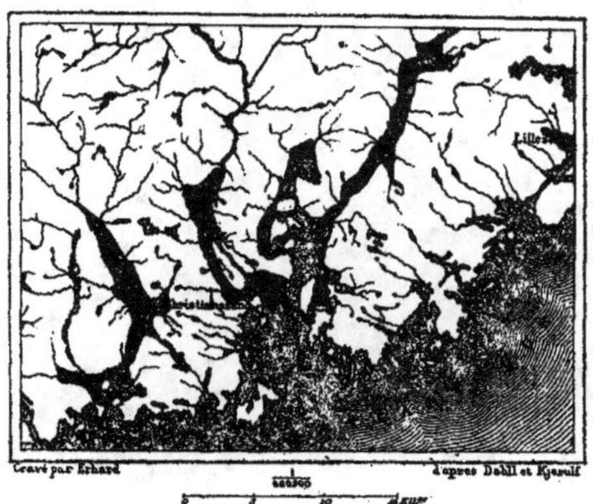

Fig. 54. FJORDS COMBLÉS DE CHRISTIANSSAND.

rétrécissent à la fois en amont et en aval par les apports
de la mer et ceux des ruisseaux de l'intérieur. C'est ainsi
que des multitudes d'anciens golfes en Scandinavie, en Angleterre, en France, se sont graduellement changés en terre
ferme. Les golfes de Christianssand en Norvége, de Carentan
en France, projetaient jadis dans tous les sens de profonds
abîmes, dont la place est occupée aujourd'hui par des cultures et des marais.

II.   12*

Quelle que soit la diversité des moyens employés par la nature pour combler les anciennes baies glaciaires, le travail s'accomplit en son temps, et l'on constate en effet

Fig. 56. LES ANCIENS FJORDS DE CARENTAN.

que des régions tempérées à la zone équatoriale les courbes des rivages ont une régularité croissante. Aux innombrables ports qui pénètrent dans l'intérieur des terres septentrionales succèdent au midi des rivages maritimes de plus en plus inhospitaliers, à cause du manque d'indentations, et, sur les côtes de la zone torride privées d'embouchures fluviales, c'est jusqu'à des centaines de lieues que les vaisseaux doivent longer les côtes avant de trouver un havre de refuge. Ce sont les trois continents méridionaux, l'Amérique du Sud, l'Afrique et l'Australie, qui offrent sur leur pourtour le développement de côtes le plus uniforme et le plus dépourvu de baies.

Si l'on peut, à bon droit, considérer chaque glacier comme un thermomètre naturel indiquant par ses progrès et ses reculs tous les changements de la température locale, de même on peut voir dans l'ensemble des rivages, des fjords du Groenland et de la Norvége aux longues plages de l'Afrique équatoriale, comme une représentation visible des changements de température qui ont eu lieu à la surface du globe depuis la période glaciaire. Que, par de longues et patientes études, on parvienne à mesurer le temps qu'il faut aux alluvions de la mer et des fleuves pour modifier ainsi la forme des vallées jadis remplies par les glaces, et l'on pourra fixer la durée des temps modernes qui ont succédé à cet âge antérieur de la terre. Ce terme vague d'époque ou de période qui, suivant les divers géologues, se compose de milliers ou de millions d'années, prendra, du moins pour les temps rapprochés de nous, un sens plus précis et se rangera comme les siècles dans la chronologie des hommes.

III.

Destruction des falaises. — Les côtes de la Manche. — Le Pas-de-Calais. — Action des galets et des sables. — Marmites de géants. — Puits jaillissants des côtes. — Puits à « mareyage. »

Bien qu'il y ait nécessairement équilibre entre l'œuvre de démolition et celle de reconstruction, cependant on serait tenté de croire à première vue que la mer se plaît surtout à détruire. En contemplant les falaises, ces murailles à pic qui, sur diverses côtes, se dressent à plusieurs centaines de mètres au-dessus du niveau de la mer, on se demande avec effroi comment les assauts répétés des vagues ont pu suffire pour tailler ainsi les montagnes et les côteaux dont les bases doucement inclinées se baignaient autrefois dans le flot. Du haut de ces falaises, on voit à ses pieds l'Océan tumultueux étalé comme une surface plane et l'on ne distingue plus les vagues que par leurs reflets, les brisants que par leur guirlande d'écume ; les bruits multiples des flots se fondent en un long murmure qui s'éteint, puis renaît pour s'éteindre encore. Et pourtant cette eau qu'on aperçoit en bas à une si grande profondeur, et qui semble impuissante contre le rocher solide, a renversé, tranche par tranche, toute la fraction de colline ou de montagne dont la falaise n'est que l'escarre gigantesque ; puis, après avoir graduellement abattu ces énormes assises, elle les a réduites en poussière et en a fait disparaître les traces. Souvent il ne reste plus même d'écueil à l'endroit où se dressaient les promontoires. Les phénomènes constatés, même durant la courte vie de l'homme, sont des faits si grandioses dans leur marche et si remarquables dans leurs effets, qu'un savant anglais, le capitaine Saxby, a proposé d'en faire une science spéciale, l'*ondavorologie* [1].

Pour avoir une idée de la force destructive exercée par les flots de l'Océan, il suffit de les contempler, par un jour de tempête, du haut des falaises crayeuses de Dieppe ou du Havre. A ses pieds, on voit l'armée des vagues blanchissantes se ruer à l'assaut des rochers. Poussées à la fois par le vent du large, la marée et le courant latéral, elles bondissent par-dessus les écueils et les talus du bord et viennent frapper obliquement la base des falaises. Leur

<hr>

[1]. *Nautical Magazine*, janv. 1864.

choc fait trembler les énormes murailles jusqu'à la cime,
et leur fracas se répercute dans toutes les anfractuosités
par un tonnerre incessant. Projetée dans les fentes du roc
avec une terrible force d'impulsion, l'eau délaye toutes les
matières argileuses ou calcaires, déchausse peu à peu les
blocs ou les assises plus solides, les arrache d'un coup, puis
les roule sur la grève et les brise en galets qu'elle promène
avec un bruit formidable. A travers le tourbillon d'écume
bouillonnante qui assiége le rivage, on ne fait qu'entrevoir
l'œuvre de démolition ; mais les vagues sont tellement chargées de débris, qu'elles offrent jusqu'à l'horizon une couleur
noirâtre ou terreuse.

Quand la tourmente a cessé, on peut mesurer les
empiétements de la mer et calculer les milliers de mètres
cubes de pierre engloutis et transformés en galets et en
sable. Vers la fin de l'année 1862, pendant l'une des plus
terribles tempêtes du siècle, M. Lennier a vu la mer abattre
les rochers de la Hève sur une épaisseur de 15 mètres.
Depuis l'année 1100, les eaux de la Manche, aidées par
les pluies, les gelées et les autres intempéries qui agissent
fortement sur les assises supérieures, ont entamé cette
falaise de plus de 1,400 mètres, soit de 2 mètres par an.
L'endroit où se trouvait jadis le village de Sainte-Adresse,
reculant toujours devant le flot, est remplacé maintenant
par le banc de l'Éclat[1]. M. Bouniceau, l'un des savants qui
ont le mieux étudié les phénomènes de l'érosion des rivages,
évalue à un quart de mètre au moins la fraction de falaise
qui est enlevée en moyenne par la mer aux côtes du Calvados, tandis que sur les côtes de la Seine-Inférieure, on
ne peut considérer l'érosion annuelle comme moindre de
30 centimètres.

Sur les côtes méridionales et orientales de l'Angleterre, les envahissements de la mer ont lieu avec une

1. Lamblardie; — Baude, *Revue des Deux Mondes.*

rapidité égale ou même supérieure; car, en général, les

Fig. 56. — RADE DES DOWNS, à l'échelle de $\frac{1}{154\,000}$.

fermiers comptent sur une perte d'environ 1 mètre de

terre par an le long de la falaise[1]. A l'est de la péninsule de Kent, les eaux se sont avancées de plus de 6 kilomètres vers l'ouest depuis la période romaine. Dans leurs envahissements successifs, elles ont submergé les vastes domaines du comte saxon Goodwin, et les ont remplacés par les redoutables Goodwin-Sands, où tant de navires se perdent chaque année, puis elles ont transformé en une grande rade ouverte l'étroite lagune des Downs. D'après les calculs de M. Marchal[2], la masse totale des rochers que brisent et dévorent chaque année les eaux de la Manche orientale est d'environ 10 millions de mètres cubes.

Le Pas-de-Calais ne cesse de s'élargir actuellement sous la triple action des météores, des vagues de tempête et du courant qui sort de la Manche pour se porter dans la mer du Nord. Les patientes recherches de M. Thomé de Gamond, ingénieur auquel on doit un beau projet de tunnel international entre la France et l'Angleterre, ont prouvé que la falaise de Gris-Nez, le point des côtes françaises le plus rapproché de la Grande-Bretagne, recule en moyenne de 25 mètres par siècle. Si, dans les âges antérieurs, le progrès des érosions n'a pas été plus rapide, ce serait environ soixante mille années avant l'époque actuelle que l'isthme de jonction rattachant l'Angleterre à la terre ferme aurait été rompu par la pression des flots : toutefois, il est impossible d'indiquer une date quelconque, puisqu'en cet endroit, le sol s'est affaissé et soulevé à diverses reprises : d'anciennes plages, supérieures de 4 à 5 mètres au niveau actuel de la mer, ainsi que des forêts submergées, témoignent de toutes ces oscillations successives[3].

Le long des côtes de France, à l'est du cap d'Antifer, les galets écroulés des falaises, constamment réduits en

---

1. Beete Jukes, *School Manual of Geology*, p. 10.
2. *Annales des Ponts et Chaussées*, 1ᵉʳ sem., p. 201.
3. Day, *Geological Magazine*, mars, 1866.

grosseur par le mouvement des flots qui les froissent les uns contre les autres, ne cessent de cheminer vers l'embouchure de la Somme. Arrêtés, à dix kilomètres au delà des dernières falaises à silex, par le promontoire du Hourdel, ainsi nommé du *heurt* des flots, ils sont ensuite repris par le courant qui se porte vers le détroit; de plus en plus triturés, ils voyagent de banc de sable en banc de sable, puis, après avoir franchi le détroit, ils vont se déposer en nuages de vase, soit à la surface des innombrables bancs de la mer du Nord, soit sur les rivages des Flandres, de la Hollande et de l'Angleterre orientale : ce sont les dépôts qu'on appelle du nom expressif de *gain de flot* dans les parages de la Manche. Les 10 millions de mètres cubes de débris enlevés annuellement aux falaises de Sussex et de Kent, ainsi qu'à celles du Calvados et du pays de Caux, sont reportés sur le littoral des pays du nord : c'est aux dépens des côtes de la Manche que se forment les *polders* de la Hollande et les *fens* de Norfolk et du Lincoln-shire. Par suite de ce double travail, d'érosion sur un point et de dépôt sur un autre, les rivages situés au nord du détroit offrent un contraste parfait avec les côtes de la Manche. Tandis qu'aux bords de cette mer, les falaises de France et d'Angleterre sont découpées en baies concaves, les plages qui se prolongent au nord du Pas-de-Calais affectent uniformément une disposition convexe. Le flot rend en sables et en vase ce qu'il a pris en roches et en galets[1].

Il ne faut point croire que ce soit la seule force d'impulsion de l'eau marine qui démolisse les falaises du bord. La masse liquide serait presque impuissante contre les durs rochers si, en approchant de la rive, elle ne se chargeait de débris de toute espèce, blocs et galets, sables et coquillages, projectiles que lance chaque vague contre les murs qui la dominent. Se servant des pierres tombées précédemment

1. Marchal, *Annales des Ponts et Chaussées*, 1er sem., p. 204.

comme d'autant de béliers d'attaque, le flot les roule sur
l'estran jusqu'au pied des falaises, heurte les saillies, les
ébranle et finit par les briser et les réduire en sable. Ce
sable lui-même, incessamment froissé et refroissé sur les

Fig. 57. L'ABBRVRACH.

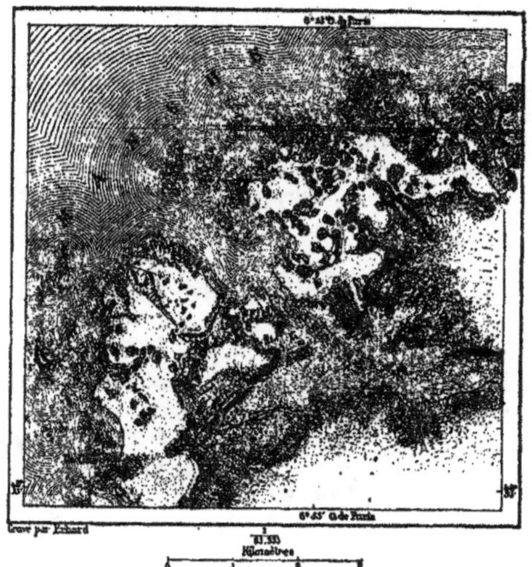

roches, use peu à peu les assises les plus solides, et continue ainsi l'œuvre de sape commencée par les galets : ce
sont en grande partie les propres débris du promontoire qui
servent à le renverser dans la mer. Sur toutes les côtes
rocheuses de la Scandinavie, de l'Écosse, de l'Irlande, de la
Bretagne, les multitudes d'écueils qui parsément la mer

jusqu'à une grande distance du rivage, ne sont autre chose
que d'anciennes fondations du continent qui ont été graduellement rasées par les cailloux et par les sables jusqu'au
niveau du flot. Du haut d'une colline, sur les côtes de Paim-
pol, de Morlaix, de l'Abervrac'h, on peut ainsi distinguer
à marée basse quelle était la forme primitive du rivage.

Les excavations profondes et régulières connues sous
le nom de « marmites de géants » sont l'un des travaux géologiques les plus curieux accomplis par les blocs épars.
Toute pierre reposant librement dans une anfractuosité de
la roche où déferlent les vagues, creuse, pendant le cours
des âges, une espèce de puits dont les parois sont polies, et
comme rabotées par le frottement. A la longue, ces cavités,

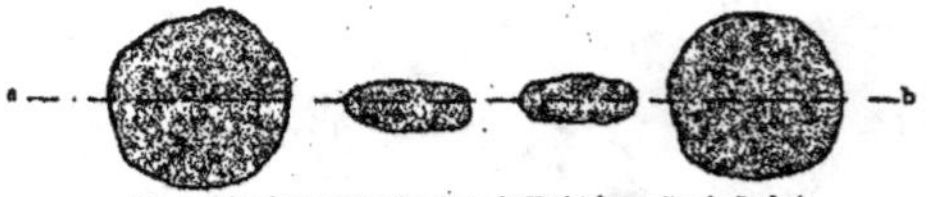

Fig. 58. Plan des marmites de géants de Haelstolmen; d'après Daubrée.

où la pierre graduellement arrondie ne cesse d'osciller sur sa
base ou de tournoyer avec les sables, acquièrent en pro-

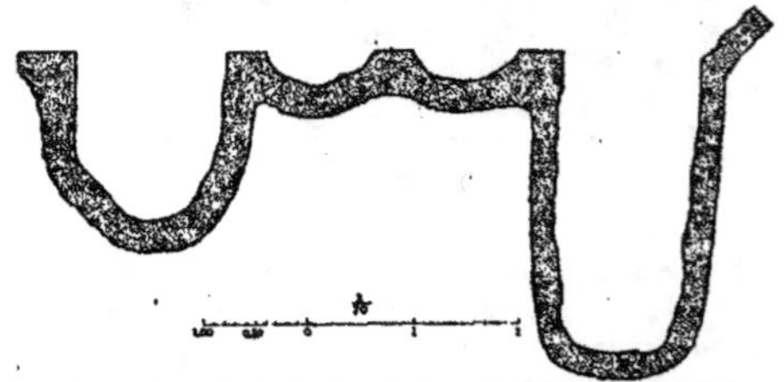

Fig. 59. Coupe des marmites de géants de Haelstolmen, suivant la ligne a b de la fig. 58.

fondeur et en largeur une dimension de plusieurs mètres :
ce sont alors, d'après la tradition, les marmites où les

géants d'autrefois préparaient leur repas. Il existe de très-remarquables excavations de ce genre sur les côtes de la Scandinavie, où les blocs de granit roulés par une mer furieuse peuvent être retenus par les roches abruptes dans un grand nombre d'anfractuosités.

Un phénomène non moins intéressant que le tournoiement des pierres dans les marmites de géants est la soudaine apparition de colonnes d'eau marine qui s'élancent en jets à travers les fissures du rocher. Quand une grande vague s'engouffre dans une des cavernes fissurées du littoral, son impulsion est parfois telle, que la roche en retentit comme d'une décharge d'artillerie. La masse d'eau chasse l'air devant elle, et, ne trouvant pas dans les parois qui l'entourent et qui la compriment un assez large espace pour se développer, jaillit par les fentes de la voûte. La plupart de ces fissures, graduellement sculptées à nouveau par les colonnes liquides qui s'en échappent, prennent à la longue l'aspect de véritables puits, où chaque retour de la vague est signalé par une sorte de geysir de dimensions variables. Il en est qui jaillissent à plusieurs mètres de hauteur, et qu'on aperçoit d'une grande distance, comme le jet de souffle humide par lequel la baleine se trahit au loin : de là le nom de *souffleurs* donné en plusieurs pays par les marins à ces phénomènes des rivages.

La pression de la marée ne se fait pas moins sentir que l'impulsion des vagues dans l'intérieur des roches fissurées du littoral ; elle ne fait point jaillir, il est vrai, de magnifiques fontaines bien au-dessus de la mer, mais elle exhausse le niveau du liquide dans tous les puits assez rapprochés du rivage, même dans ceux qui ne sont emplis que d'eau douce. C'est là du reste ce qu'aurait pu indiquer d'avance la théorie : les nappes liquides qui pénètrent au loin dans les fentes des roches retiennent les eaux d'infiltration venues de l'intérieur ; celles-ci, saumâtres ou douces, restent dans leurs réservoirs et s'élèvent en même temps que

la marée, puis, quand le reflux commence, elles reprennent
le chemin de la mer et s'y épanchent de nouveau dès qu'a
cessé la pression de l'eau montante. Là où les roches de la
côte sont fortement fissurées, ce qui est presque partout le
cas pour les falaises à strates calcaires, il existe de ces
puits à « mareyage » qui montent et s'abaissent alternativement avec la marée. On peut signaler notamment ceux de la

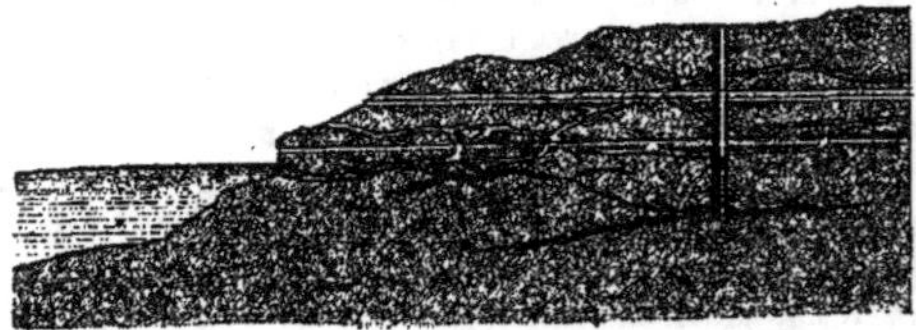

Fig. 61. Puits à mareyage

Finlande, près de Wasa, ceux des environs de Royan, sur
la rive droite de la Gironde, et surtout ceux des îles Bahama. Dans plusieurs de ces îles, tous les puits sans exception sont réglés par le flux de la mer[1].

Il est même certaines côtes, si profondément ouvertes
du côté de la mer par de larges vides, que les vagues pénétrent à une grande distance dans l'intérieur du continent.
On en voit un exemple curieux dans la partie de la Louisiane connue sous le nom des Attakapas. Là, les prairies du
littoral, protégées contre les tempêtes du golfe du Mexique
par des chaînes de bancs de sable et de longues îles parallèles au rivage, n'ont cessé de gagner incessamment sur
l'Océan ; mais elles ne sont solides qu'à la surface, et le
fouillis de leurs racines est baigné par l'eau de mer qui
s'avance au loin dans une baie aux contours invisibles. Les
pêcheurs ne craignent pas de s'aventurer sur ces prairies
flottantes, en tout semblables à celles des marécages, et

1. R. Thomassy, *Bulletin de la Société de Géographie*. 1864.

c'est en perçant le sol au-dessous de leurs pieds qu'ils s'emparent du poisson caché dans ces retraites.

Toutefois les rivages flottants ne peuvent exister que sur un petit nombre de côtes où les circonstances physiques sont tout exceptionnelles; d'ordinaire, c'est par des grottes et des cavernes creusées dans la roche solide que les eaux de l'Océan pénètrent au loin dans les terres. Il n'est pas douteux qu'il n'y ait au-dessous du niveau marin des multitudes de ces galeries rocheuses, mais on connaît seulement celles qui s'ouvrent au ras même des flots, comme la grotte azurée de Capri; plus bas, la masse liquide forme l'entrée de ces cavernes latérales, qui nous resteront sans doute longtemps inconnues. Mais si l'on ne peut explorer les grottes encore emplies par les eaux de la mer, on voit du moins sur les côtes exhaussées, comme celles de la Scandinavie, d'immenses cavernes que les vagues parcouraient autrefois librement. L'une des grottes les plus imposantes du monde entier est celle qui traverse de part en part le superbe rocher de Torghatten, dressé comme une énorme pyramide de plus de 300 mètres de hauteur sur une île de la Norvége septentrionale. Cette galerie, à travers laquelle les navigateurs voient au passage rayonner la lumière, est d'une étonnante régularité. Les seuils des immenses portes, dont l'une a 71 et l'autre 40 mètres de cintre, se trouvent de chaque côté à une même élévation de 123 mètres au-dessus du niveau de la mer; le sol, recouvert de sable fin, est presque horizontal et forme comme le palier d'un tunnel où les voitures pourraient au besoin rouler; les parois latérales offrent, dans presque toute leur étendue, une surface polie, comme si elles avaient été taillées de main d'homme, et s'élèvent verticalement jusqu'à la naissance du cintre; seulement, vers le milieu de la grotte, la voûte est moins élevée qu'aux deux extrémités. Vus à travers ce gigantesque télescope de 300 mètres de longueur, les promontoires, les îlots, les innombrables écueils et les mille crêtes blanches des brisants forment un spectacle d'une incomparable beauté, surtout quand le soleil éclaire de ses rayons l'ensemble du paysage[1].

Lorsque le flot de la mer ne peut entrer dans les cavernes éloignées du rivage que par des canaux étroits, il arrive souvent qu'un ruisseau d'eau salée coule régulièrement vers l'intérieur des terres sans jamais revenir à l'Océan. Ce fait bizarre, qui peut sembler au premier abord un renversement des lois de la nature, s'observe en divers points sur le littoral des contrées calcaires, et notamment sur les côtes de la Grèce et des îles voisines.

Près d'Argostoli, ville commerçante de l'île de Céphalonie, quatre petits torrents d'eau de mer, roulant en moyenne 250 litres d'eau par seconde, pénètrent dans les fissures des falaises, coulent rapidement à travers les blocs qui parsèment le lit de rochers, et disparaissent graduellement dans les crevasses du sol. Deux de ces cours d'eau sont assez considérables pour faire tourner, pendant toute l'année, les roues de deux moulins construits par un Anglais entreprenant. Bien que les cavités souterraines d'Argostoli soient en communication constante avec la mer, et que l'entrée des canaux soit débarrassée soigneusement des algues qui pourraient obstruer le passage ou du moins retarder le courant, les eaux ne se trouvent point dans les grottes à la même hauteur que dans le golfe voisin. C'est que les roches calcaires de Céphalonie, desséchées à la surface par le vent de la mer et par les ardeurs du soleil, sont percées et fendillées dans toute leur épaisseur par d'innombrables crevasses, qui sont autant de cheminées d'appel activant la circulation de l'air et la vaporisation de l'humidité cachée. On peut comparer la masse entière des coteaux d'Argostoli, avec toutes leurs cavernes, à une immense *alcaraxa*, dont le contenu s'évapore graduellement à travers l'argile po-

1. Vibe, *Küsten und Meer Norwegens, Mittheilungen von Petermann*, 1860.

reuse. Par suite de cette déperdition constante de liquide, le niveau de l'eau est toujours moins élevé dans les cavernes que dans la mer, et, pour rétablir l'équilibre, des ruisselets, qu'alimentent les vagues, descendent incessamment par toutes les fissures vers les réservoirs souterrains. Il est probable que l'évaporation constante de l'eau salée a pour résultat d'accumuler dans les cavités de l'île d'énormes masses salines. Le géologue Ansted a calculé que le débit des deux grands ruisseaux marins d'Argostoli suffirait à former chaque année un bloc de plus de 1,400 mètres cubes de sel [1].

IV.

Affouillement des rochers. — Diversité d'aspect des falaises. — Plates-formes de leurs bases. — Résistance des côtes. — Brise-lames formés par des décombres. — Helgoland. — Destruction des plages basses.

Tous les promontoires rocheux exposés à la violence des orages ou simplement effleurés par un courant sont affouillés à leur base. L'érosion s'accomplit d'une manière plus ou moins rapide, suivant la marche des vagues, la distribution et l'inclinaison des assises, la dureté des roches et la composition chimique de leurs molécules. Les moyens de destruction mis en œuvre dépendent à la fois des diverses conditions hydrologiques et géologiques. Aussi étrange que paraisse cette assertion, l'eau de la mer peut même, dans certains cas, détruire par la combustion les rochers de ses bords. Ainsi les falaises de Ballybunion, sur la côte occidentale de l'Irlande, présentèrent pendant longtemps l'aspect d'un rempart de lave fumante. Ces rochers, que les vagues de l'Atlantique ont percés de grottes et sculptés en

1. *The Ionian islands in the year* 1863.

massifs de formes bizarres, s'étant écroulés un jour sur une
grande étendue, l'alun et les pyrites de fer que leurs strates
contiennent en forte proportion furent exposés à l'action de
l'atmosphère et de l'eau marine. Une oxydation rapide eut
lieu et produisit une chaleur assez intense pour mettre en
feu toute la falaise. Pendant des semaines, les rochers brû-
lèrent comme un vaste brasier, et des masses de vapeur
et de fumée s'élevèrent comme des nuages au-dessus de la
haute muraille assiégée par la houle. Épars autour de l'espace où régna l'incendie, on voit des amas de scories fondues et des couches d'argile transformées en briques par la
violence du feu.

Puisque telle est la diversité des moyens de destruction
employés par la nature, on comprend que l'aspect et la
forme des côtes rocheuses varie également d'une manière
remarquable. Ainsi les falaises de l'Angleterre et de la Normandie, qui sont composées de couches assez friables,
s'écroulent de haut en bas quand leurs assises inférieures
sont rongées, et leurs parois, rarement interrompues par
des « valleuses, » étroites brèches où coulent les ruisseaux
temporaires ou permanents, ressemblent à d'énormes murailles de 50 à 100 mètres de hauteur. Dans les îles de la
mer Baltique, les rochers crayeux, moins exposés à la furie
des tempêtes que ceux de l'Europe occidentale, sont aussi
moins abrupts, et des forêts de hêtres descendent comme
des nappes de verdure sur les éboulis des falaises. Ailleurs,
notamment sur les côtes de la Ligurie. les promontoires,
formés de roches calcaires plus dures que la craie, ne s'effondrent point lorsque leurs strates inférieures sont emportées par la mer, et les vagues, fouillant incessamment la
base de ces rochers, peuvent y sculpter des colonnades, des
portes en arceaux, des galeries cintrées, de vastes grottes
où l'eau tremblante éclaire la voûte de ses reflets d'azur.
D'autres falaises, dont le promontoire de Socoa, près de
Saint-Jean-de-Luz, peut être considéré comme un type,

sont composées de roches d'ardoise diversement inclinées
vers la mer : rongées par les vagues, quelques plaques
schisteuses se détachent, d'autres se courbent et s'écartent
les unes des autres comme les feuillets d'un livre entr'ouvert, et permettent aux flots de se glisser en longues nappes
écumeuses jusque dans le cœur de la falaise pour en jaillir
ensuite en immenses fusées. Enfin, sur d'autres rivages,
les rochers, coupés de failles verticales, sont graduellement
isolés les uns des autres et séparés en groupes distincts par
l'action des eaux. Entourés par une mer grondante, ils se
dressent sur leur base d'écueils comme des tours, de monstrueux obélisques, des arcades gigantesques, des ponts croulants. Tels sont les rocs innombrables qui dominent les flots
dans l'archipel des îles Shettland et dans les Orcades. Noirs,
élancés, environnés d'embrun comme par une fumée, ces
débris d'anciennes falaises justifient le nom de *chimney-rocks*
(rocs-cheminées) que les Anglais ont donné à plusieurs
d'entre eux. Sur la côte de la Norvége septentrionale, non
loin du cercle polaire, s'élève, au milieu des flots, un rocher
de plus de 300 mètres de hauteur, qui ressemble à un cava-
lier géant : de là son nom de Hestmanden.

On le voit, très-diverses de forme sont les falaises que
vient ronger le flot de la mer. Toutefois il est permis de dire,
en règle générale, que les inégalités des parois sont en
raison directe de la dureté des assises. Les rainures que les
vagues creusent lentement dans la surface du roc, les cavités
qu'elles y fouillent, les arcades et les grottes qu'elles y sculp-
tent sont d'autant plus profondes que la pierre est plus dure,
car les couches de formation peu solide s'écroulent dès que
les assises inférieures sont érodées. La partie de la falaise
qu'humectent seulement l'écume et le brouillard des gouttelettes brisées, est moins déchiquetée que la base, et les
rainures y sont moins nombreuses ; mais la végétation n'y
paraît pas encore. Plus haut, quelques lichens donnent à
la pierre une teinte d'un gris verdâtre. Enfin, les brous-

sailles qui se plaisent à respirer l'air salé de la mer font leur apparition dans les anfractuosités et sur les corniches des rochers. C'est à 35 ou 40 mètres de hauteur que cette végétation commence à se montrer sur les falaises des bords de la Méditerranée[1].

Malgré l'étonnante variété d'aspect que présentent les falaises composées de substances diverses, craie, marbre, granit ou porphyre, cependant on observe un trait de ressemblance singulière dans la forme des roches que recouvrent les eaux de la mer au pied des abruptes parois. Ce trait de ressemblance consiste dans l'existence d'une ou deux plates-formes, de dimensions variables, situées à la base des escarpements. Sur les rivages de la Méditerranée et des autres mers à faible marée, où le niveau des eaux ne varie guère que sous l'influence des vents et des tempêtes, il n'existe

Fig. 61. Falaise méditerranéenne.

qu'une seule de ces plates-formes, tandis que sur les côtes de l'Océan, là où les marées atteignent une amplitude de plusieurs mètres au moins, deux degrés superposés s'étendent au-dessous de la muraille des falaises. Lorsque la roche est très-dure, la plate-forme unique ou multiple offre à peine quelques mètres de largeur, et peut être comparée à une étroite corniche suspendue à mi-hauteur entre deux parois abruptes, celle de la falaise et celle qui plonge dans

1. Boblaye et Virlet. — G. Collegno, *Geologia dell' Italia.*

l'abîme des eaux. Au contraire, lorsque la roche est facile
à entamer, la terrasse à un ou plusieurs étages, sur laquelle
se déroulent les flots, a quelquefois plusieurs centaines de

Fig. 62. Falaise de l'Océan.

mètres de largeur. A Inishmore, sur la côte occidentale
d'Irlande, la falaise offre une succession de marches régulières comme celles d'un escalier taillé pour des géants. Le
degré le plus élevé, tout encombré de blocs, est celui qu'atteignent les vagues de tempête ; plus bas se trouvent celui
que baignent les marées de vives eaux, puis celui où s'arrêtent les marées ordinaires. Encore plus bas, sont les terrasses intermédiaires, et les deux derniers degrés de l'escalier sont ceux où l'eau déferle lors des reflux ordinaires et
des basses mers d'équinoxe [1].

a Grève des tempêtes.
b Terrasse des hautes marées d'équinoxe.
c Terrasse des hautes marées ordinaires.
dd Terrasses intermédiaires.
e Terrasse des basses mers ordinaires.
f Basses mers d'équinoxe.

Fig. 63. Falaises d'Inishmore ; d'après Kinahan.

Il est facile de le comprendre, ces rebords sous-marins

1. Kinahan, *Geological Magazine*, août 1868.

étaient autrefois engagés dans l'épaisseur de la falaise; ils ont résisté à l'assaut des vagues, tandis que les hautes assises, sapées par la base avec plus ou moins de lenteur. se sont écroulées dans les flots. La force de projection des lames se faisant sentir avec beaucoup moins d'énergie dans la masse des eaux qu'à la surface de la mer, le rocher se laisse entamer seulement à l'endroit où viennent le heurter les flots qui déferlent; mais ses pentes submergées restent relativement intactes et continuent plus ou moins exactement l'ancien profil de la côte. Telle est la raison pour laquelle il existe, sur les rivages de l'Atlantique et des autres mers dont le niveau oscille alternativement avec le flux et le reflux, deux plates-formes superposées qui correspondent, l'une avec le niveau de basse mer. l'autre avec la surface de pleine eau. À l'heure du flot, les vagues, poussées par la marée et le plus souvent aussi par la brise qui accompagne la marée [1], déferlent avec impétuosité sur les parois des rochers et poussent vigoureusement leurs travaux de sape. Au contraire, pendant la période du reflux, l'eau qui se brise sur le bord est retenue par le courant de jusant et comme attirée vers la haute mer : aussi n'attaque-t-elle point la falaise avec autant d'énergie que le flot de marée. La différence d'impulsion qui existe entre les vagues du flux et celles du reflux peut se mesurer par l'étendue respective des plates-formes intermédiaires.

Si les flots marchent constamment à l'assaut du rivage pour transformer en falaises les hauteurs du bord, celles-ci, de leur côté, ne se contentent pas de résister par leur masse et par la dureté plus ou moins grande de leurs assises. mais plusieurs d'entre elles ont en outre, dirait-on, le soin de cuirasser contre les vagues leur base menacée. Une épaisse végétation d'algues aux chevelures flottantes tapisse les corniches, rompt la force de la houle et change en tor-

---

1. Voir, ci-dessous, le chapitre intitulé *l'Air et les Vents.*

rents d'écume tourbillonnante les énormes lames qui couraient à l'attaque des roches avec une grande vitesse. En outre, toute la partie des rochers comprise entre les niveaux de la haute et de la basse mer, est couverte de balanes et d'autres coquillages, assez nombreux pour donner à certaines heures à la pierre l'apparence d'une masse grouillante, et pour lui former ensuite comme une immense carapace immobile [1].

Les côtes ainsi protégées sont précisément celles qui, par la solidité de leurs roches, résisteraient le mieux aux attaques de la mer. Quant aux falaises composées dans toute leur épaisseur ou seulement à leur base de matériaux peu résistants, elles s'éboulent trop souvent pour que les mollusques et les algues se hasardent en nombre sur la partie du rocher que viennent assaillir les vagues. De grands blocs se détachent des assises supérieures et tombent sur la grève; ensuite, sous l'action des lames, ils se fractionnent en morceaux plus petits, puis en galets que le flot roule et froisse incessamment avec un bruit de chaînes. Sous ces débris constamment remués par la vague, aucun germe de plante ou d'animal ne peut se développer, aucun organisme vivant apporté de la haute mer ne peut se défendre; le désert se fait même dans les eaux qui déferlent sur cette masse grondante.

Lorsqu'il en est ainsi, ce sont les amas écroulés et les cailloux de la grève qui servent eux-mêmes de boulevards de défense pour garantir la paroi des falaises de nouvelles dégradations. Appuyés en talus sur la partie inférieure du rocher ou bien épars dans les flots et transformés en écueils, les blocs abattus brisent la force des lames et retardent le progrès des érosions. C'est ainsi que sur les côtes de la Méditerranée, près de Vintimille, des falaises, dont les

____

[1]. Voir, ci-dessous, les chapitres intitulés *la Terre et sa Flore*, *la Terre et sa Faune*.

assises inférieures sont composées d'une argile sableuse que les pluies elles-mêmes suffisent à délayer, se défendent efficacement par des talus, des digues, des tours et des obélisques d'un solide conglomérat détaché des assises supérieures. De même sur les âpres rivages de la Bretagne, les blocs de granit fendillés dans tous les sens et changés en galets que la mer emporte et que la mer ramène, maintiennent intactes pendant des siècles les parois des rochers dont ils faisaient autrefois partie.

Les falaises de Normandie, composées de matériaux beaucoup moins durs que ceux des promontoires de la Bretagne, sont aussi plus facilement entamées ; toutefois il faut en attribuer la rapide érosion principalement au courant du littoral qui enlève les galets accumulés à la base des rochers. Le talus de blocs écroulés constitue d'abord une défense parfaitement suffisante contre la furie des lames ; mais peu à peu la partie crayeuse de la roche se dissout et va se déposer çà et là sur les bancs de vase, tandis que les rognons de silex dégagés de l'épaisseur de la pierre cessent d'offrir aux flots une résistance suffisante, et sont entraînés dans les baies voisines en immenses processions parallèles au rivage. Sur les côtes méridionales de l'Angleterre, le courant du littoral est beaucoup moins énergique et les talus de débris peuvent en conséquence résister longtemps aux attaques de la mer. Il y a quelques années, les eaux minaient avec une rapidité menaçante la base de la falaise qui s'élève non loin de Douvres, du côté de l'ouest, et que les Anglais ont consacrée à Shakspeare en souvenir de la belle description qu'il en a faite dans le *roi Lear*. Pour sauver ce promontoire historique, les maisons qu'il porte et le chemin de fer qui le traverse en tunnel, on eut l'idée de faire sauter une partie des assises supérieures. Devant une foule immense accourue pour voir ce spectacle nouveau, on mit le feu à des centaines de kilogrammes de poudre entassés dans la mine, et d'énormes masses de rochers s'écroulèrent avec fracas du haut de la colline; maintenant la force des vagues vient se rompre sur leur talus. Beete Jukes pense que depuis dix-huit siècles cette falaise et les rochers voisins avaient été érodés de près de 2 kilomètres[1].

Dans la mer du Nord, il est une île, que par une confusion involontaire on croyait avoir été consacrée à Freya, la déesse de l'amour et de la liberté, et dont l'ancien nom de Halligland (terre aux bancs inondés) s'est transformé pour les étrangers en celui de Helgoland (sainte terre). L'île, composée en entier de grès bigarré, qu'entouraient autrefois des couches crétacées, présente à la mer, sur tout son pourtour, une falaise haute de 60 mètres et rongée à la base par les vagues marines. En employant l'héroïque moyen qu'ont appliqué les ingénieurs anglais pour la défense de la falaise de Shakspeare, et que la garnison d'Helgoland avait du reste inauguré dès l'année 1808 en bombardant une falaise croulante[2], les habitants pourraient entourer leur île d'un grand brise-lames circulaire; mais cette digue ne durerait pas longtemps, car les strates du grès bigarré ne contiennent pas de ces lits de cailloux qui servent à former les galets de la grève. Bientôt tous les blocs seraient dissous par les flots, et pas un seul débris ne restant pour garantir les assises inférieures de la falaise contre l'action destructive des vagues, le travail d'érosion reprendrait librement son cours. Vouée à une destruction certaine, l'île fond peu à peu dans les eaux comme fondrait un immense cristal de sel.

Les savants n'accordent point tous le même degré de confiance aux documents relatifs à l'ancienne étendue d'Helgoland. Les uns, tels que Wiebel[3], regardent ces témoignages du passé comme dépourvus d'une authenticité suffi-

---

1. *School Manual of Geology*, p. 89.
2. Hallier, *Nord-See Studien*, p. 73.
3. *Die Insel Helgoland.*

sante et pensent que l'amoindrissement de l'île s'accomplit

Fig. 64. HELGOLAND.

avec une grande lenteur; d'autres, au contraire [1], plus res-
pectueux pour les affirmations des chroniqueurs, croient

1. Von Mauck, *Zeitschrift für die allgemeine Erdkunde*. 1860.

que dans l'espace de cinq siècles l'île a diminué au moins
des trois quarts. Quoi qu'il en soit, il est certain que les terres
en partie inondées auxquelles l'île doit son nom ont depuis
longtemps cessé d'exister. Il est également certain que vers
la fin du xvii° siècle un isthme unissait encore Helgoland à
un autre îlot dont les falaises se dressaient à 60 mètres de
hauteur, comme celles de la terre principale : deux ports
excellents, qui donnaient à l'île une grande importance
stratégique, s'ouvraient au nord et au sud entre les deux
masses rocheuses et leurs prolongements sous-marins. Aujourd'hui l'îlot oriental a disparu et ses falaises sont remplacées par quelques dunes et des bancs de sable découvrant
à marée basse; les ports n'existent plus, et les navires de
guerre du plus fort tirant d'eau peuvent voguer librement
là où se développait encore l'isthme de jonction, il y a moins
d'un siècle et demi. D'ailleurs, qui reconnaîtrait aujourd'hui
dans ce rocher d'Helgoland, long de 2 kilomètres à peine et
large de 600 mètres, la terre dont parlait Adam de Brême en
1072, et qui était alors « très fertile, riche en céréales, en
bestiaux et en volatiles » et qui s'étendait, dit Karl Müller,
« sur un espace de 900 kilomètres carrés [1]. » Actuellement
quelques rangées de pommes de terre, quelques maigres
pâturages sont les seuls restes qui témoignent de l'antique
fertilité d'Helgoland.

Si la mer détruit ainsi les terres bordées sur tout leur
pourtour de promontoires rocheux, elle respecte encore
bien moins les plages basses qui, par suite de quelques
modifications dans la géographie des côtes ou dans le
relief des bancs sous-marins, se trouvent placées en travers des courants. En face même d'Helgoland, les plages du
Hanovre, de la Frise et de la Hollande, qui d'ailleurs semblent s'affaisser graduellement [2], offrent l'exemple le plus

1. *Die Gefahren der schleswig'schen Westkuste : Natur*, mars 1867.
2. Voir, dans le premier volume, le chapitre intitulé *les Oscillations lentes
du sol terrestre*.

remarquable de cette puissance destructive de la mer. Depuis seize cents ans, c'est-à-dire depuis que l'histoire écrite a commencé pour ces contrées, la vie des habitants riverains n'a été qu'une lutte incessante contre la pression des eaux. Durant cette période, les grandes irruptions de la mer se comptent par centaines, et dans le nombre il en est qui, d'après les chroniques, auraient noyé des populations entières de cinquante et de cent mille âmes. Pendant le cours du IIIᵉ siècle, nous dit la tradition, l'île de Walcheren est séparée du continent; en 860, le Rhin se déplace, inonde les campagnes; le château de Caligula (*arx britannica*) reste au milieu des flots. Vers le milieu du XIIᵉ siècle, la mer fait une nouvelle irruption, et le lac Flevo se change en un golfe pour s'élargir encore en 1225 et former le Zuyderzee, ce vaste dédale de bancs de sable qui, au point de vue géologique, est toujours une dépendance du continent et qu'un long cordon d'îles et de dunes sépare du domaine de l'Océan. Dans les premières années du XIIIᵉ siècle, le golfe de la Jahde s'ouvre aux dépens des terres et ne cesse de s'agrandir pendant deux cents ans. En 1230, a lieu l'effroyable inondation de la Frise, qui a, dit-on, coûté la vie à cent mille hommes. L'année suivante, les lacs de Harlem commencent à perler sur le sol, puis, grossissant peu à peu, se réunissent les uns aux autres pour s'étaler en une mer intérieure vers le milieu du XVIIᵉ siècle. En 1277, le golfe du Dollart, qui n'a pas moins de 35 kilomètres de long sur 12 kilomètres de large, commence à se creuser aux dépens de campagnes très-fertiles et très-peuplées et transforme la Frise en péninsule : c'est en 1537 seulement qu'on peut arrêter les envahissements de la mer, qui a dévoré la ville de Torum et cinquante villages. Dix ans après la première invasion des eaux dans le Dollart, un débordement du Zuyderzee noie 80,000 personnes et modifie la configuration du littoral hollandais. En 1421, soixante-douze villages sont submergés en même temps, et la mer en se retirant ne laisse

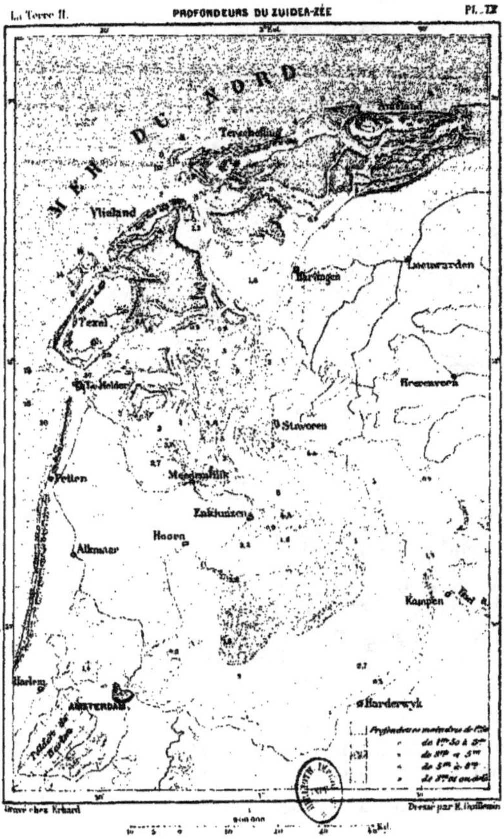

MER DU NORD
Terschelling
Ameland
Vlieland
Texel
Harlingen
Leeuwarden
Le Helder
Heerenveen
Staveren
Petten
Medemblik
Enkhuizen
Hoorn
Kampen
Alkmaar
Harlem
AMSTERDAM
Harderwyk
Profondeurs en mètres à mer de l'Ile
de 1m 50 à 3m
de 3m à 5m
de 5m à 8m
de 8m et au-delà
Gravé chez Erhard
Dressé par E. Thuillenin

à la place des champs et des groupes d'habitations qu'un
archipel d'îles marécageuses, d'îlots couverts de roseaux et
de bancs de vase : c'est le pays connu sous le nom de *Bies-
bosch* (forêt de joncs). Depuis cette époque, plusieurs autres
catastrophes, à peine moins terribles, ont eu lieu sur les
côtes de la Hollande, de la Frise, du Slesvig, du Jutland [1].

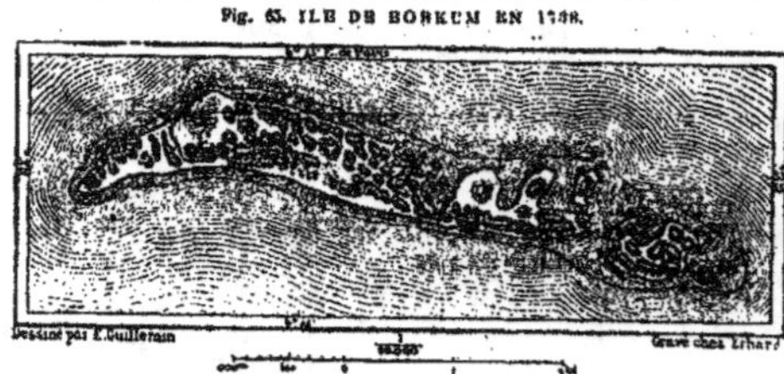
Fig. 65. ILE DE BORKUM EN 1768.

Du cordon de vingt-trois îles qui s'étendaient au devant
du rivage, il y a quinze siècles, il ne reste plus aujourd'hui

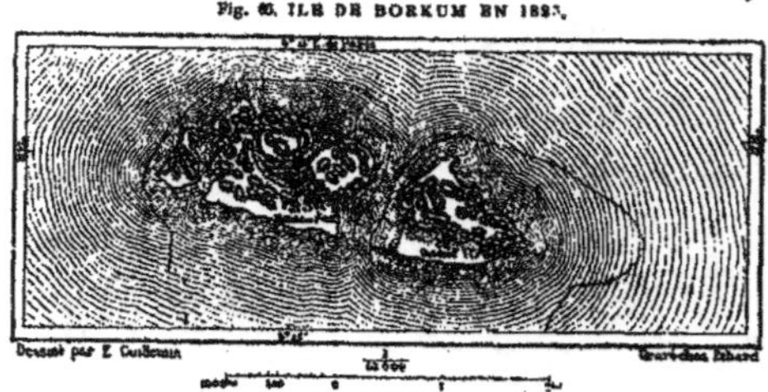
Fig. 66. ILE DE BORKUM EN 1823.

que seize fragments, et plusieurs ne sont autre chose que de
simples digues de sable. L'île de Borkum, ainsi que nous la
montrent les cartes à moins d'un siècle d'intervalle, s'est

1. Von Hoff; von Maack; Beyer; Baudissin; Karl Müller; etc.

étrangement rapetissée ; l'île de Wangerooge, débris de l'antique terre de Wangerland, qui rejoignait le continent et s'étendait au loin sur la mer, était encore en 1840 une île florissante et peuplée, et pendant l'été, les baigneurs la visitaient en foule. Aujourd'hui c'est une plage de vase presque entièrement abandonnée. L'île de Nordstrand a diminué des onze douzièmes depuis le commencement du xvii° siècle, et des vingt-quatre îlots qui l'entouraient, il y a trois cents ans, il n'en reste plus que onze : la sonde, jetée à l'endroit où se trouvait alors le centre de l'île, indique une profondeur de 14 mètres. L'île de Sylt et les autres terres de la côte du Slesvig ont été aussi très-fortement entamées, et l'on sait qu'en 1825, la mer s'est ouvert un chemin à travers toute la péninsule du Jutland en creusant le détroit du Lymfjord[1].

V.

Forme normale des rivages. — Courbes de « plus grande stabilité ». — Formation de nouveaux rivages. — Cordons littoraux et flèches de sable. — Baies intérieures.

Les rivages les plus violemment attaqués par la mer sont, toutes choses égales d'ailleurs, ceux qui présentent le plus d'échancrures et de promontoires. Les vagues s'acharnent surtout contre les caps avancés que le continent projette au loin dans le domaine des eaux ; mais à mesure que les pointes reculent devant le flot qui les ronge, la puissance destructive des lames diminue ; elle peut même finir par se réduire à néant lorsque la base des falaises est suffisamment érodée et ne décrit plus qu'une légère courbe en avant du rivage. En effet, le profil des côtes qui offre la plus grande résistance aux assauts de la mer n'est pas une ligne droite, comme on pourrait le supposer, mais une série

1. Müller, *Gefahren der schleswig'schen Westküste : Natur*, mars 1867.

de courbes régulières et rhythmiques, comparables à celles
d'une chaîne attachée de distance en distance[1]. Les vagues
ne cessent de travailler au remaniement du rivage, tant que
celui-ci ne présente pas une succession de criques doucement
infléchies de promontoire à promontoire. Chacune
de ces baies arrondies reproduit en grand la forme de l'onde
qui déferle en dessinant sur le sable de la plage une longue
courbe elliptique de flocons d'écume.

Les côtes des pays montueux, auxquelles la mer a déjà
donné les contours voulus, unissent une grâce extrême à
une admirable majesté : telles sont les côtes de la Provence, de
la Ligurie, de la Grèce, de la plus grande partie des péninsules
ibérique et italique. Là chaque promontoire, reste
d'une ancienne chaîne de collines rasée par les flots, redresse
en haute falaise sa pointe terminale ; chaque vallon qui
descend vers la mer se termine par une plage de sable fin
à la courbure parfaitement régulière. Rochers abrupts et
plages doucement inclinées alternent ainsi d'une manière
harmonieuse, tandis que les diverses formations géologiques,
la largeur plus ou moins grande des vallées, les villes
éparses sur les hauteurs ou sur les plages, les inflexions
de la côte et l'aspect sans cesse changeant des eaux, introduisent
la variété dans l'ensemble du paysage.

Les rivages entièrement sablonneux ont, aussi bien que
les côtes rocheuses, un profil normal composé d'une série
d'anses et de pointes ; mais ces pointes, dont chaque vague
vient modifier le relief, sont en général plus arrondies à
leur extrémité que ne le sont les promontoires de rochers.
La monotone côte des Landes, qui se développe sur une
longueur de 220 kilomètres, de l'embouchure de la Gironde
à celle de l'Adour, peut être prise comme type des rivages
que les flots de la mer modèlent à leur gré. Sur ces bords
l'uniformité du paysage est complète. Le voyageur a beau

---

1. Élie de Beaumont, Baude, etc.

se hâter, il croirait à peine changer de place, tant l'aspect
des lieux reste immuable : toujours les mêmes dunes, les
mêmes coquillages parsemés sur le sable, les mêmes oiseaux

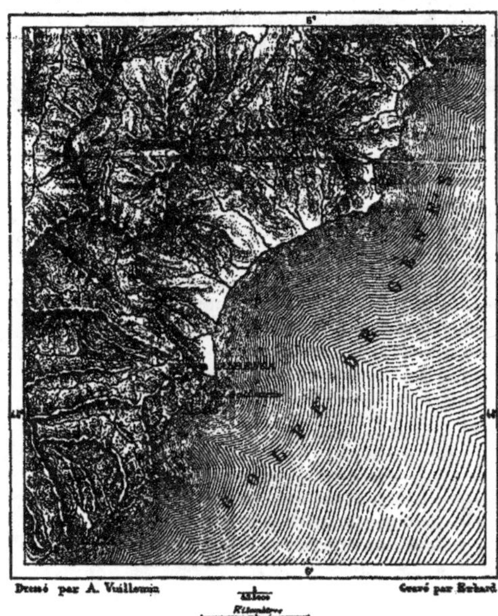

Fig. 67. COURBES DES COTES ENTRE ONEGLIA ET SAVONE.

Dessiné par A. Vuillemin   Gravé par Erhard.

assemblés par milliers sur le bord des lagunes, les mêmes
rangées de flots qui se poursuivent et viennent dérouler
à grand bruit leur nappe écumeuse. Dans tout le champ de

la vue, les seuls points de repère sont les membrures de vaisseaux naufragés qu'on distingue de loin sur la blancheur du sable. Cependant les rivages qui présentent de la manière la plus parfaite cette série de courbes rentrantes et saillantes, qu'on pourrait appeler le profil de plus grande stabilité, sont exposés, eux aussi, à subir de rapides érosions lorsque le boulevard de défense qui les flanque à l'une de leurs extrémités vient à céder sous la pression des flots. Ainsi le rivage des landes du Médoc, qui continuait au sud de la baie de Gironde la côte uniforme de la Saintonge, recule sans cesse devant la mer, depuis que le promontoire rocheux dont l'écueil de Cordouan est le seul débris a disparu sous les eaux réunies du fleuve et de l'Océan.

Mais si la mer démolit d'un côté, de l'autre elle édifie, et la destruction des anciens rivages est compensée par la création de nouveaux bords. Les argiles et les craies arrachées aux escarpements des promontoires, les galets de toute espèce qui sont alternativement rejetés sur le bord et ramenés dans la vague, les amas de coquillages, les sables siliceux et calcaires formés par la désintégration de tous ces débris, sont les matériaux employés par la mer pour la construction de ses levées et l'ensablement de ses golfes.

C'est de chaque côté des falaises ou des pointes basses rongées par le flot que commence le travail de réparation. Chaque lame accomplit une œuvre double, car, en sapant la base du promontoire, elle se charge de débris qu'elle va déposer aussitôt sur la plage voisine ; de la même impulsion elle fait reculer la pointe et gagner le rivage de la baie. Ainsi, grâce à deux séries de faits contraires en apparence, le rasement des pointes et le comblement des anses, les côtes, plus ou moins profondément découpées, acquièrent peu à peu la forme normale, aux courbes gracieusement arrondies. Quel que soit le dessin du littoral primitif, chaque inflexion du nouveau rivage s'arrondit en arc de cercle de promontoire à promontoire. Dans les endroits où l'ancienne

côte était elle-même semi-circulaire, le bourrelet de sable
ou de gravier rejeté par la houle s'applique sur la berge;
mais lorsque les côtes sont irrégulières et coupées de criques
profondes, la mer les délaisse tout simplement et construit
au milieu des flots des levées de débris qui finissent par
constituer le véritable rivage.

La formation d'un pareil brise-lames s'explique d'une
manière très-simple. Les vagues du large poussées contre la
rive frappent d'abord les deux caps placés comme des gar-
diens aux deux extrémités de la baie; elles y rompent leur
force et sont rejetées contre la masse des eaux tranquilles de
la baie. Arrêtées ainsi dans leur vitesse, elles laissent tomber
les matières terreuses qu'elles tenaient en suspension et les
débris plus lourds arrachés aux promontoires voisins. A l'entrée des fjords de la Scandinavie, de la Terre de Feu et de
toutes les autres contrées montagneuses aux rivages très-
dentelés, l'eau du large, claire et profonde, n'apporte qu'une
quantité de débris relativement faible, et ne peut former de
pointe à pointe qu'une levée sous-marine[1]; mais le long des
côtes plus basses où le flot pousse devant lui des masses de
sable et d'argile, les remparts d'alluvions construits par
les vagues émergent graduellement du sein des eaux.

Sous l'impulsion alternative du flot et du jusant, les
traînées de sable et de galets s'enracinent peu à peu aux
rochers des caps et forment à l'entrée de la baie de véritables jetées dont les extrémités libres marchent à la rencontre l'une de l'autre. En s'allongeant sans cesse, ces deux
segments finissent par se rejoindre à mi-chemin entre les
deux caps, et forment ainsi un grand arc de cercle dont la
convexité est tournée vers l'ancien rivage. Les plus furieux
assauts de la mer ne servent qu'à consolider ces levées ou
flèches en leur apportant d'autres matériaux et en les redressant au-dessus du niveau des marées.

1. Darwin, *South America*, p. 24.

Toutes les flèches offrent dans leur profil une régularité géométrique; leur forme est pour ainsi dire l'expression visible des lois qui président à l'ondulation des vagues. Le plus souvent, la partie du bourrelet qui fait face à la mer se compose de plusieurs talus étagés qui répondent aux différents niveaux de basse mer, de flot et de tempête; mais tous ces talus présentent uniformément une courbe gracieuse modelée par les eaux qui déferlent. A la base de la levée, la pente est très-faible et continue simplement la déclivité du fond de la mer; mais elle se redresse brusquement sous un angle qui parfois n'est pas moindre de 30 à 35 degrés. Immédiatement au delà de cette arête commence une contre-pente où la volute supérieure de chaque haute vague s'épanche en une nappe écumeuse. Plus loin se dresse un deuxième talus que viennent parfois frapper et consolider les vagues des tempêtes; le versant de ce second étage qui regarde vers la terre est très-doucement incliné. De ce côté, les matériaux de la levée, abrités de la force du vent et de la violence des vagues, se tassent graduellement et peuvent même à la longue se couvrir d'une couche de terre végétale. Après cette « lette, » se dressent les dunes ou bien s'étend la nappe de l'ancienne

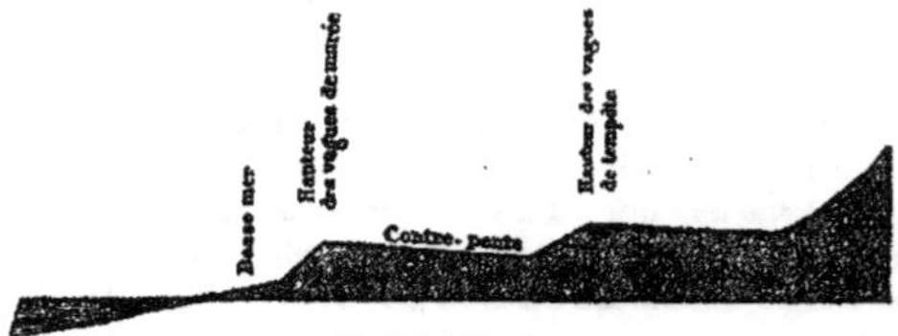

Fig. 68. Profil des plages.

baie, transformée en lagune. Ce profil des plages est représenté par la figure précédente dont les hauteurs ont été fortement exagérées.

Malgré la mobilité des matériaux qui les composent, les flèches sont plus solides que les promontoires de rochers auxquels leurs extrémités sont enracinées, et quand les falaises ont été rasées par les flots, les levées de sable dressent encore leur courbe harmonieuse d'un écueil à l'autre écueil. Elles peuvent se déplacer sous l'influence des courants et des vents, mais elles n'en subsistent pas moins, immuables en apparence et plus durables que les montagnes. Cependant elles n'offrent pas toutes un développement continu. Lorsque la baie intérieure est alimentée par un ou plusieurs fleuves, la masse d'eau qui se jette dans ce bassin fermé doit nécessairement se frayer une issue vers la mer et percer le cordon littoral à l'endroit où il offre le moins de résistance, c'est-à-dire le plus souvent à l'une des extrémités de la levée : on voit un remarquable exemple de ce phénomène en Corse, à l'embouchure du Liamone. Dans les pays où l'année se compose d'une période de sécheresses et d'une saison pluvieuse, la plupart des lagunes de la côte sont alternativement séparées de la mer d'une manière complète, puis réunies avec elle par des embouchures temporaires et peu profondes. Quand la masse des eaux pluviales s'est écoulée, les brèches de la levée rompues sont aussitôt comblées de nouveau par les vagues. De même sur les bords des mers à forte marée, nombre de rivières sont alternativement des canaux d'eau presque dormante, qu'une levée de sable sépare de l'Océan, et de vastes estuaires où remonte le flux puissant du large. Ainsi, la Bidassoa, séparée du golfe à marée basse par une flèche de sable des plus gracieuses, est à l'heure du flux un bras de mer de 3 à 4 kilomètres de large. Presque tous les petits cours d'eau qui se jettent dans l'Atlantique sont deux fois par jour tantôt fleuves, tantôt marais. L'Orne elle-même, dont le large delta se déploie en éventail au-dehors du littoral, se perd aussi dans les cailloux à l'heure du reflux.

Si les cours d'eau permanents ou périodiques s'ouvrent

un passage à travers la flèche, en revanche ces mêmes
fleuves servent à rapprocher graduellement le rivage continental du rivage maritime en déposant leurs alluvions

Fig. 69. EMBOUCHURE DU LIAMONE.

dans les lagunes intérieures. Les joncs et les autres plantes
qui se plaisent dans les eaux jaunâtres contribuent aussi à
la transformation des anciennes baies en marécages et en
terre ferme. Des couches de détritus végétaux, accumulés

dans les anses pendant la succession des années et des siècles, finissent par les élever au-dessus du niveau ordinaire des eaux; puis viennent les grands arbres qui assai-

Fig. 70. EMBOUCHURE DE LA BIDASSOA.

nissent le sol et le rattachent définitivement au continent. Dans les régions tropicales, ce sont les mangliers et les palétuviers qui se chargent de conquérir les nouvelles plages. Dressés sur l'échafaudage de leurs hautes racines

aériennes arc-boutées les unes sur les autres, ils croissent
en pleine lagune. Caché par la forêt flottante, le liquide
vaseux est bientôt rempli de débris ; les branches et les
troncs renversés des mangliers, beaucoup plus lourds que
l'eau, exhaussent incessamment le fond et finissent par
affleurer à la surface. Une nouvelle végétation s'empare
aussitôt de ce rivage encore indécis.

Fig. 71. EMBOUCHURE DE L'ORNE.

Les mêmes lois hydrologiques qui déterminent la formation de flèches entre deux caps sont à l'œuvre pour
amener le même résultat entre deux îles ou bien encore
entre une île et le continent. Sur les côtes d'Europe, un
grand nombre de terres marines ont ainsi perdu leur caractère insulaire et sont devenues des péninsules : le détroit a
été graduellement changé en isthme. La presqu'île de Giens,
entre Hyères et Toulon, offre un exemple remarquable de
cette transformation. Elle est rattachée au continent par
deux plages de sable fin, longues de 5 kilomètres envi-

ron et se développent chacune en courbes régulières qui
tournent leur partie concave vers la mer libre. Entre les
deux levées s'étend la vaste lagune des Pesquiers. A la vue
de cette nappe d'eau intérieure et de ces plages basses à

Fig. 72. PRESQU'ILE DE GIENS.

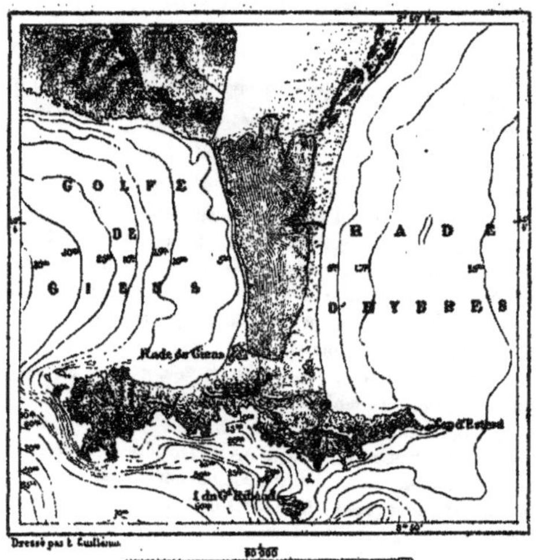

peine élevées au-dessus du niveau de la Méditerranée, on
ne saurait douter que la péninsule montueuse de Giens
ne fût autrefois une île comme Porquerolles ou Port-Cros,
et que les deux rades, aujourd'hui séparées, d'Hyères et de
Giens, ne se confondissent en un même détroit. Les deux
flèches de jonction qui réunissent l'ancienne île à la côte

de Provence ont été élevées par les vagues de la même manière et sur le même plan que les cordons littoraux du
continent. Quant aux différences d'aspect, elles peuvent
toutes s'expliquer par des circonstances locales. Ainsi la
levée que l'isthme de Giens tourne vers l'ouest est composée en réalité de deux fragments inégaux dus à l'existence
d'un écueil sous-marin qui rompt la force des ondes à une
petite distance au devant de la plage. C'est également à des

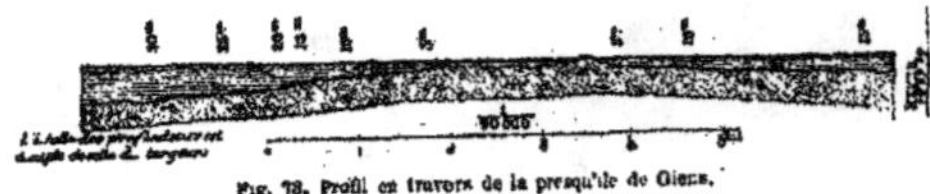

Fig. 78. Profil en travers de la presqu'île de Giens.

causes locales qu'il faut attribuer l'inégalité d'épaisseur que
présentent les deux flèches de l'isthme. Sans doute la levée
orientale doit sa plus grande solidité et sa hauteur plus
considérable à la double action du courant maritime qui se
porte de l'est à l'ouest, et du mistral qui souffle en sens
inverse dans la direction du nord-ouest au sud-est : les
deux forces contraires ont laissé en témoignage de leur
lutte ce rempart de sables et de débris.

Les péninsules du cap Sépet, près de Toulon, de Quiberon en Bretagne, de Monte-Argentaro sur les côtes de
la mer Tyrrhénienne, et d'autres moins connues ont été réunies au continent par des chaussées de jonction analogues à
celles de Giens. Là aussi les deux armées de flots qui venaient
se heurter au milieu du détroit ont peu à peu dressé entre
elles une double muraille de séparation consistant en levées
de sable ou de galets; là aussi les deux jetées semi-circulaires se sont rapprochées par leur convexité centrale, et
les deux espaces triangulaires qui séparaient les extrémités
respectives ont d'abord été occupées par des lagunes. De nos
jours, la plupart de ces étangs, graduellement comblés par

les sables, sont transformés en marécages ou recouverts de
dunes : les deux cordons littoraux se sont confondus en un
seul. Ainsi l'isthme étroit de Chesilbank, qui s'étend sur une
longueur de 26 kilomètres entre la côte de l'Angleterre et

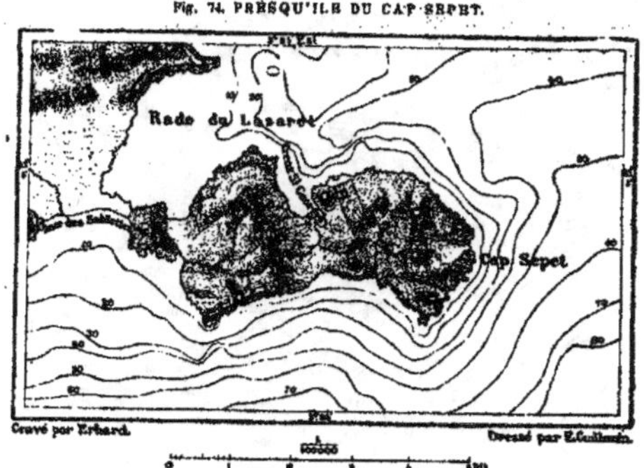

Fig. 74. PRESQU'ILE DU CAP SEPET.

l'ancienne île de Portland, se compose d'une seule levée
de galets. De même, les deux îles françaises de Miquelon,
près de Terre-Neuve, qui étaient encore séparées l'une de
l'autre en 1783, sont réunies depuis 1829 par un rempart
de sable qu'ont dressé à la fois les vagues de deux golfes
opposés [1]. La Guadeloupe est également un exemple de ce
phénomène de jonction entre deux terres d'origine distincte. Le haut massif de montagnes volcaniques qui se
dresse à l'ouest s'est uni à l'île basse de l'orient, et les
deux îles se tiennent maintenant par une plaine marécageuse où croupissent les eaux du petit canal appelé Rivière

1. Brué, *Bulletin de la Société de Géographie.* 1829.

salée. Dans le couple des îles de Choa-Canzouni, que baignent les eaux de l'océan Indien, un phénomène analogue se présente, mais là la flèche de jonction entre les deux îles

Fig. 73. PÉNINSULE DE PORTLAND.

se trouve réduite pour ainsi dire à un point mathématique[1].

M. Élie de Beaumont évalue la longueur des côtes qui doivent leur configuration actuelle aux levées de galets et de sable à un tiers environ du développement total des rivages continentaux. C'est dans les bassins aux faibles marées que ces cordons offrent les dimensions les plus considé-

1. Voir, ci-dessous, page 111.

Fig. 76. ILES MIQUELON.

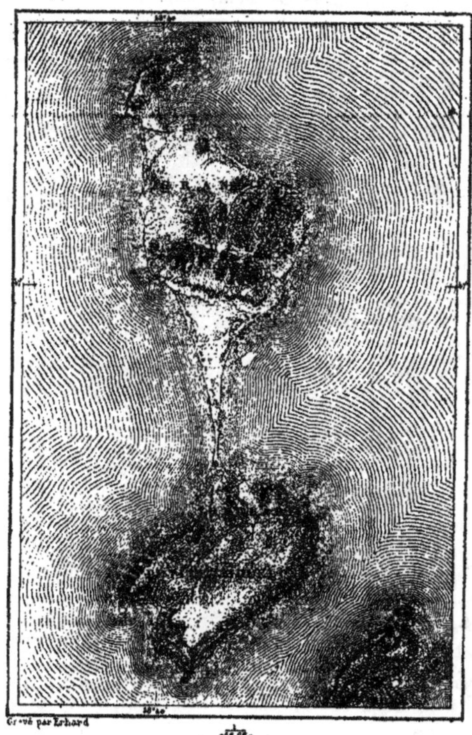

rables. En France, toutes les plages du golfe du Lion,
depuis Argelez-sur-Mer jusqu'aux bouches du Rhône, forment une série de cordons littoraux interrompus seulement

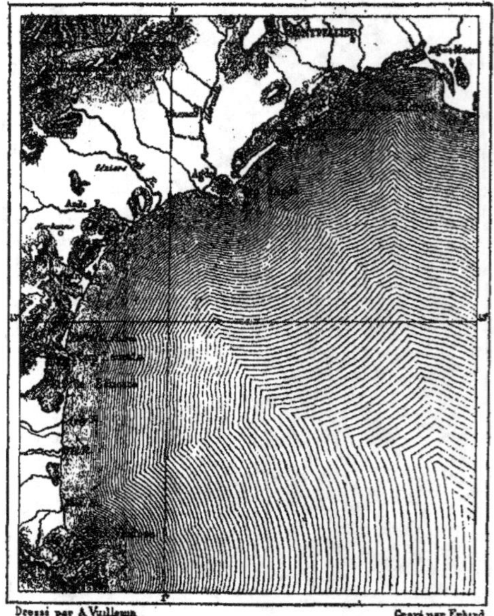

Fig. 77. FLÈCHES DU LITTORAL ENTRE PORT-VENDRES ET AIGUES-MORTES.

Dressé par A. Vuillemin   Gravé par Erhard

par les roches de Leucate, de la Clape, d'Agde et de Cette,
et se développant en un vaste demi-cercle de près de 200 kilomètres. Les nombreux étangs qu'elles séparent aujour-

d'hui de la Méditerranée, et que les alluvions des fleuves,
les sables marins, l'envahissante agriculture ne cessent de
transformer graduellement en terre ferme, étaient sans
aucun doute autant de baies longeant la base des collines du
Languedoc. Déjà depuis l'époque historique, ces eaux intérieures ont notablement diminué d'étendue, et de vastes
golfes, changés en marécages au grand détriment de la salu-
brité publique, ont empesté l'atmosphère de leurs miasmes.
Ce qui naguère encore contribuait le plus activement à la
diminution de la surface des étangs, ce sont les « graus, » ou
passages par lesquels l'eau de la mer apportait des amas de
sable pendant les tempêtes : ces ouvertures, les unes temporaires, les autres permanentes, mais s'élargissant, se rétré-
cissant tour à tour et se déplaçant tantôt dans un sens,
tantôt dans un autre, ne cessent de modifier le régime des
étangs et des campagnes riveraines; ici elles laissent passer
des masses d'eau qui submergent les rivages et creusent le
sol; ailleurs, elles s'obstruent, et devant les villages des bords
étendent à perte de vue leurs bancs de vase infecte. Afin
d'empêcher désormais la transformation des étangs en bour-
biers et en marécages, M. Régy a proposé de remplacer les
anciens graus tortueux par des canaux d'écoulement qui,
pendant les beaux temps, laissent communiquer librement
les eaux lacustres et celles de la mer, mais que ferment les
écluses durant les tempêtes.

Les *lidi* de Commachio, ceux de Venise et de la vieille
cité d'Aquilée rétrécissent aussi le bassin de l'Adriatique, qui
pénétrait autrefois beaucoup plus avant dans les terres à
l'ouest et au nord-est. Sur les côtes méridionales du Brésil,
sur les rivages de la Guinée, les cordons littoraux séparent
ainsi de l'Océan des étendues considérables; mais nulle part
on ne voit ces levées de sable plus nombreuses et mieux
développées qu'autour du golfe du Mexique et sur les côtes
orientales des États-Unis. On peut dire que sur une longueur d'environ 4,000 kilomètres, le pourtour du continent

américain est formé d'un double rivage, l'un baigné par la
mer, l'autre par les lagunes intérieures. Devant l'ancienne

Fig. 78. LAGUNES ET LIDI DE VENISE.

côte aux indentations irrégulières, la nouvelle plage décrit
ses courbes gracieuses de promontoire à promontoire, et,

ne se laissant pas même arrêter par les embouchures des
fleuves, se continue sous les passes par des barres dangereuses.

Ainsi les péninsules déchiquetées de la Caroline du
nord et les golfes ramifiés qui découpent ces presqu'îles et
se prolongent même dans l'intérieur des terres sous forme
de marécages, sont masquées du côté de la mer par une
levée naturelle de 350 kilomètres de longueur sur laquelle
viennent se briser les vagues les plus redoutables de l'Atlantique boréal. D'ailleurs, ces flèches si gracieusement infléchies ne sont pas construites par la mer seule ; elles sont
dues aussi à la pression des eaux douces apportées des
Alleghanys par la Neuse, le Tar, le Roanoke et d'autres
rivières [1] ; la direction des brise-lames indique précisément
la ligne d'égal équilibre entre les eaux marines et les eaux
fluviales. En dedans du littoral extérieur, on a pu, sans
travaux d'art considérables, mettre en communication toute
la série des lagunes intérieures et permettre ainsi aux navires de faire de longs voyages maritimes complétement à
l'abri des tempêtes. De même les marigots de la Guinée qui
s'étendent parallèlement à la côte ont, de tout temps, servi
à faciliter les échanges entre les peuplades du littoral;
mais on dit que ces canaux marécageux se comblent peu à
peu, soit à cause de l'activité de la végétation, soit aussi
à cause du sable qu'y transporte le vent du désert [2].

Beaucoup moins étendues que les flèches du golfe du
Mexique et des Carolines, celles de la Baltique orientale ne
sont pas moins curieuses par la régularité géométrique de
leurs formes, et de plus elles ont été l'objet de longues et
sérieuses études. Trois grands fleuves, l'Oder, la Vistule et
le Niemen, se déversent chacun dans une vaste lagune ou
Haff (*hafen*, port), qu'une lagune de terre appelée *Nehrung*

1. Voir, dans le premier volume, le chapitre intitulé *les Rivières*.
2. Borghero, *Bulletin de la Société de Géographie*, juillet 1866.

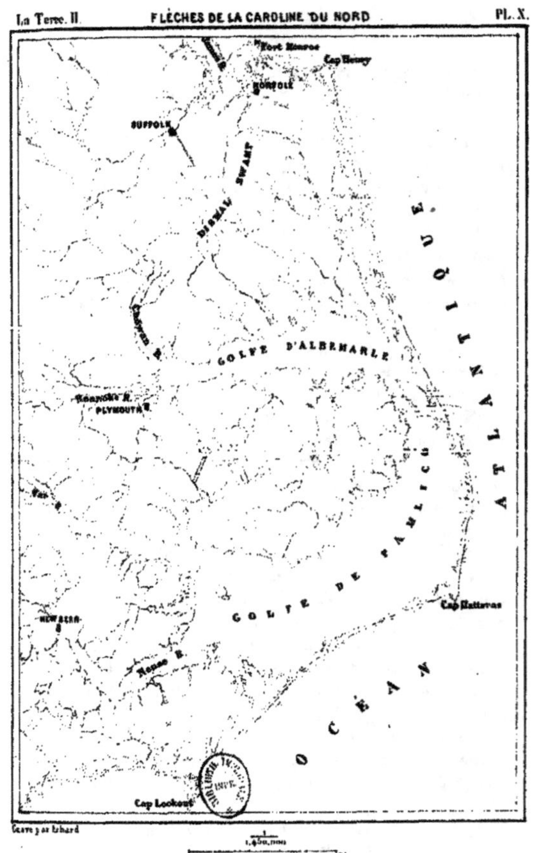
Fort Monroe
Cap Henry
NORFOLK
SUFFOLK
DISMAL SWAMP
GOLFE D'ALBEMARLE
OCÉAN ATLANTIQUE
GOLFE DE PAMLICO
Roanoke R.
PLYMOUTH
Tar
NEW BERN
Neuse R.
Cap Hatteras
Cap Lookout
Gravé par Erhard

sépare de la haute mer. Le haff de l'Oder, dont la ville de Swinemünde garde l'entrée, est déjà en grande partie comblé par les vases. Le *Curiche Haff* ou haff de la Courlande est beaucoup plus libre d'alluvions, et la nehrung qui le défend est encore une flèche étroite ayant une longueur de 110 kilomètres environ. Le haff central, connu sous le nom

Fig. 79. FLÈCHES DE DANTZIG ET DE PILLAU.

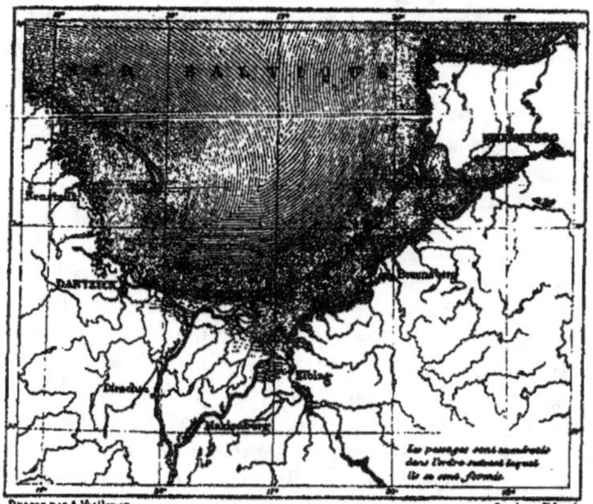

Dressé par A. Vuillemin — Gravé par Erhard

de *Frische Haff*, est protégé par une flèche semblable à celle de la Courlande, mais encore plus régulière. Toute la partie occidentale de l'estuaire a déjà été comblée par les alluvions de la Vistule, dont les eaux doivent se frayer un passage à travers la levée. Cette embouchure a souvent changé de place. Jusqu'au XIVe siècle, elle se trouvait au nord de la passe actuelle, près de Lochstädt (ville du trou ou du

« grau »). Ensuite elle s'ouvrit à Rosenberg, à peu près vers le milieu de la digue. Pour conserver leur monopole commercial, les négociants de Dantzig comblèrent cette embouchure en y coulant cinq navires; mais une autre passe se forma aussitôt à une petite distance vers le nord, près du château de Balga. Plus avides que savants, les Dantzickois essayèrent encore d'arrêter les eaux de la Vistule et fermèrent la passe de Balga. C'est alors que la nehrung fut brisée devant Pillau. Depuis cette époque, la passe ne s'est pas sensiblement déplacée, et Pillau est toujours resté le port du Frische Haff. Au nord de Dantzig, une curieuse levée de 33 kilomètres de longueur unit la terre ferme à l'île pittoresque de Hela (la Sainte). Sans doute les anciens habitants de la contrée éprouvaient un sentiment d'effroi religieux à la vue de cette colline boisée, de ces flots qui l'assiégent et de cette étroite lagune de sable qui la prolonge vers le continent et se perd au loin dans la brume.

C'est au même ordre de phénomènes qu'il faut rattacher la prolongation graduelle de ces langues de terre qui, baignées de part et d'autre par un courant, se projettent à une grande distance en pleine mer, grâce à la pointe terminale qu'y ajoute chaque nouvelle marée. C'est ainsi qu'en moins de soixante ans le cap Ferret s'est avancé de 5 kilomètres en travers du chenal qui fait communiquer le bassin d'Arcachon avec la haute mer. En 1768, le cap se trouvait presque à l'ouest de l'entrée du bassin proprement dit. Pendant la fin du XVIII⁰ siècle et au commencement du nôtre, les vents de la région du nord, qui soufflent dans ces parages plus fréquemment que les autres courants atmosphériques, ont fait avancer chaque année les dunes du promontoire dans la direction du sud, tandis que la houle du large et le jusant du bassin ajoutaient sans cesse à la pointe de nouvelles masses de sable. En cinquante-huit années, de 1768 à 1826, le cap se prolongea de 5 kilomètres vers le sud-est, avec une vitesse moyenne de

86 mètres par an, ou de 20 à 25 centimètres par jour. La pointe croissait pour ainsi dire à vue d'œil; mais quelques années après, la passe ayant brusquement changé de direc-

Fig. 80. POSITIONS DIVERSES DU CAP FERRET DE 1768 A 1865.

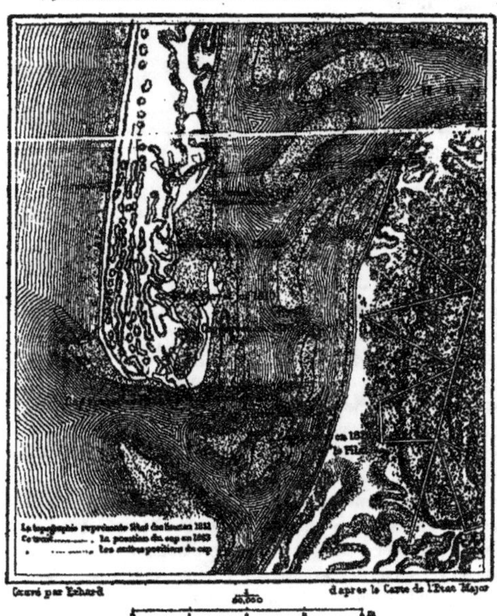

tion et s'étant portée au nord, le courant de marée se mit à ronger la péninsule et la fit graduellement reculer vers le nord-ouest. En 1854, l'extrémité du cap avait rétrogradé de

1,800 mètres. On dit qu'elle est actuellement à peu près stationnaire; mais si le chenal se déplace vers le sud, ce qui peut arriver d'un jour à l'autre, il n'est pas douteux que la pointe du cap ne recommence à empiéter sur la mer dans la même direction.

VI.

Bas-fonds du littoral. — Dépôt de roches calcaires. — Aspect des grèves et des plages.

A la formation des cordons littoraux se rattache celle des bas-fonds et des bancs de sable qui se développent parallèlement au rivage sous l'influence combinée des courants du littoral et des vents du large. A la vue des cartes marines qui indiquent la forme de ces remparts cachés sous les flots, on ne peut manquer de constater que toutes ces levées invisibles de sable et de vase tendent à s'allonger en ligne droite ou suivant des courbes gracieuses, non moins régulières que celles des cordons littoraux. Dans tous les golfes, dans tous les détroits, sur les côtes de la Californie, des Carolines, du Brésil, dans la Manche et dans la mer du Nord, il existe, le long des côtes, une multitude de ces bancs dont la disposition indique exactement la marche des courants contraires ou parallèles qui les ont formés par leur rencontre. Leur profondeur varie : il en est sur lesquels les grands navires peuvent voguer sans danger, mais il en est d'autres, très-rapprochés de la surface des eaux, sur lesquels les flots écument incessamment. Ce sont ces bancs déposés à quelques mètres à peine au-dessous du niveau de la mer qui sont les plus redoutables; aussi les matelots anglais et américains, en pensant au sort qui les attend peut-être sur ces sables cachés, leur

ont-ils donné gaiement le nom ironique de « poêles à frire »
(*frying-pans*).

Dans les golfes largement ouverts et le long des côtes
rectilignes, la mer procède à la construction de nouveaux

Fig. 81. RADE DE LA MADELEINE (Californie).

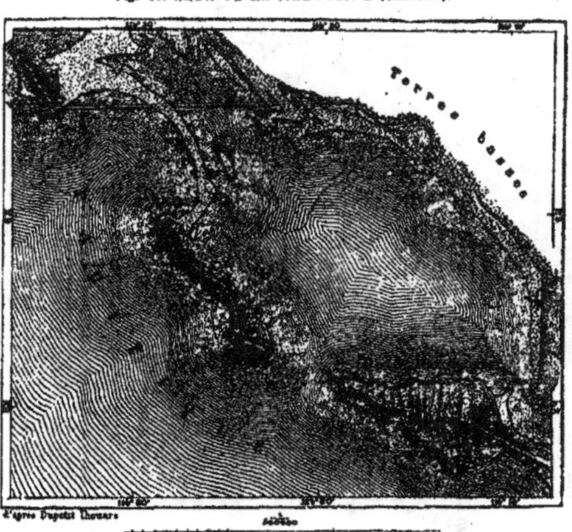

rivages par voie d'envasement. Les débris d'algues et d'animalcules, mélangés au sable et à l'argile, sont déposés par
couches profondes sur le bord, et font avancer peu à peu le
profil des rivages. C'est par centaines de millions et par
milliards de mètres cubes que la boue s'est accumulée depuis
l'ère historique dans l'ancien golfe du Poitou, dans le golfe
de Carentan, situé à la racine de la péninsule du Cotentin,
dans les baies du Marquenterre et des Flandres, dans certains

estuaires des Pays-Bas et de la Frise. En ces parages l'eau
et la terre se confondent : la mer, grise ou jaunâtre, ressemble à une immense vasière, et continue la surface limoneuse des bords; on ne sait point où commence la masse

Fig. 83. GOLFE DE CARENTAN.

Dessiné par E. Guillemin   Gravé par Erhard

liquide, ni où se termine le champ de boue, incessamment
remué par le flot de marée. Toutefois les vases qui émergent à basse mer se tassent et se consolident peu à peu;
une espèce de conferve en recouvre la surface d'un léger
tapis nuancé de rose; puis viennent les salicornes herbacées qui contribuent à l'exhaussement du sol par leurs
branches roides et sortant de la tige à angle droit. A cette

première végétation succèdent d'autres plantes marines, les
carex, les *plantago*, les joncs, le trèfle rampant. Alors il est
temps de conquérir pour l'agriculture la prairie limoneuse,
et de la rattacher au continent en la défendant par de fortes
digues contre les assauts de la mer[1].

Dans les mers dont les eaux ont une température
moyenne élevée, les vagues ne se bornent pas à construire
des cordons littoraux et à combler les baies, elles bâtissent
aussi de véritables remparts de pierre. Par suite de la
rapide évaporation que produisent les rayons du soleil, les
molécules calcaires contenues dans l'eau et l'embrun des
vagues se déposent graduellement le long des plages et sur la
base des promontoires. Mélangées avec du sable et des débris
de coquillages, elles finissent par former de solides rivages
aux contours réguliers. Déjà, sur les côtes atlantiques de la
France, à Royan, par exemple, on peut observer çà et là
quelques formations de ce genre; on a même découvert
beaucoup plus au nord, à Elseneur, de ces pierres qui con-
tenaient d'anciennes monnaies danoises[2]. Sur les rivages de
la Méditerranée française, ces roches modernes sont nombreuses, et dans une courte promenade on peut souvent
recueillir une grande quantité de blocs sablonneux et de
conglomérats divers unis par des matières calcaires et con-
tenant des multitudes de coquillages brisés : le musée de
Montpellier possède même un canon qu'on a découvert
près de la grande bouche du Rhône sous une couche de
chaux cristalline. Sur les côtes septentrionales de la Sicile,
où la température moyenne des eaux s'élève à 18 degrés
centigrades, les pierres et les galets du bord sont en beaucoup d'endroits agglutinés par le ciment calcaire[3]. De
même les débris de rochers que les torrents de l'Arabie

1. Émile de Laveleye, *Revue des Deux Mondes*, 1er nov. 1863. — Von Maack,
Zeitschrift für die allgemeine Erdkunde, janv. 1860.
2. Von Hoff, *Veränderungen der Erdoberfläche*, tome III, p. 311.
3. De Quatrefages, *Souvenirs d'un naturaliste*.

Pétrée apportent tous les hivers du haut des montagnes sur la plage de la mer Rouge sont, dans l'espace de quelques semaines, convertis en une strate de solide conglomérat. Chaque année, une nouvelle couche de pierre s'ajoute aux anciennes, et dans les siècles futurs on pourra peut-être évaluer l'âge de la formation par le nombre de ses lits superposés, de même que l'on reconnaît l'âge d'un arbre par la quantité de ses couches corticales[1].

Il faut parcourir les rivages de la mer des Antilles ou d'autres mers tropicales pour observer ce phénomène de la formation des pierres dans toute sa grandeur. Là, les flots, échauffés jusqu'à 32 degrés par les rayons d'un soleil vertical, laissent déposer le calcaire en quantités suffisantes pour que l'étendue des rivages en soit notablement augmentée. Le tuf de la Guadeloupe, dans lequel on a trouvé le fameux squelette de Caraïbe exposé au Musée britannique, appartient à cette formation récente. Il s'accroît, pour ainsi dire, sous les yeux mêmes de l'observateur, et recouvre peu à peu d'une croûte rocheuse tous les objets que rejette la mer et qu'apportent les ruisseaux de l'intérieur. En plusieurs endroits de la Côte-Ferme, on exploite activement ces carrières de pierre marine pour la construction des villes du littoral, et toutes les excavations qu'on pratique dans ces bancs de calcaire sont bientôt comblées par de nouveaux matériaux. La carrière croît sous les travailleurs occupés à en détacher les blocs : de là le nom de *Maçonne-bon-dieu* que les nègres ont donné à ces roches qui semblent renaître d'elles-mêmes.

Sur les rivages de l'île de l'Ascension, M. Darwin a trouvé de ces conglomérats cimentés par le calcaire marin dont le poids spécifique était de 2,63, c'est-à-dire à peine inférieur à celui du marbre de Carrare. Ces couches de pierre compacte déposées par la mer renferment une cer-

1. Marsh, *Man and Nature*, p. 455.

taine quantité de sulfate de chaux, ainsi que des matières animales qui sont évidemment le principe colorant de toute la masse. Parfois l'enduit translucide qui recouvre les rochers a le poli, la dureté et les reflets des coquillages; d'ailleurs, ainsi que le prouve l'analyse chimique, cette espèce d'émail et les enveloppes des mollusques vivants sont composées des mêmes substances, également modifiées par la présence de matières organiques. M. Darwin a vu de ces dépôts calcaires dont la composition et l'aspect nacré semblent devoir être attribués à des excréments d'oiseaux saturés d'eau salée[1].

Ces constructions de nouveaux rivages, soit par la mer elle-même, soit par des coraux, de même que la formation graduelle de dunes, peuvent avoir pour résultat de modifier complétement la forme de la côte en séparant du reste de la mer de larges baies que la rapide évaporation de l'eau transforme ensuite en terre ferme. C'est ainsi que sur la côte orientale d'Afrique, le petit lac de Bahr-el-Assal, à l'extrémité du golfe de Tedjura, s'est trouvé séparé de la mer par une mince levée de sable, et s'est desséché sous les rayons du soleil; les eaux de pluie étant très-rares dans ce pays, et le bassin ne recevant aucun affluent, ses eaux n'ont pas été remplacées, et maintenant il n'est plus qu'une cavité marécageuse, dont le niveau est situé à 173 mètres au-dessous de la mer Rouge[2]. En relevant les côtes d'Abyssinie, pendant la dernière guerre, les ingénieurs anglais ont récemment découvert un autre bassin, maintenant desséché, et complétement couvert de sel, qui se trouve à 58 mètres en contre-bas de la mer; il est aussi très-probable que les dépressions dans lesquelles va se perdre la grande rivière Haouach, au sud du plateau d'Habesch, sont également infé-

1. Darwin, *Volcanic Islands,* p. 49 et suiv.

2. Rochet-d'Héricourt, *Voyage au Choa;* — Christophe, *Journal of the Geographical Society,* t. XII.

rieurs à la surface marine. L'isthme de Suez offrait naguère
un phénomène semblable à celui de la levée de Tedjura. Là
aussi une nappe lacustre qui faisait autrefois partie de la
mer avait été enfermée dans les terres par des cordons lit-

Fig. 63. LE BAHR EL ASSAL ET LE GOLFE DE TEDJURA.

toraux et s'était presque entièrement évaporée. Seulement,
de nos jours, le grand canal interocéanique fait couler de
nouveau les eaux marines à travers ce lac desséché. Les
anciennes levées des bords de la Méditerranée et de la mer
Rouge, que les forces à l'œuvre dans l'intérieur de la planète
avaient graduellement redressées à la hauteur de plusieurs

mètres[1], ont été percées par les ingénieurs, et bientôt un détroit artificiel, bien plus important pour les progrès humains que ne le fut autrefois le grand bras de mer, va joindre la Méditerranée et le golfe Arabique.

Si les grands travaux géologiques de l'Océan, tels que l'érosion des falaises, le rasement des promontoires, la construction de nouveaux rivages, surprennent l'esprit de l'homme par leur grandeur, d'un autre côté les mille détails des plages et des grèves charment par leur grâce infinie et leur étonnante variété. Tous ces innombrables phénomènes du grain de sable et de la goutte d'eau sont produits par les mêmes causes qui déterminent les grandes révolutions du rivage. A la vue des lignes délicates que le flot mourant trace sur le bord, aussi bien qu'en présence des côtes sauvages que la houle ronge avec fureur, on se sent ramené, mais par des impressions diverses, à la contemplation des mêmes lois générales. Chaque vague accomplit sur sa petite portion du rivage une œuvre semblable à celle de la grande mer sur le pourtour de tous les continents. Dans l'espace de quelques mètres à peine, on peut voir s'arrondir les courbes régulières de petites anses, s'élever des cordons littoraux, se former des lagunes intérieures, s'éroder des falaises de coquillages et de fucus. Au fond de certaines baies suffisamment abritées, par exemple dans l'anse de Beaulieu, près de Nice, on voit sur le bord de la mer des masses noires de 3 à 4 mètres de hauteur, coupées à pic et percées de cavernes comme des rochers : ce sont des amas d'algues marines.

Parmi les diverses merveilles des plages, rien n'étonne plus au premier abord que les dessins tracés sur le sable avec une régularité souvent absolue. En déferlant, chaque lame apporte avec elle des coquillages, des cailloux, des

1. Voir, dans le premier volume, le chapitre intitulé *les Oscillations lentes du sol terrestre.*

débris de toute espèce et de différente grandeur. Ces objets sont autant de petits écueils qui divisent la vague à son retour dans la mer, et lui font dessiner sur le sol un réseau de lignes entre-croisées. La surface de la plage présente en conséquence un lacis d'innombrables losanges, tous ornés d'un coquillage ou d'un caillou à leur extrémité supérieure, pointue ou légèrement arrondie. Tous ces petits losanges sont eux-mêmes compris dans l'intérieur de grands quadrilatères formés par des sillons ayant pour point de départ un objet de dimensions relativement considérables. Le contraste des couleurs vient en aide au relief pour varier encore davantage cette marqueterie de la plage. Les matériaux diversement nuancés, étant en général d'un poids spécifique différent, se sont distribués d'une manière régulière dans les diverses parties des losanges : un côté de la figure peut être formé de petits cristaux micacés, tandis qu'un autre se compose de sable noir chargé de tourbe, un autre de coquillages roses ou jaunâtres, et le quatrième de grains d'un blanc pur. Parfois le sable, imprégné de substances organiques, brille des reflets de la moire ou s'irise légèrement, comme si une mince couche d'huile s'étendait sur le sol.

Toutes ces nuances modifient à l'infini l'aspect des plages, et la plus ou moins grande inclinaison du sol introduit encore un nouvel élément de variété dans le réseau des lignes. Dans tous les endroits où la pente est assez considérable, l'eau ravine les sables en figurant des miniatures de fleuves avec leurs tributaires et leurs deltas. En outre, ces petits systèmes hydrographiques diffèrent eux-mêmes les uns des autres suivant l'inclinaison du sol et le poids des grains de sable; tantôt le sol déclive et la finesse des matériaux déplacés permettent aux gouttelettes et aux filets d'eau de descendre en droite ligne vers la mer; tantôt les ruisselets, cheminant péniblement entre les obstacles qui les arrêtent, coulent en méandres tremblotants. Ailleurs, ces cours d'eau de quelques mètres ou de quelques décimètres de longueur ne peuvent pas même se former. L'eau de la mer séjourne sur la plage horizontale, et toutes les vaguelettes reproduisent en creux et en relief sur le sable du fond les mouvements que le souffle de l'air leur imprime. Il n'y a point de différence appréciable entre la surface mamelonnée de la plage exposée librement au vent et celle du sable que recouvre une mince couche aqueuse, si ce n'est peut-être que les sillons de la flaque sont plus réguliers et plus profondément creusés.

Parmi les innombrables phénomènes qui pourraient retenir un géologue pendant toute sa vie sur le bord de la mer, il faut encore compter des espèces de volcans en miniature. En déferlant régulièrement sur la plage, la vague apporte chaque fois une certaine quantité de sable qu'elle étale en une mince couche. Aussitôt, l'air entraîné dans les pores du sol se dégage en bulles petillantes; mais il reste toujours un grand nombre de molécules aériennes qui ne peuvent traverser la couche humide de sable, et restent enfermées. Sous l'influence de la chaleur du sol ou de l'air ambiant ces molécules se dilatent peu à peu, la pression du gaz soulève la pellicule durcie et forme un cône qui se fend quelquefois par suite de la pression intérieure et projette en fusées de petites gerbes de grains de sable. Il est vrai que les promeneurs distraits marchent sur des milliers de ces humbles volcans sans même en apercevoir un seul, mais ceux-là peuvent facilement les découvrir et les étudier, qui aiment la terre sous tous ses aspects, et contemplent avec la même admiration le grain de sable et les montagnes. Pour le naturaliste qui voit d'immenses forêts dans chaque amas d'algues, un monde d'animaux dans les débris qui jonchent le sable, les mille prodiges de la grève ne peuvent manquer d'éveiller toujours une joie profonde.

VI.

A la vue des grands travaux géologiques accomplis par le choc des vagues sur le littoral des diverses parties du monde, les savants se sont fréquemment demandé quelle est la part de la mer dans la formation des îles. Parmi ces terres qui parsèment la surface de l'Océan, les unes disposées en groupes ou en séries, les autres complétement solitaires, comment distinguer celles que la mer a détachées des continents et celles qui de tout temps ont existé d'une manière isolée comme des mondes à part? Est-il même possible, dans l'état actuel de la science, de tenter une classification des îles suivant leur origine? Oui, cette œuvre peut être commencée. En appelant à son aide les ressources nouvelles que la botanique et la zoologie offrent à la géographie physique, il est permis désormais d'affirmer que tôt ou tard on pourra indiquer avec certitude le mode de formation et l'âge relatif de chaque terre océanique [1].

D'abord, il est évident que les îles, les îlots et les écueils rocheux situés dans le voisinage immédiat des côtes sont une dépendance naturelle des continents et en font géologiquement partie. A la base des hautes montagnes qui projettent au loin dans la mer des caps avancés, semblables aux racines d'un chêne, on peut en maint endroit voir, pour ainsi dire, se continuer sous la surface de l'Océan la

[1]. Voir surtout les travaux de Darwin, de Wallace, et une étude de M. Oscar Peschel, *der Ursprung der Inseln; Ausland*, janv. et fév. 1867.

crête des chaînons latéraux. Le profil des hauteurs continentales s'abaisse par degrés : aux monts succèdent les collines, puis le promontoire de rochers dont les escarpements plongent sous la nappe unie des eaux. Un faible détroit, simple échancrure où se rencontrent les vagues, sépare le cap d'une île moins élevée; mais plus loin s'ouvre un large canal, et la cime qui se montre à la surface, de l'autre côté de la vallée sous-marine, n'est plus qu'une aiguille de rocher. Au delà s'étend la haute mer, où les écueils submergés, s'il en existe encore, ne se révèlent que par l'écume blanchissante. Sur toutes les côtes abruptes, ces îlots appartenant à l'architecture primitive du continent sont fort nombreux, et même en certains parages forment de véritables archipels. La Norvége, l'Écosse occidentale, la Patagonie chilienne et toutes les contrées où les fjords changent le littoral en un immense labyrinthe, sont ainsi bordées d'îles innombrables ayant également leurs découpures, leurs détroits, leurs ceintures d'îlots. C'est que, depuis la retraite relativement récente des glaciers qui remplissaient tout l'espace compris entre les cirques des plateaux neigeux et les promontoires extérieurs, le relief primitif n'a que faiblement changé; les alluvions terrestres apportées par les torrents n'ont comblé qu'un petit nombre de vallées, et les bases des îles et des caps, plongeant trop profondément sous les eaux, n'ont pu servir de point d'appui à des alluvions marines semblables à celles qui s'étendent sur les côtes basses. Les rocs isolés, que les glaces entouraient jadis comme elles entourent aujourd'hui le « Jardin » du mont Blanc, se dressent maintenant au milieu des eaux; mais ils n'en sont pas moins des saillies du relief continental; en des eaux moins profondes, où le jeu des alluvions marines aurait pu facilement s'accomplir, ils seraient depuis longtemps déjà rattachés au rivage.

Parmi les îles qui doivent être considérées comme de simples dépendances des grandes terres voisines, il faut aussi ranger non-seulement celles qu'ont élevées des alluvions marines ou fluviales, simples bancs émergés, qui se trouvent surtout le long des côtes basses et près des embouchures de rivières, mais également les îles qui sont dues soit au soulèvement, soit à l'affaissement graduel du sol. Ainsi la chaîne de dunes insulaires qui défend le littoral de la Frise et de la Hollande contre les assauts de la mer du Nord, de Wangerooge au Texel, est bien certainement un reste de l'antique littoral, et c'est elle encore, bien mieux que les rivages à demi noyés du Dollart et du Zuyderzee, qui marque la véritable limite entre la terre et les mers[1]. Par un phénomène inverse, les côtes de la péninsule scandinave, qui s'exhaussent lentement au-dessus des flots, se sont enrichies d'îles nouvelles pendant le cours de l'époque géologique actuelle. Dans le dédale des fjords norvégiens, dans les Lofoden, dans l'archipel des Quarken, des écueils cachés sont devenus des roches visibles, puis des îles étendues où les algues ont été peu à peu remplacées par la flore terrestre. Tandis que le continent empiétait sur la mer, les îlots surgissaient çà et là et s'étalaient au loin sur les eaux, comme les feuilles de quelque plante gigantesque. Les roches insulaires montent lentement du fond de l'Océan, soulevées par la même force qui redresse le continent voisin. D'ailleurs pareil phénomène ne s'est pas accompli seulement sur les côtes de la Scandinavie. Peut-être même la grande île d'Anticosti, qui s'étend dans le golfe de Saint-Laurent sur une longueur de plus de 200 kilomètres, est-elle une de ces terres lentement exhaussées; car, d'après le témoignage de M. Yule Hind, on ne verrait dans les vallons granitiques de ses collines ni serpents, ni batraciens comme sur les côtes du Labrador et du Canada. S'il en est vraiment ainsi, on ne pourrait guère admettre qu'Anticosti ait jamais été en communication avec

1. Voir, ci-dessus, page 204.

le continent d'Amérique, elle a dû surgir des eaux comme
les flots du littoral scandinave.

Les choses se sont passées différemment pour la Grande-
Bretagne et la plupart des îles qui frangent le pourtour des
masses continentales. Il est certain que l'Angleterre faisait
autrefois partie de l'Europe. Cela est prouvé par la concordance parfaite de l'un et l'autre rivage du Pas-de-Calais [1];
cela est aussi prouvé par la faune et la flore de la grande
île Britannique, dont tous les animaux, toutes les plantes
sauvages sont des colons venus du monde voisin; pas une
seule espèce n'appartient en propre, comme production
spontanée, au sol de l'antique Albion [2]. De la même manière. l'Irlande a été séparée de la Grande-Bretagne pendant la période géologique actuelle, et sur le pourtour des
deux îles principales, nombre de fragments secondaires,
Wight, Anglesey, les Sorlingues, se sont également isolés
au milieu des flots.

Une multitude d'îles, situées, comme l'Angleterre et
l'Irlande, dans le voisinage des continents. sont aussi de
simples débris, que les vagues, aidées peut-être par l'affaissement graduel du terrain, ont détachés des rivages de la
grande terre. Le magnifique archipel de la Sonde, les Moluques et les îles voisines de l'Australie offrent le plus remarquable exemple de ce morcellement des masses continentales. Un canal d'une trentaine de kilomètres de largeur et
d'une profondeur de plus de 200 mètres passe entre les
deux grandes îles de Bornéo et de Célèbes, et, se continuant
dans la direction du sud, sépare les deux terres volcaniques,
très-rapprochées l'une de l'autre, de Bali et de Lombok. Ce
canal est l'ancien détroit qui servait de limite commune à
l'Asie et au continent austral. A l'ouest, Java, Bornéo,

---

1. Voir, dans le premier volume, le chapitre intitulé *les Premiers Ages*, et
ci-dessus, p. 185.

2. Voir, ci-dessous, le chapitre intitulé *la Terre et sa Flore*.

Sumatra, la péninsule de Malaisie, le Cambodge, reposent sur un plateau sous-marin qui s'étend à 60 mètres à peine au-dessous de la surface des eaux; à l'est, Sumbava, Florès, Timor, les Moluques, la Nouvelle-Guinée, l'Australie se trouvent également sur une sorte de piédestal qui s'est graduellement affaissé, et sur lequel les zoophytes construisent çà et là de longues barrières d'écueils. Ainsi que le naturaliste Wallace l'a démontré par ses recherches dans l'archipel Indien, toutes les espèces, plantes et animaux, diffèrent complétement de chaque côté du canal de séparation : faune et flore sont asiatiques à l'ouest, tandis qu'à l'est elles présentent le type australien; même les oiseaux, pour lesquels un détroit de quelques lieues de largeur semble pourtant un bien faible obstacle, diffèrent nettement dans chacun des deux groupes d'îles.

Il faudrait donc voir dans les archipels australiens les débris d'une grande masse continentale qui se serait partagée en de nombreux fragments à des époques plus ou moins éloignées de nous. On peut en dire autant des îles de la mer Égée, de celles du Danemark, de l'archipel polaire du nouveau monde, du dédale des îles magellaniques et de la plupart des terres qu'entourent des eaux peu profondes dans le voisinage des côtes. Quant aux grandes îles de la Méditerranée, Chypre, la Crète, la Sicile, la Sardaigne, la Corse, les Baléares, elles sont aussi très-probablement les restes de contrées plus étendues qui se rattachaient à ces parties du monde devenues aujourd'hui l'Asie, l'Europe et l'Afrique; car bien que ces terres, à l'exception de la Sicile, surgissent toutes du fond d'abîmes ayant en moyenne de 1,000 à 2,000 mètres de profondeur, cependant les espèces fossiles et vivantes des îles méditerranéennes ne diffèrent point de celles des continents voisins, et c'est là par conséquent qu'il faut en chercher l'origine. Au point de vue géologique, on peut même dire que les terres du bassin occidental de la Méditerranée, l'Espagne, la Provence, la péninsule Italique,

Tunis, l'Algérie, le Maroc, forment avec les îles voisines un ensemble bien plus nettement déterminé que ne l'est, par exemple, l'Europe centrale, du détroit de Gibraltar aux bords de la Caspienne : en dépit des gouffres qui les séparent, les côtes situées en face les unes des autres, sur chaque bord de la mer Tyrrhénienne, ont gardé une physionomie semblable dans les terrains, la flore et la faune.

Les îles méditerranéennes peuvent ainsi être considérées, soit comme les dépendances des continents voisins, soit, mieux encore, comme les restes d'une ancienne terre partiellement engloutie. Toutefois, il existe au milieu de la mer des massifs insulaires, dans lesquels les géologues ne sauraient voir autre chose que les témoins d'espaces continentaux actuellement disparus. Ainsi Madagascar, pourtant assez rapprochée de l'Afrique, semble une sorte de monde à part, ayant une faune et une flore qui lui appartiennent en propre, et possédant même des familles entières, notamment de serpents et de singes, qui n'ont pas d'autres représentants sur la planète. De même, chose étrange, l'île de Ceylan, à demi réunie à l'Hindoustan par les écueils, les îlots et les bancs de sable du Pont-de-Rama, diffère beaucoup de la péninsule voisine par la physionomie générale de ses animaux et de ses plantes, et l'on peut se demander si, au lieu d'être une simple dépendance de l'Asie, elle n'est pas, au contraire, le mince débris d'un ancien continent qui s'étendait à la place de l'océan Indien, et comprenait Madagascar, les Seychelles et d'autres îles maintenant presque imperceptibles sur la carte.

Parmi les fragments de mondes disparus, il faut ranger probablement aussi la plupart des Antilles et la Nouvelle-Zélande. Les grandes Antilles présentent avec les terres de l'Amérique du Nord un contraste bien plus frappant encore que celui de Ceylan et de la péninsule du Gange. Par le relief et la nature des assises géologiques, Haïti, la Jamaïque ne ressemblent aucunement aux terres basses du littoral américain situé de l'autre côté du golfe; leurs espèces végétales et animales diffèrent notablement de celles du continent voisin, bien que les vents, les courants, les oiseaux voyageurs et enfin les hommes aient collaboré depuis un nombre inconnu de siècles à porter de l'un à l'autre bord les animaux et les plantes. Quant à la Nouvelle-Zélande, c'est un monde tout à fait distinct, dont la flore et la faune ont un caractère essentiellement original. Ni ses espèces fossiles, ni ses espèces vivantes ne ressemblent à celles de l'Australie ou de l'Amérique du Sud [1]. Aussi la plupart des savants se rangent-ils à l'opinion de Hochstetter, qui voit dans la Nouvelle-Zélande et dans l'île de Norfolk les fragments d'un continent isolé depuis l'antiquité géologique la plus reculée. Tandis que la Grande-Bretagne peut être considérée comme le type des îles à peine séparées du continent voisin, sa belle colonie des antipodes représente, au contraire, un ancien monde graduellement réduit par les érosions de la mer et les affaissements aux dimensions d'un simple groupe insulaire.

La forme actuelle des îles permet souvent de reconnaître quelle était leur forme antérieure, alors qu'elles s'étendaient sur un espace beaucoup plus considérable. Par leur relief et leurs ramifications, les arêtes montagneuses indiquent d'une manière générale la configuration première : ce sont comme des fragments d'un squelette autour duquel on reconstruit par la pensée les contours de l'ancien corps continental. D'ailleurs, plusieurs de ces îles, dont il ne reste que l'ossature primitive et dont les plaines ont disparu, sont déchiquetées de la manière la plus étrange et leurs rivages offrent les plus bizarres sinuosités. Ainsi Choa-Canzouni, dans l'archipel des Comores, est un groupe de deux îles massives unies par une sorte de pédoncule; Nossi-

---

1. Voir, ci dessous, les chapitres intitulés *la Terre et sa Flore, la Terre et sa Faune.*

Mitsiou, dans les mêmes parages, ressemble au tronçon de
deux rameaux brisés; enfin, Célèbes et Gilolo, si remar-

Fig. 84. CHOA-GANZOUNI.

quables par le parallélisme de leurs golfes et de leurs promontoires, semblent être toutes les deux construites sur le
même modèle, et ce que l'on sait de la direction des mon-

tagnes de Bornéo permet de croire que si cette grande île
s'immergeait dans les mers, ses rivages ressembleraient

Fig. 83. NOSSI-MITRIOU.

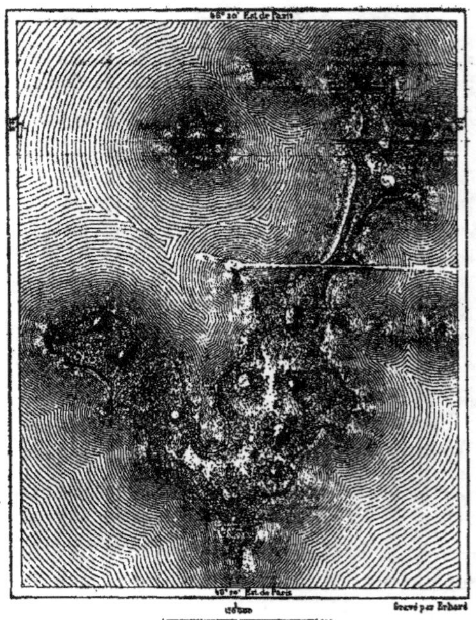

par la forme de leurs contours à ceux de ses deux voisines
de la mer des Moluques [1].

1. Oscar Peschel, *Ausland*, 1868.

En dehors des fragments de masses continentales antiques ou modernes, toutes les saillies qui se montrent au-dessus du niveau de l'Océan sont des îles bâties par les

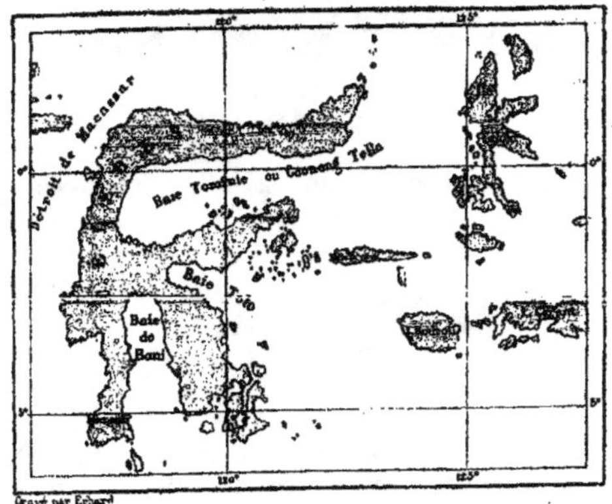

Fig. 86. CÉLÈBES ET GILOLO.

zoophytes ou bien des volcans rejetés du fond des mers; telle est sans exception l'une ou l'autre origine des terres émergées. Les unes, on le sait[1], sont disposées en *atolls* ou récifs annulaires, formés eux-mêmes d'anneaux de plus petites dimensions, tandis que les cônes de laves qui s'élèvent en pleine mer dressent superbement hors des flots leurs flancs recourbés en forme de talus, et révèlent l'indépendance de leur origine par une déclivité qui se continue assez régulièrement sous les eaux. Toutefois, on peut voir

1. Voir, dans le premier volume, le chapitre intitulé *les Oscillations lentes du sol terrestre*, et ci-dessous, le chapitre intitulé *la Terre et sa Faune*.

par l'exemple du volcan de Stromboli, et plus encore par celui de l'île de Panaria, que les flots ne cessent d'adoucir

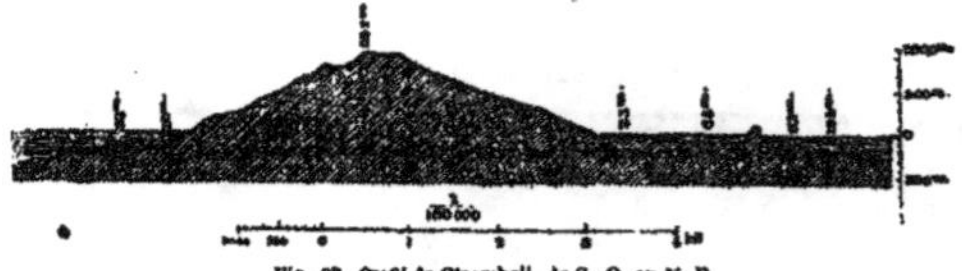

Fig. 87. Profil de Stromboli, du S.-O. au N.-E.

les pentes sous-marines en distribuant au loin les laves et les cendres rejetées par les cratères.

Fig. 88. Profil de Panaria, du N.-O. au S.-E.

Comparées aux terres d'origine continentale, les corps vraiment insulaires composés de laves ou bâtis par les coraux ont une étendue relativement très-faible. Il semble que d'après l'ordonnance générale du globe la séparation devait être primitivement beaucoup plus tranchée entre la mer et les espaces émergés. D'un côté, de grandes terres continues, de l'autre des océans déserts, telle paraît avoir été la distribution naturelle; mais l'incessant travail qui s'accomplit sur notre planète, comme sur tous les astres du ciel, a modifié à l'infini la forme des reliefs continentaux et des cavités qui les séparent. De même que, par ses pluies et ses neiges, la mer a parsemé de lacs les régions soulevées au-dessus de son niveau et tracé les innombrables vallées des eaux courantes, de même les terres ont donné à l'Océan ces myriades d'îles et d'îlots qui en varient si gracieusement la surface.

Les alluvions des fleuves, la puissance érosive des vagues, les forces intérieures qui soulèvent ou dépriment lentement de vastes contrées et font jaillir brusquement des cônes de lave, enfin les innombrables organismes qui mettent en œuvre les substances contenues dans l'eau marine, tous ces agents géologiques ont travaillé de concert à égrener çà et là des îles de formes et de grandeurs diverses, les unes en amas, les autres en petits groupes ou même complétement isolées. Ensuite les vents, les pluies, les trombes et autres météores de l'atmosphère, les courants océaniques, le flux et le reflux, les ondulations des vagues, tout ce qui se meut et tout ce qui flotte dans les eaux et dans les airs, — oiseaux et poissons, algues et bois de dérive, écume et poussière, — n'ont cessé d'agir directement ou indirectement pour introduire la vie dans ces îles, les peupler d'espèces animales et végétales, et les préparer ainsi au séjour de l'homme.

CHAPITRE V.

LES DUNES.

I.

Dunes provenant de la décomposition des roches. — Formation des dunes mobiles
sur le rivage de la mer. — Disposition symétrique des rangées de sable.

C'est principalement au-dessus des plages sablonneuses
de l'Océan que s'allongent les rangées de monticules changeants connus sous le nom de dunes; cependant le phénomène du redressement des sables en collines mouvantes
peut s'accomplir également à une grande distance du rivage
actuel des mers. Les dunes se forment sur tous les points
du globe où le vent trouve et pousse devant lui de légers
matériaux arénacés; mais il faut le remarquer, ces matériaux n'existent en quantités considérables que sur le rivage
des mers et des grands bassins lacustres, sur les fonds
des anciens golfes et détroits transformés en déserts, sur
le bord des fleuves qui roulent des sables dans leurs lits et
qui sont exposés à de fréquents changements de niveau par
l'alternance des sécheresses et des inondations. Ce sont
les eaux qui, par leur action destructive sur les falaises,
préparent les molécules sableuses nécessaires à la construction des dunes, et cette origine permet de considérer les
rangées mobiles de sable, quelle que soit leur distance des
rivages, comme des produits de l'Océan.

Dans tous les grands déserts de l'Asie et de l'Afrique,

on voit de ces vagues terrestres qui se déplacent lentement sous l'impulsion des courants aériens[1]. Il en existe aussi sur le bord du Nil et de plusieurs autres grands fleuves. En France même, de fort belles dunes, hautes d'environ 10 mètres, s'élèvent sur la rive du Gardon, immédiatement en aval du célèbre pont romain; c'est le mistral qui les a dressées. En sortant de la gorge qui l'enfermait, ce vent s'empare des molécules de sable fin laissées sur les plages et desséchées par le soleil, puis il les dépose à l'entrée de la plaine, à l'endroit précis où il s'épand sur une plus large étendue et perd en intensité ce qu'il gagne en surface.

Un certain nombre de dunes ont été formées sur place pendant le cours des siècles par la désintégration de rochers de grès. Les brouillards, les pluies, les gelées et toutes les intempéries rongent graduellement la surface de la pierre et la transforment en sables qui s'éboulent en laissant de nouvelles couches à découvert. Celles-ci subissent à leur tour l'influence destructive des météores, et c'est ainsi que peu à peu le roc, jadis solide, est changé, jusqu'à une profondeur plus ou moins considérable, en une masse de sable croulant. Les grains, froissés les uns contre les autres durant leur chute, deviennent de plus en plus ténus, et lorsque le vent souffle avec force, il peut enlever ces molécules arénacées, leur faire remonter la pente du talus, et parfois même les soulever en tourbillons comme la fumée d'un volcan. Néanmoins, la dune enveloppant encore un noyau solide, et composée en grande partie de grains plus lourds que ceux du bord de l'Océan, ne se déplace point tout entière sous l'action des tempêtes; elle prend seulement une autre forme par suite du changement graduel de ses pentes en talus d'éboulement. Près de Ghadamès, plusieurs montagnes de ce genre, qui furent autrefois des collines de grès, s'élèvent à 150 et 200 mètres de hauteur :

1. Voir, dans le premier volume, le chapitre intitulé *les Plaines*.

l'une d'elles, qui n'a pas moins de 155 mètres, offre du côté exposé au vent une inclinaison de 37 degrés : c'est à peu près la pente la plus forte que puisse présenter un talus de sable [1].

Quant aux dunes proprement dites, celles qui se trouvent au loin dans l'intérieur des continents ne peuvent être comparées pour l'importance à celles qui se développent en longues rangées parallèlement aux rivages sablonneux de la mer. Sur les plages non rocheuses de l'Océan, l'existence des dunes est un fait presque constant; les seules plages basses qui en soient dépourvues sont celles que la houle a formées de matières argileuses, de vases compactes ou de sables fortement mélangés de détritus animaux et végétaux. Les rives sablonneuses de la Méditerranée, de la Baltique et des autres mers intérieures où les marées sont à peine sensibles, n'offrent guère non plus que des dunes peu élevées, parce que le manque de flux et de reflux ne permet pas aux sables d'y acquérir une mobilité suffisante : cependant, on en voit de plus de 30 mètres de hauteur entre la Vera-Cruz et Tampico, sur les bords du golfe du Mexique, où les marées sont très-faibles. Sur toutes les côtes océaniques dont le sable est assez meuble pour se laisser soulever par le vent, la formation des dunes s'accomplit avec une parfaite régularité.

Ces monticules se dressant pour ainsi dire sous les yeux mêmes de l'observateur, il n'est pas difficile d'en suivre les progrès ni d'en donner la théorie. Les vagues remuent constamment le fond mobile du bord, se chargent des matières arénacées et les étalent en minces nappes sur l'estran; puis à marée basse, les molécules de sable s'allègent peu à peu de leur humidité, cessent d'adhérer les unes aux autres et se laissent emporter vers la terre par le vent

1. Vattone, *Mission de Ghadamès ;* — Barth, *Zeitschrift für die Erdkunde,* mars 1865.

du large : ce sont là les matériaux des dunes. Si la plage se
redressait vers l'intérieur du continent d'une manière parfaitement unie, ce sable, rejeté par les vagues au-dessus du
niveau marin et reporté au loin par les bouffées successives du vent, s'étendrait sur le sol en couches d'une épaisseur uniforme ; mais les inégalités de la surface empêchent
qu'il n'en soit ainsi. Des cailloux, des épaves, des branches
et des troncs d'arbres couverts de coquillages, des plantes
et des arbustes aux racines tenaces font saillie au-dessus
de la plage et s'opposent à la marche du vent, qui glisse sur
le sol en entraînant les grains de sable restés à sec. Ces
faibles obstacles suffisent pour déterminer la naissance des
dunes en obligeant la brise à laisser tomber le petit nuage
de poussière arénacée ou calcaire dont elle est chargée.
L'horizontalité de la plage est ainsi rompue : les rangées
de buttes sablonneuses, qui plus tard doivent se dresser en
véritables collines, commencent à se profiler sur le sol.

Quand le vent du large souffle avec assez de force, on
peut non-seulement assister à la croissance des dunes,
mais on peut également aider à leur formation et vérifier
par l'expérience directe les assertions de la théorie. Qu'on
dépose un objet quelconque sur le sol, ou mieux encore,
qu'on enfonce dans le sable une rangée de piquets perpendiculairement à la direction du vent, aussitôt le courant

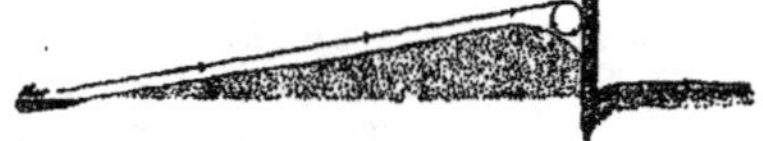

Fig. 89. Formation de la dune.

d'air, qui vient se heurter contre l'obstacle, se rejette en
arrière pour former un remous ou tourbillon, dont le diamètre est toujours proportionnel à la hauteur des piquets.
Arrêtés par ce remous, les grains de sable qu'apporte le

vent se déposent graduellement en deçà de la barrière jusqu'à ce que la cime de la dune en miniature soit au niveau de la ligne idéale qui mène du rivage à l'arête supérieure de l'obstacle. Alors le sable, que pousse le souffle de la mer et qui remonte le plan incliné offert par la face antérieure du monticule, ne se laisse plus entraîner dans le remous et ramener en arrière; il franchit le petit ravin que la gyration de l'air a ménagé en avant de la palissade, et vient tomber au delà pour s'accumuler peu à peu sur la face postérieure de l'obstacle en prenant la forme d'un talus d'éboulement. C'est grâce à la connaissance de ces faits que

Fig. 90. Formation du talus d'éboulement.

l'on a pu forcer les éléments à construire un rempart protecteur de dunes sur divers points des côtes menacés d'érosion par les vagues de la mer[1].

Tels sont toujours les commencements de la dune, quel que soit l'objet qui s'oppose à la marche du vent. Il est aisé de s'en convaincre à la vue des maisons ou des cabanes que les douaniers et les pâtres élèvent dans les vallons sablonneux des dunes landaises non encore fixées par des semis d'arbres. Du côté de la mer, qui est également celui d'où le vent souffle en terribles rafales, la demeure reste séparée du talus de sable par un fossé de défense aussi régulier que s'il eût été creusé de main d'homme; mais du côté qui fait face à l'intérieur des terres, les sables s'entassent graduellement, et, si on ne les

1. Voir, ci-dessous, le chapitre intitulé *le Travail de l'Homme*.

déblayait, ils ne manqueraient pas de s'élever bientôt à la hauteur du toit.

Sur le plateau faiblement ondulé qui s'étend au pied des grandes pyramides d'Égypte, on peut étudier aussi les mêmes phénomènes. Les vents d'est et de nord-est qui viennent frapper la face orientale des énormes masses de pierre, rebondissent en arrière et, développant sur le sol leurs ondes réfléchies, ne permettent pas au sable de se déposer sur les degrés inférieurs des édifices ; c'est à une certaine distance seulement, à l'endroit précis où le courant répercuté est neutralisé par les masses d'air venues directement de l'est, que se dressent les renflements de la dune. A l'orient des pyramides, au contraire, de longs talus de sable, plus ou moins inclinés, viennent s'appuyer à la base des monuments. De même, au pied de certaines falaises de la Ligurie où les sables s'accumulent en dunes, il existe toujours une sorte de fosse entre le roc et les amas mobiles.

Lorsque le travail de l'homme n'intervient pas pour arrêter le progrès des dunes formées sur le rivage de la mer, les divers obstacles qui ont déterminé l'accumulation des sables disparaissent d'abord du côté du talus d'éboulement sous des couches successives ; puis, quand cette partie est cachée en entier, la face antérieure commence à s'engloutir à son tour. Le vent, au lieu de se développer suivant un plan horizontal, comme sur la surface de l'Océan, est obligé de prendre une direction oblique pour remonter la pente de la dune ; dès que celle-ci est assez élevée, le courant atmosphérique passe librement au-dessus de l'obstacle qui l'arrêtait auparavant, le petit remous qui tournoyait en deçà arrête ses gyrations, et rien n'empêche alors le sable de combler peu à peu le ravin que la répercussion du courant aérien avait maintenu devant la barrière. Bientôt l'arête de la dune coïncide avec celle de l'obstacle ; celui-ci disparaît complétement ; et le monticule, grandissant comme une vague qui s'approche de la rive, redressant toujours plus haut sa crête incessamment déplacée, continue d'empiéter sur les terres. Les diverses couches de sable qu'apporte successivement le vent du large gravissent jusqu'au sommet le versant maritime de la dune, puis, abandonnées à leur propre poids, s'étalent en larges nappes sur le talus d'éboulement et descendent en glissant jusqu'à la base. Dans les landes de la Gironde, la pente occidentale des dunes dont la base n'est pas rongée par la mer est en moyenne de 7 à 12 degrés. La pente orientale, qui est celle du talus d'éboulement, est de 29 à 32 degrés, c'est-à-dire trois fois plus forte. Elle serait de 45 degrés si les pluies ne ravinaient les talus et n'en prolongeaient ainsi l'inclinaison [1].

Ainsi gagnent incessamment les dunes, grâce aux nouvelles couches de sable ajoutées à leur talus changeant; mais l'action du vent dominant ne se borne pas à les agrandir; elle finit aussi par les déplacer en entier et les faire cheminer pour ainsi dire sur le sol. L'objet à la base duquel le remous de l'air avait accumulé les premiers grains de sable se décompose à la longue; les intempéries, les insectes, l'humidité, les agents chimiques le détruisent, et quand il a disparu, le sable qu'il arrêtait redevient mobile. Le vent, qui n'enlevait les couches superficielles de la dune que pour les remplacer sans cesse par de nouvelles nappes de sable, peut emporter maintenant toute la partie antérieure du monticule; il allonge le talus d'éboulement aux dépens de la face maritime, et la base de la colline, rongée par le vent, s'éloigne toujours plus du rivage. La dune est en marche; elle s'avance à la conquête du continent. Telle est la mobilité des sables que même lorsque les vagues érodent le pied de la dune et la forcent à s'écrouler dans la mer, la cime n'en avance pas moins

[1]. Raulin, *Géographie Girondine*.

vers le continent. Détruit d'un côté, elle envahit de l'autre, comme ces êtres voraces déjà coupés par moitié qui ne cessent d'engloutir. Les hautes dunes de Lagrave, au sud d'Arcachon, sont des plus curieuses à cet égard : en bas, la mer les force à s'écrouler; en haut, elles noient les pins dans leurs masses envahissantes de sable.

Les jours les plus favorables à l'observation de la marche progressive des dunes sont ceux pendant lesquels une douce brise, assez forte toutefois pour pousser le sable devant elle, souffle d'une manière parfaitement uniforme. Du haut de la dune, on voit les innombrables grains de poussière accourir en escaladant la pente; scintillant au soleil et tourbillonnant comme des moucherons par un beau soir d'été, ils atteignent la cime, puis ils s'accumulent en forme de corniche sur le revers de l'arête, et de temps en temps ils déterminent de petits éboulements qui s'épandent sur la surface du talus comme des nappes d'eau sur le flanc d'un rocher et dont les contours rappellent ceux de légères draperies se recouvrant les unes les autres. Lorsqu'un vent de tempête souffle avec violence et par rafales successives, les empiétements de la dune s'accomplissent d'une manière beaucoup plus rapide, mais souvent plus difficile à observer. Les cimes des monticules, qu'enveloppent des tourbillons de poussière, ressemblent à des volcans vomissant la fumée; la face antérieure de la dune est labourée, ravinée par le vent; des masses de sable, chargées de débris marins apportés par la tempête, s'écroulent avec bruit et se disposent en couches inégales sur le talus d'éboulement. Une tranchée pratiquée dans l'épaisseur de la dune permettrait de compter et de mesurer les strates d'épaisseur et de nature différentes que les vents ont successivement apportées. Telle douce brise n'a déposé que le sable fin comme la poussière, tel vent plus fort était chargé d'un lourd sable coquillier, tel orage a charrié des coquillages entiers, des branches et des épaves. Cependant les molécules transportées par le vent

sont en général d'autant plus ténues qu'elles sont plus
éloignées de la mer, et cela se comprend, car elles doivent
s'envoler d'autant plus facilement qu'elles offrent moins de

Fig. 91. Couches successives des talus de sable.

résistance au courant aérien qui les entraîne. Dans les
étroits cordons de dunes qui bordent certaines parties du
littoral de la Méditerranée, on peut voir se succéder nettement, sur une largeur de quelques centaines de mètres, les
matériaux mouvants espacés suivant leur poids : d'abord
ce sont les fragments de coquillages, puis les gros débris
arénacés, puis les sables fins [1].

Si le plan incliné que la dune tourne du côté de la mer
restait parfaitement uni, la zone du rivage n'offrirait, dans
toute sa largeur, qu'un seul rempart de sable empiétant
graduellement sur l'intérieur des terres; mais à la longue,
la pente de chaque dune ne peut manquer d'offrir quelques
inégalités causées par des corps étrangers ou par des plantes
qui prennent leur naissance dans le sable. Toutes les saillies
assez fortes pour résister au vent servent de points d'appui
à de nouvelles dunes entées, pour ainsi dire, sur le flanc
de l'ancienne. Ces nouvelles dunes elles-mêmes se hérissent d'aspérités que recouvrent bientôt d'autres monticules
de sable, et c'est ainsi que se dressent peu à peu toutes ces
rangées de collines mouvantes que séparent d'étroites et
longues vallées appelées *lettes* ou *lèdes* par les paysans des
landes françaises. En certains endroits, notamment entre
Biscarosse et la Teste, les lettes ressemblent, sur une lon-

1. Marcel de Serres, *Bulletin de la Société Géologique de France*, 1859.

gueur de plusieurs lieues, aux lits desséchés de larges
fleuves entourant de leurs flots de sable de grands îlots de
verdure.

Malgré le désordre apparent de ces monticules, au
milieu desquels un voyageur inexpérimenté peut facilement
s'égarer, la disposition générale des sables peut toujours
être ramenée à un type uniforme que modifient diversement les faits géographiques locaux, les contours du rivage
marin, la nature du sol, la force et la direction des vents,
la présence ou l'absence de végétation. La dune la plus
rapprochée de la mer, et par conséquent la plus récente,
est moins élevée que le monticule plus ancien situé immédiatement au delà; de même celui-ci atteint une hauteur
moins considérable que la colline suivante. Dans un système
normal de dunes, chaque rangée qui se développe plus avant
dans l'intérieur des terres dépasse les précédentes en élévation et forme comme un nouveau degré sur la pente de la
grande dune primitive qui sert d'avant-garde à toute l'armée
des sables. Cette dernière dune, véritable arête de tout
le système, s'agrandit peu à peu de tous les matériaux qui
ont servi à la formation des dunes inférieures situées en
deçà, du côté de la mer. Le grain de sable que l'air entraîne
au sommet du premier monticule, et qui s'éboule ensuite
dans un ravin, peut rester immobile pendant des siècles sous
les masses surincombantes; mais, grâce au progrès constant
de la dune, dont le vent balaye toutes les couches superficielles pour les laisser retomber plus loin en talus d'éboulement, ce grain de sable finit par reparaître : porté de
nouveau sur une cime, il descend encore et ne cesse ainsi
de voyager de dune en dune jusqu'à la dernière.

Les innombrables molécules arénacées cheminant en
vertu de lois rigoureuses, on peut en conséquence mesurer
la force des vents par la hauteur, la masse et la rapidité de
déplacement des monticules. Une observation attentive permet également de comparer entre eux les divers courants

atmosphériques qui poussent les sables, et d'indiquer d'une
manière précise celui dont l'action est la plus énergique.
Ainsi dans la péninsule d'Arvert ou de la Tremblade, située
entre l'embouchure de la Gironde et celle de la Seudre, la
chaîne des dunes se redresse graduellement dans la direction du nord, et c'est à l'extrémité septentrionale que
s'élève le plus haut monticule. Ce phénomène s'explique
par la fréquence et l'intensité du vent de sud-ouest qui
souffle dans ces parages ; en vertu du « parallélogramme des
forces », il porte les sables plus loin et plus haut que ne
peuvent le faire les vents d'ouest et de nord-ouest.

Toute dune isolée affecte des contours nettement définis
rappelant ceux du croissant. Il est facile de comprendre
pourquoi la colline doit avancer de manière à projeter ainsi
une pointe recourbée de chaque côté de sa masse principale.
Les grains de sable auxquels le vent fait remonter dans
toute sa hauteur la partie centrale de la dune ont à décrire
un chemin plus considérable et à glisser plus longtemps à
contre-pente que les molécules des deux extrémités latérales. Ils marchent en conséquence avec moins de vitesse ;
les pointes extrêmes, dépassant en rapidité le reste de la
dune, se reploient en guise de cornes avancées et donnent
à l'ensemble de la colline mouvante l'aspect d'un volcan
dont le cratère se serait effondré. Ce qui contribue encore
à faire prendre cette forme semi-circulaire aux monticules
sableux, c'est que le vent dominant ne souffle pas toujours
perpendiculairement à la masse de la dune ; souvent sa
direction est oblique, tantôt dans un sens, tantôt dans un
autre. Alors il fait avancer plus rapidement celle des ailes
de la dune dont il frappe la crête à angle droit.

Dans le désert d'Atacama, dans la Pampa de Tamarugal,
dans les Plaines-Jalonnées du Texas. dans le Sahara d'Algérie, dans les déserts nubiens et dans presque toutes les
régions que parcourent des sables mobiles, les dunes en
croissant offrent une telle régularité de forme que tous les

voyageurs en ont été frappés[1]. Les landes de Gascogne offrent aussi des exemples remarquables de cette disposition semi-circulaire de la crête des dunes. Aux environs d'Arca-

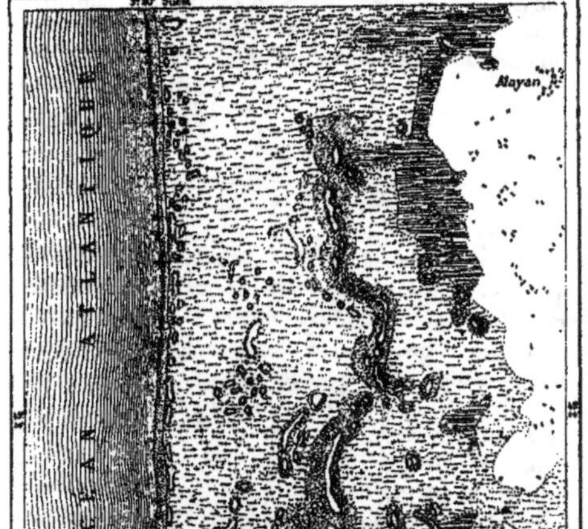

Fig. 92. DUNES EN CROISSANT.

chon et de la Teste, tous les monticules ont cette appa-rence de volcans effondrés et se distinguent par la riche végétation de genêts et d'arbousiers qui remplit leurs cra-

1. Pœppig, Meyen, Bollaert, Gillis, Laurent, Georges Pouchet.

tères ou *crouhots*. Dans les parties du littoral des landes où
la rondeur cratériforme des dunes s'est oblitérée. c'est évidemment parce que deux ou plusieurs monticules ont été
réunis et pour ainsi dire fondus ensemble par le vent impétueux qui souffle de la mer. Du reste, on peut se rendre
compte de tous ces phénomènes en étudiant les petits renflements de sable ou dunes en miniature qui se forment
par milliers sur les plages marines.

II.

Hauteur des monticules. — Marche des dunes. — Déplacement des étangs,
disparition des villages.

En Europe, les plus hauts monticules de sable se
trouvent sur le littoral des Pays-Bas, sur les côtes atlantiques de la France, et en Écosse, sur les bords du Firth of
Tay. Quant aux dunes de la Méditerranée. elles sont en
général beaucoup moins hautes que celles du littoral de
l'Océan. Les golfes du sud de l'Europe n'ayant qu'une
marée à peine sensible, les sables du bord ne sont point
incessamment déplacés comme ceux des plages de l'Océan,
et par suite ils offrent moins de prise aux vents qui poussent devant eux les molécules arénacées les plus ténues.
C'est au sud de l'Afrique, sur le pourtour des golfes des
Syrtes, où le flux et le reflux ont la plus grande amplitude,
et où les plages sablonneuses occupent d'énormes étendues,
que les dunes méditerranéennes atteignent la hauteur la
plus considérable. En France, celles que l'on voit de Port-
Vendres aux Bouches-du-Rhône, ne s'élèvent guère à plus
de 6 ou 7 mètres de hauteur, parce que les flèches sur
lesquelles se forment ces monticules n'ont pas une largeur
suffisante et surtout parce que le vent dominant, le mistral,
souffle du nord-ouest et porte le sable des étangs dans la
Méditerranée.

Sur le littoral des landes de Gascogne, où les vagues de
la mer apportent chaque année 6 millions de mètres cubes
de sable [1], un très-grand nombre de dunes dépassent une
élévation de 75 mètres; il en existe même une, celle de
Lascours, dont la longue croupe, parallèle au rivage de la
mer, atteint en plusieurs endroits 80 mètres et dresse son
dôme culminant à une altitude de 89 mètres. Il est vrai que
cette hauteur semble marquer en France l'extrême limite
ascensionnelle des sables, car les rangées de dunes situées
à l'est de la dune de Lascours sont beaucoup moins élevées.
On serait tenté d'admettre qu'après être arrivées à cette
grande hauteur, les nappes inférieures du vent d'ouest,
comprimées par les masses d'air plus élevées, n'ont pas la
force d'impulsion nécessaire pour faire monter encore les
molécules de sable et sont obligées de redescendre vers les
plaines de l'intérieur en écrétant les collines précédemment formées. En Afrique, sur les plages basses où l'Océan
vient baigner le grand désert de Sahara, l'énorme quantité
des matières arénacées que les vents d'est amènent du
désert et que le vent d'ouest repousse vers l'intérieur, permettent, dit-on, aux dunes du cap Bojador et du cap Vert
d'atteindre une élévation de 120 à 180 mètres [2]. Dans le
nouveau monde, la plus haute dune est peut-être celle de
Morro-Melancia, près du cap Saint-Roch, haute de 45 mètres:
elle s'appuie d'un côté sur un monticule boisé.

Aux yeux d'un voyageur habitué à l'escalade des Alpes
et des Pyrénées, ce sont là de bien humbles sommets; pourtant ces hauteurs de sable prennent l'aspect de véritables
montagnes, et leurs chaînes, disposées parallèlement à la
rive comme des rangées d'énormes vagues, semblent constituer tout un système orographique. Leurs talus hardis,
leurs vives arêtes taillées comme au ciseau, la forme rhyth-

1. Laval, *Annales des Ponts-et-Chaussées*, 1842.
2. Carl Ritter, *Afrika*.

mique de leurs cimes, l'harmonie générale de leurs contours, sans cesse modifiés au gré du vent, leur donnent une étonnante apparence de grandeur. La ligne de base parfaitement unie qu'offre le rivage de la mer aide également à l'illusion par le contraste et contribue à l'aspect grandiose de ces blanches collines. Le vieux nom à la fois celtique et latin des dunes (*dun*), qui s'appliquait aux montagnes et aux coteaux escarpés, et que l'on retrouve encore dans les dénominations de plusieurs villes, Verdun, Loudun, Issoudun, Saverdun, prouve que nos ancêtres avaient été singulièrement frappés de la forme hardie des monticules sableux du littoral.

En gagnant incessamment sur les plaines de l'intérieur, la dune engloutit sans les détruire tous les objets solides, pierres, rochers, troncs d'arbres ou demeures humaines : parfois même, elle recouvre des mares d'eau tout entières et les fait disparaître pendant quelque temps sous la base inclinée de ses talus. Lorsque le sable apporté par le vent tombe avec régularité sur la nappe d'une eau dormante et couverte d'écume visqueuse, il forme souvent une couche ténue voilant complétement aux regards l'eau qui le porte. Cette couche peut devenir assez solide pour rester en équilibre même lorsque le niveau de la mare baisse au-dessous d'elle, et bientôt les molécules de sable séchées par les rayons solaires ne trahissent plus l'existence du piége caché. Les pâtres, les animaux qui mettent le pied sur la surface de la *blouse* s'engouffrent tout à coup plus ou moins profondément, et les eaux de la mare refluent autour d'eux. Le plus souvent ils en sont quittes pour l'émotion. Peu à peu le sable croulant se tasse; ils laissent le fond se consolider, puis, levant tranquillement une jambe, ils attendent qu'une espèce de marche se soit formée, et montent ainsi de degré en degré comme par un escalier.

Si les petites mares sont parfois englouties en apparence, les masses d'eau plus considérables situées à la base

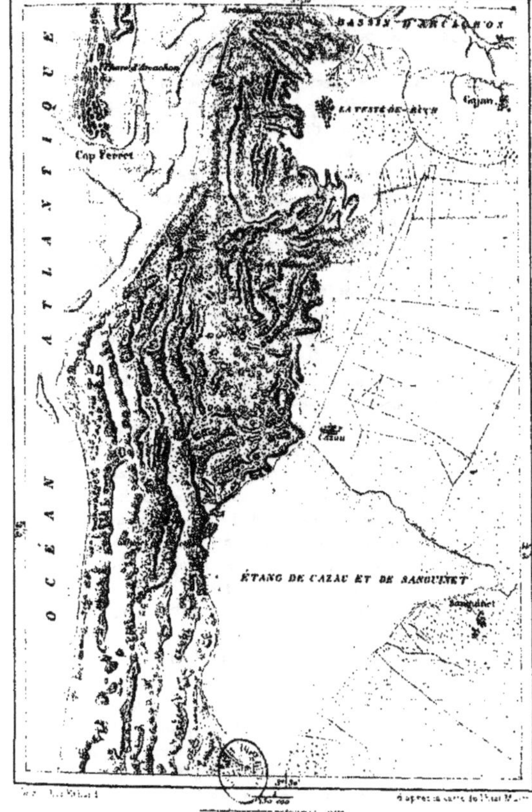

OCÉAN ATLANTIQUE
Arcachon
BASSIN D'ARCACHON
Phare d'Arcachon
Cap Ferret
LA TESTE-DE-BUCH
Gujan
OCÉAN
ÉTANG DE CAZAU ET DE SANGUINET
Sanguinet
Kilomètres.

des dunes sont continuellement repoussées vers l'intérieur.
Les rivières, arrêtées dans leur cours et changées en marais,
sont également forcées au recul et mêlent leurs eaux à celles
des étangs. Cette formation de lacs et de marécages, parallèle à celle des sables, est l'un des traits les plus remarquables du littoral des landes françaises. Sur un espace de
200 kilomètres, se prolonge une rangée d'étangs différents
de forme et de grandeur, mais tous situés à une distance à
peu près égale de la mer. Une grande baie, le bassin d'Arcachon, a pu maintenir une large communication avec
l'Océan, grâce peut-être à la rivière qu'elle reçoit de l'intérieur ; mais toutes les autres nappes d'eau, au nord les
étangs d'Hourtin et de Lacanau, au sud, ceux de Cazau, de
Parentis, d'Aureilhan, de Saint-Julien, de Léon, de Soustons,
ne communiquent avec la mer que par des *courants* au lit
tortueux et rapide, et se trouvent maintenant à un niveau
considérable au-dessus de la surface marine.

L'étang de Cazau, le plus élevé de tous et celui qui a
été repoussé graduellement dans l'intérieur des terres par
les plus fortes dunes, étale sa nappe à une altitude variant
de 19 à 20 mètres suivant les saisons. Il n'a pas moins de
6,000 hectares de superficie moyenne. Le spectateur qui le
contemple du haut d'un monticule croirait y voir une vaste
baie marine, car une grande partie des rivages opposés
échappent aux regards, et les arbres isolés ou disposés par
groupes qui marquent au loin la berge lointaine, ressemblent à une flotte de navires à l'ancre dans une rade;
les blancs éboulis de sable de forme triangulaire qu'on
aperçoit à la base des dunes verdoyantes, et qui paraissent autant de voiles d'embarcations rasant la côte, accroissent encore l'illusion. Du reste, il est probable que
l'étang de Cazau était autrefois un golfe de l'Océan, car le
fond de cette petite mer intérieure se trouve encore à
10 mètres au-dessous du niveau marin. Les pêcheurs, qui
sont les juges les plus autorisés en pareille matière, attes-

tent uniformément que, dans les parties les plus basses

Fig. 92. ÉTANGS DE CAZAU, DE PARENTIS ET D'AUBILHAN

de l'étang, la sonde touche le sable à une trentaine de

mètres au-dessous de la surface; ils affirment aussi que les creux profonds étaient jadis en communication avec la mer; ils indiquent même l'anse de Maubrucq comme ayant été l'ancien port et tracent au milieu des dunes la direction que suivait le détroit de l'entrée. De même les pêcheurs de l'étang d'Hourtin montrent encore l'emplacement du vieux port d'Anchise.

Il est facile de s'expliquer la transformation graduelle de l'ancien golfe de Cazau et des autres baies marines qui découpaient le rivage aujourd'hui si uniforme des landes. D'abord séparées de l'Océan par un mince cordon de sable, comme il s'en forme souvent sur les plages basses, ces baies changées en étangs ont été peu à peu repoussées vers l'intérieur des terres par les sillons parallèles des dunes. Sous l'énorme pression des sables, elles ont gravi, pour ainsi dire, la pente du continent. En même temps les pluies et

Fig. 91. Formation des étangs.

les ruisseaux, arrêtés dans leur cours, apportaient incessamment leur tribut d'eau douce aux nouveaux lacs, tandis que l'eau salée s'enfuyait à mesure par les déversoirs naturels ménagés entre les monticules. Ainsi les grains de sable que le vent pousse devant lui ont suffi, pendant le cours des siècles, à changer des golfes d'eau salée en étangs d'eau douce et à les porter dans l'intérieur du continent à une hauteur considérable au-dessus de l'Atlantique.

Les mêmes phénomènes se passent aussi dans les îles sablonneuses qui se trouvent au milieu de la mer. La plupart de ces îles ont une forme d'une régularité parfaite, due à la fois aux courants qui les baignent et aux vents qui en alignent les dunes. Au centre de l'espace triangulaire où en croissant qu'elles entourent de leurs monticules mouvants, elles enferment un ou plusieurs étangs, qui jadis

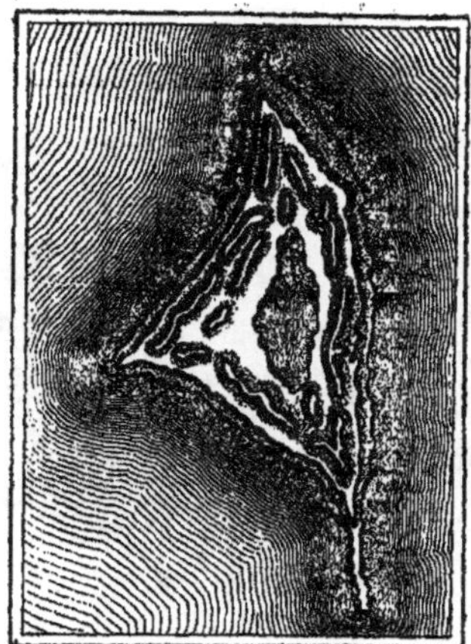

Fig. 93. Ile Thelonji, dans la mer Caspienne.

faisaient partie de la mer et qui se transforment par degrés
en mares d'eau saumâtre, puis d'eau douce. Dans l'île de
Sable, située non loin de l'embouchure du Saint-Laurent,
on peut même constater ce phénomène de transition et
prendre ainsi la nature sur le fait. Tandis que la grande
lagune de l'intérieur, trop étendue pour se purifier rapidement, est encore remplie d'eau salée, les petites mares
situées entre les dunes sont déjà de l'eau douce.

Nombreux sont les désastres occasionnés par l'envahissement des dunes ou des étangs pendant l'ère historique. Les

villages situés à la base orientale des dunes de la Gascogne,
sur le bord des étangs, devaient se déplacer de temps en
temps vers l'est, sous peine d'être engloutis par les sables
ou par les eaux. A l'approche du danger, les habitants

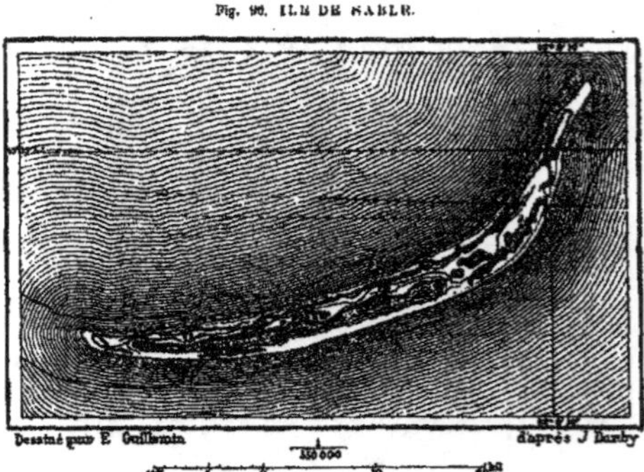

Fig. 96. ILE DE SABLE.

menacés essayaient quelquefois une vaine résistance. Dès
qu'aux vents réguliers de l'ouest succédait pour quelque
temps un vent d'est, pâtres et cultivateurs, armés de pelles
et de pioches, se rendaient en toute hâte au sommet des
dunes, et, pleins d'une ardeur impuissante, ils démolissaient
la crête des sables pour la livrer au souffle de l'air. Mais
bientôt les vents réguliers reportaient le sable vers l'intérieur; les dunes recommençaient à marcher et mettaient
l'armée des paysans en déroute. Sous peine d'être engloutis,
ils devaient détruire leurs cabanes pour en emporter les
matériaux, et se bâtir de nouvelles demeures à une certaine
distance dans l'intérieur de la lande. Les années, les siècles
s'écoulaient; mais les dunes et les étangs marchaient tou-

jours, et de nouveau les habitants étaient condamnés à transférer leurs villages au milieu des bruyères. C'étaient là des malheurs prévus, et la chronique garde le silence sur ces émigrations successives; elle se borne à mentionner les noms de quelques églises qu'on a dû abandonner aux sables pour les reconstruire au loin sur le plateau des landes. Ainsi nous savons que l'église de Lége a été rebâtie en 1480 et en 1650, la première fois à 4 kilomètres, la seconde à 3 kilomètres plus avant dans l'intérieur des terres; mais les étapes des autres localités de la même zone ne sont pas connues d'une manière précise. Quant aux bourgs aujourd'hui disparus de Lislan, de Lélos et de plusieurs autres encore, on ignore jusqu'à leur ancien emplacement. Après avoir perdu son port et ses hameaux, le bourg de Mimizan, jadis très-important, allait être englouti tout entier, lorsque, au moment suprême, on réussit enfin à fixer les dunes par des palissades et des plantations. Le demi-cercle des collines envahissantes, pareil à la gueule ébréchée d'un cratère, semble être encore sur le point de dévorer les maisons.

Les dunes ont été souvent comparées à des sabliers gigantesques mesurant le temps par la marche progressive de leurs talus de sable. La comparaison est juste, car les vents d'ouest qui opèrent tous ces changements sur le littoral des landes obéissent à présent aux mêmes lois qu'il y a des milliers d'années, et très-probablement leur force n'a pas changé pendant cet intervalle de temps. Les dunes, les étangs, et même les villages riverains peuvent donc être considérés comme de véritables chronomètres géologiques; mais par malheur les indications qu'ils fournissent n'ont pas encore été déchiffrées d'une manière certaine, et maintenant que les dunes sont fixées, il est trop tard pour entreprendre cette étude. L'illustre Brémontier dont le livre, imprimé en l'an v de la république[1], fait encore autorité

—————

1. *Mémoire sur les Dunes.*

sur la question des sables mouvants, a recueilli pendant
huit années une série d'observations qui lui ont donné une
moyenne de 20 à 25 mètres pour le progrès annuel des
dunes de la Teste. Ce résultat s'accorde d'une manière
remarquable avec les indications fournies par les empiétements des dunes de Lége pendant les quatre cents dernières
années. En admettant comme normale la moyenne calculée
par Brémontier, on arriverait à cette conclusion que, dans
un laps de temps de vingt siècles, les dunes auraient pu
envahir toute la zone des landes et recouvrir la ville de Bordeaux : il eût même suffi de mille ans pour transformer en
marécages les belles campagnes du Bordelais, car les étangs,
repoussés constamment par les dunes envahissantes, se
seraient épanchés du côté de l'est, aussitôt après avoir
dépassé la ligne culminante du plateau des landes. Des
recherches entreprises en d'autres lieux auraient sans doute
confirmé les observations faites par Brémontier; cependant, en l'absence de ces recherches, on ne peut accepter
comme s'appliquant à toute l'armée des sables, de Bayonne
à la pointe de Grave, des mesures faites au pied d'un groupe
de dunes isolées : pour se prononcer définitivement, il faut
attendre les observations qu'on ne manquera point de faire
un jour sur la marche des dunes dans toutes les parties du
globe où ces monticules ne sont pas encore arrêtés.

III.

Obstacles opposés par la nature à la marche des dunes. — Fixation des sables
par les semis.

Cependant, l'œuvre de la nature est double, et, si d'une
part, elle précipite la marche des sables, d'autre part elle
tâche de les arrêter : elle-même indique les moyens de prévenir ou prévient spontanément les désastres dont elle est

cause. En certains endroits, et spécialement sur une partie
de la côte des landes, elle exerce une action physique et
chimique en se servant de l'oxyde de fer que contient l'eau
des sources pour consolider les sables et les transformer graduellement en de véritables roches. Ailleurs, des ciments
organiques, composés de coquillages brisés, de restes d'infusoires siliceux et calcaires, agglutinent les molécules arénacées et leur donnent la stabilité nécessaire pour résister
au souffle du vent. Mais ces moyens de consolidation des
sables sont exceptionnels. C'est principalement la végétation
qui fixe les collines mouvantes des bords de la mer. Sur
presque tous les rivages, les débris sableux et calcaires
du sol renferment assez de principes fertilisants pour nourrir un certain nombre de plantes vivaces qui ne craignent
pas l'air salé des flots et qui projettent leurs racines à une
grande profondeur afin d'aspirer l'humidité nécessaire.
Parmi ces végétaux hardis, le plus commun et le plus utile
à la fois est le gourbet[1], dont les tiges, minces et flexibles,
ne peuvent guère arrêter le vent, mais dont les fortes racines, parfois longues de 12 ou 15 mètres, se développent
d'autant mieux que le sable a moins de consistance. Diverses
espèces de convolvulacées rampent sur le sol et, fixant de
distance en distance leurs vigoureux cordages, enveloppent
parfois une dune entière dans leur réseau de feuilles et de
fleurs. D'autres plantes se dressent fièrement; mais si leur
tige vient à être engloutie par les sables, elle se transforme
bientôt en racine et donne naissance à une nouvelle pousse,
qui peut être enterrée à son tour sans que la plante soit
exposée à périr. Ainsi telle graine germant à la base de
la dune produit souvent un végétal qui, de résurrection
en résurrection, finit par s'épanouir au sommet du monticule et relie par un câble de racines les couches arénacées que les lianes des convolvulus fixent à la surface.

[1]. *Arundo arenaria.*

Nombre de plantes dont les frêles tiges sont à demi enfouies dans le sable sont peut-être contemporaines de la dune elle-même [1]; peut-être existaient-elles avant que l'homme eût une histoire.

Dans cette lutte engagée entre la force des vents et la puissance de la végétation, l'issue définitive dépend à la fois des conditions climatériques, de la nature du sol, de la forme du rivage et de diverses circonstances éventuelles, parmi lesquelles il faut ranger, en première ligne, les dégâts causés par l'homme et les animaux. Dans l'Amérique du Sud, sur les rivages de ces contrées tropicales où le développement des plantes est favorisé, suivant les saisons, par une chaleur extrême et par des torrents de pluie, et où les sables contiennent une forte proportion de débris animaux et végétaux, la plupart des dunes sont déjà fixées à quelques mètres de la mer par des mimosas, des cactus et des arbres épineux; cependant, sur les plages orientales de toutes les rivières du Brésil équatorial qui vont se jeter au large des bouches de l'Amazone, on voit, même assez loin de la mer, des rangées de dunes de 10 à 15 mètres de hauteur qui cheminent incessamment, poussées par le souffle des vents alizés [2]. Cette mobilité des sables tient sans doute à ce fait mis hors de doute par Coutinho et Agassiz que les plages se dépriment dans cette partie du Brésil, et par suite changent incessamment de forme : les dunes n'ont pas encore eu le temps de se fixer.

En Europe, la flore des sables est moins riche que dans les contrées équatoriales. Sur les côtes du Jutland, elle se compose seulement de 234 espèces de plantes, très-humbles pour la plupart [3]; aussi les dunes « blanches » de la péninsule danoise, de même que celles de la Gascogne et de la Hollande,

1. Aug. Pyr. de Candolle; Élie de Beaumont.
2. *Revue maritime et coloniale*, 1866.
3. Andresen, *Om Klitformationen;* — Marsh.

n'ont-elles point assez de cohésion pour résister aux furieux vents d'ouest qui les assaillent. Il est probable toutefois que, même dans les pays de la zone tempérée, la modeste végétation herbacée des sables du littoral pourrait, après un certain laps de siècles, acquérir la force nécessaire pour fixer les dunes et préparer, par la lente accumulation de ses débris, une couche végétale où croîtraient spontanément les grands arbres.

S'il n'en était pas ainsi, il serait difficile de comprendre comment toutes les dunes de l'Europe étaient anciennement couvertes de forêts. D'après le témoignage unanime des anciens géographes, les bois s'étendaient jusqu'au bord de la mer dans ces plaines qui sont aujourd'hui les Pays-Bas, et les Bataves, les Angles, les Frisons n'avaient dans leurs idiomes aucun mot spécial qui désignât un monticule de sable mobile[1]. Ni le grand géographe Strabon, ni Pline l'encyclopédiste, ni aucun autre écrivain de l'antiquité ne mentionne l'existence de collines poussées par le vent, bien que ce phénomène eût été certainement de nature à les frapper. Sous un grand nombre de dunes de la Gascogne on découvre des troncs de chênes, de pins et d'autres essences, engloutis dans le sable au-dessus de l'ancien niveau des landes. Bien plus, quelques dunes portent encore des bois magnifiques, qui comptent au moins plusieurs siècles d'existence et qui n'ont probablement pas été plantés par l'homme. Non loin d'Arcachon, on peut s'égarer dans une forêt où se dressent des pins gigantesques, sans rivaux en France, et des chênes d'une circonférence de 12 mètres. Des titres de 1332 parlent aussi de forêts qui recouvraient les dunes de Médoc, et où les seigneurs de Lesparre allaient en joyeuse compagnie chasser le cerf, le sanglier, le chevreuil. Enfin Montaigne[2], écrivant au milieu du xvi° siècle, dit que les enva-

1. Staring, *Voormals en Thans ;* — Marsh.
2. *Essais,* livre IV.

hissements des sables avaient lieu « depuis quelque temps. » D'ailleurs, pourquoi les Landais donneraient-ils, comme les Espagnols, le nom de *monts* ou *montagnes* à leurs forêts, même à celles de la plaine, sinon parce que leurs collines de sable étaient autrefois uniformément couvertes d'arbres?

Malheureusement toutes ces belles forêts qui protégeaient autrefois les terres basses du littoral maritime contre l'invasion des sables furent successivement détruites pendant les mauvais jours du moyen âge, soit par des envahisseurs barbares, soit par des seigneurs imprévoyants, soit par les paysans eux-mêmes. Encore au dernier siècle, le roi de Prusse, Frédéric-Guillaume Ier, ayant grand besoin d'argent, fit abattre la forêt de pins qui s'étendait sans interruption sur les dunes de la Frische Nehrung, de Dantzig à Pillau. L'opération lui rapporta la somme de 200,000 écus; mais les sables mouvants envahirent la grande baie intérieure, détruisirent les pêcheries, obstruèrent le chenal de navigation, ensevelirent les forteresses de défense et modifièrent de la manière la plus fâcheuse l'économie hydrographique de tous ces parages[1]. En Hollande, en Bretagne, le déboisement du littoral a produit des résultats plus funestes encore. Sur les bords du lac Michigan, au cap Cod (Massachusetts), les défrichements de la plage ont aussi amené la formation de collines mouvantes[2]. Mais les riverains n'ont à se plaindre que d'eux-mêmes : les dunes sont leur ouvrage. Une seule imprudence peut causer de grands malheurs : c'est ainsi que, d'après Staring, une des plus hautes dunes de la Frise doit son origine à la destruction d'un seul chêne[3].

C'est à l'homme d'arrêter maintenant par son travail ces monticules de sable qu'il a pour ainsi dire créés par son

1. Foss, *Zeitschrift für die Erdkunde*, 1861.
2. Marsh, *Man and Nature*.
3. *De Bodem van Nederland*, tome I, p. 425.

imprévoyance. Heureusement ce n'est pas là une œuvre impossible. Déjà le berger des landes françaises, quand il voulait protéger sa cabane érigée au fond de quelque ravin des dunes, avait soin de couper dans les lèdes ou les marécages environnants des graminées ou des roseaux qu'il étendait sur le sol de manière à le recouvrir complétement et à ne laisser aucune prise au vent de la mer. Cela suffit : le sable reste immobile et la dune est désormais fixée, aussi longtemps du moins que le pas d'un cheval, la dent d'une brebis ou d'un animal sauvage, une averse de pluie ou telle autre cause, n'ont pas transpercé la couche protectrice et rendu aux sables leur mobilité : il faut alors tapisser le sol d'une nouvelle litière de plantes.

Ce moyen de protection, qui d'ailleurs est praticable seulement sur de faibles étendues, est évidemment tout provisoire : pour obtenir un résultat définitif, il faut recourir à la fixation directe des dunes par des semis d'arbres ou d'autres plantes offrant aux vents une barrière infranchissable. Dans les temps modernes, les Hollandais, ces grands maîtres pour tous les travaux de la mer et des rivages, ont été les premiers à reconnaître l'absolue nécessité d'arrêter les dunes. A la fois défendus et menacés par ces masses de sable mouvant qui ne cessaient d'empiéter sur leur territoire, tout en le protégeant contre les assauts de la mer, ils ont compris que le salut même de la patrie pouvait dépendre de ce rempart de collines, et depuis un siècle ils l'ont définitivement consolidé par des plantations de roseaux, d'érables et de sapins.

Les premières tentatives faites pour la fixation des dunes de Gascogne datent du commencement du xviii° siècle. M. de Ruhat, acquéreur de l'ancien captalat de Buch, ensemença de pins quelques collines de la Teste; mais, quoique les semis eussent réussi parfaitement, l'œuvre ne fut pas continuée, et partout ailleurs les inertes Landais laissèrent les dunes marcher à l'assaut de leurs villages. Plus tard, les frères

Desbiey et l'ingénieur Villers proposèrent à diverses reprises la fixation de toute la zone des sables : leur voix ne fut point entendue. C'est au célèbre Brémontier qu'échut l'honneur de faire adopter et de mettre en pratique un plan d'ensemble pour la culture des dunes. S'inspirant des écrits et de l'exemple de ses devanciers, ne dédaignant pas d'interroger les pâtres qui connaissaient par tradition les moyens d'arrêter les sables, Brémontier se mit pour la première fois à l'œuvre en 1787. Interrompus en 1789, puis repris en 1791, les travaux furent complétement abandonnés en 1793, par suite de l'opposition qu'avaient suscitée plusieurs habitants de la Teste; mais déjà on pouvait constater d'importants résultats. Plus de 250 hectares de sables mouvants avaient été fixés dans les environs d'Arcachon ; des pins, des chênes, des plants de vigne étaient en parfaite croissance, et l'ensemencement d'un hectare n'avait pas coûté plus de 200 francs. La possibilité d'arrêter la marche des dunes à peu de frais était absolument démontrée.

Au commencement du siècle, l'œuvre interrompue fut reprise, et depuis quelques années tous les travaux sont terminés. Les dunes de Gascogne, désormais fixées, enrichissent les contrées qu'elles menaçaient autrefois d'engloutir, et, par suite de la valeur croissante des pins et de leurs produits, c'est par centaines de mille francs qu'il faut maintenant compter l'accroissement annuel de la fortune publique sur le littoral. Actuellement la valeur estimée des forêts des dunes landaises est de 25 millions, soit de 600 francs l'hectare. Ainsi le moyen de salut appliqué par Brémontier est devenu pour les habitants une cause de prospérité. En même temps plusieurs résultats heureux, auxquels on ne pouvait s'attendre d'avance, ont été obtenus. Le sable, garanti des rayons du soleil par l'ombrage des pins, produit des herbes qu'on utilise pour la litière et l'alimentation des bestiaux. Les lèdes, qui, pendant six mois de l'année, étaient transformées par les eaux de pluie en d'infranchissables fondrières, ont été assainies sans l'intervention de l'homme, grâce aux milliards de radicules pompant incessamment l'humidité des sables. La surface des vastes étangs situés à la base orientale des dunes s'est également abaissée pour fournir aux arbres de la forêt l'eau nécessaire à leur croissance. En outre, la fixation des dunes a fait disparaître les « blouses » dans lesquelles s'engouffraient les hommes et les animaux : le sable ne voyage plus, et les mares ont cessé d'exister. La science a réparé les désordres causés naguère par l'imprévoyance humaine.

DEUXIÈME PARTIE

L'ATMOSPHÈRE

LES MÉTÉORES

CHAPITRE I.

L'AIR ET LES VENTS.

I.

L'air, agent de la circulation vitale sur la planète. — Phénomènes de réflexion
et de réfraction. — Mirage.

Tout sur notre globe serait la mort et le silence éternels sans l'atmosphère, enveloppe extérieure de la planète. Cette masse gazeuse, transparente, invisible parfois et qui semble à peine faire partie de la terre, en est cependant le principal élément; car il en est le plus mobile, et c'est en lui surtout que circule la vie. Nous reposons sur le sol; mais c'est de l'air et dans l'air que nous vivons, hommes, animaux et plantes. Sans voler comme les oiseaux, tous les êtres qui marchent, rampent, ou fixent leurs racines dans la terre végétale n'en sont pas moins des fils de l'atmosphère.

Considérée comme un astre du ciel, la planète se compose d'un noyau entouré de deux couches fluides. Le noyau solide est ce qui porte plus spécialement le nom de terre, ce sont les assises rocheuses enfermant des laves, des métaux fondus et toute la masse de matières inconnues qui occupe le centre du globe. La nappe des mers et le réseau des fleuves recouvre cette ossature solide, puis au-dessus de l'enveloppe aqueuse s'étend une deuxième couche sphérique plus fluide encore, vaste appareil dont les courants et les contre-courants circulent incessamment du pôle à l'équateur et de l'équateur au pôle avec la régularité des poumons de l'homme, tour à tour emplis et désenflés. L'atmosphère est vraiment le souffle de la planète; semblable à son satellite, que la plupart des astronomes nous disent être dépourvu d'enveloppe gazeuse, la terre ne serait plus qu'un astre mort roulant dans l'espace, s'il perdait tout à coup les nappes d'air qui l'entourent et cessait de respirer l'haleine régulière des vents.

L'air subtil et transparent est composé des mêmes gaz qui se trouvent en plus grande abondance dans la croûte opaque et solide de notre globe. Les quatre éléments principaux de tout organisme végétal ou animal : l'oxygène, l'azote, l'hydrogène et le carbone se retrouvent également dans l'atmosphère : les deux premiers, comme éléments constituants de l'air, le troisième, mélangé avec l'oxygène sous forme de vapeur d'eau, et le quatrième enfin mêlé au souffle expiré par les animaux et à maint autre gaz provenant de la décomposition des plantes. Entre les produits de la nature et les flots mobiles de l'espace aérien, il s'opère incessamment un échange, en vertu duquel les gaz de l'air se fixent dans l'animal, la plante ou la roche, tandis que les éléments primitifs, un instant fixés dans un organisme ou dans les couches terrestres, se dégagent et recomposent l'atmosphère.

Animaux et plantes, tout s'éteindrait bientôt, faute d'aliment nécessaire, si le mélange des vapeurs et des gaz ne s'opérait par le mouvement incessant des masses aériennes. Les hommes et les bêtes se suicideraient peu à peu en

absorbant de nouveau l'acide carbonique déjà chassé de
leurs poumons ; les plantes, plongées dans l'atmosphère
trop oxygénée, émanée de leurs feuilles, finiraient aussi
par mourir. Heureusement les fleuves de l'air, qui se tordent
en puissantes spirales sur la surface de la terre, mêlent
uniformément tous les gaz qu'ils entraînent, et distribuent
ainsi la vie sur tous les points de leur parcours. Aux régions
tempérées qui sont principalement le domaine de l'homme,
ils apportent l'oxygène qu'ont exhalé les immenses forêts
de la zone tropicale ; à ces mêmes forêts ils donnent le carbone, qui est la vie des arbres et qui serait la mort de
l'homme. Bien plus, ils animent le globe lui-même, en char-
riant d'immenses quantités de vapeurs aux montagnes où
s'élabore le filet des sources, puis en faisant circuler sur
les mers un air sec et toujours avide de l'eau qui s'évapore
à la surface. Comparables au cœur dans un organisme
vivant, la zone productrice des courants atmosphériques
occupe la région centrale de l'océan des airs et se déplace
alternativement vers le nord et le sud ; c'est ainsi que se
produit dans toute la masse aérienne un mouvement de
systole et de diastole, imprimant la vitesse initiale aux courants artériels qui vont porter la fécondité sur tous les
points de la planète.

Chaque molécule de gaz passe donc éternellement de
vie en vie et s'en échappe de mort en mort ; tour à tour
vent, flot, terre, animal ou fleur, elle est, malgré sa petitesse,
le symbole du mouvement infini. L'air est une source inépuisable, où tout ce qui vit prend son haleine, un réservoir
immense, où tout ce qui meurt verse son dernier souffle.
Sous l'action de l'atmosphère, tous les organismes épars
naissent, puis dépérissent. La vie, la mort sont également
dans l'air que nous respirons et se succèdent perpétuelle-
ment l'une à l'autre par l'échange des molécules gazeuses.
Les mêmes éléments qui s'échappent des feuilles de l'arbre,
le vent les porte aux poumons de l'enfant qui vient de naître ;

le dernier soupir d'un mourant va tisser la brillante corolle
de la fleur, en composer les pénétrants parfums. La brise qui
caresse doucement les tiges des herbes va plus loin se transformer en tempête, déracine les troncs d'arbres et fait sombrer les navires avec leurs équipages. C'est ainsi que, par
un enchaînement infini de morts partielles, l'atmosphère
alimente la vie universelle du globe.

Comparable à l'Océan par le circuit incessant de ses
ondes, la grande mer atmosphérique n'est point enfermée,
comme les eaux, dans un bassin limité de toutes parts. Ses
molécules se glissent partout de pore en pore; elles entrent
dans le sein de la terre, où elles activent la fusion des laves,
dans la profondeur des mers, où elles se fixent dans les corps
d'innombrables animalcules. L'atmosphère voyage et se
déplace sans relâche, entraînant sur ses ondes tous les objets
légers qui ne sont pas fixés sur le sol. Elle s'empare des
cendres du cratère en éruption et les laisse retomber sur un
autre point du globe à quelques centaines ou quelques
milliers de kilomètres; elle enlève dans ses tourbillons des
milliards d'animalcules ou des nuages de pollen qui traversent les mers et retombent en poussière impalpable. Elle
porte la mer elle-même, sous forme de nuées et de météores,
et la distribue sur tous les points des continents; elle se
charge de torrents d'électricité et les dégage par les rayons
de l'aurore boréale ou par les éclairs de la foudre. Elle est
le grand véhicule au moyen duquel s'accomplit le circuit
universel des éléments qui composent la croûte solide, la
masse des eaux et les corps organisés.

« Le monde est petit ! » disait Colomb; mais c'est principalement grâce à l'air, qui supprime les distances, que la
planète est rapetissée. Quel que soit le nombre de mètres
ou de kilomètres parcourus par une graine, le point de la
terre où elle va tomber n'est point éloigné de la plante mère.
Les côtes septentrionales de la Méditerranée sont rapprochées des grands déserts d'Afrique dont le *sirocco* leur

apporte la poussière; de même on peut dire que les rivages
du Brésil, vers lesquels souffle le vent alizé, sont contigus
aux lointains archipels des Açores et des Canaries. Toutes
les parties du monde que réunissent des courants atmosphériques deviennent par cela même limitrophes, sinon pour
les êtres qui rampent sur le sol, du moins pour ceux qui
se laissent entraîner par les mouvements de l'air. Par le
mélange incessant des masses aériennes, toutes les *régions
du noyau solide de la terre se rapprochent, les contrastes
se fondent, l'harmonie s'établit entre les productions et les
climats non moins que dans l'aspect général de la nature.

Les vents sont aussi de puissants agents géologiques.
Ainsi les courants aériens de certaines latitudes transportent
des nuages de poussière qui peuvent à la longue stériliser
ou fertiliser de vastes contrées, soit en recouvrant le sol
végétal d'une couche inféconde, soit en opérant un heureux
mélange des terres. Sur les bords du Nil, le sable du désert
que le vent mêle à l'épais limon du fleuve contribue à développer la merveilleuse force productive du terrain, tandis
que dans les plaines voisines, dépourvues d'humidité, il
enfouit les plantes et rend le sol impropre à toute végétation. Ailleurs, et principalement sur les côtes basses de
la mer, le vent fait marcher à l'assaut des campagnes des
collines de sable qui barrent le cours des ruisseaux et
repoussent graduellement l'eau des estuaires sur la pente
des continents [1].

En certains endroits le courant aérien va même jusqu'à changer temporairement le niveau de la mer; de son
souffle il arrête les ondes ou les lance à l'attaque des rivages,
et tour à tour dessèche le fond ou cause des inondations
désastreuses. Parfois le vent qui descend avec violence des
régions polaires de l'Amérique du Nord au golfe du Mexique
retient jusqu'à trois ou même quatre marées successives.

1. Voir, ci-dessus, page 267.

puis celles-ci revenant toutes ensemble en une masse écumeuse, balayent des îles entières devant les côtes basses de la Louisiane.et du Texas. De même, lorsque le *pampero* ou vent du sud-ouest souffle sur le grand estuaire de la Plata, les eaux baissent quelquefois de 4 et même de 6 mètres en moins d'une demi-journée, et des navires qui flottaient sur la rade restent échoués dans les vases[1].

Ce n'est pas tout. Le vent peut aussi modifier la configuration des rivages, puisque les vagues de houle, qui contribuent pour une si forte part à sculpter les côtes, reçoivent de lui leur force d'impulsion. C'est ainsi que le grand bras du Rhône doit peut-être sa direction dans le sens du sud-est au mistral qui descend des Cévennes[2]. Quant au delta mississipien, ses contours extérieurs sont probablement modelés par la mousson du sud-est, qui domine dans cette contrée; la passe dite du sud, ouverte exactement dans la direction du vent régnant, est obstruée presque en entier par la digue de boues que la houle a dressée en travers de son courant. Les deux bras du Mississipi qui portent la plus grande quantité d'eau sont dirigés, l'un vers le sud-ouest, l'autre vers le nord-est, c'est-à-dire que chacun d'eux forme un angle droit avec la mousson du sud-est. C'est le courant aérien qui, de son souffle puissant, a forcé les longues péninsules du Mississipi à s'étaler ainsi sur les eaux comme les branches d'un grand arbre échoué[3].

Toutefois, l'œuvre géologique des vents s'accomplit surtout d'une manière indirecte, soit par l'évaporation de l'humidité des continents, soit par l'apport de masses d'eau considérables. Pendant le cours des âges, les contours des terres et des mers n'ont cessé de changer, et par suite de ces modifications graduelles, les vents eux-mêmes ont dû subir

1. Fitz-Roy, *Adventure and Beagle,* douxième vol. Appendice, p. 89.

2. Voir, dans le premier volume, le chapitre intitulé *les Rivières.*

3. Humphreys et Abott, *Report on the Mississippi river,* p. 450.

des variations analogues. Les uns se sont saturés de vapeur d'eau, et les nuages qu'ils portent se sont déposés en fleuves et en lacs au milieu des terres. D'autres courants atmosphériques ont perdu en grande partie leur humidité, puis en passant sur les mers intérieures, ils les ont absorbées, pompées pour ainsi dire, et derrière eux des campagnes riantes se sont transformées en déserts. Sans aucun doute ce sont les vents qui dessèchent aujourd'hui les terres du Cap, de Natal et de Transvaal; ce sont eux qui ont été les grands agents dans l'œuvre de desséchement de l'Asie centrale; ils ont bu les vastes étendues d'eau qui s'étendaient autrefois du Pont-Euxin à la mer Caspienne et du lac d'Aral au golfe d'Obi, et laissé des steppes de sel à la place de cette ancienne méditerranée [1].

C'est aussi par l'entremise de l'atmosphère que s'accomplit l'échange des molécules entre la terre et les corps errant dans l'espace. Lorsqu'un bolide, lancé comme un énorme boulet à travers l'étendue, vient à rencontrer les couches extérieures de gaz qui entourent la planète, il s'enflamme aussitôt, éclate en entier ou seulement à la surface, lance avec explosion quelques débris sur le sol et laisse derrière lui une longue traînée de matière lumineuse semblable à un sillage de feu. Grâce à la résistance opposée par l'atmosphère au passage de l'astre étranger, le globe s'enrichit ainsi chaque année des matières apportées de la profondeur du ciel. Bien plus, les couches d'air, véhicule des ondes sonores, portent aussi les vibrations de lumière et de chaleur. Dépourvu de cette enveloppe, le globe se congélerait immédiatement à la surface et roulerait de cieux en cieux dans une obscurité complète; mais si l'atmosphère laisse passer les rayons de chaleur lumineuse qu'envoie le soleil, en revanche elle intercepte une grande partie des rayons obscurs qui s'échappent de la terre vers les espaces. C'est

---

1. Maury, *Geography of the Sea*.

ainsi que le globe a pu garder sa température normale et qu'il est devenu le théâtre de la vie [1].

L'atmosphère, qui entretient le mouvement sur la planète par tous les échanges dont elle est le véhicule commun, est aussi le grand intermédiaire par lequel la nature reçoit les merveilleuses couleurs qui l'embellissent. C'est grâce à la réflexion des rayons bleus que le ciel et les hauteurs lointaines de l'horizon prennent cette belle nuance azurée, qui varie avec l'altitude des lieux, l'abondance de la vapeur d'eau, le contraste des nuages. C'est à cause de la réfraction subie par les rayons lumineux en passant obliquement à travers les couches aériennes que le soleil se fait annoncer chaque matin par les vagues lueurs de l'aube, puis par les splendeurs de l'aurore, et se montre lui-même avant l'heure astronomique de son lever; c'est à un phénomène analogue qu'il doit, le soir, de ralentir en apparence sa descente au-dessous de l'horizon, puis, lorsqu'il a disparu, de colorer longtemps les cieux de la pourpre du crépuscule. Sans l'enveloppe gazeuse de la terre, on ne verrait jamais ces jeux de lumière si variés, ces harmonies changeantes de couleur, ces transformations graduelles de nuances délicates qui font la merveilleuse beauté des matins et des soirs. Les ouvrages spéciaux de météorologie décrivent longuement tous ces brillants phénomènes de l'air, les arcs-en-ciel, halos, parhélies, et cet admirable spectacle de « l'illumination » qui colore en rose les neiges et les glaces des Alpes, plus de vingt minutes après que le soleil s'est couché. Rien n'est beau comme ce phénomène, dû au contraste des escarpements inférieurs qui se trouvent déjà dans l'ombre et des hautes cimes qu'éclairent encore les rayons solaires recourbés par-dessus l'horizon. Quand l'Aiguille-Verte est déjà voilée par l'ombre, ainsi que les autres sommets voisins du Mont-Blanc, celui-ci est vraiment transfiguré par la lu-

[1]. Tyndall, *Heat*.

mière qui brille sur ses neiges. « On croit voir alors un corps
étranger à la terre; » puis, tout à coup, la flamme s'éteint,
les couleurs si brillantes s'évanouissent « pour faire place à
un aspect que l'on peut nommer vraiment cadavéreux; car
rien n'approche plus du contraste entre la vie et la mort sur
la figure humaine, que ce passage de la lumière du jour à
l'ombre de la nuit sur les hautes montagnes [1]. »

Le mirage est un autre singulier effet d'optique, dû à
la déviation des rayons lumineux qui traversent l'atmosphère. Quand la surface de la terre est très-échauffée par
le soleil, les couches inférieures de l'air se dilatent et
souvent deviennent plus légères que les couches placées
au-dessus. L'air est-il agité par le vent, il monte alors en
oscillant comme la fumée qui s'élève d'un haut fourneau,
et derrière cette vapeur semblent trembloter les contours
de tous les objets entrevus; le calme règne-t-il dans l'atmosphère, alors tous les corps baignés par les couches plus
denses se reflètent, comme dans une nappe d'eau, dans les
nappes aériennes plus dilatées, et toutes les images apparaissent doubles : de là le nom d'*espeio* (miroir), que don-

Fig. 97. Mirages au Verdon, à l'embouchure de la Gironde.

nent au mirage les habitants de l'Amérique du Sud. En plein
désert aride, à des centaines de kilomètres de tout ruisseau,

1. Necker de Saussure, *Annales de Chimie et de Physique*, 1839.

les broussailles, les rochers se réfléchissent dans l'air comme dans le bassin d'une fontaine; sur la mer, les navires, les coteaux du rivage, les signaux se reproduisent comme sur un second Océan; même sur les grandes places de nos cités, que frappe un soleil brûlant, les statues semblent parfois baigner leurs pieds dans une eau cristalline reflétant leurs formes gracieuses. Cette illusion d'optique, qui peint ainsi des objets imaginaires jusque dans nos villes, c'est la « fée Morgane de l'Italie, » c'est la décevante « Delibab » de la puszta magyare, c'est la « Soif de la gazelle » des plaines de l'Hindoustan. Elle montre de loin de fraîches oasis et des eaux ruisselantes aux voyageurs fatigués qui, là où brille l'image trompeuse, ne trouveront que l'aridité, la soif et peut-être la mort. Dans les plaines de l'Arabie, la campagne semble tous les jours transformée en un lac immense. A mesure que le soleil s'abaisse, la nappe magique s'éloigne, puis elle s'efface complétement pour reparaître le lendemain une heure ou deux avant midi [1].

Le phénomène de réflexion est presque toujours accompagné de mouvements latéraux qui déplacent en apparence la position des objets, de la même manière que des plaques de verre d'épaisseur inégale; on voit alors de grandes masses de différentes formes se détacher à droite et à gauche des corps éloignés et flotter bizarrement dans l'air. Ces phénomènes de mirage sont des plus curieux dans les mers polaires, parsemées de blocs et de montagnes de glace aux contours déjà si étranges. La surface de l'Océan se hérisse de pointes, d'aiguilles, de crêtes, de corniches en surplomb qui se séparent, se rejoignent, puis s'évanouissent pour reparaître encore. Nulle part on ne voit de plus étonnante fantasmagorie. Quant aux scènes prodigieuses que le mirage figurerait aux yeux du voyageur, en lui montrant des forêts

---

[1]. Palgrave, *Une année de voyage dans l'Arabie centrale*, trad. Jonveaux.

de palmiers, des temples à colonnades, des caravanes, des
armées en marche, des populations en fête, il est probable
qu'elles sont en grande partie un produit de la fièvre. Sous
cet ardent soleil, dans cette atmosphère embrasée, sur ces

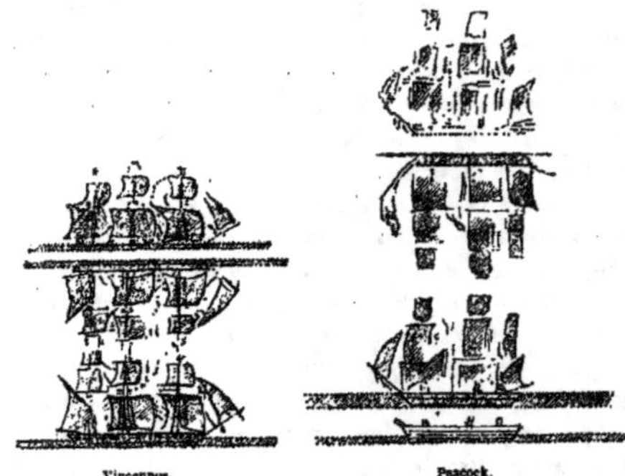

Fig. 98. Mirages du « Vincennes » et du « Peacock », d'après Wilkes.

plaines blanchâtres qui réverbèrent l'éclat et la chaleur, la
tête s'échauffe, l'imagination s'exalte et le regard ne voit
plus que des formes fantastiques.

I.

Poids de l'air. — Hauteur des couches supérieures. — Mesures barométriques.

Le poids des molécules aériennes, qui se fait sentir
d'une manière si terrible dans les ouragans, est relativement minime, puisqu'un litre d'air, pris à la surface du sol
et à la température de zéro, pèse 770 fois moins qu'un litre

d'eau ; cependant la masse atmosphérique entourant le globe
est telle que si elle se trouvait tout entière agglomérée en
une seule boule, elle pèserait autant qu'une sphère de cuivre
de près de 100 kilomètres de diamètre : c'est la douze
cent millième partie de la masse de la terre[1]. La pression
qu'exerce la couche aérienne sur un homme de taille
moyenne n'est pas moindre de 14,000 ou 15,000 kilogrammes ; il est vrai que cette pression se faisant sentir à
la fois dans tous les sens sur nos tissus, elle se trouve par
cela même neutralisée. On sait que le poids d'une colonne
d'air sur un point quelconque de la terre équivaut en
moyenne à celui d'une colonne d'eau de 10 mètres, ou bien
à 76 centimètres de mercure : c'est la connaissance de ce
fait qui a permis de construire le baromètre.

Toutefois, si l'on connaît le poids de l'atmosphère, on
ne saurait dire encore, d'une manière positive, à quelle distance elle s'élève dans les espaces. Si les couches aériennes
avaient la même densité dans les hauteurs qu'à la surface
de la mer, l'épaisseur totale de l'air ne dépasserait pas
7,953 mètres, et par conséquent les plus grandes montagnes de la terre, le Gaourisankar, le Kinchinjinga, le
Dapsang et bien d'autres encore darderaient leurs cimes
dans le vide, par delà l'océan atmosphérique ; mais il n'en
est pas ainsi. Au-dessus des couches inférieures, comprimées par le poids de toute la masse aérienne surincombante, les molécules s'écartent à mesure que la pression
diminue, l'air devient de plus en plus rare dans les hauteurs
de l'espace et doit finir même par se perdre complétement,
comme le fluide si espacé qui compose la chevelure des
comètes. D'après les calculs de Laplace, c'est à plus de
42,000 kilomètres au-dessus de la surface de la terre que,
par suite de l'accroissement de la force centrifuge et de la
diminution de la pesanteur, les molécules aériennes qui

<hr>

1. John Herschel, *Meteorology*, p. 16.

pourraient encore se trouver dans ces espaces devraient forcément s'échapper de l'orbite terrestre. Peut-être est-ce en effet dans ces régions élevées, aux limites mêmes des sphères d'attraction des astres, que s'opère l'échange de leurs molécules gazeuses. Quoi qu'il en soit, c'est à une hauteur bien minime en comparaison de la limite extrême indiquée par Laplace, que finit pour l'homme l'atmosphère respirable. Au sommet de l'Etna, c'est-à-dire à 3,320 mètres d'élévation, on a sous les pieds près du tiers de la masse aérienne; à 5,600 mètres, hauteur au-dessus de laquelle un grand nombre de montagnes élèvent encore leurs cimes, la colonne d'air qui pèse sur le sol a déjà perdu la moitié de son poids; par conséquent toute la masse gazeuse qui s'étend au loin dans le ciel jusqu'à des distances immesurées est simplement égale aux couches aériennes comprimées au-dessous dans les régions inférieures.

Il y a déjà plus de deux cents ans que Périer, suivant les indications de son beau-frère Pascal, établit par une première expérience directe la diminution du poids de l'air dans le sens vertical; il gravit le Puy-de-Dôme, le baromètre à la main, et pendant l'ascension, la colonne de mercure qui mesurait la pression atmosphérique ne cessa de s'abaisser graduellement dans le tube; le moyen de mesurer la hauteur des montagnes au-dessus du niveau de la mer par la simple lecture des indications barométriques venait d'être découvert. Depuis cette époque, la science a fait de grands progrès, la loi précise de la décroissance du poids de l'air et de tout autre gaz élastique a été mise en lumière par Mariotte, et d'innombrables voyageurs ont pu, à l'aide du baromètre, indiquer d'une manière approximative l'altitude des points saillants dans les diverses contrées qu'ils avaient parcourues. Toutefois, on ne peut jamais être sûr que le baromètre ait fourni des mesures de hauteur d'une exactitude parfaite. Dans chaque lecture barométrique, il faut tenir compte de la température, de la quantité de vapeur d'eau contenue dans l'atmosphère, de l'agitation des vents, en un mot de toutes les conditions physiques de l'air dont il s'agit de mesurer le poids, et chacune de ces observations secondaires fait introduire une correction plus ou moins forte dans l'énoncé définitif. Les mesures directes obtenues par la trigonométrie sont encore jusqu'à présent les seules qui donnent, d'une manière exacte, la hauteur vraie du sol.

Pour connaître l'altitude des sommets, on emploie aussi un autre moyen, qui, par suite de la défectuosité des instruments, donne en général des résultats encore moins rigoureux que ceux de la colonne barométrique. Ce moyen consiste à mesurer la chaleur de l'eau bouillante. En effet, le point d'ébullition, c'est-à-dire la température à laquelle la tension de la vapeur d'eau équilibre exactement la pression atmosphérique, doit nécessairement s'abaisser à mesure que la pression diminue. On a calculé qu'en moyenne la chute du point d'ébullition est de 1 degré centigrade pour chaque espace de 324 mètres en hauteur verticale; mais les expériences peuvent donner, pour l'altitude de la montagne, des écarts de plusieurs centaines de mètres. Ainsi Tyndall a trouvé, en août 1859, que la température de l'eau bouillante, au sommet du Mont-Blanc, était de 84°,97, tandis que l'année précédente il avait observé sur le Mont-Rose un point d'ébullition légèrement inférieur, et cependant cette dernière cime est de 170 mètres plus basse que le géant des Alpes.

Jusqu'à quelle hauteur l'air est-il encore assez dense pour que l'homme puisse y trouver l'oxygène nécessaire à ses poumons et y vivre, du moins pendant quelques instants? Les gravisseurs de montagnes n'ont point atteint cette extrême limite, à cause des fatigues de l'ascension qui s'ajoutent pour eux à la difficulté de trouver une quantité d'air suffisante; aussi les plus hautes cimes de l'Himalaya et des Andes sont-elles restées jusqu'à ce jour vierges de pas humains [1]. Au sommet de l'Ibi-Gamin, le point le plus élevé qu'on ait encore escaladé dans une ascension, Robert Schlagintweit se trouvait à 6,704 mètres. La colonne du baromètre y était de 339 millimètres seulement, de sorte que les voyageurs avaient sous les pieds près des trois cinquièmes de la masse de l'air.

Toutefois, des aéronautes ont pu, grâce au ballon qui les portait, monter jusqu'à des hauteurs aériennes que n'atteindrait pas même le condor, et d'où les montagnes les plus élevées apparaîtraient comme se dressant du fond d'un abîme. En 1804, Gay-Lussac s'était laissé enlever jusqu'à 7,016 mètres; en 1851, Barral et Bixio montèrent un peu plus haut, à 7,049 mètres; en 1858, Rush et Green s'élevèrent à 8,143 mètres; mais ce ne sont là toujours que des altitudes inférieures à celles des plus hautes sommités des continents. Enfin Glaisher et Coxwell entreprennent, le 5 septembre 1862, une expédition aéronautique pour laquelle ils sont résolus à monter aussi longtemps qu'ils pourront garder le sentiment de leur propre existence. L'air, devenu trop rare pour leurs poumons, les force à haleter péniblement, ils ont des battements de cœur, leurs oreilles bourdonnent, le sang gonfle les artères de leurs tempes, leurs doigts se refroidissent et leur refusent le mouvement; mais la volonté les soutient, ils versent encore du sable hors de leur nacelle et se donnent ainsi un nouvel élan dans l'atmosphère. Glaisher s'évanouit, et son compagnon ne fait rien pour arrêter l'ascension; les yeux fixés sur les instruments, il note du regard l'abaissement graduel des colonnes de mercure dans le baromètre et le thermomètre, comme s'il était encore à l'observatoire de Kew. Graduellement envahi par la torpeur, l'aéronaute perd l'usage de ses mains; mais il tient entre ses dents la corde de la soupape, et lorsqu'il sent qu'une seconde, une seule, les sépare de la

---

1. Voir, dans le premier volume, le chapitre intitulé *les Montagnes*.

mort, lui et son ami, alors il laisse échapper le gaz, et le ballon dégonflé s'arrête enfin, pour descendre graduellement vers les campagnes situées à 10,000, peut-être à 10,800 mètres au-dessous, car la colonne du baromètre était de 165 millimètres seulement. Quel noble courage de la part de ces hommes risquant la mort avec tant de simplicité d'âme, et cela pour le seul avantage d'étudier la température d'une atmosphère où ni l'homme ni l'oiseau ne peuvent vivre! Certes ce serait bien rabaisser cette force d'âme et ce calme du savant que de les comparer au courage brutal du soldat se jetant au plus épais de la mêlée furieuse, enivré de poudre, de tapage et de sang!

À la hauteur où se sont élevés Glaisher et Coxwell, ils avaient sous les pieds près des quatre cinquièmes en poids des couches atmosphériques : le cinquième restant, où l'air est trop raréfié pour les poumons de l'homme, s'élève, de plus en plus dilaté, jusqu'à des hauteurs inconnues. Cependant, on peut encore constater la présence du fluide aérien bien au-dessus de l'espace où l'homme a pu monter. En effet, la réfraction des rayons solaires à l'aurore et au crépuscule a permis de calculer depuis longtemps que la partie appréciable de l'atmosphère s'élève au moins à 75 kilomètres, et grâce au perfectionnement des instruments d'optique, les limites visibles de cet océan d'air qui baigne notre globe ont été graduellement reculées. En s'appuyant des observations faites dans les régions tropicales sur les phénomènes du crépuscule, M. Emmanuel Liais croit pouvoir affirmer que la hauteur de l'atmosphère est en réalité de 320 et même de 340 kilomètres[1]. Par cela même le diamètre réel de la terre se trouverait accru d'un dixième environ. Bien que d'ordinaire cette couche atmosphérique soit laissée en dehors des calculs

---

1. *Les Espaces célestes et la Nature tropicale.*

des astronomes sur les dimensions de la planète, elle n'en
doit pas moins être mesurée comme partie intégrante de
la terre.

III.

Pression moyenne de l'atmosphère sous les diverses latitudes. — Refoulement de
l'air dans l'hémisphère boréal. — Oscillations diurnes de la colonne barométrique. — Oscillations annuelles. — Variations irrégulières. — Lignes isobarométriques.

L'atmosphère est d'une telle mobilité que son poids,
mesuré d'une manière rigoureuse par la colonne de mercure
du baromètre, se modifie incessamment sur tous les points
de la terre. Les divers changements météoriques, du froid
au chaud, de la sécheresse à l'humidité, augmentent ou
diminuent la pression de l'air, et par suite une oscillation
correspondante se produit dans le tube de l'instrument:
or, un volume quelconque de mercure étant environ 10,500
fois plus lourd qu'un volume égal d'air pris au niveau de
l'Océan, on doit en conclure que chaque mouvement de la
colonne barométrique révèle un changement 10,500 fois
plus fort dans les espaces aériens.

Quand l'air est échauffé, soit par l'influence directe du
soleil, soit par l'arrivée d'un courant de plus haute température, ses molécules se dilatent, deviennent relativement
plus légères et montent dans l'espace pour s'épancher
ensuite latéralement : alors la pression diminue et par conséquent la colonne de mercure doit s'abaisser dans le baromètre. Le contraire a lieu quand l'air se condense par le
refroidissement et que des masses aériennes affluent pour
combler le vide : le poids de l'atmosphère se trouve accru
et le niveau du mercure s'élève dans l'instrument. Telle est
la raison pour laquelle la baisse du baromètre indique en
général un accroissement de température, tandis qu'une

diminution de chaleur est marquée par le phénomène contraire. Le baromètre et le thermomètre oscillent en sens inverse. Il est vrai que l'air peut absorber d'autant plus de vapeur d'eau qu'il est plus chaud, et de cette manière la pression, que diminuent d'un côté l'ascension et l'écoulement latéral du fluide aérien, est augmentée de l'autre par l'accroissement de la vapeur contenue dans l'atmosphère; par contre, l'air, devenu plus froid, perd de sa capacité pour dissoudre la vapeur d'eau et s'allége en proportion. Ainsi, les phénomènes peuvent se contre-balancer, et ce n'est point sans de nombreuses observations discutées avec sagacité que l'on parvient à démêler ce qui, dans les faibles oscillations barométriques, doit être attribué, soit à la pression de l'air pur, soit à celle de la vapeur d'eau. Quant aux variations brusques, sur le compte desquelles on ne peut se tromper, elles sont parfois énormes; il en est même qui sont marquées dans la colonne de mercure par un écart de 5 ou de 6 centimètres, un quinzième de la hauteur totale. A l'agitation du liquide dans l'instrument répond alors une tempête dans l'océan des airs [1].

La pression de l'atmosphère varie sur toutes les parties de la terre, et pour le globe entier on ne saurait encore la préciser avec rigueur. Il est probable cependant qu'à la surface des mers elle dépasse en moyenne d'une légère fraction le chiffre de 761 millimètres. Vers l'équateur, la pression ordinaire est de 758 millimètres seulement; mais à partir du 10ᵉ degré de latitude dans les deux hémisphères, la pression s'accroît peu à peu, et vers le 30ᵉ ou 35ᵉ degré, elle atteint son maximum, 762 ou 764 millimètres. Au delà, dans la direction des pôles, la pression diminue; vers le 50ᵉ degré, elle est de 760 et plus au nord de 756 millimètres seulement. Ainsi, c'est à peu près à égale distance entre le pôle et l'équateur que l'air exerce en moyenne sa

1. Voir, ci-dessous, le chapitre intitulé *les Ouragans*.

plus forte pression sur la colonne barométrique; toutefois,
la vapeur d'eau étant beaucoup plus considérable dans les
couches aériennes de la zone tempérée que dans celles de
la zone polaire, il se pourrait que, l'air étant parfaitement
sec, la pression en augmentât continuellement de l'équateur
vers les pôles, en proportion plus ou moins régulière avec
l'abaissement de la température : c'est là du reste un phénomène que rend très-probable le mouvement de hausse qui
se produit d'ordinaire dans le baromètre par le passage de
la chaleur au froid. Quoi qu'il en soit, les recherches de
James Ross et de Wilkes dans les mers australes établissent
qu'en moyenne le baromètre est légèrement plus haut dans
l'hémisphère du nord que dans celui du sud. Il faut nécessairement en conclure qu'une plus forte quantité d'air s'est
accumulée sur la moitié de la terre où sont groupés les
continents. Ainsi que le remarque John Herschel, le courant d'une rivière est toujours ridé au-dessus d'un lit
inégal et pierreux; de même l'atmosphère doit se gonfler
en vagues au-dessus des masses continentales. C'est là ce
qui explique cet étonnant contraste entre les deux hémisphères [1].

Si la pression normale des couches atmosphériques diffère au niveau de l'Océan sous les diverses latitudes, elle
varie aussi sur chaque point de la terre, suivant les heures
et les saisons; elle obéit au rhythme du temps comme à celui
des espaces. Chaque jour, la masse aérienne oscille deux
fois en sens inverse. Le matin, vers quatre heures, la
colonne barométrique présente un premier *minimum* de
hauteur; mais elle se relève graduellement et, vers dix
heures du matin, elle atteint son élévation la plus considérable; ensuite la pression de l'air diminue jusque vers
quatre heures du soir, moment auquel le baromètre est à
son minimum de hauteur; puis la colonne de mercure

1. W. Ferrel, *Motions of fluids and solids*, p. 39.

recommence à monter jusqu'à dix heures de la nuit pour redescendre encore pendant six heures ; les périodes du jour où s'opère le changement d'allures sont connues sous le nom d'heures « tropiques ». La courbe des variations, on le voit par la figure suivante, est beaucoup plus régulière dans la zone équatoriale que dans la zone tempérée.

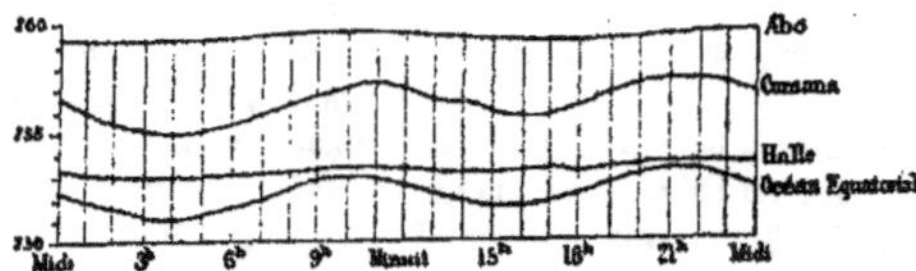

Fig. 90. Heures tropiques de l'Océan équatorial, de Cumana, de Halle et d'Abo; d'après Kæmtz.

Quelle est la cause de cette double oscillation diurne ? Plusieurs météorologistes voyaient jadis dans ces mouvements du baromètre des marées régulières semblables à celles de l'océan des eaux, et obéissant comme elles aux influences combinées de la lune et du soleil; mais ces oscillations se produisent toujours en moyenne aux mêmes heures et n'offrent point, à l'époque des syzygies et des quadratures, de phénomènes correspondants à ceux du flux et du reflux[1]. Des recherches d'Aimé, de Flaugergues et d'autres physiciens ont, il est vrai, établi l'existence d'une marée aérienne; mais l'amplitude de ce mouvement est très-faible en comparaison de celui qui se produit entre les heures tropiques. C'est donc par la double influence de la chaleur du jour et de la pression de la vapeur d'eau qu'il faut expliquer, avec Dove, les deux mouvements de hausse et de baisse qui ont lieu chaque jour dans la colonne de mercure. A partir des heures froides du matin, l'accroissement graduel de la température doit avoir pour consé-

---

1. Voir, ci-dessus, le chapitre intitulé *les Marées*.

quence de dilater l'atmosphère et de faire baisser le baromètre; mais tandis que la pression de l'air diminue, la
quantité de vapeur d'eau augmente rapidement, et sa pression s'ajoutant à celle des couches aériennes, produit une
sorte de vague temporaire, après laquelle la colonne barométrique continue de baisser pour remonter avec le refroidissement nocturne. Si la pression de la vapeur d'eau venait
à disparaître de l'atmosphère, le baromètre s'élèverait régulièrement dans toutes les saisons vers le milieu de la nuit,
et serait au plus bas vers le milieu du jour. C'est là ce que
montre la figure suivante, représentant l'oscillation barométrique de l'air sec au port d'Apenrade, sur un estuaire de
la Baltique. Dans les pays très-secs, tels que la Sibérie

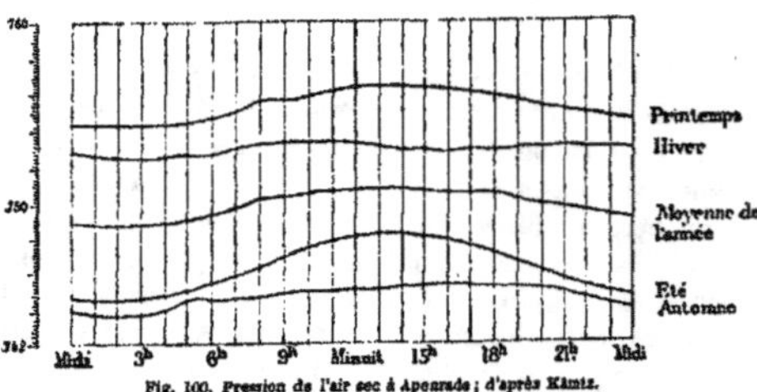

Fig. 100. Pression de l'air sec à Apenrade ; d'après Kämtz.

orientale, la pression de la vapeur d'eau est trop faible
pour contre-balancer l'action de la température, et par suite
il ne se produit pendant les vingt-quatre heures que deux
oscillations, l'une de baisse avec l'accroissement de la chaleur, l'autre de hausse avec le froid de la nuit.

Les mouvements diurnes du baromètre sont beaucoup
plus réguliers et plus faciles à constater dans les régions
équatoriales et près du niveau de la mer que sous les hautes
latitudes et dans l'intérieur des continents. C'est qu'en effet

sur les mers des tropiques les alternatives de la température, de l'évaporation et de la précipitation se succèdent,
comme tous les autres phénomènes physiques, avec une
régularité plus grande que sur toutes les autres parties du
globe. Aussi est-ce dans les mers équatoriales que les oscillations diurnes ont été observées pour la première fois, et
c'est dans ces mêmes parages que Humboldt a pu en connaître exactement les heures. Dans les régions tempérées,
ces mouvements réguliers de la colonne barométrique sont
en grande partie cachés par les brusques sauts du mercure,
obéissant aux variations constantes de l'atmosphère ; ce
n'est donc qu'après une série plus ou moins longue de jours
ou même de semaines que les météorologistes peuvent, en
établissant des moyennes, révéler des oscillations normales
analogues à celles qui se produisent à l'équateur. Dans les
hautes régions de montagnes, il est encore plus difficile de
constater la succession régulière des vagues barométriques.
car les changements qui s'accomplissent dans les couches
inférieures de l'air ne sont ressentis que plus tard et se
mêlent diversement dans les couches plus élevées. Ainsi
la hausse du baromètre, qui a lieu vers dix heures du
matin à Zurich, ne se produit au sommet du Righi qu'à
deux heures de l'après-midi, et à trois heures seulement
sur le Faulhorn; souvent même, la dépression de la colonne barométrique ne se fait point sentir l'après-midi sur
ces hauteurs et chaque jour n'offre qu'une seule grande
oscillation.

Les variations annuelles de la pression de l'air offrent
des alternatives analogues à celles des variations diurnes.
Dans les contrées tropicales, où les saisons se suivent avec
une grande régularité, et dans les pays de l'intérieur des
continents, dont l'air ne contient qu'une faible quantité de
vapeur d'eau, le mercure du baromètre s'abaisse graduellement de l'hiver à l'été, en raison inverse des chaleurs, et
remonte avec les froids, de l'été à l'hiver; à Calcutta, à

Bénarès, dans l'Hindoustan, comme à Saint-Pétersbourg, en
Russie, et à Nertschinsk, dans la Sibérie, le maximum de
la pression de l'air se fait sentir au mois de janvier, tandis
que le minimum se produit au mois de juillet : la masse
aérienne est donc tantôt plus forte, tantôt plus faible dans
chaque hémisphère, suivant les alternances régulières de
la chaleur et du froid. Ainsi que le montre la figure suivante, la variation annuelle dans la pression de l'air s'accomplit de la même manière dans tous les pays situés du même

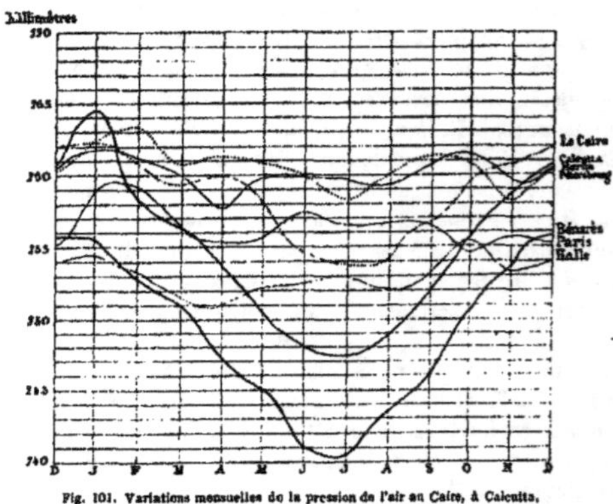

Fig. 101. Variations mensuelles de la pression de l'air au Caire, à Calcutta,
Berlin, Pétersbourg, Bénarès, Paris et Halle.

côté de l'équateur; mais le phénomène est beaucoup plus
frappant sous le climat tropical que sous les hautes latitudes. Dans la plupart des terres de la zone tempérée et
surtout sur les bords de l'Océan, la pression de la vapeur
d'eau pendant l'été s'accroît d'une manière considérable et,
contre-balançant ainsi l'effet normal de l'air sec, donne à

la courbe barométrique un maximum d'été qui correspond
à la hausse diurne de dix heures du matin, ou bien même
complique d'irrégularités très-nombreuses la série des variations mensuelles. Chacune de ces inflexions correspond à
quelque phénomène important dans le climat local, froid ou
chaleur, tempête ou tranquillité de l'air, sécheresse ou
grande quantité de vapeur d'eau. En général, c'est à l'époque
des équinoxes, lorsque la température est à peu près égale
à la moyenne annuelle, que s'établit la pression barométrique moyenne de l'année.

Quant aux variations irrégulières, elles s'accomplissent aussi suivant un certain rhythme dans les diverses
régions du globe. A l'équateur, elles sont presque nulles,
mais à mesure que l'on se rapproche de l'un ou de l'autre
pôle, les irrégularités deviennent plus marquées, et les
sauts produits dans la colonne de mercure par les brusques changements de température, par les alternatives des
vents et des orages, se succèdent plus fréquemment. Dans
les mers tropicales, ces écarts de hauteur barométrique
sont de quelques millimètres à peine, tandis que dans
les latitudes tempérées ils ont dépassé 54 millimètres à
Milan pour une période de 81 ans et 65 millimètres à
Saint-Pétersbourg pour une période de 19 années. Afin
d'obtenir des chiffres plus comparables entre eux, Kämtz a
calculé pour chaque station l'amplitude mensuelle des oscillations du baromètre, et de cette manière il a pu dresser
le tableau suivant :

Latitude.	Amplitude barométrique mensuelle
0° à 10°.	2mm98
10° à 20°.	4 79
20° à 30°.	8 41
30° à 40°.	13 50
40° à 50°.	20 77
50° à 60°.	26 30
60° à 70°.	30 78

Toutefois, il ne faut point s'attendre à trouver exactement la même amplitude mensuelle sur tous les points de la terre situés à une même distance de l'équateur. Sous ce

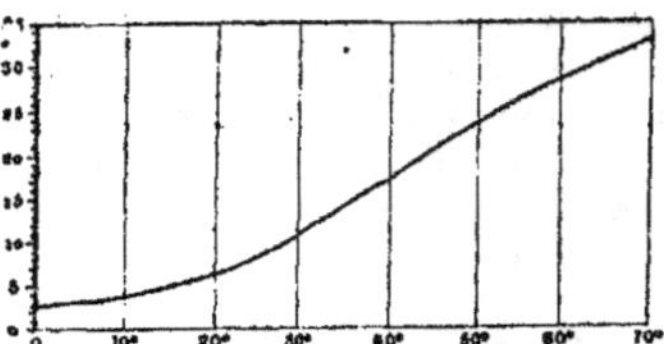

Fig. 109. Amplitude mensuelle du baromètre dans l'hémisphère boréal.

rapport, on observe au contraire de très-grandes diversités qu'il faut attribuer à la différence des formes continentales et des climats. En réunissant les uns aux autres tous les points où se produit la même variation mensuelle dans la pression de l'air, on obtient une série de lignes dites *isobarométriques*, qui se recourbent toutes vers le nord à travers l'océan Atlantique et qui ressemblent beaucoup dans leur ensemble aux lignes dites isothermes[1]. Ce sont ces courbes, imaginées par Kämtz, qui indiquent la véritable latitude pour les mouvements généraux de l'atmosphère. En dépit de l'extrême mobilité des airs, en dépit des vagues de tempête qui se déroulent avec fureur de l'un ou de l'autre point de l'horizon et troublent pour un moment la régularité des phénomènes atmosphériques, ces lignes maintiennent d'année en année leur direction moyenne; indices des troubles de l'air, elles montrent par leur permanence et leur régularité combien ces troubles dépendent eux-mêmes des grandes lois qui régissent la planète.

1. Voir, ci-dessous, le chapitre intitulé *les Climats*.

IV.

Loi générale de la circulation des vents. — Alizés du nord-est et du sud-est.
Calmes équatoriaux. — Oscillations du système des vents.

Dans les régions continentales, et principalement dans
celles de la zone tempérée, il serait souvent difficile de
reconnaître au premier abord la loi générale qui préside
aux mouvements de l'atmosphère, car ces diverses oscillations peuvent être modifiées par une foule de circonstances locales, telles que la direction et la hauteur des
chaînes de montagnes, l'étendue des plaines, les contours
des rivages, l'abondance ou la rareté de la végétation. Dans
un même jour, les vents soufflent parfois successivement de
tous les points de l'espace, et parmi ces rapides changements que subissent les courants atmosphériques, il n'est
pas toujours possible de constater avec certitude la direction normale de la masse d'air en mouvement. Pour comprendre les lois de l'atmosphère dans leur simplicité, il
faut se transporter aux régions équatoriales de l'Océan,
au-dessus desquelles le soleil décrit chaque jour son immense demi-cercle dans l'espace de douze heures, et où
tous les mouvements de la nature, réglés par la marche
uniforme de l'astre, ont quelque chose de rhythmique
comme les cycles des cieux. C'est là qu'on peut surprendre,
pour ainsi dire, le déplacement des premières molécules
gazeuses entraînant après elles l'immense nappe des airs
sur toute la rondeur du globe. On y assiste à la naissance
des vents. C'est là que siégerait Éole, si les dieux vivaient
encore.

Pendant les journées d'été, on aperçoit au loin sur la
terre échauffée un mouvement vibratoire de l'air, une espèce
de tremblotement vaporeux rendu sans doute visible par le

mirage, incessamment changeant des objets situés au delà [1].
C'est que les couches de l'atmosphère reposant sur le sol se
sont graduellement dilatées et s'élèvent en spirales à travers
le milieu plus froid et plus dense qui pèse sur elles : de
même l'air raréfié des fournaises monte rapidement vers les
régions supérieures où l'entraîne sa légèreté relative.

Un mouvement semblable se produit sur une très-
grande échelle dans les régions équatoriales. La grande
force des rayons du soleil se faisant principalement sentir
dans ces contrées de la terre, les couches aériennes s'y
dilatent sous l'influence de la chaleur beaucoup plus que
dans les autres latitudes ; elles deviennent plus légères,
s'élèvent rapidement dans l'espace, ainsi que le démontre la
faible pression de l'air sur la colonne barométrique [2]. Il se
forme donc un vide que les masses d'air adjacentes se hâtent
de remplir, et deux courants horizontaux viennent alimenter
le grand courant vertical qui monte des régions équatoriales vers les hauteurs de l'air ; mais ces courants horizontaux eux-mêmes laissent derrière eux des vides vers lesquels
de nouvelles masses d'air se précipitent ; les ondes atmosphériques s'ébranlent de proche en proche dans toutes les
zones jusqu'aux glaces polaires, et des deux bouts de la planète se mettent en marche vers l'équateur, où les attire
comme un foyer d'appel le mouvement ascendant de l'air
suréchauffé. Deux vents, l'un du nord, l'autre du sud,
prennent chacun leur origine au milieu des glaces opposées
des deux pôles pour aller se rencontrer sur la rondeur équatoriale.

Si la terre n'était pas emportée par un mouvement de
rotation autour de son axe, les courants atmosphériques
afflueraient directement vers l'équateur sans s'écarter à
droite ou à gauche des lignes de méridien ; le courant boréal

1. Voir, ci-dessus, page 287.
2. Voir, ci-dessus, page 296.

coulerait en ligne droite vers le sud, le courant austral
se dirigerait exactement vers le nord, et tous deux se ren-
contréraient de front dans les régions équatoriales. Mais
il n'en est pas ainsi, à cause de la rotation du globe d'occident en orient. La vitesse de ce mouvement varie pour
chaque point de la surface terrestre comme le diamètre
de sa latitude ; nulle aux deux pôles, elle est de 835 kilomètres par heure au 60ᵉ degré de latitude nord ou sud ;
à l'équateur même elle est de 1,670 kilomètres. La masse
d'air qui afflue des pôles vers la zone tropicale traverse
ainsi successivement des latitudes dont la vitesse angulaire autour de l'axe du globe est plus forte que la leur, et
par conséquent elles doivent successivement dévier vers
l'ouest, en sens opposé du mouvement général de la terre.
Au lieu de se diriger perpendiculairement vers l'équateur
pour former avec lui un angle de 90 degrés, les courants
aériens venus des pôles frappent obliquement la ligne équinoxiale sous un angle aigu. Ainsi le même phénomène planétaire qui cause la déviation des cours d'eau [1], la formation des courants océaniques [2] et peut-être même, d'après
M. Musset, le gonflement du tronc des arbres dans le sens
de l'est à l'ouest, suffit également pour mettre en mouvement toute la masse de l'atmosphère. Les fleuves de l'air
reproduisent, mais dans de plus vastes proportions, à cause
de leur plus grand domaine, les immenses courbes des
fleuves de l'Océan. Les deux fluides en mouvement, vents
et courants maritimes, se superposent dans leur marche
autour de la planète.

Dans la zone tropicale, où l'appel incessant produit par
le courant ascendant détermine un afflux constant de masses
d'air provenant du nord et du sud, le système circulatoire
des vents offre en général une assez grande régularité. En

1. Voir, dans le premier volume, le chapitre intitulé *les Rivières*.
2. Voir, ci-dessus, page 80.

cette partie de la sphère terrestre, les masses aériennes se meuvent uniformément, celles de l'hémisphère septentrional dans le sens du nord-est au sud-ouest, et celles de l'hémisphère méridional dans le sens du sud-est au nord-ouest. Ainsi, deux courants atmosphériques ne cessent de se diriger obliquement à la rencontre l'un de l'autre. Ce sont les vents alizés, que les anciens connaissaient à peine et dont la découverte complète était réservée aux grands navigateurs espagnols et portugais. Parmi toutes les merveilles qu'ils découvrirent dans les régions tropicales, aucune ne les étonna plus vivement que ces brises soufflant invariablement du même point de l'horizon. Accoutumés aux vents changeants et irréguliers des mers de l'Europe, les marins étaient presque épouvantés de la constance de ces vents qui les poussaient vers l'équateur et ne refluaient jamais dans la direction de leur patrie; les compagnons de Colomb y voyaient l'effet des sortiléges du diable et se demandaient avec effroi si tout ce mouvement des ondes aériennes ne se dirigeait pas vers quelque gouffre situé aux limites du monde. Toutefois. les navigateurs se familiarisèrent promptement avec les parages tranquilles que parcourent les vents alizés. Les marins espagnols appelaient jadis la partie tropicale de l'océan Atlantique *el golfo de las Damas* (la mer des Dames), parce qu'on aurait pu sans danger y confier la barre d'un navire à une jeune fille; de même, suivant Varenius, les matelots partis d'Acapulco pouvaient s'endormir sans s'occuper du gouvernail, avec la certitude d'être conduits par le vent, à travers les eaux calmes du Pacifique, jusqu'aux rivages des Philippines. Frappés des immenses avantages que la constance des vents alizés présente à la navigation, les Anglais leur ont donné spécialement le nom de *trade-winds* (vents du commerce). Le vieux terme par lequel le désignèrent les marins français en indique le mouvement égal, continu, régulier.

Toutefois, il faut le dire, ces vents n'ont point une marche tellement certaine qu'on puisse y compter comme sur le retour des astres. Les alternatives des saisons et les grands troubles atmosphériques les font osciller à droite ou à gauche, les retardent ou les accélèrent, parfois même les neutralisent pour un temps. Dans le voisinage des côtes, les extrêmes de chaleur et de froid qui se succèdent sur les continents font dévier les vents de leur direction[1], et par conséquent c'est au large seulement, à une grande distance du littoral, que les voiles des navires sont enflées par une brise soufflant d'une manière presque constante du même point de l'horizon; mais alors même, le vent est toujours plus fort le matin et le soir que pendant les chaleurs du jour. Dans l'Atlantique, bordé de part et d'autre de continents de formes assez régulières, les alizés ont les allures les plus égales. Dans le Pacifique, la multitude des îles qui parsèment la surface des eaux, modifie puissamment le régime normal des vents, et sur une très-grande étendue de leur domaine naturel, les alizés sont transformés en moussons. Au nord de l'équateur, les vents du nord-est ne soufflent d'une manière constante qu'entre les îles Revillagigedo et les Mariannes. Quant aux alizés méridionaux, bien plus resserrés encore, ils commencent vers le groupe des Gallapagos, à 1,000 kilomètres de la côte d'Amérique, et vers l'ouest ne dépassent pas l'archipel de Noukahiva et les îles Basses.

En se heurtant l'un contre l'autre, les deux vents opposés se tiennent réciproquement en échec, et par conséquent leur force de translation horizontale se neutralise; c'est ainsi qu'il se forme tout autour de la terre une zone circulaire de calmes, de vents variables et de brusques remous aériens qui, suivant les saisons, occupent une largeur de 250 à plus de 1,000 kilomètres au-dessus de la mer. Du reste, il ne faut pas croire que dans cette zone dite des calmes, l'air soit généralement tranquille; seulement, l'at-

1. Voir, ci-dessous, figure 107.

mosphère y est plus souvent en état d'équilibre qu'elle ne l'est en toute autre partie de la surface du globe. D'après les *Pilot charts* de Maury, la durée moyenne des calmes de l'Atlantique, entre le 5ᵉ et le 18ᵉ degré de latitude nord, est à celle des vents dans la proportion de 98 à 802 ou de 1 à 8. Pendant la période où les calmes se produisent le plus fréquemment, c'est-à-dire au mois de novembre, et dans l'espace compris entre le 12ᵉ et le 17ᵉ degré de latitude ouest, ils durent en moyenne deux fois moins que les vents provenant d'un point quelconque de l'horizon.

On le comprend, cette zone qui sépare les deux vents alizés du nord et du sud doit nécessairement se déplacer suivant les saisons avec la position du soleil, puisqu'elle occupe précisément sur la rondeur du globe les parages dont les couches atmosphériques sont le plus fortement échauffées par les rayons solaires et où se produit le mouvement vertical de l'air dilaté. Quand le soleil franchit la ligne équatoriale pour se porter vers le tropique du Cancer, le foyer d'appel des vents alizés et par suite la bande de calmes se déplacent en même temps vers le nord; après le 21 septembre, au contraire, lorsque le soleil retourne vers le tropique du Capricorne, la zone la plus échauffée de l'air est graduellement ramenée vers le sud avec tout le système circulatoire des alizés. A la fin de mars, la limite septentrionale des calmes équatoriaux de l'Atlantique se trouve en moyenne vers le 2ᵉ degré de latitude nord, tandis qu'à la fin de septembre cette même limite atteint d'ordinaire le 13ᵉ ou le 14ᵉ degré[1]. Quant à la limite méridionale, elle oscille dans le même océan de 1 à 4 degrés de latitude nord[2]. Dans les régions équatoriales du Pacifique, la zone des calmes se déplace également de mois en mois suivant la marche du soleil, et sa largeur varie de 220 kilomètres, au

1. D'Après; — Dove, *la Loi des tempêtes,* traduction Legras, p. 17.
2. Horsburgh, *East India directory,* vol. I, p. 25.

mois de février, à plus de 1,350 kilomètres, au mois d'août[1].
Sous ce rapport, l'analogie est presque complète entre les
deux grands océans. Par suite de cette périodicité annuelle,
tout le système aérien oscille incessamment suivant la
marche du soleil, et c'est pour cela que dans l'hémisphère
septentrional, les vents du nord, attirés violemment vers
le midi, sont beaucoup plus forts en hiver. En outre, il
existe probablement des oscillations mensuelles et semi-
mensuelles provenant des déclinaisons de la lune[2].

La partie médiane de la zone des calmes, que l'on peut
considérer comme l'équateur météorologique du monde, ne
correspond donc pas avec l'équateur proprement dit. Sur
la terre, de même que dans les organismes supérieurs, le
principal siége de la vie est placé en dehors du milieu géométrique. Le système complet des vents incline vers l'hémisphère boréal, et c'est au nord de la ligne que se développe
en toute saison la ceinture des calmes équatoriaux. Ce phénomène, qui peut sembler étrange au premier abord, provient du groupement de la plupart des terres continentales
dans l'hémisphère du nord et de la différence de température qui doit être, au moins pour une partie de la terre,
la conséquence de cette inégale répartition du solide et du
liquide. C'est aussi dans l'hémisphère boréal du monde que
se trouve le désert du Sahara, le véritable sud géographique
de la terre, cette immense étendue où les terrains boisés
sont relativement si peu nombreux, et où la réverbération
des sables et des rochers brûlants vaporise les nuages que
portent les courants atmosphériques. Le Sahara et, dans
une moindre mesure, toutes les contrées tropicales de l'hémisphère du nord agissent comme un grand foyer d'appel,
vers lequel se dirigent les masses aériennes. Il ressort des
tables dressées par Dove, que la température moyenne de

1. Kerhallet, *Considérations générales sur l'océan Pacifique.*
2. Keller; — Rennell.

l'année est plus élevée vers le 10ᵉ degré de latitude nord (26° 62) qu'elle ne l'est à l'équateur même (26° 50), tandis que la moyenne estivale est plus forte vers le 20ᵉ degré de latitude (27° 50) que dans aucune autre région du monde[1]. La haute température des continents oblige donc le système austral des vents à empiéter sur le système boréal.

V.

Contre-alizés ou vents de retour.

Les masses aériennes amenées par les deux vents alizés ne peuvent point s'accumuler incessamment dans la région des calmes équatoriaux ; elles se dilatent, s'élèvent à plusieurs kilomètres de hauteur, puis, après s'être mélangées et même partiellement croisées, elles se divisent de nouveau en deux grands courants de retour, qui s'écoulent en sens inverse dans les régions supérieures de l'atmosphère. Ainsi que l'affirmait, il y a bientôt deux siècles, le physicien Halley, qui donna le premier la théorie des vents alizés, il serait absolument impossible, si ces deux contre-courants atmosphériques n'existaient pas, que l'équilibre de l'air pût se rétablir à la surface du globe; ce que le souffle des alizés apporte vers l'équateur, il faut nécessairement que d'autres vents le ramènent vers les pôles. Le mouvement des gracieux nuages si déliés que l'on voit d'en bas dans les hauteurs de l'air voler en sens inverse des vents alizés, est une preuve incontestable de l'existence de ces courants supérieurs de retour[2]. D'ailleurs, deux grandes explosions volcaniques, souvent mentionnées par les savants, ont aussi fourni des témoignages frappants, qui confirment la théorie de Halley d'une manière indubitable. Le premier mai 1812,

1. Dove, *Verbreitung der Wärme auf der Oberfläche der Erde.*
2. Voir, dans le premier volume, le chapitre intitulé *les Volcans.*

alors que le vent alizé du nord-est était dans toute sa force,
d'énormes quantités de cendres obscurcirent l'atmosphère
au-dessus de l'île des Barbades, et recouvrirent le sol d'une
couche épaisse. D'où provenaient ces nuages de poussière?
On eût pu supposer qu'ils provenaient des volcans des
Açores, qui se trouvent au nord-est, et cependant ils avaient
été vomis par le cratère du Morne Garou, situé dans l'île de
Saint-Vincent, à 200 kilomètres à l'ouest. Il est donc cer-

Fig. 103. Nuage de cendres du Morne Garou.

tain que les cendres avaient été lancées par la force de
l'éruption, au-dessus de la nappe mouvante des vents alizés,
dans un fleuve aérien marchant en sens contraire. De même,
lors de la terrible éruption du volcan de Coseguina, dans
l'Amérique centrale, les cendres furent emportées par les
alizés de retour jusqu'aux rivages de la Jamaïque, qui ne se
trouvent pas à moins de 1,300 kilomètres au nord-est de la
bouche d'explosion.

Sur les côtes d'Afrique et sur le littoral de la Méditerranée, des grains de poussière, presque imperceptibles isolé-
ment, donnent une autre preuve bien remarquable de l'existence d'un grand courant de retour dans les hautes régions

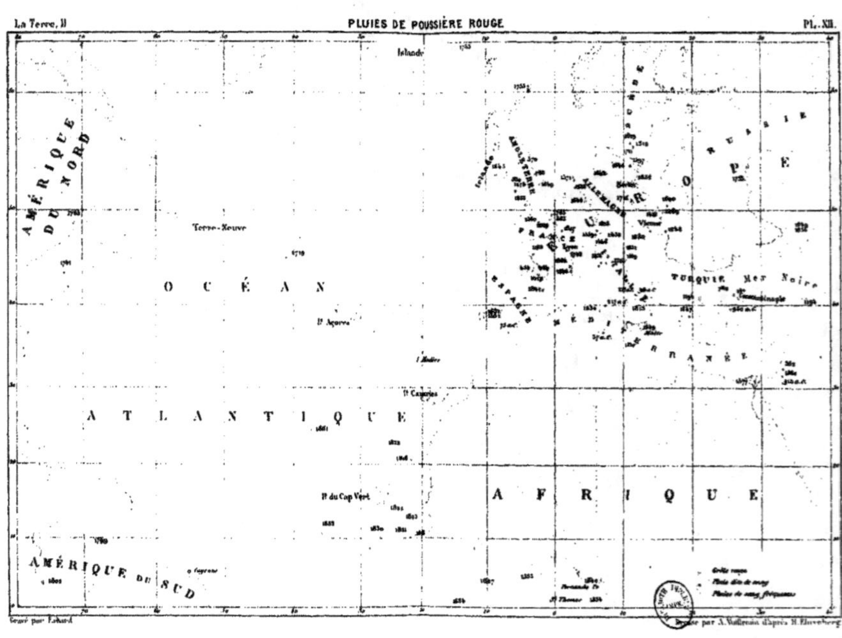

Gravé par Erhard.   Dessiné par A. Vuillemin d'après M. Ehrenberg

de l'atmosphère. Parfois il tombe du ciel une pluie de poussière jaune ou rouge et semblable à de la brique pilée; des navires qui se trouvaient dans les parages du cap Vert, sur les côtes du Maroc ou dans les eaux de la Méditerranée ont eu leur pont et leur voilure entièrement saupoudrés de ces molécules ténues. Humboldt, qui eut l'occasion d'observer cette pluie, croyait qu'elle était composée de poussière siliceuse enlevée par les tourbillons de vent aux plages du Sahara, tandis que les marins témoins de ce phénomène y voient tout simplement une pluie de soufre. Mais Ehrenberg, à l'aide de son microscope, a révélé la nature de cette poussière, qui n'est autre chose, du moins dans les parages de l'Atlantique et de la Méditerranée, qu'un amas d'animalcules siliceux provenant des *llanos* de l'Amérique du Sud. Il est donc certain que ces myriades d'organismes soulevées dans les hauteurs des airs par le courant ascendant de l'équateur, ont trouvé, au-dessus des vents alizés, un courant de retour qui leur a fait franchir l'immense bassin de l'Atlantique pour les porter sur les côtes de l'Afrique ou même de l'Europe, jusque dans le bassin du Rhône. Les courants aériens sont devenus visibles, pour ainsi dire, au moyen de ces nuages d'infusoires [1].

Dans la zone équatoriale, le contre-courant des vents alizés ne peut guère commencer qu'à une hauteur de 7 à 8 kilomètres au-dessus du niveau de la mer, car les plus hauts sommets des Cordillières restent en entier baignés dans le courant inférieur. La montagne la plus méridionale du bassin de l'Atlantique où l'on ait observé le vent du retour est le pic de Teyde, dans l'île de Ténériffe. Là, les masses d'air refoulées de la zone équatoriale se sont déjà suffisamment abaissées pour entourer en toute saison la pointe terminale du volcan, haute seulement de 3,675 mètres. En hiver, lorsque tout le système circulatoire de l'atmos-

1. Maury, *Geography of the Sea.*

phère est descendu vers le sud en suivant la marche du
soleil, le courant de retour s'abaisse des hauteurs de l'air
et vient frapper la surface dès eaux vers les côtes du Portugal, pour rétrograder ensuite et se faire sentir successive-

Fig. 101. ILE DE TÉNÉRIFFE.

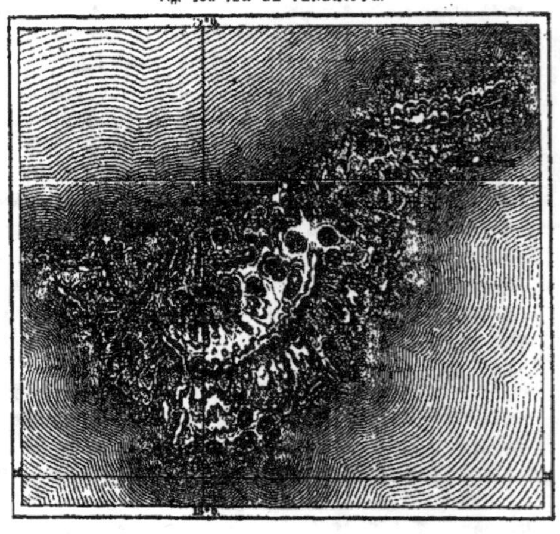

ment à Madère et sur les pentes moyennes et basses du pic de
Teyde [1]. D'après l'astronome Piazzi Smyth, c'est en moyenne
à 2,740 mètres de hauteur verticale que se trouve alors le
plan de séparation entre les deux fleuves aériens coulant en
sens inverse. Au sommet de la montagne, l'air est emporté

1. Humboldt; Léopold de Buch, *Description des Canaries.*

rapidement du sud-ouest au nord-est, tandis que sur les parties basses de l'île, le vent alizé souffle toujours avec sa régularité habituelle[1]. La zone de nuées qu'il déploie en un voile immense au-dessus de la mer et des rives ne s'étend pas dans la partie du ciel comprise entre les deux vents soufflant en sens inverse, mais elle se trouve au contraire à une assez grande profondeur dans la couche aérienne des alizés. Entre le courant d'en haut et celui d'en bas, l'air est calme et pur de nuages. Pendant la saison d'été, les voyageurs qui gravissent les flancs du pic de Teyde peuvent s'attendre avec confiance à trouver un ciel inaltérable, aussitôt après avoir dépassé la zone de nuées de 3 à 400 mètres d'épaisseur, qui se déploie comme une seconde mer au-dessus de l'océan des eaux[2]. Lors des changements de saison, quand les deux vents opposés luttent pour la victoire sur les pentes de la montagne, il suffit parfois de quelques jours pour amener un changement d'un millier de mètres dans la hauteur de la zone intermédiaire. Une bataille s'engage dans le ciel entre les deux courants : tantôt le vent alizé monte jusqu'aux pentes supérieures du pic; tantôt il est vaincu, chassé des hauteurs de l'atmosphère et déprimé avec tout son système de nuages vers les régions plus basses. C'est principalement au-dessus du col de Laguna, entre Santa-Cruz et Orotava, que se livre le combat, et par suite, ce district de l'île est 'fréquemment inondé de pluies. Piazzi Smith a longuement raconté dans son ouvrage sur Ténériffe ces grandes luttes aériennes[3].

Dans l'océan Pacifique, on a pu observer des phénomènes analogues à ceux qui se produisent dans l'Atlantique. Goodrich a constaté que le courant normal des alizés et le vent de retour se font sentir à la fois, l'un sur les rivages des

---

1. *Philosophical Transactions,* 1859.
2. Voir, ci-dessous, le chapitre intitulé *les Nuages et les Pluies.*
3. *Teneriffe,* p. 173, 174, 432, etc.

îles Sandwich et sur les pentes inférieures de toutes les montagnes de l'archipel, l'autre sur la cime du volcan Mauna-Loa.

La direction du contre-courant supérieur est, de même que celle des vents alizés, déterminée par le mouvement de rotation de la terre. A son retour de l'équateur, chaque molécule d'air en marche se détourne vers l'orient au lieu de dévier à l'occident, comme dans son voyage de la zone polaire à la zone torride. Après avoir séjourné dans les régions équatoriales, elle parcourt successivement des contrées dont la vitesse autour de l'axe terrestre est moindre que la sienne propre; à mesure qu'elle s'éloigne de la zone des calmes elle se trouve donc en avance sur tous les points sous-jacents de la planète et se change en vent de sud-ouest. Au-dessous d'elle, l'alizé du nord-est glisse généralement en sens inverse; mais, par suite du frottement des particules aériennes, il se forme entre les deux courants atmosphériques une couche d'air calme, où se manifestent tous les météores dus au contact des deux masses, inégales en chaleur, en humidité, en tension électrique. D'après Dove, le contre-courant alizé s'infléchirait de plus en plus vers l'est, à cause de la courbure croissante de la terre

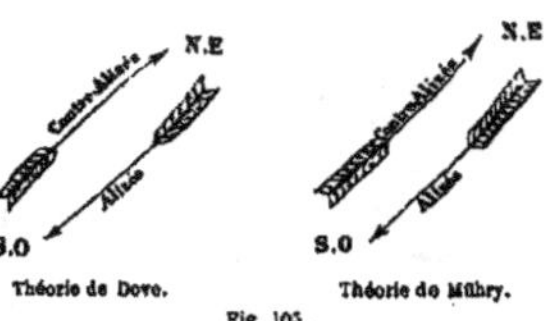

Fig. 105.

dans le sens du pôle; d'après Mühry, au contraire, la direction de ce vent serait exactement parallèle à celle du courant inférieur et se recourberait graduellement vers le nord, à cause de l'appel exercé dans les régions polaires par le

vent qui descend vers l'équateur. Cette dernière théorie
paraît la plus probable; mais c'est à l'observation directe à
décider d'une manière définitive[1].

On pourrait croire au premier abord que le contre-courant supérieur se rend jusqu'au pôle en se maintenant dans
les hautes régions de l'atmosphère et que, de son côté, le
vent polaire, aux molécules rapprochées par le froid, glisse
toujours à la surface du globe. C'est par exception qu'il en
est ainsi. Dans une région assez indécise, qui, pour l'Atlantique du nord, oscille alternativement, suivant les saisons,

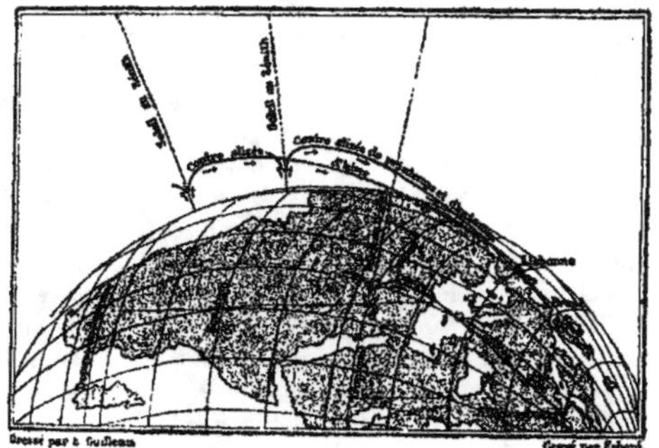

Fig. 106. Variations des contre-alizés.

du 21e au 35e degré de latitude, le vent de retour commence
à descendre des hauteurs du ciel à la surface de la mer et
vient se heurter contre les masses aériennes qui affluent du
pôle vers les parages brûlants de l'équateur. La zone où se
produit ce choc des vents est considérée comme la limite

1. *Mittheilungen von Petermann*, IX, 1866.

extérieure des vents alizés; mais c'est à tort qu'on lui donne
le nom de zone des calmes tropicaux, car si l'équilibre complet de l'atmosphère y est plus fréquent que dans les régions
limitrophes du nord et du sud, cependant les calmes n'y
durent guère que pendant un jour sur deux ou trois semaines [1]. Pendant l'été de l'hémisphère boréal, alors que le
soleil se trouve au zénith du tropique du Cancer, les contre-
alizés peuvent d'ailleurs se faire sentir avec assez de régularité jusque vers la latitude du nord de l'Allemagne ou de
Saint-Pétersbourg. En automne et enfin en hiver, le domaine de ces courants de retour se rétrécit sans cesse au
nord et s'accroît vers le midi; Brest, puis Lisbonne sont ses
limites extrêmes dans l'hémisphère septentrional, jusqu'à
ce que le soleil reprenne sa marche vers le nord.

Pourquoi le courant supérieur descend-il ainsi du haut
de l'atmosphère pendant la plus grande partie de l'année?
Sans doute parce qu'il porte avec lui d'énormes quantités
de vapeur d'eau qui le rendent plus lourd que l'air froid et
sec venu des pôles. Grâce à sa température, il s'élève d'abord
plus haut que les Cordillières, puis, graduellement refroidi,
il s'abaisse sous le poids de l'humidité qui le sature, et lorsqu'il entre enfin dans la zone tempérée, il tombe à la surface
de la terre avec ses nuages et ses pluies, et lutte pour la
suprématie contre le courant polaire. La différence de froid
spécifique entre les masses d'air opposées doit être très-
minime, puisque les uns et les autres l'emportent tour à tour.
Souvent le courant venu de la zone torride, reconnaissable
d'en bas à ses traînées de *cirri*, ne peut atteindre la surface
du sol et se maintient jusqu'au pôle dans les couches supérieures de l'atmosphère, tandis que le vent qui souffle de
la zone glaciale forme un courant continu sur la rondeur du
globe, du pôle à l'équateur; toutefois, il faut considérer le vent
du sud-ouest comme le vent dominant de la zone tempérée

1. Lartigue; — Maury, *Pilot Charts.*

du nord, car il s'y fait sentir beaucoup plus fréquemment
que le courant contraire, la proportion étant de près du
double pour le premier entre le 50e et le 55e degré de latitude [1]. On sait que les navires à voiles mettaient autrefois
quarante-six jours, en moyenne, pour se rendre d'Europe
aux États-Unis, tandis que le voyage de retour, facilité d'ailleurs par la marche du Gulf-stream [2], s'accomplissait en
vingt-trois jours; les vents du sud-ouest et de l'ouest, qui
ne sont autre chose que le contre-courant des alizés, soufflent avec tant de régularité dans ces parages, qu'on a pu
donner le nom de « voyages de montée » aux traversées
d'Europe en Amérique, et de « voyages de descente » aux
courses qui s'opèrent en sens inverse. Des phénomènes correspondants se produisent dans l'hémisphère du sud : là,
ce sont les vents du nord-ouest qui soufflent le plus fréquemment au delà des limites méridionales des alizés.

Ainsi les deux vents permanents qui sont aspirés vers
l'équateur par la dilatation de l'air chaud ont chacun leur
domaine propre, borné intérieurement par les calmes de la
ligne équinoxiale, extérieurement par les vents irréguliers
de la zone tempérée; toutefois, ces limites oscillant incessamment de mois en mois et de saison en saison, on ne
peut les indiquer d'une manière précise. Sur une carte générale des vents alizés, il suffit donc de tracer les frontières
extrêmes de ces courants pour l'hiver et pour l'été [3]. En
moyenne, l'espace sur lequel souffle le vent du nord-est
dans l'Atlantique embrasse de 18 à 20 degrés de latitude,
soit de 2,000 à 2,200 kilomètres en largeur; dans le Pacifique méridional, le domaine de l'alizé du sud-est ne serait
pas moindre de 30 degrés ou 3,300 kilomètres [4].

1. Maury, *Pilot Charts*.
2. Voir, ci-dessus, p. 98.
3. Voir, ci-dessous, la figure 107.
4. Kerhallet, *Considérations générales sur l'océan Pacifique*.

Entre les courants atmosphériques et les courants océaniques, l'analogie est évidente. Le fleuve maritime qui se forme à la jonction des masses d'eau venues des deux mers polaires correspond à la zone équinoxiale où se rencontrent les vents alizés du nord-est et du sud-est. Obligées de s'étendre latéralement, en se maintenant sous le niveau commun du réservoir maritime qui les contient, les eaux tièdes du courant équatorial s'écoulent ensuite vers le nord-est, parallèlement au contre-courant des alizés, qui s'est élevé dans les hauteurs de l'atmosphère. Sous l'influence des mêmes causes, les deux océans de l'air et de l'eau se meuvent dans la même direction et leurs mouvements subissent les mêmes oscillations vers le nord ou vers le sud, pendant chaque période alternante des saisons. En été, lorsque le Gulf-stream se prolonge au loin dans les mers boréales, le double système des alizés et des contre-alizés du nord s'avance de plusieurs degrés dans la zone tempérée, tandis que, pendant l'hiver, il reflue de nouveau vers le tropique du Cancer, suivi par le Gulf-stream, qui se replie graduellement vers le sud. La ressemblance serait complète si l'eau était comme l'air un fluide élastique et compressible, et ne se trouvait pas enfermée dans un bassin dont elle ne peut franchir les bords. La différence des milieux explique la différence des courants que la chaleur du soleil et la rotation terrestre produisent dans l'Océan et dans l'atmosphère.

VI.

Les alizés des continents. — Les moussons. — Vents étésiens.

Les vents alizés, nous l'avons dit, n'ont point sur les continents la même régularité que sur les mers. A la surface de l'Océan, les masses d'air mouvantes ne sont arrêtées par

aucun obstacle ; elles se propagent librement vers la zone
équatoriale, et ne peuvent guère être détournées de leur
route par l'appel de quelque foyer maritime de chaleur, car
la température de l'eau ne s'accroît ou ne diminue que lentement, et du jour à la nuit les oscillations du thermomètre
n'y atteignent point 2 degrés centigrades. Au milieu des
grandes îles et des continents, il n'en est plus ainsi. Là, des
chaînes de montagnes se dressent en travers de la marche
des vents et les font changer de direction ; les forêts, les
prairies, les nappes d'eau méditerranéennes, les plateaux
aux longues pentes, les pays de collines, les grandes plaines
et les innombrables accidents du relief topographique sont
diversement échauffés par le soleil, et par cela même
détournent ou repoussent le vent qui souffle des mers avoisinantes. Dans les hauteurs de l'espace, le courant peut, il
est vrai, continuer son mouvement normal au-dessus des
plateaux et des montagnes ; mais, au-dessous, les régions
inégales de la surface sont parcourues par des vents irréguliers. Tantôt la bande des calmes équatoriaux y est complétement oblitérée, tantôt elle est élargie d'une manière
anormale ; les vents se reploient diversement de côté ou
d'autre pour se diriger vers la contrée dont l'air est le
plus dilaté par les rayons du soleil. D'ailleurs, il faut le dire,
on n'a fait encore, dans la plupart des pays tropicaux, qu'un
nombre bien insuffisant d'observations météorologiques.

Cependant on ne saurait douter que les alizés ne soufflent sur de vastes étendues continentales aussi bien qu'à la
surface des mers. En effet, le manque de pluie et l'absence
presque complète de végétation dans toute cette partie de
l'Afrique connue sous le nom de désert de Sahara prouvent
d'une manière indubitable l'existence d'un vent régulier du
nord-est. Après avoir passé sur les hauts plateaux de l'Asie
et s'être déchargé de la plus grande partie de sa vapeur
d'eau, ce courant atmosphérique traverse obliquement toute
l'Afrique, des bords du Nil à ceux du Niger ; sur cet

énorme parcours de 2,700 kilomètres, il ne laisse tomber de pluies qu'au sommet des monts, tels que le Djebel-Hoggar et parsème à peine d'un seul nuage l'inaltérable azur du ciel. Sur la côte occidentale du Sahara, le vent brûlant que l'on nomme *harmattan* n'est autre chose que l'alizé du nord-est, plus ou moins détourné de sa course à cause du voisinage de la mer. Vers le 17ᵉ degré de latitude nord, sur les frontières méridionales du Soudan, des nuages se forment enfin dans l'espace, des pluies abondantes pénètrent le sol, et l'aridité du désert fait place à une belle végétation; c'est que le domaine des vents permanents se termine là, pour être remplacé par la zone des calmes équatoriaux, au courant ascendant tout chargé de vapeurs aqueuses. Dans la partie méridionale de l'Afrique, les alizés du sud-est se font sentir régulièrement, et, d'après le témoignage de Livingstone, traversent en entier le continent, de l'embouchure du Zambèze au littoral d'Angola. De l'autre côté du grand détroit de l'Atlantique, les régions tropicales de l'Amérique du Sud sont également rafraîchies par le souffle constant des vents humides du sud-est. Le Brésil, le Paraguay, une grande partie de la république Argentine, de la Bolivie, du Pérou, des Guyanes et de la Colombie, sont compris dans ce grand domaine météorologique. Le vent alizé, reployé sous l'équateur dans la direction de l'est à l'ouest, remonte d'un souffle égal la vallée de l'Amazone, pénètre dans les gorges des Andes et franchit même, par tous les cols, la haute barrière de montagnes; mais dominés par cet énorme rempart, les rivages du Pacifique ne subissent point l'influence du vent d'est. Les navires qui cinglent au large ont à parcourir de 200 à 1,000 kilomètres en mer, suivant les parages, avant qu'une bouffée du vent alizé, descendue du sommet des Andes, vienne enfler leurs voiles, et les pousser du côté de l'Australie.

Même dans les parties du monde où les vents tropicaux cessent d'être permanents, les oscillations et les déflexions

du courant atmosphérique offrent, en général, un caractère
de périodicité et s'accomplissent régulièrement, suivant le
cours des saisons. Parmi ces vents aux retours uniformes,
il faut citer principalement les « moussons » de l'Inde et de
l'Arabie. Le nom arabe de ces météores, *maussim* ou *mous-
sim*, signifie changement, saison; c'est qu'en effet, ils partagent l'année de la manière la plus rigoureuse en deux
périodes complétement distinctes. Durant les grandes chaleurs de l'été, les plateaux arides de l'Asie centrale, et
même les campagnes de l'Hindoustan, beaucoup plus fortement échauffées que la mer, agissent comme une immense
pompe aspirante; l'air qui repose sur cette partie du continent asiatique se dilate et, par suite, de nouvelles masses
aériennes affluent sans cesse de l'océan Indien vers les
contrées du nord. D'après Dove, le vent alizé du sud-est,
entraîné par ce déplacement général des airs, franchirait
lui-même l'équateur, pour entrer dans l'hémisphère boréal
et se transformer graduellement en mousson du sud-ouest,
à cause de sa grande vitesse angulaire, acquise sur le renflement équatorial. Toutefois, il n'est pas probable qu'il en
soit ainsi, car la mousson n'a point la même hauteur verticale que les vents alizés et sa direction n'est point uniformément celle du sud-ouest au nord-est, comme sur les
côtes du Malabar; dans la vallée du Scinde et dans celle de
l'Irawaddy, elle est franchement méridionale; au fond du
golfe de Bengale, à Siam, à l'angle oriental du continent
asiatique, cette direction est celle du sud-est au nord-ouest,
perpendiculairement aux côtes qui appellent le vent[1].

Saturée de l'humidité qui s'est évaporée de la grande
chaudière de la mer des Indes, la mousson inonde de
pluies torrentielles les côtes du Malabar, de même que les
rivages de la péninsule transgangétique, puis vient se
heurter contre les hautes montagnes de l'Himalaya et des

1. Mühry, *Zeitschrift für Meteorologie von Carl Jelinek*, n° 21, 1867.

autres chaînes qui bordent au midi les plateaux de l'Asie
centrale. D'ailleurs, elle ne franchit point cette barrière.
A ses nuages chargés de pluie qui se déchirent aux escarpements des cimes inférieures, on voit parfaitement que
le vent maritime ne dépasse point l'altitude de 1,500 à
2,500 mètres, et qu'au-dessus, une autre couche aérienne
se déplace dans les hauteurs. Le mouvement qui entraîne
cette couche élevée est le même que celui de la mousson du
sud-ouest ; mais on reconnaît à ses longues traînées de *cirri*,
hautes de 5,000 et de 8,000 mètres, ce grand courant de
retour ou contre-alizé, qui plane à la même élévation au-
dessus de l'Atlantique, dans la mer des Canaries.

Lorsque le soleil, dans sa course sur l'écliptique,
retourne vers le tropique du Capricorne, le foyer d'appel se
déplace en même temps dans la direction du sud. La mousson
du sud-ouest cesse de se porter vers les grandes péninsules
de l'Asie, le vent régulier du nord-est recommence de
souffler, et les courants d'appel se reploient dans l'hémisphère méridional vers les îles de la Sonde et l'Australie.
Grâce à cette alternance régulière, qui fit l'étonnement
de l'ancien navigateur grec Hippalos, les marins de l'océan
des Indes peuvent compter d'avance sur un vent favorable,
qui poussera tour à tour leur navire pour les deux traversées d'aller et de retour ; d'ailleurs, ils n'ont point à
craindre ces calmes prolongés qui sont le fléau de la navigation à voiles dans la zone équatoriale de l'Atlantique
et de la mer du Sud. Le mouvement circulatoire ne dépasse en aucun endroit les couches inférieures de l'océan
aérien, et l'on peut facilement observer au-dessus des îles
de la Sonde et de l'Australie, de même que sur les flancs
de l'Himalaya, la marche constante des nuages qu'entraînent les vents alizés réguliers. Un volcan de Java, observé
par Junghuhn, en offre un remarquable exemple. De sa
cime, haute de 3,000 mètres environ, s'échappe toute l'année une colonne de vapeurs qui se reploie gracieusement

dans l'espace pour se diriger vers l'ouest ou le nord-ouest en un long nuage blanchâtre, et c'est précisément en sens inverse que la mousson souffle durant six mois de l'année sur les pentes, ainsi qu'à la base de la montagne.

Les moussons des Indes orientales ne sont pas les seuls vents qui rompent l'uniformité des alizés. Dans toutes les parties de la zone tropicale où les rivages des continents sont disposés parallèlement à l'équateur, les vents alternent régulièrement, par suite de la plus grande raréfaction de l'air qui se produit tantôt sur terre, tantôt sur mer, suivant la marche du soleil. Ainsi, pendant la plus grande partie de l'année, les côtes africaines qui se prolongent du golfe de Benin au cap des Palmes, attirent les moussons du golfe de Guinée. Ces masses d'air, changeant leur direction, se reploient pour souffler vers le nord-est et courent rapidement vers la grande fournaise du Sahara, où l'atmosphère suréchauffée est d'ordinaire plus dilatée qu'en tout autre pays du monde. Vers le mois de janvier, alors que le Sahara lui-même est devenu plus froid que les mers équatoriales et les rivages du Congo, le vent alizé du nord-est reprend la prépondérance et traverse toute l'Afrique du nord en obliquant au sud vers les côtes de la Guinée méridionale. D'abord très-violent, il s'affaiblit bientôt et ne dure guère que deux ou trois semaines pour céder de nouveau l'empire de l'air à la mousson marine. Durant sa courte apparition, le courant venu du désert ne cesse de transporter une poussière blanche, ayant l'apparence d'un épais brouillard. C'est le sable du Sahara, qui dans les régions situées immédiatement au nord de la Guinée est presque blanc, tandis que plus loin, la poussière enlevée du sol par le harmattan est à peu près rousse[1].

Sur les côtes du Chili, sur celles de la Californie, dans les îles du Pacifique, autour du golfe du Mexique et de la

1. Borghero, *Bulletin de la Société de Géographie*, juillet 1866.

mer des Antilles, des phénomènes analogues se produisent. En été, la vallée du Mississipi et les plateaux du Texas sont parcourus par de véritables moussons, qui distribuent les pluies sur cette partie du continent, puis sont remplacées à leur tour par ces dangereux vents du nord ou du nord-est

Fig. 107. VENTS ALIZÉS ET MOUSSONS DE L'ATLANTIQUE.

(*nortes*), qui sont eux-mêmes des alizés plus ou moins détournés de leur route. De leur côté, les rivages occidentaux du Mexique présentent un phénomène d'alternance tout à fait semblable, entre les vents du sud-ouest en été, et ceux du nord-est en hiver. Sur les côtes parallèles ou simplement obliques à la marche des alizés, une partie de ces vents n'est point ramenée en arrière comme dans les Indes ou dans la Guinée, mais elle est plus ou moins attirée par le foyer de chaleur en dehors de sa voie régulière. C'est ainsi que sur le littoral du Maroc, et près de l'archipel des Canaries, le vent du nord-est subit une déviation considérable vers le continent africain, et se transforme parfois en vent du nord. De même les plateaux de la Nouvelle-Grenade et les *llanos* du Venezuela détournent le courant normal qui vient de pénétrer dans la mer des Antilles, et l'obligent à souffler perpendiculairement à la côte. Il se produit ainsi une brise périodique (*los brisotes*), qui peut être considérée comme un vent intermédiaire entre la mousson et l'alizé proprement dit.

Les vents de la Méditerranée orientale, auxquels les anciens avaient donné le nom de vents *étésiens* (de *étos*, année) ne sont, eux aussi, autre chose que des moussons. Ce sont des courants atmosphériques attirés du nord vers les continents d'Afrique par les puissants foyers d'appel des sables de l'Égypte et du Sahara. Pendant presque tout l'été, les masses aériennes qui reposent sur l'Europe méridionale sont ainsi entraînées du côté de l'Afrique, et même dans les contrées tempérées à vents variables, comme l'Italie, la Provence et l'Espagne, on constate que les courants prédominants sont ceux du nord. Grâce à ce mouvement général des airs, la traversée d'Europe en Afrique s'accomplit, en moyenne, plus rapidement que le voyage de retour : pour les navires à voiles qui parcourent la Méditerranée entre la France et l'Algérie, le passage du nord au sud est d'un quart environ moins long que la course en sens inverse. Toute la partie septentrionale des îles Baléares, et notamment de Minorque, est désolée par un vent du nord qui rabougrit la végétation et fait pencher tous les arbres dans la direction du sud[1].

1. Marié-Davy, *les Mouvements de l'atmosphère et des mers*.

VII.

Brises de terre et de mer. — Vents des montagnes. — Brises solaires. — Vents
locaux. — Le simoun, le scirocco, le fœhn, les tourmentes, le mistral.

Outre les déviations latérales qui s'opèrent deux fois
dans l'année, les vents alizés subissent aussi le long des
côtes de rapides déviations journalières. Tout le pourtour
des continents est bordé, pour ainsi dire, d'une frange de
brises produites par la différence de température entre la
terre et l'eau. Pendant la journée, les contrées du littoral se
réchauffent beaucoup plus rapidement que la surface de
l'Océan. Vers dix heures du matin, après une période de
calme plus ou moins longue, une rupture d'équilibre s'opère
entre les masses aériennes, et l'atmosphère plus fraîche
reposant sur les eaux se porte vers la terre pour y remplacer
l'air dilaté qui s'élève dans les régions supérieures. Peu à
peu, ce mouvement de translation, qui d'abord se faisait
sentir seulement dans le voisinage de la côte, se communique
à toutes les couches atmosphériques en avant et en arrière,
et bientôt la brise, ébranlant de proche en proche tout
l'océan des airs, occupe un assez large espace au-dessus de
la mer et du continent, qu'il unit comme une plaque de fer
unit les deux branches d'un aimant. Durant la nuit, le sol
perd par le rayonnement une grande partie de la chaleur
qu'il avait reçue, tandis que la mer conserve à peu près la
température de la journée. L'équilibre se rompt encore une
fois, mais c'est maintenant au profit de la mer; la brise est
ramenée en arrière et souffle en sens inverse. C'est ainsi
que dans l'espace de vingt-quatre heures la brise oscille de
la terre à la mer et de la mer à la terre par un mouvement
de flux et de reflux analogue à celui des marées. Dans les
contrées de la Plata, ces souffles alternatifs de terre et de
mer offrent une telle régularité qu'ils ont reçu le nom de

virazones (girations). Autour d'Otahiti, ils se succèdent également avec tant de ponctualité, qu'un navire pourrait, en plusieurs nuits consécutives, faire le tour complet de l'île, et toujours vent arrière.

Ces brises, que l'on pourrait appeler aussi des moussons journalières, coexistent avec le mouvement des vents alizés, et sont, en conséquence, entraînées dans le circuit général. Au lieu d'être perpendiculaires à la côte, elles forment le plus souvent avec elle un angle aigu; elles soufflent de biais, ainsi que le disait le marin Dampier. Du reste, ce n'est pas seulement dans le domaine des vents alizés ou sur le pourtour des océans que se produisent les brises côtières; elles soufflent partout où il existe une différence de température considérable entre la terre et une nappe liquide, partout où l'air frais de la mer ou d'un lac va remplir les vides laissés sur le littoral par un courant ascendant d'air chaud. On en voit un exemple remarquable dans l'étroite mer Adriatique. Là, pendant chaque belle journée, la brise se lève au milieu du golfe et se dirige à la fois en deux directions contraires, d'un côté vers les rivages de l'Italie, de l'autre vers les îles et les montagnes de l'Istrie et de la Dalmatie. Pendant la nuit, l'hémicycle des côtes qui entoure les eaux de l'Adriatique renvoie vers la mer, comme vers un foyer commun, l'air frais qu'il a reçu : aux courants divergents de la journée succède un flot de brises convergentes.

De même les montagnes ont leur système propre de brises alternant avec une régularité semblable à celle de la brise de terre et de la brise de mer sur les côtes de l'Océan. Le jour, surtout en été, lorsque les cimes des monts sont exposées à toute l'intensité des rayons solaires et reçoivent une quantité de chaleur considérable qui rapproche leur température de celle des vallées, l'air reposant sur les sommets se dilate et s'élève. En même temps, l'air des plaines qui s'étendent au pied des monts est lui-même dilaté dans de plus fortes proportions, de sorte qu'un courant ascendant se produit de la base au sommet des pics, dans toutes les vallées et sur tous les escarpements. Les couches atmosphériques de la plaine s'ébranlent et se dirigent vers les hauteurs avec d'autant plus d'impétuosité que les cimes ont été plus fortement chauffées par le soleil. Dans certaines vallées, notamment dans celle de la Stura et des autres rivières alpines qui vont arroser les campagnes du Piémont, le vent ascendant a tellement de force que la plupart des arbres sont uniformément inclinés dans le sens des montagnes. Des pollens, des restes de plantes, des insectes, des papillons sont emportés par le courant d'air et vont souiller de leurs débris la vaste blancheur des neiges. La nuit, des phénomènes d'un ordre inverse se produisent, mais avec moins d'intensité; les hautes montagnes, dont les pointes se dardent dans le ciel, perdent leur chaleur par le rayonnement nocturne plus rapidement que les vallées, les nappes d'air qui les entourent se refroidissent et redescendent en partie vers les campagnes d'où elles étaient montées quelques heures auparavant. Il s'établit ainsi un échange entre les deux zones, un flux et un reflux, une marée atmosphérique ascendante et descendante, réglée dans son intensité par les variations de la température : c'est encore, comme pour les brises côtières, le mouvement de roue signalé par Dove.

Comme exemple de ces brises, appelées dans les Alpes françaises *pontias*, *rebats*, *aloups du vent*, on peut citer les trois fleuves aériens qui roulent incessamment dans les vallées de la Savoie, à moins que le système local des courants atmosphériques ne soit modifié par les tempêtes. Ces trois fleuves d'air sont ceux du Faucigny, de la Tarentaise et de la Maurienne. Le premier parcourt la vallée de l'Arve, de Genève au Mont-Blanc; la deuxième se meut dans les vallées de l'Isère et de son affluent, le Doron; le troisième remonte et descend alternativement toute la vallée de l'Arc vers le Mont-Cenis et le col de l'Iseran. D'ordinaire, le vent ascendant commence vers dix heures du matin dans les vallées de la Savoie, et le courant descendant reflue vers les plaines à partir de neuf heures du soir; en certains endroits on l'appelle *matinière*, parce qu'il se fait surtout sentir avant le lever du soleil. M. Fournet, qui a longtemps étudié ces phénomènes de marées atmosphériques, a constaté que le passage du flux au reflux est surtout rapide dans les défilés étroits; tandis que, dans les larges bassins, l'alternance se produit après une série d'oscillations aériennes et de bouffées de vent en sens inverse. Chaque vallée doit à sa forme particulière un régime atmosphérique particulier : dans l'une, les brises successives sont lentes, indécises d'allures; dans l'autre, elles alternent brusquement, avec violence, et produisent, en l'espace de quelques heures, des variations de température de 20, de 25 et même de 30 degrés. En général, les brises sont régulières dans les vallées régulières, et ne présentent de particularités remarquables qu'à leur issue dans la plaine ou bien au confluent de deux gorges. Parmi ces vents aux curieuses allures, on cite une brise du bassin rhénan, connue sous le nom de *Wisper-wind*. Sortant, en amont de Lorch, de l'étroite vallée de la Wisper, remplie de bois et très-bien située pour subir dans ses diverses parties tous les extrêmes de température, cette brise souffle en général jusqu'à 8, 9 ou 10 heures du matin, puis traverse le Rhin, frappe contre les rochers de la rive gauche et se divise en deux courants, dont l'un remonte au sud, vers Bingen, en s'accroissant en route de plusieurs petits vents tributaires, tandis que l'autre, plus faible, descend au nord vers Bacharach.

Même dans les plaines et dans les contrées faiblement accidentées, des brises journalières doivent se succéder régulièrement à cause des différences locales de température que produit la marche du soleil. Le matin, dès que l'astre se lève, la température, qui était tombée au plus bas, à cause de l'évaporation nocturne, s'accroît rapidement, l'air se dilate et s'épanche vers les espaces plus froids qui s'étendent du côté de l'ouest; il en résulte un petit vent d'est, qui devient graduellement vent du sud-est, à mesure que le soleil monte au-dessus de l'horizon. Quand l'astre est au midi, l'air dilaté s'épanche dans la direction du nord; enfin, vers le soir, c'est du côté de l'est, où les couches aériennes se refroidissent, que se dirige le trop-plein de l'air encore échauffé par les rayons solaires. Ainsi, lorsque l'atmosphère n'est pas agitée par un vent général, il doit se produire une brise tournant régulièrement autour de l'horizon dans le même sens que le soleil. Dans l'hémisphère boréal, ce mouvement de giration s'accomplit de l'est à l'ouest par le sud; dans l'hémisphère opposé, c'est par le nord que cette brise diurne opère sa révolution graduelle de l'est à l'ouest. Dans les montagnes, le phénomène est plus complexe à cause des brises d'amont et des brises d'aval qui s'entremêlent aux brises tournantes. On remarque cependant que la plupart des vents locaux déterminés par la différence des températures se portent vers l'ouest dans la matinée, puis tournent graduellement en sens inverse du soleil et soufflent dans la direction de l'est lorsque l'astre s'incline vers le couchant. Ce sont les *solaures* (*solis aura*) ou vents solaires du département de la Drôme[1].

Quant aux vents locaux qui caractérisent certaines régions, ils ont tous leur origine première dans l'inégale répartition de la chaleur. Tels sont le *chamsin* de l'Égypte, le *pampero* de la république Argentine, tel est surtout le courant aérien auquel on donne dans le Sahara le nom de *simoun* ou « d'empoisonné ». Dès que ce vent commence à souffler, le voyageur haletant respire avec peine; l'air est brûlant et desséché comme s'il était lancé par la gueule d'un four; la chaleur, accrue par le rayonnement des innombrables grains de sable qui flottent dans l'atmosphère,

1. Fournet, *Hydrologie du Rhône.*

s'élève rapidement à 45, 50 et même 56 degrés; le soleil se voile, tous les objets prennent une teinte violette ou d'un rouge sombre; la poussière emplit l'espace. Pour ne pas être étouffés par cet air irrespirable, les hommes s'enveloppent la figure de leurs vêtements et les chameaux enfouissent leurs cous dans le sable. D'ailleurs, il n'arrive pas toujours que des trombes de poussière s'élèvent alors en tourbillonnant dans le ciel. Palgrave, qui eut à souffrir d'un violent simoun dans un désert d'Arabie, ne vit sur le ciel ni nuage de sable ou de vapeur et ne put s'expliquer les ténèbres qui avaient soudainement envahi l'atmosphère[1].

En Sicile et dans le sud de l'Italie, souffle parfois un vent chaud du midi que l'on considère comme une sorte de simoun et qui se sature d'humidité en passant par la Méditerranée : c'est le *scirocco*. D'ordinaire, il est peu rapide, et ses bouffées sont interrompues de calmes étouffants; la surface de l'eau est à peine agitée, une brume de vapeurs pèse sur l'horizon, le soleil se cache derrière un voile de nuées blanchâtres. Sous l'influence énervante de ce souffle du midi, tout travail devient pénible; cependant on n'a jamais à craindre les phénomènes redoutables qui se produisent pendant le simoun.

Dans les Alpes de la Suisse, le vent du midi est connu sous le nom de *fœhn*, mot dérivé de *favonius*, le vent méridional des Romains. Quelle est l'origine de ce courant? A-t-il pris naissance dans le Sahara, ainsi que le pensent MM. Desor, Martins, Escher de la Linth, et son souffle brûlant a-t-il servi jadis à fondre les anciens glaciers des Alpes? Est-ce tout simplement le contre-alizé descendu des hauteurs de l'atmosphère, et provient-il de l'Atlantique et de la mer des Caraïbes, comme l'affirme Dove? L'humidité qu'il apporte n'aurait-elle pu servir ainsi qu'à

1. *Une Année de voyage dans l'Arabie centrale*, 2 vol., traduits par M. Jonveaux.

rendre plus puissants les grands fleuves de glace? Le dernier cas semble probable : quoi qu'il en soit, le fœhn change souvent dans son cours, et qu'il continue ou non le scirocco méditerranéen, les inégalités du relief des montagnes en modifient singulièrement le caractère. En s'élevant sur les pentes, l'air se dilate de plus en plus à cause de la moindre pression atmosphérique, et par suite il perd une grande quantité de chaleur ; de vent chaud qu'il était à la base de la montagne, le fœhn devient un courant froid. Une fois l'arête traversée, la masse aérienne qui redescend vers les plaines est comprimée graduellement par les couches supérieures, et la quantité de calorique qui avait disparu à cause de la dilatation se reproduit de nouveau : le vent froid de la cime se réchauffe pour souffler dans les vallées. C'est là un phénomène remarquable sur les montagnes qui séparent le Valais du Piémont et de la Lombardie. Très-chaud à l'entrée des gorges italiennes des Alpes, le courant atmosphérique du sud se refroidit de 20 à 30 degrés, en passant sur le Mont-Rose; il laisse tomber des pluies et des neiges en abondance, puis, après être redescendu sur les pentes opposées, il apporte aux paysans de la Suisse quelque chose du climat brûlant des tropiques [1].

Quant aux tourmentes si redoutables qui surprennent parfois le voyageur sur les hautes montagnes ou dans les plaines neigeuses, elles peuvent être déterminées par les vents les plus divers, soufflant de l'un ou de l'autre point de l'horizon. C'est chose terrible que d'être assailli par l'un de ces météores. Les masses blanches emportées par rafales cachent tous les objets environnants. Les malheureux perdus dans cet orage ne voient plus ni les pentes voisines, ni le ciel au-dessus de leurs têtes, ni même le sentier sous leurs pas. Assourdis par le bruit de la tempête, aveuglés par les nuages poudreux qui leur fouettent le visage, glacés

1. Helmholz, *la Glace et les Glaciers.*

par la neige qui s'attache en stalactites à leur chevelure et change leurs vêtements en masses roides et pesantes, les voyageurs s'égarent bientôt et s'affaissent stupéfiés par le froid. Des centaines de cadavres d'hommes et de chevaux tombés çà et là sur certains cols du Karakorum et de l'Himalaya rappellent les terribles tourmentes de neige qui ont sévi sur ces montagnes. Les accidents du même genre sont également très-nombreux sur les *paramos* des Indes, du Chili, de la Bolivie, du Pérou. Même dans les Pyrénées et les Alpes, dont les cols les plus fréquentés sont pourvus d'hospices où peuvent se réfugier les voyageurs surpris par les tourbillons de neige, plusieurs malheureux périssent chaque année dans les tourmentes.

Les contrées du midi de la France ont aussi à subir les effets d'un vent qui est un véritable fléau : c'est le vent du nord-ouest, auquel l'imagination populaire a donné le nom de « maître » (*mistral, magistraou, maestrale*). Il est causé, comme les vents alternatifs des montagnes, par la juxtaposition de deux surfaces inégalement échauffées. Ce courant aérien est malheureusement bien nommé, car sa vitesse, parfois comparable à celle des ouragans, suffit pour déraciner les arbres et raser les murailles. « Le *melamboreas*, dit Strabon, est un vent impétueux et terrible qui déplace des rochers, précipite les hommes du haut de leurs chars et les dépouille de leurs vêtements et de leurs armes. » Les Gaulois de la vallée du Rhône voyaient en lui leur dieu le plus effrayant; ils lui dressaient des autels et lui offraient des sacrifices; les Provençaux le considéraient, avec la Durance et le Parlement, comme une de leurs trois grandes calamités. Ce vent se fait surtout sentir en hiver et au printemps, quand les Cévennes, couvertes de neige, sont devenues relativement très-froides, et que les plages marines continuent d'être échauffées journellement par les rayons du soleil; alors les masses d'air roulent en torrents du haut des montagnes pour remplacer le courant ascendant d'atmosphère dilatée qui se forme au-dessus de la région du littoral. La nuit, il est vrai, les terres basses situées au pied des monts perdent de leur chaleur par le rayonnement, et l'afflux de l'air froid diminue, mais pour recommencer le lendemain lorsque le soleil réchauffe de nouveau l'atmosphère des plaines. En été, la différence de température est moins grande entre les plages et les arides escarpements des Cévennes ; aussi le mistral est moins fort durant cette saison, ou même cesse complétement. En diverses parties du littoral de l'Espagne, de l'Italie, de la Grèce et de l'Asie Mineure, des vents du même genre, connus sous d'autres noms, se précipitent aussi du sommet des montagnes riveraines.

VIII.

Zone des vents variables. — Lutte des vents opposés. — Direction moyenne
des courants atmosphériques. — Loi de giration.

En dehors des limites changeantes où soufflent les alizés des deux hémisphères commencent les zones des vents variables. Là, les masses d'air s'écoulent tantôt dans un sens, tantôt dans un autre, et d'une façon très-irrégulière en apparence ; parfois un seul vent se dirige incessamment pendant des semaines entières vers un point de l'horizon ; parfois les courants atmosphériques qui se succèdent font en quelques heures le tour du compas ; en d'autres temps encore, l'air reste calme entre deux régions météorologiques où les vents se déplacent en sens inverse. Aussi le mot de *girouette* est-il devenu synonyme de tout ce qui est instable et versatile.

Ce qui contribue à ce désordre des airs en Europe et dans les autres terres qui se trouvent en dehors de la zone des alizés, ce sont les protubérances du relief continental. Les courants généraux qui passent au-dessus d'une chaîne

de montagnes n'y soufflent point avec la même régularité
que dans la plaine. En effet, les vents doivent être d'autant
plus inégaux dans leurs bouffées successives que la surface
sur laquelle ils glissent est moins unie. La même nappe
aérienne qui se meut au-dessus des mers avec l'uniformité
d'un fleuve immense se départ de son allure régulière dès
qu'elle est interrompue dans son cours par les inégalités du
sol. Au pied des grandes montagnes de la Suisse, et notamment aux environs de Genève, où le relief terrestre est déjà
très-accidenté, les alternatives qui se produisent dans la
force du vent sont telles que l'anémomètre indique parfois
une variation d'intensité du simple au triple. Dans les hautes
gorges des Alpes, il arrive souvent, même durant les plus
violentes tempêtes, que l'atmosphère présente par intervalles le calme le plus parfait. A toutes les fureurs des airs
déchaînés succèdent pour un instant le silence et le repos,
puis l'ouragan recommence à souffler avec fracas. C'est que
les courants atmosphériques, semblables en cela aux fleuves
de l'Océan, ne se dirigent pas invariablement vers le même
point de l'horizon et se déplacent par oscillations successives, tantôt à droite, tantôt à gauche, de l'axe de leur mouvement. Par conséquent, lorsqu'on se trouve placé dans les
montagnes sur un point que dominent des cimes plus hautes,
on doit, suivant les diverses directions que prend le courant aérien, être tour à tour exposé à la furie de la tempête
et protégé par quelque grand sommet sur lequel vient se
briser le vent[1]. Même dans les pays faiblement accidentés
ou même dans les plaines parsemées de maisons et de bosquets, le vent ne progresse point d'un souffle égal comme
l'alizé des mers; il avance par une succession de bouffées
et de rafales, dont chacune représente une victoire du courant atmosphérique sur un obstacle de la plaine. Au ras du
sol, le vent est toujours intermittent, tandis que dans les

1. H. de Saussure, *Voyages dans les Alpes.*

hauteurs de l'air, il marche presque toujours d'un mouvement égal et majestueux comme le courant d'un fleuve.

Les brusques rafales des couches inférieures de l'Océan ne sont donc que des phénomènes secondaires, et dans toutes ces soudaines péripéties des vents, que l'on croirait volontiers s'opérer au hasard, le désordre est plus apparent que réel. Bien que le souffle se fasse tour à tour sentir de chaque partie de l'horizon, cependant il existe seulement deux courants atmosphériques dans chacune des zones tempérées, celui qui vient du pôle pour aller remplacer l'air dilaté des régions tropicales, et celui qui reflue de l'équateur après s'être élevé dans les hauteurs de l'espace au-dessus de la couche des vents alizés. Dans l'hémisphère septentrional, ces deux masses aériennes partent l'une du nord, l'autre du sud; mais, par suite du mouvement de rotation de la terre, leur direction se transforme peu à peu comme celle des alizés : le vent du nord se change en vent du nord-est, tandis que le vent du sud finit par souffler du sud-ouest. Ainsi que le fait remarquer Dove, la plupart des courants aériens trompent l'observateur, parce qu'ils ne viennent pas des régions d'où ils paraissent souffler. Le vent du nord-est est, en réalité, bien plus le vent du nord que la masse d'air dont la direction est franchement méridionale; de même, le vent du sud-ouest est bien le véritable vent du sud, et celui qui semble venir du sud a le sud-est pour point de départ.

Deux grands courants aériens se disputent donc l'étendue de chaque hémisphère terrestre, du pôle à l'un des tropiques. D'ordinaire, tout cet espace est partagé en vastes bandes obliques composées de masses d'air coulant en sens inverse, les unes du pôle, les autres des régions équatoriales. Ces bandes se déplacent sur la rondeur du globe, et dans le même espace, c'est tantôt le vent polaire, tantôt le vent tropical qui domine; mais il ne manque jamais de s'opérer une compensation entre ces courants atmosphériques, et le vent neutralisé ou repoussé dans une partie de l'hémisphère ne tarde pas à se faire sentir sur un autre point. Tant que la lutte existe entre les deux masses d'air animées de mouvements contraires, les vicissitudes du conflit et la prépondérance graduelle de l'un des vents ont pour résultat de modifier temporairement la marche des airs et de faire tourner successivement la girouette vers les divers points de l'horizon : c'est de la rencontre de deux vents réguliers que provient l'irrégularité apparente de tout le système atmosphérique.

Bien que la lutte ne cesse de s'engager tantôt sur un point, tantôt sur un autre, entre les deux fleuves aériens, cependant ils ne sont pas égaux en force, et l'un d'eux finit toujours par l'emporter après une période de résistance plus ou moins longue. Ce vent supérieur en impulsion est le courant de retour descendu des hauteurs de l'espace pour atteindre le niveau du sol en dehors de la zone des alizés. En effet, il est évident que, dans son circuit autour de la planète, une même couche d'air doit être beaucoup plus dilatée lorsqu'elle se rend de la zone torride aux régions glaciales qu'elle ne l'est à son retour du pôle, après avoir été condensée par le froid : elle occupe ainsi, par suite de sa température, un espace beaucoup plus grand dans le premier voyage. Ce n'est pas tout : les vapeurs dont l'air de la zone équatoriale est chargé contribuent à le dilater encore davantage, tandis que les vents polaires sont relativement secs et, par conséquent, d'autant plus denses. Ainsi les courants aériens qui viennent de la zone tropicale, c'est-à-dire les vents du sud-ouest dans l'hémisphère septentrional, et ceux du nord-ouest dans l'hémisphère méridional, doivent avoir la prépondérance et souffler pendant un espace de temps plus considérable; il en est du moins ainsi dans la zone tempérée du nord, où les vents qui se dirigent vers le pôle boréal l'emportent, en moyenne, sur les vents opposés dans une forte proportion.

Ces courants atmosphériques venus de l'équateur s'infléchissant naturellement vers l'est, il en résulte que dans l'hémisphère du nord la plupart des vents soufflent de l'ouest. C'est là ce qu'on remarque dans l'Amérique du Nord aussi bien qu'en Angleterre. Sur les côtes atlantiques de la France, le rapport entre les courants aériens qui s'équilibrent autour du vent d'ouest et ceux qui soufflent des points de l'horizon directement contraires est d'environ 3 à 2. La pro-

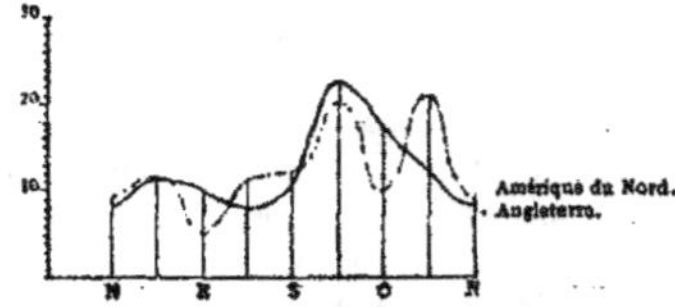

Fig. 108. Direction générale des vents en Angleterre et dans l'Amérique du Nord. La durée totale des courants atmosphériques de l'année est représentée par 100.

portion serait encore bien plus favorable aux premiers, si la chaîne des Pyrénées, dressée comme une haute barrière au sud de la France, ne modifiait pas la direction des courants atmosphériques et ne les forçait pas à faire un détour par le golfe de Biscaye pour se replier vers l'est. A Cherbourg, en pleine Manche, la différence entre les vents de l'ouest et ceux de l'est est beaucoup plus forte; d'après M. Liais, elle est de 7 à 3. Dans la vallée de la Saône et du Rhône, le mouvement général des vents est du nord au sud, comme si l'air était obligé de plonger dans l'espèce d'entonnoir formé par les Vosges, le Jura et les Alpes à l'est, les hauteurs de la Côte-d'Or, du Beaujolais, des Cévennes à l'ouest. Il en est de même dans chaque vallée secondaire; ainsi, les Valaisans ne connaissent guère que les vents de l'est et de l'ouest; dans la haute vallée du Rhône, les seuls qui se fassent sentir sont ceux du nord et du sud[1].

1. Tschudi, *le Monde des Alpes*.

D'après Kämtz, la direction moyenne du vent, dans toute la France, est de S. 88° O., c'est-à-dire que la résultante de tous les courants partirait d'un point de l'horizon situé exactement à 2 degrés au sud de l'ouest. Cette direction du

Fig. 109. DIRECTION GÉNÉRALE DES VENTS EN FRANCE, D'APRÈS DE GASPARIN.

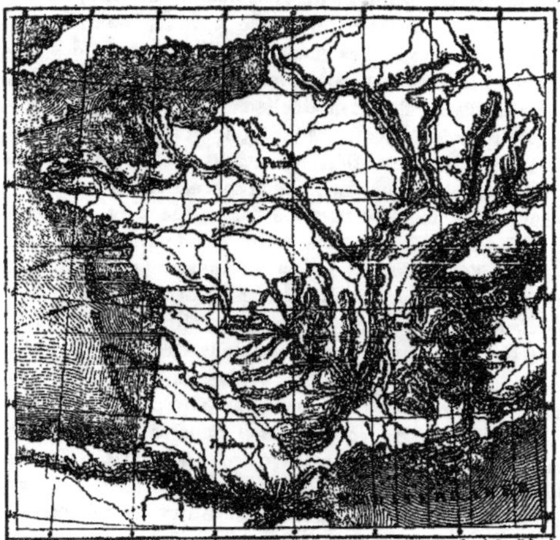

vent explique parfaitement pourquoi les grandes villes de France et les pays voisins tendent, en général, à s'accroître du côté de l'ouest : elles cherchent à respirer l'air pur. C'est pour cela que les riches habitants des grandes cités émigrent, de génération en génération, vers les parties de la banlieue qui regardent le soleil couchant.

Un fait remarquable est que les vents du sud-ouest augmentent d'intensité à mesure qu'ils se rapprochent du pôle, tandis que les vents du nord-est diminuent graduellement en force en se dirigeant vers l'équateur. Ce phénomène est facile à comprendre. L'espace que parcourent les masses d'air venues du midi se rétrécit peu à peu dans la direction du pôle, et, par conséquent, l'écoulement de tout le fleuve aérien ne peut s'opérer que grâce à un accroissement de vitesse. De leur côté, les vents polaires traversent des latitudes où l'espace s'ouvre de plus en plus large devant eux, et leur souffle se ralentit graduellement jusqu'à la zone tropicale, où il devient le courant pacifique et régulier des alizés.

Depuis des siècles déjà, les savants avaient constaté que dans l'hémisphère septentrional la succession des vents s'accomplit d'une manière normale dans le sens du sud-ouest au nord-est par l'ouest et le nord, et du nord-est au sud-ouest par l'est et le sud : c'est un mouvement de rotation analogue à celui que le soleil semble décrire dans le ciel, lorsque après s'être levé à l'orient il se dirige vers l'occident en développant sa vaste courbe autour du zénith. Aristote avait fait cette observation il y a plus de deux mille ans : « Lorsqu'un vent vient à cesser pour faire place à un autre vent d'une direction voisine, dit-il dans sa *Météorologie*, le changement a lieu suivant la marche du soleil. » Depuis l'époque du grand naturaliste grec, plusieurs auteurs, que Dove a pris le soin d'énumérer, ont affirmé de nouveau ce fait de la rotation régulière des vents, qui du reste était de temps immémorial parfaitement connu des marins :

> Lorsque le vent contre le soleil tourne,
> Ne t'y fie pas, car bientôt il retourne [1].

dit un de leurs adages de navigation. Toutefois, c'est au xixᵉ siècle seulement que ce phénomène météorologique

[1].
> *When wind veers against the sun,*
> *Trust it not, for back it will run.*

a été mis hors de doute. Dove le premier a réuni les témoignages épars qui confirment l'idée populaire, et transforment l'ancienne hypothèse en certitude scientifique. Désormais il est devenu tout à fait incontestable, grâce au savant berlinois, que, dans l'hémisphère du nord, les vents se succèdent le plus fréquemment dans un ordre régulier que l'on indique par la formule suivante :

S.-O., O., N.-O., N., N.-E., E., S.-E., S., S.-O.

Dans l'hémisphère méridional, la rotation normale des courants aériens s'accomplit en sens inverse, c'est-à-dire du nord-ouest au sud-est par l'ouest et le sud, et du sud-est au nord-ouest par l'est et le nord :

N.-O., O., S.-O., S., S.-E., E., N.-E., N., N.-O.

Ainsi, dans chacun des hémisphères opposés, la procession des vents coïncide avec la marche apparente du soleil, qui, pour les Européens, décrit sa course journalière au sud du zénith, et, pour les Australiens, passe au nord de ce même point. Tel est l'ordre régulier auquel le découvreur a donné le nom de « loi de giration » et que l'on désigne souvent et à très-juste titre par le nom de « loi de Dove. » Ainsi les vents généraux eux-mêmes suivent, dans leur succession, le même ordre que la petite brise diurne causée par la position relative de la terre et du soleil [1], et c'est peut-être grâce à l'appui de ces légères brises que s'établit dans l'espace le régime normal de la rotation des courants aériens.

Il ressort d'un grand nombre d'observations faites en diverses parties de l'Europe que les révolutions complètes des vents s'opérant dans le sens normal dépassent de beaucoup celles qui s'accomplissent dans le sens rétrograde. A Liverpool, à Londres, à Bruxelles, à Kharkof, les rotations

---

1. Voir, ci-dessus, page 331.

directes constituent en moyenne les deux tiers des révolutions totales; sous ce rapport, il y a donc concordance presque parfaite entre le système atmosphérique de l'Europe occidentale et celui de l'Europe orientale. En étudiant les révolutions partielles, on n'arriverait pas toujours à un résultat analogue, parce que la direction d'un courant atmosphérique oscille souvent à droite et à gauche d'un même point de l'horizon avant de décrire un mouvement de rotation complet dans un sens ou dans un autre. Du reste, pour se mettre en garde contre toute erreur, il importe d'étudier assidûment toutes les oscillations de la girouette, car si telle giration complète du vent ne s'est pas encore opérée dans l'espace d'un mois, telle autre peut s'achever dans l'espace d'un jour. A Gnadenfeld, en Silésie, Kolbing a observé une rotation normale dont la durée ne dépassa pas 16 heures : c'est la longueur d'une nuit d'hiver [1].

1. Dove, *Loi des tempêtes*, p. 92. — *Poggendorff's Annalen*, LXII, p. 273.

CHAPITRE II.

I.

Remous aériens. — Cyclones des régions équatoriales. — Le « grand ouragan. »

Il est probable que le vent ne se propage jamais en ligne droite. S'il en était ainsi, c'est qu'il ne rencontrerait dans sa course aucune des saillies du relief terrestre et ne se heurterait point à d'autres masses d'air, soit tranquilles, soit animées de mouvements opposés. Les courants atmosphériques ayant toujours à lutter contre des obstacles de cette nature, ils doivent nécessairement se rejeter à droite ou à gauche en tourbillonnant et s'avancer par une série de remous semblables à ceux que forment les eaux d'un fleuve à la rencontre de deux courants. C'est ainsi qu'un vent subit enlève la poussière des grandes routes ou pousse devant lui les feuilles de la forêt. De même, pendant les journées d'hiver, lorsque des brises inégales se pourchassent dans l'atmosphère, les flocons de neige descendent en décrivant de longues spirales, et la fumée qui s'élève se déroule en cercles d'un diamètre de plus en plus vaste. Les molécules d'air, comme les astres eux-mêmes, se déplacent en tournoyant[1]. Que deux souffles d'air se rencontrent à l'issue d'une vallée et se propagent en longs remous, le mouvement circulaire se continue de proche en proche comme une ride à

[1]. Carus, *Natur und Idee.*

la surface de l'eau, et la masse aérienne en est troublée tout entière dans son équilibre.

Dans toutes les régions de l'atmosphère où deux courants se heurtent de face ou se froissent latéralement, il se produit aussitôt sur la ligne de rencontre des remous aériens qui se meuvent avec une extrême rapidité, et leurs vastes tourbillons rétablissent promptement l'équilibre entre les deux masses d'air. Lorsque ces remous n'ont qu'une importance locale, on les connaît sous le nom de trombes; lorsque leurs effets se font sentir sur une grande étendue de pays, on se sert de la désignation plus générale et plus scientifique de cyclone, proposée par Piddington. Ce terme peut s'appliquer également aux ouragans (en caraïbe, *aracan*, *huiranvucan*) des Indes occidentales, aux *tornades* des côtes d'Afrique, aux typhons (*ti-foong*) des mers de la Chine, aux tempêtes tournantes de l'océan des Indes, aux grands coups de vent de l'Europe occidentale. Toutefois on désigne principalement par le nom de cyclone les tourbillons qui se développent suivant une courbe régulière, soit dans la mer des Antilles ou dans la mer des Indes, soit plus rarement dans l'océan Pacifique.

Les météorologistes ont constaté que les tempêtes tournantes des régions équatoriales se produisent surtout à l'époque du renversement des vents réguliers. Poey nous apprend que sur 365 ouragans qui ont sévi, de 1493 à 1855, dans les Indes occidentales, 245, plus des deux tiers, ont eu lieu d'août en octobre, c'est-à-dire pendant les mois où les côtes fortement échauffées de l'Amérique du Sud commencent à rappeler vers elles l'air plus froid et plus dense du continent septentrional [1]. Dans la mer des Indes, c'est principalement vers l'équinoxe de mars, lors du changement des moussons et après les fortes chaleurs de l'été, que les cyclones sont le plus nombreux. Dans le relevé des ouragans

---

[1]. Poey, *Table chronologique des ouragans*, etc., 1862.

de l'hémisphère méridional, dressé par Piddington et complété par Bridet, il n'est pas fait mention d'un seul cyclone pour les mois de juillet et d'août; plus des trois cinquièmes de ces météores ont eu lieu pendant les trois premiers mois de l'année. C'est à cette époque du changement des saisons que les puissantes masses aériennes, chargées d'électricité, se mettent en lutte pour la suprématie et font naître par leur rencontre ces grands remous qui se développent en spirales à travers les mers et les continents. Toutefois, le tourbillon n'occupe jamais en hauteur qu'une faible partie de l'océan des airs. D'après Bridet, la hauteur moyenne des ouragans de la mer des Indes est d'environ 3,000 mètres; suivant Redfield, il serait rare qu'un cyclone sévît à la fois au niveau de la mer et dans les couches atmosphériques supérieures à 1,800 mètres. D'ordinaire, la couche tournoyante des airs est beaucoup moins épaisse; parfois même elle est d'une telle minceur, que les matelots d'un navire tordu par un cyclone, voient au-dessus de leurs têtes l'azur du ciel ou les étoiles. Au-dessus du météore, les vents suivent leur marche régulière.

Ces brusques mouvements de l'air sont peut-être, après les grandes éruptions volcaniques, les météores les plus effrayants de la planète, et l'on ne saurait s'étonner que dans la mythologie des Indous, Rudra, le chef des vents et des orages, ait fini par devenir, sous le nom de Siva, le dieu de la destruction et de la mort. Quelques jours avant que le terrible ouragan se déchaîne, la nature, déjà morne et comme voilée, semble pressentir un désastre. Les petites nuées blanches qui voyagent dans les hauteurs de l'air avec les contre-alizés se cachent sous une vapeur jaunâtre ou d'un blanc sale; les astres s'entourent de halos vaguement irisés, de lourdes assises de nuages qui, le soir, offrent les plus magnifiques nuances de pourpre et d'or, pèsent au loin sur l'horizon, l'air est étouffant comme s'il venait de passer sur la bouche de quelque grande fournaise. Le cyclone, qui tournoie déjà dans les régions supérieures, se rapproche graduellement de la surface du sol ou des eaux. Des lambeaux déchirés de nuages rougeâtres ou noirs sont entraînés avec furie par la tempête qui plonge et traverse l'espace en fuyant; la colonne de mercure s'agite affolée dans le baromètre et baisse rapidement; les oiseaux se réunissent en cercle comme pour se concerter, puis s'enfuient à tire-d'aile afin d'échapper au météore qui les poursuit. Bientôt une masse obscure se montre dans la partie menaçante du ciel; cette masse grandit, s'étale peu à peu et recouvre l'azur d'un voile, affreux de ténèbres ou d'un reflet sanglant. C'est le cyclone qui s'abat et qui prend possession de son empire en tordant ses immenses spirales autour de l'horizon. À un silence terrible succède le hurlement de la mer et des cieux.

La marche du vent éprouve beaucoup plus de résistance dans l'intérieur des continents que sur la rondeur unie des mers; mais les phénomènes qui s'y produisent pendant les ouragans n'en sont pas moins terribles. Les constructions qui se trouvent sur le chemin du météore sont arrachées de leurs fondements, les eaux des fleuves sont arrêtées et refluent vers leur source, les arbres isolés éclatent et labourent la terre de leurs racines, les forêts plient comme si elles ne formaient qu'une seule masse et livrent à la tempête leurs branches rompues et leurs feuilles déchirées. L'herbe même est déracinée et balayée du sol. Dans le sillage de l'ouragan volent d'innombrables débris, pareils aux épaves qu'emporte un courant fluvial ou maritime[1]. D'ordinaire, l'action de l'électricité s'ajoute à la violence de l'air en mouvement pour augmenter les ravages de la tempête. Parfois les éclairs sont tellement nombreux qu'ils descendent en nappes comme des cascades de feu; les nuages, les gouttes de pluie même émettent de la lu-

---

1. Audubon, *Birds of America.*

mière; la tension électrique est tellement forte qu'on a vu, dit Reid, des étincelles jaillir spontanément du corps d'un nègre. Une forêt de l'île Saint-Vincent fut tuée tout entière sans que pourtant un seul tronc eût été renversé. De même, en Europe, sur les rivages du lac de Constance, un très-grand nombre d'arbres restés debout, malgré l'orage, furent complétement dépouillés de leur écorce.

C'est principalement sur les rivages des îles et des continents, là où la tempête, arrivant avec toute sa force initiale, n'a pas encore été retardée par les obstacles du sol, que les effets du météore sont le plus violents. C'est aussi là que dans le désastre général sont dévorées le plus grand nombre de vies humaines, puisque les navires se donnent précisément rendez-vous dans les ports et qu'en maints endroits des côtes il se trouve des terres basses, que les eaux brusquement refoulées peuvent noyer sur de vastes étendues. Cependant, lorsqu'un vent de cyclone vient se heurter aux montagnes d'une côte, il ne peut les dépasser, et les régions situées au delà restent complétement à l'abri. C'est ainsi qu'à l'île de la Réunion, l'ouragan ne frappe qu'un côté de l'île à la fois; trop bas pour franchir les montagnes, il ne désole d'abord que les campagnes situées sur l'un des versants; mais que dans sa marche à travers la mer, le vent double le promontoire qui l'arrêtait, et les ravages commencent aussitôt [1]. Depuis Colomb, le premier Européen qui ait contemplé les ouragans des Antilles, des milliers de navires se sont engloutis pendant les tempêtes tournantes des mers tropicales, soit au fond des ports et des rades, soit dans les mers qui baignent les côtes de l'Amérique, de la Chine, de l'Hindoustan, et les îles de l'océan Indien. Tel cyclone, comme celui de Calcutta en 1864 ou de la Havane en 1846, a fracassé plus de 150 grands vaisseaux en quelques heures; tel autre cataclysme du même genre, notamment

1. Voir les figures des deux pages suivantes.

celui qui passa sur le delta du Gange en octobre 1787,
noya plus de 20,000 personnes dans les eaux débordées.

Au milieu de l'Océan, les dangers que courent les

Fig. 110. CALME SOUS LE VENT DE LA RÉUNION. (15 février 1861.)

navires sont moindres qu'ils ne le sont dans les rades mal
fermées des côtes ; mais les sensations éprouvées par les
marins doivent être d'autant plus vives qu'ils sont complétement isolés, perdus dans l'effroyable tourmente. Autour
d'eux, le jour est sombre, plus sombre que la nuit, dirait-
on, puisque le peu de lumière qui reste encore sert à faire

voir les ténèbres. Les vents qui hurlent et qui sifflent, les
flots qui s'entre-choquent, les mâts qui se ploient et se
cassent, les membrures du navire qui se plaignent, toutes
ces voix sans nombre se mêlent et se confondent en un

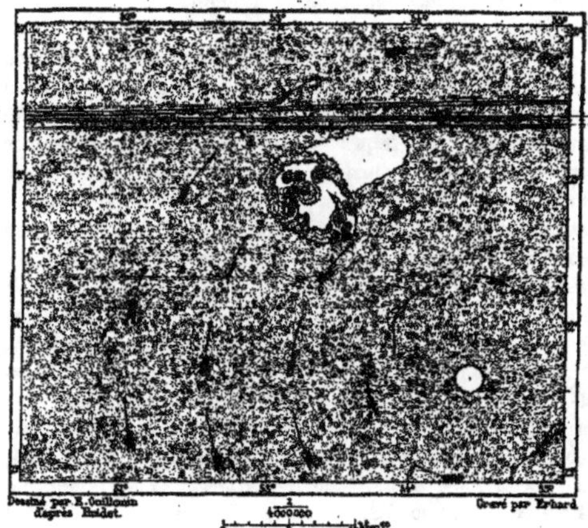

Fig. 111. CALME SOUS LE VENT DE LA RÉUNION. (17 février 1761.)

mugissement effroyable, désespéré, couvrant même les
éclats de la foudre. La mer ne se déroule plus en vagues
larges et puissantes; mais elle bout à gros bouillons comme
une chaudière énorme chauffée par le feu de volcans sous-
marins. Les nuages bas ou même rampant sur les eaux
émettent souvent une lueur qu'on dirait être le reflet de
quelque géhenne invisible; au zénith paraît, environné de
ténèbres, un espace blanchâtre, que les marins ont nommé

« l'œil de la tempête », comme s'ils voyaient réellement
un dieu féroce dans l'ouragan qui descend du ciel pour les
étreindre et les secouer. Certes, lorsqu'au milieu de cette
horrible tourmente, les matelots acceptent la lutte contre
les éléments, et, défiant la mort, essayent de manœuvrer
pour ramener leur navire désemparé, sans voiles et sans
mâts, ils donnent un sublime exemple de la grandeur
humaine.

Parmi les effets qu'ont produits certains ouragans, il en
est plusieurs qui sembleraient tout à fait incroyables si le
génie de l'homme ne pouvait, au moyen de la poudre et des
autres fulminants, imprimer à l'air une rapidité plus grande
encore et se donner ainsi, mais sur des espaces très-limités,
une force de destruction supérieure à celle de la tempête.
Le 26 juillet 1825, pendant l'ouragan de la Guadeloupe, un
coup de vent saisit une planche épaisse de plus de 2 centimètres, et lui fit traverser de part en part un tronc de palmier de 40 centimètres. De même, dans un moindre tourbillon qui passa près de Calcutta, un bambou fut lancé au
travers d'une muraille d'un mètre et demi d'épaisseur, c'est-
à-dire que le souffle d'air en mouvement sur ce point avait
une force égale à celle d'un canon de six [1]. A Saint-Thomas,
en 1837, la forteresse qui défend l'entrée du port fut démolie
comme si elle avait été bombardée. Des blocs de rochers ont
été arrachés du fond de la mer par 10 et 12 mètres d'eau et
lancés sur la plage. Ailleurs, de solides maisons, déracinées
de leurs fondements, ont glissé sur le sol en fuyant devant
la tempête. Sur les bords du Gange, sur les côtes des Antilles, à Charleston, on a vu des navires échouer loin de la
côte, en pleine campagne ou dans les bois. En 1684, un bâtiment d'Antigua fut même porté sur les falaises jusqu'à 3
mètres au-dessus des plus hautes marées et resta comme un
pont entre deux pointes de rochers. En 1825, lors du grand

1. *India Review.* — Dove, *Loi des tempêtes.*

ouragan de la Guadeloupe, les navires qui se trouvaient
dans la rade de Basse-Terre disparurent, et l'un des capi-
taines, heureusement échappé à la mort, raconta que son
brick avait été aspiré par l'ouragan, soulevé hors de l'eau,
et qu'il avait pour ainsi dire « fait naufrage dans les airs. »
Des meubles fracassés et quantité de débris enlevés dans
les maisons de la Guadeloupe furent transportés à Montser-
rat par-dessus un bras de mer de 80 kilomètres de large.
Des montagnes de Saint-Thomas, on voit l'immense tourbillon noirâtre passer au loin sur la mer et sur les îles de
Sainte-Croix et de Puerto-Rico.

Le plus terrible cyclone des temps modernes est probablement celui du 10 octobre 1780, que l'on a spécialement
nommé le grand ouragan. Partant des Barbades, où rien ne
resta debout, ni arbres ni demeures, il fit disparaître une
flotte anglaise mouillée devant Sainte-Lucie, puis il ravagea
complétement cette île, où six mille personnes furent écra-
sées sous les décombres. Ensuite le tourbillon, se portant
sur la Martinique, enveloppa un convoi de transports français et coula plus de quarante navires portant quatre mille
hommes de troupes; sur terre, la ville de Saint-Pierre et
d'autres localités furent complétement rasées par le vent,
et neuf mille personnes y périrent. Plus au nord, la Domi-
nique, Saint-Eustache, Saint-Vincent, Puerto-Rico furent
également dévastés, et la plupart des bâtiments qui se trouvaient sur le chemin du cyclone sombrèrent avec leurs équipages. Au delà de Puerto-Rico, la tempête se replia au
nord-est vers les Bermudes, et, bien que sa violence se fût
graduellement affaiblie, elle n'en coula pas moins plusieurs
vaisseaux de guerre anglais qui retournaient en Europe. Aux
Barbades, où le cyclone avait commencé sa terrible spirale,
le vent s'était déchaîné avec tant de fureur, que les habitants, cachés dans les caves, n'entendaient pas leurs maisons
crouler sur leurs têtes; ils ne ressentirent seulement pas les
secousses du tremblement de terre qui, suivant Rodney,

accompagna le météore. La colère des hommes s'arrêta
devant celle de la nature. Les Français et les Anglais étaient
alors en guerre, et tous ces navires que la mer venait
d'engloutir étaient chargés de soldats cherchant à s'entr'égorger. Au spectacle de tant de ruines, les haines des
survivants se calmèrent. Le gouverneur de la Martinique
fit mettre en liberté des matelots anglais devenus ses prisonniers à la suite du grand naufrage, déclarant que dans
la commune catastrophe tous les hommes devaient se
sentir frères.

II.

Vitesse des masses d'air tournoyantes. — Vitesse de translation du cyclone. —
Baisse de la colonne barométrique. — Irrégularités du vent sur le pourtour du
cyclone.

On ne sait pas encore à quel degré de vitesse peuvent
atteindre les masses d'air emportées par les cyclones, car
c'est dans les régions supérieures de l'atmosphère, là où le
milieu n'offre qu'une faible résistance aux courants aériens,
que le vent de tempête doit avoir sa plus grande rapidité.
Aussi ne suffit-il point de constater la marche des molécules
d'air immédiatement au niveau du sol, ou bien à une faible
hauteur au-dessus, pour se faire une idée de la vitesse avec
laquelle se meut la masse atmosphérique emportée par
l'ouragan. Dans l'une de ses ascensions, M. Coxwell a fait
un voyage de 110 kilomètres en 60 minutes, alors qu'au-
dessous de lui les instruments indiquaient une vitesse de
23 kilomètres à peine dans le même intervalle. Une autre
fois, M. Glaisher se déplaçait de 25 kilomètres à l'heure,
tandis qu'à l'observatoire de Greenwich la même nappe
d'air n'avançait guère que de 3,200 mètres. Combien grande
est donc la vitesse du cyclone à une certaine hauteur au-
dessus du sol, quand sur la terre, semée d'obstacles, il

progresse au taux de 45 mètres par seconde, ou de 162 kilomètres par heure, quatre fois la marche de nos locomotives? Cette rapidité si formidable de l'air à la surface de l'Océan et le frottement des molécules aériennes, qui en est la conséquence, expliquent parfaitement, ainsi que Cicéron le faisait déjà remarquer il y a deux mille ans, pourquoi la température de l'eau s'élève après les tempêtes[1].

Quant à la pression exercée par le courant aérien qui se meut avec une pareille vitesse, elle est vraiment formidable. Dans un mémoire sur la *Construction des phares*, Fresnel estimait la plus forte pression du vent à 275 kilogrammes par mètre carré, mais il est très-probable que dans nombre d'ouragans ce chiffre a été dépassé. Sans mentionner les effets produits par les grands cyclones des tropiques, il s'est présenté sous la zone tempérée nombre de cas où la pression exercée par le vent, sur un espace peu étendu, était de beaucoup supérieure aux prévisions des météorologistes. Ainsi, pour ne citer qu'un exemple, la tempête du 27 février 1860, venue de l'ouest et plongeant dans la plaine de Narbonne par l'espèce de détroit où passent le canal et le chemin de fer du Midi, eut assez de violence pour faire dérailler et renverser en partie deux trains qu'elle prit par le travers, entre les stations de Salces et de Rivesaltes. D'après l'ingénieur Mathieu, qui donne, il est vrai, des évaluations probablement trop fortes, la pression nécessaire pour renverser certains wagons aurait été de 448 kilogrammes par mètre carré de surface[2].

Les masses d'air qui tournoient non loin de la partie centrale du cyclone sont les seules qui atteignent ces vitesses considérables de 100 et de 150 kilomètres à l'heure. Quant au mouvement de l'ensemble du météore à la surface de la terre, il est naturellement très-lent en comparaison

1. *De Natura Deorum.* — *Zeitschrift für Erdkunde*, mars 1864.
2. Eugène Flachat, *Traversée des Alpes.*

du déplacement circulaire des molécules aériennes autour
de leur axe. La vitesse de translation la plus considérable
que l'on ait observée est celle de l'ouragan du mois d'août
1853, qui, après avoir marché au taux de 48 kilomètres à
l'heure, des Antilles au banc de Terre-Neuve, augmenta
graduellement de rapidité et finit par dépasser 90 kilomètres à l'heure. La plupart des cyclones des Antilles se
déplacent en moyenne de 20 à 30 kilomètres dans le même
espace de temps; mais il en est aussi, notamment parmi
les typhons de la Chine, qui marchent avec tant de lenteur,
que plusieurs auteurs les ont considérés comme tournant
sur place. A la fin du mois de février 1845, un ouragan,
qui prit son origine près de Maurice, parcourut l'océan
des Indes avec une vitesse moyenne d'au plus 5 kilomètres
et demi par heure, tandis qu'un navire, le *Charles-Heddles*,
placé à 90 kilomètres environ de l'axe du tourbillon, décri-
vait d'immenses spirales autour de ce point changeant. En

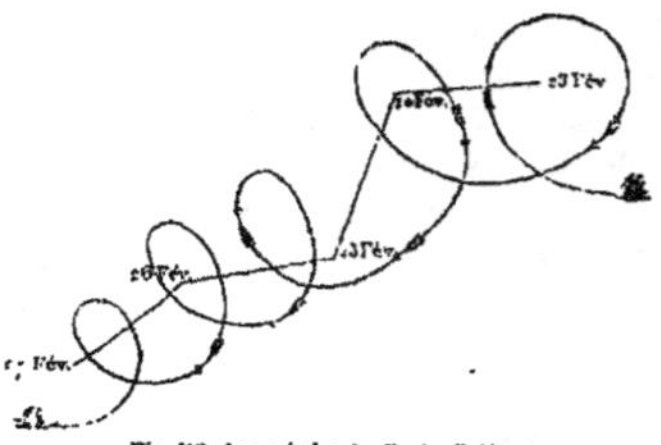

Fig. 112. Les spirales du *Charles-Heddles*.

cinq jours il fit cinq révolutions complètes au milieu de
la mer, et, quoique dans ce voyage fantastique il ait parcouru au moins 2,400 kilomètres, cependant, lorsqu'il fut
enfin délivré de l'étreinte du cyclone, il ne se trouvait qu'à
655 kilomètres du point de départ. Le navire avait tourné

comme une toupie à la surface de l'Océan. D'après Bridet [1],
la vitesse de translation des ouragans de l'océan des Indes
est comprise entre les extrêmes de 1,800 mètres et de
33 kilomètres à l'heure.

Le mouvement du cyclone a pour effet de creuser en
entonnoir toute la partie centrale du tourbillon et de rejeter
les masses d'air vers la circonférence de cette énorme roue
qui tourne dans l'atmosphère. C'est ainsi que dans les
rivières, et jusque dans les moindres récipients, les remous
sont toujours déprimés au milieu, à cause de la force centrifuge entraînant circulairement les eaux. La diminution de
la colonne aérienne se fait aussitôt sentir par une diminution correspondante de poids, et le mercure baisse en conséquence dès que l'ouragan commence à se former dans les
hautes régions de l'atmosphère. Le météore qui s'approche
annonce ainsi sa venue prochaine, et ceux qu'il menace
peuvent prendre leurs précautions, soit pour échapper
entièrement au désastre, soit pour en atténuer les effets.
Les marins dont le navire est à l'ancre dans un port sûr
doublent leurs amarres; ceux qui ont mouillé dans une rade
foraine exposée à la fureur des vents, comme à la Réunion,
se hâtent d'obéir au canon d'alarme et s'enfuient en pleine
mer, de manière à s'éloigner du centre de l'ouragan. On a
vu le baromètre baisser de 40, de 50 et même de 68 millimètres et demi [2], soit près d'un dixième de la hauteur totale
du mercure, et chacune de ces perturbations n'a pas manqué d'être le signal d'une tourmente, d'autant plus horrible
que le baromètre était précédemment plus élevé. Parfois
la raréfaction de l'atmosphère s'accomplit d'une manière
tellement soudaine, que l'air contenu dans les maisons se
dilate tout à coup, fait explosion pour ainsi dire, et projette
au loin les fenêtres et les portes. Aussi, dit Fitz-Roy, laisse-

1. *Étude sur les Ouragans de l'hémisphère austral.*
2. A bord du navire *Duke of York*, en 1833, a l'embouchure du Hoogly

t-on en certains endroits les habitations ouvertes pour éviter de pareils accidents.

En mer, les eaux se redressent à une hauteur plus ou moins grande par suite de l'amoindrissement de la pression atmosphérique et se meuvent avec le centre du cyclone; il se forme ainsi une « lame de tempête » dont la force s'ajoute à celle de la formidable houle qu'ont soulevée les vents. Telle est la principale cause de ces terribles ras-de-marée, non moins redoutables que des tremblements de terre, qui vont se dérouler sur les côtes voisines. Durant l'ouragan des Barbades, en 1831, les vagues qui se brisaient contre le promontoire septentrional de l'île étaient de 22 mètres plus élevées que le niveau moyen du flot; lors du grand cyclone de Calcutta, en octobre 1864, le Hoogly s'éleva de 7 mètres dans toute la partie inférieure de son cours et noya des îles entières; plus récemment encore, lors du grand ouragan qui dévasta Saint-Thomas, une vague poussée par l'ouragan se précipita sur la petite île de Tortola en opérant de tels ravages que, d'après une légende absurde répandue par la terreur, l'île tout entière aurait été engloutie. Il est certain que l'eau de la mer peut être aussi aspirée, en plus ou moins grande quantité, par ce vide qui se forme au milieu du tourbillon, car plusieurs fois, et notamment aux Barbades, Reid a vu des pluies d'eau salée tomber à une grande distance du rivage, à l'intérieur de l'île, et tuer dans les lacs et les ruisseaux tous les poissons d'eau douce qui les habitaient.

Le mouvement circulaire des cyclones ne s'accomplit point indifféremment dans l'un ou l'autre sens. Comme les phénomènes réguliers des vents, les grandes perturbations atmosphériques se conforment à des lois, et même ces terribles météores sont ceux dont la marche peut être le mieux prédite par les marins. Dans l'hémisphère septentrional, les tempêtes tournantes des tropiques soufflent constamment du sud au nord par l'est, et du nord au sud par l'ouest; dans l'hémisphère méridional, la marche des tourbillons s'opère en sens inverse, et les spirales du vent se développent uniformément par le sud, l'ouest, le nord et l'est. Telle est la loi découverte et mise en lumière par

Fig. 118. CYCLONE DANS LA MER DES INDES EN JANVIER 1852.

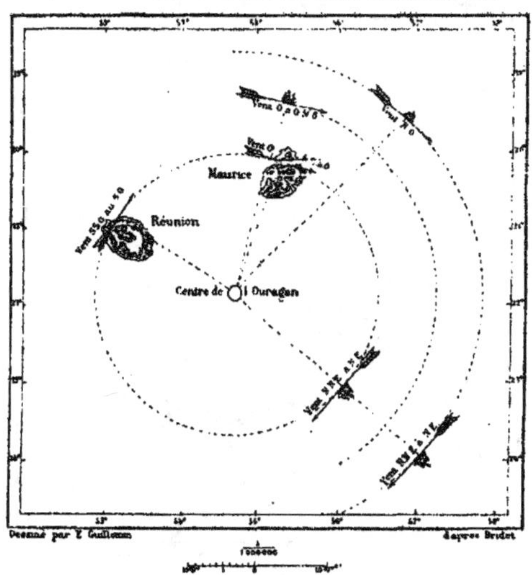

les travaux de Reid, de Redfield, de Piddington, de Bridet et d'autres savants. Ainsi les vents de toutes les parties de l'horizon soufflent en même temps sur la circonférence du cyclone : tel navire est poursuivi par un furieux vent d'est, tandis qu'à 50 kilomètres de là un autre bâtiment est coulé bas par des rafales venues de l'ouest. Et pendant tout ce tumulte des éléments en guerre, il arrive parfois qu'au centre même de l'ouragan l'atmosphère reste parfaitement calme; une terrible paix, un silence formidable, règnent

Fig. 114. CYCLONE DANS LA MER DES INDES EN FÉVRIER 1860.

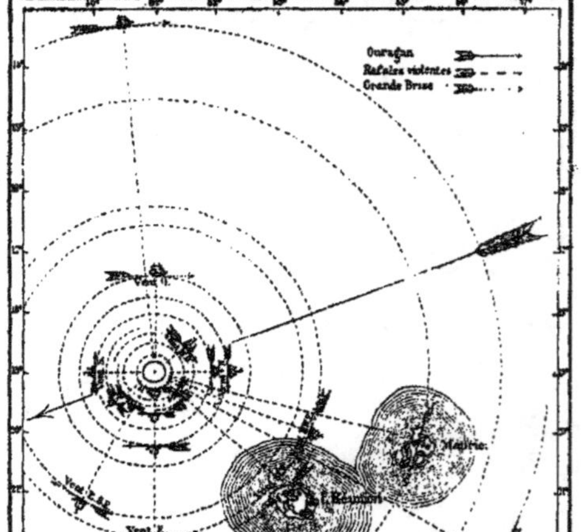

dans l'enceinte changeante formée par le tourbillon rugissant de la tempête.

Si le cyclone tournait sur place, le vent soufflerait exactement dans la direction de la tangente sur tout le pourtour du météore; mais il n'en est pas ainsi à cause du double mouvement dont est animé l'ouragan : tout en tournoyant il se déplace, et par suite la direction du vent doit

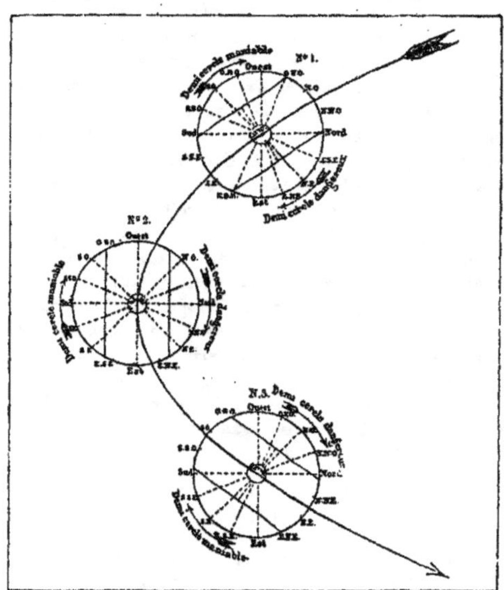

Fig. 115. PARABOLE PARCOURUE PAR UN OURAGAN; d'après Bridet.

être la résultante des deux forces qui l'entraînent. Que le tourbillon tout entier se dirige vers l'ouest, et la vitesse normale du vent de tempéte, qui souffle dans le même sens sur la périphérie du cyclone, sera augmentée de la

vitesse du météore lui-même; en revanche, le vent qui
soufflera vers l'est sera partiellement neutralisé, et sur
tout le pourtour du cercle, les directions et les vitesses
seront modifiées suivant des proportions qu'établit rigoureusement le calcul. Ce sont ces modifications subies par
les vents successifs du pourtour de la tempête qui rendent
souvent les cyclones difficiles à reconnaître dans les régions
de la zone tempérée, où la vitesse de rotation des météores
est considérablement affaiblie. Sous les tropiques, où le
tourbillon encore étroit est dans sa force première, on
remarque moins cette inégalité des vents partiels de l'ouragan. Cependant elle est encore assez importante pour
avoir été reconnue des marins. Une moitié du disque de
la tempête est appelée par eux « demi-cercle dangereux, »
l'autre « demi-cercle maniable. » Or cette partie de l'ouragan que la grande violence des vents rend dangereuse
se trouve toujours sur le côté du cyclone où le vent
marche dans le même sens que le météore. Cette moitié du
disque où le vent ajoute sa vitesse propre à celle du mouvement de translation est dans l'hémisphère septentrional
à la droite de la trajectoire du cercle tournoyant; dans
l'hémisphère méridional, elle est à gauche[1]. La figure de
la page précédente donne une idée du contraste qui se
produit des deux côtés de l'ouragan sur la trajectoire qu'il
parcourt dans l'océan des Indes.

III.

Spirale des ouragans dans les deux hémisphères. — Théorie des cyclones.
Instructions nautiques pour éviter l'ouragan.

A leur départ des régions tropicales, où ils sont nés
de la lutte des vents alizés ou de celle des moussons, la

[1]. Marié-Davy, *Mouvements de l'Atmosphère et des Mers.*

plupart des cyclones du nouveau monde se dirigent d'abord vers le nord-ouest, parallèlement à la rangée des Antilles ou bien aux rivages de la Colombie et de l'Amérique centrale, puis, revenant en arrière comme une boule de billard qui tourne sur elle-même en sens inversé de l'impulsion reçue, ils longent les côtes des États-Unis, en décrivant dans les airs une orbite superposée au lit du Gulf-stream.

Dans l'hémisphère méridional, c'est le phénomène inverse : les cyclones de l'océan des Indes prennent leur origine au sud de l'Hindoustan, se déplacent au sud-ouest vers la Réunion, Maurice et Madagascar, puis se recourbent brusquement pour se diriger au sud-est vers les mers antarctiques. Le mouvement d'hélice du vent dans ce grand tourbillon s'opère de l'ouest à l'est par le nord, c'est-à-dire dans le même sens que l'aiguille d'une montre. C'est le mouvement inverse de celui qui se produit dans les ouragans de l'hémisphère du nord.

Quelle est la cause du tourbillon lui-même et d'où vient le changement brusque qui s'accomplit dans sa direction vers la limite extérieure des alizés ? Voici, d'après Dove, quelle serait l'explication de ces phénomènes :

Lorsque, sur les déserts de l'Asie et de l'Afrique, d'énormes quantités d'air chaud se sont élevées dans les espaces supérieurs, ces masses aériennes dilatées doivent s'épancher latéralement. Celles qui sont entraînées au-dessus de l'Atlantique boréal, dans la direction de l'ouest, contraire à celle du mouvement de la planète, rencontrent le courant de retour qui s'écoule du sud-ouest au nord-est, en sens inverse des alizés. Il en résulte un conflit entre les deux fleuves atmosphériques; un tourbillon d'air se propage en spirales dans la direction du nord-ouest, qui est la résultante des deux forces en lutte. En même temps la masse tournoyante, cherchant une issue, descend obliquement vers la surface de la mer, et comprimée à droite par le souffle des alizés, elle continue à marcher vers le nord-ouest. Arrivé en dehors des tropiques, l'ouragan ne se trouve plus sous la pression latérale du vent de nord-est; il a devant lui un chemin libre et, sous l'influence du mouvement de la rotation terrestre, il se replie par une gracieuse courbe dans la direction du nord, puis dans celle du nord-est. En même temps, la tourmente qui vient d'entrer dans la zone tempérée élargit graduellement le diamètre de ses spirales et, par suite, perd de sa violence à mesure qu'elle avance vers le pôle. Ainsi l'ouragan de 1839, dont la largeur était d'environ 500 kilomètres par le travers des Antilles, s'était dilaté jusqu'à 800 kilomètres au-dessus de la mer des Bermudes, et vers le 50ᵉ degré de latitude nord, il n'occupait pas un espace moindre de 1,200 kilomètres; mais aussi ses effets destructeurs avaient diminué en raison de sa dilatation. Le même vent qui vient de raser une ville des Antilles et de briser les navires comme des jouets, se contente parfois, lorsqu'il arrive sur les côtes irlandaises, de déraciner quelques arbres et de renverser des pierres déjà branlantes.

Telle est la théorie proposée par Dove et qui semble la plus probable, du moins pour les ouragans de l'Atlantique. Quant aux cyclones de l'océan Indien, ils sont produits peut-être par le conflit des alizés du sud-est et de la mousson qui se porte vers le continent d'Afrique. M. Bridet n'y voit que le résultat de la rencontre de deux vents accourus l'un de l'équateur, l'autre de l'hémisphère austral. Celui de l'équateur, participant à la grande vitesse angulaire de cette partie du globe, dévie vers l'est à mesure qu'il avance vers le tropique du Capricorne; le vent du sud, emporté moins rapidement autour de la terre, dévie au contraire vers l'ouest, et de ces deux déviations en sens inverse résulte, lors de la rencontre des vents, un mouvement de tourbillon dans le sens de l'est à l'ouest par le sud. En moyenne, les cyclones de l'océan Indien ont de 400 à 500 kilomètres au commencement de leur course, de 700 à 900 vers le

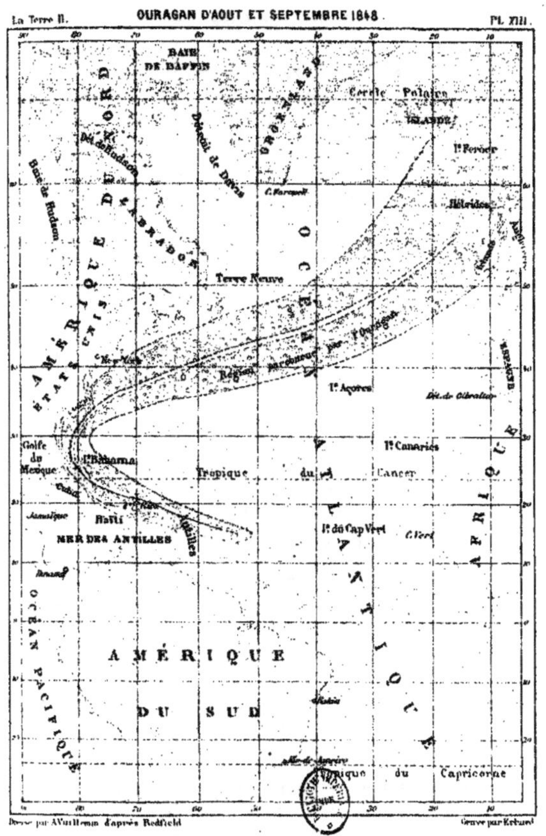
BAIE DE BAFFIN
Cercle Polaire
ISLANDE
GROENLAND
Détroit de Davis
C. Farewell
I. Féroer
Hébrides
AMÉRIQUE DU NORD
LABRADOR
Baie de Hudson
Dét. de Hudson
ÉTATS-UNIS
Terre Neuve
OCÉAN
New-York
Région parcourue par l'Ouragan
I. Açores
Dét. de Gibraltar
ESPAGNE
Golfe du Mexique
I. Bahama
I. Canaries
Tropique du Cancer
Jamaïque
Haïti
Antilles
MER DES ANTILLES
I. du Cap Vert
C. Vert
AFRIQUE
ATLANTIQUE
OCÉAN PACIFIQUE
AMÉRIQUE
DU SUD
Tropique du Capricorne

milieu et de 900 à 1,400 vers la fin; leur influence se fait sentir quelquefois jusqu'à 2,000 kilomètres de l'axe de la tempête. Il est vrai que souvent deux ou plusieurs cyclones se suivent à peu de distance; des remous latéraux accom-

Fig. 116. CYCLONES SIMULTANÉS A LA RÉUNION en décembre 1821.

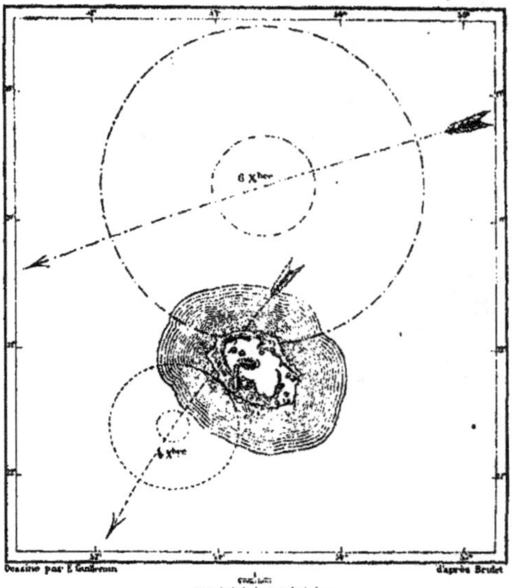

pagnent le tourbillon principal, de même qu'à la surface des mers on voit, à côté du grand entonnoir tournoyant, formé par la rencontre des eaux contraires, se creuser plusieurs cercles de second ordre. Bridet a recueilli de nombreux exemples de ces cyclones simultanés[1].

Des obstacles locaux, tels que des plateaux et des chaînes de montagnes, peuvent également causer des ouragans lorsque des masses aériennes viennent s'y heurter directement. Ainsi, dans le golfe du Bengale, lors des changements de la mousson du nord-est en mousson du sud-ouest, celle-ci vient frapper contre les montagnes d'Arracan, et par suite de ce choc, il se produit un cyclone soudain qui retourne vers le nord-ouest et traverse tout le Bengale et les provinces septentrionales de l'Hindoustan, jusqu'à l'Indou-Kouch. Il est possible que les typhons des mers de Chine doivent leur origine à des causes semblables; dans ce cas, ils ne seraient autre chose que des moussons déviées et transformées en ouragans à cause de l'obstacle que leur opposent les montagnes des Philippines et de Formose. D'ailleurs, toutes ces terres montueuses, de grandeur et de formes différentes, qui parsèment cette partie de l'océan Pacifique et sont séparées les unes des autres par d'inégaux et tortueux détroits, ne peuvent manquer de troubler singulièrement le régime normal des vents[2] et de produire, par conséquent, un grand nombre de tempêtes et d'ouragans souvent confondus sous le nom général de typhons. En revanche, sur le Pacifique oriental, où les alizés soufflent avec tant de régularité, les ouragans proprement dits sont très-rares. On les a observés seulement sur les côtes occidentales du Mexique.

Tant que le cyclone développe ses vastes courbes dans les régions équatoriales, le tourbillon tout entier doit pencher en avant, car les couches supérieures entraînées dans l'ouragan trouvent beaucoup moins de résistance dans l'air que les couches inférieures n'en trouvent sur le sol et à la

---

1. *Étude sur les Ouragans de l'hémisphère austral.*
2. Voir, ci-dessus, page 321.

surface de la mer. L'ensemble de la tempête peut alors
être comparé à une immense roue tournant à plat sur le

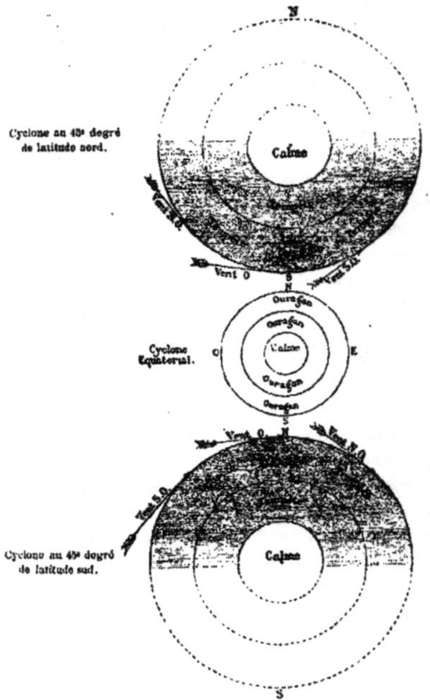

Fig. 117. Inclinaison des cyclones à la surface terrestre; d'après Andrau.

globe et pressant plus fortement la terre de sa partie antérieure. Toutefois, en se propageant par de grandes spirales

dans les deux zones tempérées du nord et du sud, les ouragans subissent graduellement de telles modifications en sens
inverse et présentent des irrégularités apparentes tellement
considérables qu'ils semblent au premier abord obéir à
d'autres lois. Au lieu de pencher en avant, on dirait, au
contraire, que de ce côté une véritable lacune sans cesse
agrandie s'ouvre dans le tourbillon. Ainsi que le prouvent
plus de 300,000 observations faites dans l'Atlantique septentrional à bord de navires américains, anglais, hollandais, et
soigneusement comparées par MM. Andrau et Van Asperen [1],
les vents de la région du nord manquent presque toujours
dans les hélices des cyclones qui ont dépassé le trentième
degré de latitude boréale. A mesure que le météore se développe vers le pôle, la zone tranquille de l'ouragan s'accroît.
Les vents d'est et de sud diminuent peu à peu en fréquence
et en intensité, puis disparaissent complétement. Enfin, du
50ᵉ au 60ᵉ degré de latitude, la rotation aérienne du cyclone
n'est plus représentée que par les vents du nord-ouest, de
l'ouest et du sud-ouest. On dirait qu'il ne reste plus qu'une
moitié de l'ouragan. Au sud de l'équateur, des phénomènes
semblables s'accomplissent en ordre inverse, et chaque
courbe successive de la spirale des orages offre dans sa
convexité méridionale une lacune plus ou moins grande
selon la hauteur des latitudes. La figure de la page précédente peut faire comprendre les modifications qu'éprouvent les cyclones en se dirigeant des régions tropicales vers
l'un et l'autre pôle [2].

Le fait que dans l'hémisphère septentrional les vents
partiels de l'ouragan sont toujours plus forts sur la droite
de la trajectoire, et dans l'hémisphère méridional, toujours
plus forts sur la gauche, ne suffit point à expliquer ce contraste étonnant entre les deux moitiés du disque du

[1]. *De Wet der Stormen*, 1862.

[2] *Mittheilungen von Petermann*, t. XI, 1862.

cyclone. M. Andrau et d'autres savants hollandais ont tenté d'expliquer cette anomalie apparente. Pris dans son ensemble, l'ouragan peut être considéré, disent-ils, comme un disque tournant rapidement autour de son axe. Sa tendance naturelle est de se mouvoir incessamment dans le même plan de rotation, et seulement l'intervention d'une force considérable peut le faire incliner dans un sens ou dans l'autre. Il est vrai qu'à son point d'origine, sur les mers équatoriales, le cyclone se penche plus ou moins fortement vers la partie antérieure; mais à mesure qu'il se déplace vers le pôle, en tournant autour d'un axe idéal qui reste toujours parallèle à lui-même, il doit nécessairement s'incliner de plus en plus en arrière à cause de la courbure du globe. Tandis que la partie méridionale de l'ouragan rase encore les flots ou les campagnes, l'autre partie s'élève peu à peu à une grande hauteur dans l'atmosphère. Bientôt les vents supérieurs du tourbillon aérien ne se font plus sentir au niveau du sol et sont indiqués seulement par l'abaissement de la colonne barométrique et par les traînées de nuages qu'on voit fuir dans les hauteurs du ciel. Vers le 50ᵉ degré de latitude au nord et au sud de l'équateur, les cyclones, à demi redressés, n'effleurent plus la terre que par les vents de leur pourtour inférieur. Ces vents sont les mêmes dans les deux hémisphères; ils soufflent également du nord-ouest, de l'ouest et du sud-ouest; mais de chaque côté la giration s'accomplit en sens inverse.

Piddington, Redfield, Bridet, Lartigue et autres savants météorologistes ont tracé aux marins surpris par l'ouragan des règles de conduite générales qui, lorsqu'elles sont suivies à temps, peuvent sauver le navire menacé. Averti par le baromètre de l'approche du cyclone, le capitaine doit bien se garder de fuir à toute vitesse devant la tempête, dans la vaine espérance d'échapper au danger; en procédant de cette manière, ainsi que le lui conseillerait la terreur, il irait précisément se jeter au centre du tourbillon et livrer son navire à toute la fureur du vent et de la houle. Pour échapper à l'étreinte il doit manœuvrer de façon à se porter obliquement vers la circonférence du météore, aussi loin que possible de la partie centrale où le vent souffle dans toute sa violence. Malheureusement, quelles que soient la science du marin et sa connaissance des mers où il navigue, il lui est souvent bien difficile de savoir d'avance de quel côté vont l'aborder les vents et quelle est exactement l'orbite que suit à travers les mers le centre du cyclone; néanmoins, s'il hésite trop long-temps, il peut se trouver tout à coup dans le cercle fatal et se perdre avec son navire pour avoir manqué de l'audace nécessaire. Dans les hautes latitudes de l'Océan, il est plus facile de prendre une décision et d'échapper au cyclone, puisque la mer est ouverte dans la direction du pôle et que le marin n'a pas à craindre d'être complétement enfermé au milieu d'un cercle de tempêtes. C'est derrière lui que la partie inférieure de l'immense roue vient labourer les flots; devant lui, l'Océan est libre, ou du moins les vents qui en parcourent la surface sont produits par des causes locales et n'appartiennent pas au terrible météore. A de bien rares intervalles seulement, la partie supérieure du cyclone est rabattue sur la surface de l'eau par de violents contre-courants atmosphériques venus des régions polaires. En treize années, les savants hollandais n'ont observé que deux cas de cette nature.

Ainsi les ouragans eux-mêmes, comme les autres mani-festations de la vie du globe, ont une marche régulière et les mathématiciens peuvent essayer de calculer sur la ron-deur terrestre l'orbite de ces effrayants météores. C'est en se conformant à des lois et en suivant des hélices tracées d'avance que les tempêtes tournantes se propagent de la zone équatoriale aux régions tempérées; bien loin d'ap-porter, par leurs violentes spirales, un trouble permanent dans l'air, elles ne se produisent au contraire que pour rétablir l'équilibre entre les ondes inégales de l'océan atmosphérique. Bien plus, elles aident aussi, conjointement avec les moussons et les contre-alizés, à maintenir l'équilibre astronomique de la planète. Ainsi que le fait remarquer Dove, le frottement continuel des vents alizés, que la rotation terrestre fait dévier incessamment vers l'ouest, finirait sans aucun doute par retarder le mouvement du globe autour de son axe, si d'autres courants aériens marchant en sens inverse ne contre-balançaient les causes du retard et n'accéléraient de leur côté la rotation de la terre d'occident en orient. Aussi faible que soit le souffle du vent comparé à la force de projection qui fait tourbillonner la planète, il n'en contribue pas moins aux mouvements du globe et à ses rondes harmonieuses dans le concert des astres.

IV.

Remous des tempêtes. — Les trombes.

Les mouvements atmosphériques appelés tempêtes ou coups de vent par les marins diffèrent des cyclones par leur plus faible intensité, mais ils sont plus nombreux. Dans certains parages de l'Océan, notamment dans l'Atlantique du nord, ils sont tellement fréquents que, pendant quelques mois de l'année, on peut s'attendre à une tempête une fois chaque deuxième jour : c'est là ce que montre une carte figurative (fig. 118), dont chaque rectangle indique le nombre des tempêtes par une teinte différente. Tous ces coups de vent se propagent en spirales, analogues à celles des ouragans. Tempêtes d'hiver ou bourrasques d'été, ils prennent leur origine à droite ou à gauche du Gulf-stream, et se développent en girations nécessitées par

le mouvement même de la terre[1]. Il est également des
cyclones locaux ne tournant que sur une seule contrée
comme la France et l'Angleterre, ou même dans une seule
vallée; on pourrait citer de nombreux exemples de pareilles

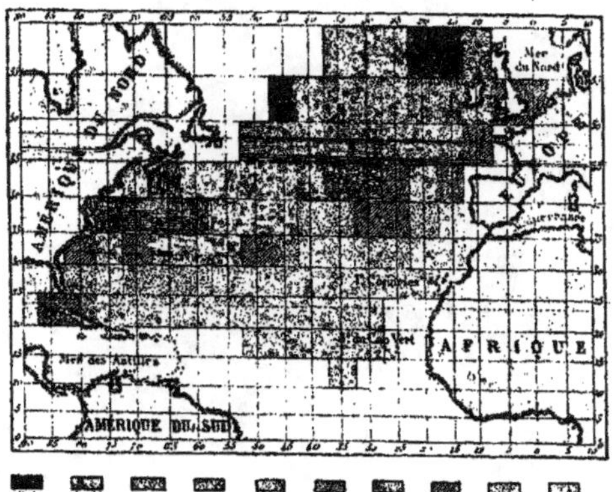

Fig. 118. TEMPÊTES DE L'ATLANTIQUE BORÉAL
en décembre, janvier et février; d'après M. Buys-Ballot

tempêtes tournantes qui, dans un espace limité, n'ont
guère fait moins de ravages que les ouragans des Antilles[2].
Souvent quand on regarde le ciel au-dessus de sa tête, on
voit des nuages tournoyer sous l'impulsion de deux courants ennemis et se rapprocher les uns des autres pour
s'éloigner encore; mais c'est principalement en s'élevant
sur le flanc des montagnes que l'on peut assister au curieux

1. Sonrel, *Nouvelles météorologiques*, mars 1868.
2. Fitz-Roy, *Weather-book*.

spectacle offert par la lutte de deux masses d'air qui s'engouffrent dans une vallée et décrivent un remous plus ou moins rapide avec leurs nuées ou leurs brouillards. Du haut

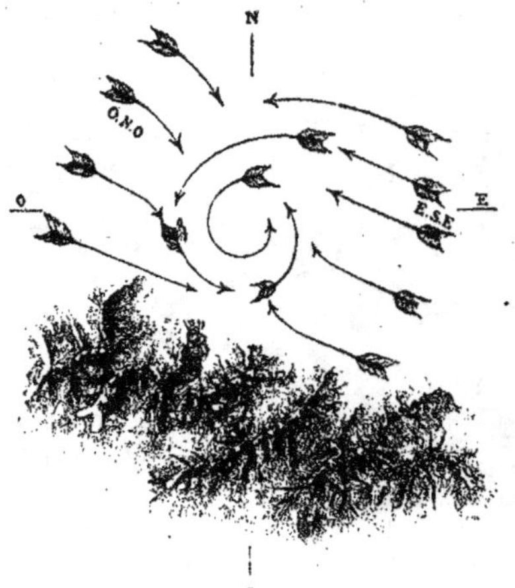

Fig. 119. Orage dans les Pyrénées; d'après Lartigue.

des promontoires des Pyrénées, le météorologiste Lartigue a contemplé un grand nombre de ces vents circulaires, semblables aux cercles que décrit l'eau d'un fleuve en amont d'un rocher [1].

Quant aux trombes proprement dites, ce sont des phénomènes de peu d'importance comparés aux cyclones; mais, comme ces grands météores, elles sont dues à la rencontre

[1]. Lartigue, *Essai sur les Ouragans et les Tempêtes.*

de deux masses d'air plus ou moins considérables qui viennent se frapper obliquement. Toutefois, elles ne tournent
pas uniformément dans un sens invariable pour chaque
hémisphère, car elles ne sont pas causées, comme les oura-

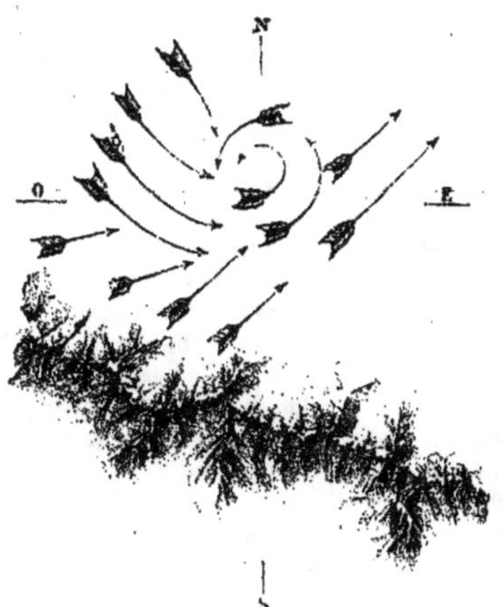

Fig. 120. Orage dans les Pyrénées; d'après Lartigue.

gans, par la lutte de deux vents réguliers et peuvent naître
du conflit de tous les courants d'air, soit normaux, soit
variables, qui parcourent la surface de la terre. Des observateurs ont vu dans les mêmes régions des trombes qui
tournoyaient du nord au sud, les unes en passant par l'ouest
et les autres par l'est. Pendant une tempête, il doit même
se former de chaque côté du fleuve aérien, comme sur les
bords d'un courant fluvial, une série de remous tournoyant

en sens contraire, et quelquefois avec assez de vitesse pour
mériter le nom de trombes. En plein tourbillon de cyclone,
le choc des rafales doit également produire des remous
secondaires se déplaçant avec une extrême vitesse, tantôt
dans un sens, tantôt dans un autre. S'il n'en était pas ainsi,
on ne saurait comprendre comment, au centre même d'un
ouragan, les effets produits par le vent diffèrent d'une
manière si remarquable dans un espace de peu d'étendue.
Ainsi, d'après Reid, on a souvent constaté que, durant les
cyclones de Maurice, de hautes maisons déjà presque en
ruine n'étaient pas même ébranlées par la tempête, tandis
qu'à côté, de solides constructions étaient complétement
saccagées et démolies [1].

Les trombes isolées se propagent parfois avec une rapidité non moins grande que celle des ouragans et peuvent
causer des désastres analogues. La trombe qui passa sur
Malaunay et Monville, le 19 août 1845, n'avait pas plus de
30 à 40 mètres en certains endroits, et dans sa plus grande
largeur, elle atteignit à peine un demi-kilomètre ; pourtant
elle n'en commit pas moins les plus terribles ravages, et les
habitants de cette partie de la Normandie en garderont longtemps l'effrayant souvenir. Vers une heure de l'après-midi,
après une journée accablante, pendant laquelle la colonne
barométrique était subitement tombée de 760 à 705 millimètres, des mariniers virent la trombe se former sur la
Seine au pied des hautes falaises de Canteleu. Semblable
à une pyramide renversée, noirâtre à la base et rouge
au sommet, la trombe rasa les eaux de sa pointe, puis
s'élança dans la vallée de Maromme. Elle ne s'avançait
point en ligne droite, ni par des courbes allongées, mais
par de brusques écarts à droite et à gauche, pareils aux
zigzags des éclairs; des bois se trouvaient sur son passage,
elle s'y traça de larges chemins par-dessus les arbres ren-

1. Lartigue, *Essai sur les Ouragans et les Tempêtes*, p. 89.

versés, broyés, réduits en pulpe ; puis, abordant succes-

Fig. 181. TROMBE DE MONVILLE; d'après M. Eugène Noël.

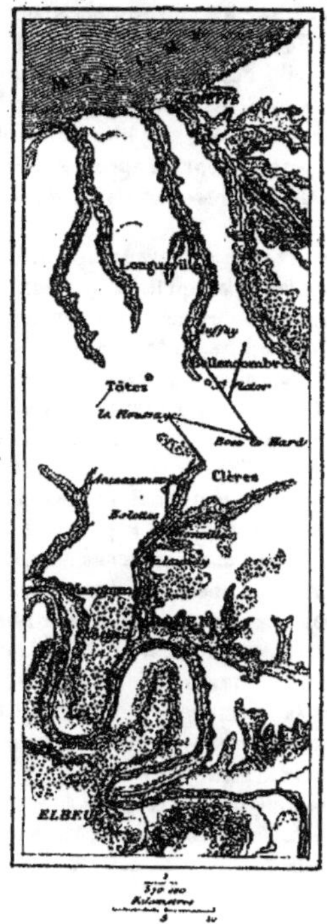

sivement trois grandes filatures de Monville, elle les tordit

dans ses spirales et les foudroya en même temps qu'elle
les démolit. Après avoir entassé toutes ces ruines, sous
lesquelles périrent des centaines d'ouvriers, la trombe s'ouvrit encore toute une avenue de débris sur le plateau de
Clères, ensuite elle se bifurqua et remonta dans l'espace en
emportant avec elle des objets de toute sorte, planches,
ardoises, papiers, qui retombèrent près de Dieppe à des
distances variables de 25 à 38 kilomètres, du lieu de la
catastrophe [1]. Il est évident, d'après tous les récits, que
l'électricité a joué un très-grand rôle dans la trombe de
Monville.

Ces météores, on le comprend, produisent des effets
différents suivant la région qu'ils traversent. Ceux qui passent au-dessus des forêts fracassent les arbres, ou même les
tordent en spirale. D'autres, qui parcourent de grandes prairies, telles que les pampas de Buenos-Ayres, les steppes
du Turkestan et les contrées herbeuses de l'Afrique centrale,
enlèvent en tourbillons des myriades de sauterelles et vont
les porter, soit vers d'autres parties du continent, où ces
insectes dévorent en un clin d'œil toutes les cultures, soit
vers l'Océan, qui les engloutit; parfois les navigateurs
en rencontrent, à des distances considérables de la côte
d'Afrique, de véritables nuées que les orages ont enlevées
du sol, puis livrées aux vents alizés du nord-est [2].

Dans les déserts poudreux du Sahara, de l'Arabie, du
Khorassan, de l'Inde, de l'Amérique du Sud, les vents
soulèvent d'énormes quantités de poussière et les font tournoyer dans l'espace. A Buenos-Ayres, les trombes de 1805
et de mars 1866 ont été assez puissantes pour rendre l'atmosphère aussi noire que la nuit et pour étouffer des piétons
dans les rues; après le passage du météore, la pluie qui
tombait versait de la boue sur le sol. Parfois les amas de

1. Eugène Noël : documents inédits. — Daguin, *Traité de Physique.*
2. Lartigue, *Système des Vents*, p. 70, 71.

poussière sont des colonnes tournant sur elles-mêmes et
dansant en immenses rondes comme des génies de l'air;

Fig. 122. Trombe de poussière; d'après Baddeley.

parfois aussi ce sont d'énormes coupoles tourbillonnant dans

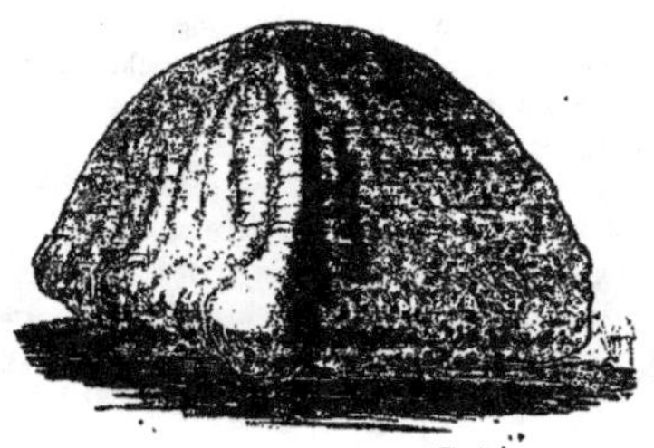

Fig. 123. Trombe de poussière; d'après Baddeley.

l'espace, recouvrant des centaines et même des milliers
de mètres en largeur et développant leurs ellipses pendant

des journées entières jusqu'à de grandes distances. Ces trombes rendent l'atmosphère complétement obscure et irrespirable; pour ne pas être étouffés, les voyageurs sont obligés de s'enfermer à la hâte dans leur tente ou de se précipiter la face contre terre, afin de se faire contre l'orage de sable un rempart de leur propre corps. En même temps, le frottement de tous ces grains de poussière tournant les uns autour des autres dégage d'une manière continue de véritables torrents d'électricité. Au-dessus de la trombe planent en cercle les grands oiseaux de proie, soit parce qu'ils veulent jouir de l'équilibre atmosphérique rétabli par l'orage, soit parce que divers petits animaux qui leur servent de nourriture sont entraînés dans le tourbillon [1].

Dans les pays de montagnes, les trombes ne peuvent soulever ni tourbillons d'animalcules, ni masses de poussière, mais elles entraînent dans l'espace ces fusées de neige si redoutables pour les voyageurs surpris; bien plus, elles remuent jusqu'aux pierrailles, aux débris de schiste, de gneiss, de granit, et les font tournoyer en rondes qui se déplacent rapidement avec les courants aériens en conflit. Le géologue Theobald a vu de ces trombes de pierres qui n'avaient pas moins de 15 à 18 mètres de largeur; il n'est donc pas impossible que certains amas de débris schisteux, qui ressemblent à des « piles » élevées de main d'homme, aient été entassés par les tourbillons du vent [2].

Les trombes marines étant des météores de même nature que les trombes terrestres, doivent également soulever les particules mobiles de la surface qu'elles parcourent. L'embrun des vagues est aspiré par le remous aérien et monte en tourbillonnant; parfois l'eau se gonfle et s'élève à gros bouillons dans le vide formé au milieu de

1. De Khanikoff, *Voyage dans le Khorassan.* — Baddeley, Alexander Buchan. *Meteorology.*
2. Theobald, *Jahrbuch des Schweizer Alpen-Club,* p. 531.

la trombe par l'appel de l'air vers la circonférence. En dépit des récits populaires, il est bien rare que l'eau soit emportée jusqu'aux nuages bas qui pèsent sur la mer et qu'elle aille retomber en déluge à une grande distance; toutefois les flots d'eau salée qui se déversent au loin dans les terres pendant les ouragans prouvent que ce phénomène n'est pas impossible, et que des masses liquides, et non pas seulement des vapeurs ou des gouttelettes éparses, peuvent être aspirées dans l'espèce de cheminée que forme le météore. On dit que des navires menacés par une trombe ont réussi à détruire à coups de canon cette colonne mouvante de vapeurs et à rétablir ainsi l'équilibre de l'atmosphère; mais lorsque la trombe a des dimensions considérables, le passage d'un boulet à travers les vapeurs tourbillonnantes ne peut avoir que des résultats bien passagers. D'ailleurs, une trombe est rarement un phénomène isolé; presque toujours elle se rattache à une tempête que le navire ne peut pas éviter. En général aussi, l'influence des remous aériens se fait sentir jusqu'à une grande distance de leur pourtour apparent : ainsi des mâts de vaisseau ont été brisés par le vent, alors que sur le pont on ne s'apercevait d'aucun mouvement violent de l'atmosphère et que le tourbillon semblait encore éloigné.

Malheureusement, il faut le dire, les trombes sont, de tous les météores, ceux qui ont été le moins soigneusement étudiés. Et pourtant il est certain qu'une connaissance approfondie des phénomènes divers qui s'accomplissent dans la formation de ces faibles remous aériens fera bien mieux comprendre les tourbillons plus vastes des cyclones, le système des vents tout entier, et peut-être aussi les mouvements des astres dans le ciel et la rotation des nébuleuses. De même que l'embryogénie a contribué, plus que toute autre étude, au développement des sciences anthropologiques, de même c'est en suivant dès l'origine de son mouvement la molécule d'air qui tourbillonne dans l'espace

que l'on pourra s'expliquer d'une manière plus nette et
plus précise les grands faits relatifs à la circulation des
airs ou même à celle des corps célestes. Tandis que l'astronome s'acharne à comprendre quelque cycle prodigieux des
astres, trop vaste pour son œil et pour sa pensée, peut-être
que là, sous ses yeux, un simple tournoiement de feuilles
ou de poussière, qu'il dédaigne même de regarder, contient
dans ses spirales la solution du grand problème.

CHAPITRE III.

LES NUAGES ET LES PLUIES.

I.

La vapeur d'eau. — L'humidité de l'air. — L'humidité absolue
et l'humidité relative.

L'air qui se déplace et se mélange incessamment à la
surface de la terre en brises ou en tempêtes, en trombes
ou en cyclones, est en même temps le grand agent de distribution de la vapeur d'eau. Grâce au mouvement d'échange
qui s'établit d'un pôle à l'autre pôle entre toutes les régions
de l'atmosphère, l'eau qui s'évapore des océans, des rivières, des lacs intérieurs, se répartit au-dessus de toutes
les contrées du globe et même jusque sur les déserts : tandis que la mer liquide n'entoure qu'une partie de la terre,
une deuxième mer, portée par les couches aériennes, flotte
souvent invisible sur la rondeur de la planète.

Au-dessus de toute nappe d'eau, et même au-dessus de
la glace, il se forme toujours de la vapeur, à condition que
l'air n'en soit pas déjà « saturé, » c'est-à-dire qu'il n'en
contienne pas exactement la quantité à laquelle il peut se
mélanger sans qu'il y ait précipitation d'humidité. Cette
limite de saturation varie avec la température. A 20 degrés
au-dessous de zéro, 1 mètre cube d'air ne peut guère
contenir plus de 1 gramme de vapeur; à la température
de la glace fondante, il peut recevoir plus de 5 grammes

d'humidité; de 10 à 30 degrés, le nombre de grammes de vapeur qu'il absorbe correspond à peu près aux divisions de l'échelle thermométrique; mais au delà de 30 degrés, la capacité de l'air pour la vapeur d'eau augmente d'une manière beaucoup plus rapide. A 100 degrés, l'atmosphère peut en absorber son propre volume; la tension de l'eau devient égale à celle de l'air et le phénomène de l'ébullition se produit, c'est-à-dire que la vapeur en formation soulève toute la colonne atmosphérique située au-dessus.

C'est en raison de l'accroissement de la température que la vapeur augmente dans l'atmosphère : tel est le vrai sens de l'adage vulgaire qui attribue au soleil le pouvoir de « pomper les eaux de la mer » pour en former des nuages. Toutefois une même augmentation de chaleur atmosphérique sur deux nappes d'eau de température égale n'a point nécessairement pour conséquence la production d'une même quantité de vapeur : l'agitation des airs est aussi un élément des plus importants pour activer l'évaporation. En effet, que l'atmosphère soit parfaitement tranquille, et la partie qui repose sur les eaux, bientôt saturée d'humidité, ne pourra plus en absorber de nouvelle; mais que la couche aérienne, déjà remplie de vapeur, soit emportée par le vent et remplacée par une nouvelle couche d'air sec, celle-ci prendra également sa part d'humidité, puis celles qui suivront se satureront à leur tour, et le phénomène de l'évaporation marchera d'autant plus rapidement que le courant d'air lui-même sera plus violent. On sait avec quelle vitesse les vents secs durcissent les champs et les chemins humides : on dirait qu'ils lèchent le sol, tant l'eau des flaques disparaît promptement.

Après avoir ainsi facilité l'évaporation sur les nappes d'eau et les parties humides des continents, les vents transportent la vapeur dans les diverses contrées de la terre et la mélangent à l'air sec, de sorte que nulle part, même à des milliers de kilomètres de l'Océan, l'air n'est complétement dépourvu d'humidité; cependant, on le comprend, la quantité de vapeur n'est point, à température égale, distribuée d'une manière uniforme. En pleine mer, les masses aériennes sont toujours très-rapprochées du point de saturation, même lorsque les nuages ne menacent pas de déverser la pluie, et par conséquent la vapeur contenue dans l'atmosphère maritime diminue assez régulièrement de l'équateur vers les pôles suivant les courbes des isothermes[1]. Sur les rivages baignés par l'air humide des océans, la proportion de vapeur d'eau décroît également d'une manière normale des deux côtés de l'équateur; mais dans l'intérieur des continents, où la distribution des lacs, des rivières, des montagnes offre une si grande diversité, et où les vents suivent des chemins si différents, la vapeur atmosphérique se répartit aussi très-inégalement. Tandis qu'au-dessus de l'Angleterre et de l'Irlande, l'air est presque toujours ou saturé de vapeur ou très-rapproché du point de saturation, dans les steppes de l'Asie centrale il est d'une très-grande sécheresse, et d'ordinaire il contient seulement 15 à 20 pour cent de la vapeur qu'il pourrait absorber. En moyenne, l'atmosphère des continents renferme les trois cinquièmes de l'humidité qu'elle recevrait si elle était complétement saturée dans toute son étendue[2]. Cette proportion est celle que la superficie des océans ou bassins d'évaporation, comparée à celle des terres émergées, aurait fait admettre d'avance.

Lorsque l'atmosphère contient toute l'humidité que comporte sa température, la moindre molécule de vapeur supplémentaire suffit pour déterminer la précipitation, sous forme de gouttelettes, d'une partie de l'eau vaporisée; il se produit alors soit un brouillard, soit un nuage, et la pluie commence. D'ailleurs, le point de saturation variant dans

1. Voir, ci-dessous, le chapitre intitulé *des Climats*.
2. Saigey, *Petite Physique du globe*.

tout pays et dans toute saison, suivant les oscillations du
chaud et du froid, il en résulte qu'une même quantité de
vapeur d'eau contenue dans l'atmosphère ne détermine
point la formation de la pluie à deux températures différentes. La même proportion d'humidité qui, pendant l'hiver,
sature complétement l'air froid et retombe en neige sur le
sol, serait très-minime dans l'atmosphère échauffée de
l'été, et la masse aérienne qui la contiendrait laisserait une
impression de sécheresse; de même, tel vent, le sirocco,
par exemple, sec dans un pays chaud comme la Barbarie,
devient humide sur les froides montagnes des Alpes[1]. Il
importe donc de distinguer nettement l'humidité absolue
de l'humidité relative. La première peut s'accroître graduellement, tandis que la seconde diminue, et bien que
l'air contienne alors une proportion de vapeur atmosphérique de plus en plus grande, il n'en paraît pas moins se
dessécher peu à peu.

C'est là du reste ce qui d'ordinaire a lieu chaque jour,
ainsi qu'il ressort des longues observations que le météorologiste Kämtz a faites à cet égard. Le matin, vers le lever du
soleil, la température de l'atmosphère est au plus bas, et
c'est précisément alors, ou un peu plus tard, à cause des
vapeurs du sol, que l'air se rapproche du point de saturation. A mesure que la chaleur et l'humidité absolue s'accroissent, l'humidité relative diminue, puis elle augmente
de nouveau quand le soleil décline sur l'horizon et que la
température s'abaisse. Tel est le contraste qu'on observe
d'une manière normale dans les pays tempérés de l'Europe
occidentale. Quand le phénomène inverse se présente, la
cause en est due à quelque grand trouble atmosphérique;
mais les oscillations régulières de l'humidité ne tardent
pas à se rétablir. Les seules régions où l'air se rapproche
du point de saturation aux heures les plus chaudes de la

1. Voir, ci-dessus. p. 334.

journée sont les hautes cimes, vers lesquelles s'élèvent les
vapeurs de la plaine. Ainsi, tandis qu'à Zurich, au pied des
montagnes, l'humidité relative est en moyenne beaucoup
moindre dans l'après-midi que dans la matinée, le phénomène exactement contraire se produit sur le Faulhorn,
dont la haute cime est souvent environnée de nuages.

Pendant les diverses saisons de l'année, dont les variations successives reproduisent en grand la marche du jour.

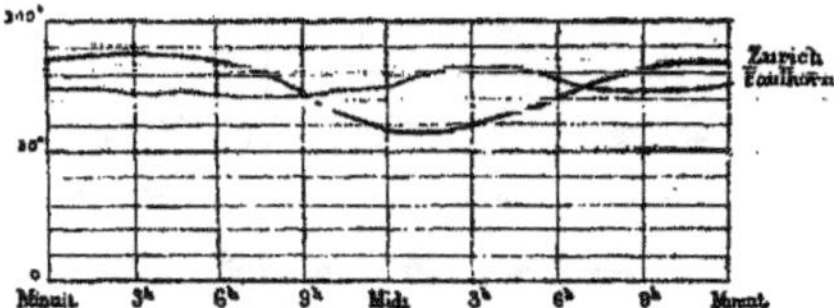

Fig. 111. Variations des degrés hygrométriques à Zurich
et sur le Faulhorn.

l'humidité absolue et l'humidité relative de l'air offrent le
même contraste qu'aux périodes correspondantes de la
journée : à mesure que la chaleur s'accroît et que la quantité de vapeur d'eau devient plus considérable, l'air s'éloigne
du point de saturation et semble, par conséquent, devenir
de plus en plus sec. C'est là ce que montre la figure de la
page suivante, empruntée à l'ouvrage de Kämtz. Toutefois,
il faut se souvenir que ces courbes représentent seulement
des moyennes, et qu'en réalité les oscillations de la vapeur
atmosphérique sont bien autrement compliquées. En effet,
toute variation de température, tout changement de vent,
modifie, soit par gradations lentes, soit par brusques
secousses, la teneur de l'air en vapeur d'eau ; la sécheresse,
l'humidité, la saturation se succèdent rapidement ; parfois

dans un seul jour, c'est par dizaines que se comptent les
ondées et les embellies; les courbes qui devraient alors

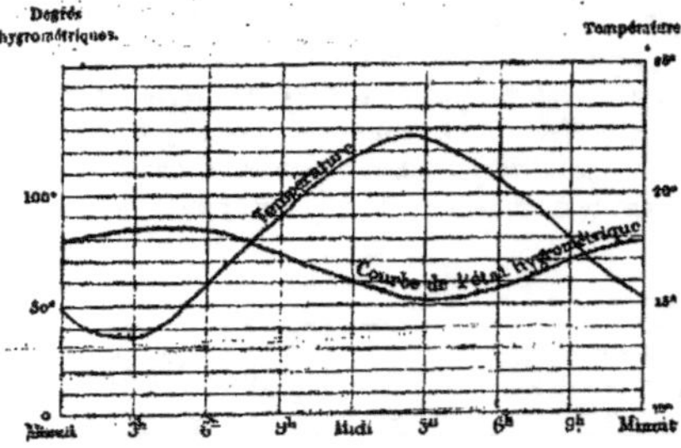

Fig. 125. Marche comparative du thermomètre et de l'hygromètre en juillet à Halle.

figurer l'état hygrométrique de l'atmosphère offriraient
une grande complication.

II.

Formation des brouillards et des nuages. — Hauteur, épaisseur, forme,
aspect des nuées.

Lorsqu'une masse d'air humide reposant sur le sol
dépasse le point de saturation, une certaine partie de la
vapeur se condense aussitôt en gouttelettes blanchâtres qui
par leur multitude voilent ou cachent complétement les
objets et ne laissent plus passer qu'une terne lumière : ces
gouttes innombrables constituent les brouillards. Ce sont
des nuages encore attachés à la terre et rampant sur les
campagnes ou sur les pentes des monts : ils se forment
surtout pendant les nuits à cause du refroidissement de
l'atmosphère; souvent aussi on les voit s'élever, le soir, des
surfaces marécageuses et des prairies humides. Quand un

vent froid descend des hauteurs de l'air et retient l'humidité
dans les couches inférieures, le brouillard devient permanent et peut durer pendant des journées et même des
semaines entières. Fréquemment le ciel est pur à une faible
élévation au-dessus de ces vapeurs, et du haut d'un promontoire qui se dresse dans l'air libre, on peut alors contempler à ses pieds une grande mer blanche d'où les collines jaillissent çà et là comme des îles.

Les nuages proprement dits sont des brouillards qui,
au lieu de rester attachés au sol, flottent suspendus dans
les couches aériennes à des hauteurs variables au-dessus de
la terre. D'où vient que les vapeurs fournies à l'atmosphère
par la surface des eaux montent ainsi dans les espaces et
s'interposent en forme de voûte entre la rondeur du globe
et l'immensité du ciel? Telle est la question qui se présente
naturellement à tous les esprits curieux de savoir et qui a
fait le sujet de bien des fables mythologiques. Les découvertes de la physique moderne ont résolu ce grand problème
d'une manière générale; il ne reste plus maintenant à
élucider que certains points secondaires.

Par suite de la décroissance graduelle qu'éprouve d'ordinaire, à partir de la surface du sol, la température des
couches aériennes superposées, le poids de la vapeur atmosphérique est beaucoup moins considérable dans les hautes
régions que dans le voisinage de la terre. Il en résulte que
la force élastique de l'humidité contenue dans la couche
inférieure de l'air n'est point équilibrée par la pression de
toutes les particules de même nature situées au-dessus. La
vapeur d'en bas s'élève donc vers les espaces d'en haut,
comme le liége vers la surface marine, jusqu'à ce qu'elle ait
enfin pénétré dans une région d'air plus froide, où elle se
trouve à son point de saturation et se condense en gouttelettes [1]. Chaque nuage que nous voyons dans le ciel n'est

____

1. Saigey, *Petite Physique du globe.*

donc, suivant l'expression de Tyndall, que le sommet visible d'une colonne ascendante de vapeur se dressant dans la transparente atmosphère.

Les molécules de vapeur condensée sont d'abord d'une finesse extrême; mais l'air n'est jamais en repos, et les gouttelettes, emportées à droite et à gauche par les courants partiels, se rencontrent et s'unissent en globules plus considérables. En moyenne, ainsi que l'ont établi les mesures de Kämtz, le diamètre des premières molécules liquides est tellement faible qu'il n'en faudrait pas moins de 25 à 30 pour faire 1 millimètre d'épaisseur; mais des centaines, des milliers d'entre elles, poussées les unes contre les autres, s'unissent en gouttes plus ou moins grandes, et quand la pluie atteint enfin le sol, on en trouve qui n'ont pas moins d'un demi-centimètre de large ou même davantage. Tant qu'elles sont encore aussi fines et plus légères que la poussière, elles sont le jouet des courants aériens qui les enlèvent, les reprennent dans leur chute et les emportent au loin : les nuages de vapeur sont portés dans l'espace comme le sont aussi très-souvent les tourbillons beaucoup plus lourds du sable des plaines. Puis, quand les gouttes, grossissant incessamment par l'union des gouttelettes entrechoquées, sont devenues trop pesantes pour se laisser emporter comme poussière, elles tombent obliquement sur le sol : suivant la température, la force des vents, l'épaisseur des nuages, ce sont tantôt des pluies fines, tantôt des averses ou de véritables déluges.

Même quand l'atmosphère semble être parfaitement calme et qu'aucune brise ne souffle dans l'espace, il arrive souvent que les nuées ne s'en maintiennent pas moins à une grande hauteur, comme si elles étaient plus légères que l'air ambiant. C'est qu'il se produit alors dans l'épaisseur des nuages et dans les vapeurs invisibles situées au-dessous un jeu alternatif et continu de condensation et d'évaporation. Les gouttes de pluie déjà formées tombent

réellement du nuage, mais dans les couches inférieures et
non encore saturées, elles se vaporisent de nouveau; montant alors une seconde fois vers la nue plus froide, elles s'y
condensent derechef et par suite leur mouvement de descente recommence. Un va-et-vient perpétuel de molécules
de vapeur, visibles pendant leur chute, invisibles pendant
leur ascension, s'établit ainsi sur la face inférieure du
nuage, qui change lui-même de dimensions et de forme
suivant les moindres variations de température. Que la
chaleur augmente, et la nue se réduira peu à peu; que l'air
devienne un peu plus froid, et la nébuleuse de gouttelettes
s'accroîtra aussitôt de volume. Il est peu de spectacles qui
dépassent en charme celui qu'offrent, par une belle et tranquille après-midi d'été, les nuages tour à tour formés et
dissous dans l'azur du ciel. On voit d'abord un simple flocon
de vapeur semblable à un oiseau blanchâtre planant dans
l'espace; mais ce flocon grandit, s'étale, s'environne de
traînées indécises : c'est maintenant une nue, encore à
demi transparente, laissant voir le bleu de l'air à travers
ses trouées; puis c'est un véritable nuage se développant en
larges rouleaux sur la rondeur céleste. Mais qu'on y regarde
quelques instants après et déjà le nuage s'est déformé;
peut-être s'est-il divisé en de nombreux fragments qui se
rapetissent, s'effrangent, s'éparpillent, fondent et disparaissent : on croit les voir encore, mais ce n'est plus qu'une
illusion, le ciel a repris son azur. D'autres fois, au contraire, le premier nuage que l'on a vu naître ne reste pas
isolé; de nouveaux amas de vapeurs se condensent autour
de lui, l'espace se peuple graduellement de nuées flottantes,
qui se rapprochent, se rejoignent, s'agglomèrent, et bientôt
le ciel, qui semblait complétement libre de vapeurs, offre
de toutes parts une épaisse couche de nuages formée sur
place par le refroidissement de l'atmosphère et la condensation des molécules d'humidité.

La hauteur à laquelle se forment et se soutiennent les

nuages varie en toute saison et en tout pays suivant la
température et la direction des vents. Il en est, surtout
parmi les nués pourchassées des tempêtes, qui rasent les
sommets des édifices et des arbres; d'autres planent à plusieurs centaines de mètres d'élévation; d'autres encore sont
au niveau des plus hautes cimes de montagnes, et tous les
aéronautes qui dans leurs ascensions ont dépassé les sommets des grands pics, ont encore vu des couches de nuages
bien au-dessus de leurs têtes. M. Liais a trouvé une hauteur
de 11,540 mètres pour l'amas de vapeurs le plus élevé dont
il ait pris astronomiquement les dimensions : c'est là une
altitude dépassant de près de 3 kilomètres celle du mont le
plus colossal de la terre, et sans nul doute beaucoup de
nuages montent plus haut encore dans les couches supérieures de l'atmosphère. Quant à l'élévation moyenne de la
zone où se condensent les vapeurs, elle semble osciller dans
les contrées de l'Europe occidentale entre 2,000 et 3,000
mètres; elle dépasserait donc les Vosges et les monts d'Auvergne, et ne serait dominée que par l'arête des Pyrénées
et les massifs des Alpes. D'ailleurs, cette zone est nécessairement variable à cause des changements de température;
elle est plus haute en été, plus basse en hiver.

Quant à l'épaisseur des couches de nuages, elle n'est
pas moins diverse que l'altitude à laquelle se condensent les
vapeurs. Depuis le mince voile transparent qui laisse passer
la lumière des astres jusqu'à ces énormes amas superposés
en strates de 5,000 mètres, comme ceux que Barral et Bixio
traversèrent en 1850, il existe des nuages de toutes les
dimensions verticales. Pour une moyenne de quarante-huit
mesures faites dans les Pyrénées, M. Peytier a trouvé que
l'épaisseur des couches nuageuses était de 450 à 500 mètres.
D'après Piazzi Smith, cette épaisseur est d'ordinaire de
300 mètres autour de l'île de Ténériffe, où les phénomènes
météorologiques offrent en général une grande régularité.
En outre, il arrive fréquemment que plusieurs assises de

nuages s'étagent de distance en distance dans les hauteurs
du ciel, et l'épaisseur totale des masses de vapeur condensées au-dessus d'un même point de la terre se trouve
augmentée d'autant. Souvent ces étages superposés de nuées
sont dus aux courants et contre-courants aériens qui soufflent de directions opposées à des hauteurs diverses ; mais
souvent aussi, lorsque l'air est parfaitement calme, on voit
de ces assises nuageuses s'étager verticalement dans l'atmosphère. C'est que la couche la plus basse, une fois formée,
constitue pour les espaces supérieurs une sorte de mer dont
l'humidité s'évapore, sous les rayons du soleil, comme celle
de l'Océan ou des lacs situés au-dessous. L'humidité, ainsi
changée en vapeurs invisibles, se condense dans l'air plus
froid à une certaine hauteur et forme une seconde strate de
nuages qui à son tour donne naissance à une troisième
couche plus élevée [1].

Par suite de la différence des milieux dans lesquels se
réfrigèrent les vapeurs, les nuages prennent les apparences
les plus diverses sur les terres, sur les mers et même sur
les fleuves. On dit que les Peaux-Rouges, ces observateurs
sagaces de tous les phénomènes de la nature, savaient,
lorsqu'ils parcouraient encore les plaines centrales de l'Amérique du Nord, reconnaître de loin le cours du Mississipi à
la forme des nuages s'étendant au-dessus du fleuve en
strates allongées. Toutefois, c'est principalement sur le pourtour des îles de l'Océan que l'on peut le mieux observer
cette différence des nuages terrestres et des nuages maritimes. A Ténériffe, le contraste se produit de la manière la
plus frappante. En été, la grande nappe blanchâtre des
nues que les vents alizés déroulent dans l'espace se déploie
uniformément au-dessus de tous les espaces océaniques ;
mais, par un temps calme, ce lit de nuages se termine
à une certaine distance des contre-forts du pic de Teyde

1. Saigey, *Petite Physique du globe*.

par des sortes de falaises de 2 ou 300 mètres d'élévation. En dedans de ce cercle formé par les nuages océaniques, la terre s'entoure de sa propre zone de vapeurs fumantes; celles-ci, beaucoup plus basses que les grandes nuées de la mer, s'attachent aux pentes en longues franges animées d'un mouvement bien différent de celui de la zone extérieure et tout à fait distinctes par la couleur et la forme des volutes. Piazzi Smith, qui pendant des mois entiers a pu étudier de haut les phénomènes de ces diverses couches, compare les nuages terrestres de Ténériffe à ces glaces de

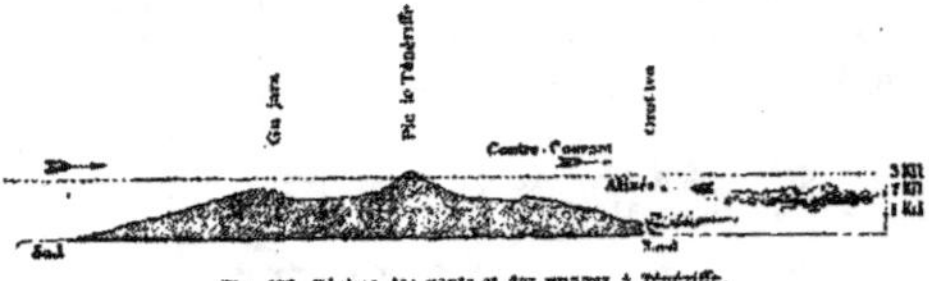

Fig. 125. Régime des vents et des nuages à Ténériffe.

terre qui se forment autour des îles et des continents polaires et qui constituent une plate-forme solide, tandis que les banquises de la grande mer se brisent sous l'effort des courants et sont emportées en décombres.

Les météorologistes ont essayé de classer les nuages en diverses catégories suivant leur apparence extérieure, mais c'est là une entreprise bien difficile à cause de l'infinie variété de formes et de l'extrême mobilité des amas de vapeurs qui planent dans le ciel. Cependant on a généralement adopté la classification de Howard, d'après laquelle les nuages sont ramenés à trois grands types, le *cirrus*, le *cumulus* et le *stratus*, qui se mêlent eux-mêmes diversement et produisent ainsi des combinaisons secondaires portant les noms de *cirro-cumulus*, *cirro-status* et *cumulo-stratus*. Ce sont là d'ailleurs des divisions en grande partie conventionnelles, que chaque météorologiste pourrait modifier à son

gré. Fitz-Roy ajoute une dizaine de variétés aux types et
aux sous-types de nuages indiqués par Howard.

Les cirrus sont de petites nuées blanches et fines comme
de la laine cardée ou comme des barbes de plume; ce sont
les *queues-de-chat* des marins : on les aperçoit toujours à une
très-grande hauteur dans le ciel. D'après Kämtz, leur altitude moyenne n'est pas moindre de 6,500 mètres; au-dessus des plus hautes montagnes et des espaces les plus élevés
qu'aient atteints les aéronautes, se trouvent encore de ces
minces filaments nuageux alignés le plus souvent en rangées parallèles dans la même direction que les vents alizés
ou les contre-alizés, ce qui indique la régularité des courants aériens dans les hauteurs de l'atmosphère. Les cirrus
sont formés de particules de glace, ainsi qu'ont pu le constater les physiciens par les phénomènes lumineux de réflexion et de réfraction qui s'y produisent. Quand le cirrus
s'abaisse et que les cristaux de glace se fondent, le nuage
subit graduellement une modification d'aspect, et se change
en cirro-stratus ou en cirro-cumulus; dans le premier cas,
ses légères fusées s'entre-mêlent et se confondent en une
masse cotonneuse et grisâtre, pronostic d'une pluie prochaine; dans le second, le ciel se peuple de ces petits nuages
pommelés qui par le contraste donnent au bleu de l'air une
teinte si admirable. Suivant des légendes populaires, ce sont
là les troupeaux de brebis qui paissent dans les espaces
aériens.

Le cumulus, que les marins désignent sous le nom de
« balle de coton », se distingue du cirrus par l'origine non
moins que par l'aspect; au lieu d'avoir été porté de régions
très-éloignées par les vents élevés, il a généralement été
formé sur place par la condensation des colonnes ascendantes de vapeurs. On voit ces sortes de nuages s'entasser
au bord de l'horizon en énormes rouleaux aux contours nettement définis : on dirait parfois des chaînes de montagnes
gigantesques dont les sommets blancs et arrondis tranchent

sur le profond azur. Leur base est presque toujours horizontale, et s'étale largement en une puissante assise, indiquant la zone précise de l'espace où les vapeurs invisibles
venues d'en bas se sont condensées en brouillard. Le lourd
cumulus, chargé d'un énorme poids d'humidité, ne s'élève
jamais à la même hauteur que le cirrus et ne dépasse guère
3 kilomètres d'élévation ; le plus haut qu'ait mesuré M. Liais
se trouvait à 3,100 mètres. Il se mélange diversement, soit
avec les cirrus, soit avec les stratus, c'est-à-dire avec ces
bandes de nuages disposées dans le ciel en longues traînées
ou « strates » parallèles. Cette forme est celle qu'affectent
le plus souvent les brouillards en se détachant du sol ; ·
mais il faut dire aussi que les nuages les plus différents en
réalité ressemblent à des stratus lorsqu'ils sont vus en perspective à l'horizon lointain. Quant au « nimbus » dont
quelques météorologistes ont voulu faire un type spécial,
c'est tout simplement un nuage de pluie qui se déploie
sur le ciel et s'écroule en averse.

Par la merveilleuse diversité de leurs formes, les
nuages sont l'une des grandes beautés de l'atmosphère.
Parmi toutes les images, ou formidables ou gracieuses, que
peut rêver la fantaisie de l'homme, il n'en est pas une qui
ne se retrouve dans les vapeurs de l'espace ; par leurs contours fugitifs les nuées ressemblent à des volées d'oiseaux,
à des aigles aux ailes éployées, à des groupes d'animaux, à
des géants couchés, à des monstres comme ceux de la
fable. D'autres nuages sont des chaînes de montagnes aux
cimes neigeuses ; d'autres encore figurent des villes immenses aux coupoles dorées. Les poëtes voient dans ces
groupes des archipels lointains où se trouve ce bonheur
tant cherché qui n'existe pas sur terre ; les peuples super-
stitieux, poursuivis souvent par la terreur de leurs propres
crimes, y voient des faisceaux d'armures, des chevaux de
guerre, des batailles rangées et des massacres. La lumière,
jouant dans ce monde fantastique des nuages, en accroît

encore l'étonnante variété; sur ces corps flottants brillent toutes les nuances imaginables, depuis le blanc de neige jusqu'au rouge de feu; le soleil les colore successivement de toutes les teintes graduées de l'aurore, du jour et du crépuscule; les prairies et les forêts s'y reflètent par des tons verdâtres, et la mer elle-même s'y reproduit vaguement par une couleur d'éclat métallique, rappelant celle du cuivre ou de l'acier.

III.

Influence des vents sur la formation de la neige et de la pluie. — Répartition des pluies dans les plaines et sur les montagnes.

Toute couche aérienne renfermant de la vapeur d'eau jusqu'au delà du point de saturation doit nécessairement laisser tomber vers le sol une certaine quantité de gouttes ou gouttelettes, qui sont le nuage lui-même. Si l'air était parfaitement calme, ces précipitations d'humidité se feraient toujours d'une manière lente et continue; la terre, enveloppée d'une brume constante, ne serait pourtant jamais arrosée de fortes pluies. Néanmoins, dans presque tous les pays du monde, les nuées et les averses succèdent au beau temps et le beau temps aux pluies, grâce aux vents qui se rencontrent dans l'espace et qui mélangent diversement l'air et l'humidité; ce sont eux qui nettoient l'atmosphère de la surabondance de ses vapeurs et qui déterminent la formation de ces pluies soudaines, sans lesquelles la circulation des eaux et le mouvement général de la vie seraient beaucoup moins rapides à la surface du globe. En effet, lorsque deux masses aériennes inégalement échauffées se heurtent et se mélangent, la température de l'air le plus chaud s'abaisse brusquement; par suite, sa capacité pour la vapeur diminue et l'humidité qu'il contient doit se pré-

cipiter en pluie. Il est vrai que, de son côté, le vent plus
froid se réchauffe et se sature d'une plus grande quantité
de vapeurs; mais il n'y a point compensation, car le point
de saturation des couches aériennes n'est pas exactement
proportionnel aux températures; si les deux masses en se
mélangeant prennent une température moyenne entre les
deux extrêmes, par contre, la capacité pour la vapeur se
trouve relativement abaissée au-dessous de cette moyenne.
De là, l'effet immédiat de précipitation qui se produit d'ordinaire lors du conflit des vents et surtout lors du mélange
des contre-alizés équatoriens tout chargés d'humidité, et
des vents froids venus du pôle. C'est alors que l'on voit les
nuages s'amasser si rapidement dans le ciel pour s'abattre
soudain en violentes averses : il suffit de quelques heures,
parfois même de quelques minutes pour que le bleu des
airs, où viennent de se rencontrer les deux vents, soit caché
par les sombres volutes des nuées d'orage.

A l'observatoire de Paris, on a constaté que la quantité
de pluie tombant sur la terrasse du bâtiment, à 28 mètres
de hauteur, est toujours inférieure à la quantité d'eau que
l'on recueille dans les cours situées au-dessous. C'est qu'en
traversant les couches atmosphériques saturées d'humidité,
chaque goutte ne cesse de se grossir en chemin d'autres
gouttelettes éparses et ramène continuellement à terre l'humidité pluviale qui s'évapore. Peut-être aussi faut-il ne voir
dans cet accroissement de précipitation qu'un fait local, et
l'attribuer, en grande partie, à un remous des gouttelettes
dans l'espèce d'entonnoir formé par les cours des édifices.
A Paris, l'écart entre les quantités respectives de pluie qui
tombent sur la terrasse et dans la cour est de 60 millimètres environ; au sommet de l'édifice, la tranche annuelle
de l'eau de pluie est de 500 millimètres, tandis qu'à la base,
cette tranche s'élève en moyenne à 560 millimètres. A Berlin, les quantités respectives de l'eau pluviale tombée sur
les toits et dans la cour de l'observatoire sont un peu plus

faibles, mais l'écart est aussi à peu près d'un neuvième.

Toutefois, il ne faut point conclure de ces faits que les pluies sont moins abondantes sur les monts que sur les contrées étendues à leur base. Au contraire, les nuages les plus épais flottant presque toujours à une hauteur considérable au-dessus des plaines basses, il en résulte que les pluies les plus abondantes tombent sur les pentes des montagnes. Poussées par le vent, les masses humides se heurtent contre les rochers froids dressés en travers de leur route et se fondent en eau; les ravins et les gorges s'emplissent, tandis que les nuées allégées remontent les versants et franchissent la chaîne par les cols ouverts entre les sommets. C'est là un phénomène que l'on peut facilement observer du haut d'un promontoire avancé, alors que des nuages de tempête roulent en tourbillons dans le ciel, en se portant vers des montagnes situées à leur hauteur. Même quand les plaines inférieures ne reçoivent pas une goutte de pluie, les flancs des monts sont inondés et les torrents se gonflent; arrivés en masses noirâtres ou cuivrées, que l'on dirait solides comme des roches ou du métal, les nuages disparaissent en légères vapeurs grisâtres; longtemps après qu'ils sont passés, on voit encore des fumées transparentes accrochées aux broussailles et aux cimes des arbres : c'est la pluie surabondante qui s'évapore.

Parmi les causes qui déterminent une plus grande précipitation d'humidité sur les montagnes que sur les terres situées à leur base, il faut aussi compter la différence de température existant d'ordinaire entre les cimes et l'atmosphère environnante. Pendant le jour, les pentes exposées à la chaleur du soleil se réchauffent plus que l'air ambiant. du moins par un temps calme; mais les ravins restent souvent beaucoup plus froids et par suite leur contact fait tomber la pluie en refroidissant soudain les couches atmosphériques. Pendant la nuit, et de tout temps, lorsque le vent souffle avec violence, les angles saillants des montagues deviennent à leur tour beaucoup plus froids que les gorges abritées, et ce sont eux qui condensent les brouillards de l'air et en expriment les pluies. Que de fois, dans les pays de montagnes, alors que le ciel est parfaitement clair et bleu, ne voit-on pas les hautes cimes s'entourer de brumes ou fumer comme des volcans? Ces nues que l'on aperçoit autour des sommets, se trouvaient dans l'air tiède à l'état de vapeurs invisibles : c'est le froid contact des roches ou des neiges qui les a tout à coup révélées. La cime de la montagne annonce ainsi aux habitants des vallées que l'atmosphère est saturée de vapeurs, elle les avertit d'un changement prochain dans la température. Aussi les monts servent-ils constamment d'indicateurs météorologiques aux populations voisines et dans chaque massif de hauteurs, on regarde toujours vers l'un des grands pics pour voir s'il « met son chapeau » de nuages.

Les observations directes recueillies dans les diverses parties du monde ont démontré que, toutes choses égales d'ailleurs, la précipitation annuelle de l'eau de pluie est en raison de l'altitude du pays, du moins jusqu'à une certaine hauteur dans les montagnes. D'après Keith Johnston, la moyenne des eaux pluviales pour les districts de plaines serait en Europe de 575 millimètres par année, et pour les districts montagneux de 1^m.300 : c'est à peu près la proportion que l'on observe en Alsace. Dans la vallée du Rhin, la quantité de pluie est en moyenne pendant l'année de 560 à 580 millimètres, tandis que sur les hautes Vosges, elle est de 1,100 à 1,200 millimètres[1]. L'Alsace est donc sous ce rapport comme un résumé du continent tout entier. Le Jura, arrêtant au passage les vents qui lui apportent les vapeurs puisées dans l'Océan, les force aussi à laisser tomber leur fardeau d'humidité. En traçant des hauteurs du Charolais aux monts du Jura une ligne transversale

1. Ch. Grad, *Hydrologie de l'Ill.*

à la vallée de la Saône, M. Fournet a constaté que la précipitation annuelle s'accroît assez régulièrement avec les altitudes; de 696 millimètres sur la rive droite de la Saône.

Fig. 127. Hauteurs de pluie, sur les deux versants de la vallée de la Saône.

elle augmente graduellement jusqu'aux murs parallèles du Jura; du côté de l'ouest, elle devient aussi plus forte avec les altitudes : par la hauteur du sol, on peut ainsi prédire approximativement la quantité moyenne des pluies.

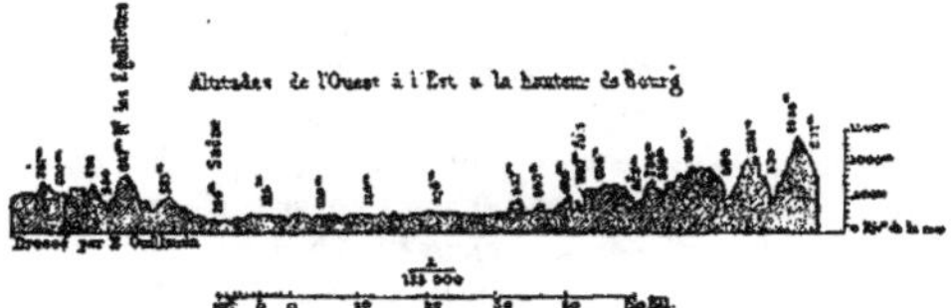

Fig. 128. Altitudes des deux versants de la vallée de la Saône.

Sur le versant méridional des Cévennes, où les vents soufflent avec tant de fureur à cause des variations rapides de température produites par l'insolation et le rayonnement, la différence qu'on observe entre les tranches annuelles de l'eau de pluie est encore bien plus considérable qu'au pied des autres montagnes de France. Sur la ville d'Arles, la précipitation totale est de 450 millimètres; mais à une centaine de kilomètres au nord, la ville de Joyeuse, située dans la vallée de l'Ardèche, que domine le rempart montagneux du Tanargue, a reçu en 1811 jusqu'à 1,725 millimètres, et la moyenne annuelle y est de 1,300 millimètres environ ; le 9 octobre 1827, il y tomba même en 21 heures l'énorme quantité de 792 millimètres d'eau, plus qu'il n'en tombe en moyenne sur le sol de France pendant toute l'année. De là les formidables inondations de l'Ardèche[1]. A l'est, dans la vallée du Rhône, que peuvent librement remonter les vents de la Méditerranée, la chute annuelle de la pluie est toujours beaucoup moindre.

Sur le flanc des Alpes tourné vers les plaines de l'Italie, on observe des phénomènes analogues. Les montagnes qui cernent au nord le golfe Adriatique, reçoivent deux et même en certaines vallées trois fois plus de pluie que les plaines de Padoue et les lagunes de Venise ; mais en Europe, c'est principalement sur les côtes de l'Océan, là où les vents d'ouest et de sud-ouest apportent une si grande quantité de vapeurs, que l'action des montagnes ou même de simples chaînes de collines sur la précipitation de l'humidité se manifeste dans toute son importance géologique. A Lisbonne, la chute annuelle de l'eau de pluie est à peine de 700 millimètres, tandis qu'à Coïmbre, dans une vallée accidentée de l'intérieur, il tombe en moyenne $3^m,430$ d'eau, plus que dans la plupart des contrées tropicales. De même les petites montagnes du Westmoreland, placées en travers de l'espèce d'entonnoir que forme le canal d'Irlande, reçoivent jusqu'à $3^m,850$; dans les années exceptionnelles, cette énorme quantité d'eau de pluie est de beaucoup dépassée, et cependant Liverpool, située également au bord de la mer d'Irlande, ne reçoit, dans le même espace de temps, que 860 millimètres d'eau, soit de quatre à cinq fois moins. Quant aux côtes occidentales de la Norvége, qui se dressent

1. Voir, dans le premier volume, le chapitre intitulé *les Rivières*.

abruptement hors de la mer, elles ne sont pas exposées à
des pluies moins abondantes que les collines de Borrowdale
et de Kendal, dans la Grande-Bretagne; à Bergen, la chute
annuelle de pluie est de 2^m,658 et, sans aucun doute, d'autres
localités dont les fjords constituent de véritables entonnoirs
où s'engouffre le vent du large, tout chargé des vapeurs du
Gulf-stream, sont arrosées par une quantité d'eau pluviale
plus considérable encore.

Les contrées du monde où la pluie tombe en plus
grande abondance sont probablement les côtes de Malabar,
celles d'Arrakan et les premières pentes de l'Himalaya. Là
tout se trouve réuni pour que la quantité d'eau soit très-
abondante pendant sa saison pluvieuse : chaleurs tropicales,
énorme bassin d'évaporation, hauteur et direction des remparts de montagnes qui doivent retenir les nuages. L'océan
Indien, immense cuve dans laquelle tournoient incessamment les eaux, et dont l'évaporation superficielle est en
moyenne plus active que celle de toutes les autres mers du
monde, alimente sans relâche des nuages de pluie que la
mousson porte tantôt vers les côtes de l'Afrique, tantôt
vers celles de l'Asie. Là, les montagnes, placées directement
en travers du courant aérien, le forcent à s'élever sur leurs
pentes et à se mêler ainsi à des couches atmosphériques
plus froides; il en résulte un véritable déluge : les nuages
noirs, chargés de pluie, laissent tomber leur énorme fardeau, les vallées sont inondées, les torrents se changent en
fleuves.

A Mahalabulechvar, situé à 1,360 mètres d'altitude sur
le versant occidental des Ghâtes, la moyenne annuelle de la
pluie, établie d'après une période de quatorze années, est
de 7^m,67. A Cherra-Ponjee, qui se trouve également à
1,360 mètres, sur les monts Garrows, au sud de la vallée
du Brahmapoutrah, la quantité d'eau versée annuellement
par les nuages est beaucoup plus forte : elle est de 14^m,80,
c'est-à-dire que pendant douze mois il y pleut presque au-

tant que sur Alexandrie pendant un siècle : dans le seul mois de juillet 1857, on y a vu tomber jusqu'à 3^m,755. Il est probable que ces énormes abats d'eau sont encore dépassés dans plusieurs vallées de l'Himalaya, car Thomson et Hooker parlent d'une localité où la pluie n'a pas encore

Fig. 129. Hauteurs de pluie comparées.

moindre de 12^m,50 en sept mois, et où un déluge temporaire de 4 heures, semblable à l'écroulement d'une trombe, recouvrit le sol d'une couche liquide évaluée à 760 millimètres ; en une seule averse, cette vallée de l'Inde avait donc reçu proportionnellement autant d'eau que la France en reçoit pendant toute une année. D'après Cleghorn, la moyenne de la pluie sur les plaines côtières de l'Hindoustan serait seulement de 1^m,80, à peine la huitième partie de ce qui tombe sur les pentes des montagnes de l'intérieur. C'est à l'énorme précipitation de l'humidité des nuages apportés par les moussons que la base des premiers contre-forts de l'Himalaya doit d'être bordée de la zone malfaisante du « Teraï, » dont les voyageurs traversent rapidement les jungles pour échapper à force de vitesse aux fièvres et à la mort.

Nulle part sans doute, dans les autres régions de la zone torride, la précipitation des pluies n'est favorisée d'une manière aussi remarquable. Sur les pentes du Kiliman'-djaro, il pleut presque tous les jours pendant dix mois; mais le voyageur von der Decken, qui fut le premier à

constater ce fait météorologique, ne dit point que ces
pluies tombent avec autant d'abondance qu'en Hindoustan.
Dans le golfe de Guinée, les moussons qui se précipitent
vers le continent ne rencontrant guère de montagnes qui
leur fassent obstacle, vont porter leurs pluies au loin dans
l'intérieur de l'Afrique. Les Antilles n'ont pas assez de largeur pour empêcher les vents et les nuages d'obliquer à
droite et à gauche, et les plus fortes quantités annuelles de
pluie que l'on y ait constaté dans les hautes gorges de
montagnes n'atteignent pas 10 mètres, 5 mètres de moins
qu'à Cherra-Ponjee. Sur les côtes de la Colombie, la chaîne
des Andes, relativement peu élevée, et çà et là interrompue
par de larges vallées, se présente obliquement à la direction des vents alizés; mais dans l'entonnoir du golfe d'Uraba
et sur les forêts presque impénétrables de la province des
Choco, les pluies tombent en quantités vraiment prodigieuses, à peine inférieures à celles de l'Himalaya. C'est à
cette énorme précipitation d'humidité que l'Atrato, fleuve
relativement insignifiant par la longueur de son cours, doit
de rouler une quantité d'eau plus considérable en moyenne
que celle des plus puissants fleuves d'Europe [1].

Quoi qu'il en soit de cette différence entre les pluies
sous les divers climats, ce phénomène d'une abondance de
pluies plus considérable sur les pentes des montagnes que
dans les plaines est un fait général sur toute la terre : on
l'observe dans les Indes comme en Europe, en Patagonie
comme dans les Antilles. Toutefois, il ne faut point en conclure que la précipitation de l'humidité augmente d'une
manière indéfinie en raison de la hauteur des montagnes,
et que les cimes reçoivent toujours sous forme de neige ou
de pluie la plus forte quantité d'eau. Au contraire, il est
certain qu'au-dessus de la zone où planent ordinairement
les nuages les plus épais, la pluie diminue par degrés. Le

1. Voir, dans le premier volume, la chapitre intitulé *les Rivières*.

manque d'observations précises empêche d'indiquer l'altitude moyenne de cette zone dans les diverses contrées du
monde, et par conséquent l'on ne peut encore déterminer
les lois de la répartition des pluies dans le sens vertical;
mais les recherches faites avec méthode sur les mouvements des nuages fourniront peu à peu tous les éléments
nécessaires et permettront tôt ou tard de désigner sur
chaque versant de montagne l'endroit où tous les ans la
plus forte quantité de vapeur doit se transformer en eau.

Dans les Alpes de la Suisse, cette zone de plus grande
précipitation est assez élevée, car le volume total d'eau
de neige et de pluie qui tombe annuellement au col du
grand Saint-Bernard dépasse de plus de 1 mètre celle que
l'on recueille à Genève au pied des montagnes; en bas, elle
est de 825 millimètres seulement, tandis que sur le col
neigeux elle est en moyenne de 1ᵐ,990. Les chiffres manquent pour établir que, sur d'autres chaînes de montagnes,
les pentes élevées reçoivent une quantité d'eau très-infé-
rieure à celle qui tombe dans les vallées ouvertes à mi-
hauteur; mais c'est là un phénomène qui n'en est pas moins
certain, grâce aux études déjà faites sur l'altitude moyenne
des nuages. Quant aux versants des monts que ne viennent
point frapper les vents pluvieux, et aux plateaux qu'entourent des rebords élevés, ils ne reçoivent en général
qu'une très-faible proportion de pluie, et nombre d'entre
eux sont, par suite du manque d'eau, transformés en de
véritables déserts [1] : les cimes qui se dressent en travers des
courants atmosphériques arrêtent les nuages en route et ne
laissent passer que des vents allégés de leurs vapeurs. Ainsi,
les plateaux de Castille ne sont parcourus que par de
maigres ruisseaux, tandis que chaque vallée des Pyrénées
cantabres roule une rivière assez considérable. Il en est de
même en Colombie. Sur les côtes abruptes où viennent se

____

1. Voir, ci-dessous, page 418.

heurter les vents alizés, la couche moyenne d'eau de pluie
est évaluée à 2ᵐ,54 par année, et sur les plateaux de l'intérieur, elle paraît être de 1ᵐ,50 seulement. A Bogota, au
centre du plateau de Cundinamarca, elle est de 1ᵐ,107, à
peine autant que sur les hautes Vosges, sous le climat tempéré de l'Europe[1]. Enfin, les pluies qui tombent sur les
hautes plaines du Dekkan, sur le versant oriental des
Ghâtes, seraient considérées comme insuffisantes dans la
plupart des contrées d'Europe, où l'évaporation est pourtant bien moindre qu'en Hindoustan. A Pounah, situé sur
le plateau, immédiatement à l'est des montagnes qui dominent Bombay, la chute annuelle de pluie est de 596 millimètres seulement.

I V.

Pluies tropicales. — Saisons pluvieuses et saisons des sécheresses.
Régularité des pluies.

La forme et le relief des terres, ainsi que la situation
qu'elles occupent relativement à l'étendue de l'Océan, ne
sont point les seuls faits qui influent sur la plus ou moins
grande précipitation des pluies dans les diverses contrées ;
il faut aussi tenir compte de la température. Toutes choses
égales d'ailleurs, il pleut d'autant plus dans un pays qu'il
est plus rapproché de l'équateur, car l'évaporation s'accroît
avec la chaleur du soleil, et par suite la condensation de
l'humidité produite par le conflit des vents rend à la terre
une quantité d'eau plus grande. Plus brûlante que les zones
tempérées, la zone tropicale est aussi arrosée de pluies plus
abondantes ; de même les zones tempérées reçoivent proportionnellement en pluie et en neige plus d'humidité que
les deux zones polaires.

1. Agostino Codazzi; — Caldas; — Illingworth.

Entre les tropiques, les pluies suivent avec une assez grande régularité la marche apparente du soleil dans les cieux, et la saison pendant laquelle elles tombent sur le sol se trouve ainsi nettement limitée. En effet, les vents alizés se chargent d'une énorme quantité de vapeur d'eau en passant au-dessus des mers de la zone torride; mais leur température augmentant à mesure qu'ils se rapprochent de l'équateur, ils acquièrent une capacité de plus en plus grande pour l'humidité et gardent leur sécheresse relative. Toutefois, dès que les vents réguliers du sud-est et du nord-est sont arrivés à leur point de rencontre dans la zone équatoriale, les choses changent brusquement : les deux courants aériens montent ensemble dans les hautes régions de l'atmosphère, leur température diminue, la vapeur dont ils sont saturés se condense, de puissantes assises de nuages se forment au-dessus de toute la zone des calmes et se précipitent en pluies diluviennes. L'eau qui tombe du ciel s'abat alors en si grande abondance que souvent les marins ont pu recueillir à la surface de l'Océan l'eau douce qui leur était nécessaire. Les navigateurs anglais ont donné à ces parages le nom expressif de marais (*swamp*), comme si la mer y était changée en une nappe d'eau saumâtre; pour les Français, la région tout entière est devenue le *Pot-au-Noir*, probablement à cause de ces averses soudaines et des vents irréguliers qui succèdent à la précipitation des pluies. La zone de nuages qui s'étend ainsi d'une manière plus ou moins continue sur toute la partie maritime de la rondeur terrestre est sans doute visible des astres voisins, et doit ressembler à ces bandes blanchâtres que découvrent nos télescopes sur la planète Jupiter.

Le va-et-vient de la zone des nuages avec la course du soleil sur l'écliptique fait alterner régulièrement la saison des sécheresses et celle des pluies dans les régions tropicales. Ainsi les Antilles et les républiques de l'isthme se trouvent successivement sous la grande ceinture des nuages

pluvieux et dans le domaine des vents secs. Pendant les mois
de juin, juillet, août, le soleil, entraînant au-dessous de lui
l'immense voile de vapeurs, est au zénith des contrées voisines du tropique du Cancer : c'est alors la saison dite de
l'*hivernage*, les vapeurs recouvrent le ciel, les pluies s'épanchent en abondance. Ainsi qu'on peut le voir par la comparaison des pluies à Vera-Cruz et sur les côtes septentrionales du golfe du Mexique, la quantité d'eau tombée dépasse
du double ou du triple la proportion moyenne de l'eau reçue
par les pays limitrophes situés en dehors de la zone d'hivernage. En septembre, quand la ceinture de nuages est
redescendue vers le sud, les vents alizés reprennent leur
marche normale dans la direction de l'équateur; ils absor-

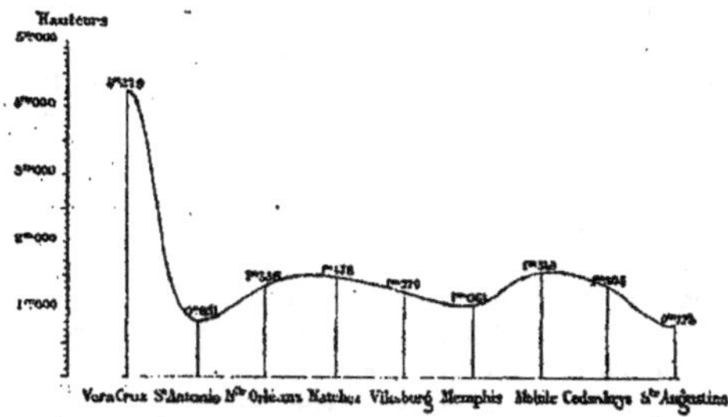

Fig. 130. Pluies autour du golfe du Mexique.

bent l'humidité des terres et de la mer et vont la porter plus
loin aux contrées qu'abrite la zone de nuages : c'est alors
la saison sèche dans les Antilles et l'Amérique centrale.

En Colombie, l'année se divise en quatre périodes, deux
saisons sèches et deux saisons humides, produites aussi
par le balancement de la zone pluvieuse. Pendant l'hiver
de l'hémisphère boréal, la ceinture de calmes pénètre dans

l'hémisphère opposé, et s'étend en largeur du 2ᵉ degré de latitude nord au 5ᵉ degré de latitude sud. Alors la Nouvelle-Grenade se trouve encore sous le régime des alizés du nord-est, le ciel est pur et sans nuages : c'est le printemps, le *verano*; il ne pleut que dans les vallées des montagnes qui se dressent au travers de la marche des vents. Vers le mois de mai et de juin, la ceinture des calmes est ramenée au nord, elle passe au-dessus des plateaux grenadins en les inondant de pluies : c'est le premier hivernage, l'*invierno*. Mais les masses nuageuses continuent leur marche vers le nord et s'arrêtent seulement après avoir atteint le 12ᵉ ou même le 15ᵉ degré de latitude septentrionale; alors les plateaux colombiens se trouvent pour la seconde fois en dehors de la zone de précipitation et subissent l'influence de vents avides d'humidité, qui portent avec eux une nouvelle saison sèche. Enfin, vers les mois de novembre et de décembre, la ceinture de calmes traverse de nouveau la latitude de Bogota, et la terre altérée reçoit derechef les pluies du ciel jusqu'à ce que la large bande de nuages ait disparu dans la direction de l'équateur [1].

Au sud des contrées où les deux passages annuels de la zone nuageuse déterminent l'alternance d'un double hivernage et d'un double été, se produisent des phénomènes analogues à ceux des Antilles et du Guatemala. Dans les régions du haut Amazone comme dans l'Amérique centrale, il n'y a que deux saisons, celle des pluies et celle des sécheresses; mais ces saisons se suivent dans l'ordre inverse : quand il pleut d'un côté, le ciel est azuré de l'autre; quand les sécheresses règnent au sud, les terres sont inondées au nord. D'ailleurs, dans l'un comme dans l'autre hémisphère, l'époque normale et l'abondance des pluies sont diversement modifiées par la forme des côtes, le relief des plateaux et des montagnes de l'intérieur, les alterna-

1. Maury, *Geography of the Sea.*

tives des moussons. Ainsi les grandes pluies tombent en juin et en juillet à Calcutta et à Anjarakandy, sur la côte de Malabar; à Madras le maximum est en novembre.

Par un remarquable contraste, c'est précisément à

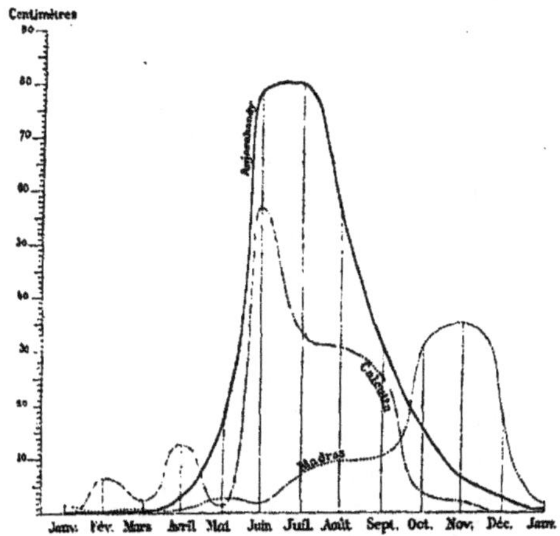

Fig. 131. Hauteurs de pluie mensuelles à Anjarakandy, Calcutta et Madras; d'après Kämtz.

l'époque de l'année où les chaleurs devraient être les plus fortes, que l'atmosphère des contrées tropicales se trouve le plus rafraîchie par la précipitation de pluies abondantes. Étendus comme un immense voile, les nuages garantissent la terre des ardeurs du soleil qui est alors au plus haut du ciel. La saison de l'hivernage, pendant laquelle la température est souvent plus basse que pendant la saison des chaleurs, n'en est pas moins le véritable été au point de vue astronomique. On peut juger de

l'influence que les pluies tropicales exercent sur la température par la figure suivante, dont les deux lignes représentent, l'une les hauteurs mensuelles de l'eau pluviale à
Anjarakandy, et l'autre les oscillations thermométriques.
Ainsi le balancement de la zone des nuages a pour résultat

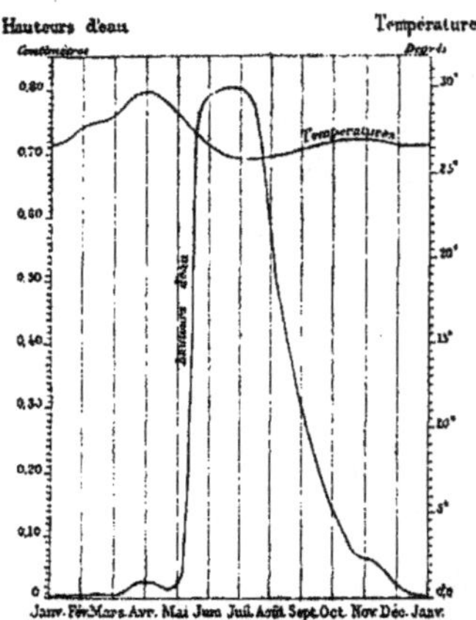

Fig. 131. Hauteurs de l'eau pluviale à Anjarakandy et températures correspondantes; d'après Kämtz.

d'égaliser les chaleurs annuelles et de tempérer les ardeurs
d'un été qui pourrait être dans la zone tropicale tout entière
ce qu'il est dans le Sahara. Il est vrai que souvent on se sent
beaucoup plus oppressé dans la saison pluvieuse que dans
la saison des plus grandes chaleurs, à cause de la moiteur
énervante de l'atmosphère.

Il ne faut pas croire, du reste, que pendant la durée
des pluies tropicales, l'humidité se précipite d'une manière

constante ou même fréquemment à toutes les heures du
jour et de la nuit. Au contraire, dans la plupart des régions
équatoriales, les pluies obéissent à une sorte de rhythme.
D'ordinaire, elles ne commencent que l'après-midi, parce
que durant la nuit et la matinée, l'atmosphère n'a pas
encore eu le temps de se saturer complétement de vapeurs;
mais, quand l'air ne peut plus absorber d'humidité, l'orage
éclate avec violence au milieu de nuages rapidement con-
densés. Sur plusieurs points du littoral de la mer des Antilles, en Colombie et au Mexique, le ciel commence à
déverser son fardeau de pluies vers deux heures de l'après-
midi; mais l'averse est attendue, et d'avance tous les préparatifs sont pris pour se mettre à l'abri; dans la soirée, on
peut sortir de nouveau sans crainte. De même dans certaines parties du Brésil tropical, les heures de l'orage
quotidien sont si bien prévues que l'on peut fixer les rendez-
vous à la fin de la pluie, comme ailleurs on s'en donne à
la chute du jour. Cependant, il est des contrées tropicales,
plus abondamment arrosées, où les averses de chaque jour
durent jusqu'à une heure avancée de la nuit et même jusqu'au matin. Sur la haute mer, dont l'immense surface
d'évaporation peut saturer sans relâche l'atmosphère surincombante, les pluies sont aussi de plus longue durée que
sur les terres : elles continuent souvent pendant des journées entières.

\.

Pluies en dehors des tropiques. — Pluies d'hiver; pluies de printemps
et d'automne; pluies d'été; pluies des régions polaires.

Au nord et au sud de la zone des alizés, les pluies,
comme les vents, offrent beaucoup moins de régularité que
dans la région des calmes équatoriaux, soit pour la quan-

tité d'eau tombée, soit pour l'époque et la durée de la saison pluvieuse. C'est dans l'hémisphère boréal surtout que la précipitation des vapeurs de l'air s'accomplit d'une manière inégale, car la rondeur terrestre y est plus accidentée que partout ailleurs par les contours si variés des continents, par les îles éparses, par les mers intérieures, par les chaînes de montagnes parallèles, obliques ou transversales aux vents. Aussi est-il très-difficile en plusieurs contrées de discerner nettement l'ordre général dans lequel se succèdent les pluies, et tant qu'on n'y aura pas fait de consciencieuses observations pendant une longue série d'années, l'incertitude règne à cet égard.

Cependant, les registres tenus dans les diverses stations météorologiques de l'hémisphère du nord suffisent déjà pour faire voir quelle est la répartition normale des pluies en deçà du tropique du Cancer. Au nord de la limite changeante où commencent les vents alizés, et jusqu'à la latitude moyenne de 40 degrés, les pluies tombent presque exclusivement pendant l'hiver; autour du bassin de la mer Tyrrhénienne et sur les côtes de l'Europe occidentale, elles se répartissent sur toute l'année, mais c'est en automne surtout qu'y a lieu la plus grande précipitation d'humidité; plus au nord, c'est l'été qui est la saison pluvieuse par excellence; enfin, dans les contrées polaires, c'est en hiver que la condensation des nuages produit le plus de neiges et de pluies.

La marche des vents est la véritable cause de cette inégale répartition de l'eau du ciel suivant les diverses parties de l'année, car en dehors de la zone équatoriale, la plupart des pluies ne se forment point sur place, pour ainsi dire, par la condensation des vapeurs ascendantes, mais elles sont apportées de loin par les courants de l'atmosphère. Pendant l'hiver de l'hémisphère boréal, tout le système des vents alizés est attiré vers le sud à la suite du soleil, et par conséquent les contre-courants aériens qui

retournent vers le pôle arctique peuvent redescendre à la
surface du globe dans le voisinage du tropique du Cancer[1].
Les vapeurs dont ces vents sont chargés se condensent alors
en pluies, par suite du mélange de l'air qui les porte avec
d'autres masses atmosphériques plus froides : c'est la saison
pluvieuse. Mais que le soleil se rapproche de l'équateur, en
ramenant avec lui vers le nord tout le système des vents,
les contre-alizés du sud-ouest ne peuvent plus alors s'abaisser que vers le milieu de la zone tempérée; le ciel se ras-
sérène dans les régions qu'ils avaient inondées de pluie;
une période relativement sèche commence au printemps et
dure jusqu'à ce que le soleil ait de nouveau franchi l'équateur vers les terres australes. Cette alternative des saisons
s'accomplit avec une grande régularité sur les côtes de la
Californie et de l'Orégon, à Madère, en Algérie, sur les côtes
du Portugal. C'est ainsi qu'à Lisbonne, il tombe seulement
en juillet 4 millimètres et demi de pluie, tandis qu'en
décembre la précipitation totale est de 124 millimètres. A
Naples, à Rome même, les sécheresses estivales, rarement
troublées par les averses, succèdent aux pluies de l'hiver.

Quant à la région des pluies de printemps et d'automne,
elle doit embrasser les contrées sur lesquelles plongent les
alizés de retour à l'époque où le soleil, dans sa marche sur
l'écliptique, se trouve au zénith de l'équateur : c'est la
période équinoxiale de mars ou de septembre. Dans certains pays du midi de l'Europe, et notamment en Provence,
on remarque en effet que les pluies sont plus abondantes
au printemps et en automne; même en Alsace, la plus
forte quantité d'eau tombe au printemps et s'écoule dans
les affluents du Rhin, ainsi que le montre la figure suivante,
empruntée à un ouvrage de M. Charles Grad[2]; mais, sauf
quelques exceptions, le maximum d'automne est en général

1. Voir, ci-dessus, p. 317.
2. *Hydrologie de l'Ill.*

le plus élevé des deux et celui du printemps finit par
disparaître en entier dans la direction du nord. Les côtes
occidentales de la France et des Iles-Britanniques, sont comprises dans cette zone où prédominent régulièrement les
pluies automnales. La vraie cause de cet excès de précipi-

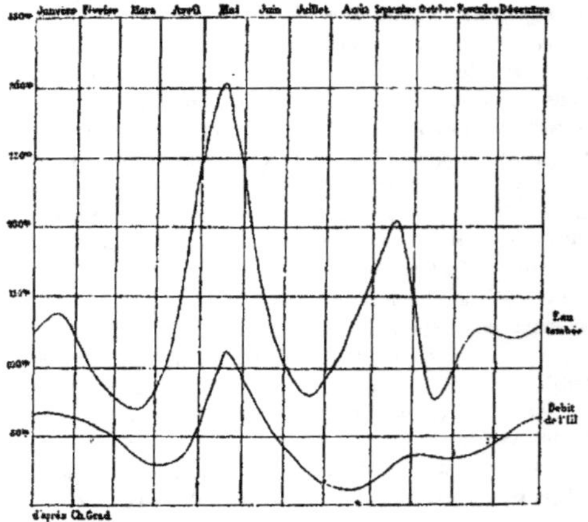

Fig. 133. Hauteur d'eau tombée dans le bassin de l'Ill et débit moyen de la rivière
pendant l'année 1856.

tation pendant la saison d'automne, comparée au printemps,
n'a point encore été mise en évidence; il faut la chercher
sans doute dans ce fait que, sous l'influence des divers
courants atmosphériques et maritimes, l'abaissement de la
température s'accomplit, après les chaleurs de l'été, d'une
manière relativement brusque : la marche descendante du
thermomètre en automne est plus rapide que ne l'est la

marche ascendante au printemps. C'est là ce qui ressort de
la lecture de la plupart des tables météorologiques tenues

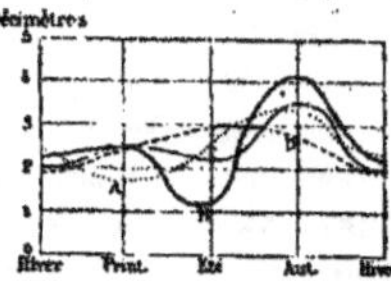

A. France occidentale. D. France orientale.
B. Bassin du Rhône au sud de Viviers. C. Bassin du Rhône au nord de Viviers.

Fig. 134. Pluies d'automne de la France; d'après Kämtz.

dans les contrées de l'Europe et de l'Amérique septentrionale.

Plus au nord, dans la zone tempérée, ce n'est plus en
automne, c'est en été que les pluies arrosent la terre avec
la plus grande abondance. Dans toute l'Europe centrale, des
Vosges aux monts Ourals, et par delà, jusqu'aux plages de la

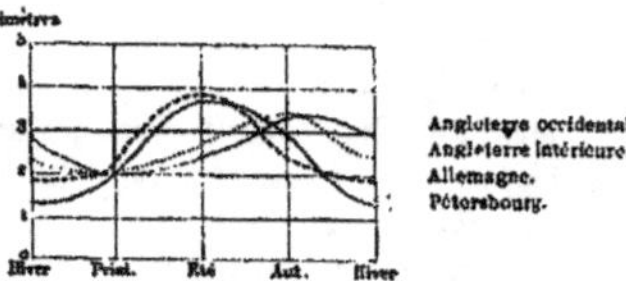

Fig. 135 Pluies d'automne et pluies d'été des régions tempérées de l'Europe; d'après Kämtz.

mer d'Ochotzk, la grande précipitation d'humidité a lieu
surtout dans la partie la plus chaude de l'année. C'est que
le soleil, se trouvant alors au-dessus de la zone tropicale
du Cancer, a ramené vers le nord le système entier des alizés et des contre-alizés; ces derniers ne s'abaissent donc à la
surface de la terre que dans les hautes latitudes, et là seulement se produit, par suite de leur conflit avec les vents

froids des régions polaires, cet accroissement notable de pluie dû à l'apport des vapeurs tropicales.

De l'autre côté de l'équateur, c'est dans l'ordre exactement inverse que les contre-alizés du nord-ouest, voyagean avec le soleil, déterminent la plus forte précipitation d'humidité sur les contrées vers lesquelles ils s'abaissent. Quant aux neiges des deux zones polaires, elles tombent surtout en hiver, c'est-à-dire pendant la grande nuit qui dure plusieurs mois, car la température est alors trop basse pour conserver l'humidité que lui apportent les vents équatoriaux.

VI.

Contrées sans pluies. — Action géologique des pluies — Contraste des deux hémisphères.

Ainsi, dans presque toutes les parties de la terre, de l'équateur aux pôles, les pluies se distribuent avec une certaine régularité, suivant les saisons. En plusieurs régions, elles tombent exclusivement pendant une période fixe de l'année, en d'autres pays l'alternance n'est pas aussi nettement tranchée entre la saison pluvieuse et la sécheresse. Il pleut souvent pendant les mois d'hiver aussi bien que pendant les mois d'été; mais on observe une oscillation régulière entre les deux périodes de plus forte et de moindre précipitation. Toutefois, il est certaines contrées où les pluies manquent presque tout à fait, et ces contrées se trouvent précisément situées pour la plupart dans le voisinage de l'équateur et des tropiques, là où les eaux, échauffées par le soleil, fournissent à l'atmosphère la plus forte quantité de vapeur. Dans les régions qui s'étendent, comme le littoral du Pérou, à la base des

grandes arêtes de montagnes dressées sur le passage des
vents pluvieux, la sécheresse constante de l'atmosphère doit
être attribuée uniquement à la forme du relief planétaire.
Il suffit parfois de franchir un simple col pour constater
l'énorme différence qui existe au point de vue météorologique entre les deux versants : d'un côté, les vents, chargés
d'humidité, laissent tomber fréquemment leur fardeau de
pluies; de l'autre côté, les courants aériens, allégés de leurs
vapeurs, et réchauffés par la réverbération des rochers blancs
et de la terre nue, absorbent au contraire avec avidité le peu
d'eau qui coule dans les vallées. Les alizés du nord-est et
du sud-est, qui déversent sur les pentes orientales des Cordillières une assez grande abondance de pluies pour former
le Japura, le Putumayo, le haut Marañon, l'Apurimac, le
Mamoré et tant d'autres puissants tributaires du magnifique
courant des Amazones, ne laissent plus tomber une seule
goutte d'eau sur le versant occidental, çà et là transformé
en désert, et parcourent la surface du Pacifique jusqu'à une
grande distance au large, avant d'avoir recueilli assez de
vapeur pour déverser de nouvelles pluies. Sur les côtes du
Pérou, l'air est souvent brumeux; mais, à travers ce voile
blanchâtre, on distingue toujours le bleu du ciel; l'apparition d'un nuage est un véritable événement, et toute la
population s'assemble pour contempler dans l'espace ce
spectacle insolite. Sur les rivages occidentaux du Mexique,
où le régime des vents est beaucoup moins régulier que
dans l'Amérique du Sud, les troubles atmosphériques occa-
sionnent parfois la chute de rapides averses; mais, comme
au Pérou, la grande masse des eaux de pluie est retenue
par les plateaux et les montagnes qui se dressent à l'est, sur
le passage des alizés et des moussons. Plus au nord, c'est
dans l'ordre inverse que se produisent les phénomènes météorologiques. Les vents pluvieux qui viennent frapper les
cimes du Coast-Range et de la Sierra-Nevada sont les contre-
alizés du sud-est; ils arrosent abondamment le versant

tourné vers le Pacifique; mais au delà des montagnes
Rocheuses ils sont complétement desséchés et les déserts
du Texas, du Nouveau-Mexique, du Colorado, seraient absolument sans eau, si les moussons du sud n'y apportaient
quelque humidité. La quantité moyenne de pluie qui tombe
dans les solitudes, à l'ouest du Mississipi, est évaluée à
5 centimètres seulement [1].

Mais dans le voisinage des tropiques, et même assez
loin dans la zone tempérée, il est d'autres régions librement
parcourues par des vents chargés de vapeurs et néanmoins
très-rarement arrosées par les pluies. Une large zone de
terre presque sans eau s'étend en diagonale à travers l'ancien monde, des plaines occidentales de l'Afrique aux plateaux de la Chine orientale. Cette zone, disposée en un
immense arc de cercle dont la concavité est tournée vers le
nord-ouest, comprend une grande partie du Sahara, les
déserts de l'Égypte et de l'Arabie, les hautes terres de
l'Iran, diverses contrées de la Tartarie et de la Chine, le
plateau de Cobi. Dans l'hémisphère austral, les trois continents, l'Afrique, l'Australie et l'Amérique du Sud, ont aussi
chacun leur zone de terres sèches située dans le voisinage
du tropique du Capricorne : en Afrique, c'est le désert
de Kalahari; en Australie, ce sont les solitudes redoutables
que les explorateurs ont eu à traverser pour se rendre des
colonies du Sud au golfe de Carpentaria; dans l'Amérique
méridionale, ce sont les Pampas. Si ces diverses contrées,
au nord et au sud de l'équateur, sont ainsi privées des eaux
de pluie, la cause en est principalement aux vents alizés
qui, dans leur marche régulière à travers les continents,
absorbent constamment de nouvelles quantités de vapeurs à
mesure qu'ils se rapprochent de la zone des calmes équatoriaux et que leur température s'accroît. D'ailleurs, il serait
bien difficile de tracer la limite qui sépare la zone des

---

1. Voir, dans le premier volume, le chapitre intitulé *les Plaines*.

régions dépourvues de pluies et celles où la précipitation s'accomplit régulièrement, car sur tout le pourtour des terres à sécheresses prolongées, les moussons forment une sorte de bordure inégale et changeant avec les années. En outre, les plateaux et les groupes de montagnes placés au milieu des régions désertes, le Djebel-Hoggar dans le Sahara, le Demavend au nord de la Perse, le massif de Cordova dans les pampas argentines, dressent leurs sommets dans les hauteurs de l'air et forcent les vents refroidis à leur céder une partie des vapeurs entraînées vers la zone équatoriale. Quant au plateau de Cobi, situé en grande partie en dehors de la zone des alizés, c'est à cause des montagnes qui l'entourent et de l'éloignement des mers que le climat y est d'une telle sécheresse.

Ainsi que le montre l'aspect de tous les déserts, la pluie est le grand agent géologique à la surface du sol. Les puissantes entailles ouvertes sur les bords des plateaux et dans les flancs des monts sont dues pour la plupart à l'action des masses liquides qui délayent les argiles, entraînent les sables, déchaussent les rochers et les poussent devant elles en les faisant servir à la destruction des berges. Dans toutes les contrées pluvieuses dont le relief est fortement accidenté, il est absolument impossible de reconnaître quel était l'aspect primitif du pays, tant les pluies ont sculpté à nouveau les inégalités et les fissures produites antérieurement par d'autres agents. Ainsi dans la plupart des contrées volcaniques, et notamment à l'île de la Réunion, les anciens cratères ont été ravinés, déchirés par les pluies, et finalement transformés en cirques pareils à des cirques d'érosion. D'après Lyell, le val del Bove, ouvert sur le versant oriental de l'Etna, serait aussi un ancien gouffre volcanique dont les pluies auraient détruit l'une des parois [1].

1. *Philosophic Transactions*, 1858. — Voir, dans le premier volume de *la Terre*, le chapitre intitulé *les Volcans*.

Là où les pluies manquent, le relief de la terre présente une singulière monotonie sur de vastes étendues. C'est à l'absence de pluies, à la sécheresse de l'atmosphère, que les

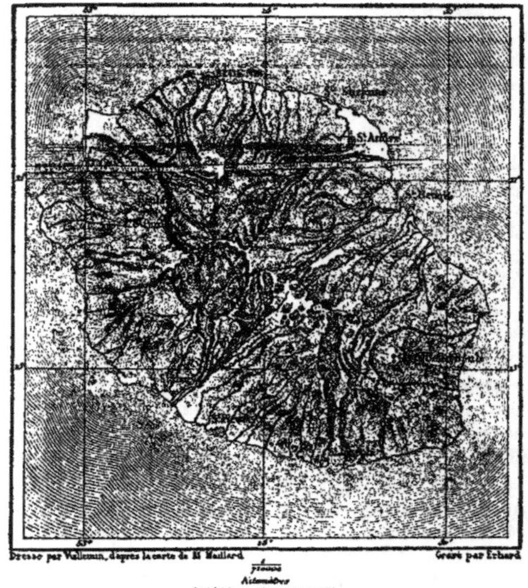

Fig. 196. LES CRATÈRES RAVINÉS DE LA RÉUNION.

Andes argentines doivent sans doute la singulière uniformité de leur relief : on n'y voit point de ces longues vallées, de ces ravins profonds, de ces larges cirques d'éboulement qui donnent un caractère si pittoresque à l'architecture des Pyrénées et des Alpes. Depuis l'époque où les eaux

de la mer se sont retirées en entraînant à la base de ces
montagnes du nouveau monde les énormes amas de cailloux roulés que l'on y voit aujourd'hui. les neiges et les
pluies ne sont pas encore tombées en assez grande abondance pour raviner les déclivités et les découper en vallées
et en contre-forts. D'en bas. le rempart des monts présente
l'aspect d'une muraille uniforme et noirâtre, au-dessus de
laquelle se dressent çà et là quelques pics rayés de stries
blanches. Le plateau, de 4,000 à 4,300 mètres de hauteur
moyenne, sur lequel s'élèvent ces montagnes isolées est,
en maints endroits, presque parfaitement uni sur une largeur d'environ 80 kilomètres. A peine quelques collines
basses rompent-elles, de distance en distance, la monotonie
de la grande plaine; dans les dépressions les plus profondes se montrent de petites lagunes d'une eau presque
toujours très-saline; la végétation est absolument nulle, non
à cause de l'intensité du froid, mais à cause de la sécheresse
de l'air et de la violence du vent qui souffle dans ces hautes
régions; une seule plante croît à 4,000 mètres, la *llareta*,
espèce de lichen à forte racine, étalée sur les roches comme
une moisissure verte. A peine échappées aux nues, les
rares neiges tombées sur ces hauteurs se fondent ou s'éva-
porent. Au milieu du jour, ces vapeurs de neige s'élèvent
en minces nuages, qui vont se perdre à de grandes hauteurs
dans l'atmosphère bleue; on dirait des fusées d'artifice qui
montent dans les cieux [1]. L'air de ces régions est parfois
tellement sec que la peau des voyageurs se fendille et que
leurs ongles se brisent comme le verre [2].

Indispensable pour la connaissance des lois météorologiques et pour la prédiction du temps, la mesure exacte de
l'eau qui tombe dans les divers pays de la terre se trouve
donc être aussi de la plus haute importance au point de vue

1. Martin de Moussy, *Confédération Argentine*, tome I, page 187.
2. Tschudi, *Ergänzungsheft, Mittheilungen von Petermann*, 1860.

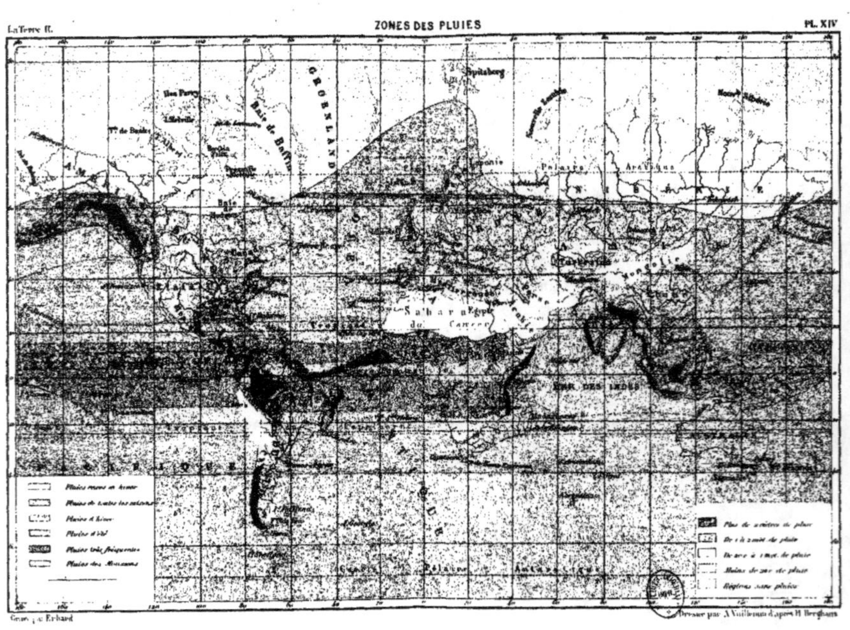

Grav. par Erhard   Dressé par A. Vuillemin d'après H. Berghaus

géologique, puisqu'elle permet d'expliquer la forme des montagnes, l'aspect général des contrées et l'état de la végétation qui les recouvre. Ce n'est pas tout : la distribution des pluies est également un phénomène de l'ordre astronomique, car, par la comparaison des tranches d'eau pluviale observées sur tous les points du globe on peut arriver à savoir d'une manière exacte quel contraste présentent les deux hémisphères sous le rapport de la précipitation de l'humidité; or ce constraste. quelle qu'en soit l'importance, se rattache intimement à l'inégale répartition de la chaleur dans les deux moitiés de la planète et par conséquent à la forme de l'orbite que la terre décrit autour du soleil.

Il ressort des observations comparées que la plus forte proportion d'eau de pluie tomberait dans l'hémisphère du nord. D'après Keith Johnston qui, malheureusement, n'a pu s'appuyer que sur un nombre encore restreint de documents météorologiques, la masse d'eau pluviale qui s'abattrait en moyenne durant l'année sur la surface de la terre située au sud de l'équateur serait de 65 centimètres; au nord, elle serait d'environ 95 centimètres, c'est-à-dire d'une moitié en sus plus élevée [1]. Ce sont là des chiffres qui semblent un peu trop forts, et, sans nul doute, ils seront sensiblement modifiés par des recherches futures embrassant un plus grand nombre de stations et une plus longue période d'années; mais il est très-probable que l'écart reconnu entre les deux hémisphères sous le rapport de la précipitation de l'eau de pluie restera toujours considérable. En effet, c'est dans l'hémisphère du nord que se maintient pendant presque toute l'année cette zone des calmes équatoriaux où les pluies tombent en une si grande abondance; c'est également ment dans l'hémisphère du nord que les moussons, attirées par le foyer d'appel des continents échauffés, épanchent ces prodigieuses averses, et fournissent à la terre, en quelques

1. *Physical Atlas.*

semaines, plus d'eau que sous d'autres climats il n'en descend des nuages en plusieurs années. Aussi presque tous les grands fleuves, à l'exception de ceux qui débouchent dans l'estuaire de la Plata et des affluents de la rive droite des Amazones, coulent-ils dans l'hémisphère boréal[1]. La surface continentale qui se trouve au nord de l'équateur est triple en étendue de celle qui s'étend au sud, tandis que la masse des eaux fluviales, évaluée grossièrement d'après les données encore incomplètes que nous possédons, y est au moins quintuple ou sextuple.

Or, par un contraste remarquable, l'hémisphère boréal, qui reçoit la plus forte quantité d'eau, en fournit la moindre proportion. En effet, l'Océan, resserré au nord entre les continents, s'étale au sud de l'équateur de manière à recouvrir presque toute la rondeur terrestre : il offre ainsi aux rayons solaires une immense surface d'évaporation alimentant incessamment les nuages de l'atmosphère. Ainsi, la moitié du globe qui fournit le plus de vapeurs est celle qui reçoit en échange le moins de pluies; il s'établit donc nécessairement entre les deux hémisphères un circuit des courants aériens pour que l'équilibre soit maintenu. C'est là une nouvelle preuve de ce phénomène de croisement qui se produit pour les vents alizés dans la zone des calmes équatoriaux[2]. Ce sont en grande partie les vapeurs de l'Atlantique méridional, et peut-être aussi de la mer du Sud, qui alimentent les fleuves de l'Europe.

1. Voir, dans le premier volume, le chapitre intitulé *les Rivières*.
2. Voir, ci-dessus, p. 311.

CHAPITRE IV.

LES ORAGES, LES AURORES, LES COURANTS MAGNÉTIQUES.

I.

Hauteur des nuages orageux. — Distribution des orages dans les diverses
régions de la terre. — Marche de ces météores.

La condensation et la précipitation de la vapeur d'eau
sont toujours accompagnées de phénomènes d'électricité ;
mais cette force puissante, qui s'agite incessamment à la surface du globe, ne se manifeste point d'une manière visible
dans les pluies ordinaires, par lesquelles l'équilibre atmosphérique est à peine troublé. Seulement, lorsque les nuages
se condensent tout à coup, et que le sol et les diverses couches d'air ont des températures et des tensions électriques
très-différentes, l'harmonie ne peut se rétablir que par de
violentes décharges accompagnées d'éclairs. C'est alors que
l'on voit dans le ciel, noir de nuages, le spectacle grandiose de ces éblouissantes étincelles qui s'épanchent en
nappes ou jaillissent en longs dards tortueux. Un instant, la
formidable lueur emplit le ciel, puis de nouveau l'espace
se recouvre de ténèbres, et l'on entend sortir de l'obscurité
l'immense voix du tonnerre, qui se répercute en sourds
échos sur les nuages et sur le sol. Dans les violents orages,
les déflagrations se succèdent parfois en si grand nombre

que l'un ou l'autre côté de l'horizon flambe toujours d'un
éclair, et qu'en divers points du ciel à la fois retentissent
les coups stridents et les longs roulements de la foudre.
En même temps, l'eau des nuages crevés et déchirés tombe
avec violence. Souvent aussi, les orages font pleuvoir sur le
sol une masse de grêlons, formés de couches concentriques
d'eau glacée entourant un petit cristal parfois très-régulier.
Du reste, chacun de ces météores diffère dans ses allures :
les uns sont de simples phénomènes passagers; d'autres
sont des trombes électriques ou même doivent être considérés comme de véritables cyclones. Dans ces terribles tourmentes, on a vu parfois des éclairs de 10 et même de 15 kilomètres de longueur.

La principale zone des nuages orageux s'étend à une
élévation considérable au-dessus du sol, ainsi qu'il est facile
de le constater sur les hauts escarpements. « Les monts
attirent la foudre, » répètent les dictons de tous les peuples,
et c'est en effet sur les grandes saillies du relief terrestre,
où les nuages viennent se heurter et se condenser en eau,
que les décharges électriques éclatent le plus souvent. En
outre, les roches isolées et pointues doivent agir comme
autant de paratonnerres naturels, et sont par suite beaucoup plus frappées de la foudre que les parois inférieures
des gorges de montagnes : c'est à l'action répétée de ces
météores qu'il faut attribuer le singulier état magnétique
des rochers dans le voisinage desquels la boussole, affolée,
prend sans règle apparente les positions les plus diverses.
Forbes et Tyndall citent un exemple remarquable de ce
phénomène sur le Rieffel-horn du Mont-Rose, à plus de
2,900 mètres d'élévation. Humboldt a vu des roches fondues
par la foudre au sommet de la montagne de Toluca, au
Mexique, à 4,620 mètres au-dessus du niveau de la mer.
MM. Peytier et Hossard ont observé des orages pyrénéens
qui se formaient à des altitudes encore plus considérables
D'une manière générale, on peut dire que la hauteur des

orages est celle des grands « cumulus » dans lesquels ils
prennent leur origine [1].

Les orages, de même que les simples pluies, éclatent
plus fréquemment que partout ailleurs dans les gorges
élevées des montagnes tournées vers la mer. C'est à cause
des tempêtes si nombreuses qui venaient assaillir les âpres
côtes d'Épire et d'Illyrie, que les Grecs avaient fait des
monts Acrocérauniens le siége de Jupiter « le lanceur de
foudres. » Toutefois ces monts sont peu visités par les
orages, en comparaison de plusieurs chaînes de montagnes
qui s'élèvent dans la zone tropicale au bord de l'Océan, et
transversalement à la direction des vents pluvieux. Ainsi
la Sierra Nevada de Sainte-Marthe, dans la Colombie, a
son orage tous les jours, et les rares voyageurs qui gravissent une de ces grandes cimes au-dessus de la zone des
tempêtes peuvent s'attendre, de deux heures à quatre
heures, à voir se dérouler sous leurs pieds le magnifique
spectacle d'une mer tumultueuse de nuages tout frémissants d'éclairs.

En général, les orages sont d'autant plus nombreux
dans un pays que les pluies y sont plus abondantes. Aussi la
zone des calmes équatoriaux et celle des moussons, où
l'humidité se précipite en quantités si considérables, sont-
elles les régions de la terre où la foudre gronde le plus fréquemment. Au Bengale, le nombre annuel des orages est
de cinquante à soixante; dans les Antilles on en compte
environ quarante par an; sous les climats tempérés, ils ne
sont que d'une vingtaine, ayant presque toujours lieu pendant la saison chaude; dans l'Europe orientale, il est même
sans exemple, pour ainsi dire, qu'ils éclatent en hiver; mais
sur les côtes occidentales du continent, soumises à l'influence tropicale du Gulf-stream, les conflits orageux de
l'air ont également lieu pendant la saison froide. Chose

1. Becquerel et Ed. Becquerel, *Éléments de Physique terrestre.*

curieuse, c'est même en hiver que dans la Grande-Bretagne tombe chaque année la plus forte quantité de grêle. Dans la direction des pôles, le nombre des orages diminue gra-

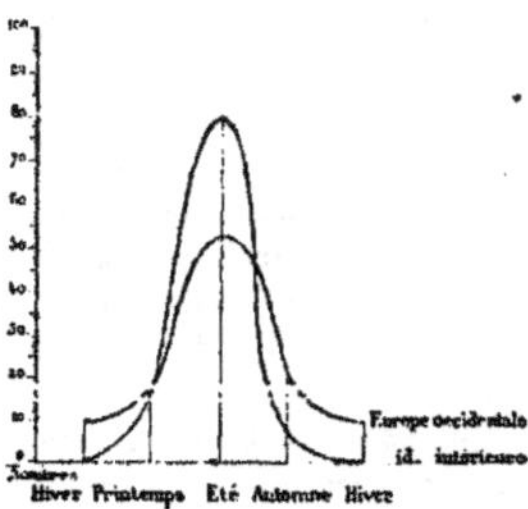

Fig. 137. Fréquence proportionnelle des orages.

duellement. Au nord de l'Europe, le tonnerre est un phénomène très-rare, et l'on dit même qu'en Islande et sur

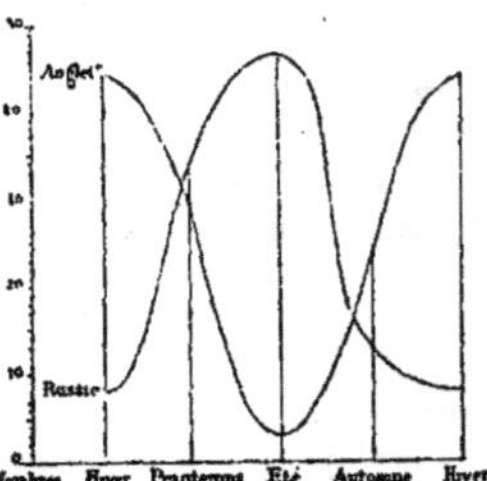

Fig. 138. Proportion des averses de grêle par saisons en Russie et en Angleterre.

les côtes du Spitzberg, c'est-à-dire précisément dans les contrées où brillent les aurores magnétiques, jamais éclair n'a été vu dans le ciel. Quant aux pays de la zone tropicale

qui ne reçoivent pas de pluie, comme le littoral du Pérou
et de la Bolivie, il n'y tonne pas non plus. Les éclairs que
distinguent parfois les marins voguant au large des côtes
sont les simples reflets de ceux qui s'échappent des nuages
à des centaines de kilomètres plus à l'est, sur les pentes
orientales des Cordillières.

De même que le nombre des orages diminue graduellement de l'équateur vers les pôles, de même il se réduit
peu à peu sur la haute mer en proportion de l'éloignement
des rivages; c'est là une règle assez générale, du moins
dans les mers de la zone torride et dans l'océan Antarctique.
D'après Arago et Duperrey, qui ont recueilli toutes les
observations faites antérieurement sur les orages de la
mer, aucun marin n'aurait encore entendu le tonnerre au
milieu de l'Atlantique austral, ni dans le grand océan du
Sud, entre l'île de Pâques et l'île des Antipodes. C'est à
cause du petit nombre relatif des orages éclatant en pleine
mer que la plupart des navires, qui pourtant sollicitent
l'électricité par la forme de leurs mâts, peuvent échapper à
la foudre.

Pris dans leur ensemble, les orages de l'Europe occidentale suivent la même direction générale que les tempêtes
et les accompagnent souvent dans leur marche. C'est là ce
que montrent jusqu'à l'évidence les cartes météorologiques
de la France dressées depuis 1865 à l'observatoire de Paris.
Les orages ne sont donc point des phénomènes purement
locaux, ainsi qu'on le pensait encore récemment; mais au
contraire, ils font partie du système général des mouvements
atmosphériques[1]. Il ressort des milliers d'observations faites
systématiquement sur divers points du territoire français,
que presque tous les orages viennent de l'Océan; très-
souvent, les habitants des côtes entendent le grondement
du tonnerre dans les nuages marins plusieurs heures avant

1. *Atlas des orages rédigé par l'Observatoire de Paris.*

que le météore éclate au-dessus du continent. De même
en Allemagne et jusqu'en Russie, les nuées orageuses, en-
voyées par l'énorme bassin d'évaporation de l'Atlantique,
viennent de l'ouest et du sud-ouest.

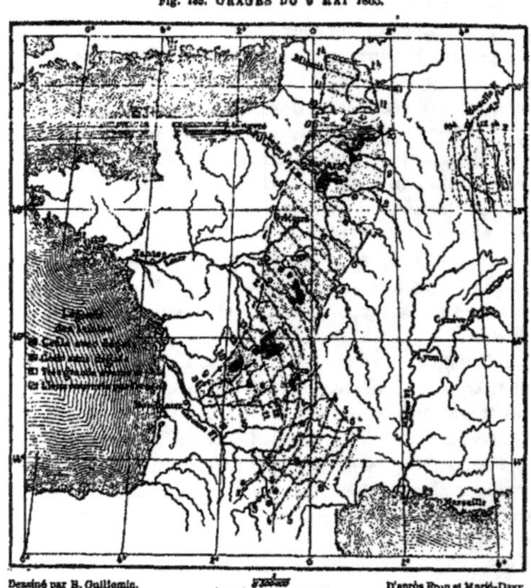

Fig. 189. ORAGES DU 9 MAI 1865.

C'est donc d'une manière tout à fait exceptionnelle
que de rapides courants ascendants, chargés de l'humidité
des lacs et des rivières, produisent des orages dans l'intérieur même des continents; mais sur les divers points

de leur parcours, les météores venus de l'Océan sont
d'ordinaire très-fortement modifiés par le milieu dans lequel ils se propagent. Au-dessus de régions différentes les
unes des autres par les accidents du sol, la nature des terrains, la végétation, le climat, les orages passent par de
brusques péripéties de calme relatif et d'exaspération : ici
le tonnerre gronde incessamment et la grêle écrase les
récoltes; là, les nuages ne déversent que de la pluie; plus
loin encore, le vent chasse devant lui les nues déchirées
sans qu'une seule goutte d'eau tombe sur le sol. C'est à
cause de ces grandes inégalités dans les allures des orages
qu'il est souvent difficile de reconnaître une série régulière
dans les troubles qui se succèdent sur des points éloignés
d'une même contrée.

Les orages secondaires qui se forment çà et là sur le
trajet du principal courant atmosphérique, sont d'autant
plus influencés dans leur marche par les accidents du sol
et les variations de la température qu'ils sont moins considérables et plus rapprochés de la surface terrestre. Aussi
présentent-ils la plus grande variété d'allures, et dévient-ils
fréquemment de leur direction normale pour se propager
le long des montagnes, des collines ou des forêts. Ainsi que
M. Becquerel l'a prouvé dans ses études météorologiques
sur le centre de la France, la plupart des orages secondaires suivent régulièrement le cours des grandes vallées
comme autant de fleuves aériens superposés aux fleuves
liquides qui roulent au-dessous. Lorsqu'un orage, après
avoir pris son origine sur un plateau latéral, se dirige
obliquement vers une vallée, il change de course au-
dessus de la rivière et ne manque jamais d'en suivre les
méandres, soit en amont, soit en aval, comme s'il trouvait
un lit à sa taille dans le grand fossé de la vallée. Les
orages qui marchent à angle droit avec la direction du
fleuve sont les seuls qui ne se détournent ni à droite, ni à
gauche pour entrer dans la large dépression qui leur est

ouverte : la force qui tend à les entraîner parallèlement
à la vallée n'est pas assez puissante pour les faire dévier
de leur route.

Fig. 140. ORAGE DANS LA PLAINE AU NORD DES PYRÉNÉES.

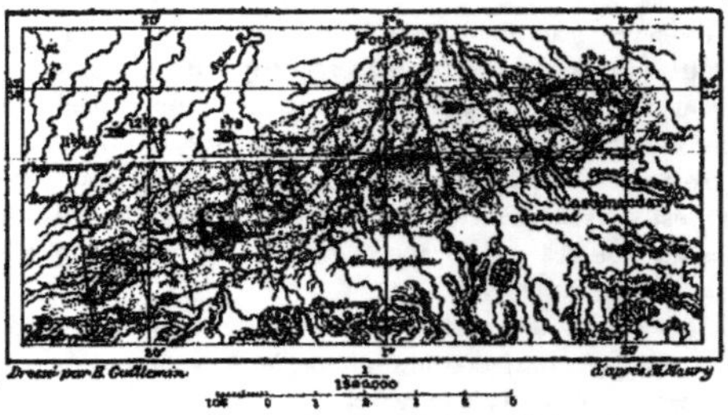

Les régions parcourues par l'orage sont indiquées par la teinte gris pâle
celles qui ont éprouvé des dégâts par la teinte gris foncé.

Si les orages sont attirés, pour ainsi dire, par les chemins que leur offrent les grandes vallées, il semble également prouvé qu'ils cherchent à éviter les forêts. Ainsi les
divers courants de nuages chargés de grêle qui ravagent
plus ou moins périodiquement les campagnes du Loiret,
contournent la forêt d'Orléans ou du moins n'en maltraitent
que la lisière. D'où vient cette immunité relative des arbres?
Retardent-ils le courant d'air par leurs troncs pressés, et le
forcent-ils ainsi à laisser tomber son poids de grêle à l'extérieur, puis à s'écouler latéralement en respectant la masse
épaisse de la forêt? Ou bien agissent-ils sur les nuages
comme des paratonnerres, empêchant de cette manière les
grêlons de se former? Ces questions sont encore très-discu-
tées; mais, quoi qu'il en soit, il est certain que les forêts
font souvent dévier la grêle, et que les défrichements

ont souvent pour résultat de modifier le cours régulier des orages aux dépens des cultures de l'homme[1]. Les nom-

Fig. 141. ORAGES A GRÊLE DANS L'ORLÉANAIS.

La teinte grise indique les régions soumises aux orages.

breuses cartes météorologiques dressées par M. Becquerel et d'autres savants ne permettent point de douter que les zones où les tempêtes à grêle éclatent de préférence sont

1. Becquerel, *Comptes rendus de l'Académie des Sciences.* 1865, 1866, 1867.

réellement modifiées dans leurs contours par la distribution des forêts sur le territoire.

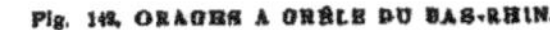

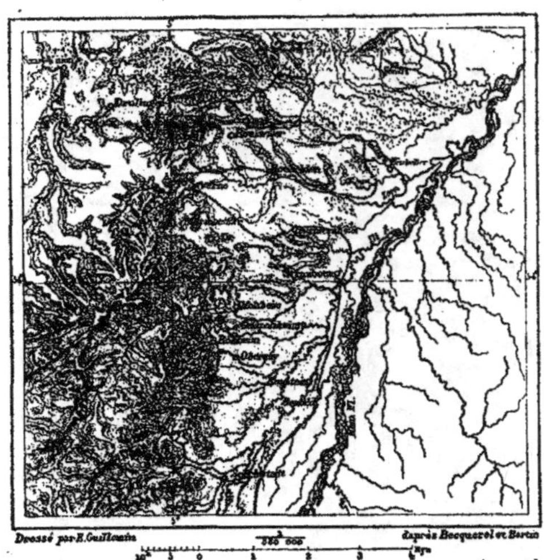

Les parties teintées indiquent les régions des orages à grêle.

Non-seulement la forme et la direction des vallées, de même que la plus ou moins grande étendue des forêts, donnent au sol le pouvoir d'évoquer ou de conjurer les orages, mais il semble aussi que la composition géologique des roches exerce une influence de même nature. Ainsi, pour ne citer que deux exemples, certaines masses de diorite du département de la Mayenne dissiperaient ou

détourneraient tous les orages, tandis qu'au-dessus de la
mine de fer de Grondone, dans les Apennins, un nuage se
formerait presque chaque jour, pendant les mois de juillet
et d'août, puis éclaterait régulièrement en coups de tonnerre vers quatre ou cinq heures de l'après-midi[1]. Toutefois, ce sont là des phénomènes pour lesquels la certitude
n'est point encore faite. D'après M. Fournet, le savant qui
a le mieux étudié le régime des eaux et des vents dans le
bassin du Rhône, la nature des roches et du sol végétal,
l'étendue des champs cultivés, des pâturages et des forêts
n'exerceraient qu'une bien faible influence sur la répartition
des orages : la direction et la profondeur des vallées, la
hauteur et l'escarpement des saillies terrestres auraient
sous ce rapport une importance beaucoup plus considérable.

Cette question de météorologie est encore très-obscure,
de même que celles qui sont relatives à la chute de la grêle.
Pourquoi, sous les climats tempérés, la zone de grêle qui se
forme au-dessus des campagnes est-elle presque toujours
beaucoup plus étroite que celle de l'orage lui-même ? Pourquoi la chute de grêlons est-elle un phénomène si rare sous
les tropiques, du moins dans les régions des plaines ? Pourquoi, durant tout un siècle, n'a-t-il grêlé qu'une seule fois
à la Havane ? La science n'est point encore en mesure de
répondre avec certitude. Même relativement à la formation
de la grêle, les théories sont contradictoires les unes aux
autres, et l'on se demande comment les grêlons, ces lourds
projectiles pesant jusqu'à 200 et 300 grammes, peuvent se
cristalliser dans les hauteurs de l'air, et le plus souvent en
été, peu après les heures les plus chaudes de la journée.
Ce qu'il y a de plus probable, c'est qu'un de ces mouvements tournoyants de l'air qui se produisent toujours lors
de la rencontre de deux courants atmosphériques opposés

____

1. Blavier, Vicat, cités par Zurcher et Margollé, *Météores*, p. 149.

est le grand producteur de la grêle. Par suite de la force centrifuge qui se développe dans la trombe aérienne, l'air se raréfie, les gouttes d'eau se congèlent et tourbillonnent dans le grand remous; en même temps, l'appel de l'immense entonnoir qui se forme au milieu des nuages fait descendre des régions supérieures une atmosphère glacée, et les grêlons, tournant dans les vapeurs, augmentent incessamment de volume jusqu'à ce qu'ils s'élancent sur le sol avec la ronde de nuages grisâtres qui les entoure. Cette théorie, qui est celle de Mohr, de Lucas, de Hann [1], ferait comprendre pourquoi les grêles sont tellement rares dans les régions tropicales, où les couches d'air glacées sont à une trop grande élévation pour que les tourbillons de nuages puissent les entraîner dans leur remous. L'aspect des nimbes orageux, l'étroitesse de la zone ravagée par la grêle, la chute oblique des projectiles, la violence avec laquelle ils frappent la terre, la direction giratoire que prennent les blés renversés sur les sillons, donnent un grand degré de plausibilité à l'hypothèse des savants allemands. En tout cas, la puissance des courants aériens qui sont en lutte pendant la formation de la grêle doit être vraiment formidable, car certaines averses de grêlons sont assez fortes pour constituer des sortes de glaciers temporaires. Le 9 mai 1865, la masse de cristaux tombés du ciel sur les prairies du Catelet formait un lit de 2 kilomètres de long sur 600 mètres de large, évalué dans son ensemble à 600,000 mètres cubes. Quatre jours après, les grêlons n'avaient pas encore disparu [2].

Nombre de faits relatifs à la production des orages sont encore incompris, et l'on se demande pourquoi, sur le bord de la mer du Nord, sur les rivages du golfe du Bengale et en beaucoup d'autres régions du littoral océanique, les

1. *Zeitschrift der Meteorologie von Jelinek*, n° 13, 1867.
2. Mariotti, *Atlas de l'Observatoire*.

orages commencent presque toujours à l'heure de la marée[1]. Un autre phénomène orageux des plus étranges et non encore expliqué est l'apparition de ces éclairs qui jaillissent de temps à autres de certaines grottes des falaises de la côte norvégienne. Entre Bergen et Trondhjem, sur les bords du Jörend-fjord, s'élève une montagne connue sous le nom de Troldjöl ou roc du Prodige. Parfois, surtout lorsque le temps va changer, des colonnes de flamme et de fumée, annonçant des éclats de tonnerre, s'échappent d'une fissure latérale de cette montagne; mais la caverne dans laquelle s'élaborent ces mystérieux orages est d'un accès tellement difficile qu'on n'y a pas encore pénétré. On n'a pas essayé non plus d'explorer un autre laboratoire de tempêtes, placé dans la paroi de l'une des deux falaises qui se dressent à l'entrée du Lyse-fjord. En cet endroit, la muraille perpendiculaire du rocher méridional n'a pas moins de 1,400 mètres d'élévation[2], et pour gagner la grotte ouverte dans cette paroi, il faudrait se faire descendre au moyen de cordes à plus de 300 mètres dans l'effrayant abîme. De temps en temps, et surtout lorsque le vent d'est souffle avec violence, on voit jaillir du rocher noir un éclair qui s'épanouit, puis se resserre pour s'élargir encore, se contracter de nouveau et se perdre en franges lumineuses, avant d'avoir atteint la paroi septentrionale. La nappe de feu progresse en tournoyant, et c'est à ce mouvement de rotation que sont dues les expansions et les contractions apparentes de l'éclair. De rapides détonations se font entendre avec une force croissante avant que la flamme jaillisse du rocher; un violent coup de tonnerre l'accompagne et se répercute en longs échos dans l'étroit corridor marin : on dirait qu'une batterie, cachée dans l'intérieur de

1. Prestel; — Bastian; — Hann, *Zeitschrift der Meteorologie von Jelinek*, n° 17, 1867.

2. Voir, ci-dessus, p. 468.

la falaise, canonne quelque casemate invisible de la muraille opposée. Tels furent les étranges phénomènes dont l'ingénieur géographe Krefting, chargé du levé topographique de la contrée, fut le témoin en 1855. Les habitants du pays ajoutent que, par un beau temps, et lorsque le vent du sudest n'a pas soufflé de plusieurs jours, on voit sortir de la caverne une fumée d'un gris jaunâtre, qui s'élève en rampant le long du rocher [1].

II.

Aurores polaires.

Les orages bruyants et rapides qui déchirent l'atmosphère des régions tempérées, et plus souvent encore celle des régions tropicales, trouvent leur contraste le plus saisissant dans ces longs et silencieux orages des nuits polaires, qui jaillissent en dards de flamme pressés sur la rondeur du ciel. Ce sont les aurores australes ou boréales. Lorsque ces illuminations de l'air sont faibles, elles apparaissent comme une nuée blanchâtre ou vaguement lumineuse dans la direction du pôle, et souvent on ne peut reconnaître l'existence du phénomène que par les mouvements brusques de l'aiguille aimantée. Ces aurores polaires à peine visibles sont fréquentes sous les climats des zones tempérées; mais on n'y contemple que très-rarement le tableau des gerbes de flammes et des fusées, qui donnent tant de magnificence aux grandes aurores boréales. Dans l'Europe du centre et du midi, nombre de personnes âgées meurent sans avoir eu jamais le plaisir d'assister à l'un de ces beaux spectacles de

1. Vibe, *Küsten von Norwegen. Ergänzungsheft, Mittheilungen von Petermann*, 1860.

la nature. Les seules effluves silencieuses de l'électricité
terrestre qu'il leur ait été donné d'apercevoir sont ces vagues
lueurs qui s'échappent souvent du sol pendant les nuits
sans lune et sans étoiles. Ainsi que le fait remarquer Humboldt, cette clarté tellurique devient parfois assez vive,
surtout en hiver, lorsque la terre est couverte de neige,
pour qu'il soit possible de discerner la forme des objets à
une grande distance, comme à la lumière mourante du
crépuscule.

C'est en Écosse, dans les Shettland, en Scandinavie,
dans l'Amérique du Nord et surtout en Laponie, sur les
bords de la baie de Hudson, et dans les îles polaires, où
règnent de longues nuits de plusieurs semaines et de plusieurs mois, qu'il faut aller contempler ces vastes confla-
grations aurorales de l'atmosphère. En 1838 et 1839, une
commission scientifique française, campée sur les bords de
l'Alten-fjord, sous le 70ᵉ degré de latitude nord, observa,
dans l'espace de 206 jours, 153 aurores boréales, sans
compter 6 ou 7 phénomènes de ce genre restés douteux,
et sur ce nombre 64 avaient eu lieu pendant la période
nocturne de 70 fois vingt-quatre heures qui s'écoula du
17 octobre 1838 au 25 janvier 1839. Les membres de l'expédition en étaient arrivés à attendre le retour périodique de
ces embrasements du ciel comme celui d'apparitions régulières. Lorsque l'aurore manquait, le ciel était toujours en
grande partie recouvert de nuages.

Les premières lueurs, encore douteuses, apparaissent à
l'horizon du nord comme une aube indécise. Un large seg-
ment sombre de nuages, dans lequel Bravais a cru reconnaître la masse des brumes qui pèsent au loin sur la mer,
se dessine en noir à travers le ciel, dans la direction du pôle
magnétique ; mais bientôt une courbe de lumière se montre
au-dessus de la strate épaisse des vapeurs, semblable à une
arcade immense déployée de l'une à l'autre extrémité de la
terre. La lueur, d'un blanc jaunâtre, gagne rapidement en

éclat, sans éteindre pourtant le feu des étoiles qui scintillent au travers; elle fulgure, elle ondule et se déplace comme la flamme secouée par le vent; parfois aussi elle se répartit en masses symétriques; on croirait voir les ouvertures flamboyantes d'un édifice dont la façade est restée sombre. Souvent un deuxième arc lumineux, puis un troisième ou même d'autres encore, s'arrondissent au-dessus du premier, et leurs nappes de feu concentriques brillent jusque dans le haut du ciel. Pendant quelque temps, ces arches de lumière éclairent seules l'espace; mais on voit soudain des rayons colorés s'élancer des arcs vers le zénith en faisceaux convergents. A la base le vert, au centre le jaune d'or, à l'extrémité le rouge pourpre se succèdent régulièrement sur les fusées, ajoutant ainsi à la splendeur de la lumière la beauté des couleurs les plus éclatantes; souvent aussi, d'après Hansteen, des rayons noirs ou d'un violet sombre alternent avec les baguettes de lumière et les rendent plus éblouissantes par le contraste. Quand l'aurore boréale darde ainsi dans le ciel ses traits si diversement colorés, la variété de ses formes changeantes est infinie : tantôt les deux bases de l'arcade cessent de reposer sur l'horizon, et la nappe lumineuse ondule et se reploie sur elle-même comme une immense draperie frangée; tantôt les gerbes de rayons, brusquement arrêtées dans le ciel, semblent se réunir en une coupole d'or; souvent elles sont séparées les unes des autres comme par des colonnes de fumée, et tour à tour les lueurs de l'aurore s'éteignent et se rallument. Les rayons, auxquels les Canadiens donnent le nom de *marionnettes* ou de « joyeux danseurs » (*merry-dancers*), varient incessamment de longueur et d'éclat; la terre elle-même, presque toujours couverte de neige quand brille l'incendie magnétique, apparaît tantôt plus claire, tantôt plus obscure par son contraste avec les gerbes flamboyantes. Au zénith magnétique, vers lequel se dirige le pôle méridional de l'aiguille aimantée, le ciel paraît obscur; mais tout autour, les rayons convergents qui viennent de l'horizon du nord, et qui se continuent en s'éloignant les uns des autres vers l'horizon du sud, forment une sorte de couronne. C'est alors le moment le plus brillant du phénomène. Ensuite l'éclat des arcs et des rayons diminue peu à peu; on les voit « palpiter » pour ainsi dire, comme si la flamme étouffée cherchait à se raviver; mais elle finit par s'éteindre, il ne reste plus çà et là que des « plaques aurorales » émettant une faible lueur, comme de lointains éclairs d'orage; puis on croit voir encore une vague phosphorescence sur les *cirri* blanchâtres. D'ordinaire, l'aurore magnétique a complétement cessé, quand du côté de l'orient commence à se révéler une autre aurore, celle du soleil qui s'approche de l'horizon [1].

La plupart des physiciens assignent aux aurores polaires une hauteur considérable. Ils pensent que ces phénomènes se produisent, en général, dans un milieu très-raréfié, vers les limites supérieures de l'atmosphère, et l'on est porté à considérer cette opinion comme très-probable, en voyant l'analogie qui existe entre les couleurs éclatantes des arcs et des rayons de l'aurore et celles que les électriciens font passer dans le vide. Après avoir confirmé l'idée de Hansteen, que les aurores boréales ne sont point des arcades de lumière, ainsi que les montre une illusion d'optique, mais bien de véritables anneaux entourant le pôle magnétique et rayonnant à la fois vers toutes les régions circumpolaires de l'ancien et du nouveau monde, Bravais essaya d'en mesurer la hauteur et trouva qu'elle était en moyenne de 150 kilomètres au-dessus de la surface terrestre. Depuis cette époque, M. Elias Loomis, un des physiciens les plus distingués de l'Amérique du Nord, a comparé et discuté de la manière la plus complète toutes les observations faites en diverses latitudes sur les deux magnifiques aurores boréales

1. Lottin; Bravais; Kämtz; Becquerel; Loomis, etc.

du 28 août et du 2 septembre 1859, et le résultat de ses
recherches prouve que l'élévation moyenne des rayons est
en effet très-considérable. Ainsi, lors de l'apparition de la

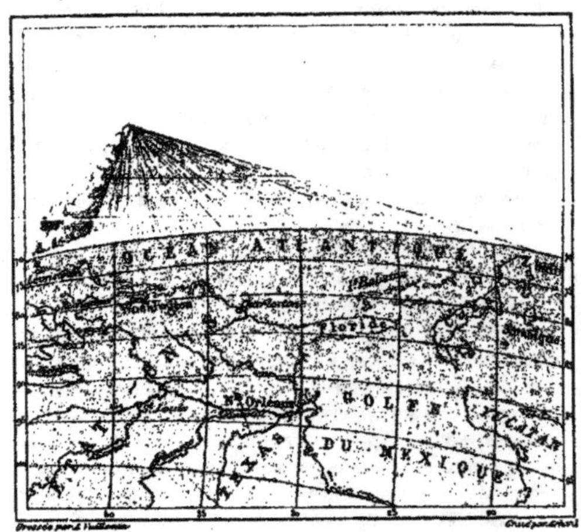

Fig. 143. COUPE A TRAVERS L'AURORE BORÉALE DU 28 AOUT 1859.

première aurore, l'extrémité inférieure des fusées se trouvait
à 74 kilomètres de hauteur, tandis que leur extrémité supérieure atteignait l'énorme altitude de 859 kilomètres. Les
rayons de la seconde aurore se prolongeaient dans le ciel,
d'une élévation de 80 kilomètres jusqu'à 796 kilomètres
au-dessus du niveau des mers. En calculant par des méthodes analogues la hauteur de trente autres aurores boréales
on a trouvé que le point extrême d'où les fusées sont dar-
dées vers la terre, est en moyenne à 725 kilomètres du sol

et que ces traits de feu ont d'ordinaire 650 kilomètres de
longueur [1]. Il est vrai que des observateurs plus anciens
étaient arrivés à des résultats tout différents; plusieurs

Fig. 111. COUPE A TRAVERS L'AURORE BORÉALE DU 2 SEPTEMBRE 1859.

même ont cru pouvoir affirmer, d'après l'observation des
phénomènes de reflets sur les nuages, que certaines aurores
se produisent dans les régions inférieures de l'air, à 1,000
et 1,400 mètres seulement. On aurait vu, aux bords du lac
Scavig, en Écosse, des rayons partir d'un rocher [2]; mais il

1. *Smithsonian Institution, Annual Report for the year 1863*, p. 248 et suiv.
2. Thleuemann, Wrangel, Struve, Farqhuarson, cités par Kämtz, *Lerhbuch
der Meteorologie.* — Félix Foucou, *Histoire du Travail*, p. 79.

est probable que ces lueurs d'en bas sont des phénomènes secondaires. Quoi qu'il en soit, on ne saurait douter que les aurores ont l'atmosphère pour théâtre, car elles suivent le mouvement général de la rotation du globe dans le sens de l'ouest à l'est. La figure précédente indique, d'après les observations recueillies par M. Loomis, la position et la hauteur relative de l'aurore boréale du 2 septembre 1859, qui brilla d'un éclat si vif au-dessus des États-Unis et de l'Amérique centrale. Les franges supérieures de la nappe la plus méridionale de rayons apparaissaient verticalement au-dessus du sol dans la Floride à la latitude de 25°45′, et l'inclinaison générale de l'aurore était précisément celle qu'aurait eue, dans la même région, une aiguille magnétique librement suspendue[1]. L'aurore qui avait enflammé l'atmosphère quatre jours auparavant, avait eu sa limite méridionale en Virginie, vers 38°50′ de latitude.

Les populations du nord racontent que souvent les aurores sont accompagnées de détonations; toutefois, dans aucun cas observé scientifiquement on n'a perçu le moindre bruit qui semblât provenir des hauteurs de l'air. Du reste, ainsi que le fait remarquer Becquerel, il ne serait pas étonnant que les lamelles de glace composant les *cirri* ne fissent entendre une légère crépitation sous l'influence des courants qui les traversent. C'est en effet au-dessus d'une atmosphère pleine de cristaux de glace que se produisent le plus fréquemment les aurores; les observateurs peuvent le reconnaître immédiatement après la cessation du phénomène, en voyant que les nuages formés de molécules glacées se trouvent précisément dans la direction d'où s'élançaient les lueurs les plus brillantes. Du reste, comme le dit justement Loomis[2], quand on voit jaillir la lumière, on se sent naturellement porté à écouter le fracas de l'air, et l'on

1. Voir, ci-dessous, p. 454.
2. *Aurora Borealis, Smithsonian Report for 1865*, p. 222.

entend souvent ce que l'on veut entendre. C'est ainsi que les anciens Germains percevaient le sifflement de la mer quand le soleil couchant, semblable à un fer rouge, y trempait son large disque.

Les aurores peuvent durer longtemps, jusqu'à trente-six et quarante-huit heures; pendant toute la semaine qui commença le 28 août 1859, il paraît même que le phénomène ne cessa point de se manifester avec des intensités différentes au-dessus du territoire des États-Unis. En plein jour, la disposition des nuées et les inquiétudes de la boussole révèlent alors l'aurore invisible. En 1786, Löwenorn a même reconnu après le lever du soleil les fusées lumineuses d'une nappe aurorale, tant elles étaient brillantes; mais c'est pendant les nuits que le phénomène a presque toujours lieu. Les rayons colorés, qui exercent une si grande influence sur les mouvements de l'aiguille aimantée, apparaissent d'ordinaire avant dix heures du soir et rarement on les signale encore après quatre heures du matin. Bravais constate qu'en moyenne les aurores boréales dont il fut le témoin, dans son expédition polaire, commençaient vers 7 heures 52 minutes du soir : c'est alors que l'arche lumineuse s'arrondissait sur le ciel; bientôt après les gerbes de rayons s'élançaient vers le zénith, les plaques aurorales faisaient leur apparition et, vers trois heures et demie du matin, les dernières lueurs s'évanouissaient dans l'espace. De même, c'est pendant l'hiver, qui est pour ainsi dire la nuit de l'hémisphère septentrional, que les aurores boréales s'avancent à une plus grande distance vers le sud et se montrent aux habitants de la zone tempérée. Les périodes pendant lesquelles ces troubles magnétiques se reproduisent le plus fréquemment sont celles des équinoxes, au commencement et à la fin de la saison d'hiver. Le mois de juin est le plus pauvre de tous en météores de ce genre. M. Boué, qui a fait le recensement de toutes les aurores boréales observées scientifiquement jusqu'en 1860, en compte seu-

lement 60 pour le mois de juin, tandis qu'il ne s'en est
montré pas moins de 458 en mars et de 498 en octobre, à
l'époque des équinoxes. La figure suivante peut donner une

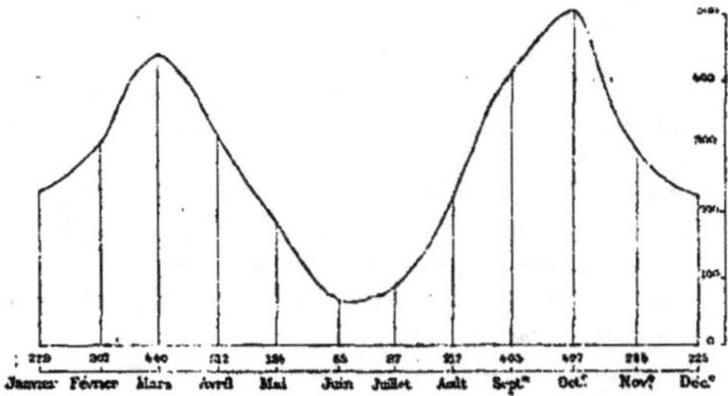

Fig. 145. Répartition mensuelle des aurores boréales ; d'après Kämtz.

idée de la répartition des aurores boréales dans les différents mois de l'année. La figure 146, construite sur des
éléments un peu différents et d'après une méthode plus
logique, puisqu'elle représente le cercle de l'année, montre
aussi quelle est la distribution moyenne de ces orages de
l'air.

Il est probable, quoi qu'en dise l'illustre météorologiste
Glaisher, que les aurores magnétiques ont aussi leur périodicité, comme tous les autres phénomènes de la nature.
C'est là ce qu'établit le catalogue des observations faites en
Europe et dans l'Amérique du Nord, depuis la fin du
XVII° siècle jusqu'à nos jours. En 1697, les aurores étaient
peu nombreuses, mais elles augmentèrent par degrés jusqu'en 1728, pour diminuer ensuite. En 1755, les apparitions
d'aurores étaient fort rares, puis elles devinrent de plus en
plus fréquentes vers la fin du siècle; en 1812, elles sont
encore à leur minimum, mais à partir de l'année 1825,
l'accroissement du nombre des aurores est très-rapide;

après avoir été en moyenne de 1 par année, il s'élève à 30
et 40 dans le même espace de temps. Il ressort de la dis-
cussion de tous ces faits que le cycle des aurores est de 58,

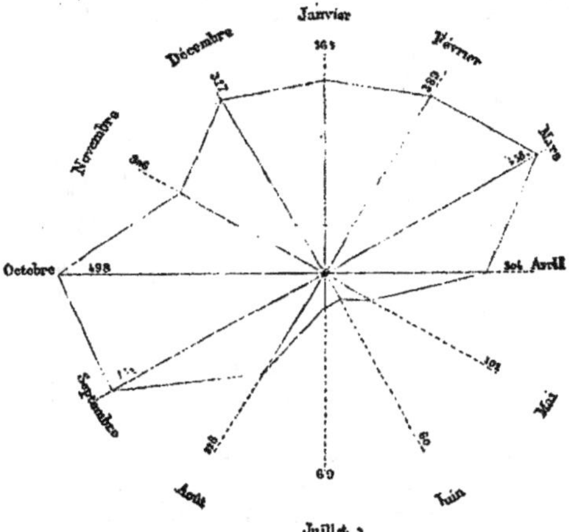

Fig. 146. Répartition mensuelle des aurores boréales; d'après Klein.

59 ou 60 ans, et peut-être cette période elle-même se sub-
divise-t-elle en six périodes de dix années, correspondant,
fait observer Schwabe, avec les alternatives régulières de
même durée que présentent les taches du soleil; les fluctuations des tempêtes aurorales seraient donc des phénomènes astronomiques. La figure de la page suivante représente la série des aurores vues à Newhaven, dans le
Connecticut, pendant les soixante-dix années de 1785
à 1854, comprenant la durée d'une période complète.

Il est difficile d'expliquer aujourd'hui pourquoi les

aurores se montrent plus fréquemment en certains lieux de
l'ancien et du nouveau monde, qu'en d'autres endroits situés
à la même distance du pôle magnétique. Seulement il est
incontestable que ce dernier point n'est pas éloigné du
centre de l'anneau de lumière; dans notre hémisphère, le

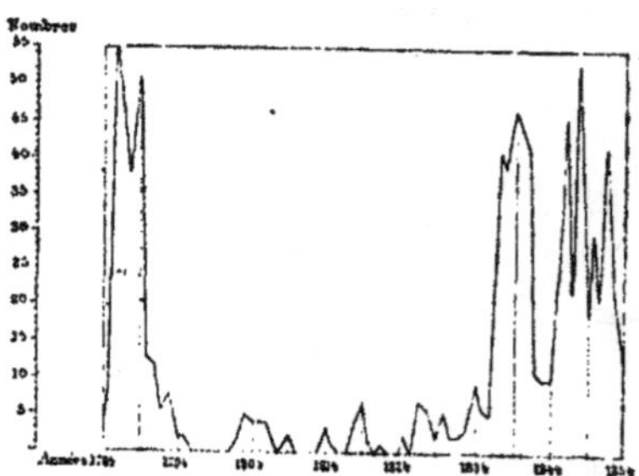

Fig. 147. Aurores boréales à Newhaven, dans le Connecticut (États-Unis).

point culminant de l'arc lumineux se trouve à peu près
dans la direction de la péninsule de Boothia-Felix, où Ross
a vu le pôle austral de l'aiguille aimantée se diriger vers le
centre de la terre. En Norvége, c'est au nord-ouest qu'on
se tourne pour voir les aurores boréales; en Groenland,
elles se montrent directement à l'ouest; enfin, à l'île Melville, Parry les a contemplées à l'horizon du sud. Il ne
faut point croire que ces orages magnétiques soient très-
fréquents dans les hautes régions circumpolaires, ils y sont
au contraire assez rares, si l'on en juge par les récits des
explorateurs qui se sont le plus avancés vers le nord. Hayes,
pendant son séjour au détroit de Smith, n'a même vu que
trois phénomènes de ce genre. Autour de l'espace boréal
dépourvu d'aurores, c'est-à-dire sur le Groenland méridional, l'archipel polaire, le nord de la Sibérie, le Spitzberg,

s'arrondit une zone de 500 kilomètres de largeur moyenne
où brillent environ quarante météores lumineux par année.

Fig. 148. ZONE CIRCUMPOLAIRE DES AURORES BORÉALES.

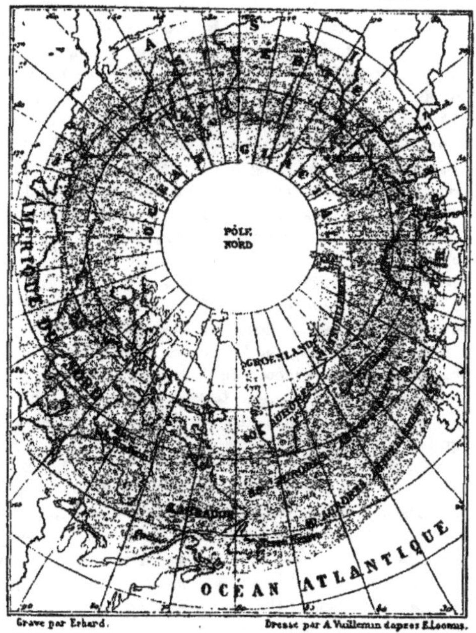

La zone, beaucoup plus large, qui comprend la baie de
Hudson, le Labrador, l'Islande, le nord de la Scandinavie,
est plus riche en aurores; il s'y en produit en moyenne

quatre-vingts par an; plus au sud, s'étend une troisième zone où ces troubles magnétiques deviennent de moins en moins nombreux; enfin, dans les régions tempérées, ces phénomènes sont rares, et vers le tropique du Cancer, ils sont presque inconnus. A la Havane, on n'a observé pendant cent ans que six aurores brillant à l'horizon boréal[1].

Il est certain que plusieurs de ces orages magnétiques, bien différents sous ce rapport des orages de foudre, se produisent à la fois sur tout le pourtour de l'hémisphère du nord. Les observateurs ont signalé l'apparition de l'aurore du 28 août 1859 sur un espace de plus de 150 degrés de longitude, de la Californie aux monts Ourals. Celle qui éclata quatre jours plus tard a été vue aux îles Sandwich, dans toute l'Amérique du Nord, en Europe, tandis qu'en diverses stations de la Sibérie, où le ciel était nuageux, les palpitations de l'aiguille aimantée témoignèrent des troubles de l'espace. C'est le même jour que l'on put aussi constater pour la première fois avec certitude l'apparition simultanée des flamboiements d'aurore aux deux côtés de la terre, sur les cieux de l'hémisphère boréal aussi bien qu'au-dessus du cap de Bonne-Espérance, de l'Australie et de l'Amérique méridionale. Dans le même instant, on voyait au Labrador, à Philadelphie, à Édimbourg, en Algérie, à Valparaiso, les gerbes lumineuses s'élancer des régions polaires; l'orage était devenu visible sur plus de la moitié de la planète. Ainsi se trouva confirmé ce fait depuis longtemps pressenti par les météorologistes, que les aurores boréales et les aurores australes se produisent en même temps dans les deux hémisphères sous l'influence d'un même courant. Sur trente-quatre aurores observées à Hobarton, dans la Tasmanie, de l'année 1841 à l'année 1848, vingt-neuf coïncidaient avec des phénomènes du même genre aperçus soit en Europe, soit dans l'Amérique du Nord, et toutes furent

1. Elias Loomis, *Aurora borealis, Smithsonian Report for* 1865, p. 215.

signalées à l'autre extrémité de la terre par les perturbations de la boussole.

On répète, depuis Forster, que les aurores boréales et
les aurores australes présentent, dans la couleur de leurs
flamboiements, de remarquables contrastes : les lueurs
émanées des espaces antarctiques seraient d'un bleuâtre
pâle, moins colorées que celles des régions arctiques : c'est
ainsi que la couleur des faisceaux lumineux diffère aux
deux pôles d'un cristal électrisé. Quoi qu'il en soit, il est
certain que les extrémités de la terre sont en rapport intime
l'une avec l'autre par le fluide qui circule incessamment
dans les airs et dans la masse du globe. Les recherches
de M. Becquerel et d'autres physiciens ont rendu probable
que les couches supérieures de l'atmosphère sont presque
toujours chargées d'électricité positive, et, de leur côté,
les couches plus chaudes, reposant sur le sol et sur la
surface des mers, ont l'électricité contraire. Par suite de
l'énorme évaporation qui se produit dans les mers tropicales, l'humidité qui s'élève dans les hautes régions, et qui
est aussi chargée d'électricité positive, maintient l'atmosphère supérieure dans un état de tension constante ; mais
des orages violents, accompagnés de pluies très-abondantes,
reconstituent fréquemment l'équilibre. En dehors de la
zone tropicale, les couches d'en haut et celles d'en bas,
moins fortement électrisées, ne s'unissent plus par de soudaines décharges, et c'est par les silencieuses fusées des
aurores polaires que se rencontrent et se neutralisent les
deux électricités contraires. Telle est la théorie. En tout
cas, il est certain que les aurores sont bien des phénomènes
électriques, puisqu'elles agissent sur les fils des télégraphes
à la manière des batteries, et que les couleurs des arches,
des fusées, des plaques aurorales, sont précisément celles
de l'étincelle électrique ordinaire passant à travers l'air
raréfié. En même temps, les aurores sont des phénomènes
magnétiques, ainsi que le prouve leur action si puissante

sur les mouvements de la boussole; bien qu'elles se produisent dans l'atmosphère et ne cessent d'accompagner le globe dans sa rotation diurne, elles sont aussi très-probablement des phénomènes de l'ordre astronomique, obéissant dans leurs périodes successives aux cycles du soleil. Attraction solaire, magnétisme, électricité, toutes forces qui se transforment harmonieusement les unes dans les autres et travaillent ainsi de concert à modifier incessamment, puis à rétablir l'équilibre de l'atmosphère.

III.

Le magnétisme terrestre. — Déclinaison, inclinaison, intensité des mouvements de la boussole. — Pôles et équateur magnétiques. — Lignes *isogones* et leurs variations, séculaires, annuelles, diurnes. — Lignes *isoclines*. — Lignes *isodynamiques*.

Cette incessante mobilité, qui est le caractère de tous les phénomènes du climat, se manifeste surtout d'une manière étonnante par les oscillations perpétuelles des courants électriques. Le magnétisme, cette force encore si mystérieuse qui, pareille au fluide nerveux des corps organisés, fait vibrer ses ondulations invisibles des pôles à l'équateur, a transformé la planète en un aimant gigantesque. Sous l'influence de la chaleur du soleil qui donne la vie à notre globe, une sorte de frisson parcourt sans relâche l'enveloppe planétaire; des courants d'électricité, dont Ampère a découvert la marche incessante de l'est à l'ouest, en sens inverse du mouvement de rotation du globe, entourent la surface terrestre comme d'une immense hélice et maintiennent entre les deux pôles une activité magnétique exactement semblable à celle qui se produit à la surface d'une boule autour de laquelle sont enroulés des fils de métal[1]. Tous les

1. Barlow, Ampère, Becquerel, Sabine. — Voir aussi *les Phénomènes de la Physique*, par Amédée Guillemin, p. 702 et 703.

corps sont plus ou moins influencés par ces courants, et
devraient s'orienter suivant certaines directions régulières,
si leur volume, leur poids, la cohésion de leurs molécules,
ne les empêchaient d'obéir d'une manière sensible à la force
qui les sollicite. La puissance du grand aimant terrestre est
évaluée, par Gauss, à 8,464 trillions de fois celle de nos
aimants artificiels les plus énergiques, et cependant cette
vertu si grande de la planète n'est connue que depuis une
époque relativement très-récente. C'est en l'année 1700 seulement, que Halley a dessiné la première carte magnétique,
et sept cents années à peine se sont écoulées depuis qu'en
Europe, les marins d'Amalfi, de la Provence et de la Ligurie
ont appris des Arabes ou découvert eux-mêmes les mouvements de l'aiguille aimantée, premier témoignage de ce
courant magnétique, qui pourtant n'est absent d'aucune
molécule de la planète. Depuis plus de deux mille ans déjà,
les navigateurs chinois connaissaient la remarquable propriété de la boussole.

Dans les premiers temps, on croyait que cette aiguille se
dirige constamment vers l'étoile polaire ou plutôt vers le
pôle de la planète; mais les pilotes qui mettaient hardiment
le cap sur les Canaries et sur l'Islande, et même ceux de
la Méditerranée, purent constater que la pointe de la boussole n'indique point invariablement le nord, et qu'elle
s'écarte, suivant les latitudes, d'un nombre de degrés plus
ou moins grand, à droite ou à gauche de cette direction
normale. En 1268, elle se dirigeait de 7 degrés et demi
vers l'est, à Lucera, dans l'Italie méridionale, ainsi que le
signala Pierre Pélerin de Maricourt[1]. Colomb, dans le
voyage qui lui fit découvrir le nouveau monde, s'aperçut
aussi que l'écart de la boussole peut dépasser plusieurs
degrés à l'ouest du pôle astronomique, et l'on dit qu'il dut
rassurer ses matelots, effrayés par ce phénomène inattendu;

1. D'Avezac, *Bulletin de la Société de Géographie*, 1859.

plus tard enfin, les expéditions de Magellan, de Drake et des autres circumnavigateurs du monde révélèrent l'amplitude totale que peuvent offrir, relativement au pôle, les diverses positions de l'aiguille aimantée. Ces positions obliques, à droite ou à gauche de la ligne du méridien, sont connues sous le nom de *déclinaison*.

La déviation de la boussole n'est pas le seul fait qu'il s'agisse d'observer pour connaître l'action magnétique de la terre. En 1576, l'Anglais Norman vit le premier que l'aiguille n'occupe point une position horizontale sous les latitudes de l'Europe. Que l'on remonte vers le pôle magnétique du nord, et l'extrémité septentrionale de l'aiguille plongera de plus en plus dans la direction du sol, et sur le pôle même, elle sera tout à fait droite. Que l'on descende au contraire vers le sud, et la boussole deviendra de moins en moins oblique à l'horizon, puis, sur une ligne idéale qu'on appelle l'équateur magnétique, elle sera parfaitement parallèle au sol pour se pencher au delà, par son extrémité méridionale, et s'incliner de plus en plus jusqu'au pôle magnétique du sud, où la pointe d'acier sera complétement perpendiculaire ; c'est là le phénomène désigné par le nom d'*inclinaison*.

Ce n'est pas tout ; que l'on fasse dévier l'aiguille de sa direction normale, et, pour y revenir, elle oscillera plus ou moins rapidement, suivant les parties de la terre où elle se trouve. Ces oscillations, analogues à celles du pendule, révèlent la plus ou moins grande intensité des courants qui se produisent dans les diverses contrées, et varient de lieu en lieu comme la déclinaison et l'inclinaison. D'ailleurs, ces différences locales elles-mêmes n'ont rien de permanent. La direction et la force de ces courants magnétiques, qui se propagent à la superficie de la planète, ne cessent de changer d'heure en heure, de jour en jour, d'année en année, de cycle en cycle, conformément à des lois de périodicité dont la science n'a pas encore trouvé tous les éléments.

Parmi les grandes manifestations de la vie planétaire, courants fluviaux et maritimes, poids de l'atmosphère, pression de la vapeur d'eau, alternatives des vents, oscillations des climats, il n'est point de phénomènes qui soient plus rapides et changeants dans leurs allures que ceux du magnétisme terrestre.

Quelle est la cause probable de ces courants qui frémissent autour de la terre et sous lesquels la boussole ne cesse de s'agiter, comme la girouette sous la pression des vents? Cette cause doit être cherchée à la fois dans les mouvements de la terre et dans ceux du soleil, cette grande source de la vie terrestre. Le contraste des terres et des eaux inégalement répartis dans les deux hémisphères, la différence de température entre les couches aériennes, la rotation diurne de la planète autour de son axe, sa révolution annuelle autour du soleil, la différence des vitesses angulaires dont sont animées les diverses parties de la surface du globe entre l'équateur et les pôles, l'accroissement ou la diminution de rapidité qu'éprouve la terre en se rapprochant ou en s'éloignant du soleil, la rotation propre de l'astre central, enfin les divers phénomènes périodiques auxquels il est soumis, son déplacement dans l'espace vers des régions inconnues du ciel, l'approche d'une planète perturbatrice, tout, jusqu'au frottement du sphéroïde terrestre sur les masses éthérées qui l'entourent, développe incessamment l'énergie magnétique du globe, comme le ferait une hélice immense, parcourue par des torrents d'électricité. Dans ce sol, qui semble immobile et où s'élaborent tant de germes cachés, où se préparent tant de phénomènes futurs, circule sans repos, comme un fleuve intarissable, le courant mystérieux. Sous l'influence du soleil, il se précipite ou se ralentit, se déplace dans un sens ou dans un autre, promène sur la rondeur du globe son équateur et ses pôles; il obéit sans cesse aux lois harmonieuses des astres, et cependant il paraît n'être qu'un caprice de la terre, à cause de l'entre-croisement multiple de ses phénomènes à périodicités si diverses. De même que la fine aiguille aimantée tremble et s'agite, comme un être affolé, dans sa boîte suspendue près du gouvernail du navire, de même, sur la terre entière, les courants magnétiques oscillent et se déplacent sans relâche; obéissant aussitôt aux influences cosmiques qui se font sentir seulement à la longue sur les autres fonctions du globe, ils peuvent être comparés avec raison aux phénomènes nerveux dans l'organisme animal. Par suite de leur mouvement vibratoire continuel, les courants magnétiques ne sauraient donc être nettement tracés sur la carte, et l'on doit toujours se borner à en indiquer la direction moyenne. Il n'y a pas deux instants dans l'année où les mouvements de l'aiguille soient identiques à la surface de la terre.

Les pôles vers lesquels se dirige la boussole dans les deux hémisphères errent constamment autour des pôles astronomiques de la planète, et ce n'est jamais au même point qu'il faut en chercher la position précise. En 1832, le capitaine John Ross, naviguant alors au milieu de l'archipel polaire de l'Amérique du Nord, arriva dans le voisinage du pôle nord de la boussole, puisque la pointe de son instrument était dirigée dans un sens presque vertical à la terre. Ce point, vers lequel convergeaient alors tous les courants magnétiques de l'hémisphère septentrional, était situé dans la presqu'île de Boothia-Felix, à près de 20 degrés au sud du pôle terrestre (70°, 5' N.), et à plus de 99 degrés à l'ouest du méridien de Paris; mais, depuis cette époque, il s'est probablement déplacé de quelques degrés vers l'est. Le pôle magnétique du sud n'a été reconnu jusqu'à nos jours par aucun navigateur; mais, d'après les calculs de Duperrey, de Gauss et d'autres savants, il se trouverait probablement à 14 degrés 55 minutes du pôle antarctique, au sud du continent d'Australie. Les deux points d'attraction de la boussole sont donc situés chacun au méridien d'un groupe de continents; mais ils ne sont pas antipodiques l'un à l'autre, puis-

qu'ils se trouvent dans le même hémisphère, séparés par
un arc d'un peu plus de 161 degrés, 29 degrés de moins
que la demi-circonférence. Quant à l'équateur magnétique,
qui est la ligne où la boussole se maintient parfaitement
horizontale à la surface de la terre, il ne se confond pas
plus avec l'équateur de rotation que les pôles magnétiques
ne se confondent avec les extrémités de l'axe planétaire. Il
se développe suivant une ligne courbe, qui coupe l'équateur
terrestre, à l'est de l'archipel des Carolines, pour traverser
les îles de la Sonde, les péninsules gangétiques, l'Éthiopie
et le Soudan, puis repasse au sud de la ligne équinoxiale,
non loin de l'île de Saint-Thomas, pour s'infléchir en Amérique au-dessus du Brésil et du Pérou. On peut dire d'une
manière générale que l'équateur magnétique se recourbe
vers le nord dans les continents de l'ancien monde et vers
le sud dans le nouveau monde. De nos jours, cette ligne
déplace lentement de l'est à l'ouest ses points de croisement avec l'équateur terrestre.

Les deux pôles magnétiques occupant, par rapport à
l'axe de la terre, une position tout à fait oblique, puisque
l'un est situé dans l'archipel polaire américain, tandis que
l'autre se trouve sous le méridien de l'Australie, il en
résulte que les courants se propagent eux-mêmes obliquement à la surface du globe. Au lieu de marcher dans la
direction du nord au sud, la force mystérieuse se meut suivant des courbes non parallèles, qui, d'un côté de la terre,
sur la face atlantique, se replient vers l'ouest, et, sur
la face opposée, sont pour la plupart déviées vers l'est du
monde. Les lignes de séparation entre ces deux zones de
déclinaison occidentale et orientale sont les seules parties
de la terre où la boussole pointe directement vers le nord.
Afin d'indiquer d'une manière claire la direction moyenne
de l'aiguille aimantée pour une année quelconque dans les
diverses contrées, on a tracé sur la carte, à droite et à
gauche des lignes sans déclinaison, d'autres lignes dites

isogones, parce que la boussole y forme partout un même angle avec le méridien terrestre. Ces courbes, reliant tous les points de la terre où l'inclinaison moyenne de l'aiguille reste sensiblement égale, sont encore beaucoup moins régulières que les méridiens magnétiques. Les unes se dirigent du nord au sud, d'autres courent en partie de l'est à l'ouest; d'autres enfin se replient en forme de cercles ou d'ovales.

Actuellement, la ligne sans déclinaison qui traverse l'ancien monde passe à l'orient du Spitzberg, aborde la Russie aux environs d'Arkhangel, gagne la dépression caspienne par la vallée du Volga, franchit obliquement la Perse, puis, après s'être déployée au large de l'Hindoustan et des îles de la Sonde, comme pour marquer les contours généraux du continent asiatique, se dirige brusquement vers le pôle magnétique du sud, à travers le centre de l'Australie. A l'ouest de cette ligne, jusqu'au delà des rivages du groupe continental que constituent l'Europe et l'Afrique, la déclinaison de la boussole vers l'occident augmente graduellement, puis elle diminue au-dessus du bassin de l'Atlantique pour se réduire à zéro sur les côtes orientales du nouveau monde. La seconde ligne sans déclinaison, qu'on pourrait appeler la ligne américaine, descend du pôle magnétique à l'ouest de la baie de Hudson, traverse les grands lacs, passe aux environs de Philadelphie et de Washington, puis se recourbe au large des Antilles comme l'autre ligne sans déclinaison s'est recourbée autour de l'archipel de la Sonde, et coupe l'extrémité du Brésil, des bouches de l'Amazone à Rio-de-Janeiro, pour courir à travers l'Atlantique vers le pôle sud. A l'ouest de cette ligne, la déviation de la boussole devient orientale; elle s'accroît rapidement au-dessus du sol américain, puis avec beaucoup plus de lenteur à travers le Pacifique, et diminue même pour enfermer, à l'est de la Chine et de la Sibérie, une espèce de grande île magnétique, où la déclinaison est occidentale, comme dans le bassin de l'Atlantique. Quelles que soient les irrégularités partielles de ces deux zones de variation différente, il est impossible de ne pas être frappé de leur concordance générale avec les traits les plus saillants de la surface planétaire. A la déclinaison occidentale correspondent les bassins de l'Atlantique, de la Méditerranée et de la mer des Indes; à la déclinaison orientale correspond le Pacifique. Quatre continents : l'Asie, l'Australie, l'Amérique du Nord, l'Amérique du Sud, appartiennent à cette dernière zone; quant à l'Europe et à l'Afrique, elles font partie de la zone de déclinaison occidentale.

Pendant le cours des siècles, le système des lignes isogones se déplace très-rapidement dans certaines contrées de la terre. Dans les mers du Spitzberg, à l'ouest des Antilles, en diverses régions de la Chine, la direction moyenne de la boussole n'a pas varié d'une manière sensible en un siècle; mais il n'en est pas de même dans l'Europe occidentale. A Paris, lors des premières observations faites régulièrement sur le magnétisme terrestre, la déclinaison de la boussole était orientale; elle atteignait même, en 1580, 11 degrés 31 minutes à l'est du méridien. En 1663, la déclinaison n'existait plus ni dans un sens ni dans un autre, l'aiguille aimantée se dirigeant exactement vers le nord. Dès lors, la déclinaison vers l'ouest ne cessa d'augmenter pendant plus d'un siècle et demi jusqu'en 1814, époque à laquelle l'angle formé par la boussole avec le méridien terrestre n'était pas moindre de 22 degrés 34 minutes. De nos jours, l'aiguille rétrograde vers le méridien, et dans l'année 1864, l'angle était seulement de 18 degrés 30 minutes; le recul est donc en moyenne de près de 5 minutes par an; mais il s'est accompli d'une manière très-inégale, et, dans certaines années, la déclinaison occidentale s'est de nouveau brusquement accrue. On ne saurait douter que ces oscillations séculaires du courant magnétique ne fassent partie d'un cycle dont la durée correspond avec celle de quelque grand phénomène astronomique. D'après M. Chazallon, cette période serait pour Paris de quatre cent quatre-vingt-huit ans, et l'aiguille aimantée se dirigerait de nouveau exactement vers le nord en l'année 2154. La ligne sans déclinaison se déplace peu à peu des confins de la Russie et traversera successivement la Pologne, l'Allemagne, pour dépasser ensuite la France, passer au-dessus de l'Atlantique et reprendre plus tard son mouvement de recul vers l'orient. Malgré ce balancement séculaire des forces magnétiques, il est probable cependant que, dans leur ensemble, les courants ne finissent jamais par suivre exactement les mêmes directions à la surface de la terre : les pôles, l'équateur, les méridiens se déplaçant sans cesse, le réseau des lignes magnétiques change éternellement, de même que la position relative des astres dans l'espace.

Pendant que s'accomplit cette longue variation séculaire, l'aiguille ne cesse d'être agitée par des oscillations à périodes plus courtes. Celles qui s'achèvent dans le cours d'une année se rattachent d'une manière évidente à la position de la terre relativement au soleil, car ses diverses phases coïncident avec les équinoxes et les solstices. Dans l'Europe occidentale, ainsi que Cassini l'a constaté le premier, la boussole se rapproche graduellement du méridien, en cheminant vers l'est, pendant la période qui s'écoule de l'équinoxe de mars au solstice de juillet ; puis l'aiguille aimantée recommence à marcher vers l'ouest, mais en se ralentissant peu à peu, et c'est à la fin de l'hiver seulement qu'elle atteint sa plus grande déclinaison vers l'ouest : pour revenir à son point de départ, elle emploie les trois quarts de l'année. En Amérique, la marche est différente, ce qui provient sans doute de la différence de déclinaison. Quant à l'amplitude totale des variations annuelles, elle offre une grande irrégularité : à Paris, elle a été, en 1784, d'environ 20 minutes.

Les variations diurnes diffèrent aussi d'allures sur tous

les points de la terre; en France, où l'amplitude observée
oscille entre 5 et 25 minutes, l'aiguille se dirige de l'est à
l'ouest entre huit heures du matin et une heure de l'après-
midi; puis elle retourne dans la direction de l'est, et vers
dix heures, elle occupe à peu près la même position que le
matin. Dans les contrées voisines du pôle boréal, l'amplitude
des variations diurnes est généralement plus forte que dans
la zone tempérée; dans les régions torrides, au contraire, ces
variations sont plus faibles, tandis que dans les terres australes les mouvements diurnes deviennent de plus en plus
considérables vers le sud. Comme ils se produisent en ordre
inverse de ceux que l'on observe dans le nord, il est probable que les deux hémisphères à variations opposées sont
séparés l'un de l'autre par une ligne où la boussole se maintient immobile; cependant on n'a point encore découvert
d'une manière certaine cet équateur sans variations, qui
semble ne point devoir concorder avec l'équateur magnétique.

De même que l'on a tracé sur le gobe des lignes isogones pour indiquer la déclinaison de la boussole aux
diverses années, de même on signale par des *isoclines*, se
succédant de chaque côté de l'équateur magnétique, les
parties de la terre où l'aiguille aimantée se penche vers le
sol d'un même nombre de degrés. Ces lignes isoclines sont
en général plus régulières dans leurs courbes que les lignes
isogones; mais elles s'infléchissent également sous l'influence des formes continentales. C'est principalement dans
l'hémisphère du nord que se fait sentir cette influence.
Ainsi l'isocline de 50 degrés longe les rivages de l'Amérique
centrale, puis, après avoir traversé le bassin de l'Atlantique,
parcourt obliquement les dépressions du Sahara, de la Méditerranée orientale, de la Caspienne et contourne au nord
les grandes montagnes du Thibet. La ligne isocline de 70 degrés se développe au large des rivages occidentaux de
l'Amérique du Nord, de la péninsule d'Alachka aux côtes de

l'Orégon, tandis que dans l'ancien monde, elle suit la dépression formée par la Manche, la mer du Nord, la Baltique et le golfe de Finlande. Enfin, la ligne de 80 degrés suit à distance les rivages polaires de l'Amérique, pour longer ensuite les côtes orientales du Labrador et du Groenland, et se replier en une immense courbe autour de la Scandinavie. Comme tous les autres phénomènes magnétiques, l'inclinaison subit aussi des variations incessantes, périodiques et accidentelles, mais ces variations ont été moins bien étudiées que celles de la déclinaison. A Paris, l'aiguille est de moins en moins inclinée depuis 1671; elle était alors penchée de 75 degrés, tandis qu'en 1864, elle l'était seulement de 66°3'; la diminution annuelle a donc été d'un peu moins de 3 minutes : les observations faites à Londres et dans plusieurs autres villes de l'Europe occidentale conduisent au même résultat. Quant aux variations mensuelles, elles sont relativement moins fortes que celles de la déclinaison ; c'est en été qu'elles ont la plus grande amplitude.

Les lignes *isodynamiques*, c'est-à-dire celles qui réunissent les points de la terre où les mouvements de l'aiguille aimantée ont une égale intensité, ressemblent dans la plupart de leurs courbes aux lignes isoclines; cependant elles ne coïncident point avec elles. L'équateur dynamique, ligne où l'intensité du magnétisme terrestre se manifeste avec le moins de force, s'infléchit aussi dans l'hémisphère méridional, pour traverser le Pérou et le Brésil, non loin de Rio-de-Janeiro, puis remonte obliquement par le continent africain vers les péninsules méridionales de l'Asie et l'archipel de la Sonde : sur cet équateur, c'est dans l'Atlantique, au large des côtes brésiliennes, que les mouvements de l'aiguille ont le plus de lenteur. De chaque côté de la ligne de moindre force, l'intensité magnétique s'accroît vers le nord et vers le sud, mais d'une manière inégale, puisque la ligne isodynamique de la Floride se replie au nord jusqu'en Scandinavie, et que celle de la Caroline du Sud contourne les

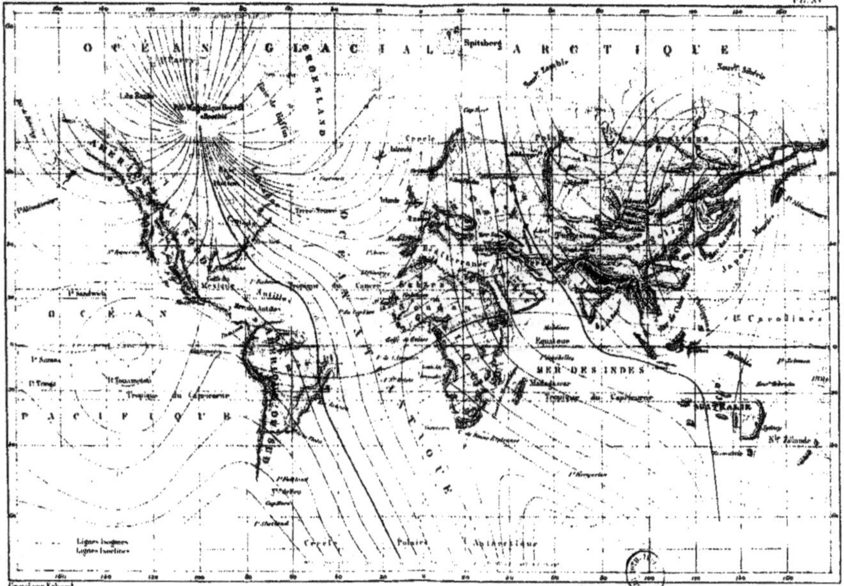

OCÉAN GLACIAL ARCTIQUE
Spitsberg
GROENLAND
Nouvᵉ Sibérie
AMÉRIQUE
OCÉAN
Golfe du Mexique
Antilles
Tropique du Cancer
Iˢ Sandwich
Iˢ Samoa
Iˢ Tonga
Iˡ Incoronati
Tropique du Capricorne
PACIFIQUE
Méditerranée
Sahara
Équateur
MER DES INDES
Madagascar
Seychelles
Tropique du Capricorne
AUSTRALIE
Nʡⁱ Zélande
Iˡ Kerguelen
Iˡ Shetland
Iˡˢ Carolines
Cercle Polaire Antarctique
Lignes Isogones
Lignes Isoclines

rivages américains et va passer au Groenland. Dans les
régions australes, il n'existe, actuellement du moins, qu'un
seul pôle dynamique, situé à plus de 16 degrés du pôle
planétaire, dans le voisinage des monts glacés découverts

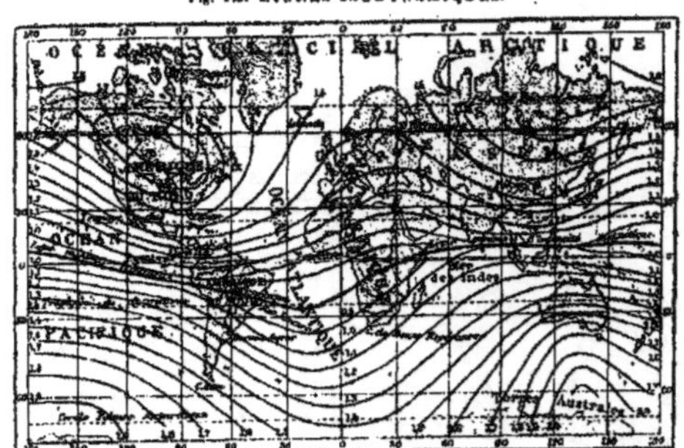

Fig. 149. LIGNES ISODYNAMIQUES.

par James Ross : c'est là que les mouvements de la boussole
ont le plus d'intensité : ils sont près de trois fois plus
rapides que dans les mers brésiliennes. Dans les contrées
boréales, il y a deux pôles dynamiques : l'un, à l'ouest de
la baie de Hudson; l'autre, au nord de la Sibérie, non loin
des bouches de la Lena. De même que les lignes isothermes,
avec lesquelles elles ont d'ailleurs une grande analogie, les
lignes d'égale intensité ont leurs deux pôles occupant une
position symétrique, l'un au nord de l'ancien monde, l'autre
au nord du nouveau. Ainsi que l'a fait remarquer Duperrey,
cette ressemblance des lignes isothermes et des lignes isodynamiques est une preuve du rapport intime qui existe
entre le magnétisme terrestre et la température.

CHAPITRE V.

I.

La chaleur solaire. — Irrégularités des climats locaux. — Égalisation
de la température au-dessous de la surface du sol.

Tous les faits de géographie physique, le relief des continents et des îles, la hauteur et la direction des systèmes de montagnes, l'étendue des forêts, des savanes et des cultures, la largeur des vallées, l'abondance des eaux courantes, la forme des rivages, les courants maritimes, les vents et tous les météores de l'atmosphère, vapeurs, brouillards, nuages, pluies, éclairs et tonnerres, effluves magnétiques, ou, plus brièvement, comme le disait Hippocrate, « les lieux, les eaux, les airs, » constituent, dans leurs rapports avec la longitude et la latitude, ce que l'on appelle le climat d'un pays.

Les phénomènes climatériques les plus importants sont ceux de la température, car c'est de la chaleur surtout que dépendent les météores dans leurs diverses alternatives à la surface des continents et des mers. Ce sont les régions suréchauffées qui servent de foyer d'appel pour mettre en mouvement tout le système des courants atmosphériques; ce sont elles également qui livrent aux vents de l'espace l'humidité destinée à se disperser en nuages et à retomber plus loin en neiges et en pluies. Par leur action sur la terre

et sur les eaux, les rayons du soleil donnent la première
impulsion à tout ce qui se meut à la surface du globe : c'est
de l'astre lumineux que dépend la vie de notre planète.

La terre, il est vrai, a sa chaleur propre comme tous
les corps de l'espace ; mais, quelle que soit la température
inconnue des couches profondes, celle de la superficie
provient uniquement du grand foyer de calorique dont
les rayons vibrent incessamment dans l'éther jusqu'aux
astres les plus reculés du système planétaire. Quand le
soleil s'élève sur l'horizon, la terre se réchauffe ; elle se
refroidit quand il descend du zénith ; puis dès que l'astre a
disparu, le calorique reçu pendant la journée rayonne dans
les espaces. Les oscillations de chaleur et de froid relatif
qu'on éprouve du jour à la nuit et de l'été à l'hiver dépendent toutes des mouvements et des variations du calorique épanché par le soleil sur la terre ou retournant de la
terre dans les régions du ciel. Ce sont ces incessantes alternatives que mesure le thermomètre ; seulement, puisque la
chaleur de l'air et du sol varie en tout temps et en tout
lieu, la série des températures qui se succèdent en diverses
localités ou même en un seul endroit devient pour ainsi dire
infinie, et si l'on veut se rendre compte des phénomènes de
chaleur et de froid, il faut obtenir, par la comparaison des
instruments, à des heures et à des périodes régulières, des
moyennes de la température diurne, mensuelle, annuelle
et séculaire. C'est là une œuvre des plus difficiles, car il
faudrait d'abord écarter toutes les chances possibles d'erreur, et savoir choisir précisément pour lieu d'observation
celui où les indications du thermomètre ne sont jamais
modifiées par des causes spéciales, telles que courants d'air
ou réverbération de la chaleur. Les influences perturbatrices
sont si nombreuses, que l'on n'est point encore sûr d'avoir
déterminé d'une manière exacte la vraie température
moyenne d'une ville comme Paris, où pourtant des millions
d'observations ont été faites. M. Renou affirme même que,

depuis cent ans, les météorologistes ont toujours donné par erreur à l'atmosphère de Paris une température trop élevée d'environ 1 degré centigrade. L'emploi des instruments automoteurs, qui tracent eux-mêmes sur le papier, soit par le crayon, soit par la photographie, la série continue des courbes produites par les oscillations de température, diminuera beaucoup les erreurs probables et facilitera singulièrement la comparaison de tous les résultats obtenus en des localités différentes.

Si la terre était un globe d'une régularité parfaite, n'offrant à sa surface aucun contraste de terre et de mer, de plateaux et de plaines, de neige et de verdure, et se maintenant toujours à la même distance du soleil, une répartition normale des climats s'établirait sur tous les points de la rondeur terrestre, et l'on pourrait mesurer exactement le degré de chaleur par la latitude. A l'équateur, la température serait à son maximum, et, de chaque côté de cette ligne, irait en décroissant jusqu'aux pôles : ainsi que l'a calculé le mathématicien Lambert, la quantité totale de chaleur reçue, évaluée conventionnellement à 1,000 sous l'équateur, ne serait plus que de 923 sous l'un et l'autre tropique, et de 500 sous le cercle polaire. Mais la terre n'est point cette sphère polie, éclairée d'une manière toujours égale par les rayons du soleil. Elle est illuminée d'une manière différente, suivant les saisons, et les traits de sa surface, aussi harmonieux qu'ils soient dans leur ensemble, n'ont rien de cette symétrie parfaite des figures géométriques. Il en résulte une variété infinie de climats. Tel pays rapproché du cercle polaire reçoit plus de chaleur que telle autre contrée située à une moindre distance des tropiques; telle région de la zone tempérée est brûlante en comparaison de certains espaces de la zone équatoriale. Les températures ne cessent de se déplacer, d'osciller, de s'entre-croiser sous l'action des vents, des courants, des météores, de la végétation : indiquées par des lignes sur le pourtour de la terre, elles forment un lacis inextricable, dont on ne peut reconnaître que les traits principaux. Et chaque saison, chaque jour, chaque minute ajoute encore à l'enchevêtrement de ces diverses températures, car nulle part les évolutions périodiques des climats locaux ne se ressemblent d'une manière complète. Dans les montagnes surtout, la moindre différence d'exposition, le moindre écart d'altitude, font varier la température de deux endroits voisins autant que s'ils étaient séparés l'un de l'autre par des centaines de kilomètres de distance. A côté des villes d'hiver du littoral de la Provence et des Alpes-Maritimes, Cannes, Antibes, Villefranche, bien chaudement abritées par un amphithéâtre de collines, s'ouvrent, comme des fractures de l'écorce terrestre, les âpres vallées du Var, du Loup, de la Siagne, donnant passage au terrible mistral, qui jadis, dit-on, contribua plus que Marius à chasser les Cimbres des Gaules. Aussi les diverses lignes d'égale température que les météorologistes s'étudient à tracer sur les cartes ne peuvent-elles jamais indiquer que des moyennes générales, des résultantes de toutes les lignes extrêmes s'agitant incessamment de part et d'autre, comme des cordes vibrantes. Et si la température moyenne d'un seul endroit est déjà si difficile à connaître d'une manière exacte, à combien plus forte raison est-il malaisé de déterminer avec précision, pour tout un pays, le climat général formé par la résultante des climats particuliers !

Les nombreuses observations faites en différents lieux de la terre ont démontré que la température moyenne, si longue à trouver avec certitude à la surface du sol, est indiquée d'une manière permanente à une profondeur variable dans le terrain lui-même. En effet, les couches solides qui composent l'enveloppe extérieure du globe, ne laissant passer que très-lentement la chaleur, soit quand elle pénètre au dedans, soit quand elle rayonne au dehors, il en résulte que les variations de la température atmosphérique doivent s'atténuer graduellement et s'oblitérer même en entier à une certaine distance de la surface. En moyenne, la chaleur du jour se propage dans le sol avec une telle lenteur, qu'elle traverse en neuf heures seulement la première couche superficielle de 30 centimètres. A des profondeurs variables de 60 à 130 centimètres, toutes les oscillations diurnes de froid et de chaleur ont complétement disparu sous les climats de la zone tempérée. Les variations annuelles, beaucoup plus durables dans leurs effets, pénètrent à une profondeur plus considérable; mais, par suite du retard qu'elles éprouvent en gagnant les espaces profonds, il se trouve qu'à un petit nombre de mètres au-dessous de la surface, l'ordre des saisons s'est changé : l'été, graduellement retardé à mesure qu'il pénètre dans le sol, atteint les couches de 6 à 8 mètres seulement quand l'hiver est revenu sur la terre; de son côté, le froid ne se fait sentir dans ces profondeurs qu'au milieu de l'été. Pour traverser une couche de terrain de 1 mètre d'épaisseur, la température de la surface n'emploie pas moins d'un mois entier, et dans ce lent trajet, elle ne cesse de se rapprocher de la moyenne d'équilibre annuel. A Bruxelles, le maximum de chaleur ayant été ressenti à la surface le 22 juillet, n'atteignit la profondeur de 8 mètres que le 12 décembre suivant, cent quarante-sept jours après; de même, l'intervalle entre le froid de la surface, au 23 janvier, et celui de la couche profonde, au 18 juin, fut de cent quarante-trois jours. Quant à l'écart total des températures de l'année, qui est dans cette ville d'une vingtaine de degrés à la surface, il n'est plus que de 1 degré à 8 mètres au-dessous.

La neutralisation complète de l'influence des saisons s'opère à des profondeurs diverses. Dans les caves de l'observatoire de Paris, situées à 28 mètres du sol, la température est constante; elle se maintient toujours à 11°,76. En moyenne, on peut considérer que, dans le nord de l'Europe, toutes les influences extérieures de la chaleur et du froid

ont complétement cessé de se faire sentir à 24 mètres de la
surface. D'ailleurs, la pénétration du calorique et le rayonnement doivent être d'autant plus rapides que les terrains
sont meilleurs conducteurs et qu'ils sont plus abondamment
percés de pores laissant pénétrer l'air de la surface : des
expériences faites à Édimbourg par Forbes démontrent que
le grès houiller est une des roches qui laissent le mieux
passer la chaleur, car l'équilibre de température ne s'y produit qu'à une profondeur de 32 mètres. Dans les contrées
où l'écart annuel entre la chaleur de l'été et le froid de
l'hiver est très-considérable, c'est relativement très-bas
dans le sol qu'il faut chercher le point où se neutralisent
toutes les variations annuelles; en revanche, dans les pays
où les climats des diverses saisons varient à peine, c'est à
quelques décimètres de la surface que s'établit l'égalisation
de la température annuelle. M. Boussingault a constaté que
pour connaître le climat de la Nouvelle-Grenade et de
l'Équateur, il suffit, en certains endroits, d'introduire le
thermomètre à 5 ou 6 décimètres dans le sol. Sous les cli-
matspolaires, où la température moyenne de l'atmosphère
est inférieure à zéro, les rares observations que l'on a faites
semblent établir aussi que la zone de neutralisation des
influences extérieures est plus rapprochée de la surface
que sous les climats tempérés : elle aurait, en certains
endroits de la Nouvelle-Bretagne, une profondeur de 3 à
5 mètres seulement[1]. A Yakutzk, où la moyenne thermométrique est de — 9°,7, on retrouve la même température
à moins de 15 mètres : au-dessous, le sol est de moins en
moins froid, sous l'influence de la chaleur propre de la terre,
et vers 120 mètres les instruments de sondage arrivent
enfin à des couches de terrain qui ne sont point gelées.

Les sources, comme le sol, peuvent souvent donner la
température moyenne d'une contrée, grâce à leur séjour

1. Studer, *Physikalische Geographie und Geologie*, t. II.

dans les cavités des rochers; c'est même en plaçant un thermomètre dans le bassin des fontaines que les voyageurs cherchent à connaître le climat moyen des régions qu'ils parcourent. Des observations de ce genre sont d'une grande utilité, mais elles ne sauraient remplacer la longue et patiente étude de la chaleur atmosphérique. Telle source est en moyenne plus froide que l'air ambiant, parce que ses eaux sont le produit de la fonte des neiges ou proviennent de pluies tombées sur les pentes de hautes montagnes; telle autre source, légèrement thermale, a parcouru des galeries profondes, où sa température s'est élevée par la chaleur propre de la terre; telle autre a traversé des fissures que refroidissent ou que réchauffent des courants d'air circulant dans les cavernes des monts. Les petites alternatives de chaleur et de froid qu'offrent les sources sont analogues à celles que présentent les eaux des fleuves. Toujours plus frais en été et plus chauds en hiver, les cours d'eau ont une température d'autant plus égale qu'ils sont animés d'une plus grande vitesse, et par conséquent soumis pen-

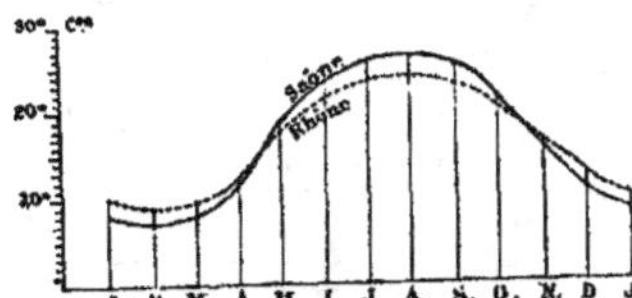

Fig. 150. Températures ordinaires de la Saône et du Rhône, à Lyon.

dant moins de temps aux influences changeantes de l'extérieur. Ainsi, à Lyon, en amont du confluent des deux fleuves, les oscillations de température, pendant les divers mois de l'année, sont de 4 degrés moins fortes dans le Rhône fougueux que dans la paisible Saône.

II.

Contraste des climats entre les deux hémisphères du nord et du sud, entre les
côtes orientales et les côtes occidentales des continents, entre les rivages et
l'intérieur des terres, entre les montagnes et les plaines.

Un des faits climatériques les plus importants est celui
de la distribution inégale de la chaleur dans les deux hémisphères. Les observations faites au sud de l'équateur pendant une longue série d'années ne sont pas assez nombreuses
pour qu'il soit possible de constater, pour chaque latitude

Fig. 151. DISTRIBUTION DES TEMPÉRATURES EN JUILLET.

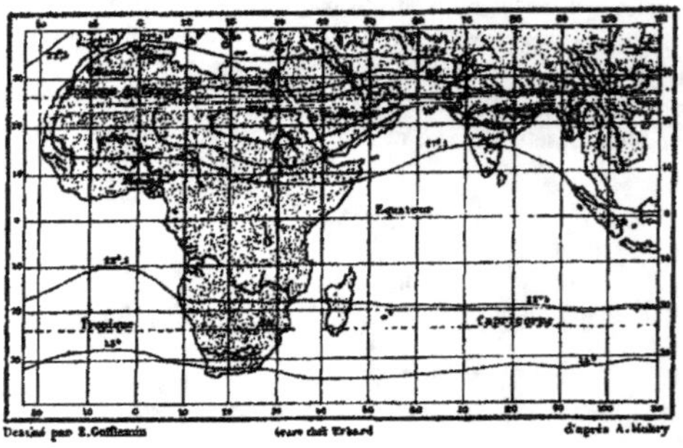

Équateur
Tropique
Capricorne

Dessiné par E.Colliemin   trace del Erhard   d'après A.Mohry

correspondante des deux moitiés du globe, un contraste de
climat; mais, pris dans leur ensemble, l'hémisphère du
nord et l'hémisphère du sud diffèrent certainement d'une
manière notable. C'est là ce que prouvent la puissance des
banquises antarctiques comparées aux dimensions des
champs de glace du nord, et les grands voyages accomplis

par les flottilles des glaces australes dans leur marche vers
l'équateur [1]. Le système des climats, de même que celui des
vents et des courants, est attiré vers le nord ; par suite, la

Fig. 152. DISTRIBUTION DES TEMPÉRATURES EN OCTOBRE.

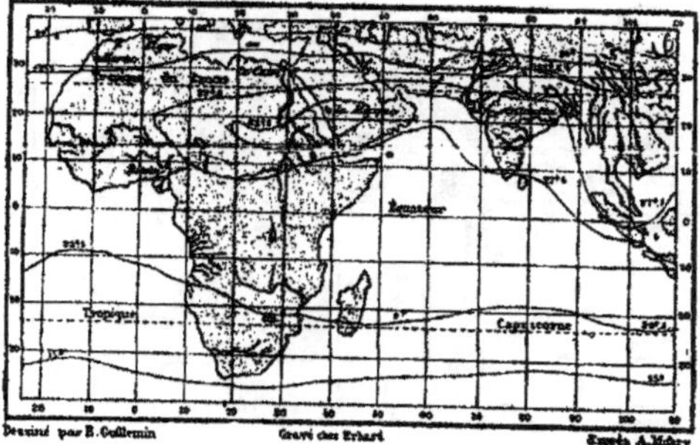

ligne de plus haute température qui sépare les deux hémisphères ne se confond point avec la ligne équinoxiale et se
trouve rejetée plus au nord ; c'est même dans le désert de
Sahara, vers le vingtième degré de latitude septentrionale,
que passe l'équateur thermique de la terre. Pendant le
printemps et l'automne, aussi bien que pendant l'été de
l'hémisphère boréal, les plus grandes chaleurs se font
sentir non-seulement au nord de la ligne équinoxiale, mais
aussi au nord du 12ᵉ degré de latitude, dans le voisinage
du cercle tropical [2]. C'est uniquement pendant l'hiver de
l'Europe et de l'Asie que la zone de plus grande chaleur
occupe les régions équatoriales, et même alors, il est des

1. Voir, ci-dessus, p. 69.
2. Voir les figures 151 et 152.

régions de l'Afrique, notamment l'embouchure du Niger, où la plus forte température se maintient du côté septentrional de l'équateur. La disproportion qui existe entre

Fig. 153. DISTRIBUTION DES TEMPÉRATURES EN JANVIER.

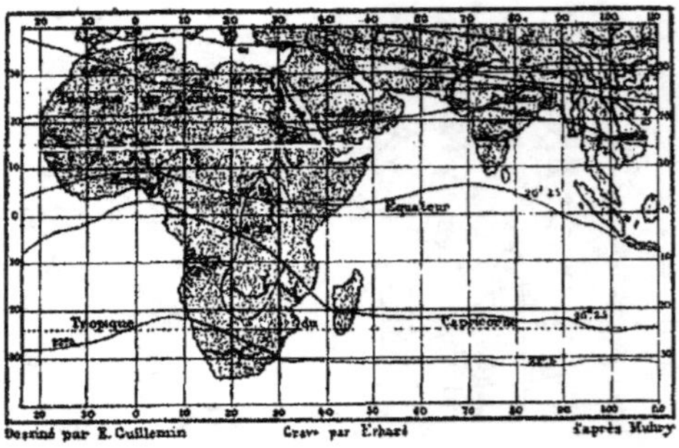

Dessiné par E. Guillemin — Gravé par Erhard — d'après Muhry

les masses continentales situées au véritable nord de température, et celles qui s'étendent au véritable sud, est ainsi beaucoup moins forte qu'elle ne le semble au premier abord.

Il est probable que la cause première de ce contraste climatérique entre l'hémisphère continental et l'hémisphère maritime est de nature astronomique, et doit être cherchée dans la différence de relief que présentent les deux moitiés de l'orbite planétaire. Le printemps et l'été des régions boréales est plus long que les saisons correspondantes des contrées australes. Il est vrai que, pendant la saison chaude de l'hémisphère du nord, la terre se trouve plus éloignée du soleil, et qu'elle s'en rapproche pendant la période qui, pour l'Europe et l'Asie, est celle de l'automne et de l'hiver. Une compensation pourrait donc se produire dans les deux hémisphères pour la quantité totale de chaleur reçue ; mais par suite de l'inclinaison de la planète sur son axe, il se trouve en outre que le nombre des heures de jour est actuellement plus considérable que celui des heures de nuit au nord de l'équateur, tandis qu'au sud, ce sont les heures de nuit qui sont les plus nombreuses. Il en résulte que les terres boréales reçoivent plus de chaleur pendant la durée des jours qu'elles n'en perdent par le rayonnement durant toutes leurs nuits, et que le phénomène inverse se produit dans les régions australes [1]. La résultante définitive de tous ces contrastes entre les deux hémisphères n'est point encore établie d'une manière certaine, mais il n'est pas douteux qu'elle ne constitue une différence, soit périodique, soit permanente, entre les climats généraux des deux moitiés de la terre. D'après Dove, la température moyenne serait de 26°,6 au dixième degré de la latitude nord, et seulement de 25°,5 à la latitude correspondante de l'hémisphère austral ; au vingtième degré, les moyennes seraient respectivement de 25°,25 et de 23°,37 ; au trentième et au quarantième degrés des deux hémisphères, il y aurait encore une légère différence à l'avantage des températures boréales. Suivant Duperrey, il y aurait un écart d'environ 1 degré dans la température moyenne des deux moitiés de la terre.

Parmi les causes secondaires qui doivent avoir pour résultat de rendre le climat de l'hémisphère boréal un peu plus chaud que celui de l'hémisphère austral, il faut ranger la distribution des pluies. Considérées d'une manière générale, les mers du sud sont l'aire d'évaporation, les continents du nord sont l'aire de précipitation. Quand l'eau de l'Océan se transforme en vapeur, une grande quantité de calorique devient latente et s'envole avec les nuages dont elle dilate les molécules ; avec eux elle traverse l'équateur et se laisse entraîner par les contre-alizés ; puis quand ceux-ci s'abat-

1. Adhémar : — Lehon.

tent sur les régions tempérées de l'Europe et de l'Amérique du Nord, les nuées descendent aussi pour se résoudre en neige ou en pluie ; en même temps, toute la chaleur latente emmagasinée dans les vapeurs depuis l'océan Pacifique ou la mer des Indes se dégage et radoucit la température de l'air où elle redevient libre. Ainsi, par le fait même de leur existence, les continents de l'hémisphère boréal attirent à eux la chaleur et l'humidité nécessaires au développement de leur population d'animaux et de plantes ; mais ils éprouvent aussi des extrêmes de température plus considérables que ceux de l'hémisphère du sud, où l'immense étendue des océans modère les grands froids et les fortes chaleurs.

S'il y a contraste de température entre le nord et le midi du monde, l'opposition n'est pas moins marquée entre l'est et l'ouest des continents. A égale latitude, les côtes de la Californie et de l'Orégon jouissent d'un climat beaucoup plus doux que ne l'est celui du Japon, de la Mantchourie et de Nicolajewsk ; quant à l'Europe occidentale, son atmosphère est aussi tempérée que l'est celle des côtes orientales de l'Amérique du Nord, à 20 degrés de latitude plus près de l'équateur.

Les causes qui adoucissent ainsi le climat des rivages orientaux dans les deux grandes masses continentales du nord sont dues, cela ne fait l'objet d'aucun doute, aux courants atmosphériques et maritimes. L'Atlantique et le Pacifique boréal ont tous les deux leur Gulf-stream et leurs vents du sud-ouest, et ces deux courants superposés dégagent constamment leurs effluves de chaleur sur les rivages qu'ils baignent de leurs ondes. L'Europe surtout est favorisée sous ce rapport : non-seulement elle est réchauffée à l'ouest par les courants d'eau et les contre-alizés venus de l'équateur ; mais, grâce au large espace libre de terres dans lequel les tièdes flots des mers tropicales peuvent s'étaler au nord du continent, elle est moins refroidie par les vents polaires que ne l'est l'Amérique boréale, aux mers obstruées d'îles neigeuses. Tandis que le Labrador et la terre de Hudson ont un sol gelé jusque dans ses profondeurs, l'Europe septentrionale projette ses îles et ses péninsules dans une eau sans cesse renouvelée par les tièdes courants du midi, et ses mers intérieures s'ouvrent comme autant de réservoirs pour maintenir au centre du continent une température égale à celle du pourtour. Ce n'est pas tout : immédiatement au sud de la Mauritanie s'étend l'immense fournaise du Sahara qui réchauffe de ses vents les contrées de l'Europe et de l'Asie orientale. Ainsi, sous le rapport du climat, les contrées européennes jouissent d'un privilége spécial. Le nord, l'ouest et le midi se chargent d'en élever la température moyenne, et pendant l'été, toutes les mers environnantes emmagasinent de la chaleur pour l'exhaler graduellement pendant l'hiver. L'est seul envoie parfois ses vents secs, très-chauds en été, glacés en hiver ; mais les monts scandinaves, les Sudètes, les Carpathes et les Alpes se dressent comme des barrières au travers de ces vents et en garantissent l'Europe occidentale. On peut se faire une idée de l'influence des vents sur les climats de la France et de l'Angleterre par la figure de la page suivante ; tandis que les vents nord-est, assez rares, élèvent la température estivale de Paris, et dépriment celle de l'hiver presque jusqu'au point de glace, les vents du sud-ouest égalisent le climat, apportant la fraîcheur pendant la saison chaude, la chaleur pendant la saison froide.

Un autre grand contraste climatérique est celui que présentent les rivages de la mer et les régions situées sous la même latitude, à l'intérieur des continents. Par suite du mélange incessant des eaux qui s'opère dans son bassin, la mer égalise les températures ; dans les parages rapprochés des glaces, elle roule des eaux tièdes venues de l'équateur ; sous les tropiques, elle reçoit l'afflux des courants polaires ; le grand tournoiement de ses flots apporte la fraîcheur sous les zones brûlantes et ramène une douce température dans

la région des neiges. Grâce à sa mobilité, la mer n'a pas de
degrés de latitude pour ainsi dire, elle mêle les climats,
atténue sur les rivages qu'elle baigne les extrêmes de chaleur et de froid, maintient dans la marche des saisons une

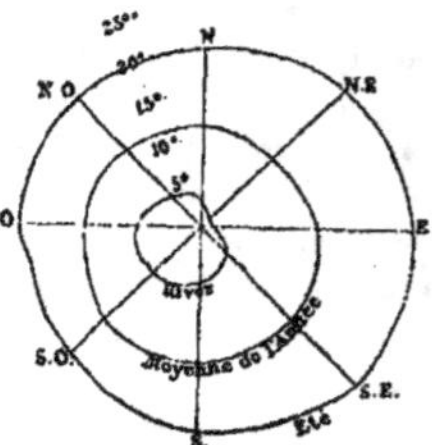

Fig. 151. Variation de la température à Paris suivant les différents vents;
d'après Mahlmann et Lalanne.

allure beaucoup plus doucement graduée qu'elle ne l'est
sur les terres éloignées de l'Océan. De contrées qui subiraient un froid polaire, si elles n'étaient situées au bord des
flots, la mer fait des parties de la zone tempérée; elle
change l'hiver en une suite de l'automne; elle prolonge le
printemps jusqu'en été. Les froids rigoureux et les chaleurs
accablantes que l'on subit dans l'intérieur des continents
sont complétement inconnus en pleine mer; aucun voyageur
n'a encore observé de température océanique supérieure à
31 degrés [1]. On peut juger de l'influence modératrice de la
mer par la comparaison des climats de deux villes se trouvant à peu près dans les mêmes conditions, si ce n'est que
l'une est située dans l'intérieur des terres et l'autre sur le
rivage de l'Océan. Telles sont notamment Plymouth, baignée
par les douces vapeurs de la Manche, et Varsovie, placée
presque au centre du continent d'Europe. M. Emmanuel

1. Kämtz, *Meteorologie*.

Liais, qui a étudié cette question d'une manière approfondie, a pris pour exemples deux points beaucoup plus
rapprochés, Paris et Cherbourg. Bien que cette dernière
ville se trouve à peu près à un degré de latitude plus au

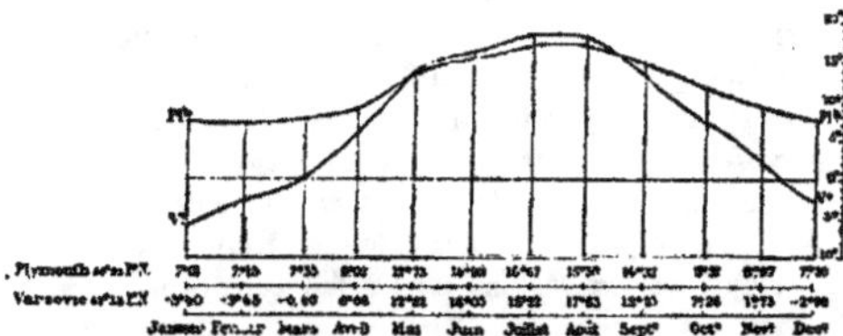

Fig. 155. Climat continental de Varsovie et climat océanique de Plymouth.

nord que Paris, cependant la température moyenne y est
plus élevée; elle est de 11°29, celle de Paris étant de
10°,70 seulement. La différence est bien plus grande entre
les climats d'hiver des deux villes, puisque, pendant une
série de neuf années, la température moyenne de trois mois
d'hiver était de 6°,6 à Cherbourg et de 3°,30 à Paris. L'écart
entre les températures d'hiver des deux localités est d'autant plus fort que le froid est plus intense à Paris, car
c'est précisément alors que les eaux relativement tièdes de
la mer exercent sur le littoral leur plus grande influence
pour adoucir le climat. Par contre, la mer abaisse, en été, la
température de Cherbourg, puisque, dans cette ville, le mois
le plus chaud est plus froid qu'à Paris de 1°,46. Dans la
cité du bord de la Manche les six mois d'octobre à mars
sont plus chauds, tandis que les six mois d'avril à septembre sont plus frais. Quant à l'écart total entre la plus
haute et la plus basse température annuelle, il était à Paris
de 43°,3, pendant les quatre années qui se sont écoulées de
1848 à 1852; à Cherbourg, il a été de 36°,7 seulement pendant la même période. Cette différence entre les climats du

littoral du Cotentin et de la vallée de la Seine produit une
différence correspondante entre les végétations des deux
pays. Dans les environs de Cherbourg, les figuiers, les lauriers, les myrtes et un grand nombre d'autres espèces
d'arbres et d'arbustes qui périraient dans le voisinage de
Paris, prennent un développement remarquable. Il en est
de même sur toutes les côtes de Bretagne, et notamment à
Roscoff, où l'on voit un énorme figuier, l'un des plus
magnifiques monuments du monde végétal.

Le contraste est plus grand encore entre les îles envi-
ronnées de vapeurs marines, comme l'Irlande ou la Grande-
Bretagne, et les régions tout à fait continentales, situées,
comme les steppes de la Tartarie ou les plateaux de l'Asie
centrale, à plus de 1,000 kilomètres des rivages de l'Océan.
Tandis qu'en Irlande, baignée par les eaux du Gulf-stream,
une température, comparativement fraîche en été, tiède en
hiver, entretient une végétation constante et transforme
l'île en une « émeraude des mers », les steppes des Bach-
kirs, situés sous la même latitude, sont tour à tour torréfiés
par la chaleur et glacés par le froid, et la végétation y est
des plus appauvries. Dans les environs d'Astrakhan, qui
se trouve à la même distance de l'équateur que les vignobles
de la Charente, les ceps donnent d'excellents vins, grâce
à la forte chaleur de l'été, mais à la condition qu'on les
enterre pendant l'hiver pour qu'ils échappent à l'action
fatale du froid.

Les autres contrastes climatériques observés dans les
différents pays à égale latitude proviennent de la diversité
des reliefs et des sols. De hautes montagnes changent la
température normale d'un pays, soit en arrêtant, soit en
détournant les vents chauds ou les vents froids, soit aussi
en abaissant la température de l'atmosphère et en la pri-
vant de l'humidité qu'elle contenait. Les forêts ont aussi
leur action. Elles abritent le sol contre les rayons du soleil,
puis, quand la chaleur reçue par la terre retourne dans

les espaces, leurs branches entremêlées sont un puissant obstacle au rayonnement. L'influence générale qu'elles exercent sur le climat est modératrice comme celle de la mer; elles rapprochent les extrêmes de température en rafraîchissant l'été et en réchauffant l'hiver. De même un sol humide et marécageux reçoit plus lentement la chaleur que ne le font les terres arides ou les espaces sablonneux; mais aussi la garde-t-il avec plus de ténacité. Chaque trait extérieur de la planète modifie le climat local et le distingue de tous les climats environnants dans ses oscillations diurnes, mensuelles, annuelles et séculaires.

III.

Lignes isothermes. — Équateur thermique. — Pôles de froid. — Accroissement
de la température vers les pôles. — Mers libres.

Humboldt, le premier, eut, il y a cinquante ans, l'idée de réunir tous les points de la terre où la moyenne des températures qui se succèdent pendant l'année donne le même nombre de degrés de chaleur : ces lignes idéales, tracées sur la rondeur de la planète, ce sont les *isothermes*, qui donnent la latitude thermique, bien différente de la latitude géométrique. Tandis que les lignes des degrés tracées de 111 kilomètres en 111 kilomètres parallèlement à l'équateur, sont d'une parfaite régularité et correspondent à d'autres lignes idéales tracées par les astronomes sur la courbe sphérique des cieux, les isothermes s'infléchissent en nombreuses sinuosités de formes différentes dans toutes les parties de la terre. Les diverses causes qui modifient la température d'un lieu et recourbent par conséquent les lignes isothermes vers le pôle ou vers l'équateur ont été énumérées avec le plus grand soin par Humboldt. Parmi ces causes, les principales, après la latitude, sont, on le

ISOTHERMES DU PACIFIQUE

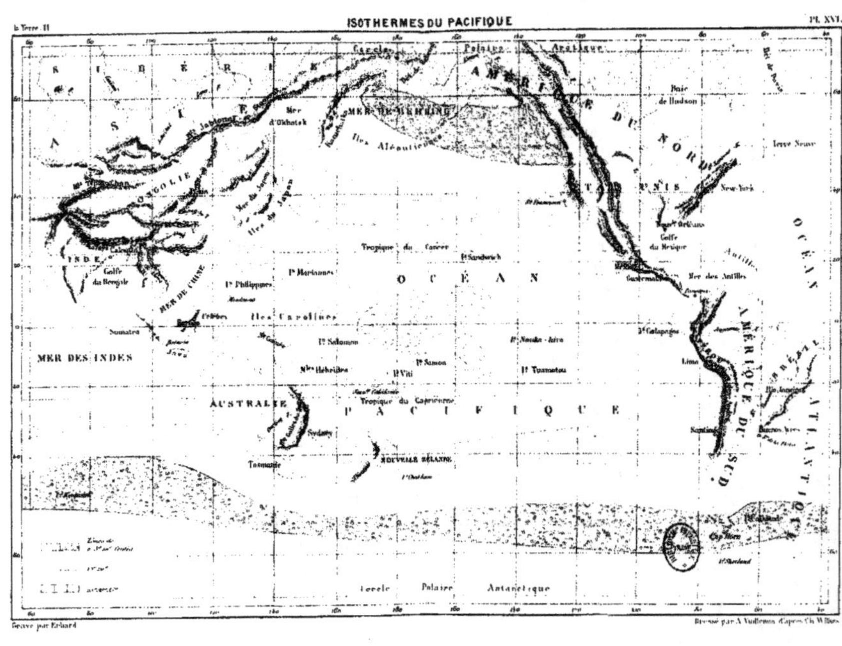

sait[1], la direction des courants atmosphériques et maritimes, la hauteur de la contrée, la disposition des chaînes de montagnes, la forme des côtes, leur orientation relativement aux mers voisines, la nature du sol, celle de la végétation.

L'équateur thermique, c'est-à-dire la courbe de plus grande chaleur moyenne, de chaque côté de laquelle la température diminue graduellement vers les pôles, est presque en entier situé dans l'hémisphère boréal, plus chaud que l'hémisphère du sud. D'après les observations des météorologistes, cette ligne traverse l'Amérique près de l'isthme de Panama, au point de jonction des deux continents, puis longe les côtes de la Colombie, du Venezuela et des Guyanes jusque vers l'embouchure du fleuve des Amazones, et là s'infléchit légèrement au sud de l'équateur. Au-dessus de l'Atlantique, la courbe de plus grande chaleur remonte obliquement vers le continent africain, où l'appelle le puissant foyer du Sahara, la région la plus chaude du monde entier. On ne sait point encore quelle direction précise suit l'équateur thermique dans ces contrées brûlantes, de même que dans les déserts de l'Arabie et sur les côtes des deux péninsules gangétiques; il est certain seulement qu'en traversant l'ancien monde, il ne cesse de se maintenir au nord de la ligne équinoxiale. Dans la mer de la Sonde et le Pacifique, il s'infléchit de nouveau vers le sud, et peut-être qu'en divers points il pénètre dans l'hémisphère méridional. Vu le manque d'observations thermométriques recueillies pendant un long espace de temps, l'équateur thermique tracé sur les cartes ne peut l'être encore que d'une manière provisoire; c'est une simple approximation, que des recherches subséquentes rapprocheront de plus en plus de la vérité.

Sur les divers points de cette ligne de plus grande cha-

----

1. Voir, ci-dessus, p. 464.

leur, la température est loin d'être partout la même. Au-dessus de l'Océan, elle est de 25 ou de 26 degrés; sur les côtes de la Colombie et des Guyanes, elle est de 27 degrés en moyenne; à Calcutta elle atteint 28 degrés; aux bouches du Niger, elle est beaucoup plus forte (29°,6), et nul doute que, dans l'intérieur de l'Afrique et de l'Arabie, en maints endroits où ne parviennent pas les brises rafraîchissantes de la mer, la température moyenne de l'année ne soit encore supérieure. Les espaces où règne cette chaleur exceptionnelle forment ainsi, sur le parcours de l'équateur thermique, des sortes d'îles dont les contours flottent çà et là, suivant les différences du relief à la surface de la terre et les phénomènes de l'atmosphère. Les recherches de Mahlmann ont prouvé qu'il existe aussi dans la zone tropicale des îles de moindre chaleur et que l'équateur thermique se bifurque autour de régions plus froides.

Au nord et au sud de ces îles isothermiques, d'une température plus haute ou plus basse, se déroulent, sur toute la rondeur terrestre, les sinuosités des isothermes proprement dites. Dans l'hémisphère méridional, où les continents vont en s'amincissant graduellement vers le sud, et où l'influence modératrice de l'Océan tend à fondre tous les contrastes climatériques, les lignes d'égale température annuelle semblent être assez régulières, et dans la mer Antarctique, elles sont sensiblement parallèles aux degrés de latitude. Les courbures les plus marquées de ces isothermes du sud sont celles qui se développent immédiatement à l'ouest de l'Afrique et de l'Amérique méridionale, sous l'influence des courants d'eau froide qui se dirigent vers l'équateur en longeant les côtes de ces deux continents.

Dans l'hémisphère boréal, les sinuosités des lignes isothermes sont beaucoup plus prononcées que dans l'autre moitié du monde et coupent les degrés de latitude sous les angles les plus divers. Considérées d'une manière générale, les lignes isothermes de l'hémisphère du nord ont la forme

d'une double vague dont les crêtes se redressent sur les
rivages occidentaux de l'Europe et vers ceux de la Californie, tandis que les dépressions coïncident avec les côtes
orientales de l'ancien et du nouveau monde [1]. La vague iso-
thermique la plus élevée est celle qui se redresse au large
des côtes de la Nouvelle-Angleterre, de Terre-Neuve, de
l'Irlande, et dont le point culminant se trouve au nord des
îles Britanniques; on dirait le tracé du Gulf-stream, et c'est
en effet ce courant d'eau chaude qui repousse vers le nord
tout le système des isothermes. La ligne de 15 degrés centigrades, qui passe sur la côte de la Caroline du Nord, près
du cap Hatteras, vient couper le midi de la France, de
Bayonne à Montpellier, à 9 degrés de latitude plus au nord.
Entre New-York et Dublin, où la température moyenne est
la même (10°), la différence de latitude est de 13 degrés;
elle est de 16 degrés, près de 1,800 kilomètres, entre Qué-
bec et Trondhjem, où passe l'isotherme de 4 degrés centigrades. Enfin l'écart est plus considérable encore pour
l'isotherme du point de glace.

Quelles que soient les sinuosités des lignes d'égale
température, elles indiquent toutes un décroissement plus
ou moins rapide de la chaleur entre l'équateur et les deux
zones polaires. Dans l'hémisphère boréal, on a pu tracer
approximativement les diverses lignes isothermes jusqu'à
celle qui donne une température moyenne de — 15 degrés
centigrades; mais au delà, les observations ont été trop
rares pour qu'il ait été possible de marquer des lignes dont
le tracé ne soit pas presque entièrement hypothétique. La
direction générale des courbes rend seulement très-probable
que, dans le cercle polaire, il existe au moins deux îles isothermiques de froid correspondant aux îles isothermiques
de chaud qui se trouvent dans le voisinage de l'équateur.
D'après Brewster, il y aurait, dans l'océan glacial du Nord,

1. Voir, ci-dessus, p. 91.

deux de ces régions de plus grand froid, véritables pôles météorologiques, se déplaçant incessamment suivant les alternatives des saisons, mais se maintenant dans toutes leurs oscillations à plusieurs centaines de kilomètres de distance du pôle géométrique. L'un de ces pôles de froid se trouverait au nord du continent asiatique, non loin de l'archipel connu sous le nom de Nouvelle-Sibérie, et la température moyenne en serait de — 17 degrés environ. Le pôle américain oscillerait au milieu des îles occidentales de l'archipel polaire, et le froid y dépasserait — 19 degrés centigrades. Les recherches de Mühry ont rendu très-probable que, dans l'hémisphère antarctique, il existe aussi deux pôles de froid[1]. Les régions dont le climat est le plus rigoureux seraient donc situées sous des latitudes que l'homme a déjà visitées, et par conséquent le pôle proprement dit ne serait point cette formidable citadelle de glaces que les géographes imaginaient autrefois. C'est à tort que l'on croyait à l'existence d'une banquise s'épaississant graduellement vers le centre et recouvrant toute la rondeur polaire ; c'est à tort que l'on se figurait les deux extrémités de l'axe terrestre comme à jamais inabordables à cause de l'intensité du froid.

D'ailleurs, les calculs du mathématicien Plana portent à croire que la quantité totale de chaleur reçue s'accroît graduellement du cercle polaire vers la dépression centrale de la zone arctique. D'après les recherches déjà fort anciennes du mathématicien Lambert, on pensait que l'insolation totale à l'équateur étant prise pour 700, elle n'était plus que de 646 au tropique du Cancer, de 516 au quarante-cinquième degré de latitude, de 350 au cercle polaire, et qu'au pôle, elle était représentée par le nombre beaucoup plus faible de 287. Par suite d'éléments négligés dans ces calculs, il se trouverait au contraire que la température

1. *Zeitschrift für Meteorologie von Jelinek,* 1867.

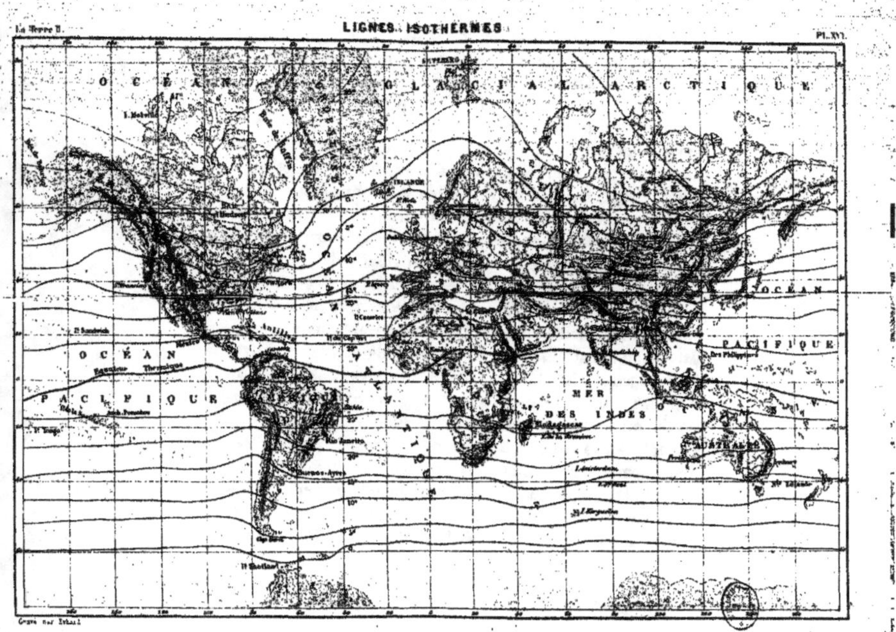

OCÉAN GLACIAL ARCTIQUE
I. Melville
OCÉAN
PACIFIQUE
Iles Philippines
OCÉAN
PACIFIQUE
Équateur Thermique
I. Sandwich
I. Togo
Iles Açores
Iles Canaries
Antilles
Madagascar
MER DES INDES
AUSTRALIE
Nle Zélande
Rio Janeiro
Buenos-Ayres
Iles du Cap Vert
I. Amsterdam
I. Paul
Iles Kerguelen
Cap Horn
Iles Shetland

moyenne, après avoir graduellement décru du tropique aux limites de la zone glaciale, s'élèverait ensuite d'une manière normale jusqu'au pôle, qui serait ainsi, du moins théoriquement, le point le plus chaud de toute la calotte arctique : les froids seraient moins rigoureux au pôle boréal qu'ils ne le sont sur les côtes de l'Amérique du Nord et de la Sibérie, à 2,600 kilomètres plus au sud. Quoi qu'il en soit, il est certain que, pendant les six mois d'été, l'insolation est plus forte au pôle que sur toute autre partie de la zone boréale, car, suivant l'expression de M. Gustave Lambert, « il est toujours midi » durant l'été du pôle, à cause de la position de la terre relativement au soleil. D'après les calculs faits par Halley, il y aura bientôt deux siècles, la moyenne estivale doit augmenter du soixantième degré de latitude au pôle boréal dans la proportion de 9 à 10.

L'expérience des navigateurs polaires a pleinement confirmé les données de la théorie, d'après laquelle la série des isothermes arctiques marquerait un accroissement graduel de la température. Lors de son célèbre voyage en 1827, Parry s'était hasardé avec ses hardis compagnons sur la grande banquise qui s'étendait au nord du Spitzberg. S'imaginant que cette banquise était un véritable continent de glace, il s'était élancé à travers ces régions polaires, comme s'il eût eu à traverser les steppes glacés de la Sibérie ; mais, à mesure que les traîneaux avançaient vers le nord, la banquise devenait plus légère et plus fissurée ; elle descendait au sud, entraînée par un courant de dérive, et devant les voyageurs, du côté de ce pôle tant désiré, s'étendait au loin une mer libre où flottaient à peine quelques glaçons isolés. Au point extrême de sa périlleuse expédition vers le nord, Kane découvrit aussi une immense nappe d'eau complétement libre de glaces, et cela immédiatement au nord du détroit de Smith, où les fragments entremélés des débris de glaciers et des banquises forment un dédale si difficile à traverser. Au nord des côtes de la Sibérie, tout

encombrées de « toroses, » Wrangell et d'autres navigateurs
ont également constaté l'existence d'une mer libre, à laquelle on a donné le nom de Polynia. Enfin, dans l'hémisphère antarctique, James Ross a trouvé des parages relativement débarrassés de glace au delà de cette haute muraille
à travers laquelle il avait eu à s'ouvrir si péniblement un
chemin. Ainsi l'on peut admettre comme probable qu'il
n'existe point de calotte de glace continue aux deux extrémités de la terre; il y aurait plutôt une mer libre, à température relativement élevée, et ceinte de toutes parts, soit par
des îles et des archipels, soit par une banquise circulaire.
Les deux ceintures de glace du sud et du nord seraient, dit
M. Charles Grad, comme la représentation visible des lignes
isothermes de plus basse température, et, de chaque côté,
la rigueur du froid irait en diminuant.

IV.

L'écart total observé sur divers points de la terre entre
les températures extrêmes de froid et de chaud dépasse de
beaucoup 100 degrés. Le capitaine Back a subi, à Fort-
Reliance, dans l'Amérique anglaise, une température de
— 56°,74, à peine inférieure à celle que l'on croit régner
dans les espaces interplanétaires; un voyageur russe a constaté près de Semipalatinsk un froid de 58 degrés; bien
plus, Gmelin aurait éprouvé (?) à Kiringa, en Sibérie, le
froid vraiment terrible de — 84°,4[1], tandis que M. Duveyrier, voyageant dans le pays des Touaregs, a vu la co-

1. Thomson; — John Herschel, *Physical Geography*, p. 238.

lonne thermométrique indiquant une chaleur de 67°,7.
Ainsi, même sans tenir compte de l'observation, probablement erronée, de Gmelin, la série des températures constatées comprend de 124 à 125 degrés, et certainement l'homme a dû fréquemment souffrir, sans qu'il pût les mesurer, des extrêmes de froid et de chaud encore supérieurs à ceux que l'on a régulièrement observés. Déjà sur un même point de la terre, les températures les plus élevées et les plus basses offrent parfois, dans le cours de l'année, l'écart énorme de plus de 80 degrés. Dans les vastes plaines gelées de l'Amérique du Nord, où Back eut à supporter le froid si rigoureux de — 56°,7, Franklin éprouva, pendant le long jour estival, une chaleur torride de 30°,5. Entre ces deux extrêmes, l'échelle de température parcourue dans l'année est d'environ 87 degrés. Non loin de l'équateur, les régions dites « brûlantes » du Sahara offrent, d'après Duveyrier, un écart thermométrique presque aussi considérable que celui des contrées polaires de la Nouvelle-Bretagne [1]. C'est qu'en dépit de la différence de latitude, les déserts de l'Afrique et les plaines granitiques de l'Amérique du Nord se ressemblent par leur position continentale et l'uniformité relative de leur relief. Éloignées de l'Océan, ce grand égalisateur des climats, et dépourvues de hautes chaînes de montagnes qui puissent arrêter les vents froids ou chauds accourus des divers points de l'horizon, ces contrées doivent subir toutes les brusques alternatives de température. Combien plus égaux sont les climats où l'action modératrice des eaux marines, comme à Surinam, aux Canaries et à Madère, ou bien l'abri que présente un rempart de montagnes, comme sur le littoral des Alpes génoises, maintient une température dont les extrêmes s'écartent seulement de 11 à 30 degrés! En France, pays qui représente une sorte de moyenne par un grand nombre

---

1. Voir, dans le premier volume, le chapitre intitulé *les Plaines*.

de ses traits physiques, l'écart entre les froids les plus vifs
et les chaleurs les plus fortes atteint rarement 50 degrés, et
dans les années ordinaires ne dépasse point 45 divisions du
thermomètre centigrade. Pendant toute la série des observations météorologiques faites à Paris depuis le siècle dernier, le mercure du thermomètre a oscillé en tout de 61°,5;
à Nice, la hauteur totale parcourue a été de 43 degrés.

De cette amplitude plus ou moins grande de l'échelle
thermométrique dans les diverses contrées du monde, il
résulte que les lignes d'égale température pour chaque saison, et bien plus encore pour chaque mois, sont beaucoup
plus sinueuses que les isothermes de l'année. On donne le
nom d'*isochimènes* aux lignes qui relient toutes les localités
où la température de l'hiver s'équilibre autour du même
degré de chaleur; les *isothères* sont les courbes tracées à
travers les régions qui présentent en moyenne la même
température estivale. On pourrait aussi couvrir les cartes
de lignes *isoères*, ou d'égale température de printemps, et
de lignes *isométopores*, ou d'égale température d'automne;
on pourrait même dessiner, à travers les continents et les
mers, des *isomènes*, ou courbes de chaleur moyenne, pour
chaque mois de l'année; mais les observations météorologiques n'étant point encore assez nombreuses pour que cet
immense travail puisse offrir toute la certitude désirable, il
vaut mieux se borner provisoirement à l'étude des isothères
et des isochimènes, qui ont, sur toutes les autres lignes de
température saisonnière ou mensuelle, l'avantage d'indiquer
les périodes extrêmes dans les alternatives de la chaleur.

La direction suivie par les isothères et les isochimènes
en Europe et dans l'Amérique du Nord est un exemple singulièrement frappant de l'influence que l'inégale répartition
des terres et des mers exerce sur les climats. En été, alors
que l'hémisphère boréal est incliné vers le soleil et reçoit
la plus grande quantité de chaleur, les contrées situées à
l'intérieur des continents du nord sont beaucoup plus

échauffées que les pays riverains de la mer ; pendant la saison des froids, c'est le contraire : les vents et les courants qui viennent de la zone équatoriale tempèrent la rigueur du froid dans le voisinage des côtes, tandis qu'au loin dans les espaces continentaux, l'influence attiédissante de l'Océan et des courants aériens du sud se fait beaucoup moins sentir. En conséquence, les isothères se recourbent vers le nord dans les deux masses septentrionales de l'ancien et du nouveau monde, et s'infléchissent au sud en traversant l'Atlantique et le Pacifique ; par contre, les isochimènes se reploient au sud dans leur passage par les continents d'Amérique, d'Europe, d'Asie, et se recourbent en certains endroits à plus de 1,000 kilomètres vers le nord, en se déployant à travers les mers. Le contraste entre les courbes du climat continental et celles du climat océanique devient encore beaucoup plus frappant quand on prend, pour les opposer les unes aux autres, comme l'a fait Kiepert, les lignes isothermiques de janvier, qui est en moyenne le mois le plus froid, et celles de juillet, qui est le mois le plus chaud. Dans la Grande-Bretagne surtout, cette opposition des climats d'hiver et d'été est remarquable. L'influence bénigne du Gulf-stream et des vents d'ouest va même, ainsi que le montre une moitié de la figure 156, jusqu'à reployer complétement les lignes isochimènes, qui se développent ainsi du sud au nord, au lieu de courir de l'ouest à l'est, parallèlement aux degrés de latitude.

On comprend l'influence décisive que doivent exercer sur les plantes et sur les animaux ces inégalités offertes, dans leurs alternatives de chaleur, par des régions ayant d'ailleurs la même température moyenne : telle espèce qui supporte bien les rigueurs de l'hiver sans craindre les ardeurs de l'été, se propage sur de vastes régions dans l'intérieur des continents ; telle autre espèce qui redoute les basses températures hivernales ne dépasse pas, loin des côtes de l'Océan, des latitudes qu'elle franchit de plusieurs degrés dans le voisinage de la mer. Ainsi l'élan vit dans cette péninsule de Scandinavie que baignent les eaux tièdes du Gulf-stream, à 1,100 kilomètres plus au nord que dans la Sibérie aux froids et aux chaleurs extrêmes [1].

Le tracé des diverses lignes isothermiques repose en grande partie sur de simples probabilités, puisque, entre tous les points dont la température a été observée pendant une période plus ou moins longue d'années ou seulement de mois, il reste çà et là de très-larges intervalles où nulle mesure thermométrique n'a encore été faite. Ce sont des espaces incertains, à travers lesquels les météorologistes ne pourront dessiner leurs lignes d'égale température tant qu'ils n'auront pas à les appuyer sur une série d'observa-

1. Voir les deux chapitres suivants.

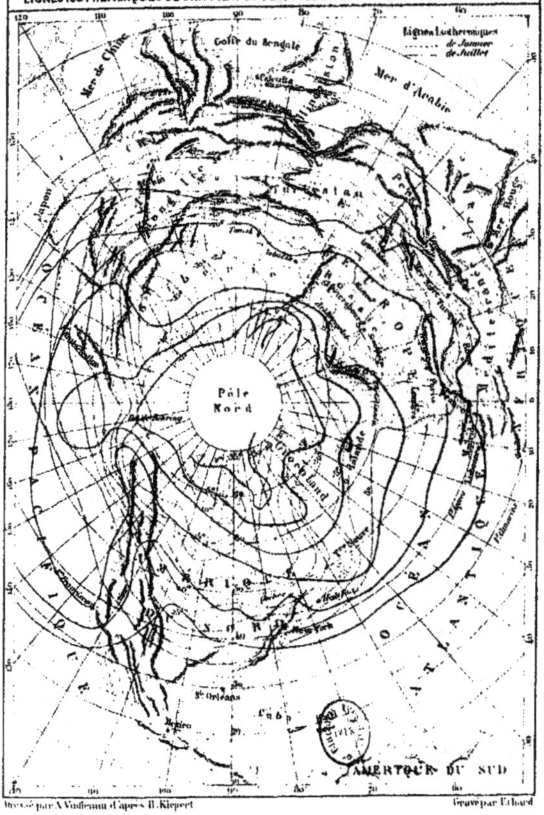

LIGNES ISOTHERMIQUES DE JANVIER ET DE JUILLET DANS L'HÉMISPHÈRE BORÉAL

Dessiné par A. Vuillemin d'après H. Kiepert   Gravé par Erhard

tions précises. Des milliers de personnes, aux États-Unis, au Canada, dans les Antilles, dans l'Hindoustan et l'Afrique méridionale, ont joint leurs efforts à ceux de tous les savants officiels, pour noter les innombrables oscillations de chaleur et de froid qui, par leur groupement, doivent révéler les lois de la température. Jour après jour, ils constatent les variations horaires qui leur permettent ensuite d'établir la chaleur moyenne du jour, du mois et de l'année, puis de comparer le lieu dont ils ont étudié le régime à d'autres localités où les alternatives du froid et du chaud se succèdent d'une manière plus ou moins analogue.

Des millions de variations horaires qu'on a observées depuis un siècle en diverses parties du monde, il ressort que la plus forte chaleur de la journée se fait sentir en moyenne entre une et deux heures de l'après-midi, tandis que la plus basse température précède d'une heure ou seulement d'une demi heure le lever du soleil. Il est facile de comprendre pourquoi les extrêmes de chaud et de froid ne coïncident point exactement avec le milieu du jour et celui de la nuit. Après l'heure de midi, quand le soleil redescend vers l'horizon, les rayons de l'astre continuent de réchauffer le sol et l'atmosphère; c'est plus tard seulement que la perte de chaleur, causée par le rayonnement, équilibre, puis surpasse le gain, et que la température commence à s'abaisser. Pendant la nuit, le phénomène contraire se produit; la terre et l'atmosphère qui l'entoure ne cessent de se refroidir jusqu'à ce que l'aurore annonce la prochaine apparition du soleil, et que le rayonnement nocturne soit compensé par la chaleur croissante du jour nouveau. Dans l'île de Java, c'est quelques minutes après une heure de l'après-midi que la chaleur diurne atteint son maximum, et c'est en moyenne un peu avant six heures du matin qu'elle se trouve à son minimum. A Paris, d'après les observations de Bouvard, la température la plus haute (14°,47) se fait sentir à deux heures de l'après-midi; la température la plus basse (7°,13) tombe

À quatre heures du matin, et la chaleur moyenne du jour, qui est en même temps celle de l'année (10°,67), revient aux périodes correspondantes de 8 heures 20 minutes du matin et de 8 heures 20 minutes du soir.

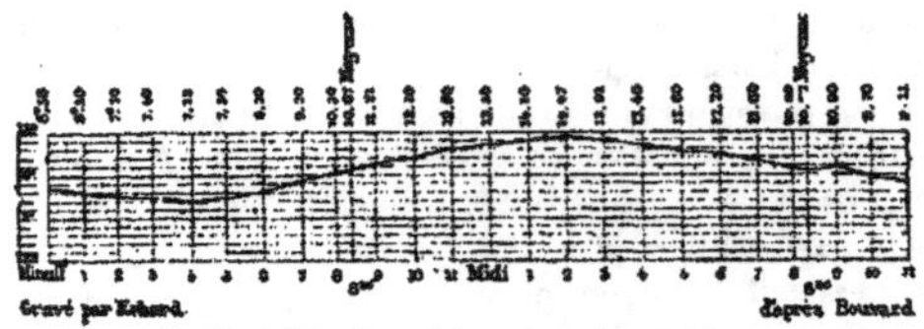

Fig. 157. Variations diurnes de la température moyenne à Paris.

Les variations mensuelles offrent, dans leurs oscillations régulières, le même phénomène que les variations horaires. Ce n'est point au solstice de juin que l'hémisphère boréal jouit de la plus forte quantité de chaleur, et ce n'est point au solstice de décembre qu'il subit les froids les plus rigoureux. Quand le soleil a cessé d'éclairer du zénith les contrées situées au-dessous du tropique du Cancer, la chaleur augmente encore jusqu'en juillet, et même jusqu'en août dans un grand nombre de régions situées vers le pôle boréal et dans les pays de montagnes; en revanche, les grands froids de l'hémisphère du nord continuent et s'aggravent quand déjà les rayons solaires lui apportent une quantité croissante de chaleur. En Europe et dans l'Amérique du Nord c'est le mois de janvier qui est ordinairement le plus froid; il est même des villes, comme Palerme, Gibraltar, la Nouvelle-Orléans, où la température la plus basse de l'année tombe en février, à peine un mois avant l'équinoxe du printemps.

Dans le voisinage de l'équateur, éclairé par un soleil vertical, les variations mensuelles de température sont beaucoup moins importantes que dans les contrées situées en

dehors des tropiques, et dépendent beaucoup plus de la direction des vents et de l'alternance des pluies et des sécheresses que de la position du soleil sur l'écliptique. C'est ainsi
qu'à Singapore, la différence totale entre le mois le plus froid

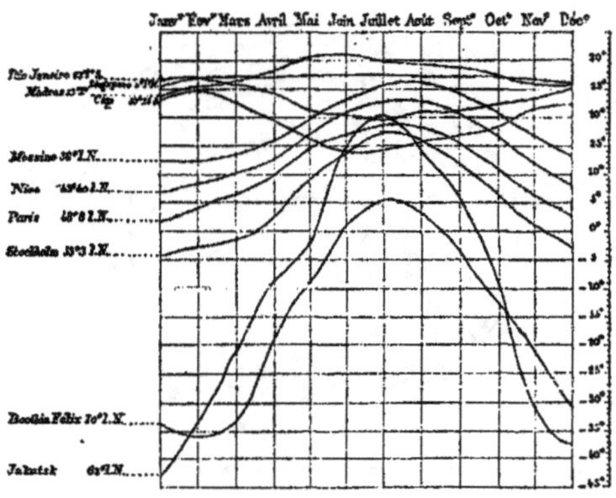

Fig. 158. Variations mensuelles de la température en divers lieux.

et le mois le plus chaud est à peine de 2 degrés. Au sud
de la ligne équinoxiale, les variations mensuelles deviennent de plus en plus considérables, mais en ordre inverse
de celles que l'on constate dans l'hémisphère du nord. Il
résulte des recherches de Dove qu'en prenant la moyenne
de toutes les températures sur la terre entière, c'est le mois
de juillet qui est le plus chaud de toute l'année.

Pour se rendre compte de la variation moyenne de la
chaleur et du froid de mois en mois et aux différentes
heures de la journée, les météorologistes ont eu l'ingénieuse idée de tracer des courbes qui, par leur écartement

du point central pris comme zéro, indiquent la température horaire pour chaque mois de l'année. Nous donnons,
en exemple de ces diagrammes, une figure qui permet de
lire la température de diverses heures à Bruxelles pendant

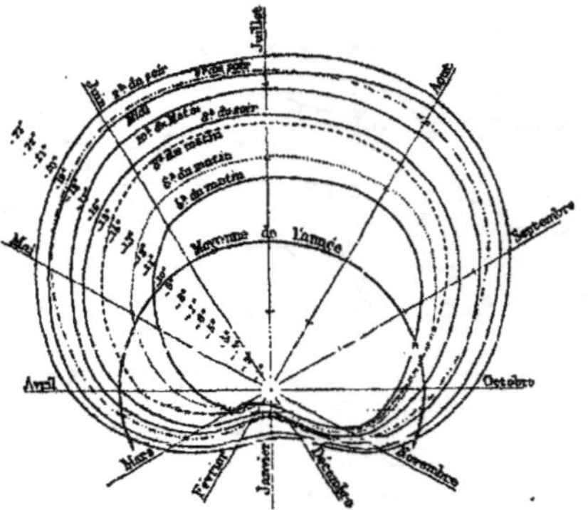

Fig. 159. Températures des mêmes heures dans les différents mois à Bruxelles;
d'après Quételet.

tout le cycle de l'année. Une autre figure très-élégante
(fig. 160), dessinée par M. Léon Lalanne d'après les données
de Kämtz, représente les courbes thermométriques à toutes
les heures du jour suivant les mois : c'est le point de rencontre des lignes horizontales et des lignes verticales qui
indique le degré de chaleur. Ainsi qu'on le voit par la
figure 161, construite avec les mêmes éléments, l'écart
des températures entre le jour et la nuit est beaucoup plus
grand en été qu'en hiver; en outre, les courbes font voir
nettement qu'au grand été succède un petit été, dit de la
« saint Martin » et qu'en mai se fait ordinairement sentir
une recrudescence de froid.

Au-dessus de la surface du sol, les météorologistes
observent dans les couches atmosphériques un décroisse-

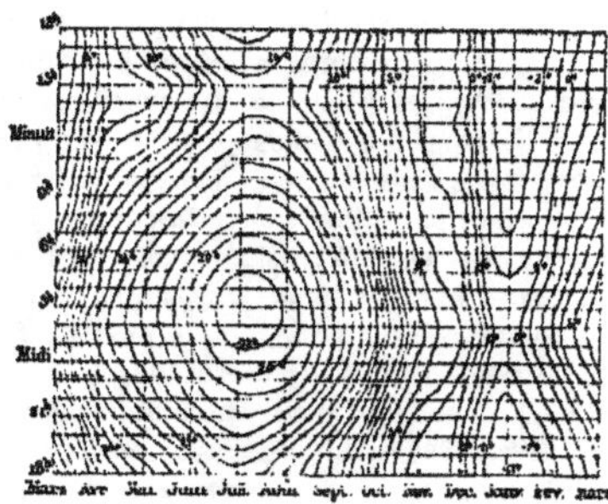

Fig. 160. Variation de la température moyenne mensuelle par heure à Halle.

ment de la température, analogue à celui qui s'opère de la
zone torride à la zone glaciale. L'air raréfié des régions

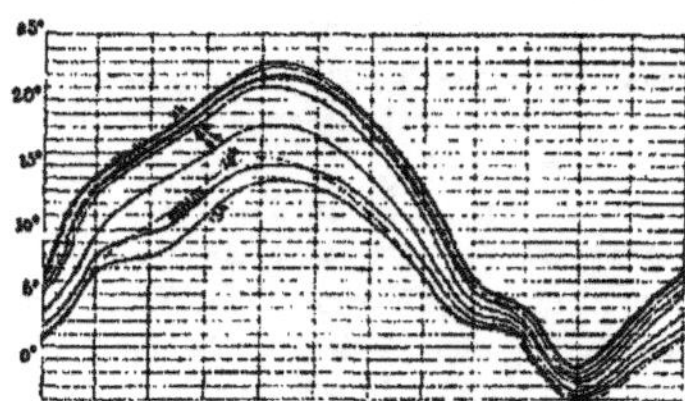

Fig. 161. Température des différentes heures à Halle.

supérieures doit nécessairement se refroidir d'autant plus
qu'il se rapproche davantage des froids espaces interplanétaires et perd la vapeur d'eau qui lui servait d'écran pour

arrêter le rayonnement nocturne de la chaleur. Toutefois, il est rare que la température s'abaisse d'une manière parfaitement régulière de la superficie du sol et de l'Océan jusque dans les hauteurs de l'atmosphère, car les vents, les nuages et les autres météores modifient incessamment le régime des couches aériennes, et fréquemment ceux qui s'élèvent sur le flanc des montagnes pénètrent d'une zone relativement froide dans une zone d'une température plus élevée. L'ordre des climats se trouve interverti. C'est ainsi que, pendant l'hiver de 1838 à 1839, le froid était de — 20° à Andancette, sur le bord du Rhône, tandis que dans les montagnes de Saint-Agrève, à 1,125 mètres plus haut, il était de — 12°. De même M. Glaisher a constaté, dans la nuit du 2 octobre 1867, un accroissement continu de chaleur jusqu'à la hauteur de 300 mètres. En d'autres ascensions, le même aéronaute n'avait point trouvé de changement appréciable entre la température du sol et celle des couches de l'atmosphère jusqu'à 700 mètres de hauteur [1]. D'ailleurs, M. Prestel a prouvé, par de longues et précises observations, que dans la partie de l'air qui repose immédiatement sur le sol, la chaleur augmente d'une manière constante de bas en haut, jusqu'à 9 mètres au moins [2]. Par suite de perturbations météorologiques, cette zone de température croissante peut s'élever parfois à une hauteur considérable au-dessus de la surface terrestre.

Malheureusement, les séries d'observations régulières faites à une grande élévation sont encore bien rares; et même en Suisse, où tant d'hommes éminents s'occupent de recherches scientifiques, il n'existe, au-dessus de 600 mètres, que deux points, l'hospice du mont Saint-Bernard et le col du Saint-Gothard, dont les moyennes mensuelles de tempé-

---

1. Kämtz et Martins, *Météorologie*, p. 200; — Marié Davy, *les Mouvements de l'Atmosphère*, p. 104.

2. *Zeitschrift für Meteorologie von Jelinek*, 1er janvier 1867.

rature soient constatées avec certitude. C'est donc seulement d'une manière approximative que l'on a pu calculer les lois suivant lesquelles la chaleur diminue dans les hauteurs de l'air pendant les diverses saisons. En tout cas, il est désormais certain que, durant l'été et en plein jour, les couches aériennes de température différente sont beaucoup plus minces qu'en hiver et durant la nuit. On peut dire d'une manière générale, avec Helmholz, que la chaleur diminue de bas en haut de 1 degré centigrade par intervalles de 160 mètres en été et de 240 mètres en hiver, sur les flancs des montagnes de la Suisse; pour l'année entière, d'après M. Charles Martins, les intervalles moyens seraient de 172 à 173 mètres. D'autres savants ont trouvé des chiffres légèrement différents. Ainsi de Saussure, auquel revient l'honneur d'avoir fait le premier des observations de ce genre, constata que, sur les pentes occidentales du Mont-Blanc, le décroissement de la température pendant la saison chaude était de 1 degré par 165 mètres environ. Du reste, chaque montagne diffère sous ce rapport, et sur les cimes isolées, comme le Ventoux, les climats superposés sont beaucoup plus rapprochés les uns des autres que sur les flancs des hauteurs qui font partie de vastes systèmes montagneux.

Studer évalue à 400 mètres la hauteur moyenne à laquelle passe l'isotherme de 10 degrés dans les massifs alpins; l'isotherme de 5 degrés plancrait à 1,300 mètres au-dessus du niveau de la mer; celle de la glace fondante contournerait les monts à 2,200 mètres, et la température continuerait de diminuer ainsi de 1 degré par 180 mètres jusqu'aux nues les plus élevées. Ainsi, dans les cartes qui représentent le relief des montagnes par des courbes de niveau concentriques, ces courbes peuvent servir à figurer non-seulement l'accroissement de l'altitude, mais en même temps l'abaissement de la chaleur moyenne : ce sont comme des degrés de latitude superposés. D'ailleurs les observations

des aéronautes ont rendu probable que, dans les hauteurs
de l'atmosphère, l'intervalle s'agrandit de plus en plus pour
chaque décroissement de température de 1 degré. Sur les
limites de l'océan aérien, toute la chaleur que les rayons du
soleil donnent à la terre finit par disparaître, et les froids de

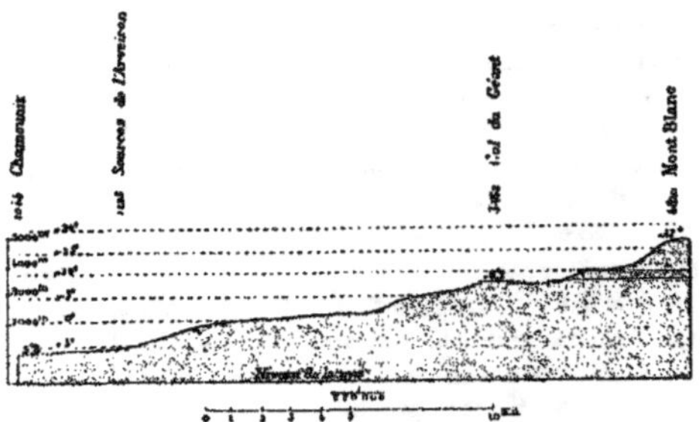

Fig. 168. Succession des climats sur les pentes du Mont-Blanc.

l'espace éthéré, que l'on évalue à 60 degrés environ,
règnent sans partage jusqu'aux planètes voisines.

L'étude des climats qui règnent actuellement à la surface du globe doit se compléter par celle des changements
survenus pendant la période historique; malheureusement
les premières observations météorologiques datent d'une
époque très-rapprochée de nous, et les faits trop peu nombreux ou même incertains sur lesquels on s'appuie pour
arriver indirectement à connaître le régime de la température dans les siècles antérieurs, n'autorisent point les savants
à formuler une loi précise sur la modification des climats.
Depuis longtemps déjà, Arago avait essayé d'établir par
des considérations fort ingénieuses que, dans l'espace des
trente derniers siècles, la Palestine n'a cessé de jouir d'une
température de 21 degrés à 21 degrés et demi, car aujour-

d'hui, comme aux temps de l'histoire des Juifs, la limite
septentrionale de la zone où mûrissent les dattiers et la
limite méridionale de la zone des vignes coïncideraient sur
les bords du Jourdain[1]. Toutefois, Arago n'était pas éloigné
de croire que, dans l'Europe occidentale, le régime de la
température s'est notablement altéré : c'est là ce que prou-
verait, d'après lui, la rétrogradation graduelle des vignobles
vers le midi. De nos jours, on ne cultive plus la vigne sur
les bords du canal de Bristol, ni dans les Flandres, ni dans
la Bretagne, et dans ces contrées, que les chroniques, peut-
être trop louangeuses, nous disent avoir produit des vins
exquis, les raisins ne pourraient mûrir actuellement que
dans les années exceptionnelles. Des titres de propriété
remontant jusqu'à 1561, constatent, dit M. Fuster, qu'on
vendangeait autrefois à des altitudes de 600 mètres sur les
flancs des montagnes du Vivarais, là où la vigne ne porte
plus de fruit pendant le siècle actuel. De même dans les
environs de Carcassonne, la culture de l'olivier a rétrogradé
de 15 à 16 kilomètres au sud depuis une centaine d'années[2];
la canne à sucre a disparu de la Provence où elle était
acclimatée; les orangers d'Hyères, dont la culture s'étendait à l'époque du XVIᵉ siècle jusqu'au village de Cuers, ont
été frappés par la maladie sous un ciel qui ne leur est plus
favorable, et l'on a dû les remplacer par des arbres à fruits
moins frileux, tels que les pêchers et les amandiers. Ne
faut-il voir, avec M. Alphonse de Candolle, dans cette
retraite graduelle des vignes, des oliviers, des orangers,
qu'un simple fait économique provenant de la plus grande
facilité des échanges, ou bien est-il permis d'en inférer que
la température annuelle, ou du moins la chaleur estivale a
diminué en France depuis le moyen âge? Il paraît impossible de répondre avec certitude.

<hr>

1. *Annales des longitudes*, 1834.
2. Bourlot, *Variations de latitude et de climat*, page 46.

On sait aussi que, dans plusieurs parties des Alpes, la tradition parle d'un refroidissement continu des montagnes[1]; d'après tous les botanistes qui ont parcouru les Alpes de la Savoie, de la Suisse et les Carpathes, la lisière des hautes forêts de pins s'est abaissée sensiblement sur les pentes des monts. C'est à 100 mètres de hauteur verticale que M. Kerner évalue le mouvement de retraite opéré par la végétation forestière pendant les deux ou trois derniers siècles : partout on aperçoit, en dehors de la lisière actuelle de la grande végétation, les débris de troncs desséchés, les restes à demi pourris de racines puissantes. Peut-être l'homme et les animaux, vaches et brebis, qui l'accompagnent sur les hauts pâturages, sont-ils les vrais auteurs de cet abaissement graduel de la limite des arbres. Pendant la durée des siècles, la forêt a peu à peu remonté les escarpements et les pentes, les arbres élevés protégeant de leurs branches les petits contre le froid; mais que la moindre atteinte soit portée à ce front de bataille, soit par la hache de l'homme, soit par la dent des animaux, le vent, les neiges, les avalanches, profitent aussitôt de la trouée, et la forêt recommence à descendre sur le flanc des monts. Quelques botanistes attribuent aussi ce recul des forêts de pins, non à la diminution de la chaleur annuelle, mais à la plus grande inégalité des températures, aux alternatives plus soudaines du froid et du chaud, aux gelées et aux dégels du printemps. Ce qui rend cette hypothèse très-probable, c'est que, dans les plaines de la Hongrie, on a observé de constants empiétements des plantes des steppes dans la direction de l'ouest, et cependant aucun mouvement en sens contraire n'aurait été remarqué pour les espèces occidentales. On en conclut que les climats excessifs avancent graduellement vers l'ouest[2].

---

1. Voir, dans le premier volume, le chapitre intitulé *les Neiges et les Glaciers*.
2. Hann, *Zeitschrift für Meteorologie von Carl Jelinek*, t. I, 1867.

D'ailleurs, les observations thermométriques directes ont prouvé que, depuis un siècle, le froid s'est légèrement accru en divers endroits de l'Allemagne, à Regensburg (Ratisbonne), Prague, Hambourg, Arnstadt : le mois de décembre surtout y est devenu relativement beaucoup plus froid, tandis que le mois de janvier s'est notablement réchauffé[1]. En revanche, Glaisher a établi que la température moyenne de l'Angleterre s'est accrue de 1°,11 de l'échelle centigrade pendant les cent dernières années, et, pour le seul mois de janvier, l'augmentation de température n'est pas moindre de 1°,66. Dans cette contrée, les extrêmes se sont rapprochés, le climat est devenu plus doux et plus égal.

Un autre changement climatérique semble également prouvé : l'Irlande et le Groenland oriental seraient devenus beaucoup plus froids depuis le xiv° siècle, car dans la première contrée, les grands arbres ont cessé de croître et, sur les rivages opposés du Groenland, nombre de vallons, jadis habités, sont devenus complétement inaccessibles par suite de l'envahissement des glaces. Quoi qu'il en soit, on ne saurait douter que les climats ne se modifient incessamment d'une manière plus ou moins sensible sur tous les points de la surface terrestre, puisque les phénomènes physiques desquels dépend en partie l'inégale répartition des températures ne cessent de changer eux-mêmes. Les montagnes, dont la masse arrête les vents, contribue à la formation des nues et sollicite les neiges et les pluies, s'abaissent peu à peu et leurs matériaux servent à combler les lacs et à jeter de longues péninsules dans la mer; les fleuves changent de cours, et le volume de leurs eaux s'accroît ou diminue; des marécages se dessèchent, tandis que d'autres se forment au milieu des plaines; les continents s'affaissent ou se soulèvent; ici des archipels se montrent au-dessus de l'Océan,

1. Fritsch, *Zeitschrift für Meteorologie von Jelinek*, n° 18, 1867.

et des îles s'engouffrent ailleurs; les courants maritimes, les
vents de l'atmosphère sont dans un perpétuel changement.
Ainsi que le témoignent les restes fossiles des faunes et des
flores d'autrefois[1], de fortes oscillations climatériques ont
eu lieu dans chaque période de l'histoire de la terre, et des
cycles de chaleur et de froid, analogues à nos saisons
annuelles d'hiver et d'été, se sont succédé pendant le cours
des âges. Sans qu'il soit nécessaire d'admettre un changement d'axe et la variation des latitudes terrestres, on peut
affirmer que l'époque actuelle, comme les époques antérieures, offre aussi, dans ses climats, toute une série de
changements successifs, et déjà l'histoire nous prouve que,
dans ces modifications si importantes du régime de notre
globe, les travaux de l'humanité entrent pour une très-large
part[2].

1. Voir, dans le premier volume, le chapitre intitulé les *Premiers Ages*
2. Voir, ci-dessous, le chapitre intitulé *le Travail de l'Homme*.

TROISIÈME PARTIE

LA VIE

———

CHAPITRE I.

LA TERRE ET SA FLORE.

I.

La multitude des êtres vivants. — Nombre des espèces végétales. — Proportion des dicotylédonées, des monocotylédonées et des cryptogames. — Les forêts et les savanes.

Par la seule harmonie de ses formes, par la disposition rhythmique de tous ses traits extérieurs, la pureté de l'air qui l'entoure et la lumière qui la colore, la surface de la planète est, dans son ensemble, d'une beauté grandiose ; mais ce qui fait surtout la grâce et le charme de la terre, ce sont les myriades infinies d'organismes qui la peuplent. Ce sont eux qui ajoutent une si merveilleuse variété d'aspect, une si grande animation à la majesté sévère que présente la face nue des rochers, telle qu'on la voit encore çà et là dans les régions désertes dépourvues de végétation. La lumière, la chaleur, l'électricité et le magnétisme qui donnent lieu à tant de phénomènes changeants dans le monde organique de l'atmosphère, de la terre et des eaux, développent des tourbillons d'activité dans ce monde de la vie végétale et de la vie animale que la force créatrice des éléments engendre par une mystérieuse transformation. Des centaines de milliers d'espèces diverses, ayant chacune un nombre incalculable de représentants, qui sont eux-mêmes composés de molécules innombrables toujours en voyage de l'être vivant à la terre et de la terre à l'être vivant, germent, grandissent et meurent pour faire place, à leur tour, à d'autres générations d'organismes sans nombre. Ainsi les multitudes succèdent aux multitudes dans l'immense série des âges. Les couches extérieures de la terre sont renouvelées par toute cette matière qui a vécu. Les assises de houille, les masses crétacées, les strates nombreuses de calcaire offrant en maints endroits plusieurs kilomètres d'épaisseur et recouvrant une si large étendue de l'ossature continentale, ne sont autre chose que les débris des populations de plantes et d'animaux qui habitaient autrefois les terres et l'Océan. De nos jours aussi se forment incessamment de nouvelles couches composées en entier des restes de corps organisés, et la surface presque tout entière des continents s'est revêtue d'humus, de sol végétal, sorte de « membrane proligère, » constituée par la désorganisation de la vie et produisant la vie à son tour.

Ce sont principalement les plantes qui travaillent à la formation de cette terre nourricière, et qui préparent ainsi, des siècles à l'avance, la pâture des générations à venir, sans laquelle les animaux supérieurs n'auraient pu naître et se développer sur la planète. Aux origines de la vie, les êtres, formes indécises désignées par Carus sous le nom de proto-organismes, semblent tenir à la fois de la bête et de la plante; mais, en progressant, ils précisent bientôt leur structure et leur genre de vie, pour entrer, les uns dans la série animale, les autres dans la série végétale, et c'est à cette dernière surtout qu'il revient de peupler et d'embellir la terre, grâce à la fécondité de ses espèces, à la

richesse de ses formes et de ses couleurs, aux puissantes
dimensions de ses arbres, dont quelques-uns, comme le
sequoia et l'*eucalyptus*, se dressent à plus de 100 mètres de
hauteur dans la région des nuages. Comment la planète
produit-elle donc les innombrables corps vivants de sa surface, depuis le limon verdâtre qui germe sur les mares,
jusqu'à l'homme qui se dresse dans sa force et travaille
librement à sa destinée? C'est le grand problème auquel
s'acharnent les savants et qui n'est peut-être pas insoluble.
Déjà, dans les cornues du chimiste, a été observé ce phénomène immense, le passage du gaz inorganique à la cellule
organisée.

Les botanistes n'ont pas encore eu le temps de compter
le nombre prodigieux des végétaux qui nous entourent,
depuis le grand chêne au feuillage étalé, dont le tronc lui-
même est une forêt de parasites, jusqu'à l'humble lichen
répandu sur le sol comme une traînée de sang. D'ailleurs,
si l'on n'a point encore évalué la multitude des espèces végétales, il faut dire aussi qu'on ne s'entend même pas sur la
définition de l'espèce : les uns voyant de simples variétés là
où d'autres trouvent des caractères absolument distincts. Il
y a un siècle, Linné ne connaissait que 6.000 espèces ; puis
les catalogues se sont graduellement accrus, à mesure que
les diverses régions de la terre étaient plus complétement
explorées, et maintenant c'est à 120,000 environ que se
trouve porté le total des plantes contenues dans les herbiers [1] : l'augmentation a donc été en moyenne d'environ
un millier par an. Quant aux espèces, bien plus nombreuses,
que les botanistes n'ont encore ni classées, ni même découvertes, c'est par un calcul de proportion qu'ils doivent
essayer d'en établir le chiffre probable. C'est ainsi que
M. Alphonse de Candolle a pu fixer d'une manière générale
le nombre de 400,000 à 500,000 espèces, dont 250,000 pha-

1. Charles Martins, *Du Spitzberg au Sahara*, p. 17.

nérogames, pour l'ensemble de la flore terrestre. A peine le quart de nos richesses aurait donc été reconnu jusqu'à nos jours dans l'immense inventaire des productions végétales du globe! Aussi ne se passe-t-il point d'année sans que d'importantes trouvailles soient faites par les voyageurs dans les diverses parties du monde; même les pays d'Europe les mieux connus, que les botanistes ne cessent de parcourir depuis un siècle, offrent tous les ans de nouvelles espèces à d'heureux chercheurs de plantes.

Sur le nombre déjà si considérable des espèces classées, la plus grande partie, soit environ les deux tiers, se compose de phanérogames dicotylédonées, c'est-à-dire de plantes à fleurs apparentes et germant du sol avec deux feuilles primordiales au moins : ce sont les espèces les plus élevées de la série végétale. Du tiers qui reste dans l'ensemble de la végétation terrestre, une moitié environ consiste en monocotylédonées, c'est-à-dire en plantes qui ont aussi des fleurs apparentes, mais qui naissent avec une seule feuille primordiale : tels sont les palmiers, les graminées, les joncs et les carex. Enfin, le dernier sixième comprend les acotylédonées ou cryptogames, c'est-à-dire les plantes à fleurs cachées ou nulles : fougères, champignons, mousses, algues et autres familles de plantes qui germent sans feuille primordiale et qui, par suite de leur organisation rudimentaire, occupent la dernière place parmi les êtres vivants. D'ailleurs, les proportions entre les trois grandes classes d'espèces végétales varient dans les divers pays du monde. La grande loi générale, déjà reconnue par Humboldt et pleinement mise en lumière par M. Alphonse de Candolle, est que la proportion des dicotylédonées s'accroît graduellement des pôles vers l'équateur, tandis que les monocotylédonées et les cryptogames deviennent relativement plus nombreux en se rapprochant des pôles. Ainsi la chaleur du climat est favorable aux dicotylédonées; mais l'humidité froide leur est contraire, et dans tous les pays où les pluies sont très-abondantes, le nombre proportionnel des monocotylédonées se trouve accru [1].

Une question plus importante encore pour l'homme, est celle de savoir quelle étendue relative occupent, à la surface de la terre, les espaces absolument stériles, les régions herbeuses et les forêts de grands arbres. Les districts tout à fait dépourvus de plantes sont fort peu nombreux : les déserts et jusqu'aux dunes mobiles ont leurs flores spéciales, et même les parois abruptes des rochers sont revêtues en maints endroits d'une écorce de lichens. Ainsi, pendant la saison des pluies, les Roches noires de Pungo Andongo, dans la terre d'Angola, paraissent recouvertes d'une immense draperie de velours, qui n'est autre chose qu'un réseau d'algues en nombre infini; quand viennent les chaleurs, ces draperies se dessèchent, s'écaillent et laissent reparaître les nuances grises et jaunâtres du rocher [2]. On peut donc considérer pratiquement la terre comme revêtue de plantes dans toute son étendue; mais il importerait surtout de connaître la partie de la surface ombragée d'arbres. C'est là une évaluation qui n'a point encore été faite, quoiqu'elle présente le plus haut intérêt pour la connaissance de la variation des climats et l'histoire de l'humanité; si l'on donne à l'ensemble des forêts une surface égale à celle du quart ou du cinquième des terres, il ne s'agit là que d'une simple approximation très-hasardée. Les botanistes se sont bornés à tracer au nord des continents la limite que les froids polaires opposent à la végétation des arbres. Cette limite se trouve en Scandinavie entre le 70° et le 71° degré de latitude, que ne dépassent point les bouleaux; en Sibérie, les mélèzes, qui sont les arbres les plus hardis de la contrée, s'avancent jusqu'au 68° degré; dans l'Amérique du Nord, les sapins croissent, sur les rives du Copper-Mine, jusqu'aux

1. Alph. de Candolle, *Géographie botanique raisonnée*, 2° vol., p. 476 et suiv.
2. Friedrich Welwitsch, *Ausland*, n° 16, 1868.

latitudes de 68 et de 69 degrés, et, dans le Labrador, jusqu'à celle de 58 degrés. Au sud de cette frontière des espèces arborescentes, aucune contrée n'est absolument dépourvue d'arbres, et même les extrémités méridionales

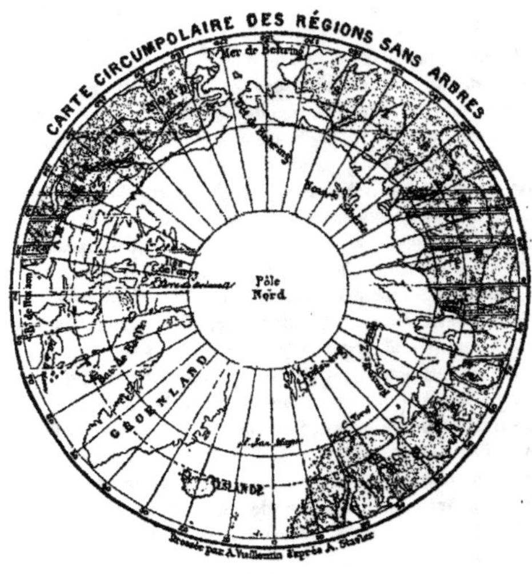

Fig. 163.

des continents qui s'avancent dans la direction du pôle antarctique ont des forêts étendues.

Certaines surfaces boisées des pays inhabités n'ont pas moins de plusieurs centaines de mille kilomètres carrés en un seul tenant. Jadis aussi, la plupart des régions habitées par l'homme civilisé portaient de très-vastes forêts

que la hache et le feu ont depuis fortement éclaircies. La
Gaule était couverte d'arbres, de l'Océan à la Méditerranée,
et les campagnes cultivées étaient de simples clairières,
comme celles du pionnier américain dans les solitudes du
Michigan : les Vosges, la chaîne de montagnes françaises

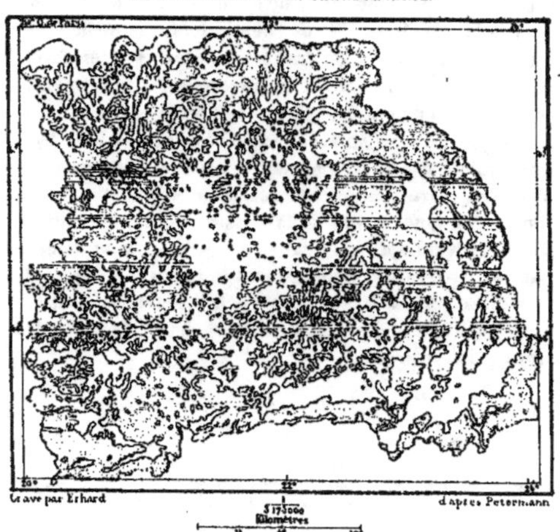

Fig. 164. FORÊTS DE LA TRANSYLVANIE.

qui est encore boisée sur la plus grande partie de son
étendue, étaient une « forêt noire », comme le système de
montagnes correspondant, qui s'élève de l'autre côté de la
vallée du Rhin. En Germanie, la grande forêt Hercynienne
avait, d'après le témoignage des auteurs romains, une longueur de soixante jours de marche, et maintenant il n'en
reste que des fragments épars sur les flancs des montagnes.

La Scandinavie, la Transylvanie, la Pologne, la Russie, offrent
encore de très-vastes étendues boisées, évaluées, dans quelques districts, aux neuf dixièmes de la surface ; les villes, les
villages n'y occupent que de simples clairières. Mais là
aussi l'œuvre de défrichement s'accomplit avec une grande
rapidité. L'histoire et l'examen des lieux nous apprennent
d'ailleurs que, par suite de la diversité des influences combinées de la température et de l'humidité, le contraste entre
les steppes d'herbes et de bruyères et les grandes forêts
était autrefois aussi complet en Europe qu'il l'est aujour-
d'hui en Louisiane entre les savanes et les « cyprières », et
dans les plaines de l'Amazone entre les *llanos* et les *selvas*.
La mer infinie des herbes succédait sans transition à l'immensité des arbres ; la surface fleurie du « Tchornosjom [1].»
s'étendait sur une moitié de la Russie, tandis que l'autre
moitié n'était qu'une forêt sans bornes, coupée seulement
de lacs et de rivières. Actuellement le travail de l'agriculteur consiste surtout à mêler les espèces végétales, à alterner, trop souvent d'une manière disgracieuse, les bois, les
champs et les prairies [2].

II.

Influence de la température, de l'humidité, des rayons lumineux et chimiques sur
la végétation. — Aires des plantes.

Chaque plante a sur la terre son domaine spécial déterminé, non-seulement par la nature du sol, mais aussi par
les diverses conditions du climat, température, lumière,
humidité, direction et force des vents, marche des courants
océaniques. Pendant le cours des âges, l'étendue de ce
domaine ne cesse de changer, suivant les modifications qui

1. Voir, dans le premier volume, le chapitre intitulé *les Plaines*.
2. Voir, ci-dessous, le chapitre intitulé *le Travail de l'Homme*.

FORÊTS DES VOSGES

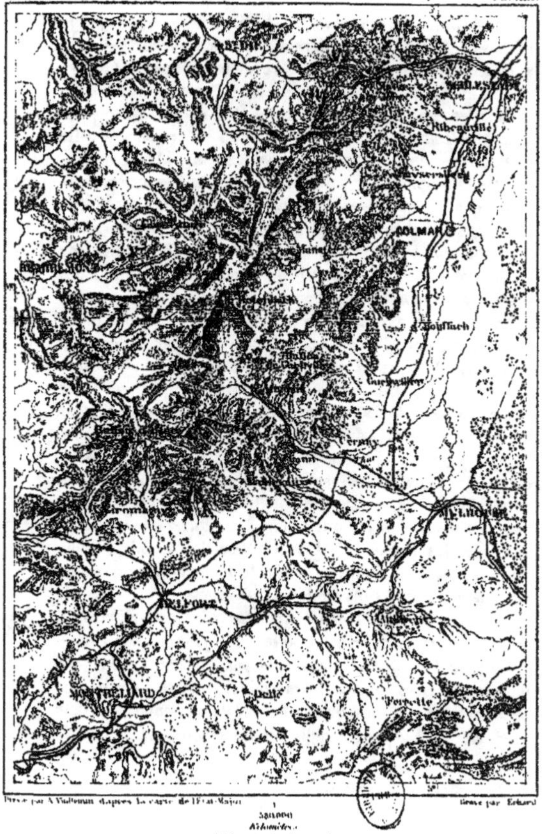

se produisent dans le monde de l'air, et les limites de la région habitée par les diverses espèces s'enchevêtrent les unes dans les autres de la manière la plus complexe. La flore rend le climat visible; mais quel est ce climat lui-même dans le mélange confus en apparence des phénomènes qui le composent? L'influence prépondérante est naturellement celle de la température; cependant il faudrait se garder de croire, comme la plupart des botanistes le faisaient encore récemment, que les frontières de la zone de végétation de chaque plante sont marquées sur les continents par les sinuosités des isothermes. En effet, ainsi que le font remarquer Charles Martins[1] et Alphonse de Candolle[2], toute plante a besoin, pour naître et se développer, d'une certaine somme de température différant suivant les espèces. Chez les unes, la vie commence ou reprend son cours après le sommeil de l'hiver, lorsque le thermomètre marque 2 ou 3 degrés au-dessus du point de glace; les autres ont besoin d'une chaleur de 10, de 12 ou même de 15 et 20 degrés avant de prendre leur élan pour fournir leur carrière de l'année. Chaque espèce a, pour ainsi dire, son thermomètre particulier, dont le zéro correspond au degré de température où se réveille, pour ses germes, la force de végétation. Il est donc impossible d'indiquer par des lignes climatériques générales les limites d'habitation de telle ou telle espèce, puisque chacune d'elles a pour le commencement de sa période vitale un point de départ différent.

Pour connaître la chaleur nécessaire aux plantes, il faudrait, non pas chercher quelle est la résultante moyenne des alternatives de froid et chaud pendant l'année ou pendant les diverses saisons, mais évaluer la somme des heures pendant lesquelles la température s'est maintenue au-dessus du degré qui est pour chaque plante le point initial de son

1. *Voyage en Scandinavie*, p. 89.
2. *Géographie botanique raisonnée*, p. 36.

développement. Il est vrai, que dans cette évaluation, on ne tient point compte du nombre relatif des heures de jour et des heures de nuit, qui chacune doivent certainement influencer la végétation d'une manière différente; mais tel quel, ce calcul est encore le plus vrai qu'il soit possible d'établir, surtout pour les espèces annuelles qui existent seulement en germe pendant l'hiver, et qui n'ont pas, comme les arbres et les plantes vivaces, à défendre leurs troncs et leurs branches contre l'âpreté du froid. Ainsi les climats de Londres et d'Odessa, si peu semblables l'un à l'autre par leurs étés, leurs hivers et leurs extrêmes de température, sont néanmoins les mêmes pour les espèces végétales dont l'évolution commence à 4 ou 5 degrés au-dessus de zéro, et qui ont besoin d'une même somme totale de chaleur pour arriver à leur maturité. De même les climats si distincts d'Édimbourg et de Moscou, de Stockholm et de Kœnigsberg, de Londres et de Genève doivent produire les mêmes effets sur les plantes qui, à partir d'un certain degré du thermomètre, exigent la même quantité de chaleur dans un temps plus ou moins long. Il en résulte que les aires d'habitation des espèces ont les contours les plus divers. Tandis que du côté du pôle boréal, les limites de l'ancolie commune (*aquilegia vulgaris*) et de la campanule *crinus* se rapprochent beaucoup du tracé des lignes isothermes de l'Europe, les frontières d'autres zones de plantes traversent le continent dans toutes les directions, de sorte qu'il est impossible d'y voir, comme dans les lignes d'égale température, la moindre apparence de parallélisme. On peut citer en exemple les courbes décrites par les limites polaires de certains arbres et arbustes bien connus : le houx, le chamærops *humilis*, le hêtre, le frêne, le jasmin. Parmi les végétaux de l'Europe, il en est même dont les stations indiquent par leurs contours un antagonisme absolu entre les conditions du climat qui leur est nécessaire. Ainsi le *daboecia polifolia*, plante craintive qui redoute les froids hivers et les étés brûlants, ne quitte les Açores, au climat humide et régulier, que pour se hasarder sur les côtes atlantiques du Portugal, de l'Espagne, de la France et de l'Irlande, où les pluies sont abondantes et les froids tempérés. L'amandier nain, au contraire, se propage hardiment des bords du Danube jusqu'au pied des monts Ourals, à travers les steppes

Fig. 165. Limites de végétation de l'aquilegia vulgaris et du campanula erinus.

russes, où des hivers secs et très-froids succèdent à des chaleurs excessives.

D'après la méthode d'observation des températures indiquée d'abord par Réaumur et reprise depuis par Boussingault, de Gasparin et surtout par Alphonse de Candolle, on peut s'expliquer désormais les sinuosités qu'offrent les limites des aires végétales. Cette méthode, basée sur l'observation, consiste à supputer les « sommes de chaleur » nécessaires au développement complet de chaque plante, c'est-à-dire à compter chaque jour les degrés de chaleur moyenne qui dépassent la température à laquelle le végétal

a commencé sa carrière de l'année, et à calculer le total de
toutes ces chaleurs quotidiennes. Certaines plantes de la
zone glaciale, qui, dans l'espace de quelques journées de
l'été polaire, ont le temps de germer, d'ouvrir leurs feuilles
et de mûrir leurs fruits, se contentent d'une somme de
50 degrés. L'orge, qui, de toutes les céréales, s'avance le

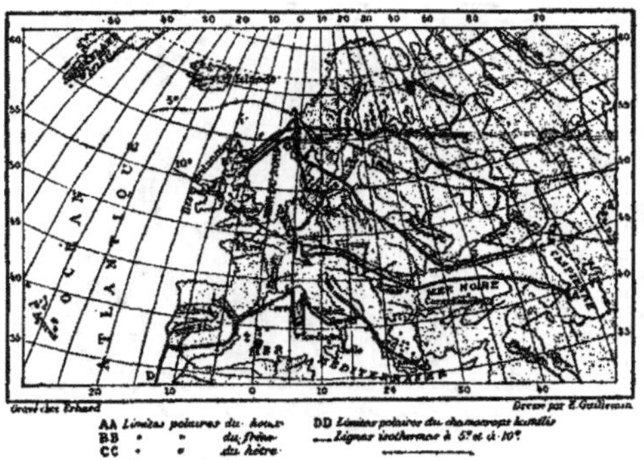

Fig. 106. Limites polaires du houx, du frêne, du hêtre, du chamærops humilis.

plus dans la direction du pôle, entre dans sa période de
croissance lorsque la température a dépassé au moins 5 ou
6 degrés, et demande pour arriver à maturité une somme
de 1,000 degrés, quelles que soient d'ailleurs les moyennes
des saisons qu'elle traverse. D'après de Seynes, le froment
commence sa végétation à 7 degrés au-dessus de zéro et
reçoit environ 2,000 degrés jusqu'à l'époque de la moisson,
qui varie suivant les climats. Le maïs, plante plus méridionale, a besoin d'une somme de 2,500 degrés, et son
point de départ est au 13e degré du thermomètre. La vigne
exige 2,900 degrés à partir du 10e degré de l'échelle. Enfin,

Alphonse de Candolle pense que le dattier a besoin d'une
chaleur totale d'environ 5,100 degrés avant de mûrir ses
fruits[1]. La plupart des plantes de la zone tempérée peuvent
supporter des froids de 10, de 15 ou même de 20 degrés,
sans que la force vitale soit supprimée chez elles; mais
aucune ne peut germer ou croître à une température infé-

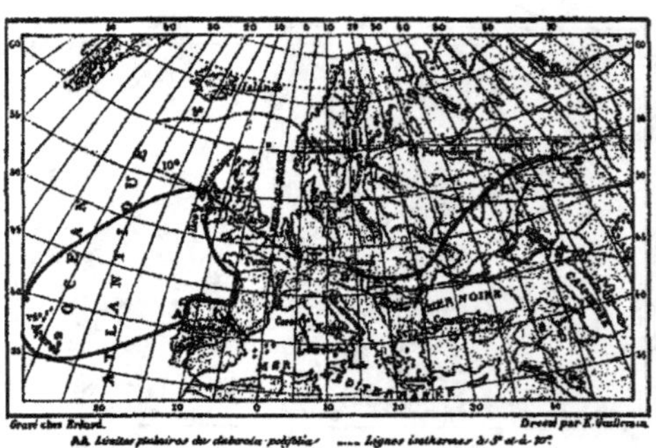

Fig. 167. Limites polaires du dabœcia polifolia et de l'amygdalus nana.

rieure au point de glace. Dans les montagnes, les saxifrages
et les soldanelles fleurissent jusque sous la neige, mais l'eau
qui arrose leurs racines et l'air qui entoure leurs tiges et
leurs feuilles ont déjà une température supérieure à zéro. Il
ressort des recherches d'Alphonse de Candolle que la croissance des espèces végétales commence en moyenne à 5 degrés centigrades dans les régions de l'Europe occidentale.
Toutefois, il ne faudrait pas voir dans le point de départ de
la croissance de chaque plante une limite absolument fixe

1. *Géographie botanique raisonnée*, p. 396.

comme le degré de température auquel les métaux entrent
en fusion; il est probable que, suivant leur vigueur et les
conditions diverses du milieu, certains individus se hâtent et
d'autres sont lents à se réveiller. En outre, sous les climats
toujours printaniers, comme celui de Madère, les espèces
ne recommencent leur évolution annuelle qu'après s'être
reposées pendant une certaine période pour avoir le temps
de reformer leurs tissus : ainsi, les vignes de Madère n'entrent en végétation que vers la fin de mars, époque à laquelle
la température est déjà de 18 degrés centigrades; pendant
tout l'hiver, la chaleur moyenne, qui ne descend pas au-
dessous de 17°,5, aurait été suffisante et au delà pour développer la vigne et en faire mûrir les fruits. De même sur
les plateaux des contrées tropicales, où l'on jouit d'un printemps éternel, les plantes se reposent pendant la période
hivernale; elles gardent leur parure de feuilles, mais elles
n'en produisent pas de nouvelles; elles développent leurs
fleurs et leurs fruits, mais seulement ceux dont les boutons
avaient déjà germé pendant l'été[1].

La sécheresse ou l'humidité relative des diverses contrées sont aussi parmi les causes principales de la délimi-
tation des espèces : un air trop pluvieux noie la plante,
pour ainsi dire; le manque de vapeurs aériennes la brûle.
Nombre de végétaux ne pénétrent point dans les steppes
desséchés de la Russie, où d'ailleurs la température leur
serait favorable; d'autres ne peuvent s'acclimater à l'ouest
de la Grande-Bretagne, où la quantité annuelle de pluie est
relativement énorme. Les espèces qui se développent dans
ces pays humides sont d'une admirable fraîcheur : à l'aspect
des arbres et des prairies, on voit qu'ils sont incessamment abreuvés par l'eau du ciel. Dans les contrées tropicales, où la chaleur annuelle est toujours suffisante pour
faire arriver à maturation les espèces végétales, c'est l'in-

____

[1]. Karsten.

fluence de l'humidité qui devient prépondérante. Les limites de la zone des pluies y sont aussi les limites des zones de végétation.

La lumière, aussi bien que la chaleur, est un élément des plus importants dans la vie des espèces végétales. Alphonse de Candolle a constaté par des expériences directes que, sur deux plantes semées le même jour, celle qui est exposée aux rayons solaires se contente d'une moindre somme de chaleur pour se développer et mûrir. C'est aussi à la plus grande intensité de la lumière que nombre d'espèces des montagnes doivent la rapidité de leur croissance et de leur éclat, la grandeur relative de leurs fleurs. Sur tous les sommets du midi de l'Europe, les plantes alpines se contentent, pour se développer et mûrir, d'une somme de chaleur beaucoup moindre que les espèces congénères des plaines situées à une grande distance au nord [1].

Un autre fait, bien moins étudié, mais peut-être non moins considérable que celui de la chaleur, contribue à l'inégale répartition des plantes : c'est le pouvoir chimique des rayons. Il serait tout naturel de penser que ce pouvoir s'accroît de la zone tempérée à la zone tropicale, proportionnellement à la force du soleil; cependant, sur la foi de plusieurs photographes, qui n'avaient pu obtenir aussi facilement leurs épreuves sous le soleil éblouissant de l'Amérique du Sud que sous les brumes de l'Angleterre, on doutait encore récemment que le pouvoir chimique des rayons solaires augmentât dans la direction de l'équateur. Enfin, M. Thorpe a écarté ces doutes par des observations faites à Parà, sur un des bras du fleuve des Amazones. Les moyennes d'intensité chimique sont de 7 à 34 fois plus fortes à Parà qu'à l'observatoire de Kew, près de Londres; mais, tandis qu'en Angleterre, cette intensité s'accroît et diminue lentement chaque jour sans brusques

1. A. de Candolle, *Géographie botanique raisonnée*, pages 340 et suivantes.

transitions, elle change, sous les tropiques, de la manière
la plus soudaine pendant la saison des pluies. Lorsque les
averses, accompagnées de décharges électriques, s'abattent
tout à coup du ciel, l'intensité chimique cesse complètement, puis elle agit de nouveau avec une grande force,
aussitôt après que l'orage s'est dissipé [1].

Sous les climats tempérés, les brusques variations de la
lumière chimique sont moins nombreuses que dans les
contrées tropicales; mais elles n'en sont pas moins beaucoup plus fortes que les variations de la chaleur. En effet,
du mois de décembre au mois de juin, on a constaté, en
Angleterre et en Allemagne, des écarts de 1 à 20 dans l'activité des rayons lumineux. C'est que l'influence de ces
rayons ne dépend pas seulement de la position du soleil
dans les cieux, elle s'accroît ou diminue suivant les innombrables changements qui s'opèrent dans l'océan atmosphérique. Ainsi, les nuages blanchâtres qui voilent le ciel
comme de légères draperies, donnent une plus grande force
chimique à la lumière, et les effets s'en font immédiatement
sentir sur la nature; mais que les nuages s'épaississent et
s'interposent en masses noires entre le soleil et la terre,
alors l'action des rayons lumineux décroît aussitôt, un
brusque reflux succède à la marée de force vitale qui
s'épanchait du ciel [2].

Aux perturbations que produisent dans le climat chimique d'un pays les altérations incessantes des nuages, des
brumes et des vapeurs invisibles, s'ajoutent les changements
produits par les myriades de grains de poussière et de
germes flottants et par toutes les émanations, acide carbonique, gaz hydrogénés, ammoniaque, qui s'échappent de la
terre et troublent la pureté des airs. Il est donc bien difficile, dans l'état actuel de la science, d'indiquer approxi-

1. Roscoe, *Lecture at the Royal Institution.*
2. Rod. Radau, *Revue des Deux Mondes*, 1er novembre 1866.

mativement, même pour les contrées les mieux connues de l'Europe occidentale, la valeur relative de l'action chimique exercée en moyenne pendant l'année par les rayons solaires; il serait bien plus difficile encore de tracer sur la rondeur du globe des lignes isochimiques, analogues aux lignes isothermes : c'est là une conquête de la science réservée aux observateurs futurs. Toutefois les recherches de MM. Bunsen, Roscoe et d'autres savants ont déjà prouvé que *l'actinité* des rayons solaires subit des modifications plus fortes que la chaleur; les lignes d'égal climat chimique doivent, par conséquent, dépasser de beaucoup les lignes d'égale température en courbes et en brusques sinuosités. S'il n'y a point de vents chimiques, comme des vents humides et des vents chauds, ceux-ci précisément modifient sans cesse, dans les flots toujours agités de l'atmosphère, ces nappes changeantes de vapeurs qui, tantôt modèrent, tantôt quadruplent la force des rayons du soleil.

Du reste, la différence extraordinaire des flores entre deux pays voisins, dont la température est sensiblement la même, doit peut-être s'expliquer surtout par l'énorme influence qu'exerce l'état du ciel. Ainsi, les arbres à fleurs ne croissent pas dans les Feröer, et l'on y voit seulement des broussailles et de maigres arbustes, bien que la température soit d'un seul degré inférieure à celle de Carlisle, en Angleterre, où la végétation forestière offre encore de si belles proportions. En effet, si la chaleur est la même, la lumière est bien différente. Les rayons du soleil qui passent à travers les brumes de l'Angleterre sont en très-grande partie absorbés par ces intenses brouillards des Feröer, que le vieux Pytheas croyait être une sorte de « poumon marin », où l'air, l'eau et la boue se mélangeaient confusément. Peut-être aussi est-ce à une plus grande force chimique et lumineuse, développée pendant de plus longs jours, qu'il faut attribuer la singulière rapidité avec laquelle les végétaux du nord se dénouent de leur sommeil d'hiver lors de la soudaine invasion du printemps. En quelques jours, tous les arbres sont couverts de bourgeons et de feuilles, tandis que des mois s'écoulent, sous les latitudes plus méridionales, entre le réveil des espèces différentes. Non-seulement les plantes indigènes du nord, mais également celles qui ont été acclimatées dans ces régions, ouvrent leurs boutons beaucoup plus tôt qu'on ne pourrait s'y attendre d'après les mœurs des végétaux dans les contrées du sud. A Saint-Pétersbourg, sous le 60° degré de latitude septentrionale, on a constaté que le bourgeonnement des bouleaux, première crise de la vie printanière, précède celui du tilleul de 5 jours et la floraison de l'alchémille commune de 18 jours seulement, tandis qu'à Breslau, situé à 8 degrés plus au sud, les intervalles sont respectivement de 15 et de 51 jours [1]. « Plus on avance vers le nord, dit Alphonse de Candolle, et plus la lumière remplace utilement la chaleur. »

On le voit, les questions relatives à l'aire naturelle des espèces végétales sont des plus complexes, et ce n'est pas sans de très-longues et très-patientes études comparées que les botanistes pourront déterminer d'une manière précise quel est le milieu normal de chaque plante et quelles sont les causes multiples qui en arrêtent l'extension au delà d'une certaine limite, différente pour chaque espèce. Non-seulement il faut tenir compte des alternatives et des sommes de la température, de la lumière, de la puissance chimique des rayons, mais encore il est nécessaire d'évaluer l'action exercée par tous les météores, d'apprécier l'influence de la sécheresse et de l'humidité, des longues pluies et des averses passagères, des expositions et des altitudes diverses, des inégalités du sol. Outre toutes ces conditions du milieu climatérique, il faut savoir aussi quelle est

1. Anton von Etzel, *die Ostsee*, p. 239.

la vitalité propre de la plante elle-même, quelle est sa
force d'expansion sur la terre, quelle est sa force de
résistance aux agents de destruction qui l'entourent. Il
importe également de connaître l'ancienne distribution des
continents et des mers dans la série géologique des âges,
afin d'apprendre quels obstacles, tels que bras de mer ou
chaînes de montagnes, peuvent avoir arrêté la dissémination
de certains végétaux sur des espaces plus étendus. Chaque
plante a son histoire, ses traditions, sa patrie, ses mœurs,
et c'est à l'extrême diversité des conditions d'existence
qu'est due la merveilleuse variété qu'offre le groupement
des espèces à la surface de la planète.

III.

Stations particulières des espèces. — Plantes aquatiques d'eau de mer et d'eau
douce. — Espèces des plages. — Parasites. — Espèces terrestres. — Influence
des terrains sur la végétation. — Plantes associées. — Mer de varech. —
Étendue des aires.

La plupart des plantes n'occupent qu'une faible partie
de l'espace circonscrit par les limites générales que le climat
trace à leur habitation. C'est qu'il leur faut, en outre, suivant leur nature, certaines conditions physiques particulières, sans lesquelles la germination et la croissance sont
impossibles. Ainsi, pour citer l'exemple le plus frappant, la
végétation aquatique se compose d'espèces tout à fait différentes de celles qui poussent sur les terres émergées. Si
ce n'est dans la zone indécise, alternativement couverte
et découverte par les eaux, et où se développent des
plantes dites amphibies, les deux flores sont absolument
distinctes. S'il était vrai, ainsi que le pensent certains botanistes, que des espèces d'algues marines donnent naissance
à des plantes terrestres de la tribu des champignons, la

puissance germinative n'exercerait dans ce cas son action que pour transformer d'une manière complète la structure et l'apparence du végétal.

Le contraste des flores est à peine moins absolu entre l'eau douce et l'eau salée qu'entre les mers et les continents. L'Océan a ses plantes spéciales, les unes nageant librement sur les flots, comme le sargasse ou « raisin des tropiques », les autres se cramponnant aux rochers du bord et des écueils. Les rivières, les lacs, les étangs d'eau douce ont aussi leurs espèces végétales particulières, potamogétons balançant mollement leur longue chevelure au gré du courant, nénuphars étalant leurs larges feuilles d'un vert d'émeraude sur l'eau transparente, conferves innombrables formant une couche de végétation continue sur la nappe des étangs, semblables, de loin, à la surface d'une prairie. Les plantes qui fructifient à la fois dans les eaux pures et les eaux salées sont peu nombreuses, et, d'ordinaire, on les rencontre seulement dans les estuaires des fleuves que parcourent les marées et où s'opère graduellement le mélange entre les masses liquides. Quant aux tourbières, elles sont composées en entier de plantes associées qui se pressent les unes contre les autres et contiennent de l'eau dans leurs interstices comme dans une immense éponge [1]. La végétation des plages elles-mêmes présente un contraste des plus frappants suivant qu'elle entoure des eaux pures ou des mers saturées de substances salines. Ainsi, les relais de l'Océan, dont le sable ou l'argile sont fortement mélangés de sel marin, produisent en abondance des salsolées, des salicornes, des statices et d'autres plantes, en général d'une apparence assez triste, qui donnent aux rivages une physionomie toute particulière. Dans l'intérieur des continents, on ne retrouve de flore semblable que sur le pourtour des lacs salins et dans les terres où viennent jaillir

---

[1]. Voir, dans le premier volume, le chapitre intitulé *les Lacs et les Marais*.

à la surface des sources chargées de sel : c'est même la vue
de ces plantes qui a poussé les mineurs à percer le sol, afin
d'y découvrir les bancs de sel gemme cachés dans les profondeurs du sol. D'autres espèces végétales semblent avoir
besoin, non du sel de la mer, mais des vapeurs qui s'en
échappent : telle est l'une des bruyères les plus charmantes,
erica sylvatica, qui croît dans les plaines basses autour du
golfe de Finlande, de la mer Baltique, de la mer du Nord,
de la Manche, du golfe de Gascogne, et que l'on retrouve
encore sur les côtes de l'Espagne et du Portugal, sans que
jamais on l'ait rencontrée à plus de 250 kilomètres du
rivage.

Aussi bien que les eaux, l'atmosphère possède sa végétation spéciale. Certaines plantes ne demandent au terrain
qu'un simple point d'appui, et tirent de l'air toute la nourriture dont elles ont besoin. Des multitudes d'autres espèces
végétales ne croissent jamais sur la terre nue et se fixent
sur les racines cachées, les tiges ou les branches d'autres
plantes qui leur servent de sol nourricier. Lianes de toutes
sortes, orchidées, passiflores, bignoniacées, euphorbiacées,
apocynées, fougères, mousses et lichens se groupent ainsi
en forêts aériennes et, se mêlant au feuillage des arbres
qui les portent, les ornent diversement de guirlandes, de
bouquets, de touffes de verdure ou de fleurs. Sur ces parasites vivent d'autres parasites, et, dans certaines forêts tropicales, où chaque arbre est un monde de plantes, le
fouillis des végétations entremêlées offre une telle confusion de formes, que l'œil du botaniste le plus exercé est
seul capable de s'y reconnaître. Enfin l'intérieur même du
sol a sa flore particulière, composée de truffes et d'autres
cryptogames qui ne veulent recevoir l'influence de l'atmosphère qu'à travers les pores du terrain. Les grottes ont
aussi, jusqu'au fond de leurs labyrinthes, des plantes qui
fuient la lumière; et dans les forêts, certaines espèces végétales, presque toujours blanches ou pâles, se blottissent à

l'ombre, au pied des grands arbres, et redressent à peine leur tige délicate au-dessus du tapis de mousse et de feuilles sèches.

Parmi les végétaux, de beaucoup les plus nombreux, qui enfoncent leurs racines dans le sol et balancent leurs feuilles dans l'air libre, il en est qui préfèrent un sol sablonneux; d'autres se plaisent surtout sur les terrains calcaires; d'autres encore sur les graviers, sur l'argile dure ou dans les fentes du granit. Quelques botanistes ont même essayé de classer les plantes d'après la composition chimique des terrains qu'elles affectionnent. Il est certain que plusieurs espèces, même sans tenir compte de celles qui croissent sur les terres salines, se rencontrent exclusivement sur un sol de leur choix; le châtaignier, la digitale pourprée, le genêt commun, se plaisent dans les terres siliceuses; le *carex arenaria*, les autres plantes ordinaires des dunes, et, sous le climat des tropiques, le cannelier, demandent le sable presque pur; les calcaires ont aussi leurs espèces qui ne prospèrent point ailleurs. Toutefois ce n'est point, semble-t-il, à cause des substances qu'elles renferment, mais surtout à cause de leurs propriétés physiques, dureté, densité, porosité, que ces divers terrains nourrissent telles ou telles espèces de plantes. Que la composition de la roche reste la même, mais qu'elle soit en même temps plus désagrégée et laisse pénétrer plus facilement l'air extérieur et l'humidité, aussitôt la végétation change et l'on voit apparaître sur le calcaire ou sur l'argile des espèces qu'on s'attendait à ne trouver que sur le sable. Aussi quand le botaniste s'éloigne d'une contrée où, par suite de la ressemblance des conditions physiques du sol, les mêmes roches sont toujours revêtues du même tapis végétal, s'aperçoit-il avec étonnement que les espèces deviennent infidèles au terrain qu'il leur croyait être nécessaire. Sur 43 plantes que, dans les Carpathes, Wahlenberg avait observées seulement sur les calcaires, il en retrouva 22 sur les roches cristallines de Suisse

et de Laponie. De même, sur 67 espèces qui sont en Suisse
exclusivement de provenance calcaire, 36 croissent dans
les pays environnants sur des terrains dont la composition
chimique est toute différente, et l'on peut croire que des
explorations plus complètes auront pour résultat de réduire
encore le nombre des plantes absolument fidèles à une seule
nature de sol [1]. D'ailleurs, ainsi que l'a prouvé M. Théo-
dore de Saussure, le tissu de plusieurs plantes s'empare
indifféremment de la substance la plus abondante et la plus
soluble qui se trouve autour des racines; les cendres du
sapin de Norvége n'ont pas la même composition que celles
du sapin du Jura.

Non-seulement les espèces végétales savent choisir
pour s'y propager la terre qui convient à chacune d'elles,
elles exercent aussi dans leurs associations avec d'autres
plantes une sorte de discernement, soit qu'elles demandent
exactement les mêmes conditions physiques dans le sol,
soit qu'elles cherchent un abri ou bien qu'elles obéissent à
quelque affinité secrète. Sans parler des parasites qui ne
vivent point d'une vie indépendante, nombre d'espèces amies
sont toujours dans le voisinage les unes des autres, et par
l'harmonie de leur groupement donnent quelque chose de
doux et d'intime à la nature. Ainsi, l'approche de la forêt
s'annonce au voyageur par de petites plantes et des arbustes
qui ne croissent point en rase campagne; les couleurs gaies
des bluets et des coquelicots se mêlent toujours, du moins
dans l'Europe occidentale, aux blonds épis des moissons;
des herbes, que les agriculteurs qualifient de « mauvaises »,
s'associent invariablement aux cultures de nos champs; les
plantains, les potentilles croissent ensemble au bord des
chemins et pour ainsi dire sous les pas mêmes de l'homme;
les chalets des Alpes et des Pyrénées sont entourés d'orties
et de rumex qui s'élèvent en touffes au-dessus du gazon

1. Alph. de Candolle, Ch. Martins.

court des pâturages. Enfin, les steppes herbeux, prairies américaines, savanes ou pampas, ne sont autre chose que des colonies immenses de plantes associées. Par contre, les déserts au sol aride n'offrent souvent, sur d'immenses étendues, que la maigre verdure d'une seule espèce végétale. Ainsi l'argile du plateau d'Utah ne laisse pénétrer dans ses fissures que les racines d'une *artemisia*, et, sur une grande partie de leur surface, les déserts du Nouveau-Mexique et d'Arizona n'ont pour toute végétation que les tristes et bizarres candélabres du cierge gigantesque [1].

L'Océan, comme la terre, a ses étendues monotones de plantes : ce sont les champs de sargasses (*fucus natans*), qui se trouvent au milieu de plusieurs bassins maritimes, et notamment dans l'immense espace triangulaire compris entre les Antilles, le Gulf-stream, le groupe des Açores et l'archipel du Cap-Vert. Colomb traversa ces parages remplis d'herbes marines, et ce ne fut point pour ses compagnons le moindre sujet de terreur que l'aspect de ces longues traînées de plantes qui retardaient la marche du navire et faisaient ressembler la mer insondable à un immense marécage. Enchevêtrées en îles et en îlots flottants qui se suivent en interminables processions, ces herbes changent en certains endroits la surface de l'Océan en une espèce de pré d'un vert jaunâtre ou couleur de rouille; les vagues soulèvent ces nappes en larges ondulations et les entourent de lisérés d'écume; des poissons se jouent par centaines au-dessous des frondes qui les garantissent du soleil; des myriades de petits animaux, crabes, chevrettes, serpules et coquillages, courent, rampent ou s'incrustent sur les tiges entrelacées de ces forêts voyageuses et traversent avec elles l'étendue des mers.

On croyait autrefois que ces varechs flottants de l'Atlantique avaient été détachés par les brisants des rivages des

---

1. Voir, dans le premier volume, le chapitre intitulé *les Plaines*.

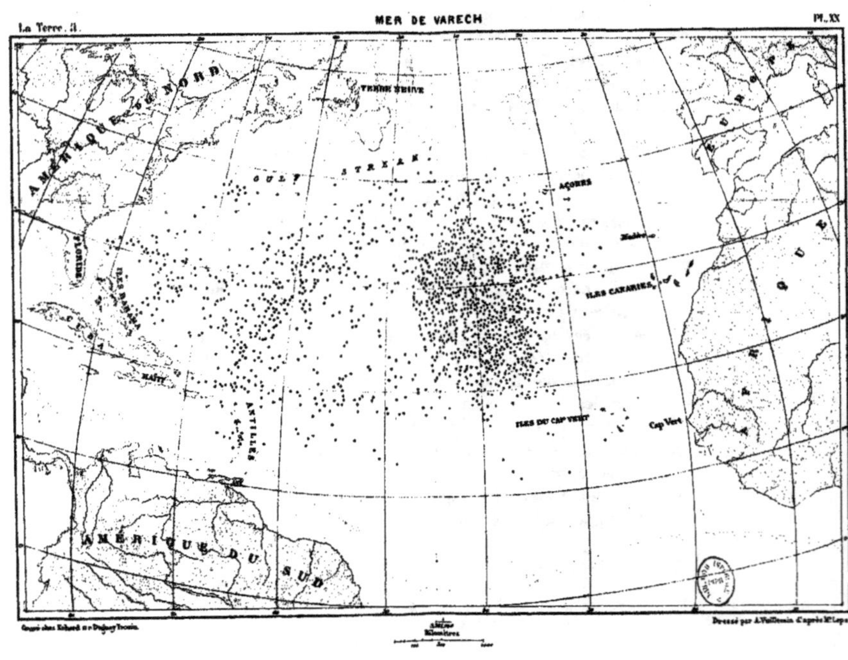
MER DE VARECH
AMÉRIQUE DU NORD
TERRE NEUVE
EUROPE
AFRIQUE
GULF STREAM
AÇORES
Madère
ILES CANARIES
FLORIDE
ILE BAHAMA
HAITI
ANTILLES
ILES DU CAP VERT
Cap Vert
AMÉRIQUE DU SUD
Mille
Kilomètres
Gravé chez Erhard et r. Duguay Trouin.
Dressé par A. Vuillemin d'après M. Lapie.

Antilles et de la Floride, puis emportés par le Gulf-stream à
des centaines de lieues des terres; tous ces débris, entraînés
dans l'immense circuit des eaux, se seraient à la fin réunis
comme au centre d'un remous dans l'espace entouré par
les eaux du grand tourbillon circulaire de l'Atlantique septentrional. Cette idée n'était pas exacte. Les fucus de
l'Océan naissent et se développent à la surface des eaux.
Jamais on n'a pu y découvrir de racines ni le moindre
indice de bulbes qui se seraient cramponnées à la terre et
que les flots en auraient arrachées. Chaque tige se termine
brusquement à son extrémité inférieure par une espèce de
cicatrice, et n'est évidemment qu'un rameau détaché d'une
autre plante; des vésicules pleines d'air, qui ont valu à ce
fucus son nom de raisin des tropiques, lui servent de flot-
teurs pour le soutenir sur l'eau, tandis que des centaines de
membranes foliacées se redressent verticalement au-dessus
de chaque îlot de varech, afin d'absorber la quantité d'air
dont ces organismes ont besoin pour croître et se propager.

Il est vrai que toutes les prairies de fucus tournoient
sous l'influence des vents dans le remous formé par le Gulf-
stream et le courant équatorial; mais au lieu d'avoir été
apportées par ces fleuves maritimes, elles s'arrêtent au contraire devant eux et s'accumulent en traînées le long de
leurs rives intérieures; un petit nombre de plantes seulement pénètrent dans la mer des Antilles et dans le golfe du
Mexique par les débouquements des îles. La mer de varech
proprement dite de l'Atlantique boréal est comprise entre
le 16ᵉ et le 38ᵉ degré de latitude nord et s'étend de l'est à
l'ouest, du 50ᵉ au 80ᵉ degré de longitude. Dans cet immense
espace, les varechs constituent deux amas séparés, comme
si une branche du courant équatorial se reployait vers le
nord pour refouler à droite et à gauche les prairies de
sargasses. On peut hardiment évaluer à plus de 4 millions de kilomètres la superficie de cette mer d'herbes;
dans les autres océans, le Pacifique du nord, celui du sud,

l'Atlantique méridional, les mers de varech couvrent aussi d'énormes surfaces. Si jamais les agriculteurs d'Europe et d'Amérique mettent à exécution l'idée de M. Leps, qui propose de charger des navires de ces varechs, ils trouveront donc largement à s'approvisionner de ces engrais pour l'amélioration de leurs cultures[1].

Il ressort des nombreuses études comparatives d'Alph. de Candolle que la forme générale de l'aire occupée par chaque plante est celle d'une ellipse, un peu allongée de l'est à l'ouest sous les latitudes tempérées, et du nord au sud sous les latitudes tropicales : cette disposition ordinaire est facile à comprendre, car dans les diverses zones, le grand diamètre de l'ellipse doit indiquer la direction dans laquelle le climat offre le plus d'égalité sur une étendue plus considérable. Chose remarquable, l'aire moyenne des espèces est d'autant plus vaste qu'elles ont une organisation plus simple et qu'elles semblent avoir une ancienneté plus grande. Ainsi les cryptogames, qui sont les plantes les moins développées, occupent la surface la plus grande. De même les espèces marines ont une aire moyenne plus étendue que celle des espèces terrestres; les herbes ont une habitation plus vaste que celle des arbres; enfin les phanérogames annuels ont une patrie de plus grandes dimensions que les phanérogames vivaces et ligneux : « L'aire des plantes est en raison inverse de la complication de leur structure. » Il est aussi très-remarquable que, par des causes géologiques probablement antérieures à l'état actuel du globe, l'aire moyenne des espèces diminue graduellement du pôle arctique aux pointes australes des continents.

Aucune espèce phanérogame, pas même l'ortie ni le pourpier, les plus fidèles parmi les compagnons de l'homme, ne peuple la terre entière. On compte seulement dix-huit

---

1. Leps, *Annales hydrographiques*, 1857, 4ᵉ trim.; — *Bulletin de la Société de Géographie*, septembre, 1865. — Laverrière.

espèces qui se montrent à la fois sur la moitié de la surface terrestre, et le nombre total des plantes connues qui occupent chacune un tiers du globe n'est évalué qu'à cent dix-sept. En revanche, il est des végétaux que les botanistes n'ont encore découverts que dans un seul ravin ou sur un promontoire isolé. Plusieurs îles éparses dans l'Océan, Sainte-Hélène, Tristan d'Acunha, Juan Fernandez, Madère, les îles Gallapagos, possèdent la plupart de ces plantes solitaires, introuvables ailleurs; mais il est aussi des parties du continent où les espèces ont pour tout domaine un district de quelques lieues ou de quelques hectares, dans lequel on pourrait voir comme une sorte d'île continentale. Quant à la moyenne générale de la surface des aires, elle serait, d'après Alph. de Candolle, d'environ la cent cinquantième partie de la superficie planétaire, soit à peu près de 300,000 kilomètres carrés.

IV.

Contraste des flores dans les diverses parties du monde. — Les flores insulaires et les flores continentales. — Richesse croissante de la végétation dans la direction des pôles à l'équateur. — Forêts tropicales. — Forêts de l'Amazone.

Considérés dans leur ensemble, les continents eux-mêmes présentent, comme les aires plus étroites, des oppositions remarquables entre leurs flores. Ainsi, toutes proportions gardées quant à l'étendue, le nouveau monde paraît être beaucoup plus riche en espèces végétales que ne l'est l'ancien. Ce fait s'explique par la disposition générale du double continent américain et de ses chaînes de montagnes alignées presque toutes dans la direction du nord au sud. Par suite de la position des Andes et des Cordillières, des montagnes du Brésil, des Alleghanys, des Rocheuses, de la Sierra Nevada et du Coast-Range de Californie, il se trouve que, sous chaque latitude, les climats les plus divers se succèdent sur les versants opposés, et, par suite, des espèces différentes se développent dans chacun de ces climats distincts. Dans l'ancien monde, il n'en est point ainsi, car la plupart des chaînes de montagnes, les Pyrénées, les Alpes, les Balkhans, le Caucase, le Taurus, l'Himalaya, le Karakorum, le Kouenlun, se prolongent dans la direction de l'ouest à l'est, et par conséquent les climats et les flores ne se modifient dans le même sens que par transitions très-ménagées. D'un autre côté, l'Afrique, malgré la situation de la plus grande partie de sa masse sous la zone torride, est relativement moins riche que les autres continents en espèces de plantes; ce fait s'explique par l'uniformité générale de la contrée, par le petit nombre des hautes chaînes de montagnes, par la faible humidité de ses vents. En revanche, l'extrémité méridionale de l'Afrique, la colonie anglaise du Cap, est d'une richesse végétale extraordinaire.

Un autre contraste avait été signalé par divers botanistes, celui de la pauvreté relative des flores insulaires comparées aux flores continentales. Toutefois cette question est controversée, et le manque d'observations suffisantes ne permet point encore de la résoudre. En tout cas, il est certain que les îles considérables, telles que la Sicile, la Grande-Bretagne, Cuba, Ceylan, ont des caractères de végétation tout à fait analogues à ceux des continents voisins; de même les Feröer, Spitzberg ont autant d'espèces, en proportion, que les grandes terres situées à une égale distance du pôle. Par contre, l'archipel du Cap-Vert, les Canaries, Madère, les Açores, ont de trois à cinq cents espèces de moins qu'on n'en trouverait sur une même étendue continentale; Maurice et la Réunion ont aussi un nombre relativement faible de plantes indigènes : il est tout naturel de penser avec M. de Candolle, que la pauvreté de ces îles provient en partie de leur isolement dans la grande mer.

Le fait capital de la distribution des plantes sur le

pourtour du globe est la richesse croissante des flores dans
la direction des pôles vers l'équateur. Ainsi, l'île de Spitzberg, la mieux explorée des terres de la zone glaciale a
seulement quatre-vingt-dix espèces; tandis qu'à surface
égale, la Silésie en a treize cents, la Suisse deux mille
quatre cents, et que la Sicile, d'une étendue moins considérable, en possède deux mille six cent cinquante[1]. Il est
vrai qu'en beaucoup de contrées de la zone tropicale, on
constate des exceptions à cette loi de l'augmentation des
espèces vers l'équateur; mais toutes ces exceptions peuvent
être facilement expliquées par le sol et les climats locaux.
Le Sahara a certainement une flore bien moins riche en
proportion que ne l'est celle de l'Europe méridionale; mais
aussi quelle différence n'y a-t-il pas entre les deux régions
sous le rapport du relief et de la variété! Si l'Égypte a seulement un millier de plantes, tandis que la Grande-Bretagne,
située beaucoup plus au nord, offre, à égale étendue, quatorze cent quatre-vingts espèces, c'est que la vallée du Nil
n'est qu'une étroite terre alluviale, bornée d'un côté par les
sables, de l'autre par des rochers dépourvus d'humidité.
Sans se laisser tromper par la pauvreté relative de la végétation égyptienne, les Grecs affirmaient déjà que la multitude des plantes augmente de plus en plus vers le midi;
ils ajoutaient même ce détail bizarre que, dans ces contrées
brûlantes du sud, le sol s'affaisse sous l'énorme poids des
arbres qu'il supporte[2].

Unger a proposé de partager la surface de la terre en
différentes zones de végétation se succédant symétrique-
ment des deux pôles à l'équateur. La zone polaire boréale,
à laquelle correspondrait une zone australe encore inconnue, comprend l'archipel Glacial de l'Amérique, le
Groenland, le Spitzberg, la Sibérie du nord. Les forêts y

1. Alph. de Candolle, *Géographie botanique raisonnée*, p. 1287.
2. Carl Ritter, *Geschichte der Erdkunde*, p. 62.

manquent totalement : ainsi que le dit Linné, les lichens,
« les derniers des végétaux, y couvrent la dernière des
terres. » Au sud s'étend une autre zone, dite arctique, où
se montrent les premiers arbres et les premières cultures.
Vient ensuite la zone subarctique de l'Amérique anglaise,
de l'Islande, de la Russie du nord, caractérisée par les
tourbières, les toundras et les forêts de pins, de sapins, de
mélèzes et de bouleaux. La zone tempérée froide, dont la
limite méridionale se trouve vers le 45ᵉ degré de latitude,
présente aussi des régions à tourbières et à forêts, mais
elle est aussi le territoire par excellence pour les prairies,
et ses bois se composent des espèces les plus variées. Dans
la zone tempérée chaude, les prairies deviennent plus
rares, tandis que les espèces arborescentes gagnent encore
en splendeur et en éclat. Les palmiers, les bananiers font
leur apparition dans la zone subtropicale; mais c'est aux
tropiques et à l'équateur que la végétation se développe dans
toute sa merveilleuse richesse. Au sud de la ligne équinoxiale, les flores se succèdent dans un ordre inverse jusqu'au pôle antarctique. D'ailleurs, on le comprend, ces divisions sont en grande partie arbitraires, et dans la nature, les
transitions s'opèrent de zone à zone d'une manière généralement insensible. Chose remarquable ! une des zones les
plus tranchées se trouve précisément partagée en deux par
un vaste bassin maritime. C'est la zone de végétaux qui
entoure la Méditerranée, du golfe du Lion au delta du Nil.
La flore méditerranéenne est ainsi une étroite bande circulaire de 8,000 kilomètres de développement.

Grâce à toutes les diversités du relief de la terre, aux
différences de la température et du climat, grâce aussi à
ces déplacements séculaires des continents qui ont eu pour
résultat de déplacer également les flores, toutes les contrées
se distinguent les unes des autres par une végétation d'une
beauté particulière. La Scandinavie a ses forêts de conifères, l'Angleterre a surtout ses chênes et ses prairies, le

nord de l'Allemagne a ses tilleuls, la Russie ses bouleaux, la France ses ormeaux et ses hêtres. On ne saurait penser aux Vosges ni à la Forêt-Noire sans se rappeler les longues pentes couvertes de sapins, et quand on songe aux Alpes, on les revoit toujours dans sa mémoire avec leurs bosquets de noyers ou de châtaigniers, leurs forêts de mélèzes, leurs rhododendrons et leurs gentianes. De même on ne peut se

Fig. 168. FLORE MÉDITERRANÉENNE.

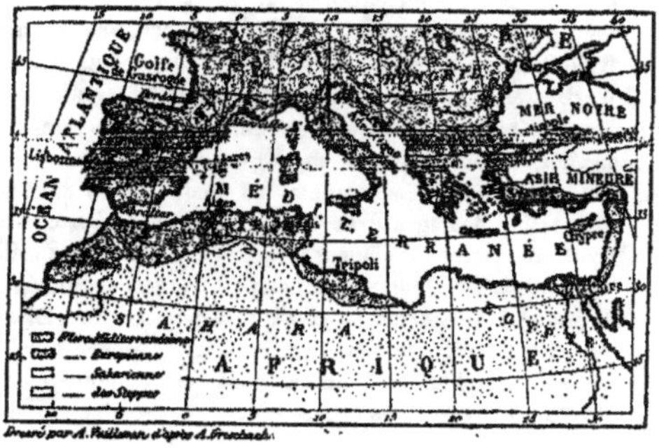

Dressé par A. Vuillemin d'après A. Grisebach.

figurer la terre si belle de l'Italie sans les oliviers, les cyprès et les pins maritimes. La terrible monotonie des plaines du Sahara est relevée par les fraîches oasis de dattiers, et vers l'extrémité méridionale du continent, au cap de Bonne-Espérance, les coteaux et les monts aux contours sévères sont égayés par leurs tapis de bruyères aux fleurs multicolores. Les États-Unis ont leurs arbres aux merveilleuses teintes d'automne, où l'on retrouve à la fois toutes les nuances, depuis le pourpre le plus éclatant jusqu'au vert le plus sombre. Le contraste est grand entre ces forêts

aux couleurs variées et l'uniforme étendue des prairies de
l'ouest ou les déserts du Nouveau-Mexique, parsemés de
cactus. Dans l'Amérique du Sud, les forêts d'araucarias des
montagnes du Chili et du plateau brésilien ne sont pas en
opposition moins tranchée avec les pampas et leur végétation si riche en légumineuses. A une autre extrémité du
monde, la flore australienne contraste avec celle de la terre
entière par l'aspect d'antiquité de ses eucalyptus, de ses
casuarinées, datant peut-être de l'époque jurassique. Les
espèces de la Nouvelle-Zélande se distinguent aussi par
leur physionomie générale de celle de tous les continents.
Nulle part on ne voit une aussi forte proportion d'arbres et
d'arbustes, comparés aux plantes annuelles; nulle part les
cryptogames n'offrent une pareille variété de formes. Les
prairies manquent, mais, en revanche, les fougères poussent
en immenses forêts, comme à l'époque de la houille. La
succession des âges terrestres, que les géologues cherchent
dans les strates fossilifères et qu'ils évaluent à des millions
de siècles, les botanistes peuvent la voir résumée dans
l'époque actuelle en parcourant la surface du globe. Les
flores des périodes actuelles, étagées dans les terrains de
l'Europe occidentale comme dans un immense ossuaire,
vivent encore plus ou moins modifiées sur divers points de
la planète.

Les forêts vierges, où l'homme ne s'est encore hasardé
que pour se frayer des sentiers, sont parmi les spectacles
les plus grands de la nature. Celles des pays froids, composées pour la plupart de conifères au tronc droit, au feuillage sombre, ont quelque chose de solennel et d'auguste.
Les fûts puissants des arbres s'espacent avec régularité
comme les piliers d'un édifice immense, et dans l'éloignement se confondent en mystérieuses avenues. Les branches,
largement étalées et chargées de mousse grisâtre, de lichens
surtout, ne laissent passer à travers leurs rameaux qu'une
lumière diffuse, répandue d'une manière égale sous la

voûte de verdure épaisse; quelques racines noueuses soulèvent çà et là le sol couvert de feuilles tombées et parsemé
de modestes plantes, les unes blotties au pied des troncs,
les autres groupées en massifs dans les espaces libres. Rien
ne pénètre du dehors dans ce monde à part, si ce n'est un
rayon de soleil dardé comme une flèche entre deux branches et le gémissement que le vent arrache aux ramures
froissées.

Les grandes forêts tropicales ont un autre caractère, et
frappent surtout par leur magnificence, la fougue de leur
végétation, la variété de leurs espèces. Ce n'est point un
ensemble majestueux et régulier comme la forêt de sapins
ou de mélèzes. C'est un chaos de verdure, un entassement
de forêts entremêlées, où le regard cherche vainement à
reconnaître les innombrables formes végétales. Au-dessus
des larges cimes touffues, se superposent d'autres cimes et
se dressent les palmiers reliés les uns aux autres par le
lacis inextricable des lianes; des rameaux brisés, suspendus
par des cordages presque invisibles se balancent dans
l'espace; des pandanus jaillissent comme des fusées de verdure du fouillis des branches et des feuilles de toute espèce,
disposées en panaches, en éventails, en bouquets, en guirlandes; des orchidées épanouissent dans l'air leurs fleurs
étranges; les arbres, tombés de vieillesse, disparaissent sous
des réseaux de fleurs, et la plupart des troncs encore debout
sont eux-mêmes entourés comme d'une nouvelle écorce par
les tiges en spirale de parasites au feuillage élégant. Tandis
que, dans les forêts du nord, tous les arbres se ressemblent
et pourtant se dressent isolés comme les citoyens égaux d'un
peuple libre, les innombrables espèces de la forêt tropicale,
si différentes les unes des autres par leurs dimensions, leurs
formes, leurs couleurs, semblent se confondre en une même
masse de végétation; l'arbre a, pour ainsi dire, perdu son
individualité dans la vie de l'ensemble. Un chêne de la zone
tempérée étalant ses rameaux à l'écorce rugueuse, plon-

geant ses racines dans le sol lézardé et jonchant la terre de
ses feuilles séchées, paraît toujours un être indépendant,
même quand il est environné d'autres chênes comme lui;
mais les plus beaux arbres d'une forêt vierge de l'Amérique du Sud ne s'appartiennent point : tordus les uns
autour des autres, noués dans tous les sens par des cordages de lianes, à demi-cachés par les parasites qui les
étreignent et qui boivent leur séve, ils ne sont plus que de
simples molécules dans un immense organisme recouvrant
des contrées entières.

C'est de la surface unie de la mer ou d'un grand fleuve
qu'il faut voir la forêt tropicale, surtout lorsqu'elle revêt
les flancs d'une colline élevée. Du sommet jusqu'à la base,
ce n'est qu'un tumulte, un océan de feuillage; sous cette
masse ondulant à la brise, c'est à peine si l'on peut se
figurer le sol qui la supporte : on croirait que la forêt tout
entière a sa racine dans les eaux et flotte comme une
énorme plante pyramidale, haute de 200 mètres. Toutes les
branches sont reliées les unes aux autres, et le moindre
frémissement se propage de feuille en feuille à travers l'immensité verdoyante. Là où la colline présente une déclivité
rapide, de grandes masses de branches, de lianes et de
fleurs s'épanchent de cime d'arbre en cime d'arbre, semblables aux nappes d'une cataracte. C'est un Niagara de
verdure. Une atmosphère humide et chargée des senteurs
mélangées des plantes s'échappe de la forêt et se répand au
loin : par un temps brumeux, des voyageurs ont reconnu,
à 130 kilomètres en mer, le voisinage des côtes de la Colombie aux parfums répandus dans l'espace [1].

De toutes ces végétations tropicales si merveilleuse-
ment riches, la plus variée est celle du bassin de l'Amazone, ainsi que la situation géographique du pays suffirait
à le révéler d'avance, car nulle part ne se trouvent plus

---

1. Kiddle, *Nautical Magazine*, March 1865.

admirablement réunis sur une aussi vaste étendue la richesse alluviale du sol, l'abondance des pluies et l'activité des rayons solaires. Sur un espace de plusieurs milliers de kilomètres du nord au sud et de l'est à l'ouest, les plaines amazoniennes ne sont qu'une forêt sans bornes, interrompue seulement par les larges canaux du fleuve et de ses tributaires, par les marécages et les lagunes de leurs bords, et çà et là par des clairières de hautes herbes, où s'élèvent quelques arbres épars. Devant l'immense variété des plantes qui se montrent à lui, le botaniste reste confondu. Déjà dans le fleuve lui-même, il voit les processions de troncs entremêlés et de branchages encore garnis de leurs feuilles qu'entraîne le courant comme une sorte de forêt flottante. Sur le sol fangeux de la rive, ce sont les roseaux pressés qui s'avancent en promontoires au pied de l'immensité verdoyante des arbres; puis, sur la berge proprement dite, chaque laisse annuelle déposée par les eaux a sa végétation particulière de plantes, d'autant plus haute, plus touffue et plus croisée de lianes qu'elle pousse sur un sol plus anciennement déposé. Au delà de ce premier rempart d'arbres nouveaux qui cache en beaucoup d'endroits la véritable forêt [1], commence enfin la vierge solitude des grands bois, où la flore amazonienne se montre à la fois dans toute sa délicatesse et dans toute sa majesté, grâce au nombre prodigieux des plantes qui la composent. Les types les plus divers, herbes rampantes et troncs gigantesques, se mêlent et se confondent : les lianes légères, suspendues aux branches, relient en un même réseau les ramures de la forêt tout entière. C'est là le tableau merveilleux qu'il faut aller contempler en pleine nature sauvage, soit aux bords de quelque lagune où s'étalent les énormes feuilles et les fleurs doucement rosées de la *victoria*, soit aussi de la surface d'un tortueux ruisseau, véritable sentier liquide, tout fes-

----

1. Avé-Lallemant, *Reise durch Nord-Brasilien*.

tonné de guirlandes de lianes entrelacées, qui se balancent au-dessus du canot des voyageurs. En aucun pays du monde, la force et le charme, la grandeur de l'ensemble et la grâce infinie des détails ne se combinent d'une manière aussi complète : c'est le triomphe de la nature vivante. La forêt est à la fois grandiose et joyeuse, et n'a rien de la douce mélancolie des bois de la zone tempérée [1].

Si toutes les plantes de la terre ne se trouvent pas dans les immenses *selvas* de l'Amazone, du moins tous les genres, même ceux qui manquent d'une manière complète, y sont représentés par des équivalents. Ainsi la famille des rosacées, qui nous donne les charmantes églantines de nos haies et les admirables roses de nos jardins, qui produit la plupart de nos fruits, la poire et la pomme, la pêche, la cerise, la nèfle, l'amande et tant d'autres encore, existe à peine sous les tropiques ; mais elle est remplacée par une autre grande famille, celle des myrtacées, qui produit la goyave, la pitanga, ainsi qu'un grand nombre d'autres fruits savoureux dont les noms sont à peine connus ou même ignorés en dehors des régions tropicales. Ainsi chaque zone a sa famille spéciale d'arbres porteurs de fruits. De même les humbles céréales du nord, dont les grains servent de base à l'alimentation de l'homme, ont pour équivalent, dans le voisinage de l'équateur, la grande famille des palmiers, dont un si grand nombre d'espèces vivent sur les bords de l'Amazone et de ses affluents. Chacune de ses rivières a son espèce caractéristique de palmier donnant à ses forêts et aux villages de ses berges un aspect nouveau ; même sur le fleuve principal, les variétés se succèdent plusieurs fois de l'embouchure au confluent du Solimões avec le Rio Negro et plus haut, jusqu'aux montagnes du Pérou [2]. Les espèces de l'arbre qui nourrit les indigènes de ses fruits et leur

1. Agassiz, *Conversaçoes scientificas sobre o Amazonas.*
2. *Id., ibid.,*

fournit en même temps de l'eau rafraîchissante, des tissus, des matériaux de construction, sont encore plus nombreuses que les céréales des pays du nord. Et cependant les régions amazoniennes ne sont guère connues aujourd'hui que dans le voisinage immédiat des rives fluviales, et chaque nouvelle exploration des botanistes y révélera l'existence de nouveaux trésors végétaux.

V.

Étages de végétation sur les pentes des montagnes. — Pénétration réciproque des flores superposées. — Limites supérieures des espèces végétales en divers pays du monde. — Irrégularités dans l'étagement des flores.

Par suite de l'abaissement graduel de la température sur les pentes des montagnes, des zones de végétation, analogues à celles qui se succèdent de l'équateur au pôle sur la rondeur du globe, s'étagent en hauteur de la base au sommet des monts. Pour la flore comme pour le climat, on croirait marcher dans la direction du cercle polaire, à mesure qu'on s'élève sur les flancs d'un pic à une plus grande altitude au-dessus des plaines; seulement, les intervalles de climat que l'on mettrait des jours à franchir en voyageant vers le pôle, on les traverse en quelques minutes d'ascension, puisque, dans les montagnes, une hauteur de 160 à 240 mètres correspond en moyenne à 1 degré de latitude. Au pied du plateau qui porte le Cayambe, dans les Andes équatoriales, la végétation est celle de la zone torride; à la cime neigeuse de ce volcan, que coupe la ligne même de l'équateur, on trouve des plantes rappelant celles du Groenland; mais à quelque hauteur que l'on s'élève, on rencontre toujours des organismes vivants. Sur les neiges elles-mêmes, les cellules du *protococcus* se groupent et s'animent, de même qu'au plus profond des mers la sonde découvre encore des diatomées en myriades infinies.

La limite qui sépare la flore de la montagne de celle des plaines inférieures n'est pas toujours bien distincte, et l'on doit souvent traverser de vastes régions douteuses avant de savoir, par l'aspect des plantes environnantes, quelle zone de végétation l'on a sous les yeux. De même il est parfois bien difficile de reconnaître sur le versant d'une chaîne les diverses flores étagées en hauteur, à cause des plantes intermédiaires appartenant à la fois à deux zones, et de celles qui, par suite des innombrables diversités du milieu, descendent au-dessous ou montent au-dessus de la région normale de leur demeure. C'est ainsi que, sur les flancs du volcan de Chiriqui, Moritz Wagner a trouvé des prairies et des chênes verts à côté des palmiers-euterpe et des bégonias[1]. De même aussi, dans l'État colombien de Santander, le bananier et la canne à sucre donnent d'excellents produits à 2,757 mètres de hauteur, au milieu de la région des chênes et des bouleaux. Il y a donc non-seulement superposition, mais aussi pénétration réciproque des climats et des forêts. Dans la Cordillière de Valdivia, ce mélange des flores est tel que les arbres de la plaine montent presque jusqu'à la limite inférieure des neiges persistantes, grâce à l'abondance extrême des pluies et à l'égalité du climat[2].

Les monts où les limites entre les zones sont le plus nettement tranchées sont, on le comprend, ceux dont les pentes sont coupées d'escarpements abrupts. Une roche à pic de quelques centaines de mètres de hauteur est le plus souvent une frontière visible entre deux flores : on en voit un magnifique exemple à la chute de Tequendama, dans la Colombie, où l'eau plonge de la zone des pommiers et

1. *Mittheilungen von Petermann*, XI, 1862.
2. Grisebach, *Geographisches Jahrbuch von Behm*, 1866.

du seigle pour tomber dans celle des palmiers-maurice. De
même un brusque changement dans les conditions physiques du lieu peut délimiter nettement deux zones de
végétation. Dans la Vallouise, non loin de la base du Grand-
Pelvoux, on remarque, sur le flanc méridional de la montagne de l'Échauda, une ligne de démarcation, droite comme
si elle eût été tirée au cordeau, entre la zone des arbustes
et celle du gazon court des hauts pâturages : c'est que la
partie inférieure de l'Échauda est abritée par un promontoire au-dessus duquel passe librement le vent froid descendu des glaciers. Sur les flancs du volcan de Riñíhue, au
Chili, M. Frick a remarqué aussi que la ligne indiquant la
limite des arbres est d'une horizontalité parfaite [1].

Les phénomènes qui contribuent, chacun pour sa part,
à rendre indécises les limites des flores superposées varient
dans leur action suivant les innombrables diversités qu'offrent les versants. Chaque différence dans la pente, l'exposition, la nature ou la dureté du sol, produit une différence
correspondante dans la largeur de la zone où l'espèce végétale se développe en liberté. Dans telle vallée, bien abritée
des vents froids, largement ouverte au souffle tiède de la
plaine et arrosée par les pluies avec abondance, les plantes
des terres inférieures montent parfois à des hauteurs de plusieurs centaines ou même de milliers de mètres au-dessus
de leur patrie; ailleurs, au contraire, les plantes de la zone
élevée, favorisées par les vents froids qui s'engouffrent dans
les gorges, descendent à une grande profondeur au-dessous
de la limite idéale de leur milieu. De même les espèces qui
vivent dans le voisinage des neiges cheminent parfois avec
les blocs erratiques sur le dos des glaciers, puis sont
poussées par les moraines frontales jusque dans les plaines
inférieures ; d'autres fois, elles s'épanchent du haut des
sommets avec les éboulis pierreux, et quand on passe au

[1]. *Mittheilungen von Petermann*, 1864, II, p. 52.

pied d'un escarpement, on est tout étonné de voir une colonie étrangère croître et prospérer au milieu de populations de plantes d'un autre climat. Même les avalanches de neiges, qui fondent lentement dans les prairies au-dessous des couloirs d'où elles sont tombées, laissent, comme marques de leur séjour, des îlots d'espèces particulières. Deux lois agissent en sens contraire sur les flancs des montagnes, l'une qui tend à faire monter vers les sommets les plantes inférieures, l'autre qui tend à faire descendre celles des hautes cimes, et par suite de cet incessant conflit, les limites des zones se déplacent constamment avec les oscillations des climats[1].

Depuis Humboldt, on a pris souvent le Chimborazo et le Popocatepetl pour types des monts à étages superposés de végétation ; toutefois ces deux montagnes ne peuvent être citées que comme les représentants des régions tempérées sur lesquelles elles reposent, car elles se dressent sur des plateaux, et pour trouver la flore tropicale, il faut se rendre à une assez grande distance de leurs bases. L'Orizaba du Mexique, dont le cône régulier se voit si bien de la mer, et la Sierra Nevada de Sainte-Marthe, qui domine de 6,000 mètres les plages néo-grenadines, sont les exemples les plus frappants de cet étagement des climats et des flores terrestres, car de la base on peut distinguer vaguement sur les pentes tout un résumé de la végétation du globe, depuis celle des cocotiers, qui se penchent au-dessus des rivages, jusqu'à celle des plantes alpines, dont le vert se révèle à travers l'espace par le contraste qu'il fait avec la blancheur des neiges. Sur les flancs du volcan de Chiriqui, montagne de moindre hauteur qui s'élève également sur les bords de la mer des Antilles, M. Moritz Wagner a pu mesurer avec précision la hauteur des étages successifs. Celui des pal-

1. E. Rambert, *Les plantes alpines ;* — Gustav Mann, *Mittheilungen von Petermann,* I, 1865.

miers et des musacées s'élève à 600 mètres environ ; les
fougères arborescentes et les orchidées se montrent de 600
à 1,300 mètres ; au-dessus, les rosacées croissent jusqu'à
1,700 mètres, et plus bas, de 1,700 à 3,300 mètres, s'étend
la région des chênes et des bouleaux. Dans l'île de Java,
les volcans isolés qui se dressent au-dessus des campagnes
à l'exubérante végétation tropicale sont aussi admirablement situés pour que l'on puisse étudier sur leurs flancs
les flores et les cultures, étagées de la base à la cime des
monts.

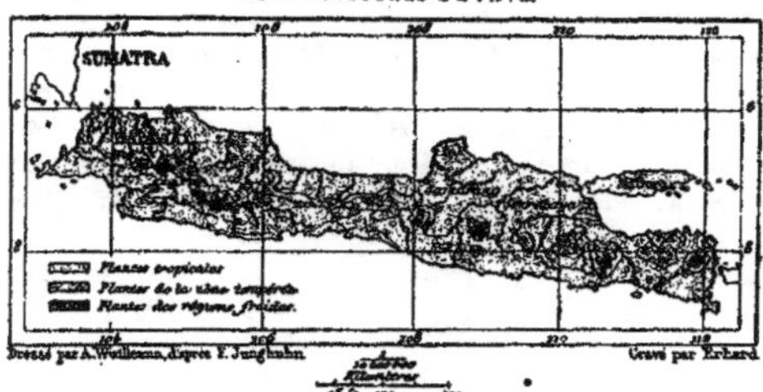

Fig. 103. CULTURES DE JAVA.

Les montagnes isolées qui baignent dans une atmosphère où les phénomènes météorologiques s'accomplissent
avec une grande régularité, offrent en conséquence une
série normale de flores étagées du sommet à la base. Parmi
les montagnes qui doivent être considérées comme types
pour la distribution régulière des zones de végétation, on
peut citer le pic de Teyde, le mont central du groupe des
Canaries. En descendant des hauteurs du volcan dans la
direction d'Orotava, on ne voit d'abord que des *retamas*, et
toujours des *retamas*, espèce de genêt grisâtre, qui se com-
plaît dans le sol de cendres et de débris. Tout à coup, une
nouvelle plante apparaît, c'est une bruyère, et bientôt on

est de tous les côtés entouré de bruyères, les *retamas* ont complétement disparu. Un vieux pin solitaire marque la ligne de démarcation nettement tranchée qui sépare sur le flanc de la montagne la zone des plantes à teinte sombre de celle des plantes verdoyantes. A mesure que l'on descend, les bruyères sont plus hautes et plus pressées, puis elles se mêlent aux fougères; vers 1,200 mètres d'altitude, des lauriers se dressent çà et là au milieu des broussailles de plus en plus épaisses, et le sol volcanique se recouvre de gazon. Au-dessous de 1,000 mètres commencent les cultures, les lupins, le blé, quelques légumes; on aperçoit des ronces croissant au bord du sentier. A 720 mètres se trouve le premier figuier, puis on entre dans la région des vignes, des cactus et des arbres fruitiers; à 300 mètres, on entre enfin dans la zone subtropicale indiquée par les bananiers et les dracœnas [1].

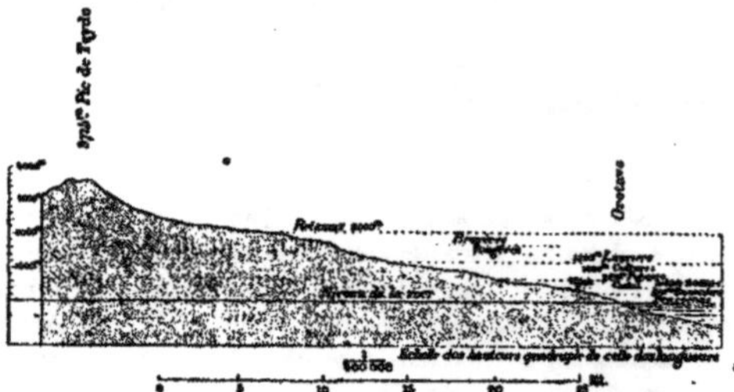

Fig. 170. Étages de végétation sur les flancs du Pic de Teyde (île de Ténériffe).

En France, le Canigou est, parmi les hautes montagnes, celle qui se dresse le plus superbement au-dessus des plaines, et sur ses flancs, visibles en entier de la pleine

[1]. Piazzi Smith, *Teneriffe*, p. 266 et suivantes.

mer, M. Aimé Massot et d'autres botanistes ont pu mesurer
avec une grande exactitude les zones étagées de la végétation. Les oliviers qui recouvrent les campagnes de la Têt
et du Tech croissent aussi sur les racines avancées du mont
jusqu'à 420 mètres d'altitude; la vigne s'élève plus haut,
mais à 550 mètres elle disparaît à son tour; au delà de
800 mètres, cesse de croître le châtaignier. Les derniers

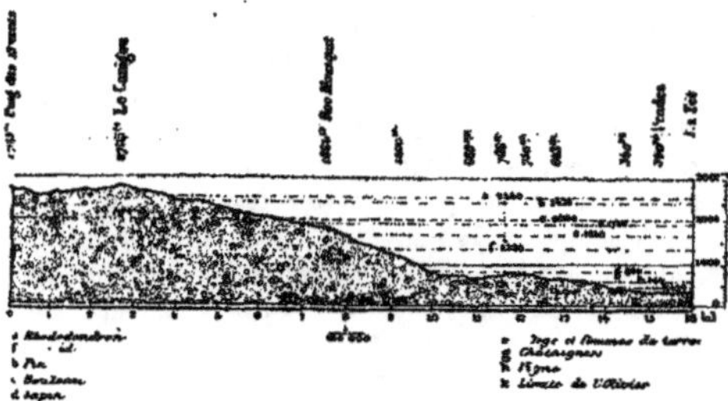

Fig. 171. Étages de végétation sur les flancs du Canigou.

champs, cultivés en seigle et en pommes de terre, ne dépassent point 1,640 mètres, hauteur à laquelle le hêtre, le
pin, le sapin, le bouleau souffrent déjà du vent et de la
rigueur des hivers. A 1,950 mètres s'arrête le sapin; le bouleau ne se hasarde point au delà de 2,000 mètres; mais le
pin, plus hardi, escalade les rochers jusqu'à l'altitude de
2,430 mètres, non loin de la cime. Au-dessus, la végétation
ne se compose plus que d'espèces alpines ou polaires. Le
rhododendron, dont les premières touffes s'étaient montrées
à 1,320 mètres, a pour limite une élévation de 2,840 mètres.
Quant au génévrier, il monte en rampant et en cachant à
demi son branchage dans le sol jusqu'à la pointe terminale, haute de 2,785 mètres et couverte de neige pendant
trois mois de l'année.

II.   35

Les étages de végétation ont été étudiés avec soin sur les pentes de plusieurs autres montagnes de l'Europe tempérée, notamment sur les flancs du Ventoux par M. Charles Martins; mais c'est dans les Alpes surtout que les plus célèbres botanistes de notre siècle ont fait leurs recherches comparatives sur les flores des diverses altitudes. Les limites de ces flores varient, on le comprend, suivant la forme, l'exposition, la hauteur des montagnes, la nature des roches, l'humidité du sol, l'abondance des neiges, les conditions météorologiques de l'atmosphère ambiante. Il est donc impossible de donner des chiffres précis pour l'ensemble des massifs alpins, et les moyennes obtenues par les savants n'ont qu'une valeur tout à fait générale. Sans tenir compte de la limite supérieure des cultures, qui varie singulièrement dans les hautes vallées en proportion de l'industrie, de l'intelligence, de l'état social des habitants, on peut dire que la végétation de la plaine ne dépasse guère un millier de mètres; au-dessus, les pentes où l'homme n'est pas violemment intervenu pour changer les productions du sol sont naturellement couvertes de vastes forêts. Toutefois les grands arbres diminuent graduellement en hauteur, à mesure qu'on s'élève dans une zone où l'air est plus rare et plus froid; leur bois devient plus dur, plus noueux, et les espèces hardies qui se hasardent non loin de la région des neiges finissent par ramper sur le sol comme pour chercher un abri entre les pierres. Au nord de la Suisse, le hêtre ne dépasse point l'altitude de 1,300 mètres, et l'épicéa s'arrête à 1,800 mètres. Dans le groupe du Mont-Rose, la même essence forestière, qui se rapproche le plus de la zone des neiges persistantes, monte jusqu'à 2,000 mètres sur le versant septentrional, tandis que sur le versant opposé, le mélèze, encore plus hardi, atteint sa limite supérieure à 2,270 mètres. Plus haut, on ne voit que les troncs bizarrement contournés des quelques pins *mugho*, des rhododendrons, des saules herbacés, des genévriers, puis toute végétation se fait humble et s'attache au sol pour échapper au souffle glacial du vent et se laisser recouvrir en hiver d'une couche protectrice de neige. Jusqu'au bord des glaciers, jusqu'aux blanches surfaces des névés, croissent des plantes phanérogames; même à 3,500 mètres de hauteur, on voit des androsaces, des gentianes, des saxifrages et le charmant œillet aux fleurs roses gracieusement blotties dans un coussin de mousse verte; au milieu de l'été, des flocons fraîchement tombés recouvrent parfois à demi les humbles plantes : on dirait que la neige est veinée de sang. Enfin, les rochers les plus élevés sont couverts çà et là comme d'une rouille par des lichens, et souvent les neiges elles-mêmes sont nuancées en rouge, en vert, en jaune sale par une flore de cryptogames rudimentaires.

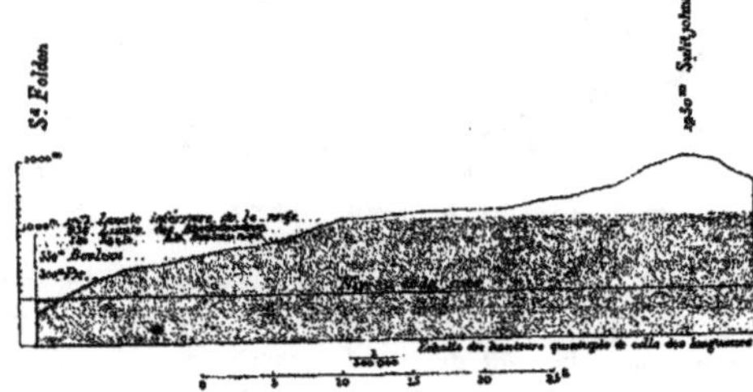

Fig. 172. Étages de végétation sur le Sulitjelma.

La distribution des espèces végétales s'opère d'une manière analogue sur les flancs des autres chaînes de montagnes situées au nord des Alpes, les Vosges, l'Erzgebirge, les Sudètes, les Kjölen; seulement, ainsi qu'on peut le voir sur les pentes du Sulitjelma, qui se dresse en Norvége sous le 68e degré de latitude, la série des étages de végétation

devient de moins en moins riche à mesure qu'on avance
vers le nord, à cause de la diminution graduelle de la température moyenne et de la faible altitude relative à laquelle
commencent les neiges persistantes. Il est à remarquer
aussi que les différentes espèces sont loin de se succéder
dans le même ordre sur le versant des montagnes : les
limites supérieures des plantes présentent à cet égard les
plus frappantes irrégularités et s'entre-croisent diversement,
au lieu de rester parallèles les unes aux autres comme on
pourrait s'y attendre tout d'abord. Ainsi, le tremble s'élève
à une moindre hauteur que le hêtre dans les Alpes bavaroises, et le contraire se produit sur les flancs du Canigou ;

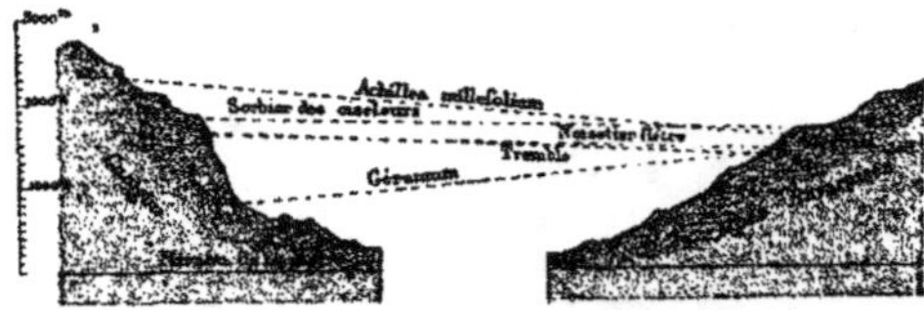

Fig. 172. Hauteurs comparées de diverses espèces sur le Canigou et dans les Alpes bavaroises.

en revanche, sur cette même montagne, le tremble dépasse
de beaucoup le noisetier, tandis qu'en Bavière, il en est
distancé d'environ 70 mètres. On peut essayer de rendre
visible par un diagramme ces remarquables phénomènes
d'entre-croisement.

Les limites polaires des diverses espèces végétales ne
se succèdent pas non plus exactement dans le même ordre
que les limites supérieures des plantes congénères sur les
flancs des montagnes. Ces différences dans la distribution
des flores correspondantes tiennent à la multitude des
causes qui empêchent la propagation des végétaux sur
une aire plus étendue. Telle plante est arrêtée d'un côté par
le froid de l'hiver, de l'autre par les brouillards, la séche-

resse, l'humidité ou le voisinage des neiges. Chaque région de la terre ayant son climat particulier, offre aussi des conditions spéciales au développement de la vie. Même sur les versants opposés d'une seule montagne, les étages de végétation présentent de remarquables contrastes. Ainsi le pin de montagne (*pinus uncinata*) s'élève à près de 200 mètres plus haut sur les pentes méridionales du mont Ventoux que sur la pente opposée; en revanche, le chêne vert monte à 620 mètres du côté du nord, et à 550 mètres seulement sur le versant exposé en plein au soleil du midi. On remarque aussi que chaque déclivité a ses essences particulières : au midi ce sont les oliviers, au nord les noyers et les sapins [1]. Il est rare que dans les Alpes du mont Viso et du col de Tende on n'observe pas une alternance rhythmique entre les forêts des pentes diversement exposées : les mélèzes recouvrent les escarpements tournés vers le midi, les sapins préfèrent les vallons ombreux regardant le nord. Sur les monts de la zone tropicale, le contraste est plus saisissant encore, puisque d'un côté s'étendent des forêts impénétrables et que l'autre versant n'a que des herbes pour toute végétation. Humboldt observa ce contraste sur les flancs du Duida, qui domine la bifurcation de l'Orénoque, et l'on peut aussi le constater sur la plupart des montagnes de la Sierra Nevada de Sainte-Marthe.

VI.

Espèces disjointes. — Déplacement des aires par suite des changements géologiques. — Plantes de la Grande-Bretagne. — Naturalisation. — Incessantes modifications des flores.

Un des phénomènes les plus intéressants de la flore terrestre est la coexistence des mêmes plantes en deux

1. Charles Martins, *du Spitzberg au Sahara*, p. 418 et suivantes.

régions séparées l'une de l'autre par de vastes espaces, où le transport des graines n'eût pas été possible si la nature n'avait employé d'autres moyens que ceux dont elle se sert dans la période actuelle. Certes il est difficile, dans l'état présent de la science, de se rendre un compte exact de ce morcellement des aires végétales; mais on ne saurait trop l'étudier et lui donner une trop haute importance, car, aussi bien que les roches stratifiées et les fossiles, les fleurs qui s'épanouissent sur le sol racontent dans leur langage silencieux l'histoire des âges écoulés.

Gmelin, le premier, et depuis, nombre d'autres botanistes, ont constaté que la végétation des sommets de la Suisse ne ressemble pas seulement à la flore des régions polaires par la physionomie générale de ses plantes, mais qu'elle comprend aussi des espèces parfaitement identiques à des végétaux du Spitzberg, du Groenland, de l'Amérique boréale. Sur le cône terminal du Faulhorn, M. Charles Martins a recueilli cent trente-deux phanérogames, dont quarante se retrouvent en Laponie et huit au Spitzberg. De même le Jardin, qui se dresse isolé au milieu du glacier de Talèfre, ressemble par sa « florule » beaucoup plus à une terre du pôle qu'à un rocher des montagnes de la zone tempérée. Dans ce petit monde à part, entouré de glaces, dont les botanistes ont étudié avec amour jusqu'au dernier recoin, vivent cent vingt-huit espèces de plantes et seulement quatre-vingt-sept phanérogames; sur ce nombre, cinquante appartiennent aussi au Faulhorn, vingt-quatre à la Laponie et cinq au Spitzberg. Les observations faites sur d'autres points élevés des Alpes, aux Grands-Mulets, au col de Saint-Théodule, ont donné des résultats analogues. Sur les Montagnes-Blanches du New-Hampshire on retrouve aussi les mêmes espèces que celles du Labrador, dont plusieurs appartiennent également à la flore alpine des Alpes et des Pyrénées. Enfin l'Atlas et les monts de l'Abyssinie, le pic de Camerones, les volcans de Java, les chaînes du

Brésil, les Andes et même les escarpements rocheux de
la Terre-de-Feu, ont parmi leurs espèces des plantes d'Europe. D'énormes distances de 1,000 à 10,000 kilomètres
séparent ces aires disjointes des montagnes du sud et des
plaines du nord, et l'on ne saurait admettre que des oiseaux
ou les courants atmosphériques aient porté les semences
de l'une à l'autre région, car la naturalisation des espèces
est des plus difficiles dans les contrées froides, et la plupart
de ces plantes à multiples patries n'ont point de baies que
recherchent les oiseaux, ni de graines ailées que soulève le
vent.

Les mêmes difficultés se présentent quand il s'agit
d'expliquer comment un grand nombre d'espèces d'eau
douce vivent dans les fleuves et les lacs privés de toute
communication les uns avec les autres. Ce sont des plantes
dont les lourdes semences ne peuvent être transportées
par les airs et que les eaux de la mer détruisent à la
longue; et cependant ces plantes ont su pénétrer dans presque tous les bassins lacustres et fluviaux où la température
leur convient; elles se montrent dans les îles aussi bien
que dans les continents, elles croissent des deux côtés de
larges mers et dans les eaux qui baignent les racines opposées de hautes chaînes de montagnes, et, par une coïncidence remarquable, ce sont précisément ces espèces aquatiques, aux besoins forcément limités, qui se trouvent le
plus fréquemment semblables dans les diverses contrées de
la terre. Pour ces plantes des eaux, comme pour celles des
montagnes, les botanistes se demandent comment elles ont
pu s'établir à la fois dans les régions froides ou tempérées des
deux hémisphères, aux extrémités opposées des continents,
puisque la zone torride qui sépare les aires d'habitation
sur une distance de plusieurs milliers de kilomètres forme
entre elles une barrière infranchissable; ainsi, même aux
deux antipodes, à la Nouvelle-Zélande et dans les mers de
l'Europe occidentale, Hooker a reconnu 25 espèces d'algues

identiques. A cet égard, le genre *spartina* offre les contrastes les plus singuliers. Une espèce, *spartina stricta*, croît aux États-Unis et en Europe sur les rivages de l'Atlantique, et se trouve à Cayenne, à Venise, au cap de Bonne-Espérance ; une autre espèce, dite *alterniflora*, qui pousse également sur les côtes de l'Amérique, aux États-Unis et à Cayenne, ne se montre en France qu'en un point, à l'embouchure de l'Adour, et en Angleterre sur les seules plages de Southampton ; enfin, l'espèce *juncea*, qui vit en Georgie et dans le Massachusetts, n'apparaît dans l'ancien monde qu'à Fréjus, près de l'embouchure de l'Argens.

Il est vrai que ces dernières plantes, vivant toujours dans les sables et les terres alluviales du bord de la mer, pourraient bien avoir été transportées par des vaisseaux avec le lest et les marchandises d'une rive de l'Océan à l'autre rive, et s'être propagées d'elles-mêmes, après avoir séjourné quelque temps dans l'eau marine. M. Godron a vu des graines de graminées germer après immersion pendant un hiver dans un étang salé. Darwin et Martens ont aussi prouvé par des expériences directes que certaines semences peuvent garder leur pouvoir de germination après avoir flotté sur la mer durant 28 et même 137 jours. Ils pensent qu'un dixième des plantes pourraient ainsi se propager spontanément le long des rivages[1]. Peut-être même *l'eriocaulon septangulare*, herbe américaine d'eau douce, qui fleurit aussi dans l'île écossaise de Skye et dans le district irlandais de Connemara, a-t-elle été portée du Canada par le Gulf-stream. On sait quelle est la merveilleuse vitalité de certaines semences. Robert Brown a fait germer des graines de *nelumbium speciosum* déposées dans un herbier depuis 150 ans. Peut-être aussi des semences diverses contenues dans les nécropoles égyptiennes auraient-elles pu, ainsi que l'affirment divers botanistes, garder leur vie latente

____

1. *Origin of Species*, p. 365.

pendant trente et quarante siècles. Enfin, quelques géologues pensent même que des plantes rares, germant tout à coup sur les déblais d'anciennes couches fossilifères, proviennent réellement de graines enfouies depuis toute une série de révolutions terrestres[1].

Quoi qu'il en soit, pareils phénomènes ont lieu pour un trop petit nombre de plantes, pour que l'on puisse expliquer ainsi comment nombre d'espèces végétales, aux habitations multiples, fleurissent loin de la mer et de toute avenue commerciale, soit dans les lacs et les torrents, soit au flanc des montagnes neigeuses. On ne saurait donc s'imaginer, à l'égard de ces plantes, que deux alternatives : ou bien leurs germes se sont développés spontanément sur tous les points où se trouvent aujourd'hui des colonies séparées, et chaque sommet de montagne, chaque bassin fluvial et lacustre est devenu un centre indépendant de génération végétale, ou plutôt les colonies actuellement éparses ont été jadis reliées les unes aux autres et se sont graduellement séparées ou même déplacées par suite du changement du relief terrestre ou des climats. Les humbles fleurs alpines blotties dans les neiges et le creux des rochers raconteraient ainsi les grandes révolutions du globe.

En effet, pendant les périodes géologiques antérieures, la température moyenne n'a cessé de changer, ainsi que le prouvent les fossiles des couches terrestres. Dans une même contrée, les climats ont été alternativement chauds, tempérés et froids, puis se sont réchauffés de nouveau, et, par suite, les organismes vivants, plantes et animaux, ont dû se déplacer incessamment à la surface de la planète[2]. Vers la fin de l'époque tertiaire, alors que les régions, devenues aujourd'hui les continents de l'Europe et de l'Amérique du Nord, jouissaient d'une chaude température, la végétation

1. Alph. de Candolle, *Géographie botanique*, p. 1067.
2. Voir, dans le premier volume, le chapitre intitulé *les Premiers Ages*.

devait avoir dans son ensemble un caractère beaucoup plus
méridional que de nos jours; de même les terres éparses
qui entourent le pôle arctique avaient sans doute une flore
uniforme, composée de plantes analogues à celles de notre
zone tempérée. Cependant le climat changea peu à peu, et
les froids qui devaient amener la période glaciaire commencèrent à régner sur l'hémisphère boréal. Ce fut une
déroute pour les espèces trop avancées vers le nord, auxquelles venait à manquer la chaleur nécessaire. Elles
battirent en retraite devant les neiges et les glaces, comme
une armée poursuivie. Les plantes de la zone polaire
gagnèrent peu à peu sur la zone tempérée; celles de la
zone tempérée rétrogradèrent vers les tropiques et, par les
empiétements graduels de leurs colonies, franchirent même
l'équateur, pour s'établir sur les plateaux et dans les plaines
aujourd'hui brûlantes de la zone torride. Pendant la série
des siècles, d'une longueur inconnue, qui s'écoula pour la
planète durant l'époque ou le cycle des époques auxquelles
on a donné le nom de glaciaires, un certain nombre d'espèces déplacées cherchèrent vainement à s'accommoder au
milieu de leurs nouvelles patries, et finirent par succomber,
tandis que d'autres plantes, favorisées par les conditions
climatériques, se faisaient sans peine à la terre d'exil, ou
même y jouissaient d'une plus grande prospérité que dans
leurs anciennes habitations.

Toutefois la température, incessamment changeante
comme tous les phénomènes de l'univers, entra dans une
phase nouvelle : à la période du refroidissement succéda
celle d'une chaleur croissante à la surface de l'hémisphère
boréal, et peut-être aussi sur la terre entière; les glaciers
qui remplissaient toutes les gorges des montagnes et s'avançaient au loin dans les plaines, reculèrent peu à peu vers
les névés, en abandonnant dans les campagnes les amas
de terre et de débris qu'ils avaient charriés pendant des
siècles ; au nord, les neiges des continents et les banquises

de la mer s'éloignèrent de plus en plus des zones tempérées pour se rapprocher des pôles. Grâce à la chaleur, les plantes que le froid avait forcé de se réfugier dans les régions équatoriales purent se propager dans les deux hémisphères et se partager ainsi en deux corps d'armée distincts, s'éloignant l'un de l'autre à mesure que la température augmentait. De même les espèces de la zone tempérée empiétèrent graduellement sur le sol dans la direction du pôle et, montant à l'assaut des montagnes, s'emparèrent des moraines et des ravins abandonnés par les glaciers ; mais, pour conquérir les monts et les régions polaires, elles durent céder les plaines intermédiaires à d'autres plantes venues du sud. Un espace de plus en plus large, occupé par une flore nouvelle, s'interposa entre les deux fragments séparés de la flore antique et, de nos jours, après les âges écoulés, les espèces européennes de l'époque glaciaire n'ont plus d'autre patrie que les terres arctiques et les roches entourées de neiges sur les sommets des Alpes et des Pyrénées. Semblables à ces tribus de montagnards, Basques, Romanches et Vaudois, qui, pour sauvegarder leurs mœurs et leur nationalité, se sont refugiées dans les hautes vallées, les petites peuplades végétales assiégées par les plantes des campagnes inférieures se sont retirées sur les cimes neigeuses, où elles retrouvent un climat qui leur rappelle celui de l'époque glaciaire. Ainsi, toute distribution d'espèces qui ne peut s'expliquer par les conditions actuelles de la surface terrestre doit s'expliquer par les conditions antérieures.

Ce n'est pas tout : aux alternatives si importantes des climats se sont ajoutés encore, pour la modification des aires végétales, les nombreux changements de forme et de relief qu'ont subis les continents. Lorsque la Scandinavie était une terre insulaire, lorsqu'une vaste mer occupait une grande partie des plaines de l'Allemagne du nord et de la Russie, et qu'un détroit faisait communiquer la mer

Noire, la Caspienne et le golfe d'Obi, nul doute que des courants maritimes et des convois de glaces flottantés ne servissent au transport des espèces arctiques sur les flancs des montagnes de l'Europe. Ensuite, tandis que les terres de l'Europe, soulevées hors de la mer Scandinave, prenaient graduellement les contours qu'elles ont actuellement, leur relief se modifiait aussi de diverses manières; des hauteurs s'élevaient et séparaient ainsi des bassins naguère confondus; des collines, rongées par les eaux, disparaissaient peu à peu et, dans leurs débris, s'ouvrait une communication entre deux vallées primitivement distinctes; des lacs se formaient, d'autres se desséchaient, les rivières changeaient de cours. Ainsi le sol était incessamment remanié avec les graines qu'y avaient déposées les végétations antérieures. Qu'y aurait-il d'étonnant à voir maintenant les mêmes plantes aquatiques fleurir en tant de bassins complétement isolés? La communication qui n'existe plus de nos jours a pu exister, directement ou indirectement, pendant les âges géologiques antérieurs, et cela suffit pour expliquer la coexistence des aires d'habitations éparses. Cependant, en suivant cette voie, il est facile de se laisser entraîner à des hypothèses hardies, qu'il importe d'appuyer sur des faits établis d'une manière bien certaine avant de les adopter. Ainsi, M. Schmidt ayant constaté que la flore actuelle des côtes de la Sibérie et de la Chine ressemble beaucoup plus à celle des rivages atlantiques des États-Unis qu'à celle de la Californie et de l'Orégon, en tire la conséquence que l'Asie et l'Amérique formaient autrefois une seule masse continentale, puis que la partie du milieu, après avoir été graduellement submergée dans les profondeurs du Pacifique, se souleva de nouveau pour se revêtir d'une seconde flore, toute différente de la première[1].

La flore des îles Britanniques est un exemple remar-

[1]. *Compte rendu de la Société géographique de Russie*, p. 21, 1864.

quable des changements qui se sont opérés pendant la
période moderne dans les aires des espèces. A l'exception
d'une seule plante, d'origine américaine, *l'eriocaulon septangulare,* qui se trouve dans une partie des Hébrides[1], toute
la végétation anglo-irlandaise est de provenance continentale. La grande majorité des espèces se sont propagées
directement de la France, de la Hollande et de l'Allemagne,
avant que le canal de la Manche eût été ouvert par les
flots; dans le nord, une autre flore, d'un caractère tout
arctique, a dû être apportée de la Scandinavie par les montagnes de glace chargées de débris; enfin, l'arbousier et
une dizaine des plantes croissant dans les régions montueuses du sud-ouest de l'Irlande se retrouvent seulement
sur les bords du golfe de Gascogne, en Portugal, à Madère,
aux Açores, et l'on a de fortes raisons pour admettre, avec
Edward Forbes, qu'elles faisaient partie de la flore d'un
grand continent presque en entier disparu. Ainsi les modifications du climat et les oscillations du sol, sans compter
les changements, bien plus importants encore, introduits
par le travail de l'homme, ont eu pour résultat de con-
centrer les parties de trois flores bien distinctes dans cet
espace relativement étroit des îles Britanniques. En outre,
quatre-vingt-trois espèces d'origine étrangère y ont été
naturalisées pendant les siècles modernes par l'intervention
volontaire ou involontaire de l'homme, qui, lui aussi, est
l'une des grandes forces géologiques.

Depuis la découverte du nouveau monde, les deux continents, que la navigation rattache constamment l'un à
l'autre, ont mutuellement enrichi leurs flores par la naturalisation de nouvelles espèces. Au moins 35 plantes de
l'Amérique du Nord se sont acclimatées en Europe, et
172 espèces européennes se sont répandues sur le sol des
États-Unis. L'Amérique a donc largement gagné à cet

____
1. Voir, ci-dessus, p. 551.

échange. L'Europe a déversé sur le nouveau monde des populations végétales aussi bien que des populations humaines; et ces plantes colonisatrices, envahissantes comme les rudes pionniers eux-mêmes, ont en maints endroits déplacé les espèces indigènes : en moins d'un siècle, le trèfle ordinaire d'Europe a conquis, dit-on, près de la moitié du continent, de la Louisiane aux montagnes Rocheuses. En Australie, à Van Diémen, dans la Nouvelle-Zélande, l'invasion des plantes conquérantes s'accomplit d'une manière peut-être plus rapide encore : quelques années suffisent pour changer la physionomie de la végétation dans des districts entiers. Les colons d'Europe, occupés seulement d'agriculture et de commerce, laisseraient volontiers à leur nouvelle patrie cette flore étrange dont l'aspect les étonne; mais de leurs champs et de leurs jardins s'échappent les herbes venues avec eux de la Grande-Bretagne; elles s'élancent à la conquête de nouveaux domaines, et, plus rapides dans leur triomphe que ne le sont les Anglais eux-mêmes, refoulent incessamment devant elles les plantes aborigènes. L'antique flore, à peine modifiée depuis de lointaines époques géologiques, se transforme en moins d'un siècle pour s'accommoder aux temps actuels : on pourrait dire que ces terres, derniers représentants d'une période disparue, abandonnent les modes des anciens jours pour se parer des costumes nouveaux. Ainsi les peuples conquérants et les colons sont toujours accompagnés par des espèces végétales envahissantes comme eux. Les Persans et les Grecs, les croisés, les Arabes, les Mongols et les Russes ont porté avec eux dans leurs grandes guerres d'invasion les plantes de leur patrie, de même que les pionniers anglais et américains portent les leurs dans les solitudes des terres en friche. A ce point de vue, l'histoire des plantes qui se sont naturalisées à l'insu de l'homme se confond partiellement avec l'histoire même de l'humanité.

S'il est des aires végétales qui s'accroissent en étendue,

il en est par contre beaucoup d'autres qui se rétrécissent graduellement ou même qui disparaissent : certaines plantes n'ont pas été seulement refoulées, comme les Maoris de la Nouvelle-Zélande ou les Peaux-Rouges de l'Amérique du Nord, elles ont été complétement détruites et n'existent plus que dans les herbiers, ou bien, à l'état de graines dormantes, dans les creux des rochers. Ainsi, depuis un siècle, nous dit Darwin, l'île de Sainte-Hélène a perdu un grand nombre d'espèces ; sa flore, composée de 746 phanérogames, presque toutes d'importation anglaise, ne comprend plus que 52 espèces indigènes ; ses anciennes forêts d'essences diverses, qui s'étendaient sur 800 hectares, ont disparu en entier, et plusieurs espèces ont été arrachées et dévorées jusqu'au dernier individu par les chiens et les cochons ; d'autres sont fortement menacées, et les botanistes s'attendent à n'en avoir bientôt plus que le souvenir. Même en Europe, où la colonisation n'a pas brusquement modifié les cultures et la végétation, des plantes ont certainement cessé de croître en diverses contrées. Ainsi la châtaigne d'eau (*trapa natans*) et le nénuphar nain, qui peuplaient les eaux de la Suisse à l'époque des cités lacustres, ne se trouvent plus dans ce pays ; certaines régions de l'Irlande où la végétation forestière avait été complétement détruite, soit par l'homme, soit par des causes naturelles, possèdent encore sous les couches sans cesse croissantes de leurs tourbières les débris de pins et de chênes ; de même, dans les îles Shettland, on a retiré de la tourbe les troncs d'un sapin, *abies pectinata,* qui manque aujourd'hui complétement dans les îles Britanniques et même dans la Scandinavie.

D'ailleurs, les expériences de tous les forestiers et les témoignages de l'histoire suffisent amplement à démontrer que la nature demande un changement continuel, une incessante rotation dans les produits du sol. En tout pays, une forêt brûlée est immédiatement remplacée par d'autres espèces; une « recrue » d'arbres nouveaux germe de la terre au lieu des anciennes essences, puis, après un certain nombre de siècles, disparaît à son tour pour faire place aux arbres d'autrefois; dans les forêts du Perche chacune de ces recrues dure en moyenne de 290 à 330 années. Même lorsque l'incendie ou la destruction violente ne renversent pas brusquement la forêt, celle-ci n'en finit pas moins par se transformer pendant la durée des siècles. Suivant M. Paul Laurent, telle forêt de l'Europe qui, dans le moyen âge consistait en hêtres, est aujourd'hui composée de chênes. De même, les forêts de chênes, comme celle de Gerardmer, où venait chasser Charlemagne, ont été remplacées par le sapin et l'épicéa; la forêt de Haguenau, devenue futaie de pins, se composait de hêtres il y a un siècle et demi; enfin, nombre de localités qui ont reçu jadis les noms de *Charmettes*, de *Pinasse* ou de *Pinière*, *Châtaigneraie*, *Tremblaie*, *Boulaie*, n'ont plus maintenant les espèces qui leur ont valu la dénomination qu'elles portent. Dans les prairies aussi, il s'établit, dit M. Dureau de la Malle, une alternance de quelques années entre les graminées et les légumineuses. Les peuplades végétales se modifient incessamment; la vie qui germe sur le sol, comme le sol lui-même, est dans un état de transformation perpétuelle.

CHAPITRE II.

LA TERRE ET SA FAUNE.

I.

Les origines de la vie. — Espèces animales. — Multitude des organismes.
Contrastes des terres et des mers.

Les naturalistes n'ont pas encore distingué d'une
manière précise, dans la multitude des organismes naissants, la limite qui sépare la plante de l'animal. Parmi les
cellules qui s'agglomèrent en corps vivants et se séparent
ainsi de la terre pour constituer des individus ayant leur
existence distincte, que de formes douteuses, que d'espèces
indécises, difficiles à classer définitivement dans l'un ou
l'autre système des êtres organisés! Sont-ce des végétaux?
ils croissent et se développent comme eux. Faut-il les
classer parmi les animalcules? ils s'agitent et dévorent
leur proie. Placés, pour ainsi dire, au seuil de la vie, à
l'origine commune des innombrables générations qui
naissent et meurent sur la terre, ils nous apparaissent
naturellement comme les ancêtres de toutes les espèces de
plus en plus développées qui se succèdent en séries parallèles jusqu'à l'arbre et jusqu'au mammifère : car c'est en
eux que s'éveille, peut-être inconsciente, cette activité
propre qui, dans les organismes supérieurs, se manifeste

avec une si grande énergie. D'ailleurs, nous ne savons point ce que c'est que la vie dans ces ténèbres primitives où s'élaborent les germes, où la matière se dégage de la roche ou du limon pour se changer en petits mondes à part réagissant sur le grand univers par l'ensemble harmonieux de leurs forces. C'est uniquement par la conscience de sa propre vie que l'homme peut juger de celle des autres espèces : il se place orgueilleusement à part, et cependant c'est en ramenant tout à lui-même qu'il établit la série des êtres vivants.

La foule des animaux n'est probablement pas moindre que celle des plantes. Le nombre des espèces est évalué provisoirement à 260,000 ou 280,000; mais en réalité il est inconnu, si ce n'est pour les groupes les plus élevés, et ce sont précisément ces groupes qui sont le moins riches en animaux de formes différentes. La première classe, celle des mammifères, se distingue aussi de toutes les autres par le chiffre le moins considérable de représentants. On en compte à peine quatorze centaines sur la surface entière de la planète, dans les eaux et sur la terre ferme; d'après les renseignements de M. Sélys-Longchamp, il n'y aurait même en Europe que 121 espèces de quadrupèdes terrestres, et, dans ce total, relativement très-faible, ce sont les animaux de petite taille qui l'emportent de beaucoup par le nombre. De même, sur les 8,000 oiseaux divers connus des naturalistes, plus de 5,000 ont des dimensions qui ne dépassent pas celle du moineau. Les insectes, beaucoup plus petits en moyenne que les animaux de toutes les classes supérieures, comprennent à eux seuls plus de 150,000 espèces, soit environ les trois quarts de toute la faune déjà étudiée par les hommes de science. Et cependant, au-dessous du monde des insectes, des mollusques, des vers, des échinodermes, se meuvent en un fourmillement immense des multitudes d'animalcules qui font à la fois l'admiration et le désespoir de ceux qui cherchent à

les deviner par le regard du microscope; les organes de
ces êtres merveilleux échappent à notre vue, souvent même
la goutte dans laquelle ils s'agitent et qui est leur univers, est invisible à l'œil nu; mais ils compensent leur
petitesse par la variété de leurs formes. Certes l'homme
peut tenter, grâce à la méthode et aux observations accu-
mulées, de dénombrer les espèces des infiniment petits;
mais cette tâche est à peine commencée, et c'est avec difficulté qu'on la poursuit en dehors du monde des insectes
visibles, dans ces ténèbres où la pensée du mathématicien
cherchant à saisir les atomes avait seule pénétré. En tout
cas, ce que l'on sait déjà permet de reconnaître, du moins
du mammifère à l'insecte, une loi de progression d'après
laquelle les espèces se font de plus en plus rares à mesure
qu'elles s'élèvent dans la série des êtres. En gagnant par
la complication de structure, elles perdent en diversité de
formes; elles se perfectionnent et deviennent, pour ainsi
dire, un résumé des espèces inférieures, mais, en même
temps, elles sont de plus en plus limitées en nombre, comme
si la nature avait besoin de plus de force pour les produire.
Par un contraste remarquable, c'est précisément le contraire que l'on observe dans le monde des végétaux. Là,
semble-t-il, le nombre des espèces et des individus augmente en proportion de leur degré de développement. Les
phanérogames ont beaucoup plus de représentants que les
cryptogames, les dicotylédonées sont plus nombreux que
les monocotylédonées, et dans ces deux grandes divisions
des plantes à floraison visible, ce sont les familles les plus
élevées, les graminées et les composées, qui sont aussi les
plus riches[1].

Si les multitudes d'espèces qui constituent l'ensemble
de la faune planétaire ne le cèdent point à celles de la flore,
la foule des individus est également innombrable; elle ne

1. Schleiden, *das Meer*, p. 165.

saurait pas plus s'imaginer que celle des herbes et des végétaux de toute sorte qui revêtent la surface de la terre. Il
est vrai que, par suite de leur indépendance relative, les
animaux sont beaucoup moins visibles dans la nature ;
tandis que la végétation forme un tapis continu sur la terre,
et que le vert des arbres ou du gazon nous apparaît comme
la couleur normale de la surface du globe, les animaux,
cachés sous la verdure ou dans les trous du sol, semblent
être parfois complétement absents du paysage. En revanche,
les végétaux ayant besoin d'un sol nourricier qui les porte,
ne s'étendent qu'en surface, tandis que nombre d'animaux
peuvent, grâce à la liberté de leurs mouvements, s'accumuler en énormes amas sur le sol, ou bien tourbillonner
en nuages dans le ciel, ou bien encore s'agiter par myriades
dans les profondeurs de la mer. L'atmosphère et l'Océan,
non moins que la surface terrestre, sont le domaine de la
vie animale : c'est par millions que l'on essaye de compter
les pigeons voyageurs des États-Unis, dont les bandes, traversant le ciel avec une vitesse de 80 kilomètres à l'heure,
mettent trois jours à défiler ; c'est par milliards qu'il faut
évaluer les sauterelles qui s'abattent sur les provinces, les
recouvrent en masses noirâtres, brillant au soleil comme
une sorte de cuirasse, et rongent toutes les herbes jusqu'à
la racine ; enfin, tout calcul devient impossible, et l'imagination même est impuissante quand il s'agit des nuées de
moucherons qui obscurcissent l'atmosphère sur les marécages de la Louisiane et de la Colombie ou sur les grands
lacs de l'Amérique du Nord, quand on pense surtout aux
organismes innombrables qui pullulent dans l'Océan. Il y a
donc pondération, pour ainsi dire, entre les deux forces
en lutte pour la possession de la terre, entre la flore et la
faune, le monde végétal et celui qui s'en nourrit.

Les poëtes d'autrefois se plaisaient, d'après Homère, à
donner à la mer l'épithète « d'infertile, » et cependant rien
n'égale son exubérante fécondité. Bien plus que la terre,

dont la superficie seule est richement peuplée, l'Océan est
le domaine de la vie; non-seulement les nappes supérieures,
mais aussi les couches profondes sont remplies d'organismes
de toute espèce; en certains parages, les myriades et les
myriades d'êtres se pressent en si prodigieuses multitudes
que les eaux elles-mêmes en sont, pour ainsi dire, devenues
vivantes. Peut-être est-il aussi dans les vastes étendues
liquides quelques déserts presque complétement privés de
faune et de flore[1]; mais ce sont là des exceptions, et dans
la plupart des régions de la mer, chaque goutte d'eau est un
monde par la multitude des êtres qui l'habitent. Pris dans
son ensemble, l'Océan peut même être considéré comme
le milieu vital par excellence. C'est dans les eaux, pullulant d'animalcules, que les assises continentales se sont
graduellement formées par le dépôt de restes organiques,
et que de nouvelles générations, sans cesse à l'œuvre,
jettent les fondements de continents futurs. C'est aussi dans
la mer, nous disent les paléontologistes, qu'auraient pris
naissance les espèces primitives desquelles sont descendues
toutes les formes actuelles, océaniques et terrestres. Le
grand bassin des mers est le berceau de la vie. « L'eau est
le commencement de toutes choses, » avait déjà dit Thalès
de Milet, il y a 2500 ans[2].

Depuis longtemps, Humboldt a fait remarquer que
l'Océan est, par contraste avec les terres émergées, le principal milieu des organismes animaux, tandis que les continents sont le domaine par excellence de la vie végétale.
En effet, les eaux de la mer doivent souvent leur couleur et
leur éclat phosphorescent aux animalcules sans nombre qui
s'y développent en prodigieuses agglomérations, et sur
d'immenses étendues, le fond de l'Océan, que va reconnaître
le plomb de sonde, est une poussière animée, dont chaque

1. Marcou, *les Rochers du Jura.*
2. Schleiden, *das Meer,* p. 121.

centimètre cube renferme des millions d'êtres vivants. De son côté, la terre, si ce n'est en de rares déserts complètement dépourvus d'eau, est naturellement recouverte d'un tapis de verdure, herbes, grands arbres et parasites innombrables. Les forêts de polypiers de la mer du Sud, les polythalames qui tombent en neige de la surface de l'eau au fond de l'Atlantique, les bancs de harengs et de *strömlings,* où les poissons sont aussi pressés que le gazon des prairies, trouvent leur contraste dans les mers de feuillage des plaines de l'Amazone, dans les savanes ondoyantes qui se déroulent à perte de vue, et même dans les champs cultivés que bariolent tant de plantes diverses.

II.

La faune océanique

Le contraste de la terre et des mers se manifeste également par les dimensions respectives des représentants les plus colossaux de la faune et de la flore dans les deux milieux différents. L'Océan, si riche en organismes infiniment petits, compte aussi, parmi ses animaux, des monstres bien autrement grands que ceux des terres émergées, tandis que la plupart de ses végétaux, et même ces prodigieux fucus de plusieurs centaines de mètres de longueur, ne sont que de simples lanières et n'offrent ni racines, ni troncs, ni branches, qui puissent les faire comparer au chêne, au baobab, au châtaignier. Quant à leur organisation, elle est des plus rudimentaires. A l'exception d'un seul genre de phanérogames, les algues marines sont toutes des plantes inférieures, sans fructification apparente. Les plantes pélasgiennes n'ont ni calice, ni corolle, ni étamines, ni pistils; en revanche, beaucoup d'animaux sont organisés comme des fleurs[1]. Les premiers naturalistes ont pu s'y tromper. Longtemps les plus savants d'entre eux, et Réaumur lui-même, ont vu dans les polypes de véritables plantes, et de nos jours, nombre de chercheurs se sont demandé si les algues n'étaient pas aussi comme les ramures des coraux, des sortes d'édifices de forme végétale bâtis par d'innombrables animalcules associés. En tout cas, il est certain que les granules génératrices des algues se meuvent exactement comme des animalcules et, semble-t-il, comme par « un acte de leur propre volonté; » elles vont, viennent, s'élancent vers la lumière, et ne se fixent qu'après avoir trouvé l'endroit qui leur convient pour bâtir leurs cellules. C'est là une preuve de plus que la division entre les deux séries, végétale et animale, est en grande partie artificielle[2].

Dans leur amour du merveilleux, et peut-être aussi à cause de l'effroi que leur avait causé la vue des monstres de la mer, nos ancêtres donnaient à ces animaux gigantesques une taille hors de toute proportion avec leurs dimensions véritables. Nombreuses sont les légendes qui parlent de baleines sur lesquelles on débarquait comme sur des îles, puis qui plongeaient tout à coup et laissaient leurs visiteurs se débattre dans les flots. Les marins de toutes les nations racontent aussi des multitudes d'histoires au sujet de serpents monstrueux qui dérouleraient leurs anneaux sur plusieurs grandes vagues successives, et de poulpes dont les bras sans cesse en mouvement ressembleraient à une forêt agitée des tempêtes. Les observations faites par les naturalistes ne confirment point ces récits ; mais il est certain qu'on a mesuré des baleines de plus de 30 mètres de longueur et de 20 mètres de circonférence, pesant près de 200 tonnes, c'est-à-dire plus qu'une armée de 3,000 hommes.

1. Schleiden, *la Plante.*
2. Unger, de Mirbel, Paul Laurent, Payen. — Mangin, *Mystères de l'Océan.*

Scoresby a vu un rorqual plus énorme encore, qui n'avait pas moins de 36 mètres de la tête à la queue. Quant aux monstres de la taille de l'hippopotame ou de l'éléphant, dauphins, épaulards, cachalots, morses, requins, les espèces en sont nombreuses, et souvent c'est par centaines et par milliers que l'on rencontre les individus de cette dimension groupés dans un espace restreint. Parmi les animaux marins d'un ordre inférieur, tels que les céphalopodes, il en est aussi d'une grandeur prodigieuse : ainsi, dans la baie de Massachusetts, on a pêché des *cyanea arctica* de 2 mètres d'épaisseur et dont les bras n'avaient pas moins de 34 mètres de long[1]. Et certes, on peut affirmer d'avance que l'Océan tient encore en réserve bien des surprises aux naturalistes qui en exploreront tous les abîmes.

Toutefois, si la mer doit être considérée comme le principal théâtre de la vie animale, ce n'est point tant à cause de la taille et de la force de ses monstres que par la prodigieuse multitude des êtres qui s'y agglomèrent en traînées, s'y entassent en bancs, y pullulent en couches immenses. Il est facile de s'imaginer de quelles armées innombrables de poissons doit s'emplir l'Océan, puisque dans plusieurs espèces, une seule femelle peut contenir cent mille, un million, ou même plus de 10 millions d'œufs. A la deuxième génération, un seul couple de ces poissons peut avoir donné naissance à 100 trillions d'individus ; à la troisième génération, la mer tout entière, avec ses gouffres insondables, serait comblée par une masse compacte de chair vivante. Mais, avant même d'être nées, ces progénitures sans nombre sont poursuivies par des ennemis également innombrables. La mer n'est qu'un immense champ de carnage, où les êtres, naissant par myriades infinies, servent aussitôt de pâture à des millions et à des milliards de mangeurs acharnés. Quand les harengs pénètrent dans la

1. Elizabeth and Alexander Agassiz, *Sea-Side Studies.*

mer du Nord, « Il semble qu'une île immense se soit soulevée, et qu'un continent soit près d'émerger[1]; » mais cette île, ce continent de poissons, est assiégé, mangé de toutes parts. Chaque détachement de la puissante armée, long d'une trentaine de kilomètres et large de 5 à 6, est accompagné par des légions de cétacés et d'autres grands animaux marins, qui se pressent en bandes autour des colonnes serrées, et ne cessent d'engloutir les harengs par centaines; des oiseaux, volant par nuées au dessus de la scène de l'immense tuerie, plongent de tous les côtés pour choisir leurs victimes; une substance huileuse, provenant de la bile des millions de poissons déchirés, nage à la surface de la mer[2]. Enfin, quand les marins, avertis de l'approche du banc de harengs, se précipitent à la curée, le massacre prend des proportions effroyables. Les pêcheurs du seul district du Göteborg tuent jusqu'à 150 millions de harengs dans une seule campagne; ceux de Bergen, 300 millions; ceux d'Yarmouth, bien plus encore. C'est par milliards qu'il faut compter le nombre des harengs que les marins du nord de l'Europe détruisent pendant la pêche.

Il est certains parages de l'Océan où les poissons sont encore plus nombreux que sur les côtes de l'Europe occidentale; tel est, par exemple, le banc de Terre-Neuve, où, par suite de la rencontre de deux courants maritimes, différents par la température et par les débris qu'ils apportent, toutes les conditions favorables au développement d'une grande diversité d'espèces se trouvent réunies. C'est dans les mers voisines que l'Eskimau, dont le nom signifie « mangeur de poisson cru, » trouve sa nourriture en abondance; c'est là que les pêcheurs, anglais, français, américains, vont chaque année chercher leur provision de 2 à

1. Michelet, *la Mer*.
2. Alfred Frédol, *le Monde de la mer*.

3 millions de morues, laissée par les multitudes de cétacés
toujours à l'œuvre. Dans le Pacifique du nord, sur les côtes
du Japon, autour des Canaries, sont d'autres régions de
pêche, à peine moins riches, d'où le filet ramène chaque
fois à coup sûr de nombreuses victimes.

Quant aux animaux de mer autres que les poissons,
nombre d'espèces pullulent en masses d'autant plus compactes que les individus eux-mêmes sont plus petits. Du
haut des promontoires qui dominent à pic les golfes de la
Nouvelle-Grenade, à l'est de Sainte-Marthe, on voit parfois
la mer emplie jusqu'à l'horizon de méduses jaunes, assez
pressées les unes contre les autres pour que la couleur des
eaux en soit toute changée. Un peuple de méduses, au
milieu duquel Piazzi Smith passa en juillet 1856, au nord
des Canaries, occupait un espace d'environ 60 kilomètres
de largeur et comprenait au moins, dans la seule couche
superficielle, 225 millions d'individus. Des baleines et
d'autres cétacés dévoraient d'énormes quantités de ces
gracieuses méduses, aux veines orangées, et, de leur côté,
chacun de ces animaux absorbait des myriades de diatomées siliceuses. La quantité de ces organismes inférieurs
contenus dans l'estomac de chaque méduse s'élevant certainement à sept cent mille, c'est donc par milliards et par
milliards de milliards qu'il faut compter les êtres pullulant
dans chaque vague[1]. Les marins, accoutumés à voir les
innombrables multitudes des méduses, n'y voient que la
« crasse de la mer; » et Bacon lui-même, le grand observateur, pensait que ces gelées marines n'étaient autre chose
que de « l'écume échauffée. » Plus poétiques, les Péruviens de la côte d'Iquique donnent à l'un de ces animaux
le nom gracieux d'*aqua viva*[2] ou « d'eau vivante. »

Quelquefois la mer est tellement remplie d'organismes

1. Piazzi Smith, *Teneriffe*, pages 5 et 6.
2. Bollaert, *Antiquities*, p. 255.

de vie, qu'on peut la dire animée, saturée, et la couleur
en est entièrement changée par des multitudes flottantes.
Ainsi, sur les côtes du Groenland, les marins traversent
des bandes liquides d'un brun foncé ou d'un vert d'olive,
ayant fréquemment 300 et même 400 kilomètres de longueur : ce sont des bancs de méduses, renfermées par centaines dans chaque centimètre cube d'eau, englouties par
centaines de milliers à chaque bouchée d'une baleine. Ailleurs, ce sont d'immenses « serpents de mer, » formés
par d'innombrables salpas qui s'attachent les uns aux
autres comme les molécules d'un même corps; ou bien, des
étendues sans bornes visibles, les unes rouges de sang, les
autres blanches de lait, que traversent les navigateurs. Là,
ce ne sont pas des bancs d'animaux, ce sont des mondes,
où chaque goutte d'eau renferme autant d'êtres qu'il y a
d'étoiles dans la voie lactée. En août 1854, le capitaine
Kingman traversa dans l'océan Indien un espace de plus
de 40 kilomètres de largeur, dont la blancheur était assez
éclatante pour éteindre la lumière des astres; quand la
mer d'animalcules fut dépassée, on vit longtemps encore
le ciel briller au-dessus comme des lueurs d'une faible
aurore boréale. Dix ans après, le navire la *Sarthe* retrou-
vait, dans les mêmes parages, une vaste « mer de lait, » où
le sillage de sa quille se dessinait en noir.

Du reste, le plus étonnant témoignage de la foule
innombrable des organismes qui pullulent dans l'Océan,
n'est-il pas la merveilleuse phosphorescence des eaux due,
pour une très-forte part, aux animalcules vivants ? Il n'est
pas de voyageur qui, durant les nuits, n'ait observé ces
nappes de lumière jaune ou verdâtre qui frémissent sur la
mer, ces fusées d'éclairs qui jaillissent de la crête des
vagues, ces tourbillons d'étincelles que le taille-mer des
vaisseaux soulève en plongeant, ces ondes flamboyantes
qui glissent des deux côtés du navire, pour s'unir en longs
remous derrière le gouvernail et transformer le sillage en

un fleuve de feu. Dans le port de la Havane, le moindre objet qui agite la surface de l'eau apparaît soudain comme un trait de flamme, et soulève autour de lui toute une série de vaguelettes lumineuses, se propageant en cercles concentriques jusqu'à plusieurs mètres de distance ; les embarcations qui voguent sur les eaux, poussées par le mouvement égal des rames, laissent derrière elles la trace d'un immense dragon de feu aux larges pattes étalées. Dans le golfe Persique, nous dit Palgrave, les flots sont tellement lumineux pendant les nuits, que les Arabes attribuent ces reflets aux feux de l'enfer brillant à travers les rochers du fond et la masse transparente des eaux[1]. La science moderne nous explique autrement le phénomène de la phosphorescence : Ainsi que l'ont établi les recherches de Boyle, de Forster, de Tilesius, d'Ehrenberg, cette lumière provient d'innombrables animalcules, les uns vivants, les autres en décomposition.

Les petits organismes appelés foraminifères, à cause des trous nombreux de leurs étuis, sont probablement les êtres qui peuplent en plus grandes multitudes les étendues de l'Océan ; le fond de toutes les mers, sans exception, est parsemé de leurs minces enveloppes calcaires, dont un gramme de sable contient parfois près de 8,000, suivant un calcul de M. d'Orbigny. Parmi les divers genres de cette famille, comprenant environ 2,000 espèces connues, les globigérines, animalcules à la coquille ovoïde ou sphérique, peuvent être considérés comme le genre océanique par excellence, puisqu'on les rencontre sous toutes les latitudes et à des profondeurs variant de 100 à 6,000 mètres. Leurs débris recouvrent, au fond de l'Océan, des milliers de kilomètres carrés de superficie, et, quand la sonde rapporte des échantillons du sol sous-marin, il se trouve souvent qu'il est composé de 75, de 80, ou même de 97 pour cent des

---

1. *Journal of the Geographical Society*, 1864.

squelettes d'une seule espèce de globigérine[1]. Le reste du sédiment est formé d'autres débris de petits organismes, de spicules d'éponges et d'épines d'étoiles de mer. Ail-

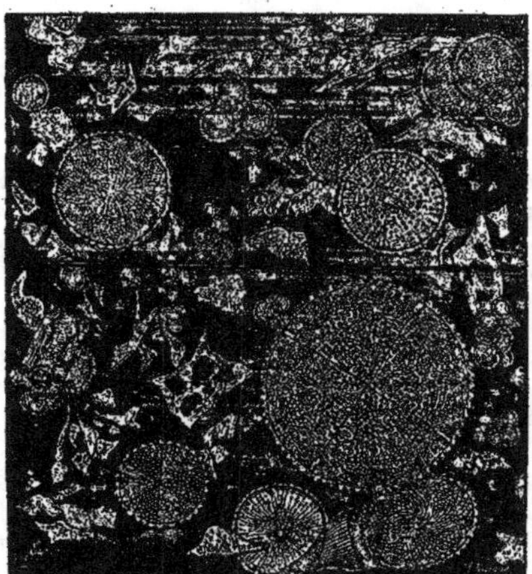

Fig. 171. Fond de la mer.

leurs, ce sont des organismes siliceux, les diatomées, qui contribuent le plus à hausser les fonds marins. Ces corps, d'une parfaite régularité, disques et triangles, parallélogrammes, pyramides et autres figures géométriques, toutes si gracieusement ornées des plus fines arabesques, appartiennent-ils au monde végétal? Le botaniste Schleiden aime à le croire. Sont-ils plutôt des animaux? Le zoologiste

1. Wallich, *North Atlantic Sea-bed;* — Parker and Jones, *Phil. Trans.*, vol. CLV, part. 1, 1865.

Ehrenberg l'affirme. Mais qu'ils soient plantes ou bestioles,
ils n'en sont pas moins l'un des agents les plus importants
dans la formation continue de notre globe[1].

III.

Influence du climat et des conditions physiques sur les espèces animales.

Les animaux, comme les plantes, dépendent de toutes
les conditions du climat; la chaleur et le froid, la lumière
et les ténèbres, la sécheresse et l'humidité, les influencent
diversement et leur donnent une aire d'habitation nettement limitée. Toutefois, un grand nombre d'espèces animales ont un privilége sur les végétaux : tandis que ceux-ci
ne peuvent fuir spontanément devant un climat contraire,
et que le déplacement de leur race met des siècles à s'accomplir, les animaux, doués de locomotion, peuvent
individuellement changer de milieu pour retrouver la
température qui leur convient. Des centaines d'espèces
d'oiseaux, des poissons, de nombreuses tribus d'insectes,
émigrent chaque année et peuvent ainsi, grâce aux deux
patries qu'ils habitent tour à tour, jouir de toutes les conditions de chaleur, de lumière et d'humidité favorables à
leur bien-être. Il est des oiseaux voyageurs qui se déplacent
en quelques jours de plusieurs milliers de kilomètres et se
rendent d'un continent à l'autre par-dessus de larges mers.
Ainsi, au commencement de septembre, la cigogne, crai-
gnant les froids rigoureux du nord de l'Allemagne, abandonne l'angle blanchi du toit de chaume pour aller percher
sur une coupole de l'Égypte ou de la Tunisie; puis, au
mois de mars, quand le climat africain devient pour elle
trop sec et trop brûlant, elle reprend son vol pour fran-

---

1. Voir, ci-dessous, p. 605.

chir la Méditerranée et, contournant les grandes Alpes,
soit à l'est par l'Engadine, soit à l'ouest par les portes
du Jura, va s'abattre de nouveau sur son nid, respecté du
paysan.

Sous le climat de l'Europe tempérée, près d'une centaine d'oiseaux, parmi lesquels la grue, l'alouette, la palombe,
la caille, l'hirondelle, voyagent ainsi alternativement du nord
au sud et du sud au nord pour éviter les températures extrêmes, et peut-être plus encore pour trouver une nourriture
abondante dans toutes les saisons de l'année ; il est possible
même que certaines espèces traversent l'équateur pendant
les migrations, et par ce va-et-vient jouissent constamment
d'une température estivale, tantôt dans l'un, tantôt dans
l'autre hémisphère. Plusieurs espèces de mammifères voyagent aussi, et récemment encore, lorsque les vastes prairies
de l'Amérique du Nord étaient librement traversées par de
grandes populations animales, les pionniers pouvaient
assister chaque année aux migrations immenses des bisons,
des campagnols, des rats musqués, défilant en multitudes
innombrables. Dans les pays montueux, les animaux peuvent
d'ailleurs facilement changer de climat sans parcourir de
vastes étendues ; il leur suffit pour cela de gravir les
montagnes, puis de redescendre dans la plaine. Des
singes de l'Hindoustan se réfugient pendant l'été dans les
hautes vallées de l'Himalaya, jusqu'à 3,000 mètres de
hauteur, et reviennent dans les forêts basses du Teraï à
l'entrée de l'hiver; de même, les rennes de la Laponie
suivent les neiges, qui tantôt s'élèvent et tantôt s'abaissent
sur le versant des monts.

Pour éviter les extrêmes de température, soit les froids
de l'hiver, soit les trop grandes chaleurs de l'été, certaines
espèces animales ont aussi la ressource de s'enfouir dans
le sol. La plupart des insectes passent leur existence de
larve sous l'écorce des arbres, sous les tas de feuilles ou
sous les couches superficielles de la terre. Des espèces de

mollusques, des poissons, plusieurs reptiles et quelques
mammifères se cachent aussi dans le limon des lacs et
des marais ou dans les terriers creusés à l'avance. Ainsi
protégés contre le climat du dehors, les animaux tombent
dans un état d'engourdissement ou de sommeil pendant
lequel leur vie reste partiellement suspendue : la température de leur corps s'abaisse parfois jusqu'au point de glace,
et l'on a même vu des poissons se geler complétement, sans
que la mort apparente les ait empêchés de ressusciter plus
tard ; la respiration et la circulation du sang sont graduellement ralenties, la digestion cesse tout à fait ; les organes,
devenus temporairement inutiles, se rétrécissent ; les parasites intestinaux s'engourdissent eux-mêmes avec les animaux aux dépens desquels ils vivent. Du reste, cette longue
période de sommeil est un phénomène qui se retrouve
d'une manière encore bien plus générale dans le monde
des végétaux. En effet, toutes les plantes des zones polaires
et tempérées se reposent en hiver, et ne vivent plus que
par leurs tiges et leurs racines ; même dans les pays chauds,
les espèces végétales offrent une remarquable périodicité
dans leur existence[1].

Quoique le privilége de la locomotion permette à
nombre d'animaux d'agrandir considérablement leur domaine, les espéces n'en restent pas moins soumises aux
conditions climatériques, et toutes ont une aire d'habitation limitée, soit vers le pôle par les rigueurs du froid, soit
vers l'équateur par la trop grande chaleur. Chaque climat a
sa faune particulière, qui demande pour vivre et se propager facilement certaines conditions normales de température et d'humidité. Il est des animaux qui ne peuvent
quitter la zone torride sans périr ou sans vivre d'une vie
artificielle comme la plupart des bêtes transportées à grands
frais dans nos jardins zoologiques ; d'autres espèces meurent

1. Voir ci-dessus, page 516.

quand on les arrache aux terres boréales, couvertes de glaces pendant la plus grande partie de l'année. Le campagnol que M. Martins a vu sur le Faulhorn, et certains animalcules, tels que le *desoria nivalis* et le *podura hiemalis*, ont les neiges ou le sol qu'elles recouvrent pour aire d'habitation. En revanche, certains rotifères habitent exclusivement les eaux thermales; un scarabée, l'*hydrobius orbicularis*, vit dans les sources d'Hammam-Meskoutine, dont la température est de 55 degrés. Dans les mers, la baleine franche et divers animaux de la famille des cétacés sont arrêtés par les eaux chaudes des latitudes tropicales comme par une barrière de flamme, tandis que le cachalot et le lamantin nagent seulement dans les flots tièdes de l'océan équatorial[1]. De même les coraux constructeurs ne se montrent que dans les mers dont la température est supérieure à 22 degrés centigrades; à 17 degrés et demi, ils pourraient encore vivre, mais sans développer leurs branches et leurs rameaux. Le Gulf-stream, qui porte dans la mer boréale les eaux chaudes des Antilles et des Bahama, entraîne aussi des multitudes d'espèces méridionales qui ne s'égarent point à droite ou à gauche dans les ondes plus froides du courant polaire : les deux masses d'eau qui roulent parallèlement l'une à l'autre, mais en sens inverse, ont chacune leur faune distincte, dont la barrière de séparation est une ligne idéale entre deux zones de températures diverses, variant suivant les saisons et la marche des eaux. Quant aux animaux supérieurs que l'homme mène à sa suite dans presque toutes les contrées de la terre, ils se modifient considérablement sous l'influence du climat : dans les montagnes de l'Himalaya, les chevaux et les chiens importés d'Angleterre se revêtent d'une laine épaisse qui pousse entre leurs poils; au contraire, dans l'Afrique équatoriale, les chiens et les moutons deviennent chauves, et les poules

[1]. Maury, *Géographie de la mer*.

perdent toutes leurs plumes, à l'exception des grosses plumes de l'aile[1].

L'influence de la lumière s'accuse aussi d'une manière très-remarquable par l'atrophie ou même par la suppression complète des organes de la vision chez les poissons et autres animaux qui habitent les profondeurs des cavernes[2]. La couleur de la robe change aussi dans la plupart des espèces animales, suivant l'éclat des rayons qui les éclairent. La faune des cavernes a pris une livrée terne et uniforme qui se confond avec les ténèbres environnantes, tandis qu'au dehors, sous la splendeur de la lumière, volent les papillons et les oiseaux, fleurs ailées non moins brillantes que celles de la prairie. Les animaux des tropiques, surtout les insectes, les poissons, les reptiles, resplendissent de couleurs beaucoup plus vives que celles des animaux congénères de la zone tempérée et de la zone glaciale : ainsi que le dit M. Radau, « le soleil se peint dans la faune d'une contrée. » Enfin, chez le même individu, l'action de la lumière se manifeste par le contraste des couleurs, éclatantes sur le dos ou sur la face supérieure des ailes, plus ternes sur le ventre ou le dessous du plumage resté à l'ombre. Le genre de vie de la plupart des espèces est également réglé par les alternatives de la lumière : mammifères, oiseaux, reptiles, poissons, insectes, mollusques ont leur période d'activité journalière nettement limitée, soit par le coucher soit par le lever du soleil, ou par les diverses positions de l'astre sur la rondeur céleste. Parmi les insectes surtout, le réveil de chaque espèce de jour, de nuit ou de crépuscule s'accomplit avec une singulière régularité. Les moustiques de certaines régions tropicales se succèdent dans l'air à une heure fixe, bien connue par les indigènes, et ceux-ci pourraient, en emprisonnant les in-

1. Schmarda, *Geographische Verbreitung der Thiere, Jahrbuch von Behm.*
2. Voir, dans le premier volume, le chapitre intitulé *les Sources.*

sectes qui les persécutent, arriver à mesurer le temps non moins facilement que par cette ingénieuse « horloge de Flore », où chaque heure est marquée par l'épanouissement d'une corolle.

Tous les animaux, qu'ils habitent la mer ou les continents, ont également besoin d'air pour vivre; mais, suivant les espèces, cet air doit être plus ou moins pur, plus ou moins chargé d'humidité. Un grand nombre d'oiseaux, habitués à planer dans l'espace, périssent rapidement au milieu d'une atmosphère corrompue, et leurs œufs mêmes ne peuvent y germer; les vers intestinaux, au contraire, et les innombrables espèces animales qui se nourrissent de matières en décomposition, et font ainsi l'office de nettoyeurs dans la nature, s'accommodent fort bien d'un air mélangé de gaz impurs. Enfin les poissons et autres animaux aquatiques, à l'exception des cétacés et des oiseaux nageurs, respirent directement l'oxygène en dissolution dans l'eau. Quant à l'humidité, elle est également indispensable à la vie; mais tandis que certaines espèces se développent au bord des marais ou des fleuves, dans une atmosphère chargée de vapeur, il en est d'autres, notamment de nombreuses tribus de lézards, qui se plaisent sur la roche ou la dure argile des contrées désertes privées de pluie.

La composition chimique des eaux est décisive pour les organismes qui s'y meuvent, et la faune varie beaucoup dans les lacs, les fleuves et les mers, suivant leur teneur en sel et en autres substances : c'est ainsi que la Baltique, dont la salure est à l'entrée celle de l'Océan lui-même, et qui, dans ses golfes supérieurs, renferme de l'eau presque complétement douce, offre des deux côtés deux faunes bien distinctes, se modifiant par transitions graduelles vers la partie centrale. Quant à la nature minéralogique du sol, elle a probablement, sur la vie animale, une influence assez minime, et les modifications que présentent les faunes sur

les divers terrains doivent être attribuées principalement à
la différence des plantes qui servent de nourriture aux animaux. Ainsi quelques coquillages terrestres se montrent
presque exclusivement sur les formations calcaires, parce
qu'ils ne trouveraient point dans la végétation des autres
contrées les substances nécessaires à la construction de
leurs étuis. Les conditions physiques du sol ont aussi une
très-grande importance pour les espèces qui se creusent
des cachettes ou des allées souterraines : la taupe ne saurait
tracer ses merveilleux labyrinthes dans une terre sablonneuse qui s'écroulerait derrière elle; et le fourmi-lion, qui
guette sa proie dans une fosse circulaire au pied des talus
de sable mobile, périrait de faim s'il s'aventurait sur un sol
argileux. Chose étrange : la couleur même du milieu dans
lequel les espèces passent leur existence semble s'être im-
posée à beaucoup d'animaux par une sorte d'harmonie
secrète. Tel colibri, qui se précipite avec volupté dans la
fleur épanouie, brille lui-même comme une fleur; nombre
de poissons qui vivent dans les rivières à fond sablonneux
sembleraient n'être que des couches minces de sable pail-
leté; à côté de telle *mantis* brune de l'Afrique méridionale,
qui vit seulement sur un sol de couleur foncée, une autre,
tout à fait blanche, ne se montre que sur les éclatantes
roches calcaires; le *ptarmigan* d'Écosse est blanc comme la
neige en hiver, et l'été, il se revêt de plumes dont la nuance
d'un gris de perle se marie avec les teintes délicates des
lichens et des bruyères. Les feuilles vertes de nos forêts ont
pour habitants la reinette et d'autres espèces qui se confondent avec la verdure, tandis qu'un papillon, feuille morte
lui-même, se joue dans l'air parmi les feuilles mortes
qu'éparpille le vent; un orthoptère semble même s'être
déguisé sous la forme d'une branchille de hêtre brisée; c'est,
dirait-on, un de ces innombrables débris que la tempête
fait tomber de l'arbre. Sur le fleuve des Amazones, l'air
s'emplit, en certaines saisons, d'une espèce de papillons

blancs, volant par myriades comme les flocons de neige
pendant une tourmente; mais parmi ces papillons se mêlent
aussitôt des individus d'espèces ordinairement distinctes
par la couleur et qui se sont déguisées en blanc pour se
perdre dans l'immense foule [1]. Ce remarquable phénomène
d'assimilation qui constitue le seul moyen de défense de
l'oiseau-mouche, du faible insecte, du parasite impuissant,
comment peut-on chercher à l'expliquer si ce n'est par
l'hypothèse de la « sélection naturelle, » que Darwin a
récemment exposée avec tant de lucidité. Dans l'incessante
bataille de la vie, datant de l'origine même des espèces,
tous les individus qui ne peuvent se défendre par la force,
la ruse, l'odeur ou le venin périssent inévitablement; ceux-
là seuls ont chance d'échapper qui, par leur forme et leur
couleur ne se distinguent pas du milieu environnant. Ce
sont eux qui, par la disparition graduelle des individus
visibles aux animaux de proie, perpétuent la race et, dans
la succession des progénitures, ce sont encore les variétés
les plus ressemblantes au sol ou aux plantes nourricières
qui sauvent l'espèce de la destruction : ainsi, de génération
en génération, les anomalies ne cessent de se préciser, et
prennent à la longue un caractère permanent.

IV.

Nourriture des espèces animales. — Contraste des faunes. — Aires d'habitation. — Changements dans la surface des aires. — Naissance et disparition
des espèces.

De toutes les circonstances de milieu, celle qui influe le
plus sur les espèces, on le comprend sans peine, c'est leur
nourriture. Dans la mer, où la flore est relativement
pauvre, et où la faune s'est au contraire développée avec une

---

1. Bates, *Naturalist on the river Amazons.*

si merveilleuse abondance, animaux et animalcules sont
presque tous carnivores; les herbivores sont peu nombreux. Sur la terre ferme, au contraire, la végétation prédomine si largement que la plupart des bêtes ou bestioles
vivent aux dépens des plantes, de leurs pousses, de leurs
feuilles, de leurs fleurs, de leurs fruits, de leur tige, de
leur écorce ou de leurs racines. Les plus grands animaux,
l'éléphant, le rhinocéros, la gazelle, comme jadis le mam-
mouth, le mastodonte et l'élan, se nourrissent d'herbe, de
graminées et de feuilles. La plupart des oiseaux vivent
de graines, et, chez nombre de leurs espèces, c'est au besoin
de trouver la nourriture, et non aux alternatives du froid
et de la chaleur, qu'il faut attribuer leurs migrations annuelles ou quotidiennes. La vie de la plupart des animaux
n'est qu'un long voyage. Poussés tantôt par la faim, tantôt
par le besoin de se mettre en sûreté, ils vont et viennent
incessamment d'une région à l'autre, des forêts aux prairies, des montagnes à la plaine, des solitudes aux cultures.
Dans la vallée du Bas-Mississipi existe une espèce d'hirondelle, connue sous le nom de martinet, qui, tous les
matins, vole en immenses tribus vers les forêts de pins de
la rive gauche du fleuve et qui, tous les soirs, revient
comme un nuage s'abattre dans les cyprières marécageuses
de la rive droite.

C'est principalement parmi les insectes que se montre
l'intime rapport unissant le monde animal à la végétation.
Beaucoup de plantes ont leur faune spéciale d'insectes,
et, dans cette multitude avide qui les ronge, les uns
s'attaquent seulement aux feuilles, les autres au bois ou à
diverses parties du végétal. L'ortie n'a pas moins de 40
espèces parasites, qui naissent, vivent et meurent sur sa
tige. Le bouleau, le saule, le peuplier, sont aussi chacun la
patrie exclusive de nombreuses tribus d'insectes; le chêne, à
lui seul, en nourrit au moins 184 espèces, plus que le continent de l'Europe ne porte de mammifères; tout autre

arbre que celui dont ils mangent le bois ou l'écorce est pour eux un monde inconnu. Ainsi nul insecte de Cayenne n'est devenu le parasite du choux, de la carotte, de la vigne, du caffier, parce que ces plantes ont été importées de contrées lointaines et qu'il ne se trouve dans le pays aucune espèce congénère[1].

L'aire d'habitation de chaque animal, grand ou petit, qui vit aux dépens d'un ou de plusieurs végétaux, étant forcément limitée par l'aire des plantes elles-mêmes, il en résulte que les carnivores sont également cantonnés dans la région végétale qu'habite la proie dont ils se nourrissent. En dehors de la zone tropicale, dans les contrées où l'hiver suspend périodiquement la vie des forêts et des prairies, les parasites du bois et de l'herbe sont aussi pour la plupart condamnés à dormir, soit dans la terre, soit dans la plante qu'ils rongeaient, et les bêtes de proie qui n'ont pas aussi leur période de sommeil hivernal, doivent souffrir de la faim ou changer de pays jusqu'au retour du printemps. Enfin, la disposition d'une espèce végétale a toujours pour conséquence directe la disparition de la faune spéciale qui lui était attachée. Que l'homme abatte une forêt, défriche des broussailles ou dessèche un marais, et en même temps tout un monde d'animaux est frappé de mort ou d'exil.

La richesse de la faune est donc en connexion intime avec celle de la flore : là où la végétation germe du *sol* avec le plus de vigueur et d'abondance, là aussi les animaux vivent en plus grandes multitudes. Toutefois, il ne faut pas croire que les bêtes de la plus forte taille habitent précisément les contrées où poussent les arbres gigantesques. Sous ce rapport, il y a plutôt contraste : les grands pachydermes de l'Afrique paissent sur des plateaux dépourvus d'arbres en beaucoup d'endroits et recouverts d'un maigre

1. Schmarda, *Geographisches Jahrbuch von Behm*. 1866.

gazon ; l'énorme ours blanc des régions boréales vit sur la neige et sur les banquises, loin de toute végétation fores-tière. En revanche, les splendides forêts du Brésil ne don-nent abri qu'à des espèces relativement petites ; la plus grande est le tapir, bien inférieur par ses dimensions aux colosses de l'Afrique. Le fait le plus remarquable dans la distribution des fortes espèces animales est qu'elles habitent les terres les plus vastes : c'est dans l'ancien monde que vivent les colosses du monde animal ; et les singes à queue, les tapirs, les vigognes, les jaguars, les pumas de l'Amé-rique, sont d'une taille et d'une force bien moindres que les gorilles, les éléphants, les chameaux, les tigres et les lions de l'Afrique et de l'Asie.

Le nombre des espèces animales est également en rap-port avec l'étendue des terres. Il n'existe pas d'exemple d'une seule île dont la faune soit plus riche que celle du continent voisin ; dans presque toutes, on peut même con-stater une énorme infériorité sous ce rapport. La Grande-Bretagne, fragment détaché de l'Europe, a moins de formes animales que l'Allemagne ou la France ; l'Irlande en a moins que l'Angleterre ; la Sicile moins que l'Italie. Lorsque les Européens débarquèrent dans les Antilles, il y a bientôt quatre siècles, les seuls mammifères indigènes, à l'excep-tion des chauves-souris, qui peuvent voler au-dessus des détroits, étaient quatre ou cinq espèces de rongeurs, dont une vivante de nos jours ; et pourtant la végétation si variée des montagnes, des vallées, des plaines, des marais et des rivages de Cuba, de Haïti, de la Jamaïque, aurait pu suffire à l'entretien d'une multitude d'espèces. De même, avant l'arrivée des navigateurs anglais, la Nouvelle-Zélande n'avait d'autres mammifères que deux chauves-souris, un rat, introduit peut-être par les navires, une sorte de loutre et un animal sauteur dont on n'a vu que les traces[1]. Il

1. F. von Hochstetter, *Neu-Seeland*.

s'établit naturellement une véritable harmonie entre chaque
région et sa faune particulière, si bien que le géologue,
découvrant des fossiles très-variés et de grands squelettes
dans une île de faibles dimensions, peut affirmer qu'elle
faisait autrefois partie d'une vaste continent.

Du reste, pour résoudre cette importante question de
la distribution des espèces animales, il est nécessaire que
le naturaliste se reporte à ces âges antérieurs de la terre,
pendant lesquels les continents étaient autrement disposés
qu'ils ne le sont de nos jours. Ainsi les singes du rocher
de Gibraltar témoignent de l'ancienne continuité des côtes
entre l'Espagne et la Barbarie. Ailleurs, par suite du
changement des formes continentales, les espèces d'autrefois contrastent bizarrement avec les espèces actuelles : un
simple détroit sépare deux faunes nées à des milliers et
peut-être à des millions de siècles d'intervalle. C'est là le
contraste qu'on observe entre l'archipel de la Sonde et le
groupe des îles Australiennes. Entre Bali et Lombok, qui
sembleraient pourtant faire partie d'une même terre déchiquetée par les flots, et que sépare un détroit de 24 kilomètres à peine, le contraste des faunes est aussi complet
qu'entre l'Europe et l'Amérique : d'un côté, vivent des
espèces toutes modernes, comme si les anciens types
s'étaient graduellement renouvelés par le voisinage du
vaste et tumultueux continent d'Asie; de l'autre, les animaux se sont maintenus sans changement dans leur
physionomie. En Australie, on ne voit ni chat, ni loup, ni
ours, ni hyène, ni cerf, ni brebis, ni bœuf, ni éléphant, ni
cheval, ni écureuil, ni lapin, ni aucune de ces espèces de
quadrupèdes que l'on rencontre dans toutes les parties du
monde ; en revanche, que d'animaux de formes antiques et
qui nous semblent bizarres ! La faune australienne ressemble
toujours à celle qui occupait autrefois les mers et les
rivages de l'Europe pendant la période jurassique ; il faut
remonter jusqu'à cette époque le cours des âges pour

retrouver des animaux qui rappellent ceux de la Nouvelle-Hollande[1].

Quelle que soit l'énorme part revenant aux conditions antérieures du globe dans la distribution actuelle des espèces animales, il est certain qu'il y a de nos jours une remarquable harmonie entre la configuration des continents et des mers et la foule des êtres vivants qui les habitent. Chaque espace terrestre ou maritime nettement limité par quelque grand trait géographique, tel que détroit, isthme, chaîne de montagnes ou plateau, chaque pays bien distinct des contrées limitrophes par la nature du sol et surtout par le climat, possède aussi sa faune particulière, n'ayant en commun avec celle des autres régions qu'un nombre relativement minime de représentants. Les plaines françaises qui s'étendent au nord des Pyrénées et les vallées espagnoles tributaires de l'Èbre, contrastent d'une manière frappante, aussi bien par certaines espèces animales que par leur végétation et l'aspect général de toute la nature. De même la différence est grande, pour les organismes vivants comme pour le sol, sur les deux versants des Alpes; en France, dans les bassins pierreux et désolés du Drac, de la Durance, du Verdon; en Italie, sur les bords si fertiles de la Stura, du Pô, de la Doire. Un isthme étroit, séparant deux mers, sépare en même temps deux mondes d'espèces différentes. C'est ainsi que, sur cent vingt zoophytes, la Méditerranée en a deux seulement de communs avec la mer Rouge, et cependant la faible barrière sablonneuse de Suez est de formation relativement récente dans l'immense série des âges géologiques. Les isthmes si minces de l'Amérique centrale qui se reploient entre le Pacifique et l'Atlantique sont pour les faunes d'infranchissables barrières, et les eaux, que sépare cette distance de quelques kilomètres, sont

1. Wallace; — voir, dans le premier volume, le chapitre intitulé *les Premiers Ages.*

habitées par des espèces complétement différentes : à peine, nous dit Darwin, existe-t-il un seul poisson, un seul mollusque, un seul cétacé qui se retrouve à la fois dans les deux océans. Même le courant du fleuve des Amazones sert de limite à des multitudes d'espèces ; il est des oiseaux qui ne se hasardent jamais à traverser cette mer en mouvement et dont l'aire d'habitation est rigoureusement bornée, soit par la rive droite, soit par la rive gauche.

Par suite de l'innombrable diversité des conditions actuelles du climat, du sol, de la nourriture, par suite aussi de la multitude infinie des causes qui, dans les âges antérieurs, peuvent avoir favorisé ou contrarié le développement des espèces engagées dans la bataille de la vie, les aires d'habitation des animaux ont une étendue des plus inégales. Il est des cétacés, des oiseaux nageurs et des échinodermes qui vivent dans toutes les mers, des moucherons qui tourbillonnent en nuées sur les marécages de tous les continents ; en revanche, certaines espèces se trouvent seulement dans une région très-peu étendue : quelques reptiles sont propres à un seul district des montagnes Rocheuses ou du plateau d'Utah ; tel colibri n'a été découvert que dans une seule vallée des Andes ; chaque haut volcan de l'Équateur, le Pichincha, le Chimborazo, le Carahuirazo, est un monde à part ayant sa faune particulière [1]. Dans l'immense fleuve des Amazones, trois espèces d'un poisson appelé *arias* se trouvent seulement à l'ouest de l'île Marajo, dans un espace de deux lieues à peine, à l'endroit où s'opère le mélange des boues soulevées par le conflit de la mer et du fleuve [2].

En outre, les surfaces si différentes que présentent de nos jours les aires d'habitation changent incessamment pendant le cours des âges, suivant les modifications du sol

1. Moritz Wagner.
2. Da Silva Coutinho.

et du climat. L'homme qui, lui aussi, est un agent géologique, et l'un des plus actifs, a pris une part énorme, soit directement, soit indirectement dans la répartition des espèces animales[1]; mais sans parler de cette influence décisive due à l'intervention humaine, il est certain que toutes les variations du milieu produisent dans l'aire des espèces des variations correspondantes. Que le froid ou la chaleur s'accroissent dans une contrée, que les vents y deviennent plus ou moins forts, que les pluies augmentent ou diminuent, que le sol se renouvelle par un apport d'alluvions fluviales ou se sature de sel par une irruption de la mer, qu'un marécage se forme ou se dessèche, et nombre d'espèces animales avancerent ou reculeront pour trouver les conditions d'existence qui leur sont le plus favorables et la nourriture qui leur convient. Ainsi divers oiseaux de la haute Engadine sont allés s'établir dans les vallées inférieures, et la pie même a tout à fait quitté le pays[2]. C'est là un phénomène que tous les naturalistes ont observé : ils ont même constaté beaucoup d'exemples de migrations inexplicables en apparence, tant les modifications du milieu qui ont amené ces changements d'aires ont été peu sensibles pour l'homme. Ainsi les baleines cessèrent de visiter les Feröer pendant 22 années, de 1754 à 1776; en Suède, nombre d'espèces ont complétement disparu de la contrée, puis sont revenues, comme des exilés rentrant sur la terre natale, habiter de nouveau la patrie de leurs ancêtres[3]. Ce n'est pas tout : non-seulement les animaux peuvent accroître ou rétrécir leurs aires d'habitation, mais ils peuvent aussi disparaître complétement, et l'histoire zoologique, à peine commencée depuis un petit nombre de siècles, raconte déjà la mort de plusieurs espèces. En

---

1. Voir, ci-dessous, le chapitre intitulé *Travail de l'Homme.*
2. Michelet, *la Montagne.*
3. Schmurda, *Geographisches Jahrbuch von Behm.* 1866.

revanche, de nouveaux êtres prennent, sur la terre incessamment rajeunie, la place de ceux qui ne sont plus, et
pendant la succession des âges, la faune se renouvelle, soit
par génération spontanée, soit par la formation de variétés,
qui deviennent de plus en plus stables et présentent enfin
tous les caractères de l'espèce. Comment expliquer autrement cette remarquable faune décrite par Darwin, qui appartient en propre aux îles Gallapagos et ne se retrouve ni dans
les archipels de la mer du Sud ni sur le continent le plus
rapproché.

V.

Grandes faunes terrestres. — Zones homoïozoïques.

Tout district se distinguant de ceux qui l'entourent par
un certain nombre de formes animales a par cela même
une faune particulière ; mais d'ordinaire les naturalistes
comprennent ce mot de faune dans un sens plus général et
l'appliquent à un ensemble d'espèces habitant une vaste
région géographique, en dehors de laquelle la grande
majorité des formes a complétement changé. Du reste,
ainsi qu'on peut s'y attendre, les savants sont loin d'être
d'accord sur les limites de ces régions, car ces frontières
n'ont point d'existence réelle et, dans la multitude des êtres
vivants dont les aires d'habitation se mêlent et s'entre-
croisent, il en est beaucoup qui appartiennent à la fois à
plusieurs domaines. Schmarda, l'un des zoologistes classifi-
cateurs les plus autorisés, compte 21 grandes faunes terrestres, en y comprenant celles de Madagascar, de l'archipel de la Sonde et des îles de l'Océanie. Ces diverses
provinces zoologiques, dont chacune ne possède en commun
avec les provinces voisines qu'un petit nombre d'espèces,
ont cependant de grands points de ressemblance les unes
avec les autres, grâce à la multitude de leurs animaux qui

se rapprochent par la conformation et remplissent des fonctions analogues dans l'ensemble de la nature : ces espèces qui prennent dans la faune d'un continent la place occupée sur une terre différente par d'autres formes animales, sont connues sous le nom scientifique d'équivalents. Ainsi les chameaux de l'ancien monde sont remplacés dans l'Amérique du Nord par les llamas et les vigognes, les chevaux de l'Asie ont les zèbres pour parents dans l'Afrique méridionale; les autruches du Sahara sont représentées en Australie par les émus, et dans les pampas argentines par les rhéas. Sous ce rapport, le monde animal offre les mêmes harmonies que le monde végétal.

La plus grande analogie entre les deux séries organiques se retrouve aussi dans leur ordre de répartition sur la rondeur du globe. Toutes les régions circumpolaires de l'hémisphère boréal en Amérique, en Europe, en Asie, sont habitées d'espèces identiques ou, du moins, offrant entre elles un grand air de famille : une même flore, une même faune occupent les extrémités convergentes des continents; mais vers le sud, à mesure que les lignes de latitude agrandissent leurs cercles, et que l'ancien et le nouveau monde s'éloignent l'un de l'autre, l'ensemble des êtres vivants qui les peuplent, animaux et plantes, diffère de plus en plus. Le nombre des organismes communs aux terres séparées par l'Atlantique et par le Pacifique diminue graduellement, et dans les régions tropicales, le contraste finit par devenir complet. En même temps, espèces animales et végétales deviennent de plus en plus nombreuses dans la direction du pôle à l'équateur. Au Spitzberg, M. Charles Martins a trouvé seulement 4 mammifères terrestres; 22 espèces d'oiseaux, qui sont tous de passage, à l'exception d'un seul, volent au-dessus des montagnes de cet archipel, et 10 sortes de poissons en habitent les côtes; les animaux des ordres inférieurs appartiennent également à un très-petit nombre de formes : on n'y a découvert que 23 insectes et 15 mol-

lusques. Au sud de ces régions boréales, la quantité des
espèces, des genres, des familles, est décuplée ou même
centuplée, et dans les contrées équatoriales, où la végétation a toute sa fougue et toute sa richesse, la faune
montre aussi une merveilleuse variété d'organismes et ses
types les plus beaux de couleur et d'éclat. Un seul naturaliste, Bates, a rapporté, après un séjour de onze années
sur les bords de l'Amazone, un trésor zoologique de 14,712
animaux divers, dont 8,000 non encore décrits; et combien
en reste-t-il encore à découvrir, surtout parmi les insectes
et les vermisseaux! D'après Agassiz, le fleuve des Amazones
possède à lui seul trois fois plus de poissons différents que
l'immense bassin de l'océan Atlantique.

Il est vrai que, si les terres les plus rapprochées des
pôles sont pauvres en espèces, ces espèces elles-mêmes
ont, pour la plupart, des représentants en nombre immense.
Sur tous les promontoires et dans tous les fjords des Hébrides, des Shettland, des Feröer, de la Norvége, du Spitzberg, de la Nouvelle-Zemble, les assises des rochers,
pareilles aux gradins des amphithéâtres, sont occupées à
perte de vue par des rangées d'oiseaux, pressés comme les
soldats d'une armée. Quand ces foules prodigieuses de
volatiles s'élancent contre le vent de mer pour aller chercher leur proie, ou tourbillonnent au-dessus des embarcations de chasseurs, elles s'élèvent en véritables nuages, et
l'homme, ivre de destruction, n'a qu'à tirer au hasard pour
abattre ses victimes, à moins qu'armé d'un bâton, il ne
préfère assommer les femelles qui, tout en glapissant avec
rage, restent noblement accroupies sur leur couvée.

Les faunes océaniques doivent nécessairement offrir
dans leur distribution une plus grande régularité que les
faunes terrestres, car les conditions physiques du milieu
sont beaucoup plus égales dans la masse des eaux qu'à la
surface des continents : la mer n'est point, comme la terre,
hérissée d'obstacles qui arrêtent les animaux et modifient de

diverses manières la configuration de leur domaine. Aussi les limites de chaque grande faune maritime sont-elles précisément celles du bassin où cette faune s'est développée : à l'est et à l'ouest, ce sont les rivages des continents ; au nord et au sud, ce sont les différents climats qui arrêtent les espèces et leur font succéder d'autres formes animales.

Edward Forbes, le premier, a tenté de dresser une carte de la répartition des organismes vivant dans les mers, et depuis, les résultats généraux qu'il indiquait ont été confirmés en grande partie par les divers savants qui l'ont suivi dans cette voie. Chaque région ou province maritime est caractérisée par des espèces qui peuvent servir de représentants à tous les autres organismes de la province, et qui atteignent dans ces parages leur plus grand développement. Des deux côtés de la zone centrale où la faune propre à la province se montre dans toute sa richesse, les espèces vont en diminuant par degrés vers les autres régions, et disparaissent enfin, étouffées par les espèces dominantes qui, dans cette partie des eaux, constituent la foule de la population marine. Forbes compare le domaine de chacune de ces faunes à une nébuleuse dont les points lumineux, réunis au centre en amas brillants, deviennent de moins en moins nombreux vers la circonférence, et, sur le pourtour, ne constituent plus que des traînées éparses. D'ailleurs, les faunes de l'Océan, sortes de nébuleuses zoologiques, ne diffèrent point sous ce rapport des faunes continentales ; seulement, grâce aux facilités de voyage qu'offre la mer aux animaux nageurs, les provinces maritimes où prédomine telle ou telle espèce sont d'une étendue plus vaste que les régions analogues de la terre ferme. En général, les mêmes animaux marins habitent les parages situés sous une même latitude ; on voit un remarquable exemple de ce fait dans la Méditerranée, où les êtres organisés changent à peine des eaux de Gibraltar à celles d'Alexandrie. Quant aux limites de ces régions communes

aux mêmes groupes, il est rare qu'elles soient nettement
tranchées, si ce n'est au contact de deux températures différentes. Le passage d'une province à l'autre s'accomplit
d'ordinaire sans transition soudaine, car la vie se développe
sous l'influence des climats, et ces climats eux-mêmes
cherchent sans cesse à s'équilibrer dans l'Océan par l'action des courants, des marées, des vents et des tempêtes.
Du reste, il faut nécessairement tenir compte de toutes
les conditions qui peuvent modifier les contours généraux
de chaque domaine géologique : la forme du littoral, la
nature du fond, la vitesse des courants, la hauteur des
marées, la salure des masses liquides[1].

Ces diverses provinces sont les grandes régions que
Forbes a désignées sous le nom de zones homoïozoïques
(zones de « vie semblable »). Elles entourent la terre comme
les zones climatériques auxquelles elles correspondent, et
l'on peut dire d'une manière générale que des lignes isothermes leur servent de limites; c'est avec ces lignes
idéales qu'elles se déplacent, tantôt remontant vers le
nord, tantôt s'infléchissant de nouveau vers le midi.

La grande zone médiane est celle de l'équateur et des
tropiques, dont la partie la plus importante embrasse tout
l'océan des Indes et la bande centrale du Pacifique, depuis
les côtes de l'Australie, de Bornéo et du Japon jusqu'à
celles du Mexique et de la Colombie. C'est là, du moins en
général, que les animaux marins offrent les couleurs les
plus brillantes et les dessins les plus variés. C'est aussi là
que les eaux pullulent du plus grand nombre d'organismes,
et que coraux et madrépores construisent leurs îles circulaires, parsemées des côtes de l'Asie jusqu'au milieu de la
mer du Sud. Entre l'Afrique et l'Amérique équatoriale, cette
zone homoïozoïque se continue malgré l'interposition de
deux continents; sur les côtes de la Floride, des Bermudes,

1. *Natural History of the European Seas.*

des Antilles, des Guyanes et du Brésil, des mollusques, des radiaires et des coraux, analogues à ceux des autres mers équatoriales, se propagent en abondance : les espèces sont différentes, mais les types généraux sont les mêmes.

Au nord de cette zone médiane, qui s'étend autour du globe sur une largeur moyenne de 6,000 kilomètres, s'arrondit une autre zone beaucoup plus étroite, et rendue très-irrégulière par les différences de climat que produisent vers le nord les vents, les courants maritimes et le contraste des côtes continentales. Cette zone « circumcentrale » du nord commence dans l'Atlantique aux parages de la Géorgie et des Carolines, puis s'élargit vers l'ouest pour baigner les côtes du Maroc et de la péninsule Ibérique. Au delà du détroit de Gibraltar, elle comprend la Méditerranée, où l'on pêche le thon, l'éponge et le corail. Les espèces diminuent graduellement dans cette mer de l'occident vers l'orient, et sont encore beaucoup moins nombreuses dans les bassins fermés de l'intérieur du continent : le Pont-Euxin, la Caspienne et la mer d'Aral. Dans le Pacifique, cette même zone, dont les limites sont du reste fort peu connues, se développe des côtes de la Corée et du Japon vers celles de la Californie.

La troisième zone, située vers le milieu des latitudes tempérées, a reçu le nom, assez mauvais d'ailleurs, de zone neutre (*neutral*) du nord. De même que la zone précédente, elle se recourbe et s'élargit à travers l'Atlantique des côtes de l'Amérique à celles de l'Europe. Étroite sur les côtes de la Virginie et du Delaware, elle s'étale vers le nord-est avec le Gulf-stream, et comprend toutes les mers celtiques de la péninsule de Bretagne, de l'Irlande, de l'Écosse, des Shetland. La mer Baltique et ses golfes n'en sont qu'une simple dépendance. Les grandes pêcheries de harengs se trouvent dans cette zone homoïozoïque.

La bande plus septentrionale, caractérisée par les pêcheries de morues et d'autres poissons analogues, suit

également la grande courbe du Gulf-stream et s'élargit
de l'est à l'ouest. Commençant du cap Cod à la baie de
Fundy, elle embrasse l'Islande et les mers avoisinantes, et
baigne toutes les côtes de la Norvége et de la Laponie
jusqu'au cap Nord. Dans le Pacifique, cette zone, dite circumpolaire du nord, affecte, de même que la zone neutre,
une disposition circulaire à cause du grand courant du
Japon et des vents du sud-ouest, qui accomplissent dans
cette partie de l'Océan un circuit semblable à celui du
Gulf-stream.

Enfin, les mers arctiques sont occupées par la zone
homoiozoique polaire, dont l'étendue embrasse toute la
calotte sphérique du pôle au Labrador, au golfe d'Obi, au
détroit de Behring et au Kamtchatka. Les animaux marins
y sont en général de couleurs assez ternes, les espèces y
sont beaucoup moins nombreuses que dans les zones méridionales, mais en revanche elles sont pour la plupart représentées par une grande multitude d'individus.

Dans l'hémisphère méridional les zones homoiozoïques
se succèdent suivant le même ordre que dans l'hémisphère
opposé et présentent les mêmes transitions entre les espèces
typiques; mais, il faut le dire, l'étendue relative de ces
diverses zones est très-imparfaitement connue. On sait seulement qu'à l'ouest de l'Amérique du Sud, le domaine de
chacune des faunes marines se recourbe vers le nord, entraîné, pour ainsi dire, par le courant de Humboldt qui
longe le littoral. Provisoirement, les limites des zones ne
sont guère fixées que par les lignes de température : c'est
aux explorateurs futurs de les préciser d'une manière plus
certaine. Il serait également difficile de dire actuellement
dans quelle proportion les espèces d'animaux marins
diminuent de l'équateur aux pôles. Pour résoudre approximativement ce problème, il serait avant tout nécessaire de
connaître la richesse des océans en êtres organisés. On sait
seulement que, dans les mers d'Europe, les espèces de

poissons diminuent de près des deux tiers du sud au nord, puisqu'on en trouve 444 dans la Méditerranée, et que les mers scandinaves en offrent à peine 170. Les mollusques résistent mieux aux influences climatériques, car on en compte environ 300 sur les côtes de la Suède et de la Norvége, c'est-à-dire à peu près moitié moins que dans les parages de la Méditerranée[1]. Pendant le seul voyage d'exploration dirigé par le capitaine Wilkes, les naturalistes américains ont recueilli dans les eaux tropicales de la mer du Sud 829 espèces de poissons, 900 crustacés, 2,000 mollusques, 450 coraux et 300 autres zoophytes.

VI.

Distribution des espèces sur les pentes des montagnes et dans les profondeurs des mers.

L'étagement des climats dans les hauteurs de l'air, analogue à leur succession dans la direction des pôles, a pour conséquence nécessaire une diminution rapide des animaux, des plaines fertiles de la base aux sommets neigeux des monts. Que le naturaliste gravisse quelque grande cime isolée de la zone torride, et il verra diminuer rapidement le nombre des espèces animales, exactement comme s'il voyageait vers les régions tempérées, puis vers celles du pôle. Enfin, en arrivant à la limite inférieure des neiges persistantes, où la végétation disparaît presque entièrement, il ne reste non plus que fort peu de représentants du monde animal, et ceux qui vivent encore dans ces hautes régions sont pour la plupart des êtres imperceptibles, comme les animalcules de la neige, ou de petits quadrupèdes qui s'enfouissent dans le sol, comme le campagnol découvert au

---

1. Forbes, *Natural History of the European Seas.*

sommet des Alpes [1]. Et non-seulement les espèces diminuent
graduellement sur le flanc des montagnes, ce qui pourrait
s'expliquer du reste par le manque de nourriture, l'accroissement du froid, la raréfaction de l'air; mais aussi les animaux des hauteurs ne sont plus les mêmes que ceux des
pentes basses, et par la forme, le pelage, les mœurs, rappellent ceux de la zone polaire : les faunes des Andes et des
Alpes ressemblent plus à celle du Spitzberg qu'à celle des
plaines de leur base, situées à peine à quelques milliers de
mètres de distance [2]. Toutefois, les orages, les coups de
vent, les trombes, mêlent souvent les faunes naturellement
étagées les unes au-dessus des autres, et quand on parcourt
les neiges des sommets, il est rare qu'on ne voie pas la
grande surface blanche parsemée de restes d'insectes apportés des vallées par les courants de l'atmosphère. Parfois
même des papillons égarés volent au hasard dans ces
mornes solitudes, où le froid de la nuit les fera certainement périr, si quelque vent propice ne les ramène bientôt vers les prairies natales. Quant aux oiseaux, nombre
d'entre eux s'élèvent librement jusque vers les plus hautes
cimes. M. Jules Remy a vu des multitudes d'oiseaux-
mouches voltiger bruyamment autour du cratère du Pichincha, et, bien au-dessus de sa tête, le voyageur qui gravit les
plus fiers sommets des Andes, aperçoit le grand condor
planant majestueusement dans le bleu du ciel.

De même que, sur les terres émergées, la plupart des
animaux habitent les campagnes peu élevées au-dessus du
niveau de l'Océan, de même l'immense majorité des êtres
qui peuplent les mers, infusoires, annélides, crustacés,
poissons et autres animaux, vivent dans les couches liquides
de la surface et dans le voisinage des côtes. Il doit en être
ainsi, car c'est le long des rivages que se trouvent les

[1]. Charles Martins, *du Spitzberg au Sahara,* p. 310.
[2]. Voir, ci-dessus, p 539.

écueils où s'incrustent les coquilles, les grottes et les anfractuosités où se réfugient les poissons, les forêts d'algues qui servent à la fois de retraite et de nourriture à des multitudes d'organismes; c'est là que les fleuves apportent tous les débris végétaux et animaux des continents qui alimentent les peuples de la mer. Au large, toute épave, toute prairie d'algues flottantes est aussi un centre de rassemblement autour duquel s'agite un monde; même loin des côtes et des bas-fonds, la vie, peu intense en comparaison de celle du littoral, est néanmoins prodigieusement active dans les couches supérieures, car c'est à la surface que se propagent les vagues, dont le mouvement est nécessaire aux organismes de la mer comme le souffle des vents l'est à la vie des animaux terrestres; c'est aussi dans les parties superficielles de l'Océan que pénètre la lumière. D'après les expériences de Wilkes, les rayons ne descendraient guère au-dessous de 150 mètres de profondeur, et là par conséquent se trouverait la limite fixée par l'obscurité à nombre d'animaux et de végétaux marins. C'est donc à la zone de contact entre la mer et l'atmosphère, et surtout dans le voisinage des continents que la vie aquatique fourmille en plus grande abondance. Sur la terre, la rencontre de plusieurs couches géologiques fertilise le sol et donne en conséquence une plus grande activité au développement de tous les germes; de même le contact des trois éléments, l'eau, le vent et le rivage, appelle les êtres organisés dans les couches superficielles de l'Océan, et donne ainsi à la planète comme une enveloppe vivante.

Les parages peu profonds de la mer, surtout dans le voisinage des côtes de l'Europe et des États-Unis, ont été déjà explorés avec assez de soin pour qu'il ait été possible à Edward Forbes d'indiquer l'épaisseur approximative des zones superposées de la flore et de la faune. Chacune de ces zones se distingue par des organismes ou des groupes d'organismes qui lui sont particuliers. D'ailleurs, elles n'offrent, à l'exception de la plus haute, aucune limite nettement tranchée; en outre, un grand nombre de genres et de sous-genres sont communs, soit à tous les étages, soit à deux ou trois d'entre eux.

La première zone, ou celle du littoral, comprise entre les niveaux extrêmes du flux et du reflux, a, suivant la hauteur des marées, de 1 à 20 mètres d'épaisseur : une multitude d'organismes y naissent et s'y propagent, parce qu'elle est alternativement baignée par les eaux et par l'atmosphère. La seconde zone, appelée aussi zone laminarienne de certaines espèces d'algues qui y développent leurs longues bandes, semblables à des courroies de cuir, offre une épaisseur d'environ 30 mètres au-dessous du niveau des basses mers. C'est la grande région des plantes marines, des poissons, des mollusques, des crustacés. La plupart des espèces y sont remarquables par l'éclat ou même la splendeur des teintes que leur ont donné les rayons lumineux réfractés à la surface des eaux. La troisième zone ou zone coralline descend jusqu'à 60 mètres au-dessous de la zone précédente; les animaux vertébrés ou invertébrés y sont représentés par de nombreuses espèces; mais déjà les plantes y sont rares. La quatrième zone des mers européennes, qui, d'après Edward Forbes, n'aurait qu'une épaisseur de 200 à 600 mètres, et au-dessous de laquelle s'étendrait l'immense solitude des mers inhabitées, est sans aucun doute moins richement peuplée que les couches liquides supérieures où pénètre encore la lumière du soleil, et les mollusques, les crustacés, les annélides qui s'y trouvent sont pour la plupart revêtus de couleurs sombres; mais ce n'est point là que se trouvent les bornes de la vie.

Il est désormais incontestable que les animaux marins vivent à une beaucoup plus grande profondeur que les naturalistes ne l'admettaient encore à une époque très-récente. Bien que les sondages opérés en pleine mer à de grandes

profondeurs fussent encore relativement très-peu nombreux,
et que, le plus souvent, le plomb de sonde n'eût rapporté
aucun échantillon des sables ou des vases du fond, cependant la plupart des savants affirmaient d'avance, et en s'appuyant seulement sur ces témoignages négatifs, que les
abîmes de la mer étaient des espaces « abiotiques, » c'est-à-
dire absolument dépourvus d'organismes vivants. Même
lorsque déjà divers navigateurs avaient obtenu des preuves
du contraire, des savants considérables, tels qu'Edward
Forbes, Goodwin Austen, Agassiz, de la Bèche, croyaient
qu'au-dessous d'une profondeur, fixée par les uns à 300 mètres, par les autres à 600 mètres, toute vie animale ou végétale était impossible. La pression de l'eau étant égale à celle
de toute une colonne atmosphérique pour chaque profondeur de 10 à 11 mètres, on pensait que les conditions générales du milieu se trouveraient assez changées au fond de
l'Océan pour prévenir d'une manière absolue le développement de tout organisme dans les eaux profondes. D'avance
on affirmait que des êtres vivants ne pourraient vivre sous
une pression de plusieurs centaines ou même d'un millier
d'atmosphères. Suivant une hypothèse, qui n'est pas non
plus d'accord avec les faits, ni plantes, ni insectes ne sauraient exister sur les plus hautes montagnes; de même, par
une sorte de polarité, les profondeurs des océans n'auraient
été qu'une solitude immense. Le plus hardi parmi les animaux marins aurait été le beau corail des côtes de Norvége, le *lophelia prolifera,* dont les ramures roses s'attachent
aux rochers jusqu'à 600 mètres de la surface.

Et cependant, dès l'année 1818, les résultats de plusieurs sondages avaient donné un démenti à l'opinion que
professaient la plupart des naturalistes. Dans la baie de
Baffin, John Ross avait ramené du fond de petits crustacés,
des annélides, des échinodermes, et dans les parages où
vivaient ces animaux, la profondeur accusée par la sonde
varia de 200 à 1,890 mètres. De l'autre côté de la terre,

dans les mers antarctiques, James Ross découvrit, en 1841, des crustacés vivants à une profondeur de 720 mètres; mais ce nouveau témoignage constatant l'existence d'organismes dans les abîmes océaniques fut écarté comme les autres. Plus tard, les sondages opérés d'Irlande à Terre-Neuve, sur le « plateau télégraphique » ramenèrent à la surface un grand nombre de petits organismes, foraminifères, polycistines et diatomées. Bien plus, la sonde a découvert 116 espèces diverses de ces animalcules, prises à une profondeur de 6,600 mètres entre les Philippines et les Mariannes.

Enfin, dans le voyage d'exploration entrepris en 1860 à travers l'Atlantique du Nord par Mac Clintock, le docteur Wallich a définitivement résolu la question par des preuves incontestables. Au sud-est de l'Islande, la drague a détaché d'un rocher, situé à 1,228 mètres de profondeur, un fragment de serpule dont la chair était encore fraîche, et de petits coquillages vivants. Bien plus, un autre sondage ramena d'une profondeur de 2,268 mètres, c'est-à-dire d'une région où le poids des couches liquides dépasse 200 atmosphères, plusieurs petits coquillages et treize étoiles de mer. dont l'une n'avait pas moins de 12 centimètres de large; ces animaux arrivèrent vivants à la surface de l'eau, et pendant un quart d'heure ils ne cessèrent d'agiter leurs longs bras couverts d'épines[1]; en outre, les restes de foraminifères qui se trouvaient dans les cavités digestives des échinodermes ne permettent pas de douter que ces organismes inférieurs ne vivent également à plus de 2,200 mètres de profondeur dans l'Océan. Depuis la découverte de Wallich, Torrell a retiré d'une profondeur de 2,620 mètres, dans la mer du Spitzberg, un crustacé aux brillantes couleurs. De même, dans la Méditerranée, le câble télégraphique qui rejoignait l'île de Sardaigne à la côte de Gênes

1. Wallich, *Atlantic Sea-bed*, p. 63.

s'étant rompu, on trouva que ses fragments étaient recouverts de polypiers et de coquillages donnant à certaines parties du fil la grosseur d'une barrique. Plus tard, le télégraphe sous-marin qui rejoignait la Sardaigne à l'Algérie s'étant aussi brisé, M. A. Milne Edwards reconnut sur un morceau du câble, repêché d'une profondeur de 2,000 à 2,800 mètres, un grand nombre d'animaux, qui tous avaient vécu au fond de la mer sur ce fil tendu par l'homme, car ils s'étaient moulés sur la rondeur du fer qui les portait et leurs parties molles étaient encore conservées. Parmi ces êtres se trouvaient des serpules, une espèce d'huître, un pecten à coquille fortement colorée, enfin des polypes qui ne s'étaient encore rencontrés nulle part dans la Méditerranée et que l'on croyait exister seulement à l'état fossile[1]. Ce n'est pas tout : Ehrenberg a prouvé qu'il existe des animalcules lumineux au fond du golfe du Mexique, et ce fait inattendu permet de supposer que les abîmes des autres mers et du grand Océan ne sont point ensevelis sous des ténèbres insondables. On peut croire que, même à des milliers de mètres de profondeur, la lumière ne manque pas complétement et qu'elle se produit périodiquement ou même d'une manière constante; c'est là ce qui expliquerait pourquoi les espèces retirées des eaux profondes n'ont pas les yeux atrophiés comme les poissons et les insectes des cavernes[2].

Ainsi les profondeurs de l'Océan ne sont point un immense désert, où le mouvement des contre-courants cachés est seul à témoigner encore de la vie terrestre; même au milieu de ces espaces, où ne s'égare jamais un rayon de soleil, il y a des êtres qui naissent, qui travaillent et qui meurent. Sans doute, la plupart de ces êtres, comme les habitants des cavernes terrestres, ont une livrée de teinte

1. *Annales des sciences naturelles*, 4e série. 1861.
2. *Mittheilungen von Petermann*. VI. 1867.

sombre; mais ce n'est pas là une loi zoologique, car précisément les espèces qui ont été découvertes aux plus grandes profondeurs, c'est-à-dire les échinodermes trouvés par Wallich dans la mer d'Islande et le crustacé retiré par Torrell du fond de l'océan Glacial, offrent des couleurs assez vives. En s'accommodant peu à peu, soit par migration, soit par l'effet d'une lente dépression du sol à ce milieu des eaux profondes, ces êtres ont gardé l'éclat spécifique des teintes que leurs ancêtres devaient sans doute à la riche lumière répandue dans les couches superficielles de l'Océan[1]. Quant aux plantes marines, on n'a pas encore signalé d'algues proprement dites croissant à une profondeur de plus de 400 mètres; les seuls organismes peut-être végétaux que l'on ait trouvés dans les abîmes de l'Océan appartiennent à l'ordre tout à fait primitif des diatomées.

VII.

Travaux géologiques de certaines espèces animales. — Les récifs et les îles de corail.

Bien peu nombreux sont les animaux qui, pour atteindre leur proie ou se construire des habitations, remuent assez fortement la terre pour laisser à la surface ou dans les couches supérieures du sol les traces de leurs travaux. Les lapins, les renards, les « chiens de prairies », les marmottes se creusent des terriers; les taupes, les rats musqués cheminent souterrainement, comme les mineurs, par de longues avenues ou des galeries en labyrinthes; les termites se bâtissent de hauts obélisques d'argile; mais quand les animaux constructeurs ont disparu, voûtes cachées ou palais visibles ne résistent pas longtemps aux pluies, à la

1. Wallich, *North Atlantic Sea-bed*, p. 135.

végétation, à tous les agents de ruine qui les entourent. Des travaux accomplis directement par un mammifère, ceux qui durent le plus et qui peuvent même avoir une influence réelle sur la topographie d'un district et jusque sur le climat local, ce sont les ouvrages des castors : les ruisseaux, retenus par ces digues, se transforment en marécages ou bien prennent un cours différent et parfois même deviennent tributaires d'un autre bassin. Lorsque les castors habitaient encore en tribus populeuses les forêts de l'Amérique septentrionale, un grand nombre de cours d'eau avaient été changés ainsi, par les troncs d'arbres abattus, en une succession d'étangs. Encore de nos jours, presque toutes les rivières qui coulaient à l'est des montagnes de la Colombie anglaise ont été supprimées et transformées en marais. Les castors ont détruit eux-mêmes les cours d'eau nécessaires à leur existence[1]. Plus utiles, les vermisseaux remuent aussi le sol, et quoique l'œuvre faite par chaque individu soit bien peu de chose, le résultat des travaux collectifs n'en est pas moins de la plus grande importance, car, ainsi que le fait remarquer Darwin, ce sont les vers de terre qui contribuent le plus à préparer le sol végétal où se développent nos cultures.

Dans les énormes changements géologiques dus à la vie animale, les êtres eux-mêmes n'ont aucune part volontaire et, s'ils modifient la face de la planète, c'est uniquement par l'accumulation de leurs débris. De même que les humbles sphaignes et d'autres plantes des marais finissent, grâce à leurs innombrables multitudes, par s'étendre en couches épaisses de tourbe sur de vastes plaines et jusque sur les pentes des montagnes, de même des animalcules d'une petitesse extrême, grouillant en myriades de myriades, forment à la longue de puissantes assises dans les roches extérieures de la terre. Un quartier de la ville de

1. Milton et Cheadle, *Voyage de l'Atlantique au Pacifique.*

Berlin est construit sur un sol mouvant, composé de générations successives de ces infiniment petits; aux bouches de l'Oder et de maint autre fleuve, dans le port de Wismar, sur la barre de Pillau, la vase est formée en partie, ou même pour un tiers ou la moitié, d'espèces vivantes, entassées en multitudes incalculables[1] : c'est à un million de mètres cubes au moins qu'il faut évaluer les masses d'animalcules qui se déposent chaque siècle dans le port de Pillau. Que ces vases se dessèchent un jour et, comme les schistes et les grès, elles constitueront de solides assises dans les plateaux et les montagnes de la terre ferme. De même les diatomées, les foraminifères du fond de l'Océan[2] et les coraux des couches supérieures de la mer travaillent sans cesse à édifier des terrains géologiques semblables à ceux que construisirent les espèces des âges antérieurs et qui sont aujourd'hui les roches des continents émergés. Par leur œuvre incessante d'assimilation, les polycystines, les globigérines, les éponges, les madrépores et autres travailleurs de l'Océan s'emparent de l'acide carbonique, du calcaire et de la silice qu'apportent les fleuves, et rebâtissent la terre avec ces imperceptibles matériaux. Tandis que les cours d'eau érodent la base des montagnes et les démolissent, molécule à molécule, les habitants de la mer s'occupent de jeter les fondements d'un nouveau monde. On peut se faire une idée du rôle immense que remplissent dans l'histoire de la planète les innombrables organismes de l'Océan, quand on songe à la provenance de ces formations calcaires qui recouvrent une si grande partie de la surface des continents. Burmeister l'a dit avec raison : quelle que soit l'origine première de la chaux, de la dolomie, de la craie, il est certain que toutes les roches de cette composition minéralogique ont été « mangées et digérées »

---

1. Recherches d'Ehrenberg en 1839. — Anton von Etzel, *die Ostsee*, p. 421.
2. Voir, ci-dessus, page 573.

par des animalcules semblables à ceux de nos mers actuelles.
Les foraminifères du fond de l'Atlantique du nord déposent
des calcaires en tout semblables à ceux de nos montagnes;
de nouvelles roches oolithiques se forment, entièrement
composées de petites *orbulina universa*[1].

Les plus connus, sinon les plus actifs, parmi ces travailleurs de la mer, ces « faiseurs de mondes[2] », sont les
polypes, au nombre de plusieurs centaines d'espèces, dont
les débris amoncelés forment des terres considérables dans
la mer du Sud et dans l'Atlantique tropical. Les coraux des
mers tempérées ne croissent pas en myriades assez nombreuses pour déposer des bancs de roche d'une grande étendue. C'est dans les eaux dont la température est d'au moins
19 degrés centigrades, c'est-à-dire dans une zone équatoriale d'environ cinquante degrés de largeur, que vivent
et se multiplient ces foules prodigieuses d'ouvriers qui, par
l'élaboration des substances calcaires contenues en solution
dans la masse liquide, font graduellement surgir des terres
du lit de l'Océan. Les polypes constructeurs, appartenant
pour la plupart à la famille des madrépores, sont bannis de
toutes les mers que traversent les courants froids. Aussi ne
voit-on aucun récif de corail le long des côtes occidentales
de l'Amérique du Sud, réchauffées par un soleil tropical,
mais baignées par les eaux fraîches venues du pôle. C'est
aussi probablement à cause de l'accroissement graduel du
froid dans les couches profondes de la mer que les coraux
bâtisseurs vivent seulement à une faible profondeur au-
dessous de la surface; à plus de 50 mètres, la drague n'en
découvre plus un seul.

En certains parages de la mer du Sud, les multitudes
de ces fleurs animées, dont les variétés diverses brillent des
couleurs les plus vives, donnent à la surface de l'eau, sur

1. *Nautical Magazine*, novembre 1862.
2. Michelet, *la Mer*.

les bas-fonds, l'aspect d'une campagne diaprée de corolles
éclatantes. Quant à la masse calcaire produite par les généra-
rations successives des madrépores, elle est en général d'un
blanc mat. Les récifs bâtis par les méandrines se développent
en protubérances mamelonnées, sur lesquelles serpentent
des lignes semblables aux circonvolutions d'un lobe céré-
bral ; les constructions des porites s'étalent en larges assises
régulières, tandis que d'autres sont formées de cavités hérissées de pointes, ou bien encore ont l'apparence de broussailles changées en pierre. Lorsque les récifs ont graduellement émergé et perdu les colonies d'animaux qui les
peuplaient, on peut souvent reconnaître les différentes espèces de coraux qui ont servi à constituer la roche ; mais fréquemment aussi, les troncs et les branches du polypier ont
été brisés en tant de fragments et mêlés d'une manière si
intime avec les débris des coquillages qu'on ne peut discerner aucun linéament de la contexture primitive ; la masse
rocheuse, qui est en entier l'œuvre des animaux, paraît
aussi dépourvue de débris d'une forme régulière que le
seraient des couches de sable. Toute trace de la vie qui a
créé les îles et qui s'agite encore sur leurs contours extérieurs a complétement disparu. Ainsi changée, la roche
calcaire, qui ressemble d'ailleurs parfaitement aux assises de même origine qui furent déposées pendant les
anciennes périodes géologiques, est souvent très-compacte
ou même particllement cristalline comme une sorte de
marbre[1].

Dans chaque récif encore vivant, les coraux les plus
vigoureux, tels que les méandrines et les porites, occupent
la partie extérieure des rochers exposés à toute la force des
vagues ; leurs remparts calcaires, que viennent assaillir les
marées et la houle, protégent les espèces plus délicates qui
vivent à l'abri dans les eaux tranquilles des canaux et des

_____

1 Beete Jukes, *School manual of Geology*, p. 67 et suiv.

lagunes de l'intérieur du récif. Du reste, les bancs ne sont point uniquement composés de polypiers : des coquillages d'une grande variété abondent dans toutes les vasques des rochers et grossissent de leurs restes l'épaisseur de la pierre; des échinodermes remplissent de leurs épines toutes les anfractuosités; enfin des milliards et des milliards de

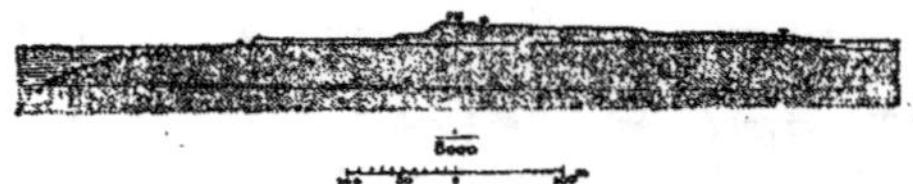

Fig. 173. Profil d'un banc de corail; d'après Darwin.

foraminifères, autre monde vivant sur le monde des coraux, fourmillent dans chaque flot qui baigne le récif. En maints parages des mers du Sud, notamment sur la grande barrière circulaire de l'Australie, le sable des plages est en entier composé des disques blanchâtres de ces animaux marins. Toute l'immensité pullulante, comparable à un appareil chimique de prodigieuses dimensions, sépare incessamment les sels de chaux enlevés aux terres par les eaux marines et les met en réserve pour des continents futurs.

Là où les forces souterraines, qui sont à l'œuvre dans l'épaisseur des couches terrestres, travaillent à soulever le fond des mers, les récifs émergent naturellement en une période plus ou moins longue, suivant l'impulsion qui les anime et, pendant le cours des âges, s'élèvent graduellement au-dessus de la mer avec les îles où sont jetés leurs fondements. Toutefois les roches madréporiques finissent aussi par émerger des eaux dans les parages où un lent mouvement de dépression engloutit peu à peu les anciennes terres. Telle île qui se dressait en montagne au-dessus de l'Océan a depuis longtemps disparu, et les navires jettent aujourd'hui leur ancre à l'endroit même où s'est engouffrée leur cime ; mais autour des anciens rivages recouverts par les flots se développe une ceinture annulaire d'îlots et de récifs croissant en dehors des eaux comme une muraille vivante : cette bizarre rangée de rivages étroits disposés en forme de cercle ou d'ovale au milieu de la mer, c'est un de ces atolls dont la formation a été si bien expliquée par Darwin[1]. D'après Dana, les grandes îles coralligènes du Pacifique sont au nombre de 290 et comprennent ensemble une superficie de 50,000 kilomètres carrés, soit environ la huitième partie de la surface émergée dans cet océan. Quant aux petites îles de la même origine, on n'a point encore essayé de les compter. Sans exagérer, le roi des Maldives, nom qui signifie *îles innombrables,* a pu se donner le titre de sultan des treize atolls et des douze mille îles [2].

Depuis Strahan, qui découvrit, en 1702, les merveilleux travaux des madrépores, tous les navigateurs ont raconté comment les constructions amenées par les polypes jusqu'à fleur d'eau peuvent se transformer graduellement en terre ferme et se revêtir de végétation. Les vagues brisent les tiges saillantes, soulèvent des plages de corail mal assujetties et les roulent devant elles jusqu'au point le plus haut du récif. Là se forme peu à peu une plage de débris où déferlent les brisants en apportant du large le sable, les coquillages rompus, les restes des innombrables organismes qui pullulent dans la mer. Enrichi par ces relais du flot, le rivage calcaire se recouvre çà et là d'une mince couche de sol végétal, où tôt ou tard vient germer une graine dont le courant s'était emparé en rasant une terre éloignée. Quelques plantes terrestres embellissent de leur verdure la côte grise et monotone ; puis des arbres y prennent racine ; des insectes, des vers transportés sur des troncs de dérive

---

1. Voir, dans le premier volume, le chapitre intitulé *Soulèvements et Dépressions.*

2. Dana, *United States Expedition.*

comme sur des radeaux peuplent les bosquets naissants;
des oiseaux accourent pour y cacher leurs nids dans le feuillage; souvent enfin quelque famille de pêcheurs, attirée
de loin par la beauté du site, vient prendre possession de
la terre nouvelle, et construire sa cabane au bord d'une

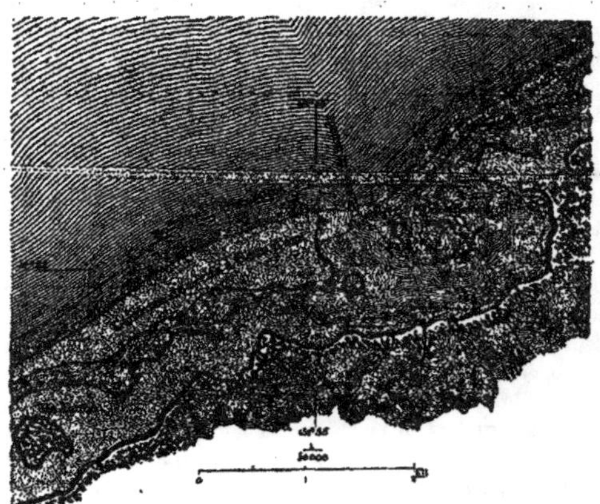

Fig. 176. Rade de Papeïti (île de Tahiti).

source, qui s'est peu à peu formée dans une cavité par l'écoulement souterrain des eaux de pluie. Telle a été l'histoire
de centaines et de milliers d'îles éparses dans l'océan Pacifique et la mer des Indes. Il en est qu'on a vu naître pendant le cours de ce siècle. Ainsi l'île de Bikri, dans l'atoll
d'Ebon, n'atteignait pas encore la surface de l'eau en 1825;
mais en 1860, c'était déjà un rocher émergé d'une quaran-
taine d'ares, et quelques pendanus semés par les vagues
croissaient dans le sable de la plage. D'autres îles, jadis

séparées, se sont maintenant réunies pour former une seule terre en croissant, et l'on reconnaît encore les anciens chenaux par leurs roches nues ou recouvertes d'une maigre végétation[1].

Fig. 177. ILE GAMBIER.

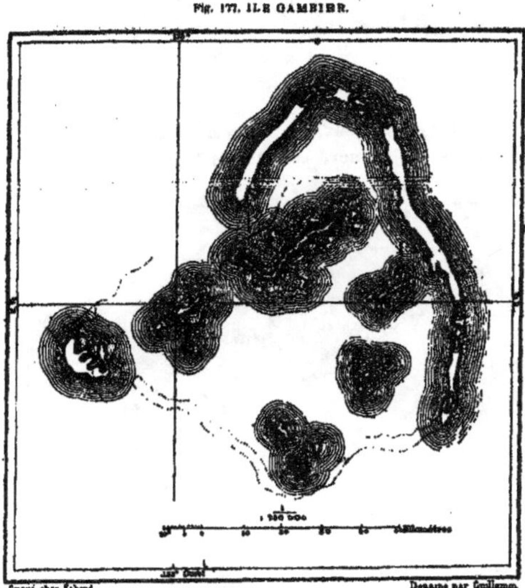

D'ordinaire, c'est la fraction de l'anneau tournée vers les parages d'où le vent souffle le plus fréquemment qui offre le plus de terres émergées ou même une demi-circonférence complète, car c'est au choc de la houle que se

1. Doane, *American Journal of Science and Arts*, mai 1860.

plaisent les animalcules constructeurs. Cependant il est des
archipels, comme celui des îles Marshall, où les îles continues se développent précisément sur le côté de l'atoll le

Fig. 178. Profil de l'île Gambier; d'après Darwin.

moins battu des vagues. On explique ce fait par la violence
des vents alizés du nord-est qui, pendant six mois de l'an-

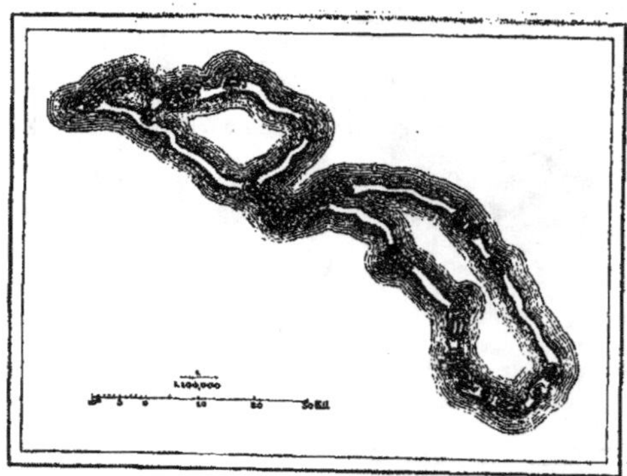

Fig. 179. Atoll de Menchikoff.

née, transportent des récifs orientaux à ceux de l'occident
tous les matériaux brisés, toutes les épaves, et construisent
ainsi une plage artificielle sur la partie la moins peuplée de
l'atoll.

Du reste, l'aspect des récifs diffère grandement suivant

l'activité des coraux et les diverses conditions physiques du
sol dans lequel ils élèvent leurs édifices. Autour d'un grand
nombre d'îles[1], dont Tahiti peut servir d'exemple, les récifs

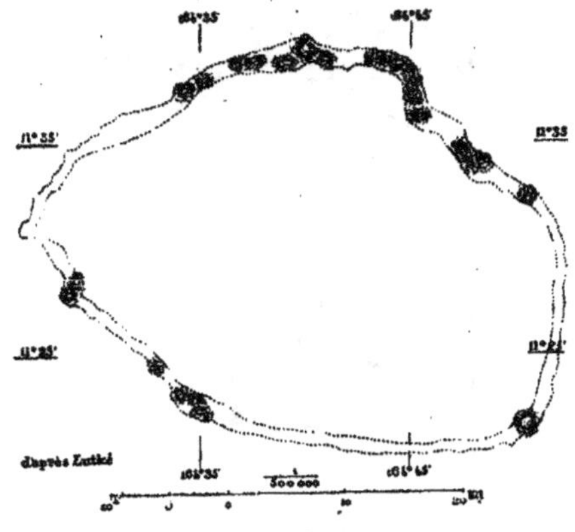

Fig. 180. Archipel de Brown.

des madrépores frangent les rivages comme les écueils des
côtes rocheuses de la Bretagne, et c'est à peine s'il reste
entre la terre ferme et la ceinture des récifs proprement
dits un étroit chenal, où les embarcations pénètrent diffici-
lement; mais où elles naviguent en sûreté, protégées contre
la houle du large. D'autres îles, comme Gambier[2] et Vani-
koro, sont entourées à une assez grande distance d'un
anneau de roches presque complet et de formes assez régulières. Ailleurs, l'île centrale a disparu et se trouve rem-

1. Voir la figure de la page 610.
2. Voir la figure de la page 611.

placée par une lagune que l'atoll enveloppe de toutes parts
d'un cercle de plages et de brisants. Tel atoll est simple,

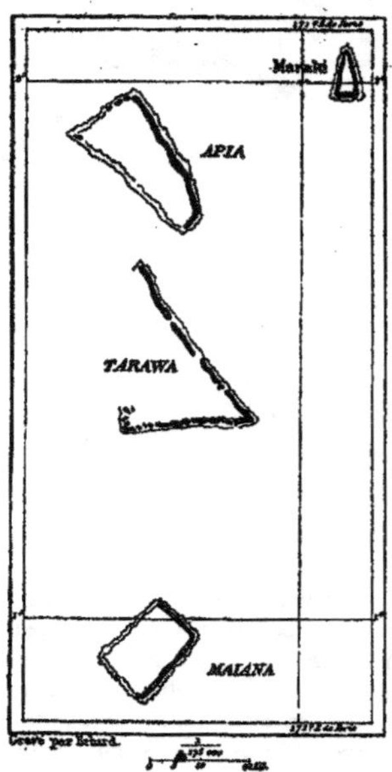

Fig. 181. PARTIE DU GROUPE DE KINGSMILL; d'après Dana.

comme le fameux atoll de Keeling, devenu célèbre par la
description de Darwin; tel autre est double, comme celui de
Menchikoff; tel autre encore est multiple, infini, pour ainsi
dire, comme ces merveilleuses agglomérations des Mal-

dives, où chaque récif est un atoll en miniature, composant avec d'autres récifs de forme semblable un atoll plus grand, qui est lui-même le chaînon d'un immense atoll de 100 kilomètres de tour[1]. Il est aussi dans la mer plusieurs rangées d'îlots épars qui ne semblent point différer des archipels en désordre des mers tempérées et qu'on ne reconnaîtrait point comme des fragments d'une grande île annulaire, si un cercle de bas-fonds ne montrait pas que ces îlots sont tout simplement les saillies émergées d'un atoll sous-marin. Comme exemple de cette formation, on peut citer l'archipel de Brown. Enfin, certaines îles de corail, celles d'une partie de l'archipel de Kingsmill notamment, ont des formes presque parfaitement régulières de triangles et de carrés. Il est difficile d'expliquer cette bizarre disposition, qui provient sans doute du conflit des courants océaniques.

En comparant à plusieurs reprises la hauteur exacte des bancs de coraux situés au pied des forts, sur les écueils des côtes de la Floride, Agassiz a trouvé que la croissance moyenne doit en être évaluée à 20 ou 30 centimètres par siècle. Ainsi les travaux des madrépores s'opèrent avec lenteur, et de très-petits changements dans la distribution relative des terres et des mers mettent une longue série de siècles à s'accomplir; néanmoins ces populations innombrables d'animalcules construisant sans relâche leurs édifices calcaires sont de la plus grande importance dans l'histoire géologique du monde. Elles sont à l'œuvre sur presque tous les bas-fonds et les rivages de la mer Rouge, de l'océan Indien et du Pacifique, c'est-à-dire sur un développement total de côtes de plusieurs centaines de mille kilomètres. Ce n'est donc point par une simple figure de langage que les géographes désignent les coraux comme des bâtisseurs de continents futurs. Entre l'Australie et la Nouvelle-

---

1. Voir, dans le premier volume, la planche représentant l'*Atoll-Ari*.

Guinée, dans cette partie de l'Océan qui a reçu tout spé-

Fig. 163. MER ROUGE ET SES CORAUX.

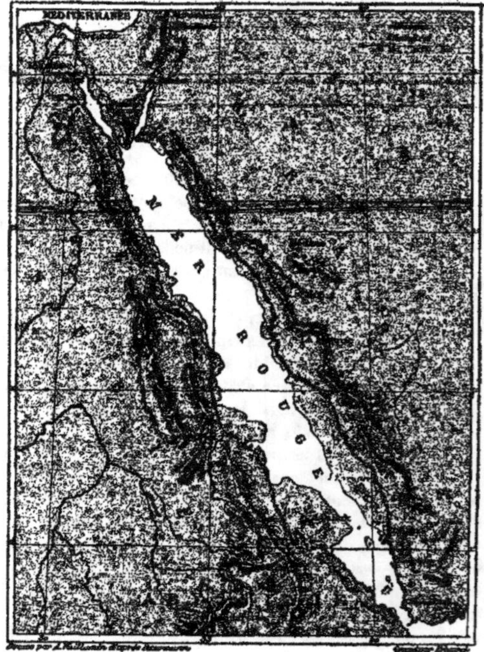

cialement le nom de « mer de Corail », les innombrables
myriades associées ne travaillent à rien moins qu'à recon-

struire l'ancienne partie du monde qui, dans l'hémisphère
du sud, faisait autrefois équilibre à la puissante masse de
l'Asie. La ligne continue de récifs qui s'étend au large des
côtes de Queensland et de la péninsule du cap York n'a pas
moins de 1,500 kilomètres de longueur; vers l'entrée du
détroit de Torres, ce mur de corail, bien nommé la Grande-
Barrière, s'est changé en une véritable digue, dont les
habiles marins connaissent seuls les ouvertures. Sur un
espace de 500 kilomètres environ, l'accès du rivage de
l'Australie et du détroit de Torres est complétement dé-
fendu par ce sinueux rempart de roches madréporiques, et
par delà cet obstacle, les navires qui se dirigent vers les
îles de la Sonde ont encore de nombreux récifs à doubler,
et tout un dédale d'étroits chenaux à suivre avec précau-
tion avant d'entrer dans la mer libre. On peut dire qu'un
isthme d'écueils, large de 200 kilomètres, n'a cessé d'unir
le continent australien et la grande île de la Nouvelle-
Guinée.

Dans l'océan Atlantique, les seules constructions importantes des coraux se trouvent à l'issue du golfe du Mexique.
La péninsule de la Floride, terre basse et marécageuse qui
n'a pour toutes collines que des monticules de sable élevés
par le vent, est composée en entier de débris de coraux et
de sable calcaire. L'énorme territoire, qui n'a pas moins de
80,000 kilomètres carrés jusqu'aux premiers renflements
des hauteurs continentales, est l'œuvre des polypes. Prenant pour fondement de leurs édifices une longue flèche
sablonneuse qui s'était probablement formée entre les eaux
du Gulf-stream et celles de la haute mer, les animalcules
ont construit leurs assises jusqu'à fleur d'eau, puis les
vagues ont démoli tous ces récifs, les ont réduits en sable
et les ont cimentés en une masse solide avec tous les débris
rejetés par la mer[1]. Il est vrai que pour l'œuvre immense

1. Agassiz, *Coast-survey Report*, 1864.

les coraux ont pris leur temps. D'après l'Américain Hunt,
la période nécessaire aux polypes pour élever de l'est à
l'ouest les bancs de la Floride a duré au moins 864,000
années, et pour le développement de la péninsule dans le

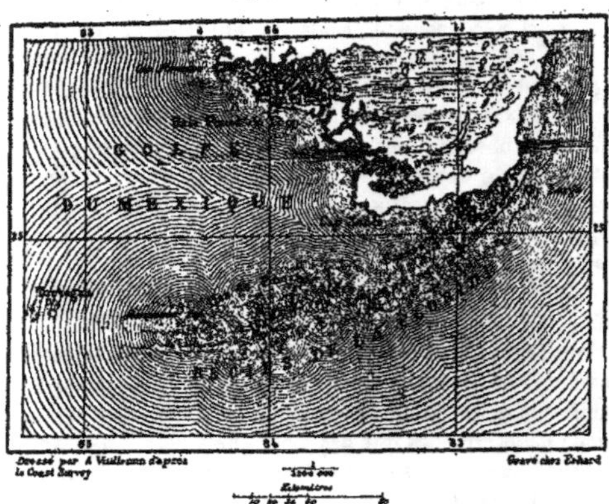

Fig. 189. LES KEYS.

sens du nord au sud, le temps indispensable n'a certainement pas été moindre de 5,400,000 ans[1]. Actuellement, la
Floride a cessé de s'accroître à l'est, car de ce côté, sa rive
est longée par les eaux profondes du Gulf-stream, et les
polypes, qui travaillent seulement dans les couches superficielles de la mer, ne pourraient y prendre pied. La presqu'île n'augmente en étendue que sur les rivages occidentaux et du côté du sud.

Ainsi que l'ont démontré les explorations d'Agassiz et

1. Silliman's *American Journal.* March 1864.

LA GRANDE BARRIÈRE
ET LE DÉTROIT DE TORRES

de plusieurs officiers de la marine américaine, la pointe méridionale de la Floride offre dans sa construction le remarquable phénomène de rivages concentriques. Au loin, dans la mer et sur le bord même du lit que remplissent les eaux du Gulf-stream avant de s'échapper par le canal de

Fig. 184. ARCHIPEL DES BAHAMA.

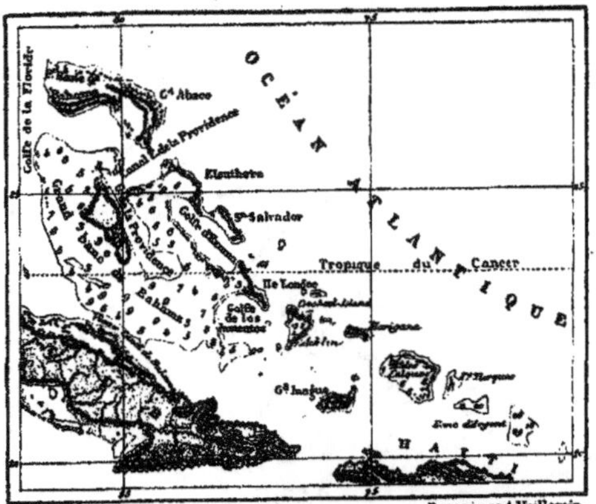

Gravé par Erhard — Dressé par A. Vuillemin.

Bahama, se déploie une rangée semi-circulaire d'écueils, qui, çà et là, sont arrivés à fleur d'eau, mais qui sont encore, sur presque toute leur étendue, en cours de construction : c'est le rivage futur de la péninsule. En dedans de cette première rangée de récifs, révélée seulement par les brisants et par quelques rochers, s'étend la longue courbe des *keys* ou *cayos*, composée d'îles, d'îlots, de rochers formant une ligne presque continue ; c'est déjà, pour ainsi dire, le vrai rivage,

et c'est à sa pointe extrême qu'on a bâti en sentinelle le
grand fort de Key-West, l'un des entrepôts militaires et en
même temps l'une des stations maritimes et commerciales

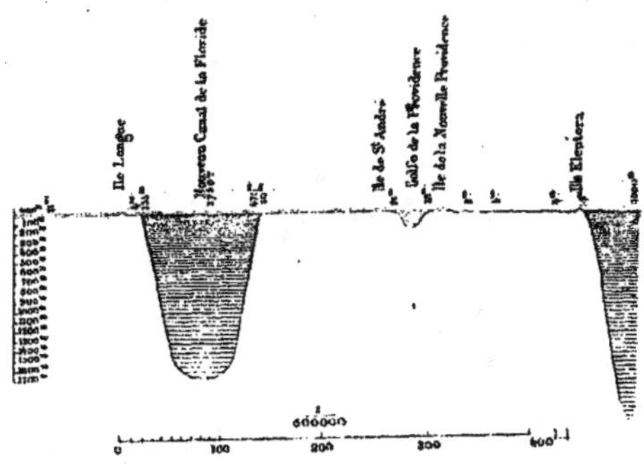

Fig. 185. Profil en travers des îles de Bahama.

les plus importantes du monde. Derrière cet abri de la
rangée des keys, à une distance moyenne d'une quinzaine
de kilomètres, s'arrondit la côte ferme, composée, comme
les récifs extérieurs, de débris coralligènes; puis, au loin
dans l'intérieur, séparés les uns des autres par des marais
et des terres basses, le géologue retrouve encore d'anciens
rivages; c'étaient les récifs battus des flots, il y a deux ou
trois cents siècles, à une époque où la côte actuelle n'était
qu'une série d'îlots à fleur d'eau.

Les îles Bahama, qui sont également des édifices bâtis
par les coraux sur les bas-fonds de la mer, présentent,
comme la Floride, une sorte de façade brusquement coupée
à l'est par les abîmes du large; c'est à l'ouest, dans les eaux
tranquilles des grands bancs, que s'amassent les débris
organiques et les boues qui, tôt ou tard, feront de l'archi-

pel la plus grande des Antilles. Du côté de la haute mer,
les îles, développées en arc de cercle très-allongé, ressemblent uniformément à des atolls incomplets; les madré-

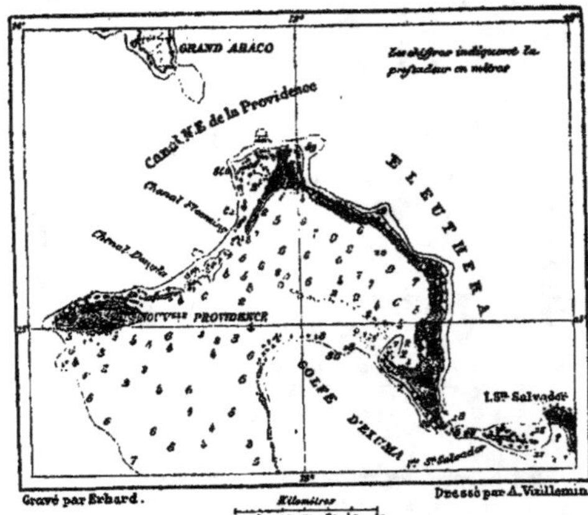

Fig. 160. ILES D'ELEUTHERA ET DE LA NOUVELLE PROVIDENCE.

pores, les astrées, les caryophyllées, aimant à travailler au
choc des grandes vagues du large, ne peuvent, en effet,
terminer leurs constructions que du côté où les frappe la
houle et ne se bâtissent point de murs annulaires, semblables à ceux qui se dressent au milieu des eaux du
Pacifique.

CHAPITRE III.

LA TERRE ET L'HOMME.

I.

Influence de la nature sur les destinées de l'humanité. — Ancienneté de l'homme sur la terre. — Monogénistes et polygénistes. — Fusion des races humaines.

L'homme ne vit pas seulement sur le sol, il naît aussi de la terre; il en est le fils, ainsi que le disent toutes les mythologies des peuples. Nous sommes de la poussière, de l'eau, de l'air organisés, et que nous ayons germé dans le limon du Nil, que nous ayons été pétris de la terre rouge de l'Euphrate ou des alluvions sacrées du Gange, nous n'en sommes pas moins les enfants de la « mère bienfaisante, » comme le sont les arbres de la forêt et les roseaux des fleuves. C'est d'elle que nous tirons notre substance; elle nous entretient de ses sucs nourriciers, fournit l'air à nos poumons et nous donne « la vie, le mouvement et l'être. » Il est donc impossible que les formes terrestres, avec lesquelles la flore et la faune s'harmonisent d'une manière si admirable, ne se reflètent pas également dans les phénomènes vitaux de cette autre faune qu'on appelle l'humanité.

Tous les organismes existant à la surface de la terre peuvent, il est vrai, réagir d'autant plus contre la nature et franchir la limite fixée par les divers climats que leur vie propre est plus intense. Les plantes et les animaux font effort pour élargir leur domaine, et, d'espèce à espèce, luttent incessamment pour la possession du sol. Grâce à leur force vitale, les tribus les plus énergiques l'emportent et se propagent sur de vastes pays dont les conditions géologiques et climatiques sont très-variées; mais, en dépassant les frontières de leur sol natal, les types dépérissent ou se modifient sous l'influence des milieux. L'harmonie entre la terre et ses produits n'est troublée que pour se rétablir peu à peu, conformément aux lois qui régissent tous les phénomènes planétaires. Même en faisant acte d'énergie propre, autant que le comportent les limites de leur vie, les faunes et les flores spéciales ne font qu'ajouter à l'accord magnifique de la terre et de tout ce qui germe et se développe à sa surface.

L'homme, cet « être raisonnable » qui aime tant à vanter son libre arbitre, ne peut néanmoins se rendre indépendant des climats et des conditions physiques de la contrée qu'il habite. Notre liberté, dans nos rapports avec la terre, consiste à en reconnaître les lois pour y conformer notre existence. Quelle que soit la relative facilité d'allures que nous ont conquise notre intelligence et notre volonté propres, nous n'en restons pas moins des produits de la planète : attachés à sa surface comme d'imperceptibles animalcules, nous sommes emportés dans tous ses mouvements et nous dépendons de toutes ses lois. Et ce n'est point seulement en qualité d'individus isolés que nous appartenons à la terre, les sociétés, prises dans leur ensemble, ont dû nécessairement se mouler à leur origine sur le sol qui les portait; elles ont dû refléter dans leur organisation intime les innombrables phénomènes du relief continental, des eaux fluviales et maritimes, de l'atmosphère ambiante. Tous les faits primitifs de l'histoire s'expliquent par la disposition du théâtre géographique sur lequel ils se sont produits : on peut même dire que le développement de l'humanité était inscrit d'avance en caractères grandioses sur les plateaux, les vallées et les rivages de nos continents.

Il ne s'agit point d'ailleurs d'un parallélisme géométrique entre les phénomènes de la nature et les événements de l'histoire. La ressemblance entre les horizons et les faits n'est point absolue comme le serait l'image d'un objet reflété dans une glace. Non, l'accord qui s'établit entre le globe et ses habitants se compose à la fois d'analogies et de contrastes; comme toutes les harmonies des corps organisés, il provient de la lutte aussi bien que de l'union et ne cesse d'osciller autour d'un centre de gravité changeant. Les forces à l'œuvre à la surface et dans le sein de la terre ne s'arrêtent jamais, ainsi que le témoignent les phénomènes géologiques; de même l'homme réagit incessamment contre la planète qui lui sert de demeure : après s'être laissé bercer par la nature durant les siècles de la sauvagerie primitive, il s'est graduellement émancipé; maintenant il s'efforce de s'approprier les énergies de la terre, de les faire siennes, pour ainsi dire. C'est de l'action de la planète sur l'homme et de la réaction de l'homme sur la planète que naît cette harmonie qui est l'histoire de la race humaine. D'ailleurs ces vérités sont devenues presque banales depuis que les Humboldt, les Ritter, les Guyot ont établi par leurs travaux la solidarité de la terre et de l'homme. L'idée mère qui inspirait l'illustre auteur de l'*Erdkunde* lorsqu'il rédigeait à lui seul sa grande encyclopédie, le plus beau monument géographique des siècles, est que la terre constitue le corps de l'humanité, et que l'homme, à son tour, est l'âme de la terre. Sans nous approprier aussi orgueilleusement le globe qui nous porte, il nous est permis de dire qu'après avoir été longtemps pour lui de simples produits à peine conscients, nous devenons des agents de plus en plus actifs dans son histoire.

Il est désormais prouvé que l'homme existe sur la terre depuis une époque très-reculée. Les documents écrits ne nous ramènent qu'à trente ou quarante siècles en arrière; les restes les plus anciens des édifices bâtis à une époque antérieure, et qui sont aussi des archives de pierre, datent peut-être de deux mille années auparavant ; mais par delà cette courte période historique, comprenant à peine la durée de cent cinquante générations successives, s'étend la période, certainement beaucoup plus longue, de la tradition pure. Alors l'humanité, naissant à la conscience d'elle-même, rattachait les siècles aux siècles par les légendes, les hymnes, les formules symboliques : les souvenirs des grands événements, migrations, guerres de races, alliances, exterminations, conquêtes du travail, s'incorporaient dans la religion même et, sous une forme de plus en plus altérée, se transmettaient d'âge en âge comme l'héritage des peuples. Plus anciennement encore, dans le lointain inconnu des temps, nos ancêtres vivaient de la vie des bêtes fauves dans les forêts et les cavernes. La tradition, non moins que l'histoire, est muette sur cette période de la race humaine ; mais les assises de la terre, interrogées de nos jours par les géologues, commencent à nous révéler à la fois l'existence et les mœurs de ces aïeux, naguère inconnus.

Sans parler de trouvailles faites à diverses époques, alors que la science, timide encore, se refusait à reconnaître l'ancienneté de l'homme, tant de débris humains, tant de produits de l'industrie primitive ont été découverts dans les derniers temps, qu'il ne reste plus de doute relativement à la longue durée de notre espèce. Non-seulement nos barbares aïeux habitaient les forêts en même temps que le bœuf urus, refoulé maintenant dans le Caucase et représenté dans quelques parcs d'Europe par de rares individus ; mais par delà cet âge, ils vivaient aussi pendant la période glaciaire, alors que la France et l'Allemagne avaient l'aspect de la Scandinavie et que les rennes, aujourd'hui relégués dans le voisinage de la zone boréale, parcouraient les glaciers des Alpes et des Pyrénées. Antérieurement encore, à une époque où le climat européen, qui plus tard devait tellement se refroidir, était au contraire beaucoup plus chaud que de nos jours, l'homme des cavernes avait pour contemporaines des espèces de rhinocéros et d'éléphants actuellement disparues, et déjà des artistes, humbles devanciers des Phidias et des Raphaël, s'essayaient à graver sur leurs outils des figures de mammouths qui se sont conservés dans l'argile des grottes. Avant cette époque, l'homme se retrouve encore, luttant pour la domination contre un redoutable ennemi, le grand ours des cavernes, dont il nous a laissé également des dessins sur la pierre, et plus loin, dans l'immense ténèbre des âges, d'autres restes, ceux des éléphants *antiquus* et *meridionalis*, nous apprennent que nos ancêtres étaient déjà nés durant une période de la vie terrestre que l'on croyait naguère avoir été séparée de l'époque actuelle par une série de brusques renouvellements. Combien de milliers ou combien de millions d'années se sont écoulés depuis lors? Nul ne peut encore le dire [1].

Par la forme du crâne, les débris humains trouvés aux Eyzies, près des bords de la Dordogne, appartenaient à une race qui pourrait encore compter parmi les plus belles; des crânes trouvés par M. Garrigou dans les grottes de l'Ariége, et appartenant peut-être à des peuples de l'époque historique, sont d'une forme très-noble; mais les têtes découvertes à Engis en Belgique, à Neanderthal dans la Prusse rhénane, à Borreby en Danemark, à Eguisheim en Alsace, démontrent que nombre des anciennes peuplades de l'Europe occidentale étaient de beaucoup les inférieures des populations civilisées de nos jours. Plus agiles peut-être pour courir après une proie et plus forts pour la terrasser, ces représentants des races disparues étaient moins intelligents, moins hommes que nous, et leur angle facial se rapprochait de celui des bêtes fauves qu'ils avaient à combattre pour maintenir leur existence. Ainsi que le remarque M. Huxley, la différence de capacité entre le crâne de

---

1. Boucher de Perthes, Lartet, Christie, Lyell, Lubbock, Garrigou, Broca, etc.

l'homme civilisé et celui de l'homme de Neanderthal ou
de Borreby dépasse de beaucoup la différence qui existe
entre ces anciens crânes humains et ceux des grands singes.
Faut-il en conclure avec Carl Vogt et plusieurs autres anthropologistes que l'homme descend d'une ou de plusieurs
espèces de ces quadrumanes, graduellement développées
par la sélection et par la lutte de la vie pendant la longue
durée des âges? C'est là une théorie qui, loin d'être humi-
liante pour l'homme, serait au contraire de nature à l'enor-
gueillir : nos immenses progrès justifieraient un immense
espoir. Toutefois, si les hypothèses sérieuses sont bonnes à
émettre et à discuter, il faut bien se garder de les admettre
comme vérité démontrée aussi longtemps que les témoignages directs n'ont pas encore prononcé d'une manière
définitive.

Puisqu'on est encore forcément dans le doute au sujet
de l'origine même de l'humanité, il est évidemment impossible de savoir si les diverses races de la terre descendent
d'un seul couple ou de plusieurs groupes primitifs. Avons-
nous tous, noirs et blancs, rouges et cuivrés, le même Adam
pour aïeul et la même Héva pour mère commune? Ou bien
chaque masse continentale, chaque terre isolée a-t-elle
produit des races autochthones, distinctes de toutes les
autres, comme elle avait déjà produit sa flore et sa faune
particulières? Bien que cette question soit encore insoluble,
aucune n'est plus discutée par les anthropologistes. Pour
les uns, l'unité primitive de la race est un fait incontestable,
qu'on ne saurait nier sans commettre une sorte d'attentat
contre la majesté humaine; d'autres pensent qu'il y aurait
eu trois, quatre, cinq, dix, quinze groupes primitifs; il en
est aussi qui parlent de centaines de races diverses sur-
gissant çà et là et à différentes époques sur les continents
et les îles, comme des plantes dont les graines auraient été
jetées « à la volée ». A l'appui de cette théorie, ils citent
ce fait considérable que les hommes fossiles de l'Europe

occidentale présentent, par leurs types, des contrastes beaucoup plus frappants que ceux des races de nos jours.

Du reste, des passions de toute nature, étrangères à la science, se sont mêlées à ce débat. Lorsque la république américaine avait encore le malheur de compter, à côté de ses trente millions de citoyens blancs, les plus libres de l'univers, quatre millions de noirs condamnés à la servitude la plus atroce, polygénistes et monogénistes se combattaient à outrance en langage scientifique; ils allaient jusqu'à inventer des arguments, non pour trouver la vérité, mais pour justifier ou pour maudire l'esclavage. Même parmi ceux qui croyaient par tradition à l'unité première de la race humaine, plusieurs affirmaient, en haine des noirs, que cette unité s'était brisée pendant le cours des âges, et que les fils de l'esclave étaient voués à jamais au fouet et au carcan. La certitude scientifique n'est point sortie de ces assauts provoqués par les intérêts et les passions en lutte, et l'origine de notre race n'en reste pas moins inconnue. C'est là ce qu'expriment naïvement la plupart des mythes, en racontant que la vie des premiers hommes a commencé par le sommeil. « Rien n'existait, disent les vieillards d'une tribu indienne; tout était vide et néant; il n'y avait ni ciel, ni terre, ni mer, ni rivage. Tout à coup sept guerriers se trouvent assis sur le bord d'un lac, fumant le calumet de paix, et déjà les femmes travaillent dans les wigwams. » Aucune légende ne fait mieux comprendre que l'humanité a passé son enfance comme dans un rêve; elle a commencé par vivre sans le savoir.

D'ailleurs, il importe peu que les hommes descendent d'un seul ou de plusieurs couples d'ancêtres; il importe peu que les races si diverses aient toutes été procréées par une même famille, ou qu'elles soient nées en différentes contrées et à différentes époques, pourvu que cette unité, douteuse dans le passé, arrive à se constituer dans l'avenir. Cette future unité est-elle possible? telle est l'une des grandes questions que se posent aujourd'hui les anthropologistes, et nous croyons qu'elle sera bien près d'être résolue quand on s'en tiendra sincèrement aux résultats fournis par l'expérience. D'après quelques savants, les races ne pourraient s'unir entre elles : le noir ne saurait s'allier au blanc d'une manière permanente; le Peau-Rouge, l'insulaire de la mer du Sud, l'Arabe, le Chinois lui-même, n'entreraient jamais dans la grande famille des peuples frères; bien plus, l'Hindou, non moins Aryen par l'origine que l'Européen de l'Occident et son précurseur dans les sciences et les arts, serait condamné à rester désormais à l'écart des orgueilleux parvenus Celtes et Germains, sans renouer les anciens liens de parenté. Suivant cette théorie, énoncée par les uns d'une manière absolue, plus ou moins adoucie par d'autres, les enfants issus de toute union entre races différentes seraient des hybrides destinés à périr par la stérilité ou à produire des générations successives dont le type spécial, s'affaiblissant peu à peu, finirait par reproduire simplement celui de l'une des deux races mères. Chose bien plus triste encore! certaines peuplades inférieures, tout à fait incapables de s'unir aux maîtres du monde, ou même de respirer la même atmosphère, n'auraient plus qu'à mourir : la terre ne serait pas assez grande pour eux et pour les hommes de la race victorieuse!

Hélas! le soi-disant civilisé a souvent prouvé sa supériorité sur les autres races par une destruction sans merci : il les a chassés comme le gibier, soit pour leur prendre la terre, des bijoux ou des armes, soit pour s'en faire des esclaves, soit tout simplement pour avoir le plaisir de goûter le meurtre en grand. C'est par millions et par millions qu'il faut évaluer le nombre des victimes sacrifiées ainsi pendant les quatre derniers siècles, et des peuplades, des nations même, ont complétement disparu. Il est facile de comprendre que, dans ce massacre immense, la fusion des races ne pouvait s'accomplir. Toutefois, si les Eu-

ropéens, au lieu d'arriver en exterminateurs et de faire la
place nette devant eux, n'avaient pas été des barbares eux-
mêmes pour la plupart, s'ils avaient tenu à montrer leur
noblesse native en se présentant comme des amis, comme
des êtres bienveillants et justes, croit-on qu'ils n'auraient
pas su se faire comprendre bientôt, et que l'union n'eût pas
été facile entre les races distinctes? Sur tous les points du
monde, la compréhension commune de ce qui est juste et
bon eût singulièrement facilité l'alliance. S'il était vrai que
les mélanges entre les races diverses peuvent former seulement des hybrides inféconds, eh bien, l'humanité serait
condamnée à mort, et à une mort rapide, car les peuples,
les races se confondent de plus en plus, les frontières des
patries disparaissent, et de croisements en croisements tous
les hommes finissent par entrer dans la même famille.

Malgré les terribles conflits, malgré les exterminations
en masse, malgré l'esclavage, toute l'Amérique du Sud, les
républiques de l'Amérique centrale, les Antilles, une partie
des États-Unis, sont peuplées maintenant d'une race mixte,
où se trouvent mêlés les blancs, les noirs, les rouges. Dans
ce monde que nous appelons nouveau, ne s'est-il pas formé
de nouveaux peuples, dont le type ne se confond nullement
avec celui de l'une ou l'autre des races productrices et leur
appartient bien en propre? Toutes ces populations, qui
tiennent à la fois de l'Européen par l'intelligence et l'idéal,
de l'Indien par l'indomptable esprit de résistance, de
l'Africain par l'enthousiasme et le tendre génie, ne sont-
elles pas une preuve vivante que les races humaines
peuvent bien s'unir en une seule en dépit de la différence
des origines? Sous l'influence des changements rapides,
des voyages incessants, des éléments divers apportés par
l'émigration, des croisements entre familles, de la modification des climats produite par la culture, les types,
devenus plus mobiles, se fondent et s'unissent : s'ils restaient immobiles jadis, c'était à cause de l'immobilité des

peuples. L'Égyptien de nos jours est bien, avec de légères modifications signalées par Brugsch, celui que l'on voit esclave et courbé sur les faces des obélisques et les piédestaux des statues ; mais aucune peinture, aucun trait gravé sur la pierre ou sur le métal ne nous a révélé d'avance la figure du *Yankee* ou de l'Hispano-Américain.

II.

Influence des climats. — Zone tropicale. — Zone glaciale. — Zone tempérée.

Les nombreuses conditions du milieu qui constituent le climat se mêlant avec la plus grande diversité dans les différents pays du monde, c'est d'une manière tout à fait générale seulement qu'il est possible d'en indiquer l'influence sur les populations. Ainsi, dans la zone tropicale, le contraste est complet entre les déserts sans eau, sans verdure, et les terres exubérantes où, tour à tour, le soleil lance ses rayons comme des flammes et les nuages déversent leurs pluies en cataractes.

La vie est rapide dans ces climats où l'hivernage succède à des chaleurs torrides ; elle se hâte, et derrière elle la mort se hâte aussi ; des arbres gigantesques aspirent par leurs feuilles avides des courants d'acide carbonique et les fixent dans leurs nombreux tissus ; les bambous croissent à vue d'œil ; les marais se cachent sous des îles d'herbes flottantes. Que l'orage renverse les grands troncs de la forêt, aussitôt de nouvelles plantes germent de l'écorce brisée. Sur cette mort, la vie, toujours infatigable, fait jaillir de jeunes êtres par multitudes. Dans ce climat fécond, où l'air est pénétré de chaleur et saturé d'humidité, les végétaux qui servent à la nourriture de l'homme croissent avec la plus grande abondance. En diverses régions de la zone tropicale, l'homme n'a, pour trouver à vivre, qu'à secouer les branches de l'arbre ou à retirer les racines du sol. Ses besoins sont presque nuls et la vie lui est si facile qu'il y tient à peine; il ne doit pas la gagner à force de travail, mais elle vient au-devant de lui, et il la méprise presque de ce qu'elle lui offre si généreusement ses faveurs. Aussi meurt-il sans regret et personne ne verse de larmes quand il ferme ses yeux pour toujours. De soudaines épidémies passent sur les habitants du pays comme des nuages de tempête sur une forêt; parfois même la famine emporte des populations qui n'ont pas su mettre en réserve contre les mauvaises chances de l'avenir les ressources que leur offrait la nature. Mais qu'importe d'ailleurs la mort d'un homme ou celle de tribus entières ? Les enfants remplacent en foule ceux qui viennent de disparaître et poussent comme l'herbe d'une prairie où la faux vient de passer. Ainsi la douceur du climat, la fécondité du sol, l'exubérance de la vie, la promptitude de la mort, contribuent également à maintenir l'homme dans son insouciance et sa paresse native. Comme être religieux, il ne peut que s'incliner en silence devant la majesté de la puissante nature. Celle-ci est trop terrible dans ses violences, trop fougueuse dans sa vie, trop régulière dans les grandes alternatives de son cours, pour que l'être faible placé sur son sein ne s'en fasse pas l'esclave. Il l'adorera dans tous ses phénomènes, dans les rayons du soleil, parce qu'ils brûlent et tuent; dans les nuages, parce qu'ils roulent le tonnerre; dans la forêt sombre, parce qu'elle cache les serpents et les tigres; dans tout ce qui l'entoure, parce que tout vit d'une vie puissante et peut lui donner la mort. L'immense travail qui s'accomplit sans cesse autour de lui l'empêchera de travailler lui-même; il ne pense guère, mais quand il s'élève, comme l'Hindou, jusqu'à la réflexion et à la contemplation des lois de la nature, ses idées ont quelque chose de profond et d'immuable comme les lois qu'elles reflètent.

Si la riche nature des tropiques, à cause de sa richesse

même, n'est pas la plus favorable aux progrès de l'humanité, la zone glaciale est encore bien moins faite pour être habitée par des nations prospères. De rares peuplades seulement se sont égarées dans les solitudes de ces contrées, et luttent péniblement contre le climat pour lui arracher chaque jour de leur dure existence. Ne pouvant guère pénétrer dans l'intérieur des îles et des terres continentales, à cause des glaciers et du manque de végétation, ils construisent leurs huttes de bois ou de neige au bord de l'Océan. Là du moins, les vents apportent en été quelques bouffées d'un air équatorial, les contre-courants poussent sur la rive des eaux venues des tropiques et qui n'ont pas encore perdu entièrement leur chaleur primitive; enfin, quand la tempête n'agite pas la mer et que la surface liquide n'est pas recouverte de bancs de glace épars, le pêcheur peut se hasarder dans sa barque de cuir à la poursuite des phoques et des poissons. Quand il a foré de son harpon les animaux qui doivent servir de nourriture à sa famille, il revient dans le trou noir qui lui sert de tanière, et c'est là qu'il passe, en se chauffant à la flamme d'une lampe, cette longue nuit d'hiver qui semble ne devoir jamais finir, car le soleil même, le foyer de la vie terrestre, abandonne la zone glaciale pendant des semaines et des mois, et l'aurore polaire, qui remplace l'astre par intervalles, n'envoie qu'une lueur livide, véritable fantôme du jour. La vie est difficile durant ce long et ténébreux hiver; aussi la famine sévit trop souvent parmi ces peuplades, et parfois des tribus ont disparu sans laisser trace de leur passage. Comment l'esprit des Groenlandais, des Eskimaux et des Kamtchadales ne subirait-il pas l'influence du climat désolé des régions polaires? Tous les voyageurs racontent que les plus simples plaisirs suffisent pour remplir de joie ces êtres naïfs dont la vie est si monotone; dans leur lutte pour l'existence, ils ne sont point ambitieux, car la grande chose est de se nourrir, et le sol est trop rebelle à la culture, le climat trop inclément pour qu'ils puissent réagir contre la terre et tenter de se l'approprier; ils sont aimants et doux, car, dans leur hutte de neige, la famille est pour eux tout l'univers; ils sont attachés à leur patrie et meurent quand ils sont obligés de la quitter, parce que leurs idées sont uniformes comme le pays dans lequel ils sont nés, et que là seulement ils peuvent ressentir ces joies simples et ces plaisirs tranquilles qui les reposent de leurs fatigues. Parmi les peuples, ce sont encore des enfants. Ils périssent quand on les arrache du sein de leur mère.

Quant aux deux zones tempérées, et surtout celle qui s'étend dans l'hémisphère boréal, ce sont les parties de la surface planétaire qui ont le plus favorisé le développement de la race humaine, et lorsque les peuples plus ou moins civilisés de l'Europe occidentale et de l'Amérique du Nord attribuent orgueilleusement à leur vertu propre les grands progrès accomplis par eux, ils ne savent pas quelle part immense en revient à l'heureux climat qui les a secondés.

Le caractère distinctif de la zone tempérée est l'alternative égale et périodique des saisons de chaleur et de froid. Tandis qu'entre les tropiques la température moyenne varie faiblement, et que, dans la zone glaciale, l'intensité du froid cède à un climat plus doux seulement pendant quelques semaines d'un été très-court, la froidure et la chaleur se succèdent régulièrement l'une à l'autre dans l'espace compris entre les deux zones extrêmes, de manière à former deux saisons bien tranchées suivant la marche du soleil sur l'écliptique. Les peuples des zones tempérées sont bercés par une puissante marée climatérique, dont le flux monte de l'équateur vers les pôles pendant le printemps et l'été, et dont le reflux descend des pôles vers l'équateur pendant l'automne et l'hiver. Les extrêmes de température sont toujours séparés par de grands intervalles de semaines et de mois, et c'est par gradations successives que se manifeste l'influence des climats contraires. La nature de la zone tempérée revêt tour à tour l'aspect de la joie et celui de la mélancolie : pendant la saison des chaleurs, la terre est gaie et souriante, elle se couvre de fleurs et de feuillage, elle remplit l'atmosphère de ses parfums, absorbe en abondance les rayons de chaleur, de lumière et de vie qui lui descendent du soleil ; en hiver, presque toute la verdure est flétrie, les arbres dessinent sur le ciel les lignes délicates de leurs rameaux desséchés, et souvent le sol se recouvre de neige comme pour s'isoler de l'air extérieur et préparer dans le silence et le recueillement les germes de vie qui doivent s'épanouir à la saison du renouveau.

Cette périodicité des saisons ne s'opère pas d'une manière assez brusque pour que l'organisme de l'homme en souffre. Les mois, les semaines et les jours accomplissent leur ronde autour de l'année d'un pas harmonieux et cadencé, et l'homme qu'ils emportent avec eux se laisse entraîner sans peine par leur mouvement ; pendant l'espace d'une année, il passe à travers les climats les plus divers, il contemple des paysages toujours nouveaux, il voit tour à tour la nature des tropiques et celle des pôles osciller autour de lui. Les scènes qui se succèdent de saison en saison sont pour son corps et pour son intelligence ce que seraient des voyages de plusieurs centaines de lieues : il se déplace pour ainsi dire incessamment à la surface de la planète. La nature se montre à lui dans la beauté qu'elle revêt sous tous les climats, sans offrir, si ce n'est bien rarement, le terrible aspect qu'elle présente dans la zone des ouragans et dans celle des neiges sans limites.

La diversité des phénomènes climatériques et la manière paisible dont ils se suivent ont fait de la zone tempérée le climat par excellence de l'humanité. La vie de l'homme se développe mieux que partout ailleurs dans ces régions où l'activité de la nature se produit à la fois avec énergie et régularité, où les forces venues de l'équateur et celles qui sont venues du pôle se pénètrent les

unes les autres, accroissent par le mélange le nombre de
leurs phénomènes et néanmoins atténuent mutuellement la
violence de leur action. Par suite de l'oscillation régulière
de leur zone de contact, ces forces réalisent à la fois le
mouvement et l'équilibre; l'homme, qui a reçu d'elles le
souffle de la vie, peut, en en contemplant les alternatives, voir l'immuable éternité des lois et l'apparence toujours diverse des faits qui en dérivent. Chose bien plus
importante encore, il est incessamment sollicité au travail,
car si la nature des régions tempérées est généreuse, elle

Fig. 187. Densité de la population en Belgique.

l'est avec mesure et seulement pour ceux qui l'étudient et
la comprennent. Dès le printemps, il faut cultiver le sol en
prévision de l'hiver, et chaque saison doit préparer celle
qui suit. Confiant dans la terre bienfaisante, le laboureur
apprend à se priver du grain, qui est son existence même,
pour voir un jour se lever toute une moisson; par d'incessants et victorieux efforts, il gagne en sagacité, en intelligence, en gaieté, en amour de la vie.

Aussi, dans toutes les contrées de la zone tempérée
dont le sol est fertile, bien arrosé, salubre et pourvu de
débouchés faciles, de nombreuses populations n'ont pas
manqué de s'agglomérer, en dépit des guerres, des tue-

ries, des invasions, qu'y ont si fréquemment suscitées les ambitions rivales. En Asie, c'est dans la partie médiane des régions tempérées que se trouve cette riche « fleur du milieu » qui renferme à elle seule plus du quart de la race humaine ; à l'autre extrémité de l'ancien monde, c'est également vers le milieu de la même zone, en Belgique, en

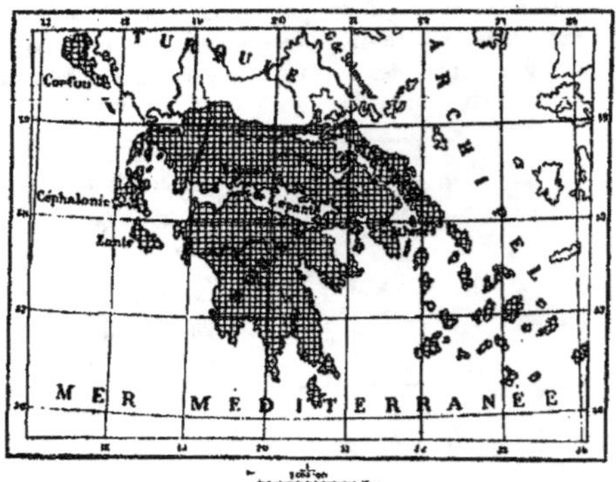

Fig. 188. Densité de la population en Grèce.

Angleterre, dans la France septentrionale, que les fourmilières d'hommes se sont le plus rapprochées les unes des autres. La Belgique, le pays qui a la plus forte population relative du monde entier, a près de deux habitants par hectare, au moins vingt fois plus que le reste de la surface continentale. La Grèce, qui est l'une des contrées les moins populeuses de l'Europe tempérée, est encore en proportion trois fois plus fortement habitée que ne l'est dans son ensemble la surface émergée des terres ; quant à la population comparée des deux pays, on peut la figurer par les

deux cartes précédentes, où, d'après un système un peu
différent de celui de M. Minard, la densité des habitants est,
pour une même surface, proportionnelle au nombre de
carrés. L'espace de 3,300 kilomètres de large compris entre
le 25° et le 55° degré de latitude septentrionale, espace qui
n'est pas même le tiers de la surface des continents, contient les deux tiers de la population du globe, et c'est là que
de nos jours le nombre des habitants s'accroît encore avec
le plus de rapidité.

III.

Influence du relief terrestre sur l'humanité. — Les plateaux, les montagnes,
les collines et les plaines.

Les inégalités du relief continental modifient singulièrement les climats sur le pourtour du globe, et par suite
modifient en même temps de la manière la plus diverse les
destinées des peuples. Au lieu de se succéder avec régularité de l'équateur aux pôles, suivant les lignes de latitude,
les zones de température s'entre-croisent et se superposent;
le milieu se modifie çà et là brusquement, et avec le milieu
les populations elles-mêmes.

Dans le puissant édifice des continents, ce sont les plateaux qui ont le plus d'importance pour l'histoire de l'humanité. Se dressant au milieu des plaines avec tout un
système particulier de montagnes, de fleuves et de lacs, avec
une flore et une faune qui leur appartiennent en propre.
avec un climat spécial, toujours plus froid et d'ordinaire
beaucoup plus sec que celui des terres basses, les plateaux
sont pour les peuples les barrières les plus difficiles à franchir, car les grands océans, jadis infranchissables, sont à
présent traversés facilement par les navires, et dans les
contrées qui se font face de l'un à l'autre rivage, s'éta-

blissent des populations de même origine et de plus en plus
rapprochées par les voyages et le commerce. Les plateaux
des régions froides ou même tempérées ne sont pas seulement des limites entre les nations, nombre d'entre eux sont
même complétement déserts à cause de l'aridité du sol, de
la rigueur des saisons, de la violence du vent et des tourmentes de neige. Dans l'Amérique du Sud, ce n'est jamais
sans danger que les voyageurs se hasardent sur les plateaux
des Andes entre le Chili et la république Argentine; même
en France, les *causses* presque inhabitées du Lévezou, de la
Cavalerie, de Sévérac, sont très-dangereuses à traverser en
hiver, et souvent les voitures y sont restées ensevelies dans
la neige. La plupart des plateaux de la zone torride sont
également déserts, à cause de la sécheresse de l'air et du
sol, ou même à cause des épaisses couches salines qui
recouvrent la terre; mais par un contraste remarquable,
ce sont aussi des plateaux qui, dans la région des chaleurs
extrêmes, sont les pays les plus favorablement situés pour
développer les progrès de l'homme. Puissants jardins suspendus qui se dressent dans l'air à 1,000, 2,000 et 2,500
mètres de hauteur, ces plateaux portent sur leurs piliers de
marbre ou de granit comme un fragment de la zone tempérée, avec son climat, ses produits, ses peuples relativement prospères. Ainsi le plateau de l'Éthiopie, peuplé d'une
race qui se distingue de *toutes* celles de l'Afrique par son
intelligence, sa dignité, sa bravoure, ses connaissances et
ses progrès, s'élève comme une citadelle énorme entre les
déserts de l'ouest, les vallées marécageuses du nord et du
sud, et les plages brûlantes de la mer Rouge. De même en
Amérique, les grands plateaux péruviens habités des Incas,
les hautes terres grenadines où vivaient les Muyscas et
autres nations indiennes, les plateaux du Guatemala, du
Yucatan, de l'Anahuac sont à peu près les seules parties du
nouveau monde où se sont développées spontanément des
civilisations originales, fleurs qui n'auraient pu germer sur

un autre sol et que le conquérant espagnol a brutalement
arrachées.

C'est ainsi que, suivant les latitudes, les pluies et la
configuration des terres environnantes, les plateaux ont une
action favorable ou défavorable sur les destinées de l'humanité : ici, dans toute l'Asie centrale notamment, des
populations clair-semées et souvent nomades, en quête des
sources, des courants d'eau, des prairies verdoyantes, très-
fréquemment aussi en course pour des expéditions de
meurtre et de pillage; ailleurs, comme dans l'Amérique
tropicale, des nations relativement paisibles, s'occupant
d'agriculture, d'industrie, de commerce, développant graduellement leur civilisation autochthone. Les montagnes,
elles aussi, exercent des influences bien différentes sur les
habitants de leurs vallées, suivant la hauteur des terrains
occupés, la température et les autres conditions du climat,
la nature des roches, l'exposition des pentes et l'abondance
de la lumière. Combien grand sous ce rapport est le contraste entre les vallées italiennes des Alpes centrales et les
vallées françaises des massifs du Dauphiné! Les premières
sont inondées de soleil, baignées par les eaux bleues des
grands lacs et largement ouvertes sur les plaines verdoyantes de la Lombardie : du haut des promontoires, les
villageois contemplent un immense horizon, offrant, comme
en un tableau parfait, les oppositions les plus charmantes
de terrains et de cultures. Dans le triste Valgodemar, au
contraire, dans les sombres vallées du Dévoluy, le montagnard ne voit autour de lui que roches croulantes, escarpements arides, maigres récoltes d'orge ou de pommes de
terre produites comme à regret par le sol pierreux. Pendant une partie de l'hiver, le soleil, caché par les hautes
montagnes qui se dressent au sud du Valgodemar, décrit
sa course journalière sans que les habitants de la vallée en
voient autre chose que le pâle reflet sur les cimes lointaines; et quand ils le revoient enfin aux jours heureux du

printemps, ils le saluent comme un dieu. Le village des
Andrieux, tout construit qu'il est dans un bassin de la vallée,
reste durant cent jours perdu dans l'ombre au milieu des
neiges blafardes : aussi combien grande est la joie quand
les prisonniers aux aguets voient le premier rayon se darder
en flèche lumineuse par-dessus la crête des monts jaloux !
Dans les vallées des Alpes, les habitants frileux ont bâti

Fig. 190. LE VALGODEMAR.

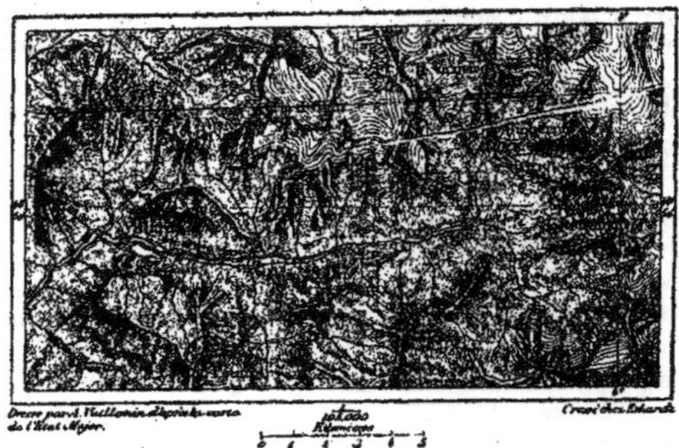

presque tous leurs chalets sur les versants des pâturages les
mieux éclairés par le soleil (voir la fig. 190).

Aux diversités si grandes que présentent le relief et la
direction des montagnes, correspondent des contrastes non
moins frappants chez les habitants eux-mêmes. Les plus
beaux des hommes vivent dans les hautes vallées et sur les
flancs du Caucase; les populations des Alpes sont aussi pour
la plupart remarquables de force et de santé, et cependant
c'est la Suisse qui, toute proportion gardée, a, dans l'Europe entière, le nombre le plus grand de boiteux et d'autres
infirmes. Les crétins s'y comptent par milliers, de même

qu'en Savoie, dans les Pyrénées et presque tous les pays de
montagnes. Quelles que soient la cause spéciale ou les
circonstances diverses qui prédisposent au crétinisme et à
l'infirmité du goître, que ce soit le manque d'aération des

Fig. 190. VALLÉE DE LA PLESSUR.

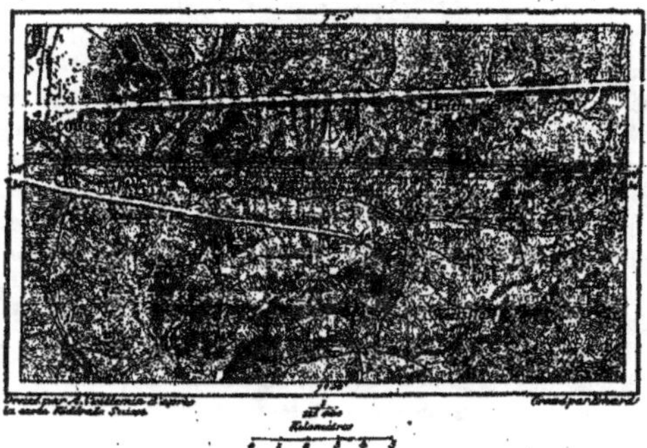

sources, l'absence de l'iode dans les eaux potables, la rareté
des apparitions du soleil, il est certain que les idiots et les
goîtreux se rencontrent bien plus souvent dans les sombres
vallées des monts que dans la plaine libre, éclairée du
soleil, ouverte à tous les vents, arrosée par les grands
fleuves. Naguère encore, tel village de la Savoie, comme
Bozel et Villard-Goître ux, avait au nombre de ses habitants
plus d'un tiers de crétins au cou difforme. D'après Caldas, un dixième de la population de la Nouvelle-Grenade,
vivant à l'étroit entre les escarpements boisés des hautes
cimes et les bords du Magdalena, du Cauca, de leurs
affluents, seraient placés par cette triste maladie du crétinisme en dehors de l'humanité consciente d'elle-même.

Dans les contrées les plus pittoresques vivent les hommes les plus disgraciés de la nature.

Malgré toutes les différences que présentent les peuples montagnards, on peut dire d'une manière générale qu'ils se distinguent par le courage et la solidité. Leur vaste poitrine, enfermant des poumons à cellules plus larges et plus nombreuses que les poumons des habitants des plaines, s'emplit d'un air à la fois plus pur et plus léger[1]; leurs yeux, habitués à regarder du haut des promontoires dans les vallées profondes, à discerner de loin l'animal qui se blottit dans le creux des rochers, sont fiers et brillent d'un éclat perçant; leurs traits sont hardis, leur tête est noblement posée; d'une allure égale et tranquille, d'un pas assuré, ils gravissent les rochers abrupts et, bondissant sur les glaciers, poursuivent les chamois. Leur labeur est des plus pénibles, et c'est par un courage, une persévérance à toute épreuve, qu'ils peuvent conquérir la nourriture nécessaire à la vie. En beaucoup d'endroits, le sol est tellement escarpé qu'il ne leur est même pas possible de se servir d'animaux de labour ; ce sont eux qui de leurs mains creusent le sillon, eux qui déposent l'engrais pour recouvrir la semence ; souvent ils sont obligés aussi de porter sur leurs épaules jusqu'à la terre nourricière que les torrents ou les avalanches avaient entraînée dans les bas-fonds. En hiver, ils sont assiégés par les neiges, bloqués dans leurs demeures, et fréquemment ils ne peuvent se rendre de village à village qu'au péril de leur vie. Aussi n'est-il pas étonnant qu'à l'approche des froids, ils songent à s'expatrier pour descendre vers ces plaines dont ils disent avec admiration qu'elles sont « unies comme des planchers. » De chaque vallée des monts d'Auvergne, des Pyrénées, des Alpes, des Apennins, du Caucase, de l'Atlas, sortent chaque année des bandes de montagnards; les unes vont travailler pour les agriculteurs

---

1. Alcide d'Orbigny, *Voyage dans l'Amérique méridionale*, t. IV, page 124.

des terres basses; les autres exercent une industrie apprise pendant l'interminable loisir des hivers précédents. Par amour pour leur famille lointaine, ils acceptent tous les métiers, se privent de tous les plaisirs, économisent âprement les plus petits gains et s'occupent sans cesse de les accroître. Leur génie est des plus inventifs, et, par une sorte de convention tacite, ils ont su dans toute l'Europe se distribuer la besogne, se partager les industries itinérantes. Parmi eux, les marchands ont chacun leur spécialité. Il en est, comme ceux de Vénosc en Oisans, qui portent dans les grandes villes les plantes rares de leurs pâturages ou les minerais de leurs roches; d'autres vendent des outils, des gravures, des étoffes grossières; il en est enfin qui se livrent eux-mêmes, ainsi que le faisaient récemment encore des milliers de Suisses, avant que la réprobation du pays se fût attachée à ce vil métier de mercenaire au service de l'ami ou de l'ennemi.

Toutefois, si les montagnards émigrent par bandes, aux approches du froid, c'est presque toujours, comme les hirondelles et les cigognes, avec l'intention de revenir. Les villages, presque déserts pendant les mois de neige, se repeuplent au printemps, et le petit marchand de la plaine se remet courageusement au dur travail de la culture sur le maigre sol qui recouvre les rochers. Les hautes cimes sont trop belles, elles lui semblent trop vivantes pour qu'il ne les aime pas, même à son insu, et que, loin d'elles, il ne soit pas toujours désireux de les revoir. Dans les campagnes unies qu'il admirait tant à cause de l'horizontalité du terrain, il se rappelle avec émotion les champs inclinés et pierreux du pays natal, les étroites prairies penchées au bord des précipices, les neiges blanches entassées sur les assises des rocs, les sommets lumineux qui le matin lui envoyaient le premier reflet de l'aube, et le soir s'éclairaient pour lui du dernier rayon lancé par le soleil. Tandis que l'habitant des plateaux uniformes retrouve dans ses

migrations une nature semblable à celle qu'il a vue tout
enfant, et se plaît à parcourir des espaces illimités, sans
songer aux steppes où il est né, le montagnard ne peut
oublier sa vallée, unique entre toutes; et lorsqu'il la quitte
à jamais, ce n'est que forcé par la dure nécessité. Cet atta-
chement au sol est la seule raison pour laquelle les enfants
du Caucase, des Alpes, des Pyrénées, si braves pourtant
quand il s'agit de défendre la terre où ils sont nés, n'ont
jamais fait de conquêtes permanentes dans les contrées voisines. Après chaque victoire, ils rentraient dans leurs
étroites patries, séparées les unes des autres par des arêtes
transversales de rochers difficiles à franchir, et, tandis qu'ils
s'éparpillaient, les vaincus de la plaine se reconstituaient
en puissantes agglomérations. Les nations conquérantes par
excellence sont celles qui habitent les plateaux monotones
ou les terres basses sans horizon. L'empire le plus vaste qui
ait jamais existé était celui des Mogols; il s'étendait de la
Vistule à la mer Jaune, et de l'océan Glacial à celui des
Indes; semblables aux bandes de sauterelles, les hordes,
diminuées en route par les batailles et les maladies, n'en
marchaient pas moins toujours devant elles, dans leur rage
de conquérir l'espace et de massacrer les hommes. Actuellement, n'est-ce pas la Russie qui est la grande puissance
envahissante, et se passe-t-il une seule année sans qu'elle
ajoute encore le territoire d'une tribu ou quelque fragment
de royaume à son immense empire, recouvrant déjà la sep-
tième partie de la superficie totale des continents?

En se plaçant à un point de vue tout à fait général, on
peut dire que les contrées dont le relief topographique agit
de la manière la plus favorable sur les populations qui les
habitent, sont les pays doucement accidentés de la zone
tempérée, où les vallées, bien arrosées de ruisseaux et de
rivières, alternent avec les collines, où les paysages sont
beaux, mais non d'une beauté sauvage, où les communications sont naturellement faciles. La plus grande partie de la

France, de l'Allemagne, de l'Angleterre, des États-Unis, offre précisément ces conditions, et c'est là une des principales causes des progrès relativement rapides accomplis par les diverses populations de ces contrées. D'ailleurs, dans tous ces pays, où pourtant la race se renouvelle chaque jour par le croisement des familles, où les hommes et les choses se mêlent incessamment, où les idées se communiquent promptement de proche en proche, il est facile de remarquer le contraste que présentent les habitants de chaque région, suivant la différence des terrains et des climats locaux. Les populations elles-mêmes ne s'y trompent point et savent toujours indiquer la frontière qui sépare deux régions naturelles. Ainsi, pour ne parler que de la France, on a souvent reconnu que les contours des anciens *pagi* gaulois correspondaient assez exactement aux limites des formations géologiques, et de nos jours la plupart de ces *pagi* se reconstitueraient encore d'eux-mêmes si la centralisation administrative ne s'opposait pas brutalement à l'action des affinités naturelles. Chaque sol a sa race spéciale : le granit a la sienne, les terrains calcaires ont la leur, de même que la région des laves et des cratères éteints, les larges vallées fertiles, la zone des marais et celle des sables. Le nom populaire donné à chaque province s'applique à la fois au sol et à l'homme qui l'habite, il exprime, résume l'ensemble des faits géographiques locaux et dépeint la population elle-même avec ses traits physiques, ses mœurs, ses habitudes, son industrie, son état de civilisation. L'harmonie naturelle entre la terre et le peuple est tellement frappante, qu'en parlant de la Touraine et du Poitou, de l'Auvergne, de la Marche et du Limousin, de la Saintonge et du Périgord, des Landes et de l'Armagnac, on voit apparaître en même temps devant ses yeux les sites de ces contrées et l'image de leurs habitants.

Cette diversité même, ce contraste de province à province, sont un des éléments les plus importants pour la

force et la prospérité d'une nation, pourvu que ces oppositions ne soient pas trop nombreuses, qu'elles ne produisent
pas le fractionnement et l'antagonisme à outrance, et qu'elles
puissent se fondre dans une unité supérieure. Le granit, le
calcaire, le grès, les graviers, les argiles infertiles, les
coteaux en pente, les pays de landes et de sables, mêlent
leurs influences diverses sur les populations qui les habitent, et corrigent ce qu'il y a de trop monotone dans l'esprit
et dans les mœurs de ceux qui cultivent les grandes plaines
fertiles. L'agriculture est, il est vrai, la mère de toutes les
civilisations; les laboureurs s'attachent au sol qui produit
leur nourriture et celle de leurs enfants; ils détestent la
guerre qui vient ravager leurs champs comme l'orage, et
brûle leurs chaumières comme le feu du ciel; tenant de la
nature du sol qu'ils travaillent, ils sont tenaces, patients et
tranquilles; de père en fils et de siècle en siècle, ils opposent à la violence et à la rage une résistance passive qui
finit par lasser les volontés les plus énergiques, par vaincre
les conquérants les plus orgueilleux; ils luttent contre les
éléments eux-mêmes : qu'un orage détruise leurs maisons,
ou que l'inondation les emporte, ils se condamnent à la
famine et s'arrachent le grain nourricier, pour le jeter courageusement dans le sillon trompeur. Ces fortes qualités
sont des plus nécessaires pour l'œuvre de formation d'un
peuple; mais si les agriculteurs des plaines n'avaient pas
à subir diversement l'influence des populations plus re-
muantes des collines, des plateaux et des rivages maritimes, tout progrès finirait par leur devenir impossible[1].
Aussi réguliers dans leurs habitudes que le sont les saisons
dans leur cours annuel, enracinés au sol, pour ainsi dire,
comme les plantes qu'ils cultivent, ils n'auraient pour loi
que la routine, pour idéal que l'immobilité, pour espoir
dans l'avenir que le maintien des choses passées.

1. Voir, ci-dessous, p. 653.

IV.

Influence de la mer et des eaux courantes.—Les peuples voyageurs et commerçants.
Les îles et les insulaires.

Le mouvement des flots exerce sur presque tous les hommes une étrange force d'attraction, et doit être certainement compté pour une large part dans le peuplement des rivages. Les sauvages surtout, qui obéissent toujours à leur premier instinct, cèdent à cette fascination des eaux. Dans les îles de la mer du Sud que peuplent encore des tribus barbares, le littoral seul est habité, et les villages forment autour des montagnes de l'intérieur une ceinture aussi régulière que celle des bancs de corail. Il est vrai que les insulaires trouvent leur nourriture dans la mer et sur ses bords, et que les plages leur offrent les plus grandes facilités pour les échanges et les communications. Les poissons et les mollusques sans nombre qui peuplent les mers dans le voisinage de la plupart des côtes sont une source abondante de produits où puisent des légions de pêcheurs sans jamais la tarir. Le littoral et les eaux qui le baignent sont les chemins les plus commodes pour les habitants et leur permettent d'aller échanger leurs poissons avec d'autres denrées : c'est là un commencement de commerce, principe de ce mouvement moderne qui se propage dans toutes les directions à travers les terres et les mers pour aller saisir les richesses éparses et les faire circuler de peuple à peuple comme le sang de la vie.

Ces facilités commerciales, qui retiennent les populations encore barbares sur le littoral des îles, doivent à plus forte raison exercer la même influence sur les populations civilisées, toujours avides d'être en rapport les unes avec les autres par les nouvelles et les échanges. Ainsi les petites

Antilles et les îles éparses dans l'Atlantique, aussi bien que
Maurice et la Réunion, dans la mer des Indes, sont presque
exclusivement habitées sur leur pourtour; dans nombre de
ces terres, l'intérieur est resté longtemps presque inconnu,
quoique les colons, venus pour la plupart de contrées plus
froides, eussent intérêt à rechercher dans les hautes vallées
et sur les pentes des monts un climat analogue à celui de
leur première patrie. De même sur le continent, des populations considérables s'agglomèrent dans le voisinage du
littoral, et souvent un rayon tracé d'un plateau central
jusqu'à la mer traverse des régions de plus en plus peuplées à mesure qu'il se rapproche de la côte. Dans l'intérieur du pays, les hommes s'établissent aussi sur les
bords des lacs, qui sont des océans en miniature, ou bien
le long des fleuves et autres cours d'eau, que les Chinois
appellent avec tant de raison les « fils de la mer. » Les maisons, les jardins, les cultures, bordent d'une manière continue les deux berges de chaque grande rivière de l'Europe
tempérée, et des villages, des villes s'établissent au confluent de tous les tributaires avec le cours d'eau principal;
ainsi qu'on le répète souvent, la Seine, la Tamise, le Rhin, le
Rhône, la Loire, ne sont que de longues rues mouvantes,
unissant les uns aux autres les fragments de la ville immense
qui les borde de la source à l'embouchure. Les lacs de Constance, de Zurich, de Genève, sont aussi entourés d'habitations et de jardins comme d'une ceinture. Vers l'extrémité
orientale du Léman, de Vevey à Villeneuve, les châteaux,
les hôtels, les maisons de plaisance, rejoignent village à village en une cité somptueuse ; et certes, c'est la beauté de la
nature, bien plus encore que les avantages de la navigation,
qui ont fait de cet admirable rivage l'un des espaces les plus
fréquentés et les plus populeux de l'Europe. C'est aussi
l'admirable vue des promontoires verdoyants, des plages
blanches et de la Méditerranée bleue qui, de Savone à Gênes
et de Gênes à Chiavari, sur plus de 60 kilomètres de lon-

gueur, a couvert toute la côte de Ligurie de palais et de villas de marbre.

Ceux qui habitent immédiatement au bord de la mer et qui, de leur demeure, peuvent entendre le bruit des vagues, ont généralement l'instinct voyageur. L'horizon indéfini qui s'étend devant eux leur donne l'amour de l'espace, l'éternelle succession des flots les engage sans cesse au départ. Il est vrai, lorsque la côte est complétement dépourvue de ports, bordée de bancs de sable et d'écueils, exposée à toute la force des vagues et des tempêtes, les populations du littoral ne peuvent d'elles-mêmes avoir cette « âme d'airain » qui leur permette de s'élancer joyeusement dans la houle sur des radeaux ou de frêles canaux ; c'est de nations étrangères, plus favorisées par la disposition de leurs côtes et la clémence de leurs mers, qu'ils doivent apprendre l'art de construire et de diriger des embarcations sur les flots. En revanche, les habitants des côtes baignées par des eaux presque toujours tranquilles et découpées de havres où les embarcations peuvent se réfugier devant l'orage, s'abandonnent à l'instinct qui les attire sur le flot, et peu à peu le goût des voyages et des aventures se développe chez eux. Lorsque les découvreurs espagnols naviguèrent pour la première fois sur les côtes de l'Amérique centrale, ils furent étonnés de rencontrer des canots de commerce « presque aussi grands que des galères », et pouvant contenir jusqu'à cinquante personnes. Bien plus, au large du littoral péruvien, les marchands de bijoux et d'étoffes se hasardaient sur de simples radeaux, et, se laissant porter par le courant, pousser par la brise, ils voyageaient à des centaines de kilomètres le long des côtes[1].

Après les avantages exceptionnels que donnent aux populations maritimes le grand nombre de bons ports et la rareté des tempêtes, la condition la plus heureuse pour

1. Prescott. — Oscar Peschel, *Ausland*, n° 7, 1868.

le développement du commerce et de la navigation chez les peuples enfants, est le voisinage d'une île ou d'un archipel, dont on aperçoit les contours vaporeux sur le bleu de la mer, et qui attire de loin comme par une magie secrète. C'est ainsi que l'oisillon, timide encore, s'élance de son nid vers la branche la plus voisine. Les îles de la mer Égée appelaient vers la Grèce les marins de l'Asie Mineure; Chypre apparaissait aux Phéniciens comme un point de relâche avant qu'ils se hasardassent dans la haute mer. L'île d'Elbe, à peine entrevue des côtes de la Toscane, marquait une étape sur le chemin de la Corse, des Baléares et des rivages lointains de l'Espagne; de même la Grande-Bretagne, dont les blanches falaises se montrent quelquefois par-dessus la Manche comme un mirage flottant, ne cessait de fasciner pour ainsi dire les habitants du rivage opposé, et c'est pour cela qu'après avoir été tant de fois envahie et conquise, elle a fini par devenir le principal entrepôt commercial du monde entier. C'est aux îles, ces « perles de la mer », que la surface de la planète doit quelques-uns de ses traits les plus charmants; grâce au commerce, c'est également à ces terres que les peuples doivent aussi en grande partie leur civilisation. Ainsi que Ritter aimait à le répéter, il serait difficile de s'imaginer combien le cours de l'histoire aurait été changé si les îles de la Grèce, la Sicile, la Grande-Bretagne, avaient manqué à l'Europe. Que les nations aryennes eussent été privées de ces sortes de citadelles où elles ont pu se retrancher pour ainsi dire et mettre en sûreté le trésor de leurs conquêtes intellectuelles et morales, et certainement elles n'auraient point réalisé les progrès qui ont fait le monde moderne. Immergées dans l'antique barbarie, elles seraient restées étrangères les unes aux autres; la terre, si petite pourtant, n'aurait point été reconnue dans toute sa rondeur, et l'humanité n'aurait pas encore conscience d'elle-même.

Cependant, lorsque la grande navigation n'avait pas

encore rapproché les uns des autres tous les points de la
surface du globe, les îles ne pouvaient avoir d'importance
considérable dans l'histoire de l'humanité, à moins d'être
situées dans le voisinage immédiat d'un continent et de
s'appuyer pour ainsi dire sur une terre aux riches plaines
et aux populations nombreuses. Les îles perdues au loin
dans la mer sont comme des prisons ou des lieux d'exil
pour les peuplades qui les habitent : les facilités mêmes
qu'elles offrent pour les voyages, l'appel du vent qui passe
en soufflant vers d'autres terres, les enchantements du flot
sur lequel s'agite le mirage, les formes indécises qui se
montrent au delà de l'horizon et qui font croire à des
régions heureuses, tout devient une cause d'infériorité pour
le développement social, car lorsque les insulaires sortent
de leur petite patrie pour aller visiter une terre éloignée,
ils ne reviennent que très-rarement sur le sol natal. Le
manque d'un centre d'attraction autour duquel puissent
graviter les populations les maintient dans l'isolement et
dans la barbarie primitive. Comme dans un de ces organismes inférieurs où manque la tête, la vie est répandue à
la fois dans tout le corps; mais elle n'est concentrée nulle
part et ne peut avoir une grande intensité. C'est ainsi que
ces îles merveilleuses de l'Océanie, si nombreuses, si belles,
au sol si fertile, au climat si heureux, sont restées en
dehors de la civilisation du monde; il y a deux siècles à
peine, elles étaient encore presque toutes inconnues.

Les régions les mieux disposées actuellement pour les
progrès de l'humanité sont donc les grandes plaines continentales qui regardent par-dessus la mer vers des îles ou
des archipels voisins. Ces terres fertiles, qui sont aussi le
plus souvent d'anciens golfes comblés par des alluvions
marines ou fluviales, appellent de nombreuses populations.
C'est dans ces campagnes au sol uni que se développe l'agriculture, c'est vers les ports voisins que se dirige le commerce, que les denrées s'échangent, que les hommes

apprennent à connaître les hommes, que les idées se mêlent
aux idées. Presque toutes les puissantes cités s'élèvent sur
un point de contact de la zone du littoral et des régions
agricoles ; les foules s'y agglomèrent, parce que les grands
intérêts de l'humanité viennent s'y réunir. Par un contraste singulier, les populations agricoles, qui sont les plus
sédentaires, et qui, par leur genre de vie, non moins régulier que le retour des saisons, sont aussi portées à être
les plus routinières, se trouvent en contact immédiat avec
les populations maritimes, les plus mobiles, les plus rapides
à l'action, les plus amoureuses de voyages et d'aventures.
Ce rapprochement entre des hommes si différents par les
mœurs est l'un des faits les plus importants dans l'histoire
du progrès.

Il est des peuples maritimes dont la vie est un voyage
continuel, et qui ont fait de l'Océan leur patrie. Ainsi les
Normands, qui se nommaient les « rois de la mer », allaient
de rivage en rivage porter la terreur et l'incendie, faisaient
en passant la conquête des royaumes, puis se rembarquaient
dans leurs légers navires et s'en allaient par delà l'immensité des mers découvrir ce continent d'Amérique qui, après
eux, est retombé pendant cinq cents ans dans les ténèbres
de l'inconnu. De même aussi les pirates de la Sonde, dont
les innombrables bateaux écument les eaux du Pacifique,
et qui, massacrés en multitudes, ne cessent de pulluler,
comme s'ils naissaient des vagues. Et ceux qui sont nés sur
les rives d'Angleterre, où passent-ils la plus grande moitié
de leur vie? Sur le banc de quart, sous le mât, au milieu
des vergues et des vagues, contemplant les nuages et le
bleu du ciel. Les populations maritimes sont intrépides :
elles livrent à la tempête, aux coups de vent, à la mort sous
ses mille faces, trop de combats terribles pour qu'elles
puissent trembler devant l'homme; elles ont du sang-froid
et de la persévérance, parce que leur lutte contre les éléments doit être souvent une lutte de tous les instants, et

que pour vaincre la nature dans ses colères, il faut non pas le courage de l'enthousiasme, mais celui de la réflexion. Leurs idées sont sobres et énergiques, mais uniformes comme la mer; elles ont rarement pour elles la grâce ou la douceur, mais elles ont la force et parfois la violence; fils de l'Océan, les marins gardent dans leur vie comme un reflet de ces flots puissants qui les ont bercés dès leur enfance.

V.

Fusion des contrastes de climats. — Modification de l'influence des milieux
suivant l'état de la civilisation.

Telles sont, d'une manière tout à fait générale, les influences des climats divers sur les populations; tels sont les contrastes ethnologiques produits par la différence des zones, du relief continental, de l'exposition, de la nature du sol. Toutefois ces contrastes se présentent rarement d'une manière nette et tranchée; ce n'est point à la règle et au compas qu'il est possible de tracer les limites entre les hommes. L'influence des vents et des courants, la présence de mers intérieures, les indentations des continents, les reploiements des chaînes de montagnes et les innombrables accidents physiques de la terre déplacent et entrecroisent incessamment les climats. Souvent même les forces opposées tendent à s'équilibrer, et par suite les contrastes s'atténuent et s'effacent. Ainsi le sol est bas dans presque toutes les contrées froides du nord, et pendant la saison des chaleurs il reçoit en entier l'action salutaire du soleil; les habitants des régions septentrionales tiennent donc à la fois des montagnards, à cause de la nature sévère qui les entoure, et des peuples de plaines, à cause de leurs campagnes basses. Plus au sud, le montagnard de la zone tempérée ou même de la zone torride peut se dire à la fois homme du nord puisqu'il vit au milieu des neiges, et homme du midi puisque les rayons du soleil lui descendent du zénith, et qu'il contemple à ses pieds des terres d'une richesse exubérante. De même, si le pic où il demeure s'élève au milieu des mers, il peut se dire aussi fils de l'Océan, et son caractère offrira certainement de frappants contrastes avec celui de l'habitant des montagnes situées au loin dans l'intérieur des continents. Les différences infinies des eaux, des airs et des lieux, la vibration plus ou moins rapide des ondes lumineuses et magnétiques, modifient sans cesse la nature du milieu général. Chaque province, chaque cité, chaque hameau a son climat propre; encore ce climat n'a-t-il rien de stable et varie-t-il de seconde en seconde. Tous les faits climatériques démontrés par l'observation se fondent les uns dans les autres, et par conséquent on ne peut juger de leur action sur les peuples que d'une manière générale.

Ce n'est pas tout : les nations ne restent pas éternellement sur le sol où elles sont nées, mais il se produit entre elles et leurs voisines un échange plus ou moins actif d'hommes isolés et de familles; quelquefois même ces nations sont violemment unies par des conquérants qui transplantent des populations entières, ou bien elles vont se chercher une nouvelle patrie par delà les mers ou les montagnes dans un climat tout différent. Alors les forces climatériques se mettent en œuvre pour modifier le type primitif de l'homme éloigné du sol natal, et lui substituer un nouveau type plus conforme à la nature ambiante. C'est cette lutte entre le passé et le présent, entre les hommes et le climat, et non point le récit des batailles d'armées et des crimes de rois, qui constitue la véritable histoire, c'est-à-dire l'évolution de l'homme dans ses rapports avec le globe.

D'ailleurs, lors même que les peuples ne changent point de patrie et ne se mêlent pas avec d'autres peuples, leurs besoins, leurs mœurs se modifient avec les divers change-

ments de l'état social, et, par suite, l'influence de la nature
environnante varie avec les siècles. Ainsi les grandes forêts,
où le nombre des habitants dépend fatalement de la quantité
du gibier, cessent de convenir à l'homme quand il se fait agriculteur; les arbres tombent sous la hache, des clairières sans
cesse agrandies sont occupées par les champs de céréales; le
climat change et réagit sur les populations qui se pressent
dans les espaces devenus libres. La mise en culture des
steppes, des terres basses et marécageuses et de toutes les
régions jadis désertes, a également pour conséquence de
modifier le milieu et les peuples qui s'y trouvent. Les grands
fleuves navigables, avec tout leur réseau de rivières et de
canaux, sont à peine utilisés par les tribus sauvages, et
pour n'en citer qu'un exemple, l'immense fleuve des Amazones, le plus magnifique chemin commercial de l'intérieur
des continents, n'a guère eu, pendant tous les siècles écoulés, d'influence appréciable sur le développement de la
civilisation chez les populations riveraines[1]. Grâce aux
échanges, les rivières deviennent au contraire pour les
peuples policés les principaux agents matériels du progrès,
jusqu'à ce que la création de voies artificielles de communication plus rapides ait de nouveau diminué l'importance
relative de ces chemins donnés par la nature. Les villages
se groupent le long des routes, même lorsqu'elles ne suivent pas le fond des vallées et parcourent des plateaux
exposés au vent, manquant de l'eau nécessaire : parfois
même la route tout entière se change en une longue rue,
chaque paysan voulant se trouver sur le passage des commerçants étrangers. A leur tour, les chemins de fer déplacent les populations, et chaque station devient un centre
attractif autour duquel viennent se presser les habitants.
Les gisements de métaux, les dépôts de houille, de marbre,
de gypse, de sel et autres richesses contenues dans la terre,

1. Oscar Peschel, *Ausland*, 1868.

sont aussi, suivant l'état de la civilisation, des trésors tantôt ignorés, tantôt négligés, et des éléments inutiles ou bien de la plus haute importance dans l'histoire. La Californie, terre presque inconnue il y a une vingtaine d'années, est

Fig. 191. VILLAGES D'ALIERMONT.

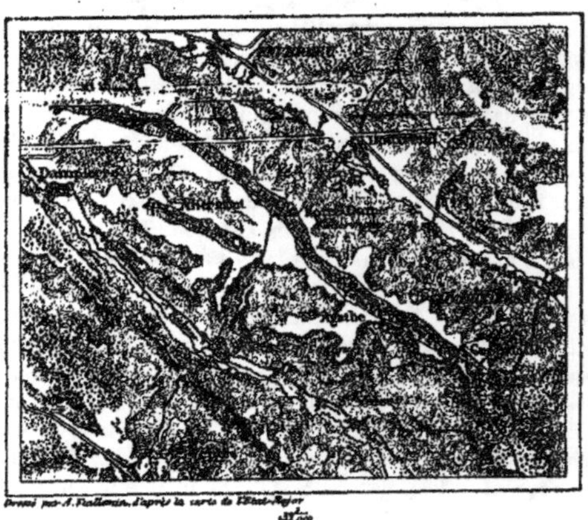

devenue, à cause de ses mines d'or, l'un des grands centres d'activité à la surface du globe.

Même le relief et la disposition générale des contrées peuvent être successivement utiles ou désavantageux suivant les diverses époques de la vie des nations. Ainsi les populations barbares, qui nous ont précédés sur le sol de la Gaule et des autres pays d'Europe, se réfugiaient dans les cavernes des rochers ou construisaient leurs cabanes sur des

pilotis plantés au milieu des lacs. Plus tard, quand la guerre
continuelle d'embuscades et de massacres entre tribus voisines eut fait place à un état social un peu moins troublé,
les troglodytes descendirent les uns après les autres de leurs
sombres grottes; les lacustres quittèrent leurs perchoirs
insalubres pour aller vivre sur le sol ferme, à l'ombre des
grands arbres; l'eau des lacs, qui jadis les avait protégés
contre toute attaque, était devenue pour eux un danger en
les isolant de la terre, où ils trouvaient leurs moyens d'existence. Pendant les terribles âges de fer de la vie féodale,
les seigneurs, dressant leurs nids de vautour au sommet de
quelque rocher inexpugnable, groupaient les humbles cabanes des manants au pied de leurs superbes murailles;
mais les villes elles-mêmes, aussi bien que les châteaux, se
retranchaient sur les crêtes des promontoires d'un accès
difficile. Alors le soin primordial étant celui de la défense,
chaque groupe d'habitations se plaçait à la cime d'un pic
isolé, s'entourait de murs et se hérissait de tours. Dans le
midi de la France, en Espagne, sur les côtes de la Ligurie,
en Toscane, en Sicile, presque tous les anciens villages sont
ainsi perchés sur des hauteurs, et d'en bas leurs murs
croulants semblent être de bizarres escarpements du rocher:
les maisons appuyées sur le rempart extérieur n'ont pour
fenêtres que les étroites meurtrières de défense; les constructions des angles sont des tours crénelées, munies de
herses et percées de mâchicoulis; l'église, bâtie au point
culminant, est en même temps la citadelle du village. Mais
dans les temps modernes, le premier besoin est celui du
travail; aussi les habitants abandonnent-ils successivement
leurs aires d'oiseaux de proie, et vont-ils se loger sur le
rivage de la mer, ou bien au bord des fleuves ou des routes
qui passent dans la plaine. Semblables à ces animaux marins qui délaissent une coquille devenue trop incommode,
ils sortent de leurs pittoresques donjons et se bâtissent des
demeures, moins belles peut-être comme détail du paysage,

mais toujours beaucoup plus saines et plus confortables.

Même dans les contrées les moins civilisées de l'Europe, toutes les villes dévalent de leurs hautes cimes escarpées pour aller s'établir à proximité de la plage. Sur la côte septentrionale de la Sicile, chaque *marina* s'agrandit

Fig. 199. MONTE SAN-GIULIANO.

aux dépens du *borgo*, et l'ancienne ville finit par devenir une ruine superbe, se dressant comme un amas de rochers sur la crête des monts. Toutefois il existe encore des villes peuplées de plusieurs milliers d'habitants qui occupent des arêtes de montagnes, bien au-dessus des champs cultivés : telles sont, en Sicile, Monte San-Giuliano et Centorbi. La première, bâtie sur le mont Éryx, jadis consacré à Vénus, occupe un étroit plateau à 700 mètres de hauteur au-dessus de la mer et des campagnes de Trapani. La ville de Centorbi domine la plaine de plus de 1,000 mètres. Les habitants qui cultivent les campagnes situées à la base du pic sont obligés de descendre et de remonter tous les jours l'interminable escalier, bordé de précipices, qui serpente sur les rochers. En face, de l'autre côté de la vallée du Simeto, et à l'extrémité d'une coulée de lave descendue de l'Etna, se dressent les maisons d'Adernò. Les nuages qui vont de l'une à l'autre ville parcourent cet espace en quelques minutes ; du haut du promontoire de Centorbi, l'on peut même respirer la senteur des jardins de la terrasse opposée ; mais pour franchir la distance qui sépare les deux localités, il ne faut pas moins de temps que pour se rendre de Paris aux frontières de la Belgique ou sur les bords de la Manche. Il est évident qu'un pareil état de choses doit être prochainement modifié. Les citoyens qui se réfugient tous les jours dans leur vieille enceinte de murs ne craindront pas de s'établir au milieu des campagnes actuellement désertes. La roideur des escarpements et la difficulté d'accès, qui leur semblaient autrefois des priviléges, lorsque leur vie était une frayeur continuelle, leur paraîtront désormais ce qu'ils sont en réalité, un très-grand désavantage à cause de la perte de temps et une raison déplorable d'infériorité en civilisation. Les cimes des hautes montagnes ne seront plus des emplacements favorables pour la construction des villes tant que l'homme ne sera pas devenu le maître des airs en dirigeant les ballons et que ses débarcadères les plus favorables ne seront pas les pitons et les arêtes.

Ces changements successifs dans l'adaptation plus ou moins grande de la terre aux peuples qui l'habitent se produisent pour la configuration des continents eux-mêmes, non moins que pour les petits détails de la topographie locale. Ainsi les nombreuses baies qui découpent le littoral de l'Europe, les péninsules qui le frangent dans tous les sens et qui ont contribué pour une si forte part à donner

aux populations de cette partie du monde le premier rôle
dans l'histoire, perdent constamment en importance relative, à mesure que les voies de communication rapides se
multiplient dans l'intérieur des terres; on peut même dire
que dans tous les pays déjà sillonnés de chemins de fer, les
indentations des côtes, jadis si utiles à cause des chemins
naturels qu'elles offraient à la navigation, sont devenues un
obstacle plutôt qu'un avantage. Naguère aussi les grands
ports de commerce devaient nécessairement s'établir au
fond de la concavité formée par le littoral des golfes, ou
bien au bord des estuaires les plus avancés dans l'intérieur
des continents, car cette position leur permettait de recevoir
des contrées voisines, par le chemin le plus court, la plus
grande quantité possible de denrées et de marchandises.
De nos jours, il n'en est plus ainsi, grâce aux voies rapides,
et le commerce maritime tend de plus en plus à prendre
pour point de départ les ports situés à l'extrémité des
péninsules. Chaque progrès historique change donc les rapports de l'homme avec la terre qui le porte, et, par suite,
l'influence du milieu se modifie incessamment.

VI.

Marche de l'histoire. — Harmonie des terres et des peuples qui les habitent.

C'est aux historiens de raconter la marche des peuples
à travers les continents et les îles, et de signaler l'incessante action qu'ont eue sur eux le sol et les climats. Chaque
montagne, chaque promontoire, chaque îlot, chaque lac,
fleuve ou ruisseau a son rôle dans l'histoire de l'humanité.
Cependant la terre et les événements eux-mêmes sont trop
peu connus pour qu'il soit possible de tenter encore une
description détaillée des harmonies de la race humaine et
de la planète pendant les siècles écoulés; on ne peut qu'in-

diquer à grands traits la part qu'ont prise les principales
régions du globe dans le développement des peuples.

L'Afrique, cette grande masse continentale sans arti-
culations, n'a pas permis à ses habitants d'entrer en rapport avec les autres populations du globe : seulement au
nord, les tribus berbères occupant le versant méditerranéen
de l'Atlas, et séparées du reste de l'Afrique par le grand
désert, se sont associées pour une faible part au mouvement
de la civilisation d'Europe. Quant à l'Égypte, dont l'influence
a été si grande sur la Grèce et sur le monde oriental, elle
doit être considérée comme formant un petit monde isolé
pour lequel le reste du continent était une terre inconnue.
Dans cet immense espace fermé de l'Afrique équatoriale, les
hommes naissaient et mouraient de génération en génération, sans savoir qu'il existait au delà des limites de leur
patrie d'autres hommes comme eux : les bornes de leur
horizon étaient pour eux l'univers entier. Favorisés par de
constantes chaleurs et des terres fertiles, ils n'avaient pas
assez d'ambition et ne s'ingéniaient point à rendre leur
existence plus douce. Livrés à leurs seules ressources, ils
vivaient comme leurs ancêtres avaient vécu : aussi la civilisation ne pouvait-elle faire chez eux que d'imperceptibles
progrès pendant la succession des siècles. Presque jusqu'à
nos jours, on le sait, la plupart des Africains appartenant
aux races les plus diverses, Cafres, Hottentots, Congos,
Mozambiques, Achantis, Peuls, Yolofs, sont restés dans un
état voisin de la barbarie primitive.

Les nombreux archipels épars dans l'océan Pacifique
devaient, par leur dispersion même, être aussi défavorables
aux progrès rapides de leurs habitants que l'était, de l'autre
côté du monde, la masse énorme de l'Afrique. Avant les
découvertes des navigateurs modernes, chaque île de la mer
du Sud était un petit monde à part où, grâce à la fertilité
du sol et au charme des paysages, se développait une
société rudimentaire ; en outre, la facilité qu'offrait la navi-

gation dans ces mers, généralement paisibles et parcourues
de vents réguliers, permettait aux migrations des peuplades
de s'accomplir dans de vastes proportions; mais aussitôt
nouées, les relations se dénouaient de nouveau; les sauvages qui s'étaient rendus dans leur seconde patrie se séparaient à jamais de l'ancienne. Par suite de l'isolement fatal
des groupes de population, aucun grand intérêt, aucun
idéal commun, ne pouvaient relier toutes les tribus du
Pacifique. Cette partie de l'humanité, prisonnière de l'espace immense, restait partagée en tronçons destinés à ne
jamais se rejoindre.

A l'orient de l'Asie, les habitants du littoral de la
Chine et des îles du Japon furent plus heureux que les
insulaires de la mer du Sud. Dans ces contrées de l'ancien
monde, les pères pouvaient du moins léguer à leurs enfants
leur industrie et leurs connaissances; les tribus pouvaient
s'unir aux tribus et les peuples enseigner les peuples. La
« fleur du milieu, » cette région assez vaste pour nourrir des
centaines de millions d'habitants, possède en outre de nombreux priviléges : elle est doucement inclinée vers la mer;
de larges fleuves navigables l'arrosent, sa côte maritime est
dentelée de baies et de promontoires, son climat tempéré
incite au travail par une alternance régulière des saisons
et des produits. Quant à la partie insulaire, elle se compose
d'un archipel de plusieurs milliers d'îles et d'îlots se grou-
pant autour de terres considérables, dont les communications entre elles et avec le continent lui-même sont toujours faciles. Aussi les sociétés de la Chine et du Japon
ont-elles atteint par leur propre force un état de culture
très-avancé, et pendant de longs siècles elles ont été probablement les plus avancées de l'humanité pour l'agriculture,
le commerce, l'industrie, la philosophie pratique. Toutefois
cette civilisation de l'extrême Orient n'avait de débouchés
que vers les étendues presque solitaires de l'océan Pacifique. De ce côté, l'accès des autres continents et des autres

peuples était fermé à l'influence de la race jaune, et les savants ont de fortes raisons de douter que, pendant le cours des âges historiques, les missionnaires chinois aient traversé la mer du Sud pour aller porter dans la terre de Fu-Sang, devenue aujourd'hui le Mexique et le Guatemala, leur religion, leurs mœurs et leur architecture.

Les terres qui s'étendent obliquement à travers l'ancien monde, de Ceylan et des bords du Gange à l'archipel britannique, doivent à la forme heureuse de leurs contours et à la distribution harmonique de leurs massifs des avantages bien autrement grands que ceux de la Chine et du Japon. En descendant du plateau de Pamir et des espaces circonvoisins vers l'Hindoustan, la Bactriane et l'Asie Mineure, la race aryenne ne se divisait pas en nations complétement isolées. Malgré les hautes chaînes du Soliman-Dagh et de l'Hindu-Kuch, malgré les plateaux salins de la Perse et les arêtes transversales de l'Elbourz, de l'Ararat, du Taurus, les communications entre les contrées limitrophes ne furent jamais interrompues, et les acquisitions industrielles et morales des peuples ne restèrent point des secrets absolus, pour leurs voisins. En s'élaborant dans son domaine spécial, chaque civilisation particulière profita de celles qui germaient au loin sur d'autres plateaux ou d'autres plaines : les mythes et les chants de l'Inde, légués par les antiques Aryens, furent connus des Persans, et les idées de la Perse refluèrent vers les Hindous; enfin les religions et la philosophie des uns et des autres, diversement modifiées par leur passage à travers le temps et l'espace, allèrent se mélanger et se fondre avec la civilisation des peuples sémitiques : Chaldéens, Phéniciens, Juifs, Carthaginois.

Sur les bords de la Méditerranée, les deux pays d'Égypte et d'Asie Mineure, qui limitent la partie orientale de cette grande mer, sont les principaux représentants de cette première ère de la civilisation de l'occident. Dans ces deux

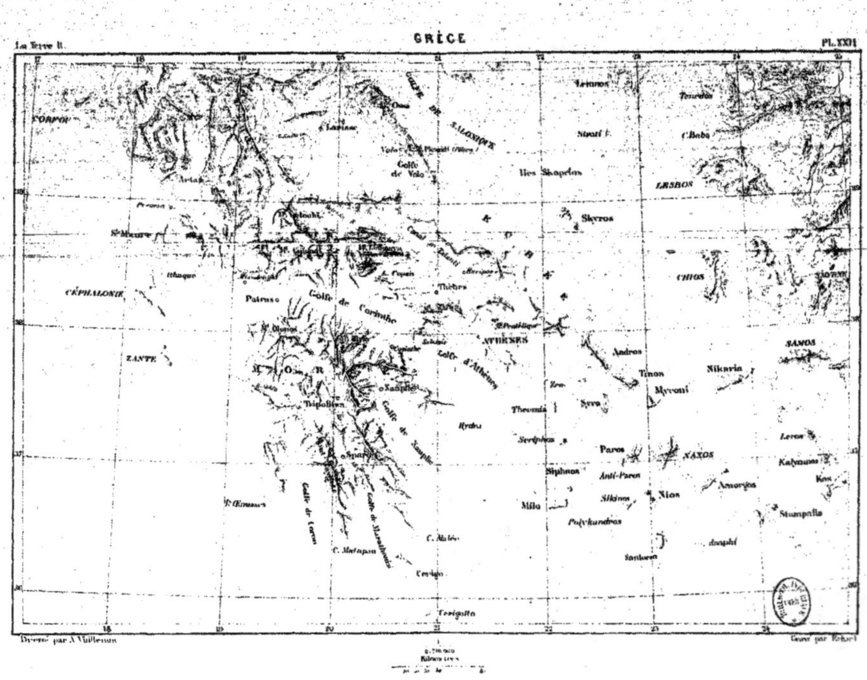

Dressé par A. Vuillemin   Gravé par Erhard

contrées, l'état social présentait les plus violents contrastes par suite de la diversité des races, des mœurs et du climat; mais les guerres, le commerce, les voyages, les grandes migrations, puis enfin la science, ne cessaient de mettre en rapport ces deux pôles de la civilisation du monde. L'accord des deux éléments opposés se fit dans la terre si charmante de la Grèce, qui s'avançait par delà la Crète et les Cyclades, comme pour servir de rendez-vous aux navires de l'Égypte, de la Phénicie, de Chypre, d'Éphèse, de la Troade. L'idéal de tout ce que les anciennes sociétés avaient rêvé de grand et de beau s'accomplit dans cette petite péninsule de l'Hellade, ensemble harmonieux de monts, de hautes vallées, de péninsules, que l'on voit à peine sur nos cartes, et qui est cependant le point de la terre où, jusqu'à nos jours, la gloire de l'homme s'est montrée dans sa plus grande splendeur. Nulle part sur le globe les formes terrestres ne sont plus harmonieuses, plus vivantes pour ainsi dire. Les montagnes, quoique d'une faible hauteur, ont des profils d'une si grande beauté qu'elles restent célèbres à côté des géants des Alpes, des Andes, de l'Himalaya, et jamais peut-être les noms du Mont-Rose, de l'Antisana, du Gaurisankar, ne brilleront du même éclat que ceux du Pinde, du Cythéron, du Parnasse et de l'Olympe, séjour des dieux. Dans un faible horizon, la petite terre de la Grèce présente comme un résumé de tous les traits des continents; elle a ses plateaux, ses massifs, ses rangées de monts, ses vallées et ses plaines, ses cours d'eau visibles et invisibles, ses lacs et ses gouffres; les anciens y avaient vu jusqu'à des cieux et des enfers. Ses rivages se recourbent en un si grand nombre de golfes et de baies, que la péninsule terminale ressemble à une feuille dentelée flottant sur les eaux. Chaque cité avait un fleuve, un amphithéâtre de collines ou de montagnes, des champs fertiles, un débouché vers la mer : tous les éléments nécessaires à une société libre s'y trouvaient réunis, et le voisinage des

cités rivales, également favorisées, entretenait une émula-
tion constante. Aussi ne vit-on jamais dans le monde des
groupes de républiques aussi fières et donnant à l'individu
un plus large essor. La petite ville qu'illustrèrent Eschyle,
Sophocle, Phidias, Démosthènes, Platon et tant d'autres
génies, est encore, après plus de deux mille années le
centre lumineux de l'histoire.

Tandis que florissaient les républiques hellènes, des
civilisations locales germaient en Italie, en Sicile, en Ibé-
rie, dans les Gaules. Par suite de la position géographique
de ces contrées, toutes les conquêtes intellectuelles et morales de la Grèce et de l'Orient leur profitèrent. De proche
en proche et de siècle en siècle un irrésistible mouvement
d'idées ne cessa de se propager des plaines de l'Hindoustan
à celles de l'Europe occidentale. On connaît les péripéties
de l'histoire des peuples modernes ; on sait comment, après
avoir réussi à traverser sans mourir la longue et doulou-
reuse nuit du moyen âge, l'humanité « naquit de nouveau »
par une double découverte qui donna aux sociétés modernes
leur essor définitif. Tandis que les poëtes, les érudits, les
savants retrouvaient dans les trésors de l'antiquité la libre
pensée de la Grèce et le fort génie de Rome, Colomb et
d'autres navigateurs découvraient les deux continents
d'Amérique et complétaient ainsi l'équilibre de la planète.
Dès lors, la civilisation graduelle de tous les peuples par la
science et la justice fut assurée, en dépit des violences de
toutes sortes, des guerres et de la hideuse ignorance. Les
progrès de chaque peuple devinrent ceux de l'humanité ;
toutes les îles, tous les continents, jadis séparés, se joi-
gnirent à travers l'Océan pour devenir le domaine commun
des hommes. Au moment où, grâce aux découvertes des
Copernic, des Kepler, la terre, que l'on croyait sans bornes,
s'était changée en un petit globe isolé, tournoyant dans l'espace, et cessait d'être le centre de l'univers, les habitants
de cette infime planète arrivaient à la conscience de leur

grandeur, et de cet amas de nations et de peuplades commençait à se faire l'humanité.

Par suite de ce mouvement de civilisation qui, dans l'ancien monde, s'est propagé du levant au couchant, suivant la marche du soleil, les ports de l'Europe occidentale, Cadiz, Lisbonne, Bordeaux, Nantes, Saint-Malo, Londres, Bristol, Liverpool, sont comme autant de conducteurs électriques d'où le fluide s'échappe pour atteindre au delà des mers le continent américain. Mais là, le mouvement doit changer de direction. Le nouveau monde n'est pas comme toutes les grandes contrées historiques, disposé parallèlement à l'équateur ; au contraire, il se prolonge du nord au sud dans le sens du méridien, et grâce à cette position transversale, les émigrants d'Europe ont pu coloniser rapidement les terres récemment découvertes. Les navigateurs italiens, espagnols, portugais, français, anglais, hollandais, trouvaient tous, soit au nord, soit au sud de la ligne équatoriale, des régions dont le climat ressemblait à celui de leur patrie, et dans les deux zones ils pouvaient fonder une « nouvelle Espagne, » une « nouvelle France, » une « nouvelle Angleterre. » En outre les vents et les courants, traversant obliquement l'Atlantique, portaient les marins vers ces admirables régions des Antilles et de la Colombie, où la nature, malgré la chaleur du climat, exerce une si grande fascination sur les étrangers venus d'Europe.

Les expatriés de l'ancien monde prirent ainsi pied sur tout le littoral du nouveau continent sur une longueur de plus de 10,000 kilomètres, de l'estuaire du Saint-Laurent à celui de la Plata. En même temps, l'interruption des Cordillères dans les isthmes de l'Amérique centrale permettait aux émigrants de coloniser aussi les rivages occidentaux tournés vers la Chine, le Japon, l'Australie. Attaquant les deux continents sur tout leur pourtour, les nouveaux-venus ont ainsi pu marcher à la conquête de l'intérieur de l'Amérique, apprendre à en connaître le relief, les terrains et les produits, mieux que l'on ne connaît encore ceux de la plus grande partie de l'ancien monde, et fonder en ces régions naguère inexplorées des sociétés alliées à celles de l'Europe occidentale. Les fils des émigrants sont devenus des nations, dont la puissance, comparée à celle des peuples de la mère patrie, augmente prodigieusement. Population, industrie, commerce, richesse publique, tout s'accroît en ces pays vierges d'une manière inouïe, et, ce qui vaut mieux encore, c'est que les États d'Amérique, en partie dégagés des institutions oppressives de la vieille Europe, se gouvernent eux-mêmes en libres démocraties. Les utopies de l'ancien monde sont devenues des réalités dans le nouveau. L'Amérique est le laboratoire où l'idéal de l'Europe est mis en pratique pour le salut commun.

Les deux Amériques, si harmonieusement pondérées comme masses continentales, présentent au point de vue social un contraste analogue à celui de leurs formes. La terre du nord, située entre l'Europe et la Chine, est admirablement organisée pour servir de grand chemin aux peuples et aux marchandises se dirigeant de l'extrême occident vers l'extrême orient. C'est là que passera bientôt la voie ferrée du Pacifique, destinée à continuer sur terre les lignes de bateaux à vapeur, qui, d'un côté, desservent New-York et Liverpool, de l'autre, Changaï et San-Francisco. Dans l'intérieur de ce continent du nord, la méditerranée des grands lacs et les plaines mississipiennes, faiblement accidentées, offrent au commerce et à la colonisation des facilités qui ne sont égalées dans aucune autre partie du monde. Toutefois, la population qui constitue les États-Unis est presque entièrement composée de fils d'Européens, et malheureusement elle n'a pas encore su se fondre avec les aborigènes ni avec la race des esclaves importés d'Afrique.

L'Amérique du Sud est un continent plus maritime, et

ses ports, ouverts sur les grandes mers australes, servent
d'étapes pour les voyages de circumnavigation. A l'intérieur, les échanges et le peuplement trouvent un domaine
moins favorable que celui du continent septentrional ; les
montagnes y sont plus hautes, les plateaux plus abrupts, les
forêts plus difficiles à parcourir, les déserts plus inhospitaliers, le climat plus redoutable pour des émigrants venus
de l'Europe lointaine. Aussi les Colombiens ont-ils plus que
leurs rivaux du nord subi l'influence du milieu. Sans abdiquer leur fraternité avec les peuples de l'ancien monde, ils
se sont peu à peu mélangés avec les naturels, et, par cette
fusion, ont introduit les anciens sauvages dans la civilisation moderne. Si l'Amérique du Nord est plus européenne,
plus individualiste, plus active, l'Amérique du Sud est plus
humaine : c'est à elle que revient l'honneur de convier
toutes les peuplades encore barbares à la grande paix des
nations.

CHAPITRE IV.

I.

Réaction de l'homme sur la nature. — Exploration du globe. — Voyages
de découvertes. — Ascensions de montagnes.

Pendant l'enfance des sociétés, les hommes isolés ou
groupés en faibles tribus avaient à lutter contre des
obstacles trop nombreux pour qu'ils songeassent à s'emparer de la surface de la terre comme de leur domaine : ils
y vivaient, cachés et tremblants, comme les bêtes fauves
des forêts; mais leur vie même était une lutte de toutes les
heures : sous la constante menace de la famine ou du massacre, ils ne pouvaient s'occuper de l'exploration du pays,
et les lois qui leur eussent permis d'utiliser les forces de la
nature leur étaient encore inconnues. Toutefois, à mesure
que les peuples se sont développés en intelligence et en
liberté, ils ont appris à réagir sur ce monde extérieur dont
ils avaient subi passivement l'influence; ils se sont graduellement approprié le sol qui les porte, et devenus, par
la force de l'association, de véritables agents géologiques.
ils ont transformé de diverses manières la surface des continents, changé l'économie dés eaux courantes, modifié les
climats eux-mêmes, déplacé les faunes et les flores. Parmi
les œuvres que des animaux d'un ordre inférieur ont accomplies sur la terre, les îlots bâtis par les coraux peuvent, il
est vrai, se comparer aux travaux de l'homme par leur

étendue; mais ces constructions se poursuivent de siècle en siècle d'une manière uniforme et n'ajoutent jamais un trait nouveau à la physionomie générale du globe : ce sont toujours les mêmes récifs, les mêmes terres lentement émergées comme des bancs d'alluvions fluviales ou marines, tandis que le travail humain, sans cesse modifié, donne à la surface terrestre la plus grande diversité d'aspect, et la renouvelle, pour ainsi dire, avec chaque nouveau progrès de sa race en savoir et en expérience.

La première de toutes les conditions pour que l'homme arrive un jour à transformer complétement la superficie du globe, c'est qu'il la connaisse en entier et qu'il la parcoure dans tous les sens. Jadis les peuplades sauvages ou barbares, isolées les unes des autres, ne se faisaient qu'une idée chimérique des territoires situés au delà des étroites limites de leur patrie : elles n'y voyaient qu'un espace à la fois vide et sans bornes, un monde ténébreux et redoutable, que peuplaient des monstres, mais où l'homme lui-même ne pouvait vivre. Les traits les plus remarquables de la surface planétaire leur restaient tout à fait inconnus : les habitants des plaines se figuraient la terre comme une grande campagne unie; ceux des pays montagneux ne se représentaient par l'imagination que des gorges étroites, des escarpements et des cimes. De même, paraît-il, les Zunis, qui vivaient loin des côtes, dans les déserts qui sont devenus le Nouveau-Mexique, ignoraient jusqu'à l'existence de l'Océan; en revanche, nombre d'insulaires de la mer du Sud ne savaient point que de vastes masses continentales, étendues sur une largeur de plusieurs milliers de lieues, partageaient les océans en bassins isolés. D'après le témoignage de Franklin, les Eskimaux apprenaient avec étonnement que vers le sud se trouvaient des terres complétement libres de glace, et sous l'équateur, les riverains ignorants des bords de l'Amazone croient naïvement que leur immense fleuve s'enroule autour du monde.

A mesure que, par les échanges, les voyages et même par les expéditions guerrières, les peuples arrivaient à connaître les territoires les uns des autres, ils reléguaient les monstres dans les espaces mystérieux qui s'étendent par delà les bornes du monde exploré; le domaine des connaissances s'accroissait en même temps que les régions parcourues, et les êtres chimériques, gnomes ou géants, qui s'enfuyaient vers le nord ou le midi, emportaient avec eux les superstitions et les erreurs. Ainsi les Hellènes, que leur mythologie nous représente dans les premiers âges luttant contre les centaures et les dragons, ne combattent plus que des hommes comme eux aux temps d'Aristote et de Platon, et c'est à des centaines de journées de distance, de l'autre côté du Gange et des colonnes d'Hercule, dans la brûlante Libye ou vers les monts Hyperboréens, qu'ils placent les produits fantastiques de leur imagination d'enfants. Au moyen âge et jusque dans les temps modernes, nos mappemondes, de même que celles des Chinois et des Japonais, peuplaient aussi de monstres les terres inconnues; mais chaque nouvelle découverte des voyageurs rétrécissait le domaine de la fable, et tout récemment les derniers êtres mythiques de la géographie, les Niam-Niams à queue, ont enfin disparu du centre de l'Afrique.

Depuis que l'homme a fait le tour de la terre, c'est-à-dire depuis trois siècles et demi, les explorateurs n'ont plus à s'aventurer dans un espace complétement inconnu; il ne leur reste qu'à rattacher les uns aux autres les itinéraires déjà tracés sur la surface du globe. Ce réseau d'innombrables lignes entre-croisées recouvre presque en entier les grands massifs continentaux et s'étend sur toute la partie des océans comprise entre les deux cercles polaires; seulement vers le pôle nord, et de l'autre côté de la terre, dans les régions antarctiques, il existe encore des espaces d'une étendue respective de 7,500,000 et de 22,500,000 kilomètres carrés, que les banquises et les montagnes de glace ont jusqu'à présent

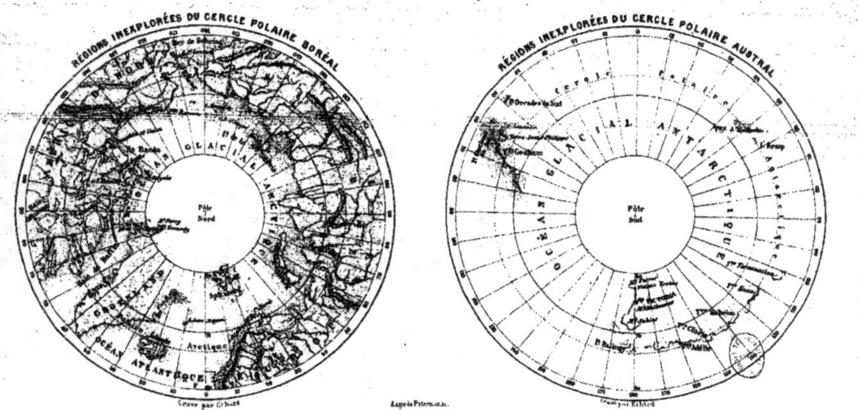

Gravé par Erhard   D'après Petermann.

maintenus vierges de toute exploration [1]. Ces espaces qui
restent encore à découvrir sur les deux calottes du globe
forment à peu près un dix-septième de la surface terrestre,
c'est-à-dire un ensemble de régions égalant environ soixante
fois la superficie de la France : c'est là une étendue encore
très-considérable de terres et de mers inexplorées, et même
de nos jours quelques géographes pusillanimes ont exprimé
la crainte que ces contrées restassent à jamais inconnues.
Cook, le hardi navigateur de l'océan Antarctique des glaces,
affirmait que personne ne s'approcherait, ni même ne pourrait s'approcher du pôle plus qu'il n'avait pu le faire.
Pigafetta, dans son récit du grand voyage qu'il avait accompli avec Magellan, émet aussi l'opinion que « pas un
marin ne sera dans l'avenir assez hardi pour braver les
dangers et les fatigues d'une nouvelle circumnavigation. »
Il est vrai que cinquante-six années s'écoulèrent avant qu'un
autre marin, Drake, menât à bonne fin un second voyage
autour du monde; de nos jours, de pareilles traversées ne
se comptent même plus, tant elles s'accomplissent fréquemment [2].

La passion avec laquelle les explorateurs des régions
polaires ont entrepris et ne cessent de recommencer leurs
voyages périlleux à travers les glaces nous est un sûr garant
de leur succès futur ; car, tandis que les obstacles restent
les mêmes, l'expérience des navigateurs et les ressources de
la science ne cessent d'augmenter. Quant aux découvertes
qui restent encore à faire dans le centre des masses continentales, en Asie, en Afrique, dans l'Amérique du Sud, en
Australie, elles ne peuvent manquer aussi de s'accomplir
prochainement; car la plupart des difficultés qui arrêtent
encore les voyageurs sont de l'ordre moral et disparaîtront
peu à peu, grâce aux progrès du commerce et de la civili-

1. *Mittheilungen von Petermann*. 1868.
2. Oscar Peschel, *Geschichte der Erdkunde*.

sation. La hideuse traite, qui fait si justement abhorrer les
blancs dans le centre de l'Afrique aussi bien que dans le
bassin de l'Amazone, aura bientôt son terme; les tribus
adoucies accueilleront les explorateurs et leur fourniront
des guides; des groupes de colons, s'avançant d'étape en
étape à travers les continents, relieront les uns aux autres
les territoires habités par les nations policées. Chaque
année, les espaces à reconnaître et à reporter sur nos cartes
diminuent en superficie, et des centaines de héros, destinés en grand nombre à mourir obscurément, cherchent à
les rétrécir encore. La plus vaste surface restée vierge, jusqu'à nos jours, du pas des explorateurs européens est la
partie du continent d'Afrique comprise entre les sources du
Nil, du Congo, de l'Ogobaï et du Bénué.

Lorsque enfin l'homme connaîtra toute la surface du
globe, dont il se dit le maître, et que la parole de Colomb
sera devenue vraie pour nous : *El mundo es poco*, la terre est
petite! la grande œuvre géographique sera, non pas de parcourir les pays lointains, mais d'étudier à fond les détails
de la région qu'on habite, de connaître chaque fleuve,
chaque montagne, de montrer le rôle de chaque partie de
l'organisme terrestre dans la vie de l'ensemble. Dès à présent, c'est à cette œuvre que s'emploient spécialement la
plupart des savants, géographes, géologues ou météorologistes, et d'importantes sociétés se fondent de toutes parts
afin d'activer les recherches locales. Elles en veulent surtout à ces montagnes qui dressent leurs sommets rayon-
nants bien au-dessus des pentes habitées, et dont nul pied
humain n'avait encore vaincu les neiges. Chaque année les
gravisseurs conquièrent plusieurs de ces monts inviolés
jusqu'à nos jours, et montrent à leurs amis le chemin qu'il
faut suivre pour les escalader; ces petits espaces, soulevés
dans les régions glaciales de l'air, ne peuvent pas plus
échapper aux investigations de l'homme que les vastes étendues de la zone arctique et de la zone antarctique. C'est

principalement aux Anglais que revient l'honneur d'avoir
donné l'impulsion à ce grand mouvement d'exploration
des hautes cimes. Il y a déjà cent vingt-cinq ans, Pococke
et Wyndham avaient pour ainsi dire découvert le Mont-
Blanc. Depuis cette époque mémorable, ce sont aussi des
Anglais qui, dépassant en zèle et en intrépidité les habitants mêmes des Alpes suisses, et, bien plus encore, les
montagnards savoyards, italiens et français, ont le plus
souvent gravi le Mont-Blanc et les autres géants des Alpes;
ce sont eux qui ont étudié avec le plus d'ardeur la Mer-de-
Glace et les divers glaciers des massifs occidentaux, et qui
nous ont expliqué la véritable topographie des groupes peu
connus du Pelvoux, du Grand-Paradis, du Viso; ce sont eux
qui, par la fondation du premier *Alpine Club,* ont fait surgir
depuis un grand nombre de sociétés du même genre dans
les diverses contrées de l'Europe. Enfin, ne viennent-ils pas
aussi d'établir à Lahore un « club de l'Himalaya, » dans
l'espérance d'arriver un jour à vaincre successivement tous
ces grands sommets de l'Asie centrale, doubles en hauteur
des colosses de l'Europe?

II.

Conquête de la terre par la culture. — Irrigations des anciens et des modernes.

Bien avant de s'approprier le sol par la science,
l'homme avait commencé de se l'approprier par la culture.
Les tribus de chasseurs et de pêcheurs, de même que les
bergers nomades, n'avaient en rien modifié l'aspect de la
terre, et si leur race avait disparu, aucun vestige n'en eût
indiqué le passage à la surface des continents; mais dès
que les familles, s'établissant d'une manière permanente à
côté de végétaux nourriciers, eurent appris à planter les
arbres, à semer les graines et les fruits, l'œuvre de trans-

formation fut inaugurée. Chaque point de la terre où des plantes utiles à l'homme, telles que les céréales ou les arbres à fruit, avaient pris la place d'autres végétaux coupés par la hache ou brûlés par le feu, est devenu un centre, autour duquel les cultures se sont étendues de proche en proche, et maintenant, grâce aux centaines de millions d'hommes travaillant sans relâche à solliciter les forces productives du sol, d'immenses territoires ont complétement perdu leur physionomie première. On peut évaluer à 1,200 millions d'hectares, soit environ à la dixième partie de la superficie des continents, l'ensemble des espaces qui sont cultivés par les mains de l'homme et partagés en champs aux contours réguliers. Il est vrai que la plus grande partie de cette vaste étendue est plutôt exploitée par une sorte de pillage que mise sérieusement en culture.

Dans les contrées dont les terrains sont naturellement salubres et fertiles et qui ne sont point encore habitées par des populations nombreuses, les agriculteurs n'ont que l'embarras du choix, et le sol qu'ils labourent est de ceux qui produisent sans même qu'on ait besoin de le féconder par des engrais. Ainsi, dans les États-Unis, où plus de 350 millions d'hectares de terres inoccupées sont encore à la disposition des citoyens, les colons ne mettent guère en culture que les plaines alluviales, les bords des fleuves, les vallons arrosés par des eaux courantes. En revanche, dans les pays de l'ancien monde, où les populations pressées commencent à manquer de sol nourricier, nombre de terrains, qui seraient dédaignés ailleurs comme infertiles, sont annexés au domaine de la culture et finissent par se couvrir de récoltes. Il n'est point de sols que l'homme, poussé par le besoin, et disposant des immenses ressources que lui donnent la science et le travail associés, ne puisse maintenant transformer en riches campagnes : par le drainage, il fait disparaître les eaux pernicieuses qui refroidiraient la terre et corrompraient les racines des plantes; par l'irrigation, il amène, au temps voulu, l'eau nécessaire au développement de la séve et des tissus; par les engrais, il enrichit le sol et nourrit la plante; par les amendements, il change la nature du terrain lui-même. L'agriculture, qui jadis se pratiquait comme au hasard, tend de plus en plus à devenir une science; elle le sera tout à fait quand les lois de la chimie, de la physique, de la météorologie, de l'histoire naturelle seront parfaitement connues.

Parmi les grands travaux agricoles accomplis déjà par la seule ténacité du paysan, même dépourvu des ressources de l'industrie moderne, il en est de vraiment admirables. Ainsi, quoi de plus étonnant que ces coteaux des bords de la Moselle et du Rhin, ou ces monts de la Provence, de la Ligurie, de la Toscane, qui, de la base au sommet, sont entourés de larges gradins concentriques, tous portant leurs cultures, vignes, oliviers ou céréales? Le pic et la pioche ont démoli les roches croulantes, et les débris ont servi à construire cet immense escalier de murailles dont chacune, comme la terrasse d'un jardin, retient la terre végétale et l'empéche de glisser sur la déclivité du roc. Qu'un orage éclatant sur les hauteurs renverse les murs et ravine les terres, dès le lendemain, des paysans sont à l'œuvre pour reconstruire les gradins, tandis que d'autres, et le plus souvent des femmes, rapportent péniblement du bas de la montagne, hottée par hottée, cette précieuse terre qu'avait entraînée la trombe. Combien peu de chose devaient être les célèbres jardins suspendus de Babylone à côté de ces monuments prodigieux du travail humain !

Les pentes des volcans méditerranéens offrent aussi des exemples remarquables de ce que peut faire la tenace volonté du cultivateur. Sur les flancs mêmes de l'Etna, dont la cime se dresse au loin dans la région des neiges, vivent plus de 300,000 habitants. Le sol des champs, ombragé par des multitudes d'arbres fruitiers, n'est que laves et que cendres; mais l'âpre travail de chaque jour en a

fait un jardin, qui est la merveille de la Sicile. Le paysan
s'est attaqué avec acharnement à toutes les roches et les a
conquises pas à pas pour en transformer la surface rabo-
teuse en terre végétale. Quand la montagne, en s'entr'ouvrant, vomit sa lave sur les cultures et les villages, le travail agricole est tout simplement interrompu. Les familles
conservent religieusement leurs titres de propriété, comme
si la propriété elle-même n'avait pas disparu ; puis, après
un laps d'années plus ou moins considérable, dès que les
laves refroidies sont recouvertes çà et là de plaques de
lichens, le cultivateur se met à l'œuvre pour utiliser les
moindres crevasses de la roche qui se prêtent à la végétation. Certaines laves compactes, notamment celle qui
détruisit une partie de Catane en 1669, se délitent avec une
singulière lenteur, et, pour en cultiver durant le cours
du même siècle les scories supérieures, il faut les broyer
et les mélanger à des terres déjà fertiles ; néanmoins le
travail finit par en venir à bout : les jardiniers y insèrent
les bourgeons des cactus, qui se développent rapidement
et cachent la pierre rougeâtre sous l'impénétrable fourré de
leurs palettes épineuses, brillant au soleil d'un éclat métallique. Des figuiers, rampant sur le sol, glissent leurs
longues racines dans les interstices de la roche. En certains endroits, la vigne même réussit à vivre et à porter
des fruits sur ces dures scories, qui semblent autant de
blocs de fer. D'autres laves, à cause de la friabilité de leurs
cristaux et de la quantité de cendres que leur ont apportée
les vents, se prêtent à une culture rudimentaire dans
l'espace de quelques années. Telles sont les coulées de Zaf-
farana, sorties du sein de la terre en 1852 et 1853, et dans
les creux desquelles les habitants des villages voisins plan-
taient déjà des genêts cinq années après l'éruption[1]. Mais
que les « cheires » de laves soient friables ou dures, elles

1. Charles Lyell, *Philosophic Transactions*, 1858.

n'en finissent pas moins toutes par se transformer en vergers et en jardins. Non moins persévérants que les fourmis, qui rebâtissent sans se lasser les buttes détruites par le pied des promeneurs, les paysans de l'Etna recommencent de siècle en siècle leur travail acharné, et sur chaque fleuve de pierre qui recouvre leurs champs, ils étendent de nouvelles campagnes, non moins verdoyantes que ne l'étaient les vergers disparus.

De tous les travaux agricoles qui ont changé la face de la terre, ce sont les canaux d'irrigation qui, dans les âges passés, ont été compris et exécutés de la manière la plus grandiose. Les Égyptiens, assiégés par le sable du désert, et mettant pour ainsi dire leur âme dans ce limon du Nil où ils croyaient qu'étaient nés leurs ancêtres, avaient fait des irrigations leurs grands rites sacrés ; leurs réservoirs, creusés pour l'aménagement des eaux d'inondation, n'avaient pas coûté moins de travail que les inutiles et fastueuses pyramides [1]. En Lombardie, en Toscane, l'irrigation générale du pays, dirigée par des syndicats, était aussi pratiquée avec une grande intelligence, et les plus beaux noms d'artistes et de savants, Léonard de Vinci, Michel-Ange, Galilée, Torricelli, sont associés à l'histoire de cette partie de l'agriculture. De nos jours, l'œuvre se poursuit avec une grande activité dans toutes les contrées du midi de l'Europe et dans plusieurs autres pays du monde qui ont à souffrir de sécheresses. Avant d'entrer dans les plaines, presque tous les torrents du Piémont, de la Provence, du Roussillon, de l'Espagne méditerranéenne, sont en entier dérivés dans les campagnes, et seulement lors des averses ou de la fonte des neiges, les lits pierreux se remplissent d'une eau sale que la terre avide a bientôt absorbée. De grandes rivières comme le Pô, le Nil, la Durance, utilisées pour les irrigations, s'appauvrissent chaque année ; et si l'ambition des

____

1. Voir, dans le premier volume, le chapitre intitulé *les Rivières*.

agriculteurs se réalise, elles finiront par disparaître complétement. L'ingénieur Love demande qu'on supprime au plus tôt les rivières de France en dérivant les tributaires dès leur origine et en leur faisant suivre, enfermés en des canaux d'irrigation, toutes les sinuosités du sol[1].

D'ailleurs, on ne se contente plus aujourd'hui des eaux superficielles pour l'arrosement des terres. Par des forages, l'homme va chercher l'eau qui coule dans les profondeurs et la force à venir à la surface pour arroser les plantations; c'est ce qu'il a fait avec le plus grand succés en Algérie, soit pour accroître en étendue les oasis, soit pour en créer de nouvelles, et nul doute qu'il ne puisse en faire autant dans les autres contrées dont le sol aride cache des nappes souterraines. Ce n'est pas tout : cette eau, que l'on détourne de son cours naturel ou que l'on fait jaillir du fond de la terre, n'agit pas seulement sur les plantes en leur apportant l'humidité nécessaire, elle agit aussi par les amendements et les engrais qu'on lui confie. Aux champs sur lesquels elle s'épanche, elle distribue les alluvions puisées à des formations d'une nature différente et mêle ainsi les sols, au grand profit de la végétation; elle change par le colmatage des terres naturellement infertiles et les rend excellentes pour la culture. De même que par des jets d'eau habilement dirigés, les mineurs californiens abattent de hauts talus de sable ou de gravier afin de recueillir les parcelles d'or entraînées dans le courant, de même on pourrait faire crouler, dans les Pyrénées, nombre d'escarpements de roches en débris pour les déverser dans des canaux de colmatage et les répartir en alluvions non moins précieuses que l'or, sur les sables infertiles des Landes. Cette idée de l'ingénieur Duponchel n'est certainement point une chimère. Récemment M. Bazalgette a donné la preuve de ce que l'homme peut tenter en faisant apparaître,

1. Société des Ingénieurs civils, *Discours d'inauguration* du 1er janv. 1868.

comme par enchantement, de magnifiques prairies sur les
sables purs du littoral, arrosés par des eaux d'égout provenant de Londres, à 70 kilomètres de distance. Le chimiste Liebig affirmait que la plage nue se refuserait à produire un brin d'herbe, et pourtant elle donne dans l'année
de six à neuf coupes d'une herbe savoureuse.

III.

Mise en culture des marais. — Drainage du sol dans les campagnes
et dans les villes.

Par l'irrigation l'agriculteur parvient à conquérir les
terres arides, telles que les sables des Landes, les argiles du
désert, les escarpements rocheux ; par le desséchement il
s'empare de terres noyées qui n'eussent jamais rien produit, et les transforme en de magnifiques jardins. Les tourbières, les marais, se changent par son travail en une terre
des plus fertiles, et le nom de « maraîcher » s'applique
désormais aux jardiniers, qui, dans le voisinage de nos
grandes villes, savent faire sortir du plus petit espace de
terrain la plus forte quantité de substance végétale. Chacune des étapes de l'humanité, en Italie, dans les plaines
des Gaules et de la Germanie, sur le sol noyé des Bataves,
dans la Grande-Bretagne, n'a été rendue possible que par
l'asséchement et l'assainissement du territoire ; chacun des
reculs partiels de la civilisation, ainsi qu'on le voit encore
autour de Carthage, de Syracuse et de Rome, est constaté
par un nouvel empiétement des marais jadis conquis. De
nos jours, où le travail de la colonisation se fait sur une
si grande échelle, le principal labeur des pionniers, dans
la Mitidja, sur les bords du Mississipi, sur les côtes de la
Colombie, des Guyanes et du Brésil, dans les îles de la
Sonde et sur le littoral d'Afrique, n'est-il pas d'affermir le

sól et de purifier l'air, pour ajouter ainsi un nouveau domaine à ceux que l'humanité s'est déjà pleinement appro-
priés? C'est là une œuvre qui coûte chaque année un grand
nombre de vies; en diverses plaines, aujourd'hui riches de
moissons, plus d'agriculteurs paisibles sont morts à la peine
que ne sont tombés de soldats sur les champs de carnage
comme Leipzig et Sadowa; mais tout cède à la patience,
et tôt ou tard, grâce à l'accroissement des populations
humaines, aux progrès de leur industrie, à l'association
de leurs forces, les bords marécageux des Amazones, les
lagunes du Paraguay, les terres noyées du lac Tsad, les
Sunderbund du Gange et du Brahmapoutrah deviendront
des campagnes salubres. Sous tous les climats à la fois se
poursuit cette œuvre d'aménagement de la terre. En Norvége, où la superficie des campagnes arables était, en 1866,
seulement de 2,800 kilomètres carrés, les agriculteurs font
chaque année sur les marais et sur les fjords la conquête
de plus de 100 kilomètres [1].

Actuellement, ce que proposent les hommes de science,
ce n'est rien moins que d'établir au-dessous de la surface du
sol un mouvement circulatoire des eaux, analogue à celui
qui s'opère naturellement dans l'air et à la superficie des
terrains par les nuages et les rivières. L'eau s'élève de la
mer sous forme de vapeur et vole dans l'espace pour se
précipiter en pluie et revenir à l'Océan par les ruisselets et
les fleuves; mais cette eau qui redescend vers le réservoir des mers, l'agriculteur s'en empare, il la répartit en
canaux, puis en petits filets d'irrigation qu'il distribue, non-
seulement sur les champs de la vallée, mais aussi sur le
flanc des collines et des montagnes, et jusque sur les plateaux élevés. L'eau, ainsi divisée en ramifications innombrables, pénètre dans le sol, sur toute la surface du territoire; comme une seconde pluie, elle rafraîchit et nourrit

---

[1]. Frisch, *Mittheilungen von Petermann*, XI, 1866.

les racines des plantes. Son œuvre utile est alors terminée :
qu'elle séjourne plus longtemps dans la terre et son action
deviendra funeste à la végétation ; elle noiera les radicules
et fermera les pores à travers lesquels pénétrait l'air extérieur.

Ainsi l'arrosement peut être fatal là où le sous-sol ne
possède pas, comme la surface, tout un réseau de conduits
qui débarrassent le terrain de l'humidité surabondante.
L'eau filtre goutte à goutte dans les petits tuyaux de drainage, puis les filets distincts se rassemblent dans un conduit
plus grand, et, grossissant peu à peu dans son cours, le
ruisselet invisible va de tube en tube se jeter, soit dans un
fleuve, soit dans la mer. Tel est l'immense travail de canalisation souterraine que les agriculteurs entreprennent à la
fois sur une multitude de points, et qui a pour résultat de
modifier lentement, mais sûrement, toutes les conditions
hydrologiques et climatiques du sol. C'est dans les pays
humides de l'Europe civilisée, dans la Grande-Bretagne notamment, que le drainage des terrains s'opère de la manière
la plus grandiose : dans la seule Angleterre, ce n'est pas à
moins de 10 millions de kilomètres, soit 250 fois la circonférence terrestre, qu'il faut évaluer la longueur de toutes
les galeries de drainage mises bout à bout. Malheureusement
la lutte des intérêts particuliers et le manque d'initiative
et de large compréhension chez la plupart des propriétaires
du sol n'a pas permis que cette œuvre fût accomplie suivant
un plan général : chacun travaille dans son champ sans se
préoccuper du voisin, et souvent ces drainages partiels ont
pour résultat de gonfler les rivières et de changer en
marais des campagnes situées au-dessous. Tôt ou tard cette
entreprise immense de l'aération et de l'assèchement du
sol devra donc être recommencée systématiquement, de
manière à s'appliquer à toute l'étendue de chaque bassin fluvial. Alors seulement le réseau artificiel du drainage pourra
se comparer au réseau naturel des eaux courantes : au cir-

cuit général produit dans les airs et sur le sol par la rotation du globe répondront tous les circuits partiels établis
dans chaque contrée par le travail humain.

C'est dans les grandes villes surtout que la canalisation souterraine commence à se faire de nos jours suivant
le plan le plus systématique. On sait que les ruisseaux et
les fleuves d'eau pure devenaient dans nos villes des récep-
tacles d'immondices. Qu'on aille à Londres, la grande cité
dont les trois cent mille maisons renferment plus de trois
millions d'habitants et qui se relie par d'interminables rues
à tant de jeunes villes de banlieue grandissant à vue d'œil,
qu'on suive les bords marécageux de cette large Tamise
qui passe entre les immenses ruches humaines, et l'on
verra combien le peuple du monde qui sait pourtant le
mieux apprécier la nature peut aussi la souiller. A la marée
descendante, lorsque le courant du fleuve aux eaux lentes
et noirâtres se dirige vers la mer, les bancs d'une vase à
demi liquide et remplie de débris en putréfaction découvrent peu à peu et laissent échapper dans l'air leur odeur
nauséabonde : par un sentiment d'horreur instinctive, on
s'étonne presque de voir le bleu du ciel et les nuages se
refléter dans ces ordures humides. Au retour du flot, lorsque la masse liquide s'arrête, puis s'élève graduellement et
remonte dans la Tamise, les îles de vase cessent d'être
visibles, mais la plupart des immondes débris qu'avait
emportés le reflux, le flux les apporte de nouveau : un
mouvement de va-et-vient promène incessamment ces
impuretés sous les yeux des habitants.

C'est ainsi qu'on salit encore le grand fleuve; quant
aux ruisseaux et même aux petites rivières qui se jetaient
dans la Tamise après avoir parcouru une partie de la province qui est devenue Londres, il y a longtemps déjà que
ces cours d'eau ont disparu sous les rues et les maisons
pour se transformer en égouts. Et ce qui s'est fait dans la
vaste cité britannique se fait également dans toutes les

grandes agglomérations humaines; Paris aussi change la
Bièvre, que les coteaux de Versailles lui ont donnée si
pure, en un fossé d'immondices liquides; parfois, lorsque
les eaux de la Seine sont basses, on pourrait en extraire
une masse solide d'impuretés égale à près du quarantième
de tout ce que le fleuve entraîne. Partout les groupes
d'hommes qu'attiraient les eaux courantes ont commencé
par les souiller, et souvent ils les ont rendues impropres à
la boisson ou même tout à fait nuisibles à la santé. Les
noms énergiques et grossiers que les habitants du midi de
la France ont donnés à la plupart des ruisseaux qui traversent leurs grandes villes révèlent l'état de hideuse mal-
propreté dans lequel se trouvent ces cours d'eau.

Après s'être privées des eaux potables que la nature
avait mises à leur disposition, et qui d'ailleurs seraient
rarement suffisantes, les villes ont dû s'occuper de les remplacer par des eaux de source ou de rivière amenées à
grands frais. Tel est le problème capital qu'il s'agit de
résoudre pour le bien-être des populations qui se pressent
de plus en plus nombreuses dans nos vastes cités. Jadis, la
puissante Rome, qui faisait travailler pour elle les vaincus
du monde entier, avait détourné par des aqueducs l'eau de
toutes les montagnes voisines et l'avait dirigée vers ses
places, où elle jaillissait en abondance d'une multitude de
fontaines et s'étalait en larges bassins. Bien peu nombreuses actuellement sont les villes modernes qui reçoivent
une quantité d'eau aussi considérable en proportion que
l'était celle de l'ancienne Rome; grandissant à l'aventure
comme des étourdies, la plupart des jeunes cités n'ont pas
encore compris quels étaient leurs besoins les plus impé-
rieux et manquent encore de fontaines inépuisables. Toutefois, leur attention s'éveille de plus en plus, et le xix° siècle
ne se passera point sans que la plupart des grandes villes
soient abondamment pourvues de l'eau nécessaire à leur
alimentation et à leur propreté. Déjà les travaux hydrau-

liques de ce genre entrepris autour de Marseille, de Paris,
de Glasgow, de New-York, de Chicago, dépassent tout ce
qu'avaient fait les Romains, non par la beauté des travaux
d'art, mais par la longueur et la capacité des aqueducs, et
surtout par l'habileté avec laquelle les ingénieurs ont su
triompher des obstacles naturels. New-York est bâtie sur
une île; n'importe, l'eau pure lui viendra du continent,
passant au-dessus du Hudson par un gigantesque siphon
à arcades; Chicago est bâtie à l'embouchure d'un fleuve
marécageux, au bord d'un lac dont les eaux sont incessamment souillées par les navires ancrés le long des rivages;
eh bien, elle ira prendre l'eau de ses fontaines à 2 kilomètres de la plage, au moyen d'un large tunnel creusé sous
le fond du lac Michigan : pour son alimentation journalière, elle se donne un ruisseau sous-marin !

Quant à l'expulsion des eaux sales, à peine moins
urgente que ne l'est l'appel des eaux pures, c'est Londres,
la plus grande ville de la terre, qui est devenue sous ce
rapport la cité modèle. Ses égouts, dont la longueur totale
est de 132 kilomètres, ont été construits de manière à pouvoir entraîner hors de la ville 1,800 millions de mètres cubes
d'eau et d'immondices par 24 heures, soit 22,000 mètres
cubes à la seconde, plus que le Mississipi n'en roule en
moyenne vers le golfe du Mexique. Mais ces fleuves souterrains n'évacuent pas seulement les eaux qui *naguère encore
empestaient la Tamise*, ils répandront aussi bientôt par l'irrigation la fertilité sur plus de 60,000 hectares, jusqu'à
70 kilomètres de distance et produiront assez d'herbe pour
nourrir au besoin 100,000 vaches laitières, bien plus qu'il
n'en faut pour approvisionner de beurre et de lait la ville
immense. Ainsi, dit le rapport du *Board of Health,* « se trouvera fermé le grand cercle de la vie, de la mort et de la
reproduction. » Comme un être prodigieux, Londres absorbe
incessamment l'eau par ses aqueducs, les denrées par ses
chemins de fer, et les détritus qu'elle rejette au loin par

ses égouts servent à reconstituer la nourriture nécessaire à
son énorme appétit.

IV.

Enhardie par la conquête des terres marécageuses,
l'agriculture a voulu davantage : il lui faut maintenant
s'emparer du fond des lacs et des plages basses recouvertes
par les eaux de la mer. Dès l'antiquité, de grands travaux
de ce genre avaient été entrepris. Il y a vingt-deux siècles,
du temps d'Alexandre de Macédoine, l'ingénieur Kratès
s'occupa de vider entièrement le lac de Copaïs en Béotie.
Pendant de longues séries d'années sèches, ce bassin est
souvent réduit à quelques flaques d'eau marécageuse, et de
faibles ruisseaux se traînent au milieu de la plaine parmi
les roseaux; mais dans les années de pluie, c'est au contraire un beau lac de plusieurs milliers d'hectares, incessamment gonflé par les torrents qui descendent de l'Hélicon
et des autres montagnes voisines. Les eaux, séparées de
la mer par un large rempart de rochers calcaires, ne trouvent d'issue que par des fissures profondes ou *katavothra*.
Kratès les rectifia de manière à faciliter l'écoulement des
eaux; mais, depuis cette époque, ils se sont obstrués de
nouveau et c'est en vain qu'on a formé dans ces derniers
temps le projet de restaurer l'œuvre des anciens Grecs.

L'industrie moderne a été plus heureuse sur le sol
d'Italie en reprenant et en achevant une œuvre de desséchement que n'avaient pas su terminer les Romains. Le
lac Fucino, situé à 80 kilomètres à l'est de Rome, près
des villes d'Avezzano et de Celano, occupe le milieu d'un

cirque des Apennins, en forme de cratère, dont les talus
sont couverts d'habitations et de champs cultivés. Parfois
les crues inondaient toutes les campagnes environnantes et
détruisaient les récoltes; puis les eaux se retiraient et l'air
était rempli de miasmes empestés : l'écart entre les niveaux

Fig. 193. LAC COPAÏS.

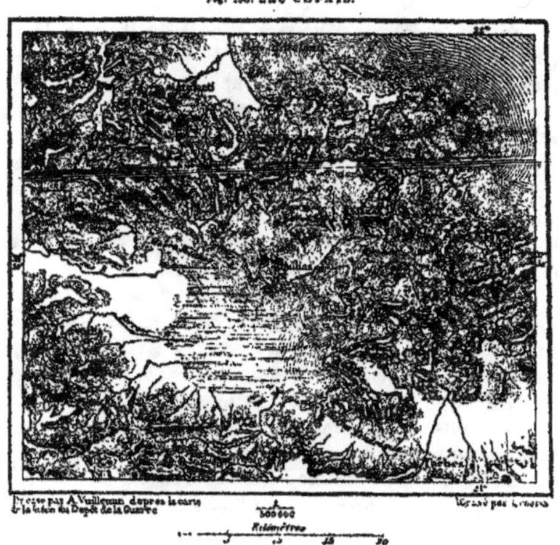

des grandes crues et de l'étiage n'était pas moindre de
12 mètres. Du temps de Claude, 30,000 esclaves travail-
lèrent pendant onze ans à creuser un tunnel de 5,625 mètres
à travers le Monte Salviano, afin de conduire la plus grande
partie des eaux dans le Liris et de là dans la mer. On croyait
l'œuvre heureusement achevée pour des siècles, comme
l'avait été, plus de quatre cents ans auparavant, le souter-

rain trois fois moins long du lac d'Albano, près de Rome :
il ne restait plus qu'à lever les écluses. L'empereur, vani-
teux et cruel, avait préparé une fête splendide sur le lac :
dix-neuf mille gladiateurs, montés sur deux flottes enne-
mies, devaient figurer devant lui, pour célébrer l'inauguration du canal. La tuerie eut lieu en effet; mais quand
l'ordre de vider le lac fut donné, l'eau, mêlée de sang,
refusa de s'enfuir : Narcisse et d'autres courtisans enrichis
aux dépens du trésor public avaient sans doute gardé l'argent nécessaire pour les travaux de consolidation. Plus
tard, à diverses époques, le canal fut nettoyé et rendit
quelques services pour un temps plus ou moins long. Enfin,
en 1854, les travaux ont été repris d'une manière sérieuse,
l'émissaire a été élargi, une masse d'eau d'un milliard de
mètres cubes, contenue dans le lac au-dessus du niveau
du tunnel, a été vidée, les fièvres paludéennes ont cessé
leurs ravages, et les cultures s'avancent graduellement vers
le milieu de l'ancien bassin lacustre.

Toutefois, parmi les grandes entreprises modernes
d'assèchement, la plus importante, à cause des obstacles
qu'il s'agissait de surmonter et du profit qu'on a su en tirer,
est celle qui a reconquis en entier et rendu au continent
tout le fond du lac connu sous le nom de mer de Harlem.
Ce lac, paraît-il, avait commencé à se former au xiii⁰ siècle,
et, depuis cette époque, n'avait cessé de grandir aux dépens
des cultures et des bourgades environnantes. Au xvi⁰ siècle,
il était déjà mer, et des batailles navales avaient été livrées
sur ses flots entre les Hollandais et les Espagnols. Chaque
nouvelle tempête ajoutait à son domaine, et pendant l'hiver
de 1836 un furieux vent d'ouest lui fit atteindre les portes
d'Amsterdam. Les levées circulaires, entretenues à grands
frais, étaient impuissantes à contenir les eaux, incessamment grandissantes. C'est alors, en prévision de l'imminent
danger des empiétements de la mer de Harlem, qu'on
résolut de la dessécher. Elle avait 21 kilomètres de lon-

gueur, 10 kilomètres de largeur, à mètres de profondeur
moyenne, et contenait une masse liquide évaluée à 724 millions de mètres cubes. En outre, il fallait compter aussi les
eaux d'infiltration et de pluie qui devaient pénétrer dans le
lac pendant la durée des travaux d'épuisement, soit environ
200,000,000 de mètres cubes d'eau. En 1852, l'œuvre immense était accomplie : trois énormes machines à vapeur,
pompant ensemble à chaque coup de piston 200 mètres
cubes d'eau, avaient rendu toute la mer de Harlem à
l'Océan. Actuellement, la vapeur n'a plus qu'à débarrasser
l'ancien bassin lacustre des eaux de pluie et d'infiltration,
ou bien qu'à lui fournir, pendant les sécheresses, l'eau nécessaire à son irrigation. En effet, la terre du fond, longtemps privée d'air et de soleil, n'a pu se changer que
graduellement en un sol arable absorbant facilement les
eaux de pluie ou les rendant rapidement en vapeur : il a
fallu, dit un auteur, l'aider par une machine à faire « son
éducation [1]. » Les fonds argileux et tourbeux du lac qui,
depuis les travaux d'assèchement et de drainage se sont
affaissés d'environ 30 centimètres, sont maintenant changés
en de belles cultures, et la richesse totale de la Hollande
s'en est accrue dans de fortes proportions. L'œuvre d'épuisement a coûté 33 millions de francs, et les « polders, »
dont l'aspect, il faut le dire, manque singulièrement
de pittoresque, représentent déjà une valeur d'au moins
150 millions.

Du reste la Hollande n'était-elle pas en grande partie
une vaste mer de Harlem, que, par son labeur, continué de
siècle en siècle, le peuple énergique et tenace des Pays-
Bas a fini par vider ? A la vue de ce sol uni, dont chaque
motte a été tant de fois retournée, de ces canaux d'écoulement et de ces digues de défense qui partagent le pays en
un nombre infini de parcelles, on sent que toute une nation

---

1. E. Marzy, *l'Hydraulique*, p. 235.

se trouve aux prises avec la nature, et qu'agissant elle-
même à la manière d'une force géologique, elle ne cesse,
pendant toute la série des générations, de porter ses efforts
vers cette grande œuvre de la conquête et de la mise en

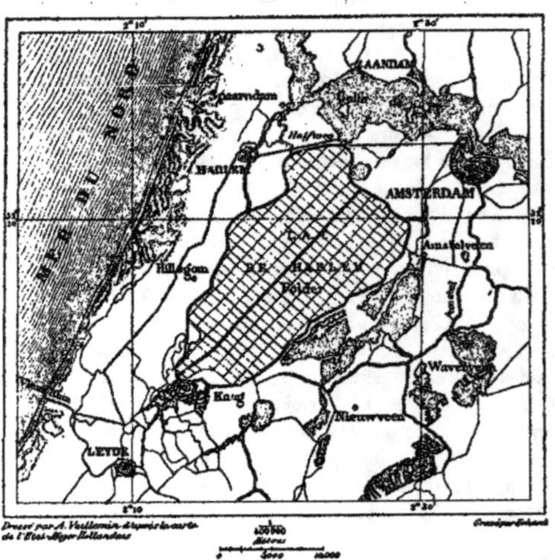

Fig. 194. POLDERS DE HARLEM.

culture du sol. Il est probable que tôt ou tard le vaste golfe
du Zuyderzee sera aussi repris sur l'Océan. Cette œuvre
eût été certainement commencée si la plus grande partie
du fond de ce golfe ne consistait en sables fins, difficiles à
mettre en culture.

Les terrains repris sur la mer ou sur les marécages,
depuis des siècles déjà, n'offrent pas une régularité géomé-

trique dans le réseau de leurs canaux et de leurs rigoles
d'écoulement. Autrefois les ingénieurs, moins hardis que
ceux de nos jours, utilisaient pour leurs travaux de canalisation toutes les petites coulées naturelles et contournaient
tous les renflements à peu près desséchés du sol, de sorte
que leurs fossés ont une forme sinueuse et parfois trem-
blotante. Dans son ensemble, ce lacis de veines liquides
entre-croisées affecte une forme analogue à celle des vaisseaux, grands et petits, qui se ramifient dans les corps
organisés. Les terres nouvellement conquises ne présentent
point dans leur système de drainage ces lignes sinueuses
et pittoresques; elles sont découpées par leurs canaux avec
une régularité mathématique. De distance en distance sont
creusés des canaux rectilignes et parallèles, qui s'étendent de l'un à l'autre bout de l'espace endigué. Des artères
maîtresses de même largeur les coupent à angle droit, et
tous les champs se trouvent ainsi divisés en grands parallélogrammes, subdivisés eux-mêmes en petites parcelles
par des canaux moins larges et des fossés également rectilignes : c'est en bateau seulement que le paysan peut visiter
son domaine, porter des engrais ou charger ses récoltes.
Autour de ce vaste damier de cultures se développe le
canal de ceinture qui reçoit les eaux d'écoulement du
polder et que de fortes digues protégent contre les inondations venues du dehors ou du dedans. Jadis, c'était le
vent qui se chargeait de soulever l'eau surabondante des
polders et de la déverser directement ou par des canaux
dans quelque fleuve de la Hollande. Les pompes d'épuisement étaient mises en activité par ces pittoresques moulins
à vent que les peintres hollandais nous montrent dans tous
leurs paysages; mais actuellement les grands polders, auxquels il est indispensable d'assurer un égouttement certain
et régulier, sont pourvus de machines à vapeur qui puisent
incessamment l'eau dans le canal de ceinture.

Lorsque les étangs à dessécher sont trop profonds pour

qu'on puisse les conquérir à la culture par de simples
fossés et des canaux, il ne reste qu'à les vider hardiment
comme on a vidé la mer de Harlem, ou bien il faut se rési-
gner à travailler pendant des siècles pour élever sur la
nappe des eaux de petits îlots qui seront ensuite reliés les
uns aux autres. Les vaillants agriculteurs des Pays-Bas,
sentant qu'à travers les âges ils s'unissent à leurs descen-
dants, n'ont pas craint d'entreprendre cette tâche, que
leurs petits-neveux termineront un jour. Ils endiguent
d'abord sur les rivages les terrains bas qu'il leur est relativement facile de dessécher, puis, dès que les atterrissements
ont fait surgir une vasière au-dessus de l'eau, vite ils s'en
emparent, ils la redressent, la drainent et lui donnent une
forme allongée qui facilitera plus tard le travail de canalisation quand l'étang sera changé en polder. Plusieurs générations à l'avance, ils prévoient déjà quelle sera la disposition des campagnes qui s'étendent aujourd'hui sous les
eaux, et chaque pelletée de boue qu'ils ramènent du fond
de l'étang, chaque pilotis qu'ils enfoncent dans la vase doit
servir à la continuation de l'œuvre. On peut se faire une
idée de la merveilleuse patience et de l'esprit de méthode
avec lequel procèdent les paysans néerlandais, quand on
parcourt le Zuyder-Polder et tant d'autres régions qui sont
encore partiellement des lacs et qui sont déjà des campagnes. Les maisons des villages sont construites en une
longue rue circulaire sur les plates-formes des digues qui
entourent l'étang, et les champs, séparés par des canaux,
rayonnent comme les baguettes d'un éventail autour du
centre de la nappe d'eau. Ailleurs, suivant la configuration
des espaces lacustres ou marécageux que l'on travaille à
dessécher, les polders affectent d'autres formes non moins
régulières : ce sont des carrés, des étoiles, des polygones
concentriques. Vues du haut d'un ballon, certaines parties
de la Hollande, avec les innombrables lignes grisâtres de
leurs fossés et de leurs canaux, rappellent vaguement la

surface de ces corps chimiques cristallisés en aiguilles
rayonnantes ou parallèles. L'étonnante régularité du paysage
n'est troublée que par les amas de constructions des grandes

Fig. 195. ZUYDER-POLDER.

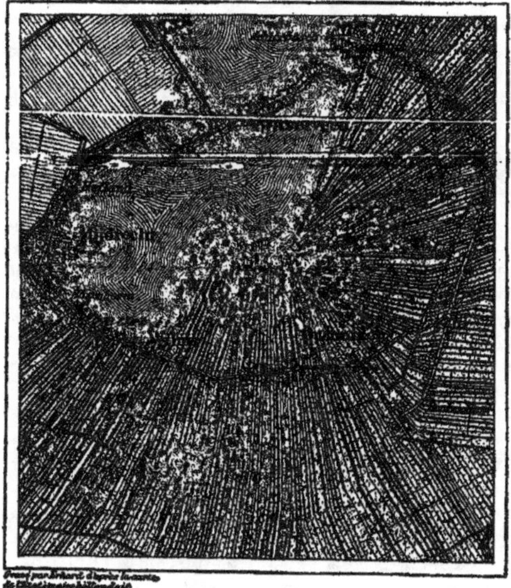

villes, les parcs qui les entourent, les routes et les chemins
de fer qui en sortent en traversant obliquement les canaux.

Habitués à conquérir le sol par la canalisation, les
Hollandais procèdent souvent de la même manière dans
les terres qu'il serait facile de mettre en culture autrement,

et jusque sous le climat tropical de Java, ils ont transformé les environs de leurs cités en de petites Hollandes. A l'est des Pays-Bas, les Frisons, les Ditmarches, les habitants du Slesvig, aux prises avec les mêmes difficultés, ont su en triompher comme les Néerlandais et changer en polders d'immenses surfaces de terres noyées. Sur les côtes orientales de l'Angleterre, les plages de Suffolk et de Norfolk, les golfes du Wash et du Humber sont bordés de *fens* d'une extrême fertilité, et les empiétements de l'agriculture sur l'Océan s'y opèrent sur la plus grande échelle. De même dans les Flandres belges et françaises, aux environs d'Ostende, de Dunkerque, de Calais, les *watteringhes* ont été reprises sur la mer du Nord. Près d'Étaples, la mer intérieure du Ponthieu ou de Marquenterre a été transformée en de belles campagnes; entre les embouchures de la Loire et de la Charente, les terres des marais sont partout protégées par des digues et coupées de fossés que franchissent paysans et paysannes en s'appuyant sur leurs longues perches; au sud de la Gironde s'étendent aussi de « petites Flandres, » et dans les Landes, l'étang d'Orx a été récemment desséché par les mêmes procédés que la mer de Harlem.

En Hollande et dans tous les autres pays riverains de la mer du Nord, il suffit d'endiguer et de dessécher à la surface les espaces marécageux du littoral pour les transformer en champs fertiles, propres, après un certain nombre d'années, à *toutes* les cultures que comporte le climat. Sur les bords de la Méditerranée, de la Caspienne et de plusieurs autres mers, les choses ne se passent pas ainsi. Là, les terrains jadis inondés par les eaux salées restent toujours plus ou moins saturés de sel et se refusent à la culture permanente. Aussi plutôt que d'en faire des champs, vaut-il mieux, en maints endroits, les utiliser comme marais salants. L'eau marine, promenée de compartiment en compartiment, s'évapore au soleil, et finit par laisser sur le fond

une mince couche de sel que les sauniers recueillent et
dressent en grandes pyramides au bord des chemins de service. C'est principalement sur les plages de la Méditerranée
occidentale que cette industrie est importante; certaines

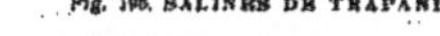

Fig. 196. SALINES DE TRAPANI.

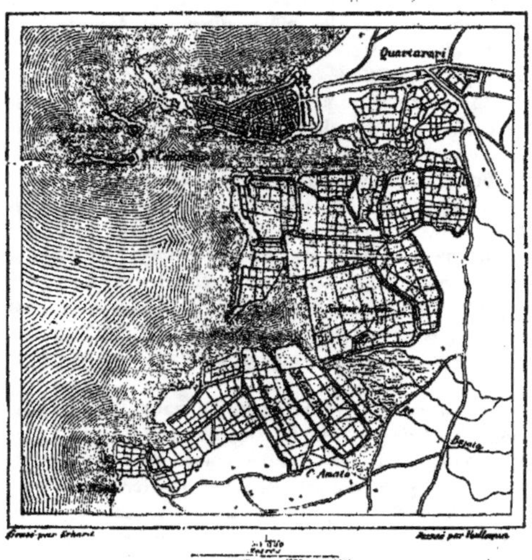

salines du littoral y produisent chaque année de dix à vingt
mille tonnes.

D'où provient le contraste entre la fertilité naturelle
des polders de la Hollande et l'aridité des terrains émergés
des côtes méditerranéennes? Il faut en chercher surtout la
cause dans la plus ou moins grande abondance des eaux

douces qui viennent laver le sol. Sur les rivages de la mer
du Nord, l'air est naturellement humide et la quantité
d'eau pluviale qui arrose les campagnes est relativement
très-considérable. La terre poreuse ne cesse d'être lavée
par les pluies, et graduellement tout le sel de la surface est
entraîné : presque aussitôt après l'endiguement, la culture
des polders peut commencer. Il est vrai que, sur les bords
de la Méditerranée, les pluies dissolvent également les
parties salines et les emportent dans le sous-sol; mais par
suite de l'évaporation, qui est très-active sous ce climat,
l'eau du fond remonte peu à peu à travers les pores avec le
sel qu'elle tenait en solution, puis elle se vaporise en laissant sur le terrain une croûte saline plus ou moins épaisse.
Un mouvement de va-et-vient s'établit ainsi entre la superficie et les couches profondes; les pluies font descendre le
sel, l'évaporation le fait remonter et les vents de la mer
ajoutent encore une légère couche saline à celle qui se
trouvait déjà dans le sol. Tour à tour des flaques d une
eau presque douce et les efflorescences salines recouvrent
la surface du terrain; les plantes qu'essayerait d'y cultiver
le laboureur seraient ou noyées par les eaux ou brûlées
par le sel.

Heureusement la connaissance du mal a fait découvrir
le remède. Puisque les pluies entraînent les substances
salines dans le sous-sol, de grandes inondations temporaires
amènent bien plus sûrement encore ce résultat. Après avoir
établi à une profondeur convenable un système complet de
drainage, il suffirait de déverser temporairement un bras
de rivière sur les terrains à dessaler; aussitôt le sel des
couches supérieures sera dissous, entraîné dans les conduits
souterrains, et finalement emporté par cette lessive énergique dans un bassin extérieur où fonctionneront les pompes
d'épuisement. L'application fréquente de ces procédés de
lavage finira par nettoyer de substances salines les terres
qui en étaient le plus saturées, et l'agriculture s'enrichira

d'un nouveau et fertile domaine. Du reste, ce moyen de conquérir les terrains bas et salés du littoral de la Méditerranée n'est déjà plus une simple spéculation. Il a été déjà mis en pratique. Non loin de Saint-Gilles, sur le petit bras du Rhône, des terrains ont été purifiés ainsi de leur sel et changés en guérets à céréales. Plus récemment, de vastes espaces, naguère inutiles, situés près de Frontignan, ont été graduellement lessivés par la petite rivière de la Roubine de Vic, qui leur fournit de l'eau pure par un canal de dérivation et qui reprend plus bas les eaux de drainage chargées de substances salines. D'après M. Duponchel, l'inventeur de ce système de purification du sol, on pourrait créer ainsi sur le littoral de la France méridionale toute une lisière de polders magnifiques, s'étendant sur une superficie de plus de 100,000 hectares et représentant une valeur agricole de 7 à 800 millions de francs[1]. Et que serait cette conquête, comparée à celles que l'on pourra faire un jour dans toutes les contrées riveraines de la mer et des lacs salés !

V.

Digues du littoral. — Épis de défense. — Pointe de Grave

Dans toutes les régions de polders situés sur le littoral de l'Océan, les immenses travaux entrepris pour l'assèchement des terres doivent se compléter par un système de fortifications maritimes, car il faut défendre à tout prix contre le choc des vagues et le souffle de la tempête les champs si péniblement conquis. Tout le pourtour de la Zélande, de la Hollande, de la Frise, du Siesvig et des autres « pays-bas » du littoral de la mer du Nord, est bordé d'un rempart continu de digues, hautes de 8 à 10 mètres,

[1]. *Annales des Ponts et Chaussées*, II. 1864.

et larges de 50 à 100 mètres à la base. Toutes ces levées,
construites avec le plus grand soin, tournent vers la mer
leur longue pente, sur laquelle déferlent les eaux ; la berge
proprement dite est cuirassée contre la houle par des treillis
de poutres, des fascines, ou même par des nattes de paille
où glisse la vague en se changeant en écume ; du côté des
terres, la digue, à déclivité plus rapide, est bordée d'un
petit canal d'égouttement, où s'amassent les eaux qui filtrent
dans le sol ou que les tempêtes ont lancées par-dessus la

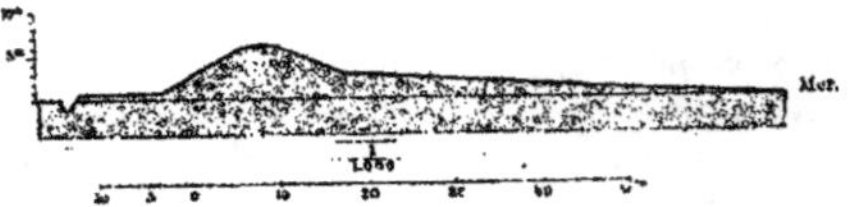

Fig. 177. Profil de digue du littoral du Jahde.

cime de la levée. Que la mer, en un jour de tourmente,
détruise l'un de ces remparts, une partie des polders est
inondée ; mais à une certaine distance, s'élève une autre
digue, puis au delà, il s'en trouve d'autres encore qui
retiennent les eaux débordées. Pendant leur labeur continu
de plus de mille années, les paysans, sans cesse aux aguets
pour ravir un lambeau de terre à l'Océan, n'ont jamais
manqué de construire une levée autour de chaque « bat-
ture » de vase laissée par les eaux marines, et les remparts
de défense se sont ainsi ajoutés les uns aux autres sur tout
le pourtour du territoire ; en divers endroits, où le dépôt
des vases marines s'accomplit rapidement, les campagnes
de l'intérieur sont séparées de la plage par une quadruple
ou quintuple ceinture. Il est vrai que lors de terribles tempêtes, dont le souvenir reste dans la mémoire des habitants[1],
la mer a repris de vastes étendues de terrains, en échange

1. Voir, ci-dessus, p. 201.

de celles que l'homme avait enlevées à son domaine ; mais
actuellement les ingénieurs hollandais, à la fois plus savants
et plus riches d'expérience, empiètent régulièrement sur la
surface des eaux. On a calculé qu'en moyenne, la superficie
des Pays-Bas s'accroît de 3 hectares par jour, ou de 1,000
hectares par an [1] ; c'est plus de la quatre millième partie

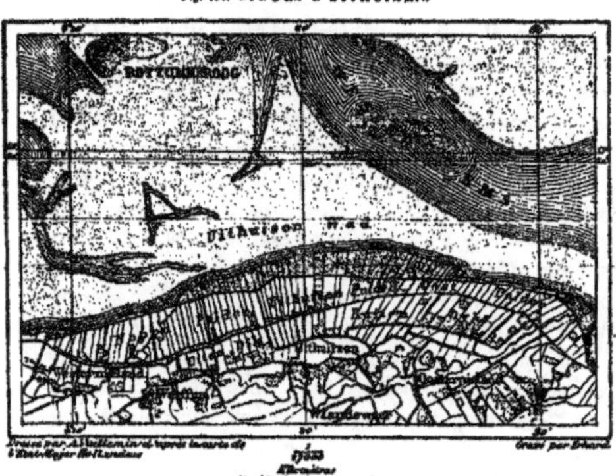

Fig. 198. DIGUES D'UITHUIZEN.

du territoire. La longueur des digues, mises bout à bout,
est de plusieurs milliers de kilomètres ; elles dépassent de
beaucoup le développement des levées riveraines sur les
bords du Mississipi et de ses affluents [2].

C'est aux endroits où les courants, les vagues et les
vents du large travaillent de concert à entamer la rive, que
l'homme a dû faire preuve de la plus grande persévérance

1. E. de Laveleye, *Revue des Deux Mondes*, 1er avril 1865.
2. Voir, dans le premier volume, le chapitre intitulé *les Rivières*.

et du génie le plus inventif pour lutter contre les éléments. Dans l'île de Sylt, sur la côte du Slesvig, on a eu l'idée de faire collaborer la mer elle-même à la construction des digues qui doivent l'arrêter. On élève, le long de la plage, deux rangées parallèles de palissades, éloignées l'une de l'autre d'une dizaine de mètres. Pendant les tempêtes, les vagues, chargées de sable, se déroulent en grondant par-dessus les fascines, mais elles laissent tomber au milieu des branches les matières arénacées qu'elles transportent; le sable s'amasse entre les deux palissades; bientôt une longue dune d'origine artificielle se dresse au bord de la mer et protége les campagnes de l'intérieur. Toutefois, de pareils moyens ne peuvent être employés avec succès sur tous les rivages, et notamment sur divers points du littoral hollandais, qui semblent s'enfoncer au-dessous du niveau marin comme un navire qui fait eau. En Zélande, la ville de Westkapelle a été dévorée par les flots qui se sont ouvert une large issue à travers le cordon littoral des dunes. Les maisons ont été reconstruites plus avant dans l'intérieur des terres, sous l'abri d'une énorme digue qui ferme la lacune entre les monticules de sable; mais cette levée a nécessité un travail d'entretien et de réparation tellement prodigieux qu'un rempart en cuivre solide aurait pu être construit à meilleur compte[1]. De même, par suite d'une large ouverture entre les dunes du littoral, l'isthme de Petten, situé sur la côte occidentale de la péninsule de Hollande, était menacé de disparaître et de laisser Amsterdam et tous les rivages du Zuyderzee sans protection contre les flots de la mer; mais à force de travaux, de digues et d'épis de défense, on a fini par consolider la plage. De nos jours, les habitants de cette partie de la Hollande n'ont plus rien à craindre des invasions de l'Océan.

En France, la Pointe-de-Grave, à l'embouchure de la

---

1. Smallegange, *Nautical Magazine*, nov. 1863.

Fig. 199. JETÉES DE WESTKAPELLE.

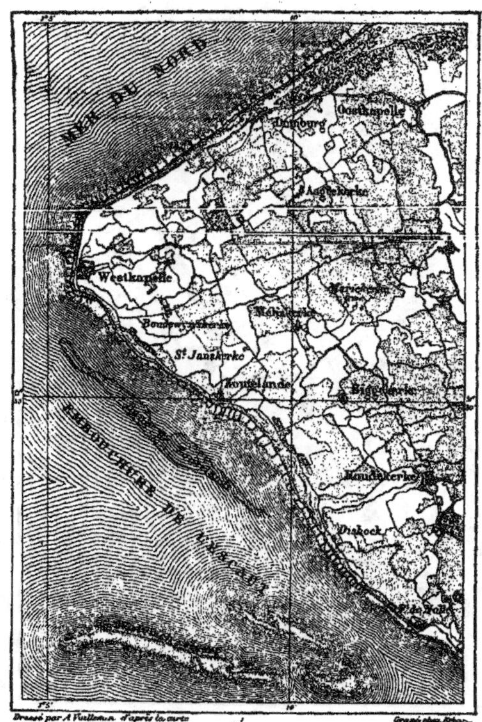

Fig. 200. JETÉES DE PETTEN.

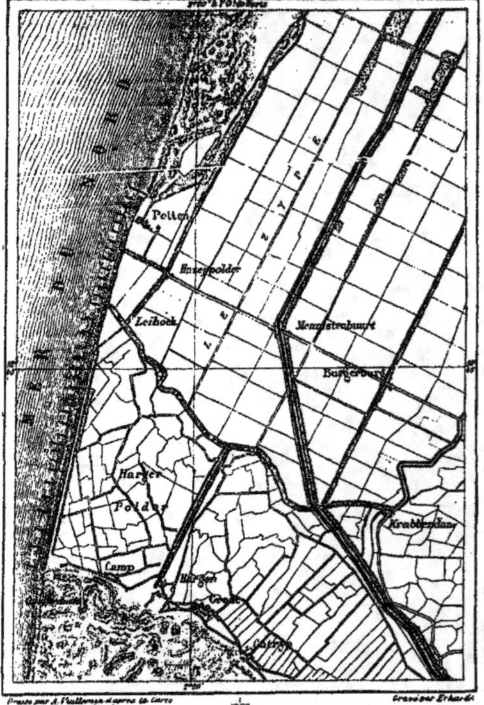

Gironde, est l'un des endroits où l'homme a le plus à lutter contre les brisants, et qui peuvent le mieux être cités en exemple de la violence de la mer. On sait exactement de combien se sont déplacés les rivages depuis l'année 1818. A cette époque, la Pointe-de-Grave s'avançait dans le golfe de Cordouan à 720 mètres au nord-ouest de sa position actuelle. De 1818 à 1830, elle recula de 180 mètres, ou de 15 mètres par an. De 1830 à 1842, elle perdit annuellement près de 30 mètres. De 1842 à 1846, lorsque les ingénieurs avaient enfin engagé la lutte contre la mer, les flots, dans leur marche triomphante, avancèrent de 190 mètres, c'est-à-dire de près de 48 mètres dans une seule année. Maintenant on jette la sonde à plus de 10 mètres de profondeur là où naguère la plage développait ses contours. Toutes les constructions élevées à l'extrémité de la pointe ont dû être successivement démolies et réédifiées dans l'intérieur de la presqu'île. L'ancien fort qui défendait l'entrée de la Gironde a été renversé par les vagues, et l'on aperçoit encore, aux plus basses mers des équinoxes, des canons gisant sur le sable humide. En 1846, la largeur du détroit qui sépare Cordouan de la péninsule du Bas-Médoc, s'était exactement accrue d'un dixième dans l'espace de vingt-huit années.

Tandis que la mer rongeait l'extrémité de la presqu'île, elle cherchait en même temps à en percer la base. Là où se trouve la partie la plus étroite de l'isthme qui réunit les dunes de Grave au Médoc, les flots étaient occupés à creuser une large échancrure connue sous le nom d'anse des Huttes. De 1825 à 1854, la plage reculait de 350 mètres. Au moment des basses mers, l'isthme des Huttes, qui se développe entre l'Océan et les marais salants du Verdon, avait encore 400 mètres de largeur, mais à l'heure du flot cette largeur était réduite à 290 mètres, et quand la tempête fouettait les vagues, celles-ci lançaient leur écume jusqu'au sommet des dunes de l'isthme étroit. Encore vingt-cinq années d'une marche aussi rapide, et l'Atlantique rompait

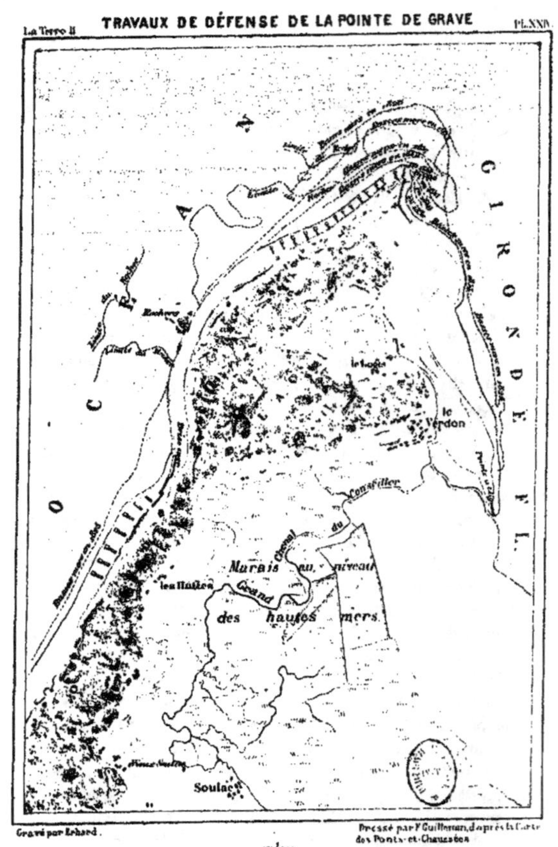
GIRONDE FL.
OCÉAN
le logis
le Verdon
Conseiller
Canal du
Marais au niveau
Grand
des hautes mers
les Huttes
Soulac
Gravé par Erhard.
Pressé par F. Guillemin, d'après la carte
des Ponts-et-Chaussées
1
50,000

enfin la frêle digue de sable que lui oppose le continent; il
s'épanchait dans les marais et transformait en île tout le
massif de Grave. La Gironde se réunissait à la mer par une
deuxième embouchure, et la génération actuelle pouvait
contempler des phénomènes géologiques semblables à ceux
qui s'accomplirent lorsque l'île de Cordouan, détachée du
continent, se changea graduellement en écueil. Il fallait au
plus tôt prévenir la ruine de toutes les propriétés situées
sur la presqu'île; enfin, chose bien plus importante encore,
il fallait laisser aux navires l'abri précaire que leur offre
la rade du Verdon, déjà trop exposée à la violence des
vents d'ouest par suite de l'érosion constante de la Pointe-
de-Grave. C'est donc à bon droit qu'on résolut d'accepter la
lutte avec l'Océan, et de cuirasser la péninsule contre ses
assauts à force de remparts.

Pour protéger la plage de l'anse, on construisit treize
jetées parallèles, longues de 160 à 180 mètres. Ces épis,
composés d'argile compacte, revêtus de pierres solidement
agencées, et défendus contre l'assaut des vagues par des
fascines et des pieux, résistaient à la fois par leur élasti-
cité et la cohésion de toutes leurs parties. Cependant tous
les épis n'étaient pas de force à tenir contre la mer pendant les jours d'orage. Une jetée céda, puis une autre; la
construction d'une digue parallèle au rivage de l'anse des
Huttes fut décidée. Pendant le cours des travaux, les orages
et les vagues de marée assiégèrent souvent la digue et la
rompirent en divers endroits; mais les ouvriers, luttant
avec succès contre les flots, purent fermer les brèches et
consolider les parties de la muraille qui s'étaient affaissées.
En mars 1847, après cinq années d'un combat sans cesse
renouvelé entre la nature et l'homme, la digue, longue
de 1,100 mètres, était enfin achevée, et semblait interdire
désormais aux brisants l'approche des dunes. Déjà les
ingénieurs se félicitaient de leur œuvre et croyaient avoir
dompté l'Océan, lorsque, peu de semaines après l'achève-

ment complet des travaux, une terrible tempête du sud-
ouest déchaîna toutes les eaux du golfe contre la côte du
Médoc ; les derniers épis de l'anse furent balayés comme des
fétus de paille, et la plus grande partie de l'énorme digue
fut rompue, emportée, anéantie par les flots exaspérés.

Pour fermer le passage à la mer, on eut à peine le
temps de construire, au fond de la concavité du rivage des
Huttes, une espèce de pyramide formée d'énormes blocs
en béton pesant chacun plusieurs milliers de kilogrammes.
Ce musoir aux degrés gigantesques résista solidement aux
flots qui l'assaillirent, mais il restait seul chargé de défendre
la plage, et l'Océan menaçait de le tourner pour continuer
au delà son œuvre d'érosion. La plage de l'anse des Huttes
avait reculé de 25 mètres, et, bizarres témoins des envahissements de la mer, deux puits qu'on avait creusés et ma-
çonnés dans le sable des dunes étaient déchaussés jusqu'à
la base, et se dressaient comme des tours au bord des
flots. La victoire avait été chèrement disputée par l'homme,
mais c'était la mer qui l'avait obtenue. Les millions dor-
maient au fond des flots. Enfin il fut résolu qu'au lieu de
construire un simple perré, comme on l'avait fait déjà, on
élèverait contre les flots un véritable brise-mer, prenant
son origine à l'extrémité méridionale de la baie pour aller
rejoindre au nord les inébranlables rochers de Saint-
Nicolas. En avant de ce rempart, on lança des cubes de
béton du poids de plusieurs tonnes pour former une espèce
de talus en pente douce dont la longueur est égale à dix
fois la hauteur du brise-lames. En outre, les clayonnages,
menacés par le travail incessant des tarets, furent peu à peu
remplacés par de puissantes digues maçonnées. L'Océan
n'a point encore franchi la barrière qu'on lui a posée, et
l'on peut espérer désormais qu'il la respectera. Cependant
les vagues, acharnées à la destruction de cet obstacle qui
les gêne, usent tour à tour de force et de ruse pour en
venir à bout. Elles déplacent les blocs de béton, enlèvent

les sables, lézardent les murailles, y poussent dans tous les
sens leurs travaux de sape et de mine, dénouent ces fascines si habilement tressées, et bondissent par-dessus les
constructions pour attaquer la plage qui s'étend au delà.

A la Pointe-de-Grave, la lutte n'a guère été moins vive
entre la mer et la volonté de l'homme. Sur la partie du
rivage maritime qui s'étend à 2 kilomètres au sud du cap,
quatorze épis, semblables à ceux de l'anse des Huttes,
s'avancent dans la mer. A la pointe même, l'épi est remplacé par une jetée de 120 mètres de long, composée de
blocs artificiels et naturels qu'on a précipités dans les flots
du haut des wagons de transport. L'extrémité sous-marine
de la jetée se continue au loin sous les eaux par des entassements de rochers que des chaloupes viennent déposer
quand la mer est favorable. Telle est cependant la violence
des lames que ces rochers, pesant en moyenne plus de
2 tonnes, sont très-souvent déplacés par la rencontre du
jusant et du flot de marée, et sont entraînés en dérive dans
la direction du large. Sous le choc des vagues, la jetée elle-
même se fendille çà et là dans toute sa largeur, et les ouvriers
doivent de temps en temps recharger les talus, maçonner
les lézardes, consolider les blocs dont l'équilibre est menacé. Parfois aussi les eaux creusent des cavernes sous les
rochers de la base : il faut alors descendre à marée base
pour boucher les-excavations, en fortifier les abords, en
interdire l'approche à l'ennemi.

Irritée de l'obstacle infranchissable que lui oppose le
puissant brise-lames de la pointe, la mer s'est acharnée
sur la langue de sable qui s'étend en arrière de la jetée.
Prenant le rivage à revers, les vagues ont agrandi sans
relâche la petite anse du Fort tournée du côté du fleuve,
et de 1844 à 1854, lorsque déjà la plage maritime était à
peu près fixée, celle qui fait face à la Gironde recula de plus
de 500 mètres, c'est-à-dire de 50 mètres par an. Encore
quelques années et la péninsule amincie était complète-

ment percée, le phare et les autres édifices étaient emportés,
et la jetée, séparée du continent, n'était plus qu'un écueil
battu des flots. Il fallait donc à tout prix fermer le passage
à la mer en construisant à l'angle du Fort un brise-lames
semblable à celui qu'on avait déjà construit à l'anse des
Huttes. C'est là ce qu'on a fait depuis et ce qui permet
enfin de faire succéder la période de simple surveillance à
la période de lutte qui avait duré déjà vingt années entre
l'homme et l'Océan. Les travaux, heureusement com-
plétés, donnent enfin un démenti à la superstition générale
qui attribuait aux flots une force irrésistible. La puissance
des vagues océaniques, comme celle des ondes aériennes
que pousse la tempête, peut être exactement évaluée en
tonnes ou même en kilogrammes, et pour vaincre leur
effort brutal, l'homme n'a qu'à leur opposer une résistance
supérieure, mesurée par ses calculs. Bien plus, il est probable qu'une connaissance approfondie des lois hydrologiques permettra d'utiliser un jour ces mêmes forces auxquelles il est actuellement si difficile de résister : la marée,
le jusant, les vagues de tempête, parfois si terribles, auront
aussi leur œuvre à faire, et leur action, bien dirigée,
deviendra un instrument de l'homme.

VI.

*Voies de communication naturelles et artificielles. — Plages, déserts et savanes.
— Rivières, canaux, chemins de fer. — Ponts et viaducs. — Percement des
isthmes. — Canal de Suez. — Isthmes de l'Amérique centrale.*

Tous les progrès réalisés dans la conquête du sol auraient été impossibles si les peuples ne s'étaient mis en
rapport les uns avec les autres par des communications
fréquentes; c'est ainsi que les denrées se sont échangées
de climat en climat, que les idées sont devenues un patri-

moine commun, et que l'intelligence créatrice des travailleurs a pu se développer et grandir.

Les premiers chemins qu'ont employés les hommes pour voyager et transporter leurs produits, sont les routes naturelles qu'offrent les plages de l'Océan, les déserts de sable, d'argile ou de roche dure dépourvue de toute végétation, la surface horizontale ou les longues ondulations des prairies et des savanes. Grâce à ces voies de communication toutes faites, les peuples, que les eaux, les forêts et les montagnes séparaient les uns des autres, ont appris à se connaître; mais les rapports qu'ils avaient entre eux n'en restaient pas moins très-difficiles. Les plages sont coupées de fondrières et d'embouchures fluviales dangereuses à traverser; les déserts, les savanes sont le royaume de la faim et le voyageur qui s'y aventure sans vivres est certain d'y périr. Depuis des milliers d'années et des milliers de siècles, ces voies naturelles sont toujours aussi périlleuses qu'elles l'étaient lorsqu'on s'y hasarda pour la première fois : c'est par son industrie seulement que l'homme a pu se créer des chemins plus sûrs et plus commodes.

L'invention des radeaux et des barques donna d'autres routes aux peuples; elle leur donna le cours sinueux des fleuves, ces « chemins qui marchent. » C'était un progrès immense pour les communications entre les peuples, puisque chaque rivière avec ses affluents relie les uns aux autres tous les pays de son bassin; mais à son tour, ce progrès a été dépassé. Dans les contrées civilisées de l'Europe, où l'homme se fait peu à peu une nature à son gré, ces cours d'eau capricieux, aux longs méandres, aux périlleux rapides, aux crues soudaines, aux étiages prolongés, ne peuvent plus convenir aux commerçants et aux voyageurs, devenus de plus en plus exigeants pour la vitesse et la régularité. La navigation intérieure diminue, excepté sur les embouchures fluviales qui sont en même temps des estuaires marins, et que l'art de l'ingénieur transforme graduellement en canaux réguliers ayant une grande profondeur normale : c'est ainsi que pour la Clyde, le lit, qui se trouvait, il y a un siècle, à 1 et 2 mètres seulement au-dessous de la surface, est maintenant creusé à 7 mètres et demi, de sorte que les grands navires peuvent toujours remonter librement aux quais de Glasgow. Dans l'intérieur

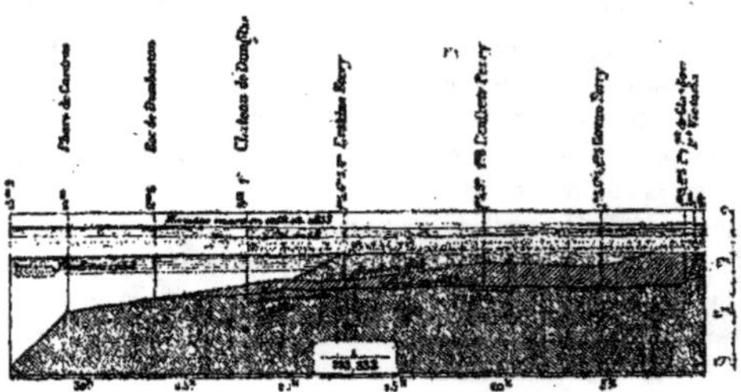

Fig. 601. Profondeurs successives de la Clyde.

des terres, les voies d'eau naturelles sont abandonnées pour les voies d'eau artificielles dont l'homme peut régler la direction et la profondeur à son gré; elles sont abandonnées surtout pour les routes carrossables, construites dans tous les sens à travers le territoire en un immense lacis, et pour les chemins de fer, sur lesquels la vapeur permet d'obtenir une vitesse bien plus grande encore. Déjà des ingénieurs ont demandé nettement la suppression de nos rivières d'Europe, la Loire, la Garonne, le Rhin, comme voies de communication et l'utilisation de leurs eaux pour l'arrosement des campagnes. « Les rivières ne sont des chemins que pour les sauvages, dit M. Love, et le civilisé reconnaît pour seules voies de transport celles qu'il a créées de toutes pièces [1]. » En effet, les centaines de millions et

1. *Discours d'inauguration à la Société des Ingénieurs civils.* 1868.

même les milliards qu'a coûtés la *Loire* depuis le commencement du siècle, en réparations de digues, de levées et de maisons, en renflouements de bateaux, en cultures reprises, n'auraient-ils pas amplement suffi pour la construction d'un double chemin de fer dans toute la longueur de la vallée et pour un système d'irrigation complet qui eût transformé en un immense jardin ces campagnes, toujours menacées d'un désastre par les eaux grossissantes ?

Les voies ferrées sont incontestablement, parmi toutes les grandes inventions modernes, celles qui contribuent le plus au mouvement des voyages, à la diffusion des idées et à la répartition des richesses de la terre. Les services qu'elles ont déjà rendus à l'humanité sont incalculables, et cependant la puissance de la routine, les exigences du fisc, les barrières de douanes, l'avide système de monopole et de lucre pratiqué par les compagnies, le manque de larges vues d'ensemble parmi les constructeurs du réseau, les inquiétudes et les désastres de la guerre ont singulièrement retardé l'impulsion que les voies ferrées auraient pu donner à l'activité des peuples. D'ailleurs, les chemins de fer sont encore en très-petit nombre, relativement à l'étendue des terres : la longueur totale en est de 160,000 kilomètres, soit un seul kilomètre par surface continentale de 800 kilomètres carrés. Aucune des grandes lignes qui doivent traverser d'une mer à l'autre mer les diverses parties du monde n'est complétement terminée. La plus longue, qui commence à Cadiz, et qui se développe sur un espace de 5,962 kilomètres en passant à Madrid, Paris, Berlin, Pétersbourg, Moscou, ne dépasse point encore Nijni-Novogorod, dans les plaines de la Russie : une longueur double reste à franchir avant que les rails n'atteignent les bords de la mer d'Ochotsk. La ligne transversale qui des bords du Pas-de-Calais se dirige vers Constantinople se trouve, depuis plus de dix années déjà, arrêtée par le cours du Danube. Quant au nouveau monde, il possédera en 1869 un chemin de fer de 6,000 kilomètres de long, qui traversera le continent de l'Atlantique au Pacifique, de Portland et de New-York à San-Francisco, et qui deviendra certainement la principale artère commerciale du globe.

Fig. 202. CHEMINS DE FER DU LANCASHIRE.

Très-peu nombreux sont encore les districts dont « l'outillage » de chemins de fer est à peu près complet. Le plus riche sous ce rapport est la partie du Lancashire où fut ouverte la première voie ferrée importante, celle de Manchester à Liverpool, et où Stephenson lança sa première locomotive. Sur ce sol classique de l'industrie, on compte au moins 1 kilomètre de chemin de fer sur 4 kilomètres carrés de surface. Aussi la grande facilité des communications a-t-elle eu pour résultat d'attirer vers ces contrées des populations vraiment énormes, relativement au

peu de superficie qu'elles occupent. De même Londres, vers
laquelle les voies de fer convergent de tous les points de
l'horizon, augmente de 50,000 habitants par année, et, dans
sa marche grandissante, ne cesse d'englober dans son en-

Fig. 209. POPULATIONS COMPARÉES DE LONDRES ET DE L'ANGLETERRE.

ceinte les villes, les villages, les hameaux des environs.
Déjà elle contient à elle seule près du sixième de la population, ce qu'on a tâché de figurer par la carte précédente,
où Londres, Manchester et Liverpool sont représentées avec
une superficie proportionnelle au nombre de leurs habi-

tants. Quelques régions très-peuplées de la Belgique, de la Prusse rhénane, du Massachusetts sont aussi parcourues de voies ferrées dans tous les sens ; mais partout ailleurs, si ce n'est dans le voisinage des capitales, le réseau est encore loin d'être achevé. Des continents sont presque entièrement dépourvus de voies de communication rapides. L'Amérique du Sud, deux fois grande comme l'Europe, n'a pas même 3,000 kilomètres de chemins de fer. En dehors de l'Hindoustan, le continent d'Asie n'a que le chemin de fer de Smyrne à Éphèse; l'Afrique n'a point de lignes ferrées, si ce n'est au nord et au sud, dans les deux colonies de l'Algérie et du Cap, et dans le bassin du Nil qui, pour le commerce, est aussi une colonie d'Europe.

Depuis quarante années, cinquante milliards ont été dépensés dans les diverses contrées pour la construction des chemins de fer, et ce n'est là pourtant qu'une faible somme, comparée à celle qu'il faudra dépenser encore pour la continuation et l'accomplissement de l'œuvre entreprise : il est vrai que ces dépenses, bien différentes de celles que les hommes emploient à s'entre-détruire, servent à créer de nouvelles richesses et à rendre les peuples amis. Quoique trop faible encore, la fraction des épargnes nationales qui peut échapper à la rapacité du fisc et aux gaspillages du luxe et de la débauche sert cependant à mener à bonne fin d'énormes travaux, que nos ancêtres n'auraient pas osé rêver et qu'on ne songe point toutefois à signaler comme des « merveilles du monde, » parce que des œuvres plus grandes seront tentées un jour : les Pyrénées, les Cévennes, les Vosges, le Jura, les monts de la Bohême, les Apennins sont franchis par les rails de fer; la locomotive gravit les rampes de la Sierra-Nevada de Californie, s'élève jusqu'à 2,140 mètres, tandis qu'à l'est, elle passe sur un col des montagnes Rocheuses à 2,512 mètres de hauteur. Au Sœmmering, au Brenner, les Alpes se sont aussi abaissées sous la main de l'ingénieur; le Saint-Gothard, le Simplon, le Mont-Genèvre

Pl. XXV.

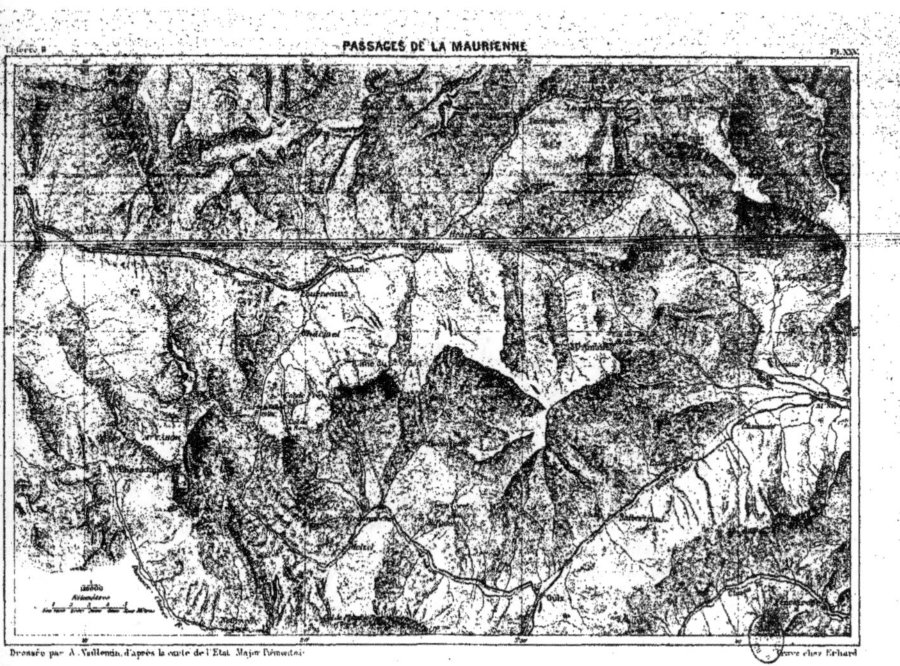

PASSAGES DE LA MAURIENNE
Pl. XXV.
Échelle
Dressée par A. Vuillemin, d'après la carte de l'État Major Piémontais
Gravé chez Erhard

vont être franchis à leur tour ; enfin, depuis onze années, on travaille au percement d'un tunnel de 12,220 mètres au-dessous des montagnes de Fréjus, entre le village français de Modane et le bourg italien de Bardonnèche, tandis qu'à 27 kilomètres à l'est, un chemin de fer provisoire, suivant les contours et gravissant les rampes de la route carrossable du Mont-Cenis, passe à 2,098 mètres de hauteur, puis descend en lacets dans l'abîme au fond duquel est placée la ville de Suze. Du temps d'Annibal et des Romains, et jusqu'aux premières années de ce siècle, on ne pouvait se rendre de la Maurienne en Italie que par les sentiers des deux monts Cenis, ou par de redoutables passages, coupés de précipices, et presque tous obstrués par les glaciers. Depuis 1810, une route permettait aux voyageurs des deux peuples de communiquer en tout temps, et maintenant la pression des deux courants commerciaux qui demandent à se rejoindre à travers le rempart des Alpes est si forte qu'il a fallu improviser un chemin de fer de construction spéciale pour attendre la grande voie internationale qui supprimera les Alpes entre Paris et Turin.

Les ingénieurs qui percent les montagnes ne craignent pas davantage de suspendre les voies ferrées au-dessus des grands fleuves ou même des bras de mer. Au Canada, un pont-viaduc, long de plus de 3 kilomètres, franchit le Saint-Laurent ; non loin de la cataracte du Niagara, un autre pont, portant quatre lignes de chemins de fer, traverse l'abîme dans lequel vient de plonger le fleuve. En Angleterre, le détroit d'Anglesey, les estuaires de la Mersey, de Saltash et d'autres encore sont franchis par de magnifiques ponts-tubes ; tôt ou tard, les deux rives du Bosphore et celles du « Phare » de Messine seront réunies par un viaduc où les convois passeront en grondant ; enfin, depuis plusieurs années, les ingénieurs proposent à l'envi de supprimer la lacune du Pas-de-Calais entre le réseau du continent et celui de la Grande-Bretagne, soit en creusant un tunnel

au-dessous de la mer, soit en jetant un pont de 30 kilomètres entre les deux falaises. Ce n'est point là un rêve
chimérique : l'argent dépensé pour les terribles fêtes de Sol-
ferino ou de Sadowa suffirait amplement à cette œuvre. En
quelques années, l'industrie aurait reconstruit cet isthme
que les flots ont mis des milliers de siècles à détruire.

De même que les détroits ne doivent plus arrêter la
locomotive, de même les isthmes ont à s'ouvrir pour la
navigation et à compléter ainsi l'œuvre d'aménagement de
la planète. Déjà les anciens s'étaient essayés dans ces grands
travaux, mais leurs tentatives n'aboutirent à aucun résultat
définitif. Ainsi les Grecs, et après eux les Romains, du temps
de Néron, commencèrent à diverses reprises les tranchées
d'un canal entre les deux baies de la mer Ionienne et de
l'Archipel que sépare l'isthme de Corinthe. A l'endroit
choisi, les terrains à percer n'ont pas même une largeur
de 6 kilomètres et s'élèvent des deux côtés en pente douce
jusqu'à un seuil de 80 mètres de hauteur. En tenant compte
des petites dimensions nécessaires à un canal destiné aux
galères grecques et romaines, ce travail de creusement
n'offrirait aujourd'hui rien d'extraordinaire ; mais les difficultés en parurent insurmontables aux ingénieurs de l'antiquité, et les embarcations qui se rendaient d'un golfe
à l'autre golfe durent continuer de faire le grand circuit
autour des promontoires et des îles du Péloponèse, assaillis
par les flots de la haute mer.

Le canal de navigation commencé par le Pharaon
Néchao, il y a plus de vingt-cinq siècles, entre le cours
du Nil et le golfe de Suez, était plus facile à mener à bonne
fin que la percée de l'isthme de Corinthe, car il s'agissait
uniquement de tracer, à travers les terres basses du désert,
une rigole de dérivation, apportant à la mer Rouge les eaux
douces du fleuve. Un Ptolémée termina cette œuvre, longtemps abandonnée ; après quelques siècles d'interruption,
le calife Omar la fit rétablir par son lieutenant Amrou, et

pendant quelques années, elle facilita les échanges entre le
delta du Nil et les villes de l'Arabie. De nos jours, cette
voie d'eau, recreusée sans peine par les ingénieurs francs,
sert non-seulement au transport des marchandises et des
denrées entre le bassin fluvial et la mer Rouge, elle ali-

Fig. 601. ISTHME DE CORINTHE.

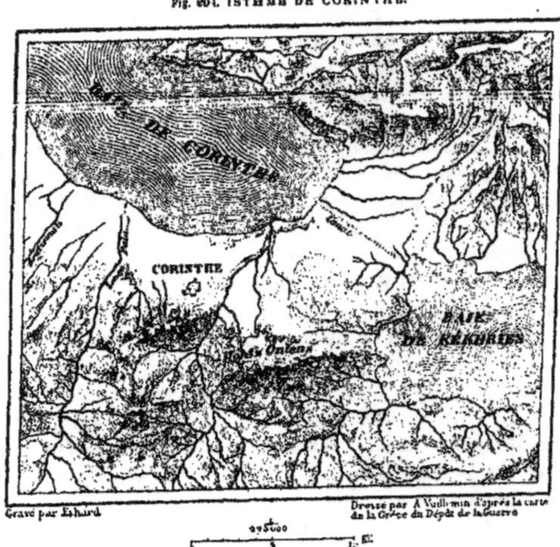

mente aussi d'eau pure la ville de Suez, exposée à mourir
de soif à cause du manque de fontaines et de pluies, et
porte la fécondité dans les terres, jadis dépourvues de toute
végétation, qui bordent les deux rives. Mais ce canal, plus
utile et certainement plus durable que nos ancêtres n'avaient
su le faire, n'est qu'un simple détail dans l'œuvre grandiose commencée en 1854. Le grand canal, auquel on tra-

vaille depuis cette époque et qui doit être terminé le 1ᵉʳ octobre 1869, est un véritable bras de mer de 145 kilomètres de longueur, qui rétablit entre la Méditerranée et l'océan Indien l'ancienne communication détruite peu à peu pendant le cours des âges géologiques. Le canal, assez profond pour recevoir les navires du plus fort tirant d'eau, assez large pour que les convois de bâtiments puissent s'éviter sans peine, sera en outre pourvu de vastes ports intérieurs, où pourront remiser des flottes entières, et de deux magnifiques ports extrêmes, dont l'un, celui de Port-Saïd, est déjà, après celui de Marseille, le plus commode et le plus sûr de toute la Méditerranée. La masse de terre qu'il aura fallu déplacer pour ouvrir la route aux navires n'est pas moindre de 73 millions de mètres cubes, c'est-à-dire que, si l'on entassait tous ces déblais, ils se dresseraient en une pyramide de 3,200 mètres de tour à la base et de 350 mètres de hauteur. Par suite de l'attraction que l'immense chantier ne pouvait manquer d'exercer sur les populations de l'Égypte et de l'Europe, le désert s'est peuplé et parsemé de jardins et d'oasis; deux villes importantes, Port-Saïd et Ismaïlia, ont surgi des sables; près de quarante mille habitants se sont établis à demeure dans ces plaines, où jadis le voyageur ne s'aventurait qu'en tremblant. Et que sont ces premiers groupes de colons, en comparaison de ceux qui accourront de toutes parts lorsque Port-Saïd et Suez seront devenues de nouvelles Constantinoples et recevront tout ou partie de cet énorme trafic de 9 millions de tonnes qui contourne annuellement le cap de Bonne-Espérance, en allongeant ainsi sa route normale de 12,000 kilomètres par traversée? Certes, on peut bien dépenser 300 millions de francs pour une pareille entreprise, alors que les négociants d'Amsterdam n'ont pas hésité, afin d'épargner à leurs navires le petit détour par le Zuyderzee et le passage du Texel, de faire construire un premier canal de 78 kilomètres à travers la péninsule de

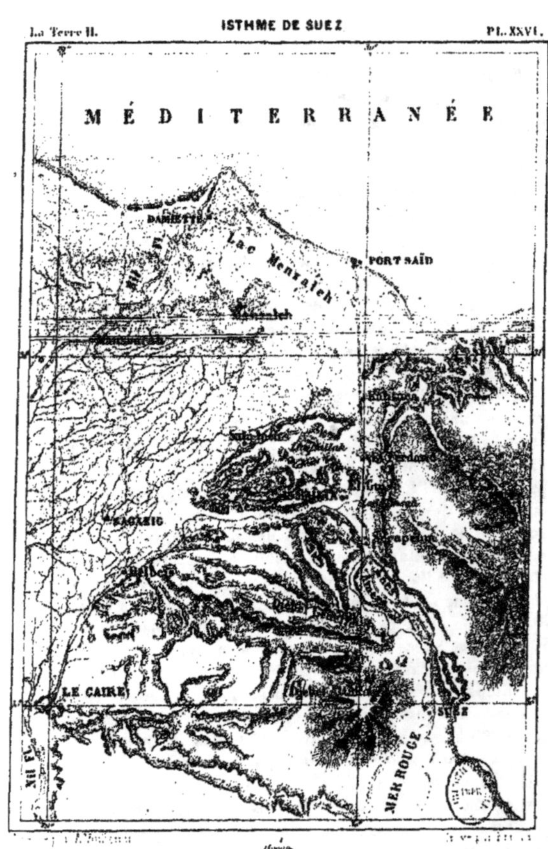
MÉDITERRANÉE
DAMIETTE
Lac Menzaleh
PORT SAÏD
ZAGAZIG
LE CAIRE
SUEZ
MER ROUGE
Kilomètres

Hollande, puis un autre de 25 kilomètres seulement, qui ne
leur coûtera pas moins de 60 millions. Ce dernier canal
coupe la péninsule à la racine et passe à travers d'anciennes lagunes et les marais de l'Ij, qui se transforment
rapidement en de magnifiques polders.

L'ouverture du canal de Suez, que l'on nous promet
devoir être si prochaine, doit naturellement se compléter
tôt ou tard par la coupure de l'un des isthmes de l'Amérique
centrale. En 1528 déjà, Cortez, après avoir constaté qu'il
n'existe point de détroit entre le golfe du Mexique et la
mer du Sud, s'occupait des moyens de le créer en perçant
l'isthme de Tehuantepec par un canal de navigation. Depuis
que les anciennes colonies américaines, devenues terre
libre, sont dégagées des entraves commerciales qui en faisaient le fief de quelques maisons de Séville et de Cadiz,
les projets de percement se sont succédé en foule, les uns
rédigés au hasard sur des cartes de fantaisie, les autres étudiés avec tout le soin que permettait d'y apporter la connaissance du pays, et présentés par des hommes d'une
valeur scientifique. Les parties de l'Amérique centrale à
travers lesquelles les ingénieurs ont fait ainsi passer à l'envi
leurs divers tracés de canaux à écluses ou sans écluses comprennent sans exception tous les étranglements de la grande
terre de jonction entre le Mexique et la Colombie. L'isthme
de Tehuantepec, celui de Honduras, la vallée du San-Juan et
l'étroite zone de campagnes qui sépare les eaux du Pacifique de celles des deux lacs de Nicaragua et de Managua,
l'isthme de Chiriqui, le rio Chagres et Panama, le Darien,
faible pédoncule qui rattache au continent du nord la
masse énorme du continent méridional, enfin le bassin de
l'Atrato et de plusieurs de ses tributaires ont été tour à
tour prônés comme les endroits où devait nécessairement
s'ouvrir la grande porte commerciale du monde. D'après
M. Jules Flachat, les sommes que demanderait la plus facile
de ces entreprises, celle du Nicaragua, atteindraient au

moins le chiffre de 320 millions, et le percement le plus
coûteux, celui qui emprunterait le cours de l'Atrato et du
Truando, reviendrait à 750 millions de francs. C'est là peu de
chose, comparé aux trésors qui se dépensent chaque année
pour acheter des armes de guerre et fondre des balles et
des boulets ; mais c'est beaucoup pour une œuvre d'intérêt
universel dont le résultat serait de rapprocher les continents
les uns des autres et de hâter le jour de la grande réconci-
liation. Il est donc probable que de longues années s'écou-
leront encore avant que l'un des isthmes américains donne
passage aux flottes de commerce, et pourtant si les sommes
prodiguées sur les marchés financiers dans la constitution
de sociétés fantastiques avaient été employées à quelque
travail sérieux pour la jonction des deux mers, il n'est pas
douteux qu'une grande partie de l'œuvre ne fût maintenant
accomplie. Au Nicaragua notamment, il serait relativement
facile d'ouvrir une communication de mer à mer. Jadis les
navires de commerce espagnols remontaient librement jusque dans le lac en se laissant pousser par les vents alizés,
et maintenant encore les bateaux à vapeur triomphent sans
peine du courant des rapides. En améliorant le port de
l'entrée et en rectifiant le cours du San-Juan aux endroits
difficiles, on ouvrirait de nouveau l'accès du lac aux navires
de 300 à 400 tonneaux : il resterait ensuite à percer l'étroite
langue de terre de Granada ; mais, à l'ouest de l'île et de la
rade de Zapatera, où les embarcations seraient parfaitement
abritées du ressac produit par les alizés, l'ingénieur Maxi-
milien de Sonnenstern a découvert un passage d'une trentaine de kilomètres de longueur, dont le point le plus élevé
se trouve seulement à 7^m,50 au-dessus du lac de Nicaragua
et à 45 mètres environ au-dessus du Pacifique [1].

1. Félix Belly, *A travers l'Amérique centrale,* deuxième vol., p. 405.

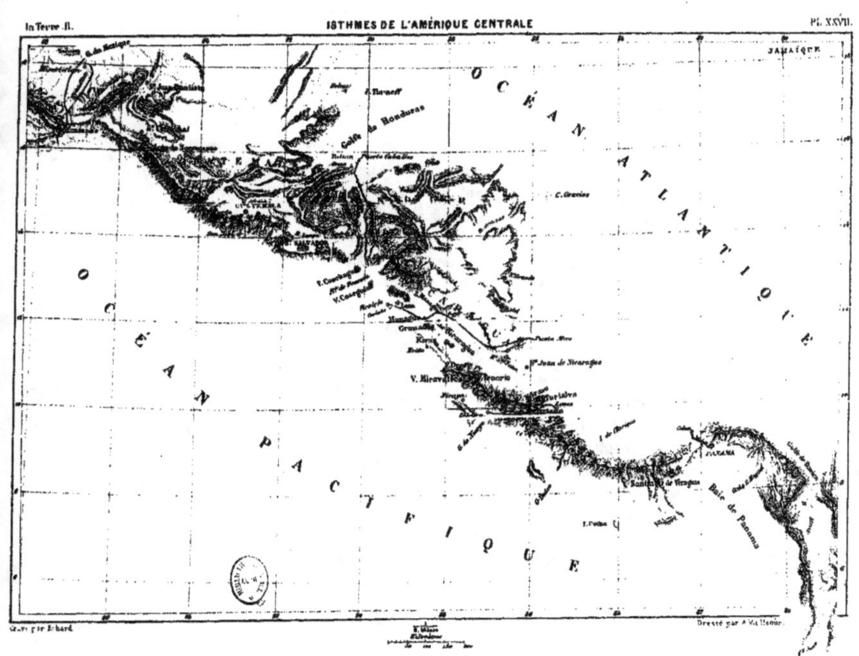

Gravé par Erhard.   E. Mason éditeur   Dressé par A. Vuillemin.

VII.

Des statisticiens ont calculé qu'en l'année 1860, toutes les machines travaillant dans la Grande-Bretagne au profit de l'industrie représentaient une somme d'activité égale à celle de 1,200 millions d'hommes valides : c'est beaucoup plus que la force collective de l'humanité tout entière, car parmi les 1,300 millions d'êtres humains, les trois quarts sont trop faibles, trop jeunes ou trop âgés pour fournir un travail soutenu. Et pourtant cette énorme puissance industrielle de l'Angleterre s'accroît chaque année d'une force équivalente à celle de plusieurs dizaines de millions de « bras »; en France, en Allemagne, en Italie, aux États-Unis, en Hindoustan, en Chine, au Japon, en Égypte, dans tous les pays où la civilisation importe ses machines, l'accroissement des moteurs appliqués au travail s'accomplit suivant une proportion analogue ou plus rapide encore. Grâce au souffle de l'air, aux courants d'eau, à la vapeur et aux autres agents naturels que l'homme a chargés de son propre labeur, l'industrie achève chaque année une besogne de plus en plus grande et contribue sans cesse plus activement à modifier l'aspect de la planète.

Et que sont les merveilles d'aujourd'hui, comparées à celles que la science nous fournira un jour les moyens d'accomplir? Quand nous pourrons saisir et lier, pour la faire travailler à notre service, la puissance que le souffle continu d'un ouragan des Antilles exerce dans un espace restreint, quand nous pourrons nous emparer de la force d'impulsion développée par les vagues qui se brisent pendant un hiver orageux sur la digue de Cherbourg, ou bien encore des flots de marée qui recouvrent chaque mois les plages de la baie de Fundy, quand nous saurons enlever leurs terreurs aux volcans et nous concilier ces forces redoutables des laves et des gaz comprimés qui s'agitent dans les profondeurs, quelles œuvres seront assez colossales pour que notre siècle de travail et d'audace recule devant elles[1]? Ce que les hommes ont fait jusqu'à maintenant ne sont que des jeux, nous pouvons l'affirmer sans crainte, en proportion de ce qu'ils pourront faire dans l'avenir, lorsque leurs forces, au lieu de se neutraliser les unes les autres, sauront travailler de concert. Si nos rudes ancêtres qui habitaient les cavernes à l'époque de l'âge de pierre revenaient parmi nous, ils seraient sans aucun doute trop ignorants pour comprendre, ou même pour admirer les immenses progrès accomplis depuis les âges de barbarie[2]. Et nous, sommes-nous assez avancés aujourd'hui pour nous faire seulement une idée de ce que sera la surface de la planète, quand l'homme l'aura, pour ainsi dire, recréée à son gré, avec les moyens, de plus en plus puissants, que lui fournit la connaissance de la nature et de ses phénomènes ?

Parmi les conquêtes industrielles de la science moderne, celle qui peut nous donner la plus haute espérance relativement aux progrès futurs de l'humanité, c'est la télégraphie électrique. Par cette invention, l'homme cesse d'être attaché à la partie de la glèbe sur laquelle il rampe si lentement, il dégage sa liberté des obstacles que lui imposait la distance et devient présent sur tous les points de l'espace que le fil conducteur met en rapport avec sa pensée. A la puissance de ses machines, que l'on pourrait comparer à la force musculaire, il ajoute la force nerveuse que lui donnent ces fibres tendues dans tous les sens ; les

1. George P. Marsh, *Man and Nature*.
2. Grove, *Address to the British Association*, Nottingham, 1866.

nouvelles, transmises de cellule en cellule, arrivent à son cerveau de toutes les extrémités du monde, et ses volontés repartent aussitôt pour traverser les continents et se transformer en actes de l'autre côté de la planète.

La construction des télégraphes électriques n'a commencé qu'une dizaine d'années après celle des premiers chemins de fer ; mais, grâce à la simplicité relative qu'offrent les travaux d'établissement des fils, la longueur totale des lignes de télégraphes dépasse déjà de beaucoup celle des voies ferrées. Moyennant une dépense d'environ un demi-milliard de francs, on a pu tendre entre les diverses stations près de 400,000 kilomètres de fils, et près d'un milliard de kilomètres, si l'on compte tous les fils doubles ou multiples des lignes importantes : c'est une longueur égale à celle d'une hélice qui entourerait vingt-cinq fois la terre à l'équateur. Chaque année, les nouveaux fils qui se déroulent suffiraient à compléter un nouveau tour d'hélice sur la rondeur de la planète : c'est la portée de la volonté humaine qui se prolonge d'autant sur le domaine qu'elle a fait sien par l'industrie.

Ce n'est pas seulement à la surface des continents, c'est aussi dans les profondeurs des mers que le fluide électrique transmet la pensée humaine autour du globe. Par une quinzaine de fils qui reposent sur le lit de la Manche et de la mer du Nord, la Grande-Bretagne est rattachée aux côtes de France, de Belgique, de Hollande ; la Scandinavie est reliée directement à l'Allemagne à travers la Baltique ; la Sicile, la Sardaigne, sont devenues terres italiennes en dépit de la Méditerranée. On se rappelle encore avec quelle émotion furent accueillis les premiers échanges de pensées dardés d'une rive de l'Atlantique à l'autre, sous l'immense couche d'eau, profonde de 4,000 mètres et large d'un huitième de la circonférence terrestre. Ces premières paroles que l'ancien monde envoyait au nouveau étaient des paroles de paix et de bonne volonté ; tous comprenaient que la

grande fraternité humaine venait de s'affirmer d'une manière solennelle; en dépit des obstacles de toute nature, en
dépit des continents, des mers et de l'espace, les peuples
épars commençaient à se sentir une âme commune. Après
avoir transmis ces paroles de paix, puis griffonné quelques
syllabes indistinctes, le câble transatlantique, comme épuisé
par ce premier effort et cessant de vivre, pour ainsi dire,

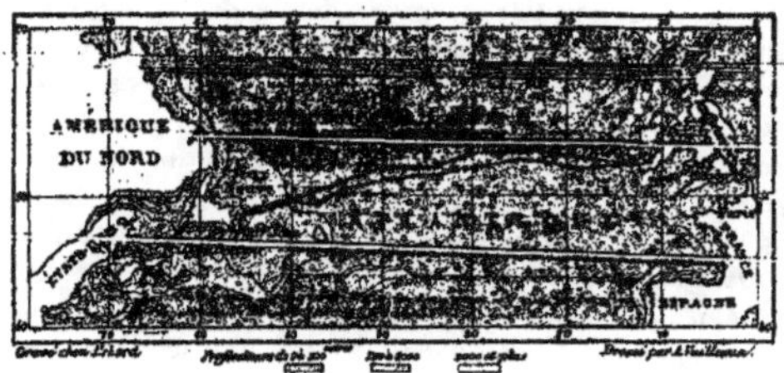

Fig. 203. CÀBLES TRANSATLANTIQUES.

refusa tout service aux savants électriciens qui le sollici-
taient des deux côtés de l'Océan : le silence reprit son
empire à travers l'étendue des eaux. Mais les persévérants
Anglo-Saxons ne sont pas restés sous le coup de la défaite;
de nouveau, ils fabriquèrent des milliers de kilomètres de
fil; de nouveau, ils chargèrent leurs ingénieurs et leurs
marins les plus habiles de le déposer au fond de l'Océan;
puis, avec une anxiété plus grande qu'à la veille d'une
bataille décisive, ils virent leur plus beau vaisseau s'éloigner en déroulant le câble qui devait les unir à leurs frères
d'Amérique. Nouvel insuccès : le fil se rompit en pleine
mer. N'importe, ils en posent un troisième, et le puissant
Great-Eastern accomplit la traversée de l'Atlantique, sans
cesser un instant de communiquer avec les côtes de l'Irlande, comme s'il eût laissé derrière lui un long sillage

électrique. Actuellement, deux télégraphes sous-marins rejoignent les continents opposés et l'on s'occupe d'en placer d'autres encore, entre Brest et New-York, Lisbonne et Rio-de-Janeiro. Toutefois, des lignes assez courtes, notamment celle de France en Algérie par les Baléares, n'ont pu être établies d'une manière permanente : les câbles se sont toujours rompus; ceux de la Méditerranée orientale, de la mer Rouge, de l'océan Indien, ont été aussi très-fréquemment brisés. Une longueur totale de 20,000 kilomètres de fils télégraphiques a été posée au fond de la mer entre les diverses parties du monde, leurs îles et leurs presqu'îles; mais il n'existe pas encore une seule ligne continue qui ceigne en entier la rondeur de la planète à travers les masses continentales et les profondeurs océaniques. La ligne la plus longue, celle de San-Francisco à Calcutta par New-York, Londres, Vienne, Constantinople, Bagdad, n'a pas moins de 20,000 kilomètres.

Les grandes choses accomplies déjà sur les bords et dans les gouffres de l'Océan permettent de dire que l'homme en a pris possession. La mer n'est plus aujourd'hui « l'infranchissable abîme, » et le marin peut l'explorer dans presque toute son étendue. Près de deux cent mille navires parcourent les eaux entre les rivages des continents et des îles; plus d'un million de matelots ont fait leur patrie des vagues redoutées, et la moitié de leur vie se passe loin des côtes sur des embarcations que balance le flot, que secoue la tempête. Les traversées maritimes deviennent de plus en plus fréquentes, et c'est maintenant par centaines de mille que l'on compte le nombre des voyageurs qui se déplacent chaque année de l'un à l'autre bord de l'Atlantique : ils égalent en multitude les passagers qui franchissent, entre la Grande-Bretagne et le continent, les étroites mers du Nord, du Pas-de-Calais et de la Manche. Non-seulement les ports naturels que forment les anses du littoral et les embouchures de rivières sont améliorés par les tra-

vaux hydrauliques de toute espèce, mais de nouveaux ports
sont ouverts aux navires sur les côtes les plus dangereuses.
Ainsi les redoutables écueils de Holyhead, de Kingston, de
Howth, et les îlots rocheux de Cherbourg, de Plymouth,
ont servi de points d'appui à des jetées et à des digues
enfermant de vastes surfaces où les grands vaisseaux trouvent un abri sûr. Ailleurs, comme à l'embouchure du
Danube, les deux rives ont été prolongées au loin dans la
mer jusque dans les eaux profondes[1]. A Portland, on a
renversé le sommet d'une colline dans la mer pour en construire un énorme brise-lames enfermant tout un golfe où
pourraient manœuvrer des flottes entières. On parle même
de construire des ports en pleine mer. M. Thomé de Gamond
proposait d'utiliser le banc de Varnes, au milieu du Pas-
de-Calais, pour établir un grand port de refuge sur le chemin parcouru chaque année par plus de cent mille navires.

Une autre tentative de prise de possession des mers
est celle qu'a faite le « cultivateur » des eaux. Il ne se
borne pas, comme le chasseur sur la terre solide ou comme
le pêcheur dans les rivières et sur l'Océan, à se saisir des
animaux pour en faire sa nourriture; mais, s'élevant d'un
degré dans la civilisation, il apprend à imiter les peuples
bergers; au lieu de détruire en sauvage les êtres vivants
sans se préoccuper du maintien de l'espèce, il s'occupe au
contraire d'en accroître les représentants, il les élève et les
soigne pour assurer sa subsistance future. Ainsi, les « ostréi-
culteurs » recouvrent leurs champs sous-marins de fascines,
de pierres, de tuiles, sur lesquelles s'attache le « renouve-
lain, » c'est-à-dire la foule innombrable des petits organismes qui doivent se transformer en huîtres. Quand les
mollusques, après avoir échappé aux mille causes de destruction qui les entourent, ont grandi dans les parcs, le
pêcheur les recueille pour les mettre à l'engrais dans des

1. Voir, dans le premier volume, le chapitre intitulé *les Rivières*.

réservoirs où ils prennent tout leur développement. Les

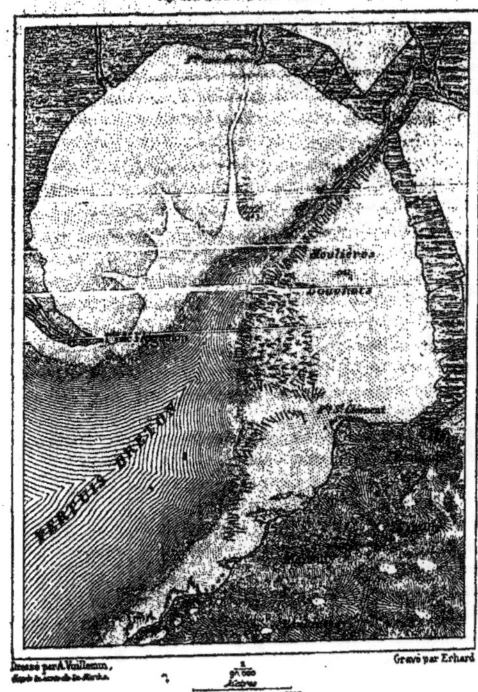

Fig. 206. RADE D'AIGUILLON.

pêcheurs de l'île de Ré, qui ont commencé la culture des

huîtres, il y a une dizaine d'années à peine, ont déjà des
parcs qui s'étendent sur une surface de 6,800 hectares et
d'où ils peuvent extraire plus de 300 millions d'huîtres
par an. On cultive aussi ce mollusque sur des bancs artificiels à Arcachon, à Marennes, dans la baie de Saint-Brieuc,
sur les rivages du Cotentin. En Angleterre, la culture de
l'huître prend aussi une importance de plus en plus grande
et remplace peu à peu les anciennes méthodes barbares de
la pêche. Mais c'est aux États-Unis surtout que l'ostréicul-
ture a pris d'énormes développements. Sur les 50 milliards
d'huîtres qui sont dévorées chaque année en Amérique et
dans l'Europe occidentale, près de 45 milliards forment la
part de la consommation aux États-Unis. La quantité de
moules que les pêcheurs élèvent sur les côtes et livrent
au commerce est aussi des plus considérables. Dans la seule
rade d'Aiguillon, où la culture de ce mollusque se pratique
depuis le xiii° siècle, on compte plus de 500 bouchots ou
rangées de palissades, sur lesquelles les moules se développent en immenses grappes; c'est par millions que les
« boucholeurs » les recueillent chaque année sur une seule
palissade.

Quant à la culture des plantes marines, l'homme ne
l'a point encore entreprise. Il se borne à ramasser sur les
plages les varechs, mêlés aux débris des coquilles rejetées
par les vagues, et les utilise pour amender ses champs.
Encore cet emploi des algues est-il tout local et ne donne-
t-il lieu qu'à une exploitation relativement faible. Il ne tient
qu'aux agriculteurs de trouver pour toutes les terres labou-
rables du monde une quantité inépuisable d'engrais : il leur
suffit pour cela d'envoyer des flottes prendre des charge-
ments de fucus dans les interminables prairies de sargasses
de l'Atlantique et du Pacifique [1].

1. Voir, ci-dessus, p. 526.

VIII.

Innocuité relative des ouragans. — Prévision du temps. — Modifications
que le travail de l'homme apporte aux climats.

Un fait qui contribue singulièrement à hâter cette
prise de possession des mers, c'est que les vents et les terribles ouragans eux-mêmes ont perdu de leur pouvoir sur
l'homme. Grâce à la prévision que la science donne aux
marins, ces météores deviennent de moins en moins effrayants, et leur action bienfaisante pour le mélange des
masses aériennes n'est plus accompagnée comme autrefois
d'un si grand nombre de désastres locaux. Instruit par
l'aspect du ciel et de la mer aussi bien que par les oscillations du baromètre, le capitaine voit au delà de l'horizon
la tempête qui s'approche et, sans crainte, il prend ses
mesures pour s'éloigner à temps des redoutables spirales
qui vont se dérouler sur la mer. Pour le navire à vapeur
bien commandé, « il n'est plus d'ouragan possible; » le
cyclone n'est qu'une trombe ordinaire, autour de laquelle
le bâtiment peut tourner à son aise, s'en éloignant s'il y a
danger d'être entraîné dans le tourbillon, s'en approchant
au contraire si les vents de la tempête peuvent être utiles
à sa course. L'ouragan, terreur des navigateurs d'autrefois,
peut devenir ainsi de nos jours un puissant auxiliaire[1].
Dans le voisinage des côtes, il est vrai, le danger est toujours très-grand, puisque le navire n'a pas l'espace libre
devant lui : aussi, quand la tempête s'annonce, les marins
doivent-ils s'élancer au plus tôt vers la pleine mer.

Les rivages, que longeaient servilement les anciens
navigateurs, dans la crainte d'affronter le terrible Neptune,

[1]. Bridet, *Étude sur les Ouragans de l'hémisphère austral.*

sont évités aujourd'hui par les marins, car c'est le long des
côtes, et principalement sur les plages basses, qu'ont lieu
presque tous les naufrages. Les cartes figuratives que les
sociétés de sauvetage dressent pour représenter la proportion des sinistres survenus sur les divers points des côtes
de la Grande-Bretagne et de la France témoignent de ces
redoutables dangers : sur cent navires, deux en moyenne
ont à subir un désastre dans l'année. Bien peu nombreuses
sont les mers assez tranquilles et assez profondes pour que
les embarcations puissent toujours voguer sans crainte à

Fig. 207. NAUFRAGES DE LA MÉDITERRANÉE.

proximité du rivage : le littoral de la Méditerranée n'est
pas moins parsemé de débris que celui de l'Océan, et certains de ses parages, notamment la partie de la courbe qui
se développe entre Cette et Marseille, sont tout particu-
lièrement redoutés. Pour diminuer le nombre des naufrages, on s'occupe, avec juste raison, d'améliorer les ports,
d'ouvrir des havres de refuge, d'éclairer les côtes par des
phares visibles à une grande distance en mer, de signaler
les écueils par des bouées et des balises, de converser avec
les marins par la télégraphie des sémaphores; mais c'est
avant tout par la connaissance précise des mouvements de
l'atmosphère et par la prévision de plus en plus claire des

phénomènes du temps que les désastres pourront être
évités. La navigation, surtout la navigation à vapeur, qui
dispose de l'immense privilège de la vitesse, n'aura plus à
braver que bien peu de dangers lorsque l'équipage saura
louvoyer entre les tempêtes et que chaque bâtiment sera
devenu un observatoire flottant, ainsi que le demandait
l'illustre Américain Maury.

A toute époque de l'histoire, les hommes se sont occupés de la prévision du temps. Grâce aux avantages si
nombreux que nous donne la civilisation, l'utilité pratique
de connaître d'avance les changements météorologiques
prochains est devenue moins pressante, car de nos jours
nous pouvons nous soustraire partiellement à l'influence de
ces variations par nos vêtements, nos demeures, notre
nourriture; même certaines personnes, par une vie tout à
fait artificielle, en arrivent à ignorer la plupart des météores de l'atmosphère. Il n'en était pas ainsi pour les
peuples antiques. Vivant en plein air ou dans des huttes
mal closes, demandant leur existence à la chasse, à la
pêche, à l'agriculture ou à l'élève des bestiaux, ils devaient
sans cesse interroger l'horizon pour y découvrir les signes
précurseurs des vents, des orages et des pluies. Par un examen constant du ciel, les observateurs les plus habiles en
étaient arrivés à découvrir d'une manière plus ou moins
approximative un grand nombre de faits qui leur permet-
taient de pressentir le temps; surtout dans les contrées où
les phénomènes de l'atmosphère s'accomplissent avec une
assez grande régularité, comme en Égypte et dans les Indes,
ceux que l'on appelait les « sages » à cause de leur connaissance des temps et des saisons, apprenaient à pronos-
tiquer avec bonheur des changements prochains de température que rien n'indiquait encore à la foule. Transformées
en proverbes qui se répétaient de bouche en bouche, ces
prédictions sont en grande partie parvenues jusqu'à nous,
et l'on peut juger maintenant du degré de vérité qu'elles

offraient dans les différents lieux où elles ont été formulées. Bien des faits mal connus sont constatés depuis des milliers d'années par ces dictons populaires, et ce serait rendre un grand service à la science que de recueillir ces paroles éparses de l'enfance des peuples.

Toutefois, dans leur désir de connaître d'avance les changements de température, les hommes n'ont point fait uniquement appel à l'expérience, ils ont cherché à discerner l'avenir dans les mouvements des astres, aussi bien pour les saisons que pour leur propre destinée : c'est par les apparitions et les conjonctions des planètes lointaines et non par les phénomènes mêmes de l'atmosphère qu'ils prétendaient arriver à la prescience des variations du temps. Ces chimères de l'astrologie, qui d'ailleurs offraient à d'ambitieux thaumaturges les moyens de dominer les esprits par le prestige du surnaturel, n'ont point encore entièrement disparu de la science et se reproduisent de temps à autre sous un vêtement d'emprunt plus ou moins scientifique. Sans qu'il soit nécessaire d'affirmer ou de nier l'influence des astres sur les phénomènes de l'atmosphère terrestre, il est certain que, pour atteindre enfin ce grand but de la prévision du temps, il faut procéder avec méthode par des observations de plus en plus rigoureuses et complètes, faites sur tous les points de la terre. C'est en classant les faits particuliers et en les discutant pour leur donner à chacun une juste valeur que l'on découvre successivement les lois générales et que l'on recule ainsi de jour en jour le rideau déployé au delà du champ de notre vue.

Bien que les ressources de la civilisation nous aient rendus plus indépendants que nos ancêtres des variations atmosphériques, cependant les intérêts constamment menacés par des modifications imprévues de la température sont immenses, surtout pour les agriculteurs et les marins; en outre, les chercheurs ont, pour les animer dans leurs études, l'attrait puissant qu'offre la contemplation des lois de la nature. Il est beau de retrouver l'ordre et le rhythme dans ce qui semblait un pur caprice des éléments et de tracer d'avance dans les airs le chemin de ces forces invisibles dont le conflit incessant produit toutes les variations du temps. Telle est l'ambition que l'on peut avoir aujourd'hui. Récemment encore, Arago doutait que l'homme pût en arriver ainsi à voir d'avance les alternatives de la température et des météores; mais actuellement presque tous les savants, enhardis par les grandes découvertes des dernières années, sont au contraire pleins de confiance et se voient déjà, dans un avenir prochain, maîtres des secrets du temps. En Angleterre, l'amiral Fitz-Roy, en Hollande, MM. Buys-Ballot et Andrau, en France, M. Marié-Davy et d'autres météorologistes ont pu, grâce à l'observation attentive des indices de l'atmosphère et à l'étude comparée des phénomènes météorologiques, se hasarder à prédire le temps deux jours à l'avance, et le plus souvent leurs prévisions, affichées dans tous les ports du littoral, se sont trouvées justifiées. M. Bulard, de l'observatoire d'Alger, va plus loin : il annonce les changements de température, des semaines et des mois avant qu'ils se produisent. D'ailleurs la comparaison de l'événement avec la prédiction ne peut laisser aucun doute dans les esprits : c'est bien en suivant les chemins des météores dans l'espace, que l'observateur arrive à signaler d'avance les points et les heures où se rencontreront les courants d'air, où se formeront les nuages, où se précipitera l'humidité, où se développera le tourbillon. Lorsque, dans leurs comparaisons journalières, les météorologistes pourront se servir librement, non-seulement de tout le réseau des télégraphes européens, mais aussi de tous les fils de la terre, lorsqu'ils connaîtront les divers phénomènes journaliers des stations américaines, et que leurs observatoires, sortes de sentinelles avancées, seront établis aux Bermudes, aux Açores, à Saint-Thomas, à la Havane, c'est-à-dire à l'origine des courants, des vents

et des cyclones qui se développent obliquement à travers
l'Atlantique, alors la prévision du temps pourra se faire à
coup sûr. Le savant lira d'avance dans les cieux, le marin
saura quand il doit rester au port et l'agriculteur connaîtra
le jour de sa récolte.

Toutefois, un triomphe plus grand encore que celui de
prévoir la succession des phénomènes météorologiques est
celui de modifier les climats. De tout temps, l'homme n'a
cessé de les changer par ses travaux de culture et d'aménagement du sol ; mais cette œuvre, il l'accomplissait d'une
manière inconsciente, et trop souvent c'est à vicier l'atmosphère ou bien à rendre plus brusques et plus désagréables
les alternatives de chaleur et de froid qu'il employait son
activité. Ainsi les villes, dont la température se trouve toujours élevée de 1 à 2 degrés par la cohabitation d'un grand
nombre d'hommes, sont en même temps transformées en des
foyers de pestilence, où les gaz empoisonnés passent de
poumons en poumons. De même, en plusieurs contrées, les
déboisements à outrance ont eu pour résultat de troubler
l'harmonie de la nature. Par ce fait seul que le pionnier
défriche un sol vierge, il change le réseau des lignes isothermes, isothères, isochimènes qui passent au-dessus du
pays. Dans plusieurs districts de la Suède dont les forêts
ont été récemment coupées, les printemps de la période
actuelle commenceraient, d'après Absjiönsen, environ
quinze jours plus tard que ceux du siècle dernier. Aux
États-Unis, les défrichements considérables des versants
alléghaniens semblent avoir rendu la température plus incon-
stante et avoir fait empiéter l'automne sur l'hiver, l'hiver
sur le printemps. On peut dire d'une manière générale que
les forêts, comparables à la mer sous ce rapport, atténuent
les différences naturelles de température entre les diverses
saisons, tandis que le déboisement écarte les extrêmes de
froidure et de chaleur et donne une plus grande violence
aux courants atmosphériques. Si l'on en croit quelques au-

teurs, le mistral lui-même, ce vent terrible qui descend des Cévennes pour désoler la Provence, serait un fléau de création humaine, et souffierait seulement depuis que les forêts des montagnes voisines ont disparu. De même les fièvres paludéennes et d'autres maladies endémiques ont souvent fait irruption dans un district lorsque des bois ou de simples rideaux d'arbres protecteurs sont tombés sous la hache [1]. Quant à l'écoulement des eaux, aux conditions du climat qui en dépendent, on ne saurait douter que le déboisement ait eu pour conséquence d'en troubler la régularité. La pluie, que les branches entre-croisées des arbres laissaient tomber goutte à goutte et qui suintait lentement à travers les feuilles mortes et le chevelu des racines, s'écoule désormais avec rapidité sur le sol pour former des ruisselets temporaires; au lieu de descendre souterrainement vers les bas-fonds et de surgir en fontaines fertilisantes, elle glisse rapidement à la surface et va se perdre dans les rivières et dans les fleuves : la terre se dessèche en amont, le volume des eaux courantes augmente en aval, les crues se changent en inondations et dévastent les campagnes riveraines, d'immenses désastres s'accomplissent, pareils à ceux que causèrent la Loire et le Rhône en 1856.

Mais l'homme se rend compte maintenant de l'influence que son travail a exercée sur les climats, soit pour l'améliorer, soit pour l'aggraver, et le mal qu'il a fait, il peut le défaire. Il sait que par le reboisement il a le pouvoir de rapprocher les extrêmes de température et d'égaliser les pluies : il sait qu'il peut accroître la précipitation de l'humidité en développant le système des irrigations, ainsi que le prouvent les observations faites en Lombardie depuis un siècle [2]; enfin, il peut assainir le territoire en desséchant les marécages, en débarrassant le sol des matières corrom-

1. George P. Marsh, *Man and Nature.*
2. *Id., ibid.*

pues, en modifiant les genres de culture. C'est ainsi qu'en
Toscane, la vallée jadis presque inhabitable de la Chiana,
où l'hirondelle même n'osait s'aventurer, a été complètement délivrée des miasmes paludéens par la rectification
d'une pente indécise, couverte de mares et de lagunes. De
même les maremmes de l'ancienne Étrurie sont devenues
beaucoup moins dangereuses à la santé des habitants depuis
que les ingénieurs toscans ont comblé les marécages du littoral et pris soin d'empêcher le mélange des eaux douces
et des eaux salées qui s'opérait à l'embouchure des rivières. C'est en améliorant la qualité de l'air respirable que
l'homme résoudra d'une manière définitive cette question
si importante de l'acclimatement, car les seuls pays chauds
vraiment malsains pour les colons originaires des zones
tempérées, ce sont les régions humides dont l'air est saturé
de miasmes. Déjà, en dépit des guerres, des interruptions
de travail prolongées pendant des siècles et de ses retours
partiels vers la barbarie, l'Europe presque tout entière a
été rendue salubre par le labeur des populations, et maintenant, celles-ci accomplissent le même travail dans l'Amérique du Nord, dans les régions de la Plata, en Algérie, au
Cap, en Hindoustan : l'œuvre si considérable qui leur reste
à faire pour assainir toute la surface de la planète devient
de plus en plus facile, car les hommes connaissent aujour-
d'hui la puissance de l'association, et les moyens dont ils
se servent leur sont fournis par la science.

IX.

Influence de l'homme sur la faune et la flore. — Empiétement des espèces
communes. — Extension donnée par l'agriculture aux espèces cultivées.

Les premiers rapports de l'homme avec le monde des
animaux qui l'entouraient devaient être nécessairement

ceux de la lutte et de la destruction. La grande bataille de la vie s'inaugurait par le massacre. Manger ou être mangé, telle était l'alternative pour l'homme aussi bien que pour le grand ours des cavernes, le lion de l'Attique, le machairodus et tant d'autres carnassiers des âges précédents. Sans doute, la lutte a pu être longtemps indécise, peut-être l'homme en maints endroits a-t-il été vaincu; mais après les diverses péripéties de la lutte, ce sont les terribles bêtes fauves qui ont fini par être tuées et dévorées jusqu'à la dernière. L'homme, plus subtil que ces monstres, plus habile à se cacher et à surprendre, ingénieux à se servir d'armes artificielles, bâtons, ossements pointus, haches ou massues de pierre, est resté vainqueur dans la lutte, et des races entières ont disparu devant lui. Sans même parler de ces animaux qui ont été exterminés à une époque inconnue des temps préhistoriques, il est probable que le *schelk* d'Allemagne [1] et le grand cerf d'Islande ont été détruits par les chasseurs, moins de dix siècles avant la période actuelle. De nos jours, le buffle, le lion, le rhinocéros, l'éléphant, reculent incessamment devant l'homme, et tôt ou tard ils disparaîtront à leur tour. Dans les pays fortement peuplés, tous les animaux sauvages sont détruits successivement pour être remplacés par les bêtes qui nous servent d'esclaves ou de compagnons, le bœuf, le chien, le cheval, ou qui sont tout simplement, comme le porc, des masses ambulantes de viande de boucherie.

Parmi les races d'oiseaux dont l'homme doit sans doute se reprocher l'extinction, il faut citer l'*alca impennis* des Feröer, le dronte ou dodo de Maurice, le solitaire de la Réunion, le lori de Rodrigue (*psittacus rodericanus*), l'épiornis de Madagascar, les douze ou quatorze espèces de *moas* de la Nouvelle-Zélande, apteryx et palapteryx [2]. M. de Lun-

1. George P. Marsh, *Man and Nature*, p. 85.
2. Owen; — Ferdinand von Hochstetter, *Neu-Seeland*, p. 447, etc.

gershausen signale aussi comme ayant disparu ou se trouvant sur le point de disparaître sept espèces curieuses
d'oiseaux des îles Sandwich, de Tahiti, de la Nouvelle-
Zélande, de l'île Norfolk, de l'archipel des Samoa, que
l'homme ou ses compagnons, le chat et le chien, ont pourchassées à outrance[1]. Les bœufs marins de Steller (*rhytina
Stelleri*), ces énormes cétacés du poids de 10,000 kilogrammes, que le géologue du même nom et ses compagnons découvrirent en 1741 et qui peuplaient en si grande
abondance les rivages du détroit de Behring, ont été complétement détruits dans l'espace de vingt-sept années, et
depuis 1768 on n'en a plus aperçu un seul : il n'en reste
pas même un squelette entier. Les baleines franches, qui
jouissaient récemment d'un faible répit, grâce à la guerre
d'Amérique et à l'exploitation des sources de pétrole, sont
de nouveau pourchassées avec fureur, et ne trouveront bientôt plus une mer où se réfugier ; les phoques sont chaque
année massacrés par centaines de mille ; les requins eux-
mêmes diminuent en nombre avec les poissons qu'ils poursuivaient, et qui deviennent la proie des pêcheurs. De même
que la tuerie annuelle des oiseaux qui font la guerre aux
insectes a eu pour résultat de multiplier d'une manière
redoutable les tribus si nombreuses des fourmis, des termites, des sauterelles, des chenilles, de même les cétacés
et les poissons qui ont disparu sont remplacés par des
myriades de méduses et d'infusoires.

A ce sujet, M. Marsh[2] émet une opinion qui ne peut
manquer d'étonner au premier abord, mais qui n'en doit
pas moins être prise en très-sérieuse considération. D'après
lui, le phénomène si remarquable de la phosphorescence
des eaux marines serait de nos jours plus fréquent et plus
beau qu'il ne l'était il y a deux mille ans. Homère, qui

1. *Ausland*, n° 30, 1868.
2. *Man and Nature*, p. 115.

parle souvent des « mille voix » de la mer Égée, n'en signale point les mille lueurs. De même les poëtes qui firent naître Vénus de l'écume des flots, et peuplèrent « les demeures humides » de tant de nymphes et de divinités, n'ont point décrit les nappes d'or fluide sur lesquelles se laissent bercer pendant les nuits les déesses resplendissantes. L'amour des poëtes grecs pour le grand jour et la lumière du soleil pourrait expliquer en partie ce silence étonnant; mais pourquoi les savants ont-ils été si sobres de paroles en décrivant le phénomène, en apparence si extraordinaire, de l'éclat phosphorescent des eaux? Aristote, qui en parle brièvement, attribue cette lumière à la « qualité grasse et huileuse de la mer. » Élien le compilateur parle de la lueur émise par des algues des plages, et Pline l'encyclopédiste nous apprend que le corps d'une espèce de méduse jette un certain éclat lorsqu'on le frotte contre un morceau de bois. C'est là qu'en était la science avant les observations d'Améric Vespuce sur la phosphorescence des mers tropicales. Depuis cette époque, il n'est probablement pas un seul voyageur qui n'ait remarqué les gerbes de lumière jaillissant la nuit autour de son navire, non-seulement dans la mer des Antilles, mais également dans la Méditerranée, sur les côtes atlantiques de l'Europe et près des banquises de l'océan polaire. Si l'hypothèse ingénieuse de M. Marsh est une vérité, ceux d'entre nous qui se promènent sur les plages ou qui voguent sur les mers pendant certaines nuits où la vague est en feu jouissent d'un spectacle plus beau qu'il n'a jamais été donné à nos pères de contempler. Ce serait là une faible compensation aux ravages accomplis par les pêcheurs.

C'est encore par une rupture de l'harmonie première que l'action de l'homme s'est fait sentir dans la flore de notre planète. Les colosses de nos forêts deviennent de plus en plus rares, et quand ils tombent, ils ne sont point remplacés. Aux États-Unis et au Canada, les grands arbres qui

firent l'étonnement des premiers colons ont été abattus
pour la plupart, et récemment encore, avant que les plus
belles forêts des comtés de Mariposa et de Calatrava de-
viussent propriété nationale, les pionniers californiens ont
renversé, pour les débiter en planches, de gigantesques
séquioas qui se dressaient à 120, 130 et 140 mètres de
hauteur. C'est là une perte irréparable peut-être, car la
nature a besoin de centaines et de milliers d'années pour
fournir la séve nécessaire à ces plantes énormes, et l'humanité, trop impatiente de jouir, trop indifférente au sort
des générations futures, n'a pas encore assez le sentiment
de sa durée pour qu'elle songe à conserver précieusement
la beauté des forêts. L'extension du domaine agricole, les
besoins de la navigation et de l'industrie ont pour conséquence de réduire aussi le nombre des arbres de moyenne
grandeur. Actuellement, c'est par millions qu'ils diminuent
chaque année : les fabriques de joujoux, même celles des
allumettes chimiques, sans parler des chantiers de construction, demandent des forêts entières pour leur consommation annuelle. En revanche, les plantes herbacées se
multiplient et couvrent des espaces de plus en plus vastes
dans tous les pays du monde. On dirait que l'homme,
jaloux de la nature, cherche à rapetisser les produits du
sol et ne leur permet pas de dépasser son niveau. Déjà, par
un effet naturel de la lutte entre les espèces végétales, celles
qui sont communes à divers pays tendent à étouffer graduellement les espèces plus faibles cantonnées dans un district étroit. En outre, l'homme contribue à cette destruction
des flores originales en accroissant l'aire des plantes envahissantes. Par ses migrations, il fait conquérir de nouvelles
terres aux semences des pays civilisés; par ses cultures, il
assiége les montagnes, les marais, les savanes où se réfugient les espèces locales; par ses chemins, ses routes, ses
canaux, il propage au loin, sur un sol qui ne leur eût pas
convenu, les plantes qui entourent ses demeures et qui

naissent dans ses champs. Et ce n'est pas seulement dans une partie plus ou moins étendue d'une même zone que s'accroissent les aires des espèces parasites de l'homme, elles s'annexent, aux extrémités du monde, les territoires récemment colonisés. De même que les plantes d'Europe empiètent sur les espèces indigènes, de même les animaux importés qui se plaisent au nouveau climat chassent victorieusement devant eux les représentants de l'ancienne faune locale. Le porc, redevenu sauvage, a pris possession des forêts de la Nouvelle-Zélande. Le rat qui peuplait autrefois les deux îles a été détruit par le rat normand échappé des navires anglais, et ce conquérant lui-même disparaît à son tour devant la souris d'Europe. La mouche néo-zélandaise évite avec soin sa rivale européenne, qui vient de faire le tour du monde pour la remplacer dans les cabanes des insulaires. Ainsi que les Maoris le disent tristement : « Le rat de l'homme blanc chasse notre rat, sa mouche chasse notre mouche, son trèfle tue nos fougères et l'homme blanc tuera le Maori[1]. » On comprend le cri de désespoir poussé par Michelet dans son livre de *la Montagne :* « La vulgarité prévaudra ! »

Eh bien non ! Ce qui prévaudra, c'est l'idéal de l'homme. Tant que cet idéal ne sera autre chose que la mise en culture du sol, tout lui sera sacrifié, variété, originalité des espèces, beauté de la végétation; mais quand, au désir de faire produire des récoltes à la terre, se joindra celui de l'embellir et de lui donner toute la splendeur que l'art ajoute à la nature, quand l'agriculteur, enfin délivré de cette peur de la misère qui le persécute aujourd'hui, et possesseur du loisir, sans lequel il n'est qu'un esclave de la faim, pourra, comme l'amateur jardinier, s'occuper de varier les espèces, de les grouper avec goût, d'en développer les formes élégantes ou grandioses, nul doute qu'il ne réussisse en effet à

1. Julius Haast, von Hochstetter, Oscar Peschel, *Ausland,* 19 février 1867.

modifier le monde végétal suivant ses désirs et à lui donner,
au lieu de l'ancienne originalité, une beauté nouvelle qui
réponde à son sentiment de l'esthétique.

Au point de vue de la distribution des espèces, le principal résultat de l'agriculture a été de donner une énorme
extension à certaines espèces qui servent soit à la nourriture de l'homme, soit aux besoins de son industrie. Le riz,
le froment, le maïs, la vigne, le cotonnier, le cafier, couvrent chacun des millions d'hectares. Les diverses céréales,
bien peu nombreuses en comparaison des 500,000 espèces
de plantes, s'étendent sur une partie du sol que l'on peut
évaluer à un cinquantième de la surface continentale : en
certaines régions, telles que l'Amérique du Nord, on peut
voir des champs de blé de plusieurs milliers d'hectares
ondulant jusqu'à l'extrême horizon comme des lacs au
souffle du vent. Les plantes utilisées par l'homme ont tellement dépassé les limites de leurs aires naturelles que, sur
les 157 espèces le plus généralement cultivées, il en est
72 non encore retrouvées à l'état sauvage ou sur l'iden-
tité desquelles les botanistes éprouvent quelque doute [1].
Récemment encore, le froment était connu seulement comme
plante agricole et l'on y voyait une sorte de richesse mira-
culeuse avant que M. Balansa l'eût retrouvé, croissant spontanément sur un mont de l'Asie Mineure.

Les peuples du nord poussent leurs cultures jusqu'au
delà du cercle polaire, bien près de la limite extrême de la
zone où croissent les forêts. Sur les côtes de la Norvége,
l'orge, qui est la céréale cultivée le plus avant dans la
direction du pôle, ne réussit d'une manière certaine qu'au
sud du 66° degré ; mais on la voit encore çà et là dans les
vallons abrités, presque jusqu'à l'extrémité septentrionale
de la péninsule scandinave : la dernière localité où les habitants aient encore le courage de la cultiver en dépit du

1. Alph. de Candolle, *Géographie botanique raisonnée.*

climat est Elvbaken, sous le 70ᵉ degré de latitude. Dans la
Laponie suédoise, la culture de l'orge s'arrête à 150 kilomètres plus au sud.; et cependant les récoltes annuelles ne
sont généralement mûres qu'à demi et les paysans doivent
les faire sécher au four; à Enontekis, on n'obtient guère de
produits satisfaisants qu'une fois en trois années. Dans les
autres contrées boréales qui ne sont pas, comme la Scandinavie, sous l'influence du Gulf-stream, l'orge ne peut être
cultivée avec espoir de succès qu'à une grande distance au
sud du cercle polaire; mais sur tous les points de la zone
glaciale où se sont établis des groupes d'habitants civilisés,
en Sibérie, au Labrador, au Groenland, ces enfants perdus
de la race humaine savent faire germer du sol à force de
labeur quelques légumes des régions tempérées, pommes
de terre, choux, navets, laitues, épinards, pauvres plantes
qui se refuseraient certainement à vivre sur le sol glacé
sans les soins tenaces du jardinier qui les a semées. Sur les
pentes des montagnes de la Suisse, l'homme a également
poussé les cultures bien au delà de leurs limites naturelles.
Dans plusieurs vallées des Alpes, des champs de seigle,
d'orge, d'avoine s'élèvent jusqu'à 1,500, 1,600 et même,
dans le Val Tornanche, jusqu'à 1,984 mètres au-dessus du
niveau de la mer, à 700 mètres à peine de la limite des
neiges persistantes[1]. Le plus haut village de la Maurienne,
en Savoie, se trouve à 1,798 mètres de hauteur moyenne,
et néanmoins les habitants lui ont donné le nom de Bon-
neval, par une sorte de gratitude à l'égard des terres qu'arrose le torrent d'Arc. Sur les pentes tournées vers le soleil
du midi, les villageois cultivent l'orge et le seigle avec persévérance : il est vrai que les récoltes sont extrêmement
tardives. Les semis se font en juillet, sur des champs dont
on a fondu la neige en y répandant de la terre noirâtre ou
de la bourre d'avoine, et souvent à la fin du mois d'août

---

1. Charles Martins. Note à la *Météorologie* de Kämtz.

ou au commencement de septembre de l'année suivante,
les champs sont encore verts : il faut quatorze mois pour
mûrir la moisson. Grâce à une conquête vraiment héroïque
de l'industrie humaine, les cultures montent en moyenne à
400 mètres plus haut sur le versant septentrional des Alpes
du Valais que sur le versant méridional, exposé pourtant à
la bienfaisante influence du soleil : c'est que les populations du nord, possédant moins de bonnes terres, sont aussi
plus assidues au travail que les populations du midi.

M. Rosenthal, de Breslau, ne compte pas moins de
12,000 végétaux employés soit pour leurs substances nutri-
tives, soit pour leurs vertus curatives ou leur utilité en
industrie ; mais les principales espèces cultivées, celles
sans lesquelles l'homme disparaîtrait de la terre, car elles
nous donnent la nourriture, le vêtement et toutes les aises
de la vie, ne constituent qu'une très-faible partie de la flore
terrestre. L'Europe et l'Asie occidentale ont peut-être fourni
à la race humaine leurs espèces les plus précieuses : depuis
le temps des Chaldéens et des Pélasges, ces parties de l'ancien monde ont déjà donné à l'agriculture plus de la moitié
des trésors qu'elle possède. Les Indes et l'archipel de la
Sonde, si riches par leur végétation, sont la patrie d'un
quart environ des plantes agricoles et industrielles, et le
reste nous vient presque en entier de l'Amérique méridionale, qui pour la multitude des plantes est certainement,
à égalité de surface, le continent le plus riche. Une seule
espèce de grande importance dans la culture, le dattier, a
son origine dans l'Afrique du nord : quant à l'Australie, à
la Nouvelle-Zélande, et aux États-Unis, ces pays n'ont pas
encore fourni à l'humanité une seule plante d'utilité considérable pour l'alimentation ni pour des industries autres
que la construction des maisons ou des navires.

Évidemment, les hommes, très-routiniers dans leurs
cultures, n'ont encore mis à profit qu'un bien petit nombre
des plantes qui pourraient leur être utiles, et parmi celles

qu'ils cultivent avec le plus d'amour plusieurs sont des
espèces vénéneuses, comme l'opium, le bétel et cet odieux
tabac, dont la vertu est d'affaiblir le corps et d'endormir la
pensée ! Sans parler des arbres de tant d'essences diverses
qui n'ont pas encore été exploités pour les constructions, que
de plantes américaines, négligées ou même inconnues des
botanistes, qui serviraient soit à la nourriture des hommes,
soit à la guérison des maladies, par leur tige, leur écorce,
leurs fruits, leurs fleurs, leur gomme ou leurs racines !
Récemment encore les agriculteurs ont su faire une conquête
des plus importantes dans les forêts vierges de la Bolivie et
du Pérou : ils se sont emparés de l'arbre à quinquina pour
le transformer désormais en plante cultivée. Les indigènes,
trop pressés de jouir, ne connaissaient que la méthode barbare d'abattre le tronc pour le dépouiller de son écorce :
ils parcouraient la forêt à la recherche des *cinchonas*, puis
quand ils les avaient trouvés, ils y mettaient la hache, et
dans l'espace de quelques heures, ces arbres, qui pendant
un siècle auraient pu fournir de nombreuses récoltes
d'écorce, gisaient dépouillés sur le sol. Cette espèce végétale, si précieuse pour la race humaine, était menacée
dans son existence même. Heureusement que le voyageur
Clements Markham a réussi à dérober quelques plants, et
maintenant les cinchonas s'élèvent en forêts cultivées à
Ceylan, dans l'île de Java, sur les pentes de l'Himalaya et
des Nillagheries.

X.

Influence de l'homme sur la beauté de la terre. — Enlaidissements et embellisse-
ments du sol. — Action diverse des différents peuples. — Sentiment de la
nature. — Progrès de l'humanité.

L'action de l'homme, si puissante pour dessécher les
marécages et les lacs, pour niveler les obstacles entre les

différents pays, pour modifier la répartition première des
espèces végétales et animales, est par cela même d'une
importance décisive dans les transformations que subit
l'aspect extérieur de la planète. Elle peut embellir la terre,
mais elle peut aussi l'enlaidir; suivant l'état social et les
mœurs de chaque peuple, elle contribue tantôt à dégrader
la nature, tantôt à la transfigurer. L'homme pétrit à son
image la contrée qu'il habite : après de longs siècles
d'exploitation brutale, le barbare donne à la terre un aspect
de cruauté féroce, tandis que par la culture intelligente, le
civilisé peut la faire rayonner de grâce et d'un charme
pénétrant; il peut l'humaniser, pour ainsi dire, de sorte
que l'étranger qui passe se sent doucement accueilli par
elle et se repose avec confiance sur son sein.

Campé comme un voyageur de passage, le barbare pille
le sol; il l'exploite avec violence sans lui rendre en culture et en soins intelligents les richesses qu'il lui ravit; il
finit même par dévaster complétement la contrée qui lui
sert de demeure et par la rendre inhabitable. La surface de
la terre offre de nombreux exemples de ces dévastations
sans merci. En maints endroits, l'homme a transformé sa
patrie en un désert, et « l'herbe ne croît plus où il a posé
ses pas. » Une grande partie de la Perse, la Mésopotamie,
l'Idumée, diverses contrées de l'Asie Mineure et de l'Arabie,
qui « découlaient de lait et de miel » et qui nourrissaient
jadis une population très-considérable, sont devenues presque entièrement stériles, et sont habitées par de misérables
tribus vivant de pillage et d'une agriculture rudimentaire.
Lorsque la puissance de Rome céda sous la pression des
barbares, l'Italie et les provinces voisines, épuisées par le
travail inintelligent des esclaves, étaient partiellement
changées en solitudes, et de nos jours encore, après deux
mille ans de jachère, de vastes espaces que les Étrusques
et les Sicules avaient mis en culture sont des landes inutiles
ou d'insalubres maremmes. Par des causes semblables à

celles qui ont eu pour résultat l'appauvrissement et la
ruine de l'empire romain, le nouveau monde lui-même a
perdu de notables parties de son territoire agricole : telles
plantations des Carolines et de l'Alabama qui furent conquises sur la forêt vierge, il y a moins d'un demi-siècle, ont
cessé totalement de produire et sont aujourd'hui le domaine
des bêtes fauves. Au Brésil et en Colombie, dans les contrées les plus spontanément fécondes du monde entier, il
suffit de quelques années pour épuiser le sol par une culture qui est un vrai pillage. On brûle les arbres pour semer
le maïs dans les cendres, puis on renouvelle incessamment
les semis de la même plante jusqu'à ce qu'un fourré d'arbustes l'étouffe. On brûle une seconde fois et l'on sème
encore du maïs. Alors les fougères et une graminée visqueuse, fétide, appelée *capim gordura*, font leur apparition
sur le sol. La terre est perdue.

La question de savoir ce qui, dans l'œuvre de l'homme,
sert à embellir ou bien contribue à dégrader la nature
extérieure peut sembler futile à des esprits soi-disant posi-
tifs : elle n'en a pas moins une importance de premier
ordre. Les développements de l'humanité se lient de la
manière la plus intime avec la nature environnante. Une
harmonie secrète s'établit entre la terre et les peuples
qu'elle nourrit, et quand les sociétés imprudentes se permettent de porter la main sur ce qui fait la beauté de leur
domaine, elles finissent toujours par s'en repentir. Là où
le sol s'est enlaidi, là où toute poésie a disparu du paysage,
les imaginations s'éteignent, les esprits s'appauvrissent, la
routine et la servilité s'emparent des âmes et les disposent
à la torpeur et à la mort. Parmi les causes qui, dans l'histoire de l'humanité, ont déjà fait disparaître tant de civilisations successives, il faudrait compter en première ligne la
brutale violence avec laquelle la plupart des nations trai-
taient la terre nourricière. Ils abattaient les forêts, faisaient tarir les sources et déborder les fleuves, gâtaient les

climats, entouraient les cités de zones marécageuses et pestilentielles; puis, quand la nature, profanée par eux, leur était devenue hostile, ils la prenaient en haine, et, ne pouvant se retremper comme le sauvage dans la vie des forêts, ils se laissaient de plus en plus abrutir par le despotisme des prêtres et des rois. « Les grands domaines ont perdu l'Italie, » a dit Pline; mais il faut ajouter que ces grands domaines, cultivés par des mains esclaves, avaient enlaidi le sol comme une lèpre. Les historiens, frappés de l'étonnante décadence de l'Espagne depuis Charles-Quint, ont cherché à l'expliquer de diverses manières. D'après les uns, la cause principale de cette ruine de la nation fut la découverte de l'or d'Amérique; suivant d'autres, ce fut la terreur religieuse organisée par la « sainte fraternité » de l'inquisition, l'expulsion des Juifs et des Maures, les sanglants *auto-da-fé* des hérétiques. On a également accusé de la chute de l'Espagne l'inique impôt de *l'alcabala* et la centralisation despotique à la française; mais l'espèce de fureur avec laquelle les Espagnols ont abattu les arbres de peur des oiseaux, « *por miedo de los pajaritos,* » n'est-elle donc pour rien dans cette terrible décadence? La terre, jaune, pierreuse et nue, a pris un aspect repoussant et formidable, le sol s'est appauvri, la population, diminuant pendant deux siècles, est retombée partiellement dans la barbarie. Les petits oiseaux se sont vengés.

De nos jours encore, et même chez les nations les plus avancées, nombre de travaux humains ont malheureusement pour résultat fatal d'appauvrir le sol et d'enlaidir la nature. Considérée dans son ensemble, l'humanité n'est point émergée de sa barbarie primitive. Suivant les genres de culture, la variété des climats, la diversité des mœurs et des caractères nationaux, l'œuvre de détérioration s'accomplit d'une manière différente chez les différents peuples. Les Arabes, les Espagnols et les Hispano-Américains eux-mêmes coupent les arbres et laissent la campagne se dessécher et jaunir au soleil; les Italiens, les Allemands, mutilent indignement les arbres qu'ils respectent et leur donnent l'aspect de pieux ou de balais; les Français divisent leurs terrains en d'innombrables parcelles, produisant toutes des récoltes différentes, qui, sur les coteaux, ressemblent de loin à des draperies multicolores étendues sur le sol. Aux États-Unis, les terrains sont découpés en carrés géométriques, tous également orientés et uniformes, en dépit des ondulations et des saillies du relief. Enfin les propriétaires de maints pays, petits manants ou grands seigneurs, entourent leurs domaines de murs de défense et les enceignent de fossés comme des forteresses menacées: jusqu'au misérable Irlandais, le plus pauvre des hommes, qui enclôt d'un haut rempart de terre son jardinet, tout rempli de mauvaises herbes. Combien de pays n'est-il pas en Europe que l'on peut parcourir pendant des heures entières sans trouver un site où le regard de l'artiste se repose avec satisfaction?

Non-seulement le « dur laboureur, » jaloux de sa borne patrimoniale et désireux avant tout d'obtenir des produits abondants, travaille souvent à l'enlaidissement de la terre; mais ceux qui font profession d'admirer le plus la nature dégradent systématiquement encore les plus beaux sites. Dans les environs des villes, les prétendues campagnes, découpées en enclos, ne sont plus représentées que par les arbustes taillés et les massifs de fleurs qu'on entrevoit à travers les grilles. Nombre de principicules allemands, dépravés par un sentimentalisme niais, ont gâté les plus charmants paysages en gravant de pédantesques inscriptions sur les rochers, en décorant les pelouses de tombeaux de fantaisie, en faisant monter la garde à leurs soldats devant les points de vue qu'ils veulent signaler aux visiteurs. Des multitudes de bourgeois français en sont arrivés, dans leur mesquin amour du baroque et du symétrique, jusqu'à réprimer la séve dans les troncs, afin de créer des

variétés naines et de donner aux arbres des formes de géo-
métrie ou la bizarre apparence de monstres et de démons.
Les graves négociants hollandais du siècle dernier ne vou-
laient pour leurs allées que des tilleuls aux troncs badi-
geonnés en blanc, aux têtes taillées en boule, et les arbres
de Brouck sont encore peints à l'huile et au blanc de zinc.
Les jardiniers de l'empereur Yang-Ty remplaçaient les
fleurs et les feuilles qui tombaient des arbres par un feuillage artificiel et des fleurs de soie que l'on imprégnait de
parfums pour rendre l'illusion plus complète [1].

Et la grande nature, comment est-elle comprise? Sur
le bord de la mer, les falaises les plus pittoresques, les
plages les plus charmantes sont, en maints endroits, acca-
parées soit par des propriétaires jaloux, soit par des spécu-
lateurs qui apprécient les beautés de la nature à la manière
des changeurs évaluant un lingot d'or. Dans les régions de
montagnes fréquemment visitées, la même rage d'appro-
priation s'empare des habitants : les paysages sont découpés
en carrés et vendus au plus fort enchérisseur : chaque
curiosité naturelle, le rocher, la grotte, la cascade, la fente
d'un glacier, tout, jusqu'au bruit de l'écho, peut devenir
propriété particulière. Des entrepreneurs afferment les cataractes, les entourent de barrières en planches pour empêcher les voyageurs non-payants de contempler le tumulte
des eaux, puis, à force de « réclames », transforment en
beaux écus sonnants la lumière qui se joue dans les gouttelettes brisées et le souffle du vent qui déploie dans l'espace
des écharpes de vapeurs. Ce n'est pas sans une profonde
amertume, que le voyageur peut comparer aujourd'hui le
Niagara, tel que l'ont fait les hommes, à l'ancien « tonnerre
des eaux », tel que nous l'avait donné la nature. De laides
constructions, usines, hôtels, entrepôts, se sont enracinés
aux falaises ; les « annonciers, » spéculant sur la beauté du

---

[1]. Meyer, *Die schöne Gartenkunst.*

Niagara pour le placement de leurs marchandises ou de
leurs drogues, ont placardé leurs affiches immondes ou
menteuses en face de la cataracte grondante; d'autres industriels, plus désagréables encore, prétendent ajouter
quelques traits poétiques au paysage en érigeant des kios-
ques chinois et des tourelles gothiques. Les arbres, dont la
verdure encadrait si bien la blancheur des eaux, ont disparu sous la hache, et la masse liquide elle-même diminue
de jour en jour à cause des saignées que les propriétaires
d'usines font au Niagara pour faire tourner les roues de
leurs machines. Que le travail de l'homme utilise la force
immense de la cataracte, rien de mieux; mais dans cette
œuvre d'aménagement la beauté du lieu n'a point été
respectée.

Cette corruption du goût, qui porte à gâter les plus
beaux paysages, et dont l'origine se trouve dans l'ignorance
et la vanité, est désormais condamnée; l'intelligence humaine va chercher maintenant la beauté, non dans de
vaines imitations purement extérieures ou dans une bizarre
et fausse décoration, mais dans l'harmonie intime et profonde de son œuvre avec celle de la nature. L'homme qui
aime vraiment la terre sait qu'il s'agit d'en conserver, d'en
accroître même la beauté, de la lui rendre, quand une
exploitation brutale l'a déjà fait disparaître. Comprenant
que son intérêt propre se confond avec l'intérêt de tous, il
répare les dégâts commis par ses prédécesseurs, il aide la
terre au lieu de s'acharner brutalement contre elle et travaille à l'embellissement aussi bien qu'à l'amélioration de
son domaine. Non-seulement il sait, en qualité d'agriculteur et d'industriel, utiliser de plus en plus les produits et
les forces du globe, il apprend aussi, comme artiste, à
donner aux paysages qui l'entourent plus de charme, de
grâce ou de majesté. Devenu « la conscience de la terre, »
l'homme assume par cela même une responsabilité dans
l'harmonie et la beauté de la nature environnante.

Sous la rude main des conquérants de Rome, et pendant les temps douloureux du moyen âge, la masse esclave qui labourait le sol ne pouvait guère comprendre la beauté de la terre sur laquelle s'écoulait sa misérable vie, et le sentiment qu'elle éprouvait à l'égard des paysages qui l'entouraient devait nécessairement se pervertir. Les amertumes de l'existence étaient alors beaucoup trop vives pour que l'on pût se donner souvent le plaisir d'admirer les nuages, les rochers et les arbres. Ce n'étaient de toutes parts que discordes, haines, frayeurs subites, guerres ou famines. Le caprice et la cruauté du maître étaient la loi des asservis : dans chaque inconnu, on craignait de voir un meurtrier ; les deux noms d'étranger et d'ennemi étaient synonymes. Dans une pareille société, la seule chose que l'homme brave pût essayer de faire pour lutter contre sa destinée et garder en soi-même la conscience de son âme, c'était d'être joyeux et ironique, c'était de se moquer du fort et surtout de son maître, mais il n'avait que faire de s'attendrir en regardant la terre. La splendeur des traits de la nature environnante devait rester inconnue à des hommes qui, sous le coup d'une vague terreur soigneusement entretenue par les sorciers de toute espèce, ne cessaient d'apercevoir dans les grottes, dans les chemins creux, dans les gorges des montagnes, dans les bois pleins d'ombre et de silence, des revenants informes et des monstres horribles, tenant à la fois de la bête et du démon. Quelle étrange idée devaient se faire de la terre et de sa beauté ces moines du moyen âge qui, dans leurs cartes du monde, ne manquaient jamais de dessiner à côté des noms de tous les pays lointains, des animaux vomissant le feu, des hommes à sabots de cheval ou à queue de poisson, des griffons à tête de bélier ou de bœuf, des mandragores volantes, des corps décapités aux larges yeux hagards logés dans la poitrine !

Au sortir de ces guerres incessantes du moyen âge, le désir de tout homme échappé à la lutte devait être de se

faire un petit nid bien charmant et bien abrité : la grande
nature lui faisait peur, il demandait la paix. L'idéal des générations qui se sont succédé de la Renaissance jusqu'à
la Révolution se révèle par les sites que princes et seigneurs
choisissaient pour la construction de leurs châteaux de
plaisance. Un bien petit nombre de ces palais occupent une
position d'où l'on puisse contempler un horizon grandiose
de montagnes ou de rochers : même en beaucoup d'endroits,
notamment sur les bords du lac de Genève, les maisons
de campagne bâties par les riches propriétaires riverains
tournent le dos à ce qui nous semblerait maintenant la partie la plus grandiose de la vue. A cette nature trop puissante
et trop sauvage pour qu'on se plût à la regarder, l'homme
préférait alors un espace borné, où l'imagination s'épandait
à son aise, un rideau de collines doucement infléchies, une
petite rivière serpentant sous l'ombrage des aunes et des
trembles, de belles avenues d'arbres touffus, des pelouses
et des étangs décorés de statues. On mettait la grâce bien
au-dessus de la simplicité grandiose des vastes horizons.

Les peuples placés aujourd'hui par leur civilisation
à l'avant-garde de l'humanité se préoccupent en général
fort peu de l'embellissement de la nature. Beaucoup plus
industriels qu'artistes, ils préfèrent la force à la beauté.
Ce que l'homme veut surtout, c'est adapter la terre à ses
besoins et en prendre possession complète pour en exploi-
ter les richesses immenses. Il la couvre d'un réseau de
routes, de chemins de fer et de fils télégraphiques ; il fertilise les déserts et dompte les fleuves ; il triture les collines
pour les étendre en alluvions sur les plaines, perce les
Alpes et les Andes, unit la mer Rouge à la Méditerranée,
s'apprête à mêler les eaux du Pacifique à celles de la mer
des Antilles. Presque tous les hommes, acteurs et témoins
de ces grandes entreprises, se laissent emporter par l'eni-
vrement du travail et ne songent plus qu'à pétrir la terre à
leur image. Et pourtant, quand l'homme a, pour son action

sur la terre, un idéal plus élevé, il réussit toujours à en
aménager parfaitement la surface tout en laissant au paysage
sa beauté naturelle! La nature reste belle quand l'agriculteur intelligent cesse d'élever et de forcer comme au hasard
les plantes les plus diverses sur un sol dont il ne connaît
pas les propriétés, quand il comprend surtout que la terre
ne doit pas être violentée, et qu'il la consulte d'abord, en
interroge les goûts et les préférences, avant de lui confier
ses cultures. Ainsi les « Shakers » des États-Unis, pour lesquels le travail des champs est une « cérémonie d'amour, »
et qui se font un devoir de chérir les arbres qu'ils élèvent,
la semence qu'ils jettent dans le sillon, le ruisseau qu'ils
dirigent, ont en effet réussi à transformer en de véritables
paradis leurs campagnes de Mount-Lebanon, de Hancock,
de Water-Vliet[1]. En Angleterre, ce pays où les agriculteurs
savent faire produire à leurs champs des récoltes si abondantes, mais où le peuple a toujours eu pour les arbres
plus de respect que n'en ont les nations latines, il est peu de
sites qui n'aient une certaine grâce, ou même une véritable
beauté, soit à cause des grands chênes isolés étalant leurs
branches au-dessus des prairies, soit à cause des massifs
d'essences diverses, parsemés avec art autour des villages
et des châteaux. L'art de l'homme, quoi que puissent en
penser certains esprits moroses, a le pouvoir d'embellir
jusqu'à la nature libre, en lui donnant le charme de la
perspective et de la variété, et surtout en la mettant en
harmonie avec les sentiments intimes de ceux qui l'habitent. En Suisse, au bord des grands lacs, en face des montagnes bleues et des glaciers étincelants, combien n'est-il
pas de chalets et de villas qui, par leurs pelouses, leurs
massifs de fleurs, leurs allées ombreuses, rendent la nature
encore plus belle et charment comme un doux rêve de
bonheur le voyageur qui passe !

1. Hepworth Dixon, *New America*.

De nos jours, l'émancipation intellectuelle que donne
la science, l'amour de la liberté qui se répand, le sentiment de solidarité qui nous pénètre souvent à notre insu, et
nous apprend que la terre est à tous, ont singulièrement
agrandi les horizons. En même temps, les voyages révèlent
de plus en plus la beauté de la terre et l'harmonie de ses
forces. Depuis quelques années surtout, il se manifeste une
véritable ferveur dans les sentiments d'amour qui rattachent les hommes d'art et de science à la nature. Les voyageurs se répandent en essaims dans toutes les contrées d'un
accès facile, remarquables par la beauté de leurs sites ou
le charme de leur climat. Des légions de peintres, de dessi-
nateurs, de photographes, parcourent le monde des bords
du Yang-tse-kiang à ceux du fleuve des Amazones; ils étudient la terre, la mer, les forêts sous leurs aspects les plus
variés; ils nous révèlent toutes les magnificences de la planète que nous habitons, et grâce à leur fréquentation de
plus en plus intime avec la nature, grâce aux œuvres d'art
rapportées de ces innombrables voyages, tous les hommes
cultivés peuvent maintenant se rendre compte des traits et
de la physionomie des diverses contrées du globe. Moins
nombreux que les artistes, mais plus utiles encore dans
leur travail d'exploration, les savants se sont aussi faits
nomades, et la terre entière leur sert de cabinet d'étude :
c'est en voyageant des Andes à l'Altaï que Humboldt a composé ses admirables *Tableaux de la nature,* dédiés, comme il
le dit lui-même, à « ceux qui, par amour de la liberté, ont
pu s'arracher aux vagues tempétueuses de la vie. »

Désormais, grâce aux voyages, c'est la planète elle-
même qui ennoblira le goût de ses habitants et leur don-
nera la compréhension de ce qui est vraiment beau. Ceux
qui parcourent les Pyrénées, les Alpes, l'Himalaya ou seulement les hautes falaises du bord de l'Océan, ceux qui visi-
tent les forêts vierges ou contemplent les cratères volcaniques, apprennent, à la vue de ces tableaux grandioses, à

saisir la véritable beauté des paysages moins frappants, et
à n'y toucher qu'avec respect lorsqu'ils ont le pouvoir de
les modifier. C'est donc avec joie qu'il nous faut saluer maintenant cette passion généreuse qui porte tant d'hommes,
et, dirons-nous, les meilleurs, à parcourir les forêts vierges,
les plages marines, les gorges des montagnes, à visiter la
nature dans toutes les régions du globe où elle a gardé sa
beauté première. On sent que, sous peine d'amoindrissement intellectuel et moral, il faut contre-balancer à tout
prix, par la vue des grandes scènes de la terre, la vulgarité
de tant de choses laides et médiocres, où les esprits étroits
voient le témoignage de la civilisation moderne. Il faut que
l'étude directe de la nature et la contemplation de ces phénomènes deviennent pour tout homme complet un des éléments primordiaux de l'éducation; il faut aussi développer
dans chaque individu l'adresse et la force musculaire, afin
qu'il escalade les cimes avec joie, regarde sans crainte les
abîmes, et garde dans tout son être physique cet équilibre
naturel des forces, sans lequel on n'aperçoit jamais les plus
beaux sites qu'à travers un voile de tristesse et de mélancolie. L'homme moderne doit unir en sa personne toutes
les vertus de ceux qui l'ont précédé sur la terre : sans rien
abdiquer des immenses priviléges que lui a conférés la
civilisation, il ne doit rien perdre non plus de sa force
antique, et ne se laisser dépasser par aucun sauvage en
vigueur, en adresse ou en connaissance des phénomènes de
la nature. Dans les beaux temps des républiques grecques,
les Hellènes ne se proposaient rien moins que de faire de
leurs enfants des héros par la grâce, la force et le courage :
c'est également en éveillant dans les jeunes générations
toutes les qualités viriles, c'est en les ramenant vers la
nature et en les mettant aux prises avec elle que les sociétés
modernes peuvent s'assurer contre toute décadence par la
régénération de la race elle-même.

C'est grâce à cette forte éducation que le sentiment de

la nature se développera dans toute sa grandeur. Il se pervertit par la routine et par la servitude; c'est par la connaissance et par la liberté qu'il renaît. La science, qui transforme peu à peu la planète en un immense organisme travaillant sans relâche pour le compte de l'humanité, par ses vents, ses courants, sa vapeur d'eau, son fluide électrique, nous indique aussi les moyens d'embellir la surface terrestre, d'en faire le jardin rêvé par les poëtes de tous les âges. Toutefois, si la science nous montre dans l'avenir l'image du globe transfiguré, ce n'est point elle seule qui pourra terminer la grande œuvre. Aux progrès en connaissance doivent correspondre les progrès moraux. Tant que les hommes seront en lutte pour déplacer les bornes patrimoniales et les frontières fictives de peuple à peuple, tant que le sol nourricier sera rougi du sang de malheureux affolés qui combattent soit pour un lambeau de territoire, soit pour une question d'honneur prétendu, soit par rage pure, comme les barbares des anciens jours, la terre ne sera point ce paradis que le regard du chercheur aperçoit déjà par delà les temps. Les traits de la planète n'auront point leur complète harmonie tant que les hommes ne seront pas unis en un concert de justice et de paix. Pour devenir vraiment belle, la « mère bienfaisante » attend que ses fils se soient embrassés en frères et qu'ils aient enfin conclu la grande fédération des peuples libres.

TABLE DES MATIÈRES.

L'OCÉAN.

L'ATMOSPHÈRE ET LES MÉTÉORES.

LA VIE.

PREMIÈRE PARTIE.

L'OCÉAN.

DEUXIEME PARTIE.

L'ATMOSPHÈRE, LES MÉTÉORES.

TROISIÈME PARTIE.

LA VIE.

TABLE

DES CARTES ET FIGURES.

CARTES ET FIGURES INSÉRÉES DANS LE TEXTE.

PLANCHES HORS TEXTE.

PARIS. — J. CLAYE, IMPRIMEUR, RUE SAINT-BENOIT, 7. — [306]

* 9 7 8 2 0 1 9 6 8 1 3 5 7 *